U0211373

国家出版基金项目
NATIONAL PUBLICATION FOUNDATION

世界技术编年史

SHIJIE JISHU BIANNIAN SHI

采矿冶金　能源动力

主编　潜伟　王洛印

山东教育出版社

图书在版编目（CIP）数据

世界技术编年史. 采矿冶金 能源动力 / 潜伟，王洛
印主编 . — 济南：山东教育出版社，2019.10（2020.8
重印）

ISBN 978-7-5701-0802-2

Ⅰ. ①世… Ⅱ. ①潜… ②王… Ⅲ. ①技术史-世
界 Ⅳ. ①N091

中国版本图书馆CIP数据核字（2019）第222933号

责任编辑：韩建华　赵鑫莹　董　晗　张　弘
装帧设计：丁　明
责任校对：赵一玮

SHIJIE JISHU BIANNIAN SHI
CAIKUANG YEJIN　NENGYUAN DONGLI

世界技术编年史

采矿冶金 能源动力

潜伟　王洛印　主编

主管单位：山东出版传媒股份有限公司
出版发行：山东教育出版社
　　　　　地址：济南市纬一路321号　邮编：250001
　　　　　电话：（0531）82092660　　网址：www.sjs.com.cn
印　　刷：山东临沂新华印刷物流集团有限责任公司
版　　次：2019年10月第1版
印　　次：2020年8月第2次印刷
开　　本：710毫米×1000毫米　1/16
印　　张：37.5
字　　数：618千
定　　价：115.00元

（如印装质量有问题，请与印刷厂联系调换）印厂电话：0539-2925659

《世界技术编年史》编辑委员会

顾　　问：（按姓氏笔画为序）

　　　　　卢嘉锡　任继愈　李　昌　柯　俊　席泽宗　路甬祥

主　　任：姜振寰
副 主 任：汪广仁　远德玉　程承斌　李广军

编　　委：（按姓氏笔画为序）

　　　　　王思明　王洛印　巩新龙　刘戟锋　远德玉　李广军
　　　　　李成智　汪广仁　张明国　陈　朴　邵　龙　赵翰生
　　　　　姜振寰　崔乃刚　曾国华　程承斌　潜　伟

本卷撰稿：采矿冶金部分

　　　　　主　编：潜　伟
　　　　　撰　稿：潜　伟　陈虹利　陈　依　雷丽芳

　　　　　能源动力部分

　　　　　主　编：王洛印
　　　　　撰　稿：王洛印　罗宝成　张　爽

总序

　　人类的历史，是一部不断发展进步的文明史。在这一历史长河中，技术的进步起着十分重要的推动作用。特别是在近现代，科学技术的发展水平，已经成为衡量一个国家综合国力和文明程度的重要标志。

　　科学技术历史的研究是文化建设的重要内容，可以启迪我们对科学技术的社会功能及其在人类文明进步过程中作用的认识与理解，还可以为我们研究制定科技政策与规划、经济社会发展战略提供重要借鉴。20世纪以来，国内外学术界十分注重对科学技术史的研究，但总体看来，与科学史研究相比，技术史的研究相对薄弱。在当代，技术与经济、社会、文化的关系十分密切，技术是人类将科学知识付诸应用、保护与改造自然、造福人类的创新实践，是生产力发展最重要的因素。因此，技术史的研究具有十分重要的现实意义和理论意义。

　　本书是国内从事技术史、技术哲学的研究人员用了多年的时间编写而成的，按技术门类收录了古今中外重大的技术事件，图文并茂，内容十分丰富。本书的问世，将为我国科学技术界、社会科学界、文化教育界以及经济社会发展研究部门的研究提供一部基础性文献。

　　希望我国的科学技术史研究不断取得新的成果。

路甬祥 2022/11/02

前言

　　技术是人类改造自然、创造人工自然的方法和手段，是人类得以生存繁衍、经济发展、社会进步的基本前提，是生产力中最为活跃的因素。近代以来，由于工业技术的兴起，科学与技术的历史得到学界及社会各阶层的普遍重视，然而总体看来，科学由于更多地属于形而上层面，留有大量文献资料可供研究，而技术更多地体现在形而下的物质层面，历史上的各类工具、器物不断被淘汰销毁，文字遗留更为稀缺，这都增加了技术史研究的难度。

　　综合性的历史著作大体有两种文本形式，其一是在进行历史事件考察整理的基础上，抓一个或几个主线编写出一种"类故事"的历史著作；其二是按时间顺序编写的"编年史"。显然，后一种著作受编写者个人偏好和知识结构的影响更少，具有较强的文献价值，是相关专业研究、教学与学习人员必备的工具书，也适合从事技术政策、科技战略研究与管理人员学习参考。

　　技术编年史在内容选取和编排上也可以分为两类，其一是综合性的，即将同一年的重大技术事项大体分类加以综合归纳，这样，同一年中包括了所有技术门类；其二是专业性的，即按技术门类编写。显然，两者适合不同专业的人员使用而很难相互取代，而且在材料的选取、写作深度和对撰稿者专业要求方面均有所不同。

　　早在1985年，由赵红州先生倡导，在中国科协原书记处书记田夫的支持下，我们在北京玉渊潭望海楼宾馆开始编写简明的《大科学年表》，该年表历时5年完成，1992年由湖南教育出版社出版。在参与这一工作中，我深感学界缺少一种解释较为详尽的技术编年史。经过一段时间的筹备之后，1995

年与清华大学汪广仁教授和东北大学远德玉教授组成了编写核心组，组织清华大学、东北大学、北京航空航天大学、北京科技大学、北京化工大学、中国电力信息中心、华中农业大学、哈尔滨工业大学、哈尔滨医科大学等单位的同行参与这一工作。这一工作得到了李昌及卢嘉锡、任继愈、路甬祥、柯俊、席泽宗等一批知名科学家的支持，他们欣然担任了学术顾问。全国人大常委会原副委员长、中国科学院原院长路甬祥院士还亲自给我写信，谈了他的看法和建议，并为这套书写了序。2000年，中国科学院学部主席团原执行主席、原中共中央顾问委员会委员李昌到哈工大参加校庆时，还专门了解该书的编写情况，提出了很好的建议。当时这套书定名为《技术发展大事典》，准备以纯技术事项为主。2010年，为了申报教育部哲学社会科学研究后期资助项目，决定首先将这一工作的古代部分编成一部以社会文化科学为背景的技术编年史（远古—1900），申报栏目为"哲学"，因为我国自然科学和社会科学基金项目申报书中没有"科学技术史"这一学科栏目。这一工作很快被教育部批准为社科后期资助重点项目，又用了近3年的时间完成了这一课题，书名定为《社会文化科学背景下的技术编年史（远古—1900）》，2016年由高等教育出版社出版，2017年获第三届中国出版政府奖提名奖。该书现代部分（1901—2010）已经得到国家社科基金后期资助，正在编写中。

2011年4月12日，在山东教育出版社策划申报的按技术门类编写的《世界技术编年史》一书，被国家新闻出版总署列为"十二五"国家重点出版规划项目。以此为契机，在山东教育出版社领导的支持下，调整了编辑委员会，确定了本书的编写体例，决定按技术门类分多卷出版。期间召开了四次全体编写者参与的编辑工作会，就编写中的一些具体问题进行研讨。在编写者的努力下，历经8年陆续完成。这样，上述两类技术编年史基本告成，二者具有相辅相成，互为补充的效应。

本书的编写，是一项基础性的学术研究工作，它涉及技术概念的内涵和外延、技术分类、技术事项整理与事项价值的判定，与技术事项相关的时间、人物、情节的考证诸多方面。特别是现代的许多技术事件的原理深奥、结构复杂，写到什么深度和广度均不易把握。

这套书从发起到陆续出版历时20多年，期间参与工作的几位老先生及5位顾问相继谢世，为此我们深感愧对故人而由衷遗憾。虽然我和汪广仁、远德玉、程承斌都已是七八十岁的老人了，但是在这几年的编写、修订过程中，不断有年轻人加入进来，工作后继有人又十分令人欣慰。

本书的完成，应当感谢相关专家的鼎力相助以及参编人员的认真劳作。由于这项工作无法确定完成的时间，因此也就无法申报有时限限制的各类科研项目，参编人员是在没有任何经费资助的情况下，凭借对科技史的兴趣和为学术界服务的愿望，利用自己业余时间完成的。

本书的编写有一定的困难，各卷责任编辑对稿件的编辑加工更为困难，他们不但要按照编写体例进行订正修改，还要查阅相关资料对一些事件进行核实。对他们认真而负责任的工作，对于对本书的编写与出版给予全力支持的山东教育出版社的领导，致以衷心谢意。本书在编写中参阅了大量国内外资料和图书，对这些资料和图书作者的先驱性工作，表示衷心敬意。

本书不当之处，显然是主编的责任，真诚地希望得到读者的批评指正。

姜振寰

2019年6月20日

一、本书收录范围

本书包括采矿冶金（采矿、冶炼等）、能源动力（能源动力工业、能源动力工程、能源动力工艺等）两大部分。每部分收录的事件按年代顺序排列。

二、条目选择

与上述两大部分有关的技术思想、原理、发明与革新（专利、实物、实用化）、工艺（新工艺设计、改进、实用化），与技术发展有关的重要事件、著作与论文等。

三、编写要点

1. 每个事项以条目的方式写出。用一句话概括，其后为内容简释。

2. 外国人名、地名、机构名、企业名尽量采用习惯译名，无习惯译名的按商务印书馆出版的辛华编写的各类译名手册处理。

3. 文中专业术语不加解释。

4. 书后附录由人名索引、事项索引及参考文献部分组成，均按汉语拼音字母顺序排列。

四、国别缩略语

［英］英国　　　［法］法国　　　［德］德国　　　［意］意大利　　　［奥］奥地利

〔西〕西班牙　〔葡〕葡萄牙　〔美〕美国　〔加〕加拿大　〔波〕波兰

〔匈〕匈牙利　〔俄〕俄国　〔中〕中国　〔芬〕芬兰　〔日〕日本

〔希〕希腊　〔典〕瑞典　〔比〕比利时　〔埃〕埃及　〔印〕印度

〔丹〕丹麦　〔瑞〕瑞士　〔荷〕荷兰　〔挪〕挪威　〔捷〕捷克

〔苏〕苏联　〔以〕以色列　〔新〕新西兰　〔澳〕澳大利亚

目录

采矿冶金

能源动力

采矿冶金

概述

采矿和冶金技术的进步与人类的文明紧密联系在一起。早在旧石器时代，人类就开始采石，用以制作各种石器。燧石矿在新石器时代由露天开采演变为矿井开采。在新石器时代后期，人类开始使用金属，制陶技术促进了冶金技术的产生和发展。世界各地进入青铜时代、铁器时代的时间各不相同，技术发展的道路也各有特色。采矿技术的进步提供了冶金生产所需的原料，冶金技术的发展提供了用青铜、铁等金属及各种合金材料制造的生活用具、生产工具和武器，提高了社会生产力，推动了社会进步。

到了新石器时代晚期，人类开始利用天然金属，进入一个可称为铜石并用的时代。但天然金属资源有限，要获得更多的金属，只能依靠矿石冶炼制取金属。人类在寻找石器的过程中认识了矿石，并在烧制陶器的生产中创造了冶金技术。矿石炼铜是个里程碑，最先是冶炼氧化矿（如孔雀石），后来是硫化矿（如黄铜矿），接着金属矿得到开发，巴尔干地区的铜矿石得到利用，此后逐渐以矿石为原料来冶铸金属器物，近东和中东地区地下采掘铜、铅等矿产也逐渐开展起来。至青铜时代，已经可以开掘一定深度的小立井来采矿，能沿矿体开掘平巷，用木支架维护巷道，使用水排、辘轳、轮车等工具。爱琴海沿岸的巨型采石场则造就了古希腊罗马时代辉煌精美的雕像和建筑艺术。

人类最早对金属的利用是从西亚开始的。最早的铜制品发现于B.C.8千纪的土耳其恰约尼地区，包括铜针、铜珠、铜锥等。随后，在伊朗高原、美索不达米亚、爱琴海沿岸地区都有铜制品的发现，铜制生产工具也越来越多。

对伊朗的苏萨、泰佩斯萨尔和阿拉伯谷地的提姆纳等早期冶炼遗址的冶炼遗物的分析检测表明，至迟在B.C.5千纪，人类已经掌握了冶铜技术。铜冶金从自然铜开始，经过红铜、砷铜、锡青铜、黄铜等几个阶段。早期冶炼工具也有坩埚、碗式炉等，加工工艺有锻造和铸造。青铜时代的到来，宣告了人类制造和使用金属材料的能力有了很大的提升。

至B.C.3千纪，古埃及和美索不达米亚出现了金银器，灰吹法炼铅提银已经得到应用。迈锡尼时代劳里昂银铅矿的开采与利用，已经显示出非常高超的水准。B.C.14世纪的法老图坦卡蒙金棺代表着古埃及黄金时代的到来。对于财富象征的金银矿和宝玉石等珍稀矿产资源的开发和利用，从来就没有停止过。

人类对铁的使用是从陨铁开始的，铁的优越性能使其受到重视。大约在B.C.14世纪，赫梯人发明了人工冶铁术，并与周边地区进行铁的贸易。随后，西亚和中亚各地区也先后出现了早期铁制品，冶铁技术迅速流传开来。B.C.10世纪后，各地陆续开始进入铁器时代。B.C.8世纪亚述军队已经在使用铁武器，铁农具如犁、锄、锹等也已经广泛使用。B.C.8—B.C.7世纪，北非、西欧相继进入铁器时代。这个时候主要是块炼铁法，经冶铁竖炉或地炉冶炼后取出全部炉料，通过捶打使渣铁分离，分选烧结锻造成锭。至迟在B.C.5世纪，中国发明了液态冶铁得到生铁制品的方法，并且通过热处理使脆性的生铁性能得到改善，并在此基础上发展了炒钢等各项技术，制作的各种农具和工具极大地提升了生产力，也促进了中国古代繁荣的农业文明形成。块炼铁技术和铸铁技术共同形成了中国古代钢铁技术体系。与此同时，中亚、印度等地已经开始出现追求高品质钢的坩埚炼钢技术，并逐渐发展出乌兹钢、大马士革钢系列产品。

人类对复杂造型和装饰艺术的追求，促进了对金属成型技术的熟练掌握。早在B.C.3千纪，古埃及人就能用失蜡法铸造出精美生动的青铜像，铸造用范由石范演变成陶范，甚至发展到铁范。与此同时，以铸造和锻造为基础发展出来了更加精细的金属工艺。B.C.7—B.C.6世纪，中国人巧妙地将多层范片叠合起来进行浇铸，形成叠铸工艺。至B.C.5世纪，各种表面装饰工艺也更加复杂，鎏金、镶嵌、错金银等开始出现在中国的青铜器中。B.C.3世纪的罗德岛巨像是用青铜和铁制作而成的，表面裹以青铜，内部用铁块加固，成为那个时代的永恒记忆。对锻造和铸造技术的不同理解，造就了东西方技术传统的差异，也形成了各自发展的道路。

鼓风技术是冶金生产的核心技术之一。B.C.1500年左右，古埃及勒克米尔壁画中显示的缶状足踏鼓风器是最早的形象之一，后来演变成纵向皮囊鼓风。中国山东滕州市东汉画像石的橐形象，代表着1世纪横向鼓风器的盛行。至后期，水排驱动的木扇鼓风成为中国冶铁技术的主要动力来源。中国发明的活塞式木风箱主要用于锻铁。鼓风方式不同，影响了东西方冶铁炉型演变的不同。

人们早期在总结各种采矿冶金经验的基础上，写成了许多重要的著作，包含着丰富的技术思想和知识。B.C.5世纪的《山海经》就记述了10多种矿物的170多处产地，还根据矿物的特征有了最早识别矿物的方法；《管子》则记述了找矿的方法，也有磁石的记载；《神农本草经》对混汞法提金银的方法进行了描述；而《考工记》关于"六齐"的记载则表明，古人已懂得合金配比与性能的关系；《淮南万毕术》有最早的湿法炼铜的记载；成书于B.C.3世纪的古希腊著作《论石头》有70多种矿物的记载；亚里士多德的著作中有许多矿物的描述；老普林尼所著《博物志》对烤钵法等多种冶金工艺都有提及。

公元纪年以后，东方的采矿冶金技术得到了很大的发展。4世纪初，印度制成了德里铁柱，全部由熟铁锻造而成，体现了很高的工艺水准。印度有了最早的炼锌技术的文献记载，后来在贾斯坦邦的扎瓦尔铅锌矿的调查也证实了其较早的技术。而中国炼丹术士们热衷于炼出各种金丹的试验，陶弘景、魏伯阳、狐刚子、葛洪、孙思邈、轩辕述、崔昉等人对矿物的认识和冶金术有所贡献。6世纪开始，大型金属铸件的铸造工艺得到显著提高，此时期制作的铜像中的日本飞鸟大佛、奈良大佛、镰仓大佛和中国正定大佛至今仍熠熠生辉；中国唐代的蒲津渡铁器群和五代的沧州铁狮也都是其中的杰出代表。银膏硬化补牙技术也出现在了7世纪的中国唐朝。

罗马时期欧洲的矿山普遍采用水力采矿和选矿，水车的使用大大提高了矿山的生产效率，阿基米德螺旋也得到广泛应用。大型矿山的开采给中世纪的欧洲带来了繁荣。8世纪，瑞典法伦铜矿开始开采，其成为欧洲最主要的采矿中心之一，其铜矿产量占世界的2/3，并且延续多个世纪。10世纪开始的位于德国下萨克森州的拉默尔斯贝格的多金属矿的开采，使得附近的戈斯拉尔城逐渐繁荣起来，成为欧洲的多金属矿开采中心。至13世纪，波希米亚的库特纳山银矿、波兰维利奇卡盐矿、斯洛伐克的班斯卡·什佳夫尼察银矿已被开采，成为重要的采矿中心。除了金属矿产之外，煤、石油、天然气等逐渐为人们所认识并得到开采。

阿拉伯炼金术的发展与传播为矿物学和冶金技术的发展奠定了基础。阿拉伯的炼金术士们也提出了很多冶金的方法密典。8—10世纪，阿拉伯出现了一批重要的炼金术著作，如贾伯的《物性大典》和《七十书》。10世纪著成的《诸艺之美文》成为欧洲和阿拉伯地区古典时期的冶金技术手册。随后，比鲁尼出版了《识别贵重矿物的资料汇编》。至12世纪，阿拉伯炼金术开始传入欧洲。1250年，欧洲人用硫化砷和肥皂一起加热，首次制成了单质砷。

美洲大陆的玛雅文明、阿兹特克文明和印加文明都有很高超的冶金与金属加工工艺。金器的广泛使用，已成为代表其地域文化的一种特殊符号。秘鲁北部大巴坦地区的炼铜炉群考古已经证明，此地存在规模巨大的砷铜冶炼。

10—13世纪，中国宋代的科学技术已达到一定高度，采矿冶金业也非常发达。中国沈括的《梦溪笔谈》记载了各种矿物和冶金技术，张潜的《浸铜要略》是最早系统描述湿法炼铜的著作，曾公亮的《武经总要》里面也有许多金属冶炼制作的记载。

13世纪初，中国的文献中已经有了铁质火炮的记载，并被描述为用生铁铸成。1325年，铁质的枪炮才首先在德国被制造出来，先是锻造铁制成，后来用青铜铸造，14世纪后期才出现真正的铸铁大炮。之后，铸枪炮的技术才逐渐传播到德国西部、法国东北部和意大利北部，再传至全世界。

生铁冶炼技术大约在13—14世纪传到了欧洲，并迅速在各地盛行起来。此时，中国仍然拥有世界上最先进的高炉炼铁技术，1402年建厂的遵化铁厂是明代官营铁业的一个缩影，也是中国古代冶金业最后的辉煌。至15世纪，欧洲各地出现了鼓风炉式的炼铁高炉，从炉底加入空气，炉顶加入矿石、木炭和助熔剂混合料，让其在炉缸内发生反应，液态金属则从炉底流出。高超的技术要求高明的生产组织，技术进步推动生产组织形式的变革触发了新的社会变革。1500年，瑞典恩格尔斯堡建成了炼铁厂并正式开业，标志着一个新的时代到来了。

15世纪末至16世纪的地理大发现，将欧洲带入了全新的活动空间，经济中心从地中海沿岸转移到大西洋沿岸港口，以手工工具为主要劳动手段的生产作坊系统在欧洲迅速发展起来。在工场中，劳动具有分工合作的关系，生产过程详细分解为若干独立的工序，因此发明了各种专用工具。采矿冶金技术的进步成为新的生产模式的重要物质基础。

由于制造钟表和枪炮的需求，发明了可以加工金属的车床、镗床、轧机等机械装置，金属冶炼和加工技术得到改善。1553年，法国人布律列尔造出了世界上最早的轧机，不过只能轧制金银板材用于制造钱币。1590年，英国人开始使用水轮驱动的轧机。一些大型机械设备，如卷扬机、粉碎机、鼓风机等，开始使用水车为动力，矿山排水还使用马匹作为动力。人们一直在寻求新的动力机械，英国工程师塞维利于1678年发明了"矿山之友"蒸汽抽水机，后来纽可门等发明了利用大气压驱动活塞回落的蒸汽抽水机，虽然效率还不高，但费用只有马匹使用费用的1/6。这样一来，纽可门蒸汽机在英国、法国和德国的矿山就普及开来，一直到18世纪还在大量使用。

16世纪中美洲和南美洲的银矿大发现，改变了世界的格局。墨西哥的萨卡特斯卡斯发现了大型银矿，玻利维亚波托西古城因为水力采炼银而名扬遐迩。从美洲生产出的白银源源不断地被运往亚洲，而换取的香料、茶、瓷器、丝绸等被运往欧洲，全球贸易的新格局开始形成。

进入16世纪以后，东西方都有重要的采矿冶金著作问世，既是对古代工艺的总结，也开启了近代工业时代。16世纪初，督办遵化铁厂的傅浚撰写了《铁冶志》，详细记载了遵化铁厂生产技术状况，可惜该书已经失传。1510年，德国首次正式出版《采矿手册》和《试金手册》。1540年，意大利冶金学家比林古乔出版了最早关于冶金术的综合手册《火法技艺》。1556年，德国矿物学和冶金学家阿格里科拉的著作《论冶金》出版，影响西方采矿冶金业达200多年，该书约在1640年由传教士汤若望等翻译成《坤舆格致》在中国刊行。1574年，德国埃克尔发表《重要矿石论》，在检验方面对阿格里科拉的著作有所补充。至1637年，中国宋应星的《天工开物》出版，其中关于中国古代矿冶的有"冶铸""锤煅""燔石""五金"四章。

显微镜的发明对矿冶技术的进步有着重要的意义。英国物理学家鲍尔和胡克分别于1664年和1665年在显微镜下观察了光滑的金属表面。对金属显微组织研究的开始，揭开了近代金相学发展的序幕。

18世纪以前，人类使用木材最甚，它不仅仅是结构材料，也是一种重要的燃料。人口的逐渐增长，使得木材的需求锐增，对环境的破坏迫使人们要找到一种可替代的材料。铁当然是最有希望取代木材作为结构材料的，但是冶炼铁还要消耗大量的木炭。煤的发现及大规模使用，给这个问题的解决带来了契机。直到用煤为燃料的炼铁生产大规模地取代木炭炼铁以后，才真正实现煤铁革命。传统的水、风、木的格局演变为煤、蒸汽、铁为基础的世界。正是因为18世纪焦炭炼铁等一系列革命性的技术发明，才催生出英国的工业革命。在铁冶金的发展过程中，有几项重要的技术革新值得称道。1614年，埃利奥特和默西发明了在炼钢过程中用煤作为燃料的方法；1615年，达德利以煤炼铁获得成功；至1650年，欧洲炼铁高炉的炉膛设计已经由方形变为了圆形；1709年，在英国科尔布鲁克代尔地区，达比用焦炭炼铁成功；1742年，达比二世将纽可门蒸汽机用于炼铁厂。随后的炼铁技术进步主要围绕着使用蒸汽动力的鼓风机来进行；1762年，斯密顿推出了他新发明的机械鼓风箱，以保证更完全的燃烧；1776年，威尔金森使用蒸汽机进行炼铁炉的鼓风；直到1782年瓦特的蒸汽机被用于机械鼓风箱以后，焦炭炼铁才真正战胜木炭炼铁。另一方面，改进钢铁的质量，也是冶金者的主要任务之一。1722年，法国人列奥米尔生产出可锻铸铁，并且做了大量渗碳成钢的实验；1740年，英国人亨茨曼发明坩埚炼钢法，得到质量很高的铸钢产品；1786年，英国人科特在反射炉中用搅炼法炼钢获得成功，能够使生铁批量生产成熟铁。正是因为煤矿、铁矿的生产增长，矿山最先对使用蒸汽机提出了需求，促使蒸汽机的制造技术不断改进，效率不断提高，最终使人们进入蒸汽机时代，促进了工业文明的形成。蒸汽机用于铁路运输后，与商品经济一起刺激了铁轨的需求，终于实现了炼铁和铁路事业发展的良性循环。

　　18世纪至19世纪中叶，英国在金属加工技术方面取得了一系列进步，带动着相关冶金工业、机械工业、军事工业的大发展，成就了日不落帝国的世界霸主地位。1769年，斯密顿制造出了最原始的镗床；1774年，威尔金森发明了一种新的钻孔机床，获得了枪炮制造和钻孔的新方法；1776年，普尔勒尔设计出带孔形的生产熟铁螺栓用的轧机，标志着现代轧制工艺的诞生；1782年，威尔金森开始使用蒸汽机驱动的锻锤，效率大大提高；1783年，科特发明了槽轧辊，被誉为"近代轧制之父"；1794年，莫兹利发明了带刀具移动架的车床，后来由克莱门特等人制造出来；1794年，布拉默提出了挤压机工作原理，开始应用于铅管的制造；1812年，罗伯茨创制了第一台龙门刨床，对金属加工技术的发展有重要意义；1820年，怀特制造出既能加工圆柱齿轮又能加工圆锥齿轮的机床，伯尔制作出第一台实用的挤压机；1836年，哈森首先尝试用挤压法生产出无缝钢管；1837年，福克斯发明了水压锻造机。令人称奇的是，这么多载入史册的金属加工技术的发明人都是英国人，不得不让人思考在伟大发明背后隐藏着的社会背景和制度因素。

　　进入17世纪以来，金属性能被不断研究发掘。1604年，德国的万伦廷在著述中描述了锑及其提取方法；1627年，萨沃特首次公布了铜与锌的合金可以制成黄铜。这一时期，东方古老的金属工艺被西方具有现代科学知识的化学家和冶金家所重视。对印度和中国出口的白镴的仿制，使欧洲科学家发现了制取金属锌的奥妙。中国古老的白铜是欧洲的上等金属，被称为"德国银"。1822年，英国人费弗分析出白铜的成分是铜镍锌合金，引起了欧洲各国的仿制。大马士革钢不断被研究仿制，终于在1841年由俄国冶金学家阿诺索夫获得了成功。

　　18—19世纪，新的元素不断被发现，研制新金属成为这个时期冶金发展的主旋律。1721年，德国化学家亨克尔终于分离出金属锌；1735年，瑞典化学家布兰特首次分离制得金属钴；1751年，瑞典矿物学家克朗斯塔特分离出金属镍；1753年，伯格曼确定铋为一种元素；1774年，伯格曼和甘恩几乎同时制得金属锰；1778年，瑞典化学家舍勒发现了钼元素；1782年，耶尔姆制得了金属钼；1783年，西班牙人埃卢亚尔兄弟制得了金属钨；1789年，德国化学家克拉普罗特发现了铀；1790年，法国化学家沃克尔制得了金属铬；

1791年，英国人格雷戈尔发现了钛元素；1794年，芬兰人加多林分离出了第一个稀土金属化合物——氧化钇；1798年，德国化学家克拉普罗特证实米勒发现了新元素碲；1801年，英国化学家哈契特发现铌，西班牙矿物学家里奥发现金属钒；1802年，埃克伯格分析矿物时发现钽，英国化学家沃拉斯顿发现了钯；1803年，沃拉斯顿发现了元素铑，克拉普罗特等从矿物中提炼出第二种稀土氧化物——氧化铈，英国化学家坦南特发现了铱和锇。熔盐电解法的使用，让英国化学家戴维大获成功：1802年他从矿物中提炼出金属锶，1807年电解得到金属钾和钠，1808年得到金属镁、钙、钡、硼。1811年，法国的吕萨克和泰纳尔还制得了非单晶硅；1817年，瑞典化学家贝采利乌斯发现了元素硒，德国人施特罗迈尔发现了镉，瑞典人史密斯制得氯化锂；1818年，戴维制得金属锂；1824年，贝采利乌斯制得了金属锆；1825年，丹麦科学家奥斯特制得了金属铝；1826年，瑞典化学家莫桑德尔制得金属铈；1828年，贝采利乌斯制得金属钍；1828年，德国化学家维勒和法国化学家布西制得金属铍；1831年，瑞典化学家塞弗斯特姆分离出金属钒；1839年，瑞典化学家莫桑德尔发现了金属镧；1843年，莫桑德尔又发现了铽和铒；1844年，俄国人克拉乌斯发现钌。

对铂、金、银等贵金属的追求，也是这一时期的重要工作。1801年，英国化学家沃拉斯顿最早尝试用甲粉末冶金的方法处理金属铂；1833年，英国人帕廷森发明了富集银的新工艺，是继灰吹法之后的炼银技术的一大进步；1840年，英国人埃尔金顿发明了在基体金属上镀金和银的电解沉积工艺；1850年，英国冶金学家帕克斯引入多层炉床焙烧炉，并发明了加锌除银脱出铅中银的帕克斯提银法用于工业生产。

1851年，美国人凯利试制成功空气吹炼法炼钢；1856年，英国人贝塞麦也在炼钢炉中吹空气取得了成功。凯利-贝塞麦转炉炼钢法的发明，促进了液态炼钢方法的进步，终于使人类从"铁时代"进入了"钢时代"。冶金工业也随着进入现代化时期。19世纪中叶以后，转炉、平炉、电炉三大炼钢技术相继发明，钢铁工业形成了大规模生产的局面。

采矿方面，19世纪末至20世纪初，相继发明了矿用炸药、雷管、导爆索和凿岩设备，形成了近代爆破技术，使用电动机械铲、电机车和电力提升、通风、排水设备，形成了近代装运技术。20世纪上半叶开始，采矿技术迅速发展，主要表现在：出现了硝铵炸药；使用地下深孔爆破技术；各种矿山设备不断完善和大型化；逐步形成了不同于矿床条件的机械化采矿工艺。在此基础上，对矿产开拓和采矿方法进行了分类研究；对矿山压力显示进行了实测和理论探讨；对岩石破碎理论和岩石分级进行了研究；完善了矿井通风理论；提出了矿山设计、矿床评价和矿山计划管理的科学方法。20世纪50年代以后，由于使用了潜孔钻机、牙轮钻机、自行凿岩台车等新凿岩设备，以及铵油、浆状和乳化油等廉价安全炸药，采掘设备实现大型化、自动化，运输提升设备自动化，出现了无人驾驶机车，露天矿采用间断–连续式运输，矿山环境得到重视，电子计算机用于矿山生产管理、规划设计和科学计算，开始用系统科学解决采矿问题，矿山生产建立自动控制系统，岩石力学和岩石破碎学进一步发展，利用现代实验设备测试技术和电子计算机，采矿工程科学被正式提出并得到公认。

选矿方面，19世纪中期出现机械重型选矿设备——活塞跳汰机，1880年发明了静电分选机，1890年发明了磁选机，1893年发明了摇床，1906年泡沫浮选法得到专利，促进了采矿冶金工业的发展。20世纪40年代以后，化学应用于处理氧化铜矿、铀矿，之后用来处理复杂、难选、细粒浸染的矿物原料。20世纪60年代以来，细粒重选、微细粒浮选、湿式强磁选和选冶联合流程都得到了很大发展。

贝塞麦开始使用固定坩埚吹空气炼钢，后来采用转炉，于1856年取得了初步成功，但由于试验的是低硫铁矿，专利并没有广泛使用。马希特父子利用锰铁脱氧，消除了硫含量带来的热脆问题，使贝塞麦转炉完全取得成功。到了1873年，英国转炉炼钢年产量已达50万吨，于19世纪中期开始大量用于制造钢轨。但是，转炉还是存在脱磷问题，直到1879年，托马斯和吉尔克里斯特利用碱性炉衬和炉渣（即托马斯法），才解决了这个问题，钢才被英国商业部批准用于建造大型桥梁。西门子于1856年发明了蓄热室，并于1861年发明了平炉，提高反射炉炉温，炼出液态钢水，取代了坩埚炼钢法。1864年，法国人马丁终于使这种炉彻底代替了炒钢炉。到20世纪50年代初，瑞士人杜雷尔在炼钢转炉顶部吹入氧气以代替空气的方法最终发展成氧气顶吹转炉炼钢法，在奥地利林茨和多纳维茨的工厂投入使用，20世纪60年代进一步将底吹法应用于氧气转炉，成为氧气底吹转炉，20世纪70年代发展为顶底复合吹炼钢法。

随着科学和工业的发展，新的冶炼方法和精炼方法不断出现。19世纪下半叶，电能登上历史舞台，熔盐电解和水溶液电解法出现了，能产生高温和控制冶炼气氛的电炉制造出来了，从此冶金技术大步前进，发现并且产生出一批新的金属和合金。1865年，埃尔金顿提出了电解精炼铜的工艺，使电解法提炼纯铜的工业方法得以实现，从而满足了电气工业对高纯铜的需求，也开创了电冶金的新领域。1880年，法国的马内和达维德用转炉吹炼冰铜制得粗铜。1886年，美国的霍尔和法国的埃鲁分别将氧化铝加入熔融的冰晶石，电解得到廉价的铝。这种技术与拜耳法处理铝矾土相结合，使铝冶金真正走向工业化生产的道路。经过将近一个世纪，铝已经成为仅次于铁的第二大金属，并且开辟了航空技术的新纪元。

西门子在1878年建造间热式电弧炉并取得专利，埃鲁在1899年首先使用直流电弧炉炼钢。虽然低频感应炉早在1877年就已出现，但没有得到发展；直到1927年诺思拉普发明高频感应炉炼钢，才终于取代坩埚炼钢法成为高合金钢生产的普遍方法，并使真空冶炼成为可能。电渣重熔法是20世纪中叶以后从苏联的电渣焊技术发展起来的，对去除杂质十分有效，已经被制备特殊需求的合金材料广泛使用。

工业的发展促进了新材料的不断需求，新的金属不断投入使用。继1882年钨钢及后来的高速工具钢之外，相继出现了高锰耐磨钢和锰钢，接着又出现了镍钢和不锈耐蚀钢。钛是另一个由于科技发展需要进入工业生产的金属。1910年，美国冶金家亨特用金属钠还原四氯化钛制得金属钛；1932年，卢森堡科学家克鲁尔用钙还原四氯化钛制得钛，又于1940年用镁还原制得钛；1948年，杜邦公司用镁还原法生产商品海绵钛，开始了钛的工业化生产。

20世纪下半叶以来，钢铁冶金又有了新的发展。炼铁高炉采用高风温高风压操作，使炼铁生产效率达到一个新的水平。炼钢方面，最主要是发展出了氧气顶吹转炉和连续铸钢技术。其他如真空冶金、炉外精炼、喷射冶金等新技术都对提高钢的质量起到了重要作用。为了摆脱冶金焦供应的瓶颈，19世纪开始了直接还原炼铁的尝试，而真正大规模使用直接还原炼铁是在20世纪60年代以后。直接还原炼铁的方法主要有两种：一种是使用气体的直接还原法，包含竖炉法、反应罐法和流态化法；另一种是使用固体还原剂的直接还原法，用回转窑作为主要设备。此外，20世纪下半叶，熔融还原法也逐渐成为非高炉炼铁的另一重要发展方向。

19世纪中叶，第一台可逆式轧机在英国投产，并用于轧制船板。1848年，德国发明了万能轧机。1853年，美国开始用三辊式的型材轧机，并用蒸汽机传动的升降台实现机械化。接着美国还出现了劳特式轧机，1859年，建造了第一台连轧机，1872年，出现万能型材轧机。1885年，曼内斯曼兄弟发明了无缝钢管制法。20世纪初制成半连续式带钢轧机，它由两架三辊粗轧机和五架四辊精轧机铸成。20世纪50年代以后，在轧制生产中采用单台设备自动化。20世纪60年代以后，开始配合厚度自动控制系统并发展出轧机最优控制和自适应控制。20世纪70年代以后，发展出轧制生产线和工厂管理相结合的计算机集成控制系统，有效地实现了生产自动化。20世纪80年代以后，轧制则向高速化和现代化方向发展，连铸连轧工艺的采用提高了钢的收得率，节约了能源，提高了效率。

冶金过程物理化学从20世纪20年代以来十分活跃，以美国人奇普曼和德国人申克为代表，发展和运用活度概念，测定了相当多的高温热力学数据，相应地发展了一套实验研究方法，解决冶炼过程中的一些问题。尽管由于多相反应的复杂性，冶金物理化学直接用于指导冶金生产的作用并不如物理金属学那么大，但是未来还是很有前景的。

19世纪末至20世纪初，钢的一般成分化学分析已经建立，观察大于微米级的显微组织金相学已经普及，通过物理性能测定或热分析方法已积累了一定的经验，用相律指导相图的工作正大量开展，为金属学或物理冶金的发展提供了基础。1863年，索比用显微镜对钢的组织进行系统的研究，创建了金相学；1868年，俄国人切尔诺夫观察到钢必须加热到超过某临界温度才能淬火硬化，揭示了相变的存在和作用；1878年，德国人马滕斯发表《铁的显微组织》；1887年，法国人奥斯蒙利用差热分析方法系统地研究了钢的相变；1897年，德国人塔曼提出了晶体动力学原理，开拓并发展了金属学；1899

年，英国人罗伯茨·奥斯汀得出钢在临界温度以上的相是固溶体，并制出了第一张铁碳相图；1900年，德国人巴基乌斯·洛兹本在此基础上利用吉布斯相律建立了铁碳平衡相图，这是物理冶金学的重大里程碑。20世纪以来，金属学的发展取得了一系列重大成就。美国人贝茵和达文波特从1929年开始研究钢中奥氏体在不同温度下的转变过程及其产物，创造了S曲线，后改称C曲线；1934年，英国人泰勒、荷兰人波兰尼和匈牙利人奥罗万分别提出了位错理论；1956年，赫希用金属薄膜在电子显微镜下观察，证实了位错的存在；欧文在20世纪60年代提出了断裂力学的概念，在控制材料和机械设计方面起到了十分重要的作用。

在近代物理化学的指导下，核技术和电子工业的需求促进了稀有金属的生产。铀和其他核燃料以及锆、铪的生产及分离，钽、铌的分离，稀土的分离，促进了离子交换、溶剂萃取、同位素分离、熔盐电解等一系列新技术的发展。20世纪40年代以后，电子工业和半导体工业对超纯材料的需求导致区域熔炼及各种单晶制备方法和气相沉积法的出现。非晶态金属的制备和具有金属导体性质的非金属的出现，更扩大了冶金技术的应用领域。

旧石器时代

人类利用骨器开采燧石矿 旧石器时代，北欧、西欧的一些地方开始对燧石矿进行开采利用，人类已经学会寻找合适的燧石结来制造斧头、刀具、钻具、箭和矛等工具。通过对英格兰的萨福克郡和诺福克郡交界的格瑞姆斯燧石矿进行考察，发现了由大约1.5米深的地下到距离地面几厘米位置的水平矿床。当时的采石活动就是从这些外露的矿石开始进行的，最早的矿坑都比较浅，而且没有巷道。根据对矿坑的发现以及矿坑侧壁上的痕迹，可以推断当时的采石工具主要是公牛长骨制成的骨镐。除了在不列颠的苏塞克斯郡、威尔特郡的伊斯顿、约克郡的芬伯尔等地区发现了旧石器时代的燧石矿外，在北欧、西欧

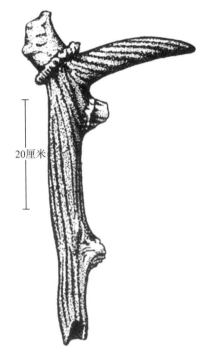

20厘米

格瑞姆斯燧石矿的鹿角镐

的比利时、法国、瑞典、葡萄牙等地也发现了这个时期的燧石矿遗址。燧石矿开采的活动已经比较普遍，主要以露天开采为主，一般使用木制或骨制的挖掘棍、鹿角镐等进行采石。

新石器时代早期

开采燧石活动从露天开采发展为矿井开采 新石器时代的采燧石活动已经开始往地下进行，出现了深达10米的矿井，而沿水平方向的矿床也出现了许多巷道，一些质量较差的燧石层已被这一时代的矿工有意忽略。2000年入选联合国教科文组织世界遗产名录的比利时斯皮尼斯的新石器时代燧石矿就是燧石矿开采技术的一个重要标志。斯皮尼斯燧石矿位于比利时埃诺省蒙斯的一个村庄——斯皮尼斯（Spiennes）。燧石矿占了靠近蒙斯的白垩山丘约达1平方千米的面积，是欧洲最大的，也是目前发现最早的古代矿坑汇集地，

它展现了露天矿与地下矿之间燧石结核的转变。这些结核被矿工们用鹿角镐挖掘出来，并被敲碎成粗制的斧形，经过最终的抛光成为工具。在该燧石矿20 000～30 000平方米的区域内出现了类似的坑道，这些坑道大多深9～12米，直径在60～80厘米之间。同时，在达到第五层燧石岩的坑道中，出现了一个直径为1.8～3米，高度在1.2～1.5米之间的腔室。考古发现，在英国斯伯里和法国切姆尼尔斯之间的一些新石器时代坑道底部附近还出现了收集雨水的引水坑，这说明在新石器时代矿井的排水原理已被人们认识并得到遵循。这个时期采石的主要工具以石制品为主，形制有石锄、锤子、凿子和石斧等。

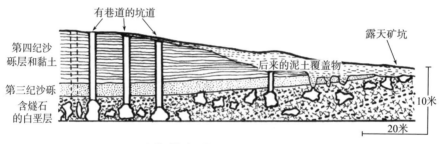

比利时斯皮尼斯燧石矿概略平面图

多种石矿被开采利用　除了开采燧石矿之外，矿工对其他种类的矿石也有了一定认识，并懂得对其他岩石进行开采利用。根据考古发现，在英国北威尔士的彭迈恩毛尔附近的一处火成岩矿区，存在属于新石器时代的大规模开采矿石痕迹，这些火成岩矿被开采出来后还被制成各种形式的工具。在远离威尔特郡的一些地方也同样发现了大量的火成岩矿石样本，表明当时已经对这些矿石进行开采利用。而在地中海附近的一些火山区，人们已经学会使用天然的玻璃——黑曜石来制造工具。

新石器时代晚期

塞尔维亚和保加利亚开采冶炼铜矿石　鲁德纳格拉瓦（Rudna Glava）古铜矿位于多瑙河中游平原的塞尔维亚贝尔格莱德以东140千米，靠近罗马尼亚边界，其主要铜矿物为黄铜矿，含孔雀石、蓝铜矿等主要矿物。1968年开始对该遗址进行考古发掘，发现有敞口铸造和竖井开采矿石的遗存，而在保加利亚南部的艾布纳尔（Ai Bunar）遗址，也发现有竖井开采矿石的遗迹。这是塞尔维亚和保加利亚地区存在新石器时代晚期开采与冶炼铜矿石的可靠证据。根据发掘的遗物可以推断，鲁德纳格拉瓦古铜矿主要使用石锤，还有鹿制的镐头工具进行采矿，采用的是"火爆法"对矿脉进行炸裂后再用手工采出矿石。此外，古铜矿遗址中还发现了多条"竖井"式的开采遗迹，说明该古铜矿遗址主要开采的是地下矿石。目前，鲁德纳格拉瓦的早期采矿遗物已被确定属于早期红铜时代，而艾布纳尔遗址有2 000～3 000吨铜矿石在红铜时代被开采出来，可能生产出了500～1 000吨的金属铜。这种大规模的开采可能导致了巴尔干地区红铜时代晚期氧化铜和碳酸铜矿石的短缺，进而导致金属生产出现大衰落。

B.C.9千纪

伊拉克的库尔德斯坦地区存在最早的铜制品　1957—1961年期间，美国考古学家拉尔夫·索烈基（Ralph Solecki 1917—？）在伊拉克库尔德斯坦（Iraqi Kurdistan）附近的沙尼达尔洞穴（Shanidar Cave）里发现有B.C.9000年左右的椭圆形铜坠子。因为矿化完全，有人认为该铜坠实际为孔雀石雕刻而成，而非金属铜制品。

B.C.8千纪

土耳其的恰约尼存在早期使用的铜制品　1947年，在土耳其考古学家海力特（Halet Cambel 1916—2008）和美国考古学家、人类学家罗伯特·布雷德伍德（Robert John Braidwood 1907—2003）领导下，土耳其–美国联合考古队在土耳其西南部幼发拉底河上游一条小支流旁安那托利亚山地边缘的无陶新石器时代遗址——恰约尼（Cayonu Tepesi）发现了人类最早使用金属铜制品的遗存，出土了大约50多件金属铜制品以及大量雕刻而成的孔雀石珠，这些金属铜制品包括用铜矿石直接打制成的铜针、别针、铜锥及铜珠等。恰约尼遗址的年代被确定为B.C.7250—B.C.6750年。

B.C.7千纪

伊朗出现自然铜片卷成的铜珠　在伊朗的阿里-喀什地区发现了B.C.7千纪的一颗小铜珠，该铜珠已完全锈蚀。经过实验检验，该铜珠是用约0.4毫米厚的铜片卷起制成的，铜片呈现多边形的式样。目前可以肯定的是，该铜珠是用自然铜制造而成的。自然铜常见于发育完整的铜矿氧化带中，原生自然铜常含少量或微量Fe、Ag、Au、Hg、Bi、Sb、V、Ge等元素；Fe含量在2.5%以下，Ag多呈自然银包裹物，Au固溶体可达2%～3%。次生自然铜较为纯净。自然铜具有硬度低、延展性好、纯度高、导电性和导热性好等特点，可以直接将其锻打成铜器。

美索不达米亚出现铜制品　在特尔马格扎利耶（Tell Maghzaliyeh）发现有B.C.7千纪美索不达米亚地区最早的铜制品之一，该铜制品为一把铜锥。经分析，该铜制品的矿料来源于伊朗的安纳拉克-塔尔梅西（Anarak-Talmessi）。

B.C.6千纪早期

美索不达米亚和安纳托利亚直接利用矿石炼铅　在安纳托利亚半岛中南部科尼亚平原（Konya）的查塔尔萤克（Catal Hüyük）遗址出土了13件铅珠。美索不达米亚北部辛加尔河谷（Sinjar，辛加尔即伊拉克尼尼微省西北部的一个小镇，靠近叙利亚边界的辛加尔山）的耶里姆山丘（Yarim Tepe）发现了一个铅手镯。经确定，这两批器物为B.C.6千纪早期的器物，这也是目前已知的人类最早直接利用矿石冶炼金属的证据，说明了人类最早冶炼的金属可能是铅。

B.C.6千纪

巴基斯坦地区出现铜制品　1974年，由法国考古学家贾立基夫妇（Jean-Francois Jarrige和Catherine Jarrige）领导的考古小组在今巴基斯坦俾路支省的卡赤平原（Kachi Plain）发现了新石器时代的墓葬遗址——美赫尔尔（Mehrgaṙh，B.C.7000—B.C.2500），经考古发掘出土了约B.C.6000年的铜珠等青铜制品，这说明俾路支地区（Baluchistan，包括今天的伊朗东南部和巴基斯坦西南部）最早使用铜的时间与美索不达米亚地区差不多是一致的。从该墓葬中出土的器物看，美赫尔尔最早的铜制品与绿松石、天青石同时出现，这说明了其与阿富汗和伊朗之间存在一定的联系。

B.C.6千纪晚期

爱琴海地区出现最早的铜冶炼　人们从希腊北部的迪基里-塔什（Dikili Tash）遗址和西塔格若（Sitagroi）遗址的新石器时代中期地层里发现了小型的铜制品，其中包括了西塔格若遗址出土的铜珠和迪基里–塔什遗址出土的铜针。而西塔格若遗址新石器时代晚期的地层中（B.C.4700—B.C.4300）不仅发现有铜针、铜锥，还发现了炉渣和坩埚，这是欧洲最早的熔炼和铸造铜的遗物，其至还可能是冶炼铜矿石的遗物。根据光谱分析数据表明，这些晚期的铜针可能含有0.03%的铁、0.03%的锌、0.01%的金和0.05%的银，考古学家Kitsos Cave认为制作这些铜针的原料可能来自南斯拉夫。

约B.C.5900—B.C.5300年

东南欧出现最早的金属铜器　人们从罗马尼亚属于新石器时代晚期的Balomir遗址出土了大铜锥，这是在东南欧地区发现的最早的金属器物。该大铜锥长度为14.3厘米，据分析是由自然铜制成的金属制品。

B.C.5千纪

西亚地区出现最早的炼铜遗物　人们在安纳托利亚半岛中南部科尼亚平原（Konya）的查塔尔萤克（Catal Hüyük）遗址发现了一块B.C.5千纪的炼铜渣，这可能是目前已知最早的炼铜渣。此外，在伊朗西北部的泰佩加布里斯坦（Tepe Ghabristan）遗址和伊朗南部的塔里–伊比利斯（Tall-i-Iblis）遗址均发现有冶铜作坊。这些冶炼遗址以及炼铜渣的发现使安纳托利亚和伊朗地区成为世界公认的冶铜技术起源地。

B.C.5千纪中期

伊朗利用自然铜加工制成铜针　在伊朗的泰佩锡亚尔克北山发现了约B.C.4500年的一枚铜针，此铜针保存得较为完好。其金相显微组织表明，该铜针是经过大量人工加工锻打的自然铜，其中含有氧化亚铜，其化学成分与伊朗的人工冶铜十分近似，其硬度为109 HV。

B.C.5千纪晚期

伊朗已利用矿石冶炼金属铜　苏萨（Susa）是伊朗的一个古老城市，曾居住埃兰人、波斯人和帕提亚人，它位于距离底格里斯河东部约250千米远的较低的扎格罗斯山脉上，卡尔黑（Karkheh）和德斯（Dez）河流之间。苏萨附近的墓葬中出土了55件铜斧。出土铜斧的数量之多，表明伊朗地区在B.C.5千纪晚期已经出现了较成熟的利用氧化铜矿石或者硫化铜矿石来冶炼金属铜的工业。

B.C.5千纪晚期—B.C.3千纪早期

伊朗开始使用砷铜制品　1851年，由英国考古学家威廉·洛夫特斯（William Loftus 1820—1858）定名的苏萨遗址出土了B.C.5千纪晚期—B.C.3千纪早期的青铜器物。其中在苏萨A期出土的19件青铜器物中有6件含有至少1%的砷；在苏萨B期和苏萨C期，砷铜制品的数量和砷在制品中的含量也增长了，其中18件经过分析的砷铜制品的含砷量平均约为5%。该地区砷铜的发展说明了当时伊朗地区处于青铜时代的早期，到B.C.4千纪，西亚和欧洲的冶炼、铸造和合金技术也同时有了充足的发展。

B.C.5千纪—B.C.4千纪

多瑙河中游平原地区掌握炼铜技术　考古学家在南斯拉夫地区的塞莱瓦茨（Selevac）和上图茨拉（Cornja Tuzla）、匈牙利西南的森格瓦卡翁（Zengowarkony）以及诺万卡库普加（Novacka Cuprija）等考古遗址都发现了疑似炼渣的遗物。通过对这些遗物进行科学分析，确认其为炼铜遗物，年代约在B.C.5千纪—B.C.4千纪。在塞莱瓦茨遗址发现的渣状物中检测确定为真正的炼铜炉渣的只有1块，根据炉渣中铜颗粒与一同出土的孔雀石以及蓝铜矿在成分上的对应关系，可以确定其为冶炼遗物；在茨拉遗址出土的炉渣呈斑块状出现，其与出土铜器的成分极为一致，证明其为冶炼纯铜的遗物；在森格瓦卡翁遗址的一个女性墓葬中也发现了一块约为0.5厘米×0.2厘米的炉渣，其年代约为B.C.4200年，经对含铜颗粒的检测确定其为青铜；在诺万卡库普加遗址发现的炉渣年代确定为B.C.4千纪中叶，分析显示其中的砷含量较多，还含有铅、锌等，表明其冶炼产品应是砷铜。从这些已知的炼铜炉渣推测，在B.C.5千纪—B.C.4千纪间，多瑙河中游平原地区已经掌握了炼铜的技术。

多瑙河中游平原各遗址分布图

约B.C.4700—B.C.4000年

中国陕西出现铸造成型的黄铜制品　1973年出土于陕西临潼姜寨仰韶文化遗址（B.C.4700—B.C.4000）的残缺半圆形薄片，铸态组织，检验得知，其平均成分为66.5%的铜、25.6%的锌、5.9%的铅、0.87%的锡、1.1%的铁。这是中国发现的最早的黄铜制品，经由铸造成型，铸态组织并不均匀，成分偏析较大，并含有铁、铅、锡、硫等杂质，具有早期铜器的特征。

约B.C.4500年

伊朗北部的泰佩斯萨尔出现早期的铜冶炼　20世纪30年代开始就有考古队对伊朗北部厄尔布士山南麓的泰佩斯萨尔冶炼遗迹进行了初步发掘，将该遗址确定为B.C.4500—B.C.2500年。1976年，由美国和意大利学者组成的考古队再次对该冶炼遗址进行发掘，获取了大量炉渣、炉壁、陶范等遗物，但没有发现鼓风管和坩埚。通过对出土遗物的分析检测，发现了砷铜器物。考古报告认为，伊朗泰佩斯萨尔的冶铜技术开始年代较早，约B.C.4500年就已出现铜的冶炼，但其处于冶铜技术的原始阶段，无鼓风装置仅依靠当地强劲的山风来自然鼓风，在之后的2000年间，冶炼技术未出现较大的进步，仅是冶炼规模得到不断扩大。

约B.C.4000年

阿拉伯谷地提姆纳用石器开采孔雀石、赤铜矿等矿物　阿拉伯谷地位于今天以色列南部、西奈半岛东北部边缘地带，处于死海和亚喀巴海湾之间。20世纪中叶，考古学家在该地区的提姆纳遗址发现了属于B.C.4000年的采矿遗址，在一条已清理出来的100米的古矿洞中，不但发现了各种采矿石器及陶片遗存，还在其洞壁上发现了各种石器砸击留下的痕迹。年代测定表明，该地区在B.C.4000年的铜、石并用时代已经开始用石器开采孔雀石、赤铜矿、蓝铜矿等矿物的氧化矿石，且这些开采活动一直持续到了B.C.3千纪。

安纳托利亚出现纯铜制品　在安纳托利亚南部科尼亚省年代早至B.C.5000年的查姆哈桑（Cam Hasan）遗址发现了一件B.C.4000年的铜制权杖头，经光谱分析表明，该权杖头为含0.05%银的纯铜制品。该纯铜权杖头可能是B.C.4000年最具实质意义的铜制品。

B.C.4千纪

古埃及使用含镍或含砷铜器　古埃及前王朝时期（约B.C.4000年），人类已经开始用纯度不高的冶炼铜来制造铜斧等器物了。对古埃及前王朝时期的一把铜斧进行检验分析，发现其中含钴1.28%、砷0.49%、铅0.17%；而对出土的同时期的一把扁平斧分析，其含镍量较高，含砷量则较低，其组织和硬度则大体均匀，扁平斧中间部分的硬度为63 ~ 73 HB，刀刃的硬度为85 HB。而接近古埃及第一王朝（约B.C.3000年）时期的砷铜制品，其含砷量就变得较高。通过对第一王朝出土的一把扁平斧分析，其中含砷1.5%，而且其金相表明，这是一件经过铸造、锻造并在700 ℃退火，或者经过热锻和轻度冷锻得到的制品，其中心部分的硬度达到80 ~ 90 HB，刀刃处硬度达到92 ~ 112 HB。

B.C.4千纪末期

阿拉伯谷地提姆纳遗址用碗式炉炼铜 20世纪60—70年代，在以色列南阿拉伯谷地内格夫靠近山顶的提姆纳第39号遗址中发现了考古学家迄今为止所能找到的年代最古老的炼铜炉。根据实验测定，推测该炉子建于B.C.4千纪末，是一座用粗制石块砌成的碗式炉，里面留存有炉渣、木炭等物。据遗存情况推测，该炉完整时高约80厘米，内径约为45厘米，没有发现任何上部结构的痕迹。在该炉子周围出土的炉渣呈现细碎的颗粒状态，这可能是出炉后为了从渣中取出散铜（小铜珠或铜颗粒）而砸碎的。该遗址炼出的铜并不是纯铜，其含砷量也较低。

约B.C.4000—B.C.3500年

美索不达米亚出现早期铜器 在伊拉克摩苏尔（Mosul）东北部的泰佩高拉（Tepe Gawra）发现了属于乌拜德时期（B.C.4000—B.C.3500）的铜制品，包括来自该遗址地层XXⅡ的一把刀身、一件锥和一个圆环，以及来自地层XⅡ的一个铜钮扣。这些铜件是在美索不达米亚地区发现的最早铜件。

约B.C.3800—B.C.3500年

伊朗开始使用经人工冶炼、铸造、冷加工和退火制成的铜器 伊朗的泰佩叶海亚发现约B.C.3800—B.C.3500年间的人工冶铜制品，主要有刮刀（约0.065千克）、凿子（约0.095千克）、锥子（约0.029千克）。该处发现的冶铜制品都已经过人工冶炼铸造、冷加工以及退火而制成，铜器中含有少量砷，其含砷量在0.3% ~ 3.7%之间。这是在中东地区发现的较早的人工冶铜制品。

约B.C.3500年

保加利亚地区的艾布纳尔古铜矿被开采利用　艾布纳尔（Ai Bunar）位于今天保加利亚的南部，该铜矿在约B.C.3500年已经被开采利用。根据考古发掘遗迹分析，该铜矿采用的是露天开采，使用的主要工具是石锤等。

泰国开始使用锡和青铜器　泰国的农诺他遗址（Non Nok Tha）位于孔敬府（Khon Kaen）普渊县（Phu Wiang），是一面积约1.5万平方米的孤堆形遗址，高出周围稻田约2米；班清遗址（Ban Chiang）位于泰国东北部乌隆府（Udon Thani）廊汉县（Nong Han），遗址被压在班清村下面。20世纪60—70年代，在对这两处遗址的考古发掘中发现了泰国最早使用锡和青铜器的证据。农诺他遗址中发现了属于B.C.3000—B.C.2500年间的青铜器物，经与青铜斧一同出土的木炭的碳–14测年表明，农诺他遗址用砂石合范铸造的青铜斧的年代可能在B.C.3000年之前；而班清遗址出土的小件青铜器，如青铜矛、手镯、脚镯等，其碳十四年代为B.C.3600—B.C.2900年。这表明在东南亚地区，锡和青铜器的使用至少在B.C.3500年就开始了，该地区同时利用锡制备铜合金不晚于世界其他地方。

叙利亚使用砷铜和锡青铜工具　在叙利亚北部的阿姆克遗址（Amua）早于B.C.3500年的地层中发现了一些铜制工具。根据实验分析，这些出土的铜制工具主要都是砷铜制品，含镍量0.4%～2.05%，其中还出现了一件含锡1.52%的铜件；除了砷铜，还有一件完全是锡青铜的制品，其不含砷或镍。

约B.C.3500—B.C.3000年

古埃及进行大规模的铜矿开采和冶炼　自古埃及第三王朝以来（约B.C.2600年），许多地方已经开始大规模的铜矿开采活动。在B.C.2600—B.C.1200年，古埃及人大约开采了约10 000吨铜，古埃及东部沙漠地带的铜矿也已被开采。根据出土碑铭和相关文献记载，这一时期古埃及最大的铜矿位于西奈半岛。从考古发掘出土的熔炉和炉渣来看，在古埃及前王朝时期（B.C.3500—B.C.3000）就已经对铜矿石进行熔炼了，铜氧化物得到还原。当时的铜矿坑道大多还是水平的，但也已能沿矿脉延伸到岩体中440～500米的深度了。矿工们主要使用石器进行开采，铜矿附近还发现了熔化矿石的痕迹，出现了铜制工具。这时的矿井有方形和圆形两种，开始注意通风问题，同时出现了矿井支柱。作为最古老铜矿区的瓦迪·迈加拉铜矿的生产一直持续到了B.C.1750年。

古埃及和伊拉克使用陨铁制成铁珠、匕首　在尼罗河流域的格泽（Gerzeh）发现了B.C.3500年的陨铁匕首，其中含镍7.5%；还发现了用陨铁制成的小珠，其中含铁92.5%，含镍7.5%。在伊拉克的乌尔发现的B.C.3000年用陨铁制成的匕首，其中含铁89.1%，含镍10.9%，这是目前世界上发现的最早的陨铁制品。

约B.C.3300—B.C.3000年

以色列阿布马塔遗址出现坩埚炉　以色列的阿布马塔遗址，即贝文谢巴附近一个铜石并用时代晚期的工场，考古发现了一个残留的坩埚炉，据推测，这可能是目前已知的最早的坩埚炼铜炉（B.C.3300—B.C.3000）。该炉子残留的炉体呈现圆形，直径有30～40厘米，其直立的炉壁大约3厘米厚，高度12～15厘米以上，炉子内表面已经完全玻璃化——这应该是由于木柴灰和金属的混合作用而造成的。整个坩埚是椭圆形的，底部呈现圆球形，外廓尺寸为11厘米×8厘米，内深7厘米，主要由混有碎麦秸的灰色黏土制成，坩埚炉附近并未发现范和鼓风嘴。但在该工场遗址和附近工场发现了扁平斧和一些铜锥、权杖首等器物表明，当时已经用坩埚炉进行冶炼铜，并铸造了。

约B.C.3200年

巴勒斯坦大量使用砷铜制品　从死海西岸的恩格迪（Engedi）北部的一个洞穴中发掘出的窖藏中，出土了大量属于约B.C.3200年的砷铜制品，包括240个权杖首、80个杖首、20把凿和窄长斧。在死海南岸的贝尔谢巴（Beersheba）也发现了属于同时期的杖首。这些出土的铜制品主要都是砷铜制品，其中含砷1.92%～12.0%，还有明显的锑和银的痕迹。此外，也出现了一件含镍1.22%的铜器和一件含镍1.9%的无砷铜器。这批砷铜制品的出土，说明砷铜在该时期的巴勒斯坦地区已经得到大量使用。

约B.C.3100—B.C.2650年

中国甘肃东乡出现青铜刀和炼铜渣 中国甘肃省东乡族自治县林家的一处马家窑文化房基中出土了目前中国考古发现的最早的青铜器——锡青铜刀，年代在B.C.3100—B.C.2650年之间。根据对该青铜刀柄端和刃部进行的金相观察，该青铜刀具有α固溶体树枝状结晶和少量（α+δ）共析组织，而且含锡量6%～10%。在刀刃口边缘1～2毫米宽处可以见到树枝状晶体取向排列，说明该刀刃口已经经过轻微的冷锻或打磨。同时，在出土该青铜刀的同处遗址中还发现了少量"碎铜渣"。经过岩相鉴定，小块的"铜碎渣"由孔雀石组成，大块的主要物相组成是：30%的孔雀石、40%的褐铁矿、5%的赤铁矿、10%的石英，还有5%的金属铜和少量铁橄榄石。研究表明该铜渣是炼铜的产物，推测其应是用铜铁氧化共生矿进行冶炼但并未成功的一件遗留物。

约B.C.3000年

美索不达米亚发展出成熟的金属雕像锻造技术 B.C.3000年左右，美索不达米亚地区已能熟练掌握使用金属板建造雕像的金属锻造技术。来自美索不达米亚的乌贝德（约B.C.3000年）的几只站立的高60.96厘米的铜制公牛雕像制造方法经推测是：先用木头制好公牛躯干，接着通过木榫眼来安装公牛的头部和腿部，再在木质的芯撑外面用薄薄的青铜皮覆盖住。每个部分都要用大头钉固定在一定的位置，期间还需经过多次退火，并用大头钉把金属长边固定在覆盖了一层沥青的型芯上，然后加热金属，使沥青紧靠金属流动，形成一个金属表面雕镂时所需的支持层，最后将自由边界用大头钉固定好，使几只大铜牛组合起来。来自古埃及希拉孔波利斯的真人大小的古埃及国王佩皮一世及其儿子的铜制雕像（约B.C.2300年）也运用了同样的技术，由铜板构成，经过锤打精密加工才得以完成。在发现国王雕像的神庙里还发现了同时期（约B.C.2400年）的雄鹰雕像，其头部高约122厘米，是用一块金子制造而成的，厚度并不均匀，从金子内部可以看到很多锤击或者冲压的压痕，其加工技艺与国王雕像的加工如出一辙，表现出当时成熟的金属雕像锻造技术。

约B.C.3000—B.C.1500年

北美洲苏必利尔湖地区出现大量自然铜器件　在北美洲苏必利尔湖区附近的威斯康星州出土了大量用未经熔化的自然铜制作的造型优美的器件，主要有工具、装饰物和武器等。对出土的年代约为B.C.3000—B.C.1500年的矛头进行检验发现，所有矛头都被大面积加工硬化，单个制品的平均硬度介于59～108 HV之间。其矛头都经过退火处理，部分还经过最后的冷加工。据此可断定，该时期铜器常规工艺过程是锻打和退火，直到使铜件近似于成品形状。

B.C.3千纪

古埃及和美索不达米亚采集黄金制作饰物　20世纪20—30年代，由英国著名考古学家列奥纳德·伍利率领的一支考古队，对苏美尔文明时期的古城乌尔进行了考古发掘。该考古发现，在伊拉克南部的古代乌尔王国（乌尔第三王朝时期约为B.C.2600—B.C.2500年）的墓葬中发现了许多做工精致的黄金艺术品和首饰，从而将人类使用黄金作为饰品的历史追溯到B.C.3千纪。

约B.C.2800年

美索不达米亚使用锡青铜器　在美索不达米亚的乌尔（今伊拉克境内）罗亚尔墓葬中发现了年代约在B.C.2800年（乌尔第一王朝时期）的青铜斧和青铜短箭，这些青铜器含锡量约8%～10%。经检测发现，其中一把斧子具有典型的δ相芯状铸造组织并有气孔，其中含有较高比例的锡（约8%～10%）被认为是真正的锡青铜制品。同时期的一支短箭，是经过锻打和退火的铜，最后又经冷加工制作而成的。这可能是目前已知世界上最早的锡青铜制品。

约B.C.2500年

古埃及已用失蜡法铸造金属饰物　一般认为，古埃及早在B.C.3千纪中叶已经使用失蜡法铸造金属饰物，古代的印度、希腊在B.C.2500年左右也能用失蜡法铸造出精美生动的青铜像。失蜡法，是古代金属铸造的一种方法，先用蜡制成模，外敷造型材料，成为整体铸型，再加热将蜡化去，形成空腔铸范，后浇入液态金属，冷却后得到成型的铸件。这种方法属于熔模铸造范畴，在古代多用于铸造具有复杂形制的铸件。

约B.C.2500—B.C.2000年

塞浦路斯开始开采铜矿并已供应给其他国家　塞浦路斯在B.C.3千纪下半叶开始对铜矿进行开采，根据这些铜矿坑里残留的成堆碎石和矿渣判断，这里的氧化物和硫化物矿砂都已经得到了充分的利用。塞浦路斯开采的铜矿不仅供自己使用，而且已被作为贡物运送给古埃及的第十八王朝法老图特摩斯三世（ThothesⅢ，约B.C.1580—B.C.1350），同时还供应给了特洛伊、克里特岛和古希腊等国家，可以看出，当时塞浦路斯铜矿的开采量是十分巨大的。

乌尔、迈科普等地区使用灰吹法炼铅提银　根据对伊拉克乌尔、迈科普等地遗址考古发掘的精致银器的实验分析判断，大约在B.C.2000年，该地区已经掌握了铅、银的冶炼方法。在特洛伊Ⅰ期和Ⅱ期遗址（B.C.2500—B.C.2000）中，发现了银棒和铅棒，从银的含铅量可以推测该地区已经使用了灰吹法。灰吹法是利用金银易溶于铅，铅易于被氧化成PbO及PbO可以被排出或被炉灰吸收的性质而把金银从铅中提取出来的技术。

约B.C.2300—B.C.2100年

中国山西襄汾出现砷青铜铸件　根据对山西襄汾陶寺龙山文化晚期遗址的考古发掘，在一墓地中出土了一件齿轮型青铜器，对其进行实验分析证明该青铜器为砷青铜铸件，年代在B.C.2300—B.C.2100年之间，这是在中国发现的最早的砷铜器。但该砷铜铸件是当地的铜砷共生矿冶炼而成还是由外部传入尚未确定。

约B.C.2300—B.C.2000年

伊朗乔伊泰佩出现白口铸铁坯　乔伊泰佩考古遗址（Geoy Tepe）位于伊朗西北部，乌尔米亚（Urmia）南部7千米处，1948年由英国的伯顿布朗

（Burton T. Brown）进行挖掘。乔伊泰佩D层（B.C.2300—B.C.2000）出土了一块白口铸铁坯，其含碳3.5%，含磷0.45%，含硫0.16%。但由于该遗址并没有出现其他生铁制品，推测这是一种偶然得到的产物，应是当时工匠在冶炼过程中出现失控而导致的。

约B.C.2300—B.C.1800年

中国山东胶县使用铸造成型的黄铜锥　1974年在山东胶县三里河龙山文化遗址（B.C.2300—B.C.1800）中出土了一件断成两截的铜锥。该铜锥经实验检验得知，其含锌量约为20.2%～26.4%，呈现铸态组织形态，组织并不均匀，具有早期铜器特征。

约B.C.2300—B.C.1600年

中国甘肃玉门火烧沟遗址使用石范铸造铜器　玉门火烧沟遗址于1976年发掘了312座墓葬，共有106件铜器出土。在1990年进行第二次发掘的17座墓葬中有4件铜器出土。这两次发掘的器物类型较多，装饰品有耳环、鼻环、泡、钏、管饰、镜等，还有锥、刀、凿、镰、斧等工具以及矛和镞兵器等。其中出土的镞范属于甘肃四坝文化类型，该镞范是石范，可同时铸造两个箭镞。范是铸造金属器物的空腔器，古代的铸范依据材料不同分为石范、泥范（陶范）、金属范以及砂型。

约B.C.2200年

安纳托利亚的特洛伊使用坩埚炼铜　特洛伊，古希腊殖民城市，位于安纳托利亚高原西边，在今天的土耳其境内。该遗址在1871年由著名的考古学家海因里希·谢里曼主持进行第一次考古挖掘，从其Ⅲ期和Ⅳ期遗址（约B.C.2200—B.C.1900）中出土了大量坩埚和石范，其中大部分坩埚是浅底半球形坩埚。同时，还有一个带四脚坩埚中残留着铜和金的沉积物，这说明当时已经使用坩埚进行铜的冶炼。此外，该遗址还出土了用来浇铸工具和武器的滑石范，有敞口型和闭口型两种类型。

外高加索地区开始使用铜制品　根据对位于伏尔加河下游和乌克兰之间

的外高加索遗址的考古发掘，该地区的人们直到约B.C.2200年才开始使用铜制品，这时期的多数制品几乎都是高砷铜制品。在属于约B.C.2000年的高加索工场遗址里，出土了一批包括矛头、小刀、针和锛等的铜制工具，这54件铜制工具含砷量都在0.5%～10.0%之间，其中有5件是含锡制品，含锡量在1.82%～12.6%之间。

约B.C.2100年

中国山西出现薄铸壁红铜器　红铜就是赤铜，是由硫化物或氧化物铜矿石冶炼得来的纯铜，可用以铸钱及制作器物。中国山西襄汾陶寺龙山文化晚期遗址出土了一件铜铃，该铜铃由红铜铸造而成，其横断面近似于一个菱形，口部较宽，长对角线6.3厘米，器物高约2.65厘米，壁厚约为0.28厘米，根据成分测定，该铜器含铜97.86%、锌0.16%、铅1.54%，被确定为红铜铸件。该薄壁红铜铸件的出土，证明中国当时的铸铜技术已经达到一定的水平。

约B.C.2000年

古希腊雅典的劳里昂银铅矿被迈锡尼人开采　古希腊雅典附近的劳里昂银铅矿是当时著名的矿山之一，于B.C.2千纪时首先由迈锡尼人进行开采。刚开始是露天开采，开采了一段时间后该矿被迈锡尼人废弃。直到B.C.600年雅典人又开始开采该矿山，其主要开采矿物是方铅矿（即硫化铅），但是该矿物中含银量非常高，所以该矿通常被称为"银"矿。古希腊人采矿时已经开始挖出立井，并通过巷道连接，此时的立井已非常规整，其截面通常为1.9米×1.3米的矩形，出现台阶，并使用绳子和滑轮来提升矿石，其最深的立井深约117.6米，而其回采工作主要利用"房柱式"工作法，有意识地利用巷道进行通风。根据出土的一幅B.C.6世纪的科林斯黏土泥版可以看出当时古希腊矿工的工作方式是用锄开采并用篮子收集矿石，而画面中出现了像灯一样的东西。这时的矿工已经使用熟铁工具，如锤子、带木柄的镐、凿子、楔子等进行开矿。

越南开始使用小型石范铸造并锻造小型青铜器　越南的青铜时代始于约B.C.2000年，格邦坡（Go Bong Epoch）遗址中出土的器物表明，越南北部发展出了和泰国东北部一样使用小型石范来铸造并锻造小型工具、农具的技术。该技术体系与中国的可能不同，而是与西亚和欧洲更为接近。

约B.C.2000—B.C.1800年

俄罗斯地区使用对开式黏土范来浇铸带銎斧　在俄罗斯南部的卡里诺夫卡（Kalinovka）地区发现了属于约B.C.2000—B.C.1800年的铸范，这是两片对开式的黏土范，主要用来浇铸带銎斧。同时，随着对范一起出土的还有一件棒形或柱形芯，其放置在对开范的型芯座上。

约B.C.1900年

中国河南登封出现铸造青铜容器　在河南登封王城岗龙山文化遗址四期窖穴中出土了一件残铜片，残高5.7厘米、残宽6.5厘米，具有一定的弧度，并有烟熏的痕迹。经推测这是一件铜鬶腹部和腿上部残片，年代约为B.C.1900年，经光谱分析、扫描电镜X射线能谱分析和表面金相检测确定，该残铜片为铅锡青铜，具有铸造组织形态，说明当时中国河南地区已经开始铸造并使用青铜容器。

B.C.17世纪

欧洲铜矿的开采广泛使用火烤法　属于新石器时代的铜矿在欧洲的奥地利、德国、法国、西班牙、葡萄牙、希腊、俄罗斯等地都有发现。自B.C.1600年就开始开采的奥地利蒂罗尔的米特贝格铜矿，在这时已经学会使用火烤法来破碎坚硬的岩石了，即先用火将岩石表面烧得炙热之后，用凉水泼洒在其上，从而加速坚硬岩石的破裂，这就减少了矿石开采的劳动量。同时，米特贝格铜矿的巷道还采用了加固支架，巷道支架的长度已达到了100米，矿工在进出巷道时采用了刻有凹槽的树干作为梯子，这种类型的树梯在欧洲一直沿用到了17世纪。这时期采矿的工具大多已用铸铜制成，其矿石也用铜锤进行破碎，破碎后的矿石主要用榛木枝做成网格的木筛进行分级筛选，然后用皮革制成的袋子或木槽进行搬运，在矿区遗址里还发现了具有三个轮辐的绞车。当矿石搬运到地面之后，再用石锤敲碎，然后用双柄矿铲对矿砂进行淘选。由此看出，青铜工具已经被广泛用来开矿了，而各种开矿工具也比较齐全，基本形成了较完整的矿石开采流程。

B.C.17世纪

中国开始使用木盘淘洗自然金属矿物　1973年开始考古发掘的中国湖北大冶铜绿山古铜矿遗址，是中国商朝早期至汉朝的采铜和冶铜遗址，出土了殷商时期的"船形木斗"。这是一种特制的木盘，主要用于淘洗自然金属矿物，是早期淘洗工具的代表。这一淘洗工具的出现，说明中国的重选技术可以追溯到殷商时期甚至更早年代。

B.C.17—B.C.16世纪

中国古代开始采集并利用金属银　1976年在对甘肃玉门火烧沟遗址进行考古发掘中，出土了一件银鼻环。经过检测，该银鼻环含银量高于90%，年代确定为晚夏早商时期，即约B.C.17—B.C.16世纪。这是迄今为止中国出土最早的一件银制品。

B.C.16世纪

近东地区掌握金银细丝加工技术　古代并没有简便的机械方法来制造金属丝，为获得一根金属丝，只有从一张金片的边缘裁剪一条窄带或者一根足够长的金属丝，可以一圈圈地以长螺旋状的形式剪裁金属圆盘。根据对B.C.16世纪的古埃及墓葬考古发掘的出土物的研究，可以发现这种用来制造皮带的螺旋方法的记载。而在乌尔王陵里发现了一条长度大于1.5米的金带，就是由螺旋剪裁的金带通过打击平整而形成的。这可能是用燧石做成的凿刀裁剪下金属带，然后通过捶打来磨平棱角并使厚度均匀。叙利亚地区约在B.C.1450年也出现了许多用钳子弯曲金属线制成的各种形状——圆环、螺管、环形物、螺线或波形图案，当时人们也能够将两根金属丝拧在一起，制造出复合金属线图形了。这些显示出当时的金银丝加工技术已经被工匠熟练掌握使用了。

中国开始冶炼金属铅　1977年，中国考古队对内蒙古昭乌达盟敖汉旗大甸子村（在内蒙古赤峰市夏家店发现，年代为B.C.22—B.C.11世纪）进行了考古发掘，在一处年代约为B.C.16世纪的墓地中发现了金属铅质的贝币和铅制的包套、权杖头等，经检测其含铅量约达90%。这是迄今为止在中国发现的年代最早的铅制品，说明当时该地区的人们已经开始冶炼铅金属了。目前出土的属于夏代晚期及商代早期的铅制品仍是极少数，据此推测当时铅的冶炼工艺应还处在发展初期，并不普遍。

中国开始采集并加工黄金　1973年，在河北藁城县台西村属于商代中期（约B.C.16世纪）宫殿遗址的14号墓地中出土了厚度仅有0.01毫米的金箔，后经实验分析确定该金箔经过锤锻加工而成。此外，1977年在内蒙古昭乌达盟敖汉旗大甸子村属于夏家店下层文化的夏代墓葬遗址中（约B.C.16世纪）还曾出土了细长型金条。同年，在北京平谷县（现平谷区）的一个商代墓葬中出土了一批黄金饰品，其中有臂钏、耳环和笄（发簪）等，对墓葬年代进行测定，该墓葬的年代在商代早期。这些黄金器物的考古出土，说明中国在约B.C.16世纪的商周时期就已经开始对黄金进行加工制作了。

B.C.16—B.C.11世纪

中国出现关于采矿的文字记载　中国采矿有文字记载的历史始于商代（B.C.16—B.C.11世纪），在商代设有"丱人"以"掌金玉锡石之地"。其中"丱"，即为古"矿"字，这是中国最早出现的关于采矿活动的文字记载。

约B.C.1500年

古埃及掌握金箔制造技术　古埃及法老陵墓中发掘出来的文物表明，古埃及在很早之前就已经掌握了金箔加工技术。在撒哈拉一座约B.C.1500年的墓葬中发现了金箔制品；而在B.C.1450年的墓葬发掘物上也发现过锤打金箔的形象。金箔，是由金加工而成的非常薄的片材，其制作方法是先将金锭打成薄片，逐层夹入乌金纸中，每叠达两千余张，外裹上绷纸，然后在青石砧上用铁锤锤击三万多次，即成金箔。金箔厚度约为0.000 3毫米，为防止黏结，会在纸上涂上滑石粉。

古埃及第十八王朝勒克米尔古墓壁画出现缶状足踏鼓风器　古埃及第

十八王朝（约B.C.1500年）勒克米尔古墓壁画上，绘有四具脚踏式皮囊鼓风器强制鼓风的场面，可以看出当时鼓风器已经进一步发展为皮囊的形式了。鼓风器械的使用与改进是与古代冶金技术密切相关的，而在世界不同地区随着各自冶金技术的发展形成了各具特色的鼓风技术。最早的鼓风器是吹管，在古埃及古墓的壁画上留存了工匠使用带陶嘴的吹管鼓风吹火熔化金属的画面，同时该图还显示了古埃及使用坩埚熔炼的场面。坩埚在浇注时用柳条夹住，金属在坩埚内熔化，用四具脚踏鼓风器来强制鼓风，再用柳条将坩埚抬到中央的范的上方，那儿有一组浇口，而右边有一个拿着牛皮状铜锭的人。

B.C.1500年古埃及第十八王朝勒克米尔古墓的缶状足踏鼓风器壁画

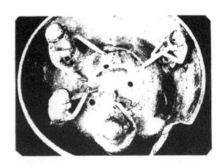

古埃及古墓壁画上吹管熔金图

约B.C.1440年

古埃及熟练掌握青铜铸造技术　在古埃及阿蒙霍特普二世（Amenhetep Ⅱ）

统治下（约B.C.1440年）的官员雷克迈尔（Rekhmire）的墓穴墙壁上，画有描绘一个神庙铜门铸造过程的画面。从该墓葬壁画可以看到，当时的工人们主要用袋子来运木炭，使用的风箱是用皮革制成并用脚操纵的，同时用提棍将坩埚移离炉火，最后通过17个系列漏斗将坩埚里的金属浇注到模子里。使用的模子是一个矩形轮廓的形状，据推测其可能是像普通古埃及砖块一样用烧烤过的黏土做成的，只不过已经烧到陶瓦般的硬度，具有足够的强度来承受液态金属的压力。从图画描绘的内容看，当时古埃及的青铜铸造技术已经足够成熟，能铸造大型青铜器物。

约B.C.1320年

古埃及人已经绘制出最早的彩色金矿图　20世纪90年代初，澳大利亚森塔明公司的创始人优素福·萨米（Yusuf·Sami）在意大利都灵的一家博物馆内发现了目前已知世界上最早的彩绘金矿地图，其被绘在一张用生长在尼罗河三角洲沼泽地的芦苇制成的纸莎草片上。据科学分析，这张纸莎草片年代为B.C.1320年左右。该地图不仅是世界上最古老的原始形象地图，也是最早的矿产地图，标记了尼罗河与红海之间的金矿位置，说明当时人们已经开始有意识地对大范围的金矿矿产进行较为系统的调查开采活动。

B.C.14世纪

古埃及用黄金铸成第十八王朝法老图坦卡蒙金棺　1922年考古发现了古埃及第十八王朝法老图坦卡蒙（Tutankhamen）的陵墓。该陵墓出土了一具金棺，后被称为图坦卡蒙金棺。该金棺的外棺和中棺都为木制，外覆上金片，分别长2.24米和2.03米。金棺内棺则由黄金整体铸造而成，长度为1.87米，厚度为2.5～3.5毫米，重达120千克。金棺的形状被做成了人形，上面镂刻了华丽精致的纹饰，并镶嵌有琉璃、碧玉、绿松石等饰物。同时在该金棺内还发现了一副打制好的金面具，覆于木乃伊的头、肩部，上面饰有金质王徽、琉璃、项链等。

古埃及法老图坦卡门金棺　　　　图坦卡门金棺中的金面具

中国江西瑞昌铜岭铜矿被开采利用　1988年，考古学家对江西瑞昌铜岭的中国商代时期铜矿遗址进行考古发掘，在约25万平方米的遗址内挖掘出采坑、矿井、平巷、选矿槽、炼炉、工棚以及大量竹、木、石、铜质工具和用具，还发现了用于矿山提升的木滑车等器械。根据对出土陶器类型和坑木的碳–14年代测定数据显示，这处铜矿遗址至迟于约B.C.14世纪就已经被商代人采用竖井、平巷坑等联合开采的方法来开采矿物，这些开采活动延续到了约B.C.5世纪的战国早期，这是迄今为止已知的中国最早的采铜炼铜遗址。

中国河北藁城利用陨铁制成铁刃铜钺　在中国河北藁城台西村商代遗址中发现一件铁刃铜钺。铜钺的外刃已断失，残存刃部包入铜内约10毫米，铜钺钺长111毫米，阑宽85毫米，铁刃厚2毫米。根据藁城台西第一层水井木井盘的碳–14测定，铜钺的年代属于约B.C.14世纪前后的商代中期，属于中国殷商安阳小屯早期。铁刃铜钺的发现表明中国在商代已经认识铁，并熟悉铁的热加工性能，还识别了铁与青铜在性质上的差别。

中国河北藁城出土的铁刃铜钺

中国河南安阳殷墟铸造出后母戊鼎　1939年，在河南安阳殷墟西北岗武官村出土了现存的先秦时期最重的青铜铸件——后母戊鼎，其铸造年代约在中国商代晚期，据记载，其为商王为祭祀其母所铸的重器。该鼎重832.84千克，长166厘米，高133厘米，宽79厘米。它是商代青铜文化顶峰时期的代表作，其造型典雅厚重，纹饰美观，充分显示了殷商时期青铜冶铸业生产规模的宏大和技术水平的高超。后母戊鼎是用陶范铸

中国安阳殷墟出土的后母戊鼎

造而成，铸型由腹范、顶范、芯和底座以及浇口范组成。该鼎的腹部据分析应该使用了分范组成，鼎耳是后铸上去的，依附于鼎的口沿之上。经过实验分析，该鼎的合金成分主要是84.77%的铜，11.84%的锡，2.76%的铅和0.8%的其他物质。同时，该遗址还出土了一些炼铜渣、铸铜范块等等。

B.C.14—B.C.13世纪

赫梯帝国发明冶铁术并进行铁的贸易　赫梯帝国（Hittite Empire，B.C.14—B.C.12世纪）是西亚小亚细亚地区古代奴隶制国家，B.C.17世纪由拉巴尔纳斯始建。赫梯人在冶铁方面颇具名气，是西亚地区最早发明冶铁术和使用铁器的国家。其国王哈图斯三世（Hattusilis Ⅲ　B.C.1281—B.C.1260）在位期间，赫梯势力不断增强，经济贸易发达。在哈图斯三世与祭祖瓦德纳山区总督的通信中，就提到了该帝国铁的生产与贸易问题。从信的内容看，这个时期铁的生产依旧是少量的且仅限于小亚细亚和亚美尼亚山区。这时期，小亚细亚地区已大量开采银、铜、铅矿等，赫梯人也已掌握铁的开采和使用的方法，并供应世界其他地区。

B.C.14—B.C.12世纪

巴勒斯坦的内格夫使用倾角鼓风炼铜炉　在今天巴勒斯坦和以色列境内

的瓦迪阿拉巴的内格夫发现了属于B.C.14—B.C.12世纪的炼铜炉，据推断其应该是青铜时代晚期小亚细亚较发达地区使用的具有代表性的炼炉。该炼炉大致呈现圆筒形，高度和直径约有60厘米，炉边已围上石栏，用黏性胶质泥做炉膛衬里，已经使用形状复杂的倾斜式的风嘴来送风。同时，在炼铜炉附近还发现了一些残存的重约50千克的圆形大渣块，由此可看出，炉渣是在冶炼结束时从边上排出的。

约B.C.1200年

欧洲阿尔卑斯山区使用硫化矿炼铜　根据在阿尔卑斯山区工场发现的铜渣堆以及炼炉的残存物推测，奥地利阿尔卑斯山的硫化铜矿至少在B.C.1200年就已经被开采了。该地区单个冶炼工场的面积平均为100～150平方米，渣堆的体积约为30立方米，基茨布厄尔工场可能是已知的利用硫化铜矿最早的工场之一了，其已经能利用硫化矿炼铜并能铸重达40千克的铜锭。

伊朗与伊拉克发现早期铁制品　在伊朗西北部的乔伊泰佩考古遗址（Geoy Tepe）发现了年代属于约B.C.1200年的铁剑柄以及一些其他类型的铁制品，而在临近的伊拉克约根泰佩山丘遗址（B.C.1600—B.C.1200）也出土了一件用于装配青铜剑身的铁剑柄。这些铁剑柄的发现，说明在这个时期铁更多是作为一种装饰用的贵重金属出现的。

约B.C.1100年

中国发明手摇辘轳　辘轳是古代的起重机械，是绞车的一种类型，常用于从井中汲水的称为井辘轳。据《物原》记载："史佚始作辘轳。"史佚是周代（B.C.11世纪中期—B.C.256年）初期的史官。也就是说，早在约B.C.1100年中国已经发明了辘轳，但其用于从竖井中提升铜矿石是在春秋战国时期。

奥地利的哈尔斯塔特出现铁器时代早期的器物　哈尔斯塔特（Hallstatt）是奥地利州萨尔茨卡默古特（Salzkammergut）的一个村庄遗址，该遗址发现有铁器时代早期（约B.C.1100年）的器物。1846年开始的在哈尔斯塔特进行的考古发掘，发现了2 000多座墓葬，根据考古测定分类，将大部分墓葬分属两个时期，一个较早时期的在B.C.1100—B.C.800年间，另一个较晚时期的在

B.C.800—B.C.450年之间。在较早时期的墓葬中出土了一些铁器，可以看出其明显受到金属加工的影响。

约B.C.10世纪

秘鲁北部地区掌握银铜合金技术　1966年，在秘鲁北部的卢林河谷发现了年代约为B.C.10世纪的银铜合金球，其内部含铜量和含银量各半，表面近乎是纯银，这是目前所发现的最早的此类制品。根据秘鲁安第斯山区所出产的矿石种类分析，这种银铜合金很有可能是由银铜混合矿冶炼而成，并通过特殊的表面处理技术使之具有银的光泽，这类银铜合金制品的发现表明当时秘鲁的安第斯地区已经开始掌握并熟练使用银铜合金冶炼技术了。

约B.C.900年

奥地利的哈尔斯塔特开始开采盐矿　1846年开始的在哈尔斯塔特进行的考古发掘中，在墓葬区附近发现了一处确定为史前时期的盐矿。从盐矿遗迹看，哈尔斯塔特地区在约B.C.900年就已经开始开采盐矿了。盐矿的发掘出土说明当时该地区的人类已学会利用盐矿资源了。

古埃及出现经淬火硬化处理的铁制斧头　第一个经过淬火硬化处理铁器的证据出现在古埃及，是一把属于B.C.900年的带凸缘斧头。根据斧头表面那层需经最后加热才能形成的四氧化三铁锈层来看，这把斧头还未曾使用过。其具有坚硬的马氏体刃口，据推测，应在800~900 ℃的温度下进行淬火，并在冷却到室温前就从淬液中取出，因此其最终硬度从非刃口部分的70 HV到刃口部分增加到444 HV。由此可知，该斧头已通过正常的热处理硬度得到提高。属于同时期的还有另一把已使用过的锈蚀较严重的斧头，根据对其残留部分进行的检测表明，该刃口也已经过淬火硬化处理。这两把斧头的出现说明，这时期古埃及的一些工匠业已掌握淬火硬化工艺，但并没有普遍推广使用。

B.C.9世纪

斯里兰卡地区已经开始兴起早期冶铁技术　斯里兰卡是位于亚洲南部即

南亚次大陆南端印度洋上的岛国，20世纪80年代开始对其中部高原的斯基利亚–达姆布拉地区进行了考古调查，在位于瓦拉瓦河上游的德意嘎哈阿腊坎达地区的阿腊口腊瓦瓦村以及撒马纳拉瓦瓦地区发现了几百处冶铁遗址遗存。这些冶铁遗址遗存出土的器物表明，斯里兰卡地区至迟在B.C.9世纪就已经进行冶铁活动，早期的冶铁技术在这段时间就已兴起。而根据对阿腊口腊瓦瓦村遗址出土的一个约B.C.4世纪的炼炉的复原分析，当时斯里兰卡地区使用的炼炉高约2米，炉底宽80～99厘米，深40～60厘米，并已使用8个鼓风管同时鼓风，冶炼产品则主要是块炼铁等，可见这时斯里兰卡的冶炼技术已经达到一定的水平。

B.C.8世纪

亚述王国出现最早的黄铜记载　黄铜是一种铜锌合金，在整个古典时期是一种最重要的新型合金产品。将锌加入铜中形成的合金，其强度和硬度都会明显增加，而其延展性却比纯铜低。目前所知的最早关于黄铜的记载可能是B.C.8世纪的亚述国王萨尔贡二世（SargonⅡ B.C.722—B.C.705年在位）在豪尔萨巴德宫殿里的铭文，其中就提到了人们用位于底格里斯河西部山区穆萨希尔的"白色的青铜"薄板覆盖木门。这里的"白色的青铜"应该就是指在青铜中加入白色锌制成的合金薄板。而波斯境内有丰富的锌矿，但是直到公元6世纪才出现大规模的黄铜生产。

伊拉克北部大量冶炼铁　在伊拉克北部、摩苏尔东北15千米的霍萨巴德（Khorsabad）的萨尔贡二世（SargonⅡ B.C.722—B.C.705年在位）王宫遗址中发掘出土了大量属于B.C.8世纪的铁，共计约有160吨重。这些铁制品大部分是一些两头尖、截面呈正方形的铁棒，其主要用不含镍和锰的很软的铁制成，长30～50厘米，厚6～14厘米，重4～20公斤。据记载，这些铁棒都是从其他地区进贡而来的贡物，说明铁在当时已经得到大量的冶炼，并作为贸易物进行交换。

西班牙里奥廷托矿区的银矿被开采冶炼　里奥廷托原是一条流入大西洋河的名字，后成为多金属矿的矿区名，其位于塞维利亚的韦尔发省，属于葡萄牙南部和西班牙南部的伊比利亚矿带东南端。1966—1967年间，塞维利亚大学考古学家们发掘调查了里奥廷托和所罗门峰附近的古代炉渣堆积，并对获取的炉渣进行检测分析，其结果为含铜不超过0.2%，含铅1%～2%，含银0.000 387%～0.000 575%，最后确定这些炉渣是B.C.8世纪腓尼基人炼银的遗物，说明B.C.8世纪里奥廷托矿区的银矿就已经被腓尼基人开采利用。

印度出现最早的冶炼铁器　在印度北方发掘的一些考古遗址中，发现了少量属于B.C.800年以及更晚一些年代的铁制品。这些铁制品与伊朗中部的锡亚尔克地区生产的铁制品存在很大的相似之处，印度的制铁知识可能是从其北方传到印度河和恒河流域的。

中国湖北大冶铜绿山建立起较为完整的古代采矿冶炼系统　这是中国目前发现的规模最大、保存最完整的古代铜矿冶炼遗址，南北长约2千米，东西宽约1千米，遗留炼铜渣约40万吨，占地14万平方米左右，推算累计产铜在8万～12万吨之间。经碳–14测定，该遗址于商代晚期就已被开采利用，并经西周、春秋、战国时期延续到汉代。同时也发现了隋唐时期的文化遗物和宋代冶炼场。该遗址的地下开采系统的大致发展为：地表（最大洪水位以上）或露天采场底（潜水面以上）——立井（群井）或斜井——盲井或平巷与盲斜井——平巷（或组成采场），并已经形成完整的木结构支护矿井系统。战国至西汉时期其地下开采深度已达60多米，并延伸到潜水面以下23米。出土的采掘工具有石、木和金属工具，分别有石锤、木制的铲（锹）、槌、耙，铜制的凿、镢和铁制的凿、锤、锄、斧、耙等；提升工具主要有木钩、绳索、平衡石、辘轳轴等。到春秋时期，地下矿井已经有比较完整的通风、排水设施，还留存了重砂测量工具、淘洗矿石的船形木头（盘），以及炼铜竖炉等。

B.C.7世纪

西班牙阿尔马登地区开始开采朱砂　朱砂即硫化汞，化学品名称 HgS，又称辰砂、丹砂、赤丹、汞沙，是硫化汞的天然矿石，大红色，有金刚光泽至金属光泽，属三方晶系，常夹杂雄黄、磷灰石、沥青质等。阿尔马登位于伊比利亚半岛的中南部，是西班牙雷亚尔城的一个直辖市，属于卡斯提尔–拉曼查自治社区管辖。当地的采矿活动可以追溯到B.C.7世纪，当时就有阿拉伯人、罗马人和腓尼基人在该地区开采朱砂，用来制作油漆和化妆品。当时的人并没有将朱砂当作汞金属的原料来源，直到17世纪在阿尔马登附近的阿莫里卡斯发现大型金矿床之后，这里的汞才被重视起来，并成为重要的汞矿生产基地。

中国山西浑源使用红铜镶嵌青铜器　1923年，山西浑源县城西南的李裕村村民在掘土时发现一批青铜器，这就是著名的李峪村青铜器。20世纪60年代以后，李峪村又零星出土了一些青铜器，经过考古勘察证实，出土青铜器的庙坡有东周时期的墓地。但是由于青铜器器型、数量等详细情况的缺失，青铜器的年代和文化属性出现多种说法，没形成统一的观点。就目前所知的李峪村青铜器而言，考古资料以及学术界的研究表明，它们的形制、纹饰大多具有春秋晚期的时代特征。在这批青铜器中发现了用红铜镶嵌的青铜器物，其中有红铜镶嵌狩猎纹豆，高20.7厘米，口径17.5厘米，周体饰狩猎纹，以红铜镶嵌；红铜镶嵌龙纹鼎，高17.5厘米，盖及腹部饰红铜丝勾勒的兽纹，分为相互连接的上下两排，兽首似龙，尾内卷，足上部饰兽面纹；红铜镶嵌兽纹敦，高16厘米，盖和器腹饰红铜镶嵌的虎形兽纹，双耳与圈足上也分别用红铜镶嵌出几何纹和兽纹。从春秋晚期开始，镶嵌工艺经常运用在青铜器上，其方法是：铸作青铜器时，预先留出纹饰空间，将预留处底子凿糙，填入红铜图形，利用红铜的延展性，加以适当的糙打，使其与器壁紧密的结合。镶铜技术后来还发展成为错金、错银技术。

山西李裕村出土的红铜镶嵌狩猎纹豆

山西李裕村出土的红铜镶嵌龙纹鼎

B.C.7—B.C.6世纪

中国春秋战国开始应用叠铸技术　叠铸是中国古代创造出来的一种金属铸造技术，是将许多范片层层叠合起来进行浇铸，可以一次铸出多个铸件。其巧妙之处在于一正一反的两个半型和合范用的楔、卯都以中线为基准对称分布，所有范片都是用同一具青铜范盒来进行翻制的，因而规格一致。任择两片便可组成一副铸型，把许多副铸型叠合起来，由共用的直浇口灌入铜液，一次就能得到多件铸币。叠铸法不仅用于铸币，还用来铸造车马器和装饰品。层叠铸造在中国大约始于春秋中晚期（约B.C.7—B.C.6世纪），当时已经出现利用铜范盒来翻制叠铸范片的工艺。而至迟在战国时期，齐国已用这种技术成批铸造青铜刀币。

中国甘肃灵台景家庄出现铜柄铁剑　景家庄位于甘肃省灵台县城西北距白草坡55千米的黑河川上游，1977年在此发现一处墓葬区。墓葬紧靠黑河左岸，距河底约80米高的一层台地上，地名叫周家坪。经考古确定，该处墓葬为春秋早期秦墓，其中出土的铜柄钢剑是春秋早期的人工冶铁制品。该铁剑柄、格相连，皆铜制，剑柄呈扁圆形，剑格两面对称饰兽面纹，柄中部有长形镂孔四个。柄长8.5厘米，格长4厘米，厚0.8厘米。剑叶铁质，残长9厘米、宽3厘米、厚0.6厘米，通长37厘米。经化验表明，铜柄部分经光谱分析测得有铜、锡及铅，是用青铜铸成；从铁剑剑身取样作金相分析，因锈蚀严重，需仔细观察，经鉴定未发现镍、钴元素，却发现人工冶铁的夹杂物，最后确定其材质为块炼渗碳钢制品。块炼铁冶炼温度低，夹杂物多，但含碳量低，接近于熟铁，熔点高，质地柔软，适于锻造器物。

B.C.600—B.C.400年

韩国开始制作青铜制品　1975年，在韩国中南部山区的忠清南道扶余郡发掘了韩国第一个考古遗址——松菊里（Songguk-ri，属于韩国无文陶器时代的中晚期，约B.C.850—B.C.300年）。该遗址出土了韩国最早的青铜制品，经碳-14确定，这些青铜制品的年代约为B.C.600—B.C.400年，是在韩国本土制造的青铜器物。

B.C.6—B.C.5世纪

印度利用坩埚冶炼出超高碳钢　B.C.6—B.C.5世纪时，位于印度海得拉巴的冶炼工人用坩埚冶炼出一种超高碳钢（含碳 1.5%～2%），即是被称为"乌兹钢"的制品。其冶炼方法是：先将黑锰矿（熟铁块或不均质钢）、竹炭（木炭）及某些植物叶子密封在一个陶质坩埚里，然后在敞炉内强制鼓风燃烧加热4个小时，当这些东西熔化后，其渣滓会形成一团金属，然后将此金属反复熔化、冷却四五次，最后冶炼成直径为5英寸，厚度为0.5英寸，重约910克的金属锭。这种金属锭通常是一种均质的碳钢，含碳1.5%～2.0%。后来，其被售到安息、条支，甚至古埃及等。

中国掌握失蜡法铸造工艺　根据对河南淅川下寺一座春秋晚期墓葬（约B.C.6世纪）出土青铜器的检验分析，确认该墓葬出土的铜盏部件和铜禁是目前中国发现的年代最早的失蜡铸件，这说明中国失蜡法至迟在春秋时期就已经出现。而年代稍晚于河南淅川下寺遗址的湖北随县曾侯乙墓，出土了战国早期（约B.C.5世纪）的青铜尊、盘、建鼓座、编钟钟笋铜套等，经观察分析，这些器物都是用失蜡法铸造成型的。通过对这些器物的器型和制作水平分析，在春秋晚期和战国早期，中国楚文化地区（包括现今的河南省西南部、湖北省大部、江苏、浙江、安徽的北部、湖南、江西）的工匠已经能熟练掌握失蜡法铸造工艺。到了战国时期，失蜡法应用范围进一步扩大，技术也更加成熟。

中国人用辘轳作矿井提升工具　1974年，在湖北省大冶铜绿山春秋战国古铜矿遗址发掘中，发现了两根木制辘轳轴（绞车轴），轴全长2 500毫米，直径260毫米，轴木两端砍出圆形轴颈，其长度分别为280毫米和350毫米，能安放在井口两侧的支架上。这两根辘轳轴（绞车轴）上已经有了相当于"制动闸"之类刹车装置的设计，能使辘轳轴（绞车

春秋战国的木制辘轳轴（绞车轴）

轴）随时停住，能把繁重的体力劳动降低到最低限度。经判定，其为东周时期用于提升铜矿石的起重辘轳的残件。

B.C.5世纪

中国出现记述多种金属矿物产地的著作《山海经》　《山海经》原是中国先秦时期出现的古籍，全书现存18篇。据说原书共22篇，约32 650字，分为《山经》和《海经》两大部分，是一部记述了古代神话、地理、动物、植物、矿物、巫术、宗教、历史、医药、民俗、民族等方面内容的富有神话传说色彩的最古老的地理书。该书按地区而非时间把这些事物一一记录，所记事物大部分由南开始，然后向西，再向北，最后到达大陆（九州）中部。《山经》这一部分记述了89种非金属矿物以及包括金、银、铜、铁、锡等10种金属矿物的170多处产地，将矿产地分为金、玉、石、土四大类，其中80多处金产地中包括黄金、赤金产地36处，铜产地（含赤铜产地）约30多处，铁产地30多处等。同时记录了矿产的共生现象，涉及非金属矿的共生、金属矿的共生以及非金属与金属矿的共生等内容。此外，书中还记载了各种根据矿物的颜色、光泽、硬度、透明度、药性和指示植物等判断或识别矿物的方法，是一部较为全面介绍古代矿物及其产地知识的著作，也可认为是最早记录中国矿物产地的专著之一。

中国炼出可供浇铸的液态生铁　1976年，在湖南长沙杨家山六十五号墓葬的考古发掘中，出土了一件B.C.5世纪的铸铁鼎型器。该鼎残高6.9厘米，足长1.2厘米，敞口，残存竖耳，口沿下有一道凸弦纹，收腹平底，底部有短小的蹄足。根据金相实验鉴定得知，该鼎是一件用白口铁铸成的鼎型器。1977年，在长沙窑岭发掘的一座楚国（约B.C.604—约202）墓葬里，也出土了一件铁鼎，形制较大，残高21厘米、口径有33厘米、腹深26厘米，出土时称重3 250克，器型较完整，缺盖，深圆腹，圆底，环形附耳，扁棱形腿。金相鉴定表明，该铁鼎含少量石墨，基体为亚共晶白口铁。这两件出土的铁鼎，是中国最早用液态白口铁铸成的实用性鼎型器物，这说明中国至迟在B.C.5世纪已经用液态生铁来浇铸器物了。

中国河南使用经退火处理的脱碳铸铁工具　河南洛阳市水泥制品厂的战

国早期遗址出土了一件白口铁锛，这是迄今为止发现并确定的最早的生铁工具之一，经考古断定其为B.C.5世纪的遗物。铁锛已大部锈蚀，但在銎部还残留部分金属。通过金相实验证明，其具有生铁特有的莱氏体组织，而靠近銎的表面还有1毫米左右的珠光体带，珠光体可以使白口铁铸件具有一些韧性，改善其脆性。从莱氏体到珠光体和从珠光体到铁素体的过渡层都很薄，这表明，它是奥氏体成分通过在范围很窄的较低温度下（稍高于727℃）退火得到的。因此可以确定，该铁锛是一件经过退火处理的脱碳铸铁工具，当时改善铸铁脆性的退火工艺已经被创造出来，并得到比较成熟的运用。

中国河南利用韧性铸铁制造出铁铲　韧性铸铁，也称为可锻铸铁或展性铸铁，它是白口铸铁经过石墨化退火（可锻化退火）后使石墨呈絮状的铸铁。与河南洛阳水泥制品厂战国早期遗址（B.C.5世纪）的铁锛同时出土的还有一把铁铲，其已基本锈蚀，但在肩部表面残留着厚1毫米的金属，金相实验证明，这是由白口铁经过柔化处理得到的韧性铸铁件，其基体为纯铁素体，也有发展得比较完善的团絮状退火石墨。由于该铁铲内部已完全锈蚀，并不能确定其是否整体为铁素体基体韧性铸铁（即现在通常所说的黑心韧性铸铁），但可以确定当时已经从柔化退火发展到韧性铸铁生产，这也是迄今为止发现的年代最早的韧性铸铁件。

中国制造出越王勾践剑　1965年，从湖北省江陵县望山一号楚墓中，出土了一柄装在黑色漆木剑鞘内的青铜剑。该剑全长55.7厘米，剑身长45.6厘米，剑宽4.6厘米，柄长8.4厘米，重875克。剑身装饰有菱形花纹，剑格（剑柄与剑刃相接处）两面也用蓝色琉璃镶嵌成精美的花纹，中间靠近剑格外，镌有八个错金鸟篆体铭文——"越王鸠浅（勾践）自作用剑"。根据对铭文内容的解读确定其为春秋末期越国国君勾践（B.C.520—B.C.465）使用的"越王勾践剑"。该剑出土时毫无锈蚀，依然锋利无比。采用质子荧光非真空对其进行分析检测得知，该青铜剑使用纯净的高锡青铜铸造而成，菱形花纹处还含有锡、铜、铁、铅、硫等成分，或已使用硫化处理技术，且不同部位还使用不同比例的铜锡，据此推测，该剑可能已经使用了复合剑的制造技术。该青铜剑的出土显示了春秋战国时期吴越之地高超的青铜铸剑技术。

B.C.5—B.C.4世纪

古希腊在彭特利库斯山开建采石场进行采石　今希腊阿提卡的彭特利库斯山脉是古希腊时期最主要的采石场之一，位于雅典东北约16千米，是北坡出产白色大理石。大约从B.C.5世纪开始，古希腊人开始在山南坡建立大理石采石场，供应雅典建筑、雕刻所用的大理石。保萨尼阿斯（Pausanias）是生活在2世纪罗马时代的希腊地理学家、旅行家，著有《希腊志》（Περιήγησιζ）十卷，书中内容多为后世考古学发现所引证。他在公元2世纪所著的《描述希腊》中对希腊的采石业做了详细的描述，从中可看出希腊当时的采石技术——用木制滑车从山上搬运大块的大理石，在采石时先在每块石头周围用凿子凿出沟槽，然后用楔子将其推出来。用这种方法可以开采出巨大的方块状的大理石。

B.C.5—B.C.3世纪

中国著作《管子》首次记述找矿方法　《管子》一书托名管仲（约B.C.723或B.C.716—B.C.645年，中国春秋初期政治家，名夷吾，字仲）所著，实为对管仲及其学派门徒言行事迹的记载，约成书于中国战国（B.C.475—B.C.221）时代至秦汉时期，中国汉代刘向编订时共86篇，今本实存76篇，其余10篇仅存目录。其中《管子·地数》一篇中记述了"上有丹砂者，下有黄金；上有磁石者，下有铜金；上有陵石者，下有铅锡、赤铜；上有赭者，下有铁"等内容。这表明，当时的人们对金属矿产形成的相互关系以及矿藏的特征都已经有了初步的认识，这也被认为是中国古代首次出现的找矿方法的记载。

中国河北易县使用经淬火的钢剑　1965年，在河北易县属战国时期的燕下都遗址的44号墓室中发掘出土了大量铁兵器，有剑、矛、戟、刀、匕首等5种51件，同时还出土了最早的铁铠甲。经过对这些铁兵器进行金相实验分析确定，燕下都遗址出土的M44:12剑、M44:100剑和M44:9戟都是经过淬火而成的，其金相组织中可以看到淬火产物马氏体。这是迄今为止在中国出土铁器中已知的最早的淬火产物。而M44:115矛的骸部和M44:87镞铤则分别含0.25%

和0.2%的碳钢，由铁素体和珠光体组成，是奥氏体在空气中冷却时产生的正火组织。这表明，当时已经能根据不同器件所要求的不同性能，选择不同的热处理工艺，对钢材进行处理。

中国战国时期出现汞齐鎏金器物　鎏金是中国古代在金属器物上面镀金的一种工艺技术，是以金汞合金为原料的金属表面加工技术，也称为火镀金或是汞镀金。鎏金技术至迟在战国时期（B.C.475—B.C.221）就已经在中国出现了。这时期的鎏金器物大多以小型鎏金铜器为主，比如河南信阳长台关楚墓出土了鎏金带钩，山西长治县分水岭战国墓葬中出土了鎏金的车马饰物，山东曲阜战国大墓出土了鎏金长臂猿饰物，浙江、湖南、湖北、安徽等地都有战国时期的鎏金器物出土。这些汞齐鎏金器物的出土说明，中国的鎏金技术在战国时期已经发展起来并比较成熟了。

中国陕西咸阳出现错金银云纹鼎　错金银是中国传统的装饰工艺之一，是一种利用金、银良好的塑性和鲜明的色泽，锻制成金银丝、片，嵌在金属器物表面预留的凹槽内，形成文字或纹饰图案的工艺。错金银工艺最早出现的是错金工艺，据推测，应该是春秋（约B.C.722—B.C.477）中晚期开始用于错嵌铭文，而直到战国中

中国陕西出土的战国时期错金银云纹鼎

期（B.C.476—B.C.256）以后才出现错金银青铜器。中国陕西咸阳出土了战国时期的错金银云纹鼎，该鼎的器、盖相合似扁球形，盖有三个环形钮，上有乳钉，可却置，附耳上端折角外侈，短兽蹄足。通体以金银错成宛转流畅的云纹、几何纹，整体装饰富于韵律感，纹饰活泼而华美。1974年发现的属于战国末期（B.C.4世纪末）的平山中山王墓也出土了错金银青铜龙凤案、铜背驮兽面双鎏虎吞鹿等。这些错金银青铜器的出现表明，这一时期的错金银工艺技术已经发展得较为成熟，反映了中国古代金工制作方面的成就。

B.C.4世纪

地中海国家出现"液银"的记载 "液银（液态银）"是从拉丁文Hydrargyrum一词翻译过来的，是汞的最早指称，该词最早出现在B.C.4世纪古希腊学者亚里士多德（Aristotle B.C.384—B.C.322）的著作中。这说明，在B.C.4世纪左右，地中海地区已经出现"液银"（汞）这种物质并已被人们所认识。

B.C.4—B.C.3世纪

尼日利亚已采用竖炉炼铁 非洲的尼日利亚在其诺克文明（B.C.400—200）期间就已经使用矮竖炉进行炼铁，在尼日利亚中部乔斯高原附近出土了一个诺克文明时期的竖炉。该炉筑在天然的软质岩石上凿出的渣坑上，采用薄的黏土作为炉壁，其直径超过了30厘米，主要依靠强制通风，通过短风嘴将风鼓入炉内。这是一种不产生液态渣的炼铁炉，竖炉附近还出土了一些已经废弃的曾用来重复粉碎金属和渣的混合物的鞍形磨，说明当时生产的金属需要在其冷却状态下对原坯进行粉碎。

约B.C.340年

古希腊出现关于砷化物性质的记载 古希腊人亚里士多德（Aristoteles）在其著作中首先记载有鸡冠石（sanlarks，雌黄的别称，主要成分是As_2S_3，其中含As 61%、S 39%，通常带有杂质如Sb_2S_3、FeS_2、SiO_2、泥质等）经水溶解可毒杀鸟兽之说，并提及其弟子赛奥佛尔斯特（Theophrast）于矿坑中发现雄黄之类的物质，称之为Arsenikon。希腊文中"Arsenik"是"刚勇"的意思，说明古希腊人当时已知砷化物的剧毒性质。

约B.C.300年

日本开始使用青铜制品 日本最早的青铜制品发现于九州岛（Kyushu）北部的福冈市（Fukuoka），属于B.C.200—100年的弥生时代（Yayoi，约B.C.200—300）早期。根据青铜制品的特点分析，其可能来源于朝鲜半岛或者中国汉朝。直到弥生时代中期（约B.C.100—100）日本本土才出现使用石范铸造铜镜、铜铃和铜兵器等。到了弥生时代晚期（约100—300）日本才可能开始进入到铁器时代。

B.C.3世纪

古希腊出现欧洲现已知最早记录矿物的文献《论石头》 《论石头》又译为《论石》，由古希腊学者提奥弗拉斯图斯（Theophrastus of Eresos，约B.C.372—B.C.287）于B.C.3世纪写成。书中介绍了70余种矿石和岩石，包括锡石、辰砂、黄铁矿、大理石、石膏、磁铁矿、珍珠、珊瑚等等，其中矿物有16种，分为金、石、土等三大类；并认为岩层有种可塑力量，能导致化石的形成，提出了金属是由"种子"长出的思想。这是西方最古老的地质文献，其思想的提出说明当时的人们不但对各种矿石有所认识，并已经开始探讨矿物的形成问题。

B.C.292—B.C.280年

爱琴海东南部用青铜和铁铸成罗德岛巨像 罗德岛（Island of Rhodes）位于爱琴海东南部，面积有1398平方千米，属于今希腊佐泽卡尼索斯群岛中面积最大的岛屿。自B.C.292年开始，以当时林达斯城著名的雕像家查利（Chares）为总工程师的建筑工队花费了12年时间建成了高约36.5米的巨像。该巨像表面裹以青铜，内部用铁块加固，同时以石块加重使之稳定站立。据估计，建造时使用了12.5吨青

罗德岛巨像

铜、7吨铁才完成巨像的制造。B.C.225年，罗德岛地震使巨像倒塌。653年，阿拉伯人洗劫了罗德岛，巨像被击碎，其身上的铜块也被880头骆驼运走。此后，关于罗德岛巨像的消息只见于各种传说和文献。

B.C.255—B.C.251年

中国四川双流开凿第一口盐井 据《华阳国志》记载："周灭后，秦孝

文王以李冰为蜀守，冰能知天文地理……又识齐水脉，穿广都盐井诸陂池，蜀于是盛有养生之饶焉。"这说明我国地下卤水的开发利用于战国末期秦孝文王时期就已经开始了，距今已有2 200多年。战国时期的水利专家李冰在B.C.255—B.C.251年间任蜀郡太守，期间他组织当地人民用开凿水井的方法开凿了我国第一口盐井——广都盐井（位于今成都双流区境内，是一口大口径浅井）来汲卤煮盐。而在汲卤过程中，当地人利用畜力绞车（辘轳）来汲卤，并使用竹制吊桶或皮囊自井中装取卤水来制盐。这种利用地下卤水来生产的食盐俗称"井盐"，中国"井盐"的开采也始于B.C.3世纪。

B.C.239年

中国《吕氏春秋》记载合金知识　《吕氏春秋》是战国末年（B.C.239年前后）秦国丞相吕不韦组织门客集体编撰的一部古代类百科全书的传世著作，有八览、六论、十二纪，共二十多万言，又名《吕览》。在该书的《别类》一篇中记述道："知不知，上矣。过者之患，不知而自以为知。物多类然而不然，故亡国僇民无已。夫草有莘有藟，独食之则杀人，合而食之则益寿。万堇不杀。漆淖水淖，合两淖则为蹇，湿之则为干。金柔锡柔，合两柔则为刚，燔之则为淖。或湿而干，或燔而淖，类固不必，可推知也？小方，大方之类也；小马，大马之类也；小智，非大智之类也。"其中所说的"金柔锡柔，合两柔则为刚"是世界上最早的关于合金强化与性能分析的叙述，表明当时的人们对合金知识已经有了一定的了解。

中国出现磁石吸铁的记载　磁石，药用名亦作慈石，是一种氧化物类矿物磁铁矿，其主要成分是四氧化三铁（Fe_3O_4）。成书于中国战国时期的《管子·地数》里面出现了"山上有慈石（即磁石）者，其下有铜金"的记载。这是世界上有关磁石的最早记载之一，说明春秋战国时期中国人对磁石的性质已有了一定了解。到了B.C.239年左右，《吕氏春秋》中记述道："慈召铁，或引之也"，这也是磁石吸铁的直接说明。

B.C.3世纪初

中国《神农本草经》记载了利用水银提炼金银的方法　《神农本草经》，

简称《本草经》或《本经》，约成书于秦汉时期（B.C.3世纪初期），是中国现存最早的药学专著。书中已经出现了"水银……杀金银"的记载，说明当时的中国人已经对利用水银提炼金银有了一定认识，这也是混汞法提金的创始阶段。混汞法提金是一种古老的选金方法，主要用液态金属汞润湿矿浆中的金粒，生成汞齐，从而使金粒与其他金属矿物和脉石分离的化学选矿方法。这一古老方法近代已逐渐被氰化浸出法和浮选法所代替，但在回收解离的单体自然金，尤其是解离的粗粒自然金方面，混汞法仍是提金的主要方法。

B.C.3世纪

凯尔特人开始在斯洛伐克地区进行采矿活动　凯尔特人（Celts，或Kelts）是铁器时代和中世纪欧洲以凯尔特语为共同语言并有相似文化的民族的统称。根据文献记载，居住在斯洛伐克中央的凯尔特部落于B.C.3世纪就已经进行采矿活动了，该地区的第一个矿场可能就是由凯尔特部落开采的。

中国《考工记》记载了铸造各类青铜器的不同合金成分配比——"六齐"　《考工记》是一部手工艺技术汇编，记述了先秦时期官营手工业各种规范和制造工艺的文献。今本《考工记》虽仅7 100余字，但记述了木工、金工、皮革工、染色工、玉工、陶工等6大类、30个工种（其中6种已失传，后又衍生出1种，实存25种）的内容。书中分别介绍了车舆、宫室、兵器以及礼乐之器等的制作工艺和检验方法，涉及数学、力学、声学、冶金学、建筑学等方面的知识和经验总结。

《考工记译注》

"六齐"是中国古代冶炼青铜的六种铜锡配比，该词最早见于《考工记》："金有六齐：六分其金而锡居一，谓之钟鼎之齐；五分其金而锡居一，谓之斧斤之齐；四分其金而锡居一，谓之戈戟之齐；三分其金而锡居一，谓之大刃之齐；五分其金而锡居二，谓之削杀矢之齐；金锡半，谓之鉴燧之齐。"将该段文字中的"金"指青铜或纯铜，对"六齐"所说的含锡量也有两种不同的解释。但从其原理看，"六齐"的出现表明在战国时期人们对合金成分、性能和用途之间的关系已经有所认识。

中国河北兴隆使用铁范铸造器物　铁范是金属范的一种，是用铸铁作为型范来浇注铸件的。1953年，在中国河北兴隆古铜沟冶铸遗址发现了一个西周到春秋战国时期在中国北方活动的诸侯国——燕国的铸铁遗址。该遗址属战国时期，共出土了48副86件铁范，总重量为190千克，其中60%为农具范，有镢、锄、凿、车具等。铸型由两合铁范组成，有空腔的器物，也有铁芯，这是迄今为止世界上出土最早的铁范。这种铸型可以重复使用，适于批量生产，生产效率高，但技术要求严格，工艺操作复杂。

中国大量生产汞　汞，俗称为水银，中国很早就已经有大量使用水银的记载，如齐桓公（？—B.C.643）、吴王阖庐的墓中都建有水银池，秦始皇（B.C.259—B.C.210）墓中也"以水银为百川江河大海，机相灌输"。《史记·货殖列传》（成书于中国西汉时期）中记载：秦时"巴寡妇清，其先得丹穴，而擅其利数世"。其中的"丹穴"也就是汞矿，这说明在秦时巴蜀就有了专营丹砂、炼汞的富商。丹砂，又称朱砂或辰砂，即硫化汞（HgS），是用来炼汞的原料。硫化汞在空气中加热即能分解出汞，关键在于如何使生产的汞蒸气不被氧化并有效冷凝收集。根据出土文物的检测表明，春秋战国末期就已有用汞齐鎏金的技术。

B.C.3—B.C.2世纪

德国萨尔布吕肯开挖埃米利亚奴斯隧道来开采铜矿　埃米利亚奴斯（Emilianus）隧道是已知的德国保存得最好、最长的罗马时期采矿活动的遗迹，18世纪40年代在其遗迹中发现了现存的唯一与工作地点有关的罗马帝国的碑铭。20世纪60年代德国首次对此进行系统发掘，1964年发掘了上层埃米利亚奴斯隧道，从其洞顶和隧道边缘发现了罗马时期手工开矿的遗迹，同时隧道下面出现了一个清晰可见的矿渣堆。这是一个位于陡峭斜坡上的铜矿，其年代可以上溯到B.C.2—B.C.3世纪。而在1966年发现的第二层埃米利亚奴斯隧道，已经深达7米左右，其走向与上层相同，但斜面更大，说明当时开采铜矿的技术已达一定水平。

B.C.2世纪

中国《淮南万毕术》记载了湿法冶铜术 《淮南万毕术》大约成书于B.C.2世纪，作者是西汉淮南王刘安（B.C.179—B.C.122）所招揽的淮南学派，其主要是谈论各种各样的变化，包括人为的和自然的变化，是我国古代有关物理、化学的重要文献。《淮南万毕术》还有一些条目是属于对当时已知科技知识记载的，其中有"白青得铁即化为铜"的记载。这是中国古代的湿法冶铜术，是把铁片放入胆矾（又称石胆，硫酸铜的古称）溶液或其他铜盐溶液中，胆矾水与铁发生化学反应，水中的铜离子被铁置换而成为单质铜沉积下来，从而可以置换出单质铜的一种产铜方法。这个记载的出现表明，中国在B.C.2世纪左右已经掌握湿法炼铜的基本原理了。

B.C.2世纪末期

欧洲的诺里库姆地区开采金矿和铁矿 诺里库姆（Noricum）是罗马帝国紧邻意大利的一个行省，在今意大利的北部，其大致的区域包括今天的奥地利中部和德国巴伐利亚的若干地区。约B.C.15年，诺里库姆被罗马帝国兼并，成为其一个行省受罗马帝国的保护。B.C.150年左右，诺里库姆的金矿被发现，到了B.C.2世纪末期，其丰富的金矿和铁矿资源被开发利用，该地区因此发展起来。

B.C.81年

中国《盐铁论》成书 汉武帝刘彻（B.C.156—B.C.87）于B.C.119年实行盐铁官营等政策。西汉昭帝始元六年（B.C.81年）在朝廷召开"盐铁会议"，其中赞成官营政策的"御史代表"与反对官营政策的"贤良、文学"一派就这些政策展开辩论，最终对官营政策进行了修改。会上，由恒宽（字次公，河南上蔡人，曾任庐江太守丞）记录，记录以一问一答的格式呈现，条列分明，这就是后来成书六十卷的《盐铁论》。这是一本汉代关于煮盐冶铁以及铸钱等经济政策的重要著作，反映了西汉中期某些冶铁技术、经济状况等，全书共60篇，前41篇记录B.C.81年朝廷讨论盐铁官营政策的言论，后19篇是关于会后双方对匈奴的外交策略、法制等问题的争论要点和著者的后序。其中关于义和利（精神和物质关系）、官营和民营（政权和经济关系）、本和末（农业和工商业关系）、贫和富（生产和消费关系）的争论，深刻反映了封建经济的内部矛盾，其影响深远。

B.C.1世纪

中国西汉中后期发明炒钢技术　炒钢，即用生铁作为原料，先放入炉内加热，再鼓风搅拌使生铁中的碳被氧化，以炼制成熟铁或者钢。在中国河南铁生沟（今郑州市巩义铁生沟村）属于西汉时期的冶铁遗址中，发现了西汉中后期的炒钢炉残存。该炒钢炉长37厘米，宽38厘米，残高15厘米，炉壁已经被烧成黑色，炉内还残留有一个铁块。该遗址附近还出土了不少铁器，通过对铁器进行金相鉴定，发现了14件使用炒钢为原料锻制而成的铁器，这说明当时的炒钢技术已较为成熟。

B.C.1—1世纪

中国陕西和四川出现天然气井　鸿门，在今陕西省神木市西南。根据《太平御览》卷八六九转引东汉伏无忌《古今注》的记载：汉宣帝地节元年（B.C.69）"上郡（今陕西榆林县一带）沙中，野有火如栗，不出热"，其中的"火如栗"讲的就是天然气井在喷气的情况。而明确指出鸿门地区有天然气井的是《汉书·郊祀志》：汉宣帝神爵元年（B.C.61年）"祠天封苑（军马场）火井于鸿门"。位于四川省成都平原西南缘的邛崃市，古称临邛，是战国末年秦统一巴蜀后所建的三城之一。这个时期在制造井盐的过程中也发现了天然气井，其中关于临邛火井的最早记载，见于扬雄的《蜀都赋》。扬雄（B.C.53—18）为西汉著名文学家、哲学家，其所著的《蜀都赋》记述到："蜀都之地，古曰梁州……东有巴琼，绵亘百濮，铜梁金堂，火井龙湫。"而在他的另一篇著作《蜀王本纪》中，更具体地记述了火井的地点和深度："临邛有火井，深六十余丈。"这说明在他著书之前，该地已经发现天然气井（即火井）并进行开凿使用了。

B.C.1世纪

西班牙开始用汞齐法炼金　罗马人大约是在公元之交开始在西班牙生产汞的：首先将破碎的金矿石用汞来处理，先得到汞齐；然后将它通过传送带，边挤压边跟脉石进行分离；最后在这个过程中汞被逐渐蒸发掉，即可得到金子。这种工艺在罗马时期作家普林尼（Gaius Plinius Secundus 23—79）所著的《博物志》一书中被提到过，到了中世纪早期，这种炼金方法就已经被应用得较为广泛了。

西班牙已用熔析法从铜中提炼黄金　熔析法是指通过金属本身或其共熔混合物的分级熔化分离金属的方法。西班牙在罗马时期，就已经开始使用熔析法从铜中提炼黄金了，但这种提炼黄金的新工艺在B.C.1世纪才逐渐在西班牙普及使用，并变得越来越重要。熔析法利用的原理是：当铜和铅浇铸在一起时，它们是不会互熔的，而银熔于铅比熔于铜要容易得多。因此，用含银和金的金属铜与比铅熔在一起并铸成金属块，在这个过程中，银和金的合金就会被铅溶解，然后铅会缓慢地熔化并从铜铅块中流出，并将金和银带出来，最后剩下一个多孔的铜锭，被一起带出来的金和银最后就可以通过灰吹法从铅中提炼来了。

25—220年

中国锻铁使用皮囊鼓风装置　1957年，在山东滕县宏道院出土了一块东汉画像石锻铁图，图上刻绘了用皮囊鼓风的装置，这表明至迟在东汉时期已经使用皮囊鼓风冶金了。而明确记载冶金用皮囊鼓风的文献是西汉（B.C.202—A.D.25）刘安所著的《淮南子·本经训》一书。从该画像石上的图像可以看出，该种鼓风皮囊是用人力推动的，同时还需要有人躺到皮囊地下进行操作，从而把皮囊推回原位。这是在锻铁炉上使用的鼓风设备，规模是比较小的。1959年中国历史博物馆王振铎先生成功复原了这种皮囊鼓风器。

30—150年

厄瓜多尔北部使用金-铂合金制作珠宝　在厄瓜多尔北部沿海的拉托拉塔

地区发现了用金–铂合金做成的珠宝，这是目前已知最早的一件金–铂合金制品，根据年代测定，其在30—150年间，这说明当时该地区的印第安人已经认识并开始对铂（白金）这种金属进行利用。

31年

杜诗［中］用水排鼓风冶铸铁农具　水排是中国古代以水为动力，供冶铸业使用的鼓风机械。中国利用水力来推动鼓风器至迟在东汉时期已经出现。根据《后汉书·杜诗传》记载：杜诗（？—38），字君公，河南汲县人，光武帝时，为侍御史，建武七年（31年），任南阳太守时，"造作水排，铸为农器，用力少，建功多，百姓便之"。而水排的结构图直到14世纪初才见于王祯的《农书》。该书记载了立轮式和卧轮式两种水排，并绘出了卧轮式水排图。

77年

中国炼成五十炼钢剑　1978年在江苏徐州铜山考古发掘出土了一把东汉时期（25—220）的钢剑。该钢剑是一把五十炼钢剑，表面乌黑，其锋部稍有残缺，剑镡已脱落，没有剑首，剑通长109厘米，剑身长88.5厘米，宽1.1～1.3厘米，背厚0.3～0.8厘米。从其剑柄正面的21个隶书错金铭文"建初二年蜀郡西官王愔造五十涷□□□孙剑□"可知，该钢剑是东汉章帝建初二年（77年）由当时负责制造武器和日用金属品的"工官"王愔制作而成，内侧还阴刻隶书"直千五百"四字。根据实验鉴定分析，这把钢剑是以含碳较高的炒钢为原料，把不同含碳量的原料叠加一起经过多次加热、锻打、折叠而成的。

1世纪

埃及大蒙克劳狄娜采石场被开采　大蒙克劳狄娜采石场，位于埃及东部的沙漠地带，大约在克劳狄大帝（Claudius 41—54年在位）时代开始角闪石花岗岩的生产，当时驱使犹太囚犯干活。该地开采的花岗岩最初用来制作研磨颜料、药物之类的研钵。其开采制作大块石头的方法是通过用楔子打孔，并在无刃钢刀上加上砂和金刚砂来锯石头。除了开采花岗岩，该采石场同时建立了大规模的斑岩采石场。据推测，埃及的雕刻匠既使用斑岩，也使用玄武岩的石材，工具既有石球，也有青铜工具和金刚砂。在梯林斯（Tiryns）的古希腊宫殿中找到了镶有约1.6毫米长的方形刚玉齿的铜刀，它被用来切割石灰石。埃及产的帝国斑岩在罗马时期使用得非常普遍，以致于在君士坦丁堡被称为"罗马石"。

西班牙拉斯梅德拉斯地区利用水利采金、淘金 拉斯梅德拉斯（Las Médulas）地区位于西班牙的西北部，1世纪时在罗马帝国统治下，该地区的金矿被大规模地开采利用。罗马帝国统治者在拉斯梅德拉斯挖掘了大量沟渠，并利用这些沟渠管道为采金、淘金源源不断地提供水能，这些水道形成了一个完整的水利系统。此时的水利挖掘技术在作家、科学家老普林尼（23—79）于77年的描述中得到较为完整的再现：采用的是一种液压挖掘，用大量的可以在流域内转移的水来挖空巷道，在高海拔的拉斯梅德拉斯地区至少有7米长的输水沟渠，同样的沟渠也被广泛地用来冲洗金矿。

普里尼提出了分离金银的烤钵法 罗马人普里尼提出了一种将金属进行分离的方法——铸钵法，即将含银的黄金、食盐以及名为Misy的物质（据猜测为硫酸铁）在一个土质容器中混合，然后覆盖上页岩粉末，再用火焙烧，通过化学反应使合金中的银在加热时与铁矾、食盐互相作用而产生氯化银，其熔化后就会渗入页岩粉末中，从而实现金银的分离。这是早期分离金银的一个典型方法。

德国下萨克森使用细高型竖炉炼铁 下萨克森位于德国西北部，西部与荷兰接壤，在该地区发现了公元1世纪曾使用过的炼炉。该炉高约有1.6米，直径有0.3米，有四只风嘴，可以用来鼓风，也可用来抽风，且在炉下方设置有渣坑，用来承接冶炼过程中流出的炉渣。这类炼炉的炉壁都较薄，每炼一炉铁，当地下的渣坑堆满时，需将炉身移动位置放在新渣坑上。在4—5世纪期间，这种类型的炼炉传到了东英格兰地区。

1—2世纪

中国河南郑州建成大容量炼铁炉 1975年发掘的河南郑州古荥（今河南

郑州市惠济区古荥镇）冶铁遗址，是中国汉代（B.C.202—220）河南郡铁官管辖的第一冶铁作坊，位于河南郑州西北20千米的古荥镇。该遗址出土了两座冶铁竖炉炉基，其炉缸呈椭圆形，炉前埋有多块积铁，每块积铁重达20吨以上，炉后还有铁矿石堆、矿粉堆、房基、水池，炉前有出铁场和水井，周围还有各种窑炉等辅助设施。该遗址1号炉长轴为4米，短轴为2.7米。根据出土积铁可以估算出1号炉高为6米，有效容积为50立方米，年产生铁可以达到360吨。这是中国目前考古发掘出土最大的炼铁竖炉，可见当时炼铁技术之先进、规模之大。

河南郑州和巩县（现巩义市）出现煤和煤饼　煤的古代称呼之一为石炭，在1958年发掘的河南巩县铁生沟汉代"河三"冶铁遗址，以及1975年发掘的河南郑州古荥汉代"河一"冶铁遗址等，都发掘出土过煤和煤饼，这也成了"石炭为薪之始于汉"的实物例证。晋人薛综就说过，曹魏时武安城内出现了深八丈的煤井。根据考古资料表明，在中国新石器时代遗址中，就发现过用煤玉雕成的装饰品，如辽宁沈阳新石器晚期遗址就发现了用雕漆煤雕刻的环和圆珠等。雕漆煤位于煤层深部，它的使用表明当时已经开始挖掘煤。而中国古代将煤当作燃料使用，应起源于B.C.1世纪，在先秦时著成的《山海经》中就曾记载过石涅，据推测这就是指石炭。

100—170年

魏伯阳［中］的炼丹术专著《周易参同契》出现铅还原的记载　魏伯阳（号云牙子），是中国东汉时期（25—220）的著名炼丹术理论家，已形成了一套较为完整的炼丹术理论体系，其约在100—170年著成了《周易参同契》，被认为是目前世界上最早的炼丹术专著。书中较为详细地描述了汞所具有的挥发性质以及其能与硫化合的特性，还记述了铅丹（即四氧化三铅）能被炭还原成铅的反应，此外首次记载了用两种物质反应形成化合物的现象，还提出了物质进行化学变化所需的配方比例。虽然这个概念的提出还较为粗略，但也说明当时炼丹家已经开始认识到化学变化所需配方量的问题。

魏伯阳与《周易参同契》

184—189年

中国制造出百炼钢刀　百炼钢是中国古代用炒钢为原料加热后反复折叠锻打钢料的方法制成的一种钢，其钢件组织致密、成分较为均匀，夹杂物细化。1961年在日本天理市栎本町东大寺山的古墓里，出土了一把中国东汉灵帝时期（184—189）的百炼钢刀，该钢刀长度为103厘米，背宽度约为1厘米，上面有24个错金铭文字："中平□□五月丙午造作□□百炼清钢上应星宿□辟□□"，铭文中的中平即是中国东汉灵帝的年号。

2世纪

西班牙、葡萄牙利用水利设施进行采矿和选矿　2世纪，西班牙和葡萄牙等地采矿已经利用水泵设施进行选矿。在西班牙的廷托河矿附近，发现了罗马时期用来给铜矿排水用的水车。这是一组按序排列的八对相同的提水车，其直径在4.5米左右，能将水提升30米，据推测这些提水车的轮子是用脚踏转动的。而在葡萄牙出现了直径约5米，可将水提升3.7米的水车组。除了提水车，古代罗马人还使用一种他们称为"耳蜗"或者"水蜗牛"的阿基米德螺旋泵来提升水。这些机械的使用说明当时已经开始利用水力装置采矿。

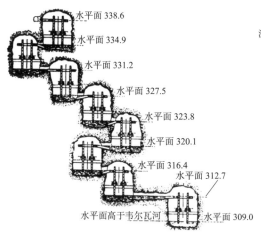

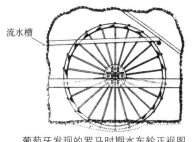

葡萄牙发现的罗马时期水车轮正视图

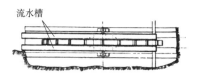

西班牙廷托河附近发现的八对罗马时期提水车

葡萄牙发现的罗马时期水车俯视图

欧洲外赫布里底群岛利用抽风式坩埚炉熔铜 外赫布里底群岛是苏格兰西北海岸外岛群，呈新月状分布，离苏格兰本土约65千米，在该群岛上发现了属于大约200年的熔炉。该炉子主要由高出地面的铁格子组成，架在4块石块上，炉身用黏土做内衬并竖立在铁格子上，其炉身高度比直径小，炉侧边上留有导口，主要用来从炉内取出坩埚而无须腾空炉子。熔铜时为获得更好的加热效果，还会在炉底和坩埚之间加上一层燃料。

2世纪

狐刚子［中］撰成《出金矿图录》与《粉图经》 狐刚子（又名胡罡子、狐罡子），中国东汉时期的道教炼丹方士，编撰了《出金矿图录》与《粉图经》等著作，是关于当时炼丹方法的记录，也是中国早期冶炼金属的原始形式记载，是中国古代极有科学价值的矿冶类著作。其中的内容主要包括：银矿随地质学与冶金学，涉及金（包括沙金和脉金）、银矿的地质分布规律，金银矿的开采、提炼，其中包括最早的"灰吹法"炼银；利用金汞齐、银汞齐制作金、银粉的方法；干馏胆矾（$CuSO_4 \cdot 5H_2O$）以收集"精华"（即硫酸）的方法；多种抽砂炼汞的方法；炼制铅汞还丹的工艺技术等。更为重要的是，其中还记录了金银分离的矾盐法，即将合银的黄金"用黄矾石、胡同律等分合熔，和泥涂金薄（泊）上，炭烧之赤即罢。更烧，如此四五遍，即成赤金。"其原理就是利用黄矾石（天然硫酸铁）和胡同律（在土中留存多年的胡杨分泌的树脂）加热产生硫黄后在高温下与银作用，生成色黑、质脆的硫化银，从而将银从金箔上剥离下来。

3世纪

德国拉默尔斯贝格矿山开始被开采　拉默尔斯贝格（Rammelsberg）矿山，高635米，位于德国北部下萨克森州戈斯拉尔城的南部，哈尔茨山脉北部的边缘，其主要金属矿藏为银、铅、锌、黄金等。在青铜时代，该矿山被侵蚀而暴露在岩层表面的矿石就已经被开采利用。根据对从1981年开始的在哈尔茨山脉南部、多瑙河附近靠近奥斯特罗德县考古发掘出土的未熔炼矿石和矿渣的分析可以知道，该地区的采矿活动开始于3世纪。在距离拉默尔斯贝格矿山25千米远的为3—4世纪间的早期居民定居点地层中，不仅出现了工业化以前的熔化设备，还出现了可以明确确定为拉默尔斯贝格矿石的矿石遗存。该矿山的挖掘历史是一个连续的不间断过程，直到19世纪80年代其矿产资源耗竭，在1988年被关闭。

317—420年

葛洪［中］著《抱朴子》中出现提炼汞、铅的简单记载　葛洪（283—343）是中国东晋（317—420）时期医学家、炼丹家，字稚川，自号抱朴子。在其著作《抱朴子·内篇》中的卷4《金丹》、卷11《仙药》以及卷16《黄白》中都记述了有关炼制金银丹药的化学知识，其中出现了提炼汞、铅的"丹砂烧之成水银，积变又还成丹砂"的记载，即指加热红色硫化汞（丹砂），分解出汞，而汞加硫黄又能生成黑色硫化汞，再变为红色硫化汞的反应。此外，还有"铅性白也，而赤之为丹（即四氧化三铅）；丹性赤也，而白之为铅"的记载。这些关于提炼汞、铅的化学反应的记载，反映出当时的炼丹家已经较为清楚地认识到汞、铅的相关性质了。

中国古代的炼丹设备

347年

　　常璩［中］著《华阳国志》出现使用天然气、白铜以及冶炼银的记载　《华阳国志》，又名《华阳国记》，是一部专门记述古代中国西南地区地方历史、地理、人物等的地方志著作，由东晋常璩（约291—361）撰写于晋穆帝永和四年至永和十年（348—354），全书共约11万字。《华阳国志》内容结合了历史、地理、人物三方面的内容，较为全方位地反映了这一地区的历史。其中该书记载了有关四川地区用天然气做燃料熬盐，以及云南会泽巧家一带产白铜的情况。如在卷四记载道："螳螂县因山名也，出银、铅、白铜、杂药。"螳螂县故城就在今中国云南会泽县北，辖今会泽、巧家、东川等地。此外，该书还记载了关于金属银的冶炼技术，提到冶炼前需先用水洗矿砂，然后再入炉冶炼的步骤。

4世纪初

　　印度制成德里铁柱　德里铁柱（Delli Iron Pillar）高约7.4米，地上露出部分约6.7米，底部直径约0.42米，顶部直径约

印度德里铁柱

0.29米，约7吨重，约在4世纪初时制成。当时的印度处于笈多王朝（约3—6世纪）时期。该铁柱现竖立在印度德里市南15千米的一处清真寺庭院中，从该铁柱上面的铭文可知，该铁柱于公元5世纪由当时的印度国王从别处迁移到该地而得名。德里铁柱主要由大块的纯净熟铁锻接在一起而制成，并因其优异的抗腐蚀性而得以保存至今。经实验分析，其含碳0.08%~0.23%、磷0.11%~0.18%、硫0.006%、硅0.04%~0.07%、氮0.006%~0.03%、铜0.03%、镍0.05%，不含铬，这应该就是铁柱千年不锈的原因所在。该铁柱的出现证明了印度锻接制器技术的高超和精湛。

4世纪

印度出现最早有关炼锌术的记载　*Rasaratnakara*是印度科学家那伽瑜那（Nagarjuna）在4世纪时所著的一本有关炼锌术的文献，也是目前已知有关印度炼锌术的最早文献记载。书中以简略的文字将炼锌工艺记述下来，将锌矿和一些含碳有机物如羊毛、黄油等物质混合起来，装到密闭的容器——坩埚里面加热，会产生一种看起来像锡一样的物质，就是锌。

4世纪末

罗马时期采石开始使用动力锯切割石头　4世纪之前，罗马的采石切割所用的工具几乎都是手工锯，直到4世纪末，开始使用动力锯切割石头。奥索尼厄斯（Ausonius）在他一首关于摩泽尔河的诗（约370年）中，提到了一条小溪"将磨石猛烈旋转，驱动着尖叫的锯子，去锯那光滑的大理石块，不断的喧闹声传遍两岸"。那条溪流刚好是在特雷夫斯的下游，并从那进入了摩泽尔河，所以这条溪中（运输）的大理能够代替奥登林山用手工锯出来的更硬的花岗岩。同时，奥索尼厄斯还提到，磨石很可能采自莱茵河畔安德纳赫附近下门迪的火山岩，从很早时候它就开始被使用了。这时期的许多石材还出口到了不列颠地区。

471年

日本人炼制百炼钢剑　在位于日本关东地方中部的埼玉县行田市稻荷山

古坟，出土了一把制作年代为471年的剑，该剑剑身有115个用日文写成的错金字，其中有"吾左治天下，令作此百炼利刀"的字样。根据日本考古学家考证，该剑制作者为后来尊称为雄略天皇的倭王武。这把剑的出现表明了日本制剑的开始。

500年前

土耳其出现碗式炼铁炉　碗式炉是供炼铁用的最为原始的炉型，欧洲早期铁器时代的碗式炉没有出渣口，鼓风主要靠鼓风器从风嘴直接鼓入，风嘴上方有上部结构，冶炼结束后需打开上部结构以取出铁，这与早期炼铜炉有许多相似之处。直到罗马时期，带出渣口的改进型碗式炉才被传到欧洲。在土耳其耶尼卡尔（Yenikale）附近的阿萨美亚遗址（Asameia）发现了一座属于中世纪以前的碗式炉残存。该残存碗式炉直径为0.4米，炉壁厚3～4厘米，高约1米。出土时炉内覆盖着大量炉渣结成的渣底，说明当时已经使用这种炼炉进行炼铁。

5—6世纪

中国开始利用煤炭作炼铁燃料　中国的煤矿储量是较为丰富的，根据文献记载，中国在5—6世纪之间开始用煤炭做燃料。关于炼铁用煤的文字记载，首次出现在北魏（约5—6世纪）郦道元著的《水经注·河水篇》所引用的《释氏西域记》中，其记载道："屈茨（今新疆库车）北二百里有山，夜则火光，昼日但烟，人取此山石炭，冶此山铁，恒充三十六国用。"其中记载的石炭，就是煤，这是最早的关于中国使用煤炭冶铁的记载之一。

550年

綦母怀文［中］造宿铁刀　根据《北史》记载，北齐时（约550年）的綦母怀文是灌钢技术的实践者。"造宿铁刀，其法烧生铁精以重柔铤，数宿则成钢"。这里的"宿铁"即是用液态生铁对熟铁进行渗碳从而炼成的灌钢，这是关于灌钢技术的最早记载之一。在制作宿铁刀过程中，綦母怀文已经"浴以五牲之溺，淬以五牲之脂"，即宿铁刀已应用油、水、尿来淬火。由于牲畜尿中含有盐类，具有比水高的冷却速度，所以这能使钢获得较高硬度；而牲畜油脂冷却速度较低，可避免钢在淬火时脆裂，提高钢的韧性、减少其变形。从其对不同类型淬火剂的使用，已表明他已经认识到淬火剂同淬火后钢性能之间的关系。"宿铁"炼钢法后发展为"杂炼生鍒""团钢"等技术。

585年

缅甸开始建造仰光大金塔　仰光大金塔又称瑞光大金塔，位于缅甸的首都仰光市北茵雅湖畔的圣丁固达拉山上，是仰光的最高点所在。该塔为砖砌实心塔，于公元585年建在一周长约为433米的凸角型基座上，基座里面设有佛殿，并供奉玉雕佛像，外设4门，每座门前各有一对石狮子。大金塔塔身上下贴满金箔，连同4座中塔和64座小塔，一共用了7吨左右的黄金。初建时仅有20米高，经过历代修整，于1775年修成目前高112米的主塔，并在塔四周挂了约1 065个金铃和420个银铃，还用黄金铸成了塔顶，在其上安装了新的约有1 260千克重的金伞（即金属罩檐），金伞周围镶嵌有红宝石664颗、翡翠551颗、金刚石443颗，成为名副其实的大金塔。

605年

日本开始利用分铸法铸造大型佛像　日本是从6世纪开始制作大型佛像的。605年，在位于日本奈良南郊飞鸟村的日本历史上第一座佛教寺院——飞鸟寺（法兴寺）里建成的飞鸟大佛是日本最早的大型佛像。该佛像高约3米，厚1厘米，重达16吨，主要用金铜合金铸造而成。这种巨型铸像并非整体铸成，而是利用若干片铸范组成，通过分别浇铸每个部分，最后再将后铸部分与前铸部分连接而成。同样，建于749年的重约250吨的奈良大佛（高16米、周长40米、厚5厘米以上）也是用该法铸造而成，这说明日本在这一时期已熟练掌握大型青铜件的铸造工艺。

659年

中国唐代《新修本草》中出现银膏（银、锡、汞合金）硬化补牙的记载
《新修本草》是世界上最早的一部由国家权力机关颁布的、具有法律效力的药学专著，又名《唐本草》，由苏敬（599—674）等人于唐高宗显庆二年（657年）开始编写，于显庆四年（659年）成书颁行。该书正文在（中国梁代）陶弘景《本草经集注》的基础上修订而成，共收录了850种药，比前代药学家陶弘景的《本草经集注》新增药物114种，并对古书未载的内容加以补充，内容有误者，还加以修订。书中还收录武则天的美容秘方，又载有以白锡、银箔、水银合成的补牙剂（即依据银膏——锡汞合金可以硬化的原理来用以补牙，这种合金的制成与魏晋南北朝时期炼丹术有关），具有较高的学术价值。该书从正式颁布开始就成为临床用药的法律和学术依据，流传了400余年，代表了古代中国中医药学发展的一个里程碑。

674年

日本在对马开采银矿 对马，即对马国，是古代日本令制国之一，俗称对州。其位于日本九州北方玄界滩的一组群岛上，处于对马海峡的东端，现在属于长崎县对马市管辖范围内。对马岛是长崎县最大的一个岛，其附近还有很多属岛。根据文献记载，对马岛在674年左右就已经开始有银山开采了，开采的银主要供日本国内使用，这是日本国内最早开采的银矿之一，但该矿后被废弃不用。

675年

英格兰巴斯和科次沃尔德开始进行鲕石开采 鲕石，也称鱼卵石，由鱼卵状颗粒聚合胶结而形成，常见的是为石灰质、铝土质和铁质颗粒组成的鲕石。英格兰的鲕石开采大约起始于约675年的撒克逊时期。在英格兰北部，撒克逊人总爱用粗砂岩而忽略了镁质石灰石，而后者在诺曼时期才被重新引入使用，并用于建筑。

7世纪

孙思邈［中］所著的《孙真人丹经》出现目前世界上最早的火药记载 孙思邈（581—682），京兆华原（今陕西铜川耀州区）人，唐代著名道士、医药学家，被人称为"药王"。在其炼丹著作《孙真人丹经》中明确记载了火药的配制方法"伏硫黄法",即混合硫黄、硝酸钾和炭来制成火药,具体方法是将硫黄、硝石(硝酸钾)各二两粉末放在锅里,然后加入三个碳化的皂角子(一种豆科植物的夹果),就会发生焰火。这虽只是在炼丹术中发现的炼丹配方,但却是迄今为止所发现的最早的文字记录的火药配方。

743年

日本开始铸造东大寺镀金青铜大佛　743年,日本圣武天皇下令开始在日本奈良东大寺铸造青铜大佛,又名庐舍那大佛像或者奈良大佛。该大佛高16.21米,拇指长1.6米,历时10年之久才建成,于752年举行大佛的开眼仪式。该大佛一共使用了约369.78吨熟铜、63.09吨的白银、5.22吨黄金和29.32吨的水银铸造而成,是日本的第一大佛像,也是当时世界上最大的镀金青铜佛像。此后,东大寺佛殿历经两次战火,1709年,大佛殿和庐舍那大佛像得到重新修复,但其规模已经缩小为最初的三分之二。

749年

日本陆奥发现金矿　陆奥国是日本古代的令制国之一,属于东山道地区,又称奥州。它是在7世纪时由常陆国分出来的,最初的领域仅相当于今日本东北地方南部区域而已。但就一般的概念而言,陆奥国领域大约包含今日的福岛县、宫城县、岩手县、青森县、秋田县东北的鹿角市与小坂町等。749年,日本在陆奥发现了金矿,并进行开采,当时开采的金矿主要用于给日本东大寺的大佛涂金。该金矿的开采一直持续到752年东大寺的大佛开眼。

8世纪

瑞典法伦大铜山开始采矿　法伦是瑞典达拉纳地区的首府,位于瑞典西部,其大铜山矿区是欧洲主要的采矿和金属生产地区之一。法伦铜矿的开采约开始于8世纪,主要以生产红铜为主,其产品被广泛用于欧洲各地的教堂和宫殿。从9世纪到17世纪,法伦铜矿的产量占到了世界的三分之二,其开采还一直持续到20世纪末才终告结束。

　　欧洲出版有关冶金的早期手册《彩色马赛克的配方》　8世纪出现了一

本最早的关于冶金的配方书——《彩色马赛克的配方》（*Compositiones ad Tingenda Musiva*），这是一本关于各个艺术家和工匠们冶金配方的书籍，其中大部分内容都摘录自古希腊和拜占庭时期的书籍，其中关于金、银、铅矿石的描述有些模糊不清，但是关于金属加工工艺的内容写得较为详细，还包括了使用金、银等金属制造金属箔片的方法、汞齐法在黄金提取的运用，以及黄铜的制作方法等等。

欧洲地区出版《纸金秘方》　约8世纪，与《彩色马赛克的配方》同时出现的与冶金相关的著作，还有一本《纸金秘方》（*Mappae Clavicula de Efficiendo Auro*）。据记载，该书现存最早的版本是6世纪的版本，这是一本关于艺术家和工匠们使用合金和金属制品的制作方法的书，其中包含了许多将合金用作代替金银的配方，当中提到的青铜仍是含有大量铅的合金。

8—10世纪

阿拉伯出现早期炼金术著作　医生贾比尔·伊本·海扬（Jabir Ibn Hayyan，721—815）是阿拉伯早期炼金家的代表人物，主要著有《物性大典》《七十书》《炉火书》《东方水银》等书籍。在这些著作中，其提出了金属可以互相转变的理论，并认为水银是可以将铜、铁、铅等金属变为黄金的物质，且经常使用硫、丹砂、汞等物质进行炼丹，这些与中国古代炼丹术著作十分相似，被认为是阿拉伯地区早期炼金术的开始。贾伯的一些著作也被译为了拉丁语，对中世纪欧洲的炼金术产生了较大影响。

918年

轩辕述［中］《宝藏论》有关于锌的记载　倭铅，锌的古称。"倭铅可勾金"一语见于明末医家李时珍的《本草纲目》。其前文系引自五代时轩辕述的《宝藏论》，其含义为"锌可以用来提炼金"，即指倭铅可以将金从某种东西里分离提取出来。

971年

中国河北铸造正定大佛　中国北宋时期开元四年（971年）在中国河北

正定使用三千民工花费五年时间，用泥型分段铸造的方法成功铸造了高约22米、重约50吨的正定铜佛。目前大佛立于河北省正定县隆兴寺大悲阁中。该铜佛造型属于"千手千眼"的观音菩萨，其佛座基础用七根铁柱为底，铜佛身体为青铜铸造，各部分则用泥型分段铸造法浇注而成。据专家考证后认为，在铸造该铜佛的42条臂时会先铸出类似臂的异形铜管，然后埋置于土层中后再浇注铜液，使其与佛体铸焊在一起。而大佛的手掌、手指、法器均为木雕构件，最后与每条臂配合装就。严格地说，该铜佛属于铜木混合型结构，其宏大的规模和复杂的铸造方法说明了当时中国古代铸造方法的高超。

900—1100年

南美洲秘鲁北部的大巴坦地区进行砷铜冶炼　　1978年，考古学家对秘鲁北部沿海莱切（Leche）河谷的大巴坦地区进行了考古发掘，1979年，在该地区的巴坦村发掘出用于冶炼砷铜的炼炉群。这些炼炉群主要建在山坡上，每套炼炉群由3～5个沿南北方向紧密排布的炼炉组成，相邻的两个炼炉间相距1米，每个典型的炼炉约长30厘米、宽25厘米、高25厘米，呈瓢状，其炉腔在地面挖掘而成，炉壁则由黏土混合物制成。此外，还发现了长约13厘米，直径约1厘米的吹风管陶管头部件，说明当时的古印第安人仍使用陶制的吹管鼓风。而从出土的遗物看，当时的大巴坦地区仍存在较为原始的砷铜冶炼技术，其主要将铜矿石、砷矿石和铁矿石混合作矿料，以木炭为燃料在这些炼炉中进行冶炼。对该遗址出土的炉渣进行实验分析说明，当时冶炼时的炉渣和铜液分离并不彻底，冶炼后还须将冷却后的炉渣用巴坦—琼戈装置进行破碎，从而将较大的金属小球挑选分离出来。

9世纪

阿拉伯炼金术家拉泽提出物质分类法　　医生、炼金术家拉泽（al-Razis 860—933）是炼金术家贾伯的继承人，其著作主要有《秘典》《哲人石》《医学集成》等。在其著作中，他将当时已知物质分为：植物性的、动物性的、矿物性的和衍生性的等四类，其中铅丹、赭石等被列入了衍生物一类。而关于矿物，拉泽将其分为：醇（汞、硫、雄黄、雌黄等）、金属、石、矾土、盐及其他等六部分。同时，在其著作中拉泽还对炼金术家所用仪器做了较为详细的介绍。其著作《秘典》也被翻译为拉丁文，对西欧炼金术家产生了极大影响，该书更是成了后世炼金术的基本原理书。

10世纪

特奥菲鲁斯［希］作冶金手册《诸艺之美文》　《诸艺之美文》（*Diversarum Atrium Schedula*）由牧师特奥菲鲁斯（Theophilus 1110—1140）约在10世纪时著成，这本书并不是一本完全意义的冶金技术手册，但是其呈现了古典时期冶金技术的较为完整的面貌。特奥菲鲁斯对各种事物，如酒杯、香炉、铙钹乃至教堂的钟和风琴的制作工艺都作了详细的论述，同时还记载了各种工艺品制作方法。在金属方面，他不但讨论了黄金冶炼的质量、灰吹法和汞齐化提炼法，同时还提及金箔、金粉以及模拟黄金的合金产品的制造等。而在讲述彩色玻璃的制造时，还提到了窗子所用的铅条焊料，冶金工匠们所用的制作工具及其制作方法，银的精炼和铸造技术，熔析法和灰吹法所用炉子的修造以及金叶的着色方法。他还详细记载了从地表露头矿（比如孔雀石和硫化物等）手工挑选矿石后再炼铜的方法，为熔炼少量铜而建造坩埚炉的方法，以及用不同的颜料来给铜染色的方法。而对钟的铸造方式的描述也是其书中的重要部分，书中详细讨论了精炼炉、铁的焊接和熔接技术、锡和黄铜器的浇铸以及锡的焊接技术等。这是对该时期各种冶金技术描述得最为完善也是最为详细的一本著作。

阿卜·阿里·伊本·西那［阿拉伯］著作《医典》出版　阿拉伯学者阿卜·阿里·伊本·西那（Abu Ali ibn Sina 980—1037）是一名医生，也是对阿拉伯炼金术极有研究的学者。其著作《医典》虽是一本医书，但其中包括了作者对矿物和金属形成及其成分的介绍，并包含了其对炼金术的研究及评述。在该著作中将矿物分为了岩石、可溶物、硫和盐等四类。作者认为各种金属是由硫、汞以及决定该金属本质的基本要素所组成的，而且硫可以使金属具有可变性。同时，作者也提出了他对不同金属间可以互相转化的否定性观点，认为炼金术家只能得到贵重金属的合金，或者只是使金属带上贵重金属的颜色而已，并宣称："我在任何时候也不会明白金属能由一种转变为另一种。相反，我认为这是不可能的，因为没有使金属转变为另一种金属的方法。"

10—11世纪

德国戈斯拉尔城开始成为欧洲多金属矿的开采冶炼中心　戈斯拉尔城（Goslar）位于德国下萨克森州哈尔茨山脉斜坡的西北角。10世纪，亨利一世（919—936年在位）在哈尔茨山脉附近的拉默尔斯贝格（Rammelsberg）矿山发现了银矿石，为方便开采银矿，创建了戈斯拉尔城。此后，戈斯拉尔城也因其丰富的多金属矿藏资源而得到不断的发展，逐渐成为欧洲选矿、冶炼与金属贸易的中心。从公元10世纪开始，拉默尔斯贝格矿山的银矿首先得到开采利用，除此，该矿山主要的矿石开采还有铅锌矿石、铜矿石、黄铁矿、混合矿石、布朗晶石（Braunerz）、重晶石矿（Grauerz）、条带矿石，（Banderz）以及与方铅矿、黄铜矿、闪锌矿、重晶石和硫酸盐等，主要金属提取物有银、铅、铜和锌等。丰富的矿产资源使得戈斯拉尔城空前繁荣起来，成为欧洲多金属矿的开采冶炼中心。

中国陕北地区有人工开采石油　关于中国陕北地区石油的记载，最早见于东汉著名历史学家班固所著的《汉书·地理志》，其中记载："上郡高奴，有洧水，可燃。"唐代段成式在《酉阳杂俎》中记叙："高奴县石脂水，水腻浮水上如漆，采以膏车及燃灯，极明。"这里的"高奴"，就是如今陕北的延安一带；"洧水"，是延河的一条支流。北宋时期著名科学家沈括也对陕北延长一带的石油作了考察和研究，在元丰三年（1080年）考察了当地民间开采石油的过程。在他的晚年著作《梦溪笔谈》中，最早提出了"石油"的命名并沿用至今，还对石油的开采、性能做了具体记述，并对延长石油的产状和用途做了详细记载。而在他所作的另一首《延州诗》中，描述了延州开采石油形成烟尘滚滚的盛景："二郎山下雪纷纷，旋卓穹庐学塞人。化尽素衣冬未老，石烟多似洛阳尘。"从这可以推测，在沈括对该地区考察之前，人们已经有意识地对石油进行开采利用了。

1041—1054年

中国四川出现小口径的卓筒井　北宋庆历（1041—1048）、皇佑（1049—

1054）年间，在今四川乐山市五通桥区和自贡市出现了小口径深井，称为卓筒井。卓筒井是手工制盐的活化石，是用直立粗大的竹筒以吸卤的盐井，即"凿地植竹，为之卓筒井"，其口径仅有竹筒大小（约20厘米孔径），却能打井深达数十丈。北宋苏轼（1036—1101）著有《东坡志林》，其所载的是作者自元丰（1078—1085）至元符（1098—1100）二十年余间之杂说史论，内容广泛，无所不谈。该书卷四就对北宋时期的卓筒井进行了记述："自庆历、皇佑以来，蜀始知用筒井。用圆刃凿如盌大，深者数十丈，以巨竹去节，牝牡相衔为井，以隔横入淡水，则咸泉自上。又以竹之差小者出入井中为桶，无底而窍其上，悬熟牛皮数寸，出入水中，气自呼吸而启闭之，一筒致水数斛。凡筒井皆用机械，利之所在，人无不知。"卓筒井的出现，标志着井盐钻凿工艺从大口浅井向小口深井的革新过渡。

1044年

曾公亮［中］著《武经总要》　中国北宋宋仁宗时期（1010—1063），曾公亮和丁度于1044年奉皇帝指令撰写《武经总要》，用时五年，这是中国第一部规模宏大的官修综合性军事著作。全书分为前后两集，共四十三卷，计2 869页。前集二十二卷包括军事制度、军事组织、选将用兵、阵法、山川地理等军事理论和规则；后集二十一卷的前半部分介绍古今战例，后半部分介绍阴阳占卜。在《武经总要·前集》（1044年）卷十二中，已经有应用悬扇式鼓风器——木扇的记载，其中绘有行炉图，炉子呈方形，梯形风箱与炉子一起安装在木架上，木扇就利用风箱盖板的开闭来鼓风。木扇的出现是古代鼓风器械的又一重要发展。同时，书中还有石油沥青用于制造火药的记载，当时的首都开封已出现了粗炼加工原油的猛火油作坊。

1045年

崔昉［中］《外丹本草》记载鍮石冶炼　崔昉，宋代炼丹士，其著作《外丹本草》约成书于1045年，其中记载了鍮石的冶炼。书中写道："用铜二斤，炉甘石一斤，炼之即成鍮石一斤半。"鍮石，即黄铜的古称，也就是铜锌合金，其中所用的炉甘石的主要成分为碳酸锌。

1048年

比鲁尼［阿拉伯］出版了《识别贵重矿物的资料汇编》　阿拉伯著名科学家、史学家、哲学家比鲁尼（a1-Biruni 973—1048），于1048年左右完成并出版了《识别贵重矿物的资料汇编》一书。书中内容分为宝石和金属两大部分，不但描述了当时已知的约100种矿物、矿物变种以及岩石等，书中出现了300多个名称，还记载了某些矿物中的包裹物，同时书中还记录作者所知的世界范围内的矿物产地。此外，他还用其设计的仪器测定了各种矿物的比重，得到的数据与18世纪欧洲所测的数据相当，可见其精确度之高。

1086—1093年

沈括［中］所著的《梦溪笔谈》中记载了各种矿物和各种冶金技术　中国北宋科学家、政治家沈括（1031—1095）在1086—1093年间撰写了一部笔记体著作《梦溪笔谈》，现传本26卷，分17个门类共609条，此外还有《梦溪补笔谈》和《梦溪续笔谈》。其内容涉及社会科学和自然科学的各个学科，有关采矿、冶金的内容散见于兵器、异事、辩证、杂志、权智、药议等门类。书中对太阴玄精（龟背石）的描述表明作者已经注意到矿物结晶的形状、颜色、光泽、透明度、解理以及加热失去结晶水和潮解等形状。书中还对胆矾炼铜、灌钢、百炼钢、舒屈剑、瘊子甲等有记载，涉及湿法冶铜、冷锻、冷加工过程和变形量等问题。书中所说的瘊子甲，是宋代青堂羌族用冷锻技术制造的甲，《梦溪笔谈》记有"青堂羌善锻甲，铁色青黑，莹彻可鉴毛"，"去之五十步，强弩射之不能入。"

1086—1100年

张潜［中］撰《浸铜要略》　中国北宋哲宗年间（1086—1100）张潜撰写了《浸铜要略》，该书记述了从含铜矿水（或称胆水）中提取铜的方法，该法又称为"胆水浸铜"，该书现已失传，只见于《宋史·艺文志》著录。元代时，著者后裔张理将此书献给朝廷。元末明初时危素为此书作《浸铜要略序》（见《危太朴文集》）。从中可知，《浸铜要略》主要是记述张潜创办兴利胆水浸铜厂和宋代生产胆铜的经验，其中就有记载，饶州兴利场共有胆水泉三十二处，其中浸铜需时五天的有一处，需时七天的十四处，需时十天的十七处。这是因为各泉所出胆水含铜浓度不同的缘故。危素称赞该书所描述的胆铜法具有"用费少而收功博"的优点。

11世纪

印度拉贾斯坦邦扎瓦尔的铅锌矿被开采冶炼　扎瓦尔（Zawar）古炼锌遗址位于印度西北部拉贾斯坦邦的乌布代尔南45千米处，是一处属于11—19世纪的大规模炼锌遗址。近年来，一支由英国大英博物馆和印度巴罗达大学等组成的联合考察队对该遗址进行了系统发掘，出土了目前已知的世界最早的锌冶金遗物，还出土了7座未经扰动的冶炼炉，炉内还原样放置着数十个蒸馏罐。通过对该遗址出土的蒸馏罐及其他耐火材料（如炉壁等）进行的实验研究表明，当时的炼锌温度为 $1\,000 \sim 1\,200\,℃$，冶炼时间 $4 \sim 5$ 小时，而加上装料、上炉、取锌锭等一系列操作，炼一炉锌约需一天的时间。经过碳–14测定并经树轮校正，该遗址的年代上限为1025年，下限可到19世纪初。而从现存的炼炉遗迹看，14世纪的炼炉数量相比以前有显著增加，这可能表明扎瓦尔的炼锌在当时得到了扩展。而根据该遗址上不同时代废弃的蒸馏罐堆积情况判断，扎瓦尔的炼锌业从16世纪开始进入大规模的商业性生产，并一直持续到19世纪初，后来由于饥荒和欧洲炼锌业的竞争才走向衰落。

11世纪末—12世纪

何薳［中］所著的《春渚纪闻》有用砒石炼砷白铜的记述　何薳（1077—1145），字子远，一作子楚，浦城（今属福建）人，著有《春渚纪闻》10卷。卷十为《记丹药》，记载了关于用砒霜点化白铜的巧妙方法，通过用枣肉包裹砒霜投入到熔化的铜中，借枣肉在高温下生成的碳将砷的氧化物还原成砷，溶解到铜里，生成砷白铜。从该记述可见，用砷的氧化物（即砒霜，其主要成分为三氧化二砷）炼制砷铜的技术在炼丹方士手里已经逐渐成熟起来了。

1190年

赵希鹄〔中〕所著的《洞天清禄集》记述了失蜡法铸造工艺 关于传统失蜡法具体工艺流程的文字记述，首次在宋代赵希鹄的《洞天清禄集》中出现。《洞天清禄集》约成书于1190年前后，经《四库总目》考证，该书是一本关于古物收藏、书画鉴赏的书籍，可谓鉴赏指南，其中就记述了用失蜡法铸造器物的具体工艺。此后，中国在元代时专门设有失蜡提举司，用以专管失蜡铸造的相关事项。

12世纪

阿拉伯炼金术开始引入欧洲 公元12世纪，炼金术开始传入西欧地区。由于基督教学者翻译伊斯兰时代医师、炼金术士、化学家、哲学家拉齐（al-Razi 约865—925）的阿拉伯炼金术著作，导致炼金术在欧洲兴起。同时期还有不少阿拉伯的炼金书籍都被相继翻译成拉丁语。1144年英国切斯特（Chester）郡的罗巴特将《炼金术合成之书》译成拉丁语。1200年，伊本·西纳的《治愈之书》中的炼金部分被译成拉丁语。随着一系列炼金术著作的翻译，炼金术在欧洲也开始发展起来。

欧洲中世纪炼丹术著作中使用的符号

欧洲人发明了一种可探测水源和矿产的魔杖仪　魔杖仪（Dowsing Instrument），即"魔杖"探测仪，现在又名机械电磁探测仪，是一种用于探测水源和矿产的仪器，最早出现在12世纪左右的欧洲地区。这种仪器主要是利用物质的物理作用来实现探测目的，实际上就是一种能够产生机械动作的可进行能量转换的接收器。当其与被测辐射物发生相互作用时，能产生一种使其自身转动的推力或拉力，从而指示被测目标的方向和位置，因此又称为"机械电磁魔杖"。其没有复杂的电路，也没有线圈，甚至不用电池作为电源。最早主要靠操作者体内的静电来作为能量，因此历史上其曾被称为"魔杖"。早期西班牙采矿者就曾采用这种方法开来寻找矿产，13世纪，马可·波罗曾将类似的仪器带到中国，说明其在欧洲地区已经得到普遍利用。现代的"魔杖"已经在结构和性能方面得到了极大发展，有的甚至已经安装了放射性同位素，同时其应用已经扩展到探测各种金属制品、金属矿产、天然气、水源等。

12—13世纪

中国采矿用火爆法进行破碎　火爆法是将火药用于采矿前矿岩破碎的技术。此方法是先用火烤矿岩，到一定温度后，泼以冷水或醋，矿岩即因骤冷爆裂而破碎变酥，然后再用凿掘工具楔打采取。中国宋代，火爆法的记载甚为明确。宋代洪咨夔（1176—1236）约在1202—1213年间著有《大冶赋》。该书在描述宋代采矿过程时明确记载了饶州等地用火爆法开采矿石的情况，并进一步指出，使用火爆法采矿，矿脉要经过一夜的烘烤，使之发脆解理，然后才用工具开采出来。

1221年

中国出现了最早的铁质火炮　中国南宋时期（1127—1279）的《辛巳泣蕲录》中详细记载了南宋嘉定十四年（1221年）间南宋对抗金军的战争历史。该书由赵与容（南宋人）撰成，书中还提到了该场战争中金军所广泛使用的"铁火炮"："其形如匏（瓢葫芦）状而口小，用生铁铸成，厚有二寸，其声大如霹雳。"这是目前关于铁质火炮的最早记载。

1250年

玛格努斯制得单质砷　砷，元素符号为As，又名砒，灰色半金属。砷在自然界分布很广，大多以硫化物形式夹杂在铜、铅、锡、镍、钴、锌、金等矿物中，其主要来源就是冶炼金属硫化物矿时的副产品。单质砷不溶于水，但溶于硝酸和热硫酸中，所有的可溶砷化物都有毒。1250年，欧洲的玛格努斯（Magnus, A.）用硫化砷以及肥皂一起加热，首次制得单质砷。

1252年

日本建成镰仓大佛　日本的镰仓大佛始建于1238年，主体为木质结构，于1252年重铸铜佛身，现所见的青铜铸像才得以最终铸成。该铜像高约11.6米，连台座则为13.35米，铜像重达110吨。这尊青铜佛铸像的制作，是先制作木模型，然后根据模型来制作内范和外范，最后将范烤干之后再在现场进行装配而成的。这种铸造方法与中国青铜时代采用的分范法极为相似。

1270年

中国广东新会用焦炭冶铁　焦炭是指炼焦煤料在高温作用下，经过热解、缩聚、固化、收缩等一系列复杂的物理化学过程而形成的固体燃料，主要用于高炉炼铁和铜、铅、锌、钛、锑、汞等有色金属的鼓风炉冶炼，起还原剂、发热剂和料柱骨架的作用。根据对中国广东省新会县（今广东省江门市新会区）一处年代为1270年左右的属于南宋末年的炼铁遗址的考古挖掘，发现了用于炼铁的石灰石、铁矿石和焦炭等遗物。这说明当时广东新会地区已经使用焦炭炼铁了，这是目前世界上已知最早使用焦炭炼铁的记录。

1279年

西班牙卡斯蒂利亚国王汇编了介绍各种矿石的《碑铭》　西班牙卡斯蒂利亚国王阿方索十世（Alfonso X 1252—1284年在位）在位期间，于1279年完成的《碑铭》是一部详细介绍多种矿石的汇编。这部书分为两部分，一部分主要以古典时期著作内容为依据而写成，另一部分主要根据阿拉伯的著作而

写成。书中有许多关于炼金术、古化学、占星术的原理，其中还记载了一种
称为ecce的矿石，其实就是含银的辉锑矿，其主要的经济用途是用来生产玻
璃表面的"美丽金色"，主要产地在西班牙和葡萄牙的大部分地区。

13世纪初

波希米亚地区的库特纳山发现银矿　库特纳山，位于波希米亚中部。13
世纪初，在该山发现银矿矿脉，为了开采方便，在今捷克西部的弗尔赫利采
河畔建立了库特纳霍拉城镇，并发展成为一个矿产城镇。14世纪，库特纳银
矿生产达到了最繁盛时期，每年可掘出约6吨的白银，使得库特拉霍拉城成了
波希米亚地区第二座重要的城市。1300年，由于币制改革的需要，瓦兹拉夫二
世在此建立了造币厂，而该矿山出产的银也开始被用来制作布拉格银毫，这是
当时欧洲质量最高的硬币。库特纳银矿直到1504年因银矿矿产资源枯竭而关
闭，造币厂也在1726年被关闭。

13世纪

波兰维利奇卡盐矿被开采　维利奇卡（Wieliczka）盐矿位于波兰南部的
克拉科夫市郊区，傍喀尔巴阡山，是一个从13世纪起就开采的盐矿，是欧洲
最古老的盐矿之一。13世纪末以来，它一直是波兰重要的岩盐来源。从14世
纪起，维利奇卡盐矿成为采矿业城市之一。15—16世纪是其鼎盛时期，18—
19世纪盐矿开始扩建，成为波兰著名的盐都。盐矿矿床长4千米、宽1.5千
米、厚300~400米，巷道全长300多公里。迄今已开采了9层，深度为327米，
共采盐2 000万立方米。维利奇卡盐矿是由总长达200千米的许多地下通道组成
的，它们连接着2 000多个挖掘而成的洞室，这些洞室遍布在地下9~327米之
间。其开采出的是一种结晶的晶盐矿，主要是青灰色，透明或半透明，看起
来与石头相似。该盐矿至今仍在不断的挖掘中，是欧洲最古老且目前仍在开
采的盐矿之一。1976年，维利奇卡盐矿被列为波兰国家级古迹，1978年被联
合国定为世界文化遗产。

**斯洛伐克的班斯卡·什佳夫尼察开始成为欧洲最重要的贵金属采矿中
心**　班斯卡·什佳夫尼察（Banska Stiavnica）是斯洛伐克的一个中心城镇，该

城镇也因其拥有丰富的银矿资源而得到繁荣发展。在中世纪中后期（约13世纪），班斯卡·什佳夫尼察成了匈牙利帝国主要的金、银生产供应者。

1321年

中国铸造卧佛寺铜佛　中国元朝至治元年（1321年）在北京卧佛寺铸造了一个长约5米、重达540吨的铜佛像。该佛像呈侧身睡卧状，双腿伸长，右手呈弯曲状托住头部，左手平放于腿上，全身各部位比例匀称，显示出当时铸造技术的精巧。该佛像现存于北京西山的卧佛寺中。

1325年

铁制枪炮首次在德国被制造出来　首次制造的铁制枪炮主要是用锻造过的铁制成的，直到大约1350年才开始使用青铜来铸造军用机械。约30年后，第一门真正的铸铁大炮才出现，但是青铜炮仍然一直使用，直到15世纪人们完全掌握了铸铁技术。14世纪末，美因河畔法兰克福的一个叫加斯特的人首次用广告宣传他制造铸铁军械的技术。15世纪早期，让铁水从熔炉内直接浇铸到模子的技术取得成功。然后，铸铁逐渐传到德国西部、法国东北部和意大利北部。

1334年

陈椿［中］著《熬波图》　陈椿，元代天台人，曾于元统年间（1333—1368）担任盐司。据记载，其约在1334年著有《熬波图》一卷（永乐大典本）。这是一本有关制盐的著作，书中有图47幅，图后附有诗句描述图中所言。该书原本已经散佚。

1347年

瑞典法伦成立了最早的矿业公司　1347年，在位于瑞典中部科帕尔贝里省省会法伦的一个老铜矿周围，建立起了斯托拉–科帕尔贝里矿业公司总部，据称其可能是世界历史上最早的矿业公司。

1387年

曹昭［中］著《格古要论》提到试金石　《格古要论》约成书于1387年，为中国明代曹昭（字明仲，江苏松江人）所著，是中国现存最早的一本文物鉴定专著。原书一共三卷十三论，上卷有四论分别为古铜器、古画、古墨迹、古碑法帖等内容；中卷四论则分为古琴、古砚、珍奇（包括玉器、玛瑙、珍珠、犀角、象牙等）、金铁等；下卷五论分为古窑器、古漆器、锦绮、异木、异石。书中首次出现了可以用来检测金、银合金的试金石的记载，被认为是目前已知中国最早提到试金石的文献。由此可推测该书成书之前中国就已经有了较为准确的检测金、银合金的方法和工具。

14世纪

印度炼金术著作*Rasaratnasamuchchaya*记载了详细的炼锌方法　约在14世纪由印度的炼金方士们编著而成的 *Rasaratnasamuchchaya*，是一部内容十分丰富的炼金术著作。书中详细描述了炼锌的工艺过程：先将锌矿磨制成矿粉末，然后将其与紫胶、糖浆、白芥末、泡碱和硼砂等物质一起混合，并加入牛奶或者奶油，最后将这些混合物同时烘干，再揉成小球状后放到坩埚中加热到一定温度，得到的产物是一种具有金属锡外观的物质（即锌）。除此，该书还描述了用于锌矿石蒸馏的坩埚和炼锌炉的装置构造。这是古代印度有关炼锌工艺最为详细、最为重要的文献记载。

欧洲炼出液态生铁　铁水，即液态铁的俗称，其成分是单质铁，为纯净物，是液态的铁，铁的熔点为1 535 ℃，密度为7 138千克/米^3，是吸热快、散热慢的物质。铁水需要炉温提高到1 150～1 300 ℃才能被冶炼出来。而在欧洲地区，大约在11世纪时才出现水力鼓风炉，大约在14世纪水力鼓风才盛行起来并用于金属冶炼。水力鼓风的出现加大了风量，提高了风压，从而可以提高冶炼的强度和温度。据推测，大概是鼓风技术进步的同时也促进了欧洲冶铁技术的发展，14世纪欧洲成功冶炼出铁水，这比中国炼出液态生铁的时间晚了近两千年的时间。

1403年

中国河北遵化建成当时规模最大的官营铁厂　遵化铁厂，于中国明代永乐年间（1402—1424）在北直隶蓟州遵化县（今河北遵化市）西40千米的沙坡峪设立，后经两次搬迁，最后于正统三年（1438年）迁至白冶庄（今改名为铁厂镇），直到1581年才最终封闭停产，是明代投产时间最长的官营铁厂。遵化铁厂的工匠均来自民夫、军匠和囚犯等。成立之初，约有2 500余工匠参与冶炼，发展到后期，工匠有所减少，但也有1 500余人。正德四年（1510年）已使用10座冶炼炉进行生产，铁的年生产量在最高时可达到378吨（生铁243吨、熟铁104吨、钢31吨），可见其冶炼规模和生产规模之大。据文献记载，迁到白冶庄的铁厂已经使用高约3.8米的高炉来冶炼生铁，其冶炼技术已经达到一定水平。

1444年

欧洲各地出现炼铁高炉　高炉，又被称为鼓风炉，是一种用来生产液体状态金属的竖式筒形炉。其使用方法是从炉底通入加压的空气，然后从炉顶加进由矿石、焦炭（木炭）和助溶剂组成的混合料，让其在炉缸内发生反应，从而使液态金属从炉缸底处的出口流出。在欧洲，高炉是从罗马人操作的小炼铁炉

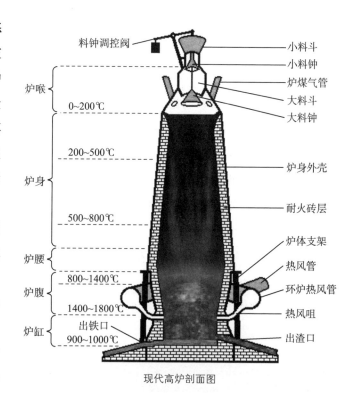

现代高炉剖面图

历经几个世纪发展演变过来的。小高炉炼铁的方法从14世纪中叶开始在中欧出现并得到使用。1444年，欧洲各地开始出现高炉炼铁，直到1500年，高炉炼铁传入英国。高炉出现之初，唯一的燃料是木炭。

1462年

罗马时期发现并开采明矾矿藏　明矾石属于硫酸盐矿物，其主要成分是碱性硫酸铝钾〔钾铝矾，化学分子式为$KAl_3(SO_4)_2(OH)_6$〕，可用于炼铝、净水和食品加工等用途。1462年，在罗马庇护二世教皇（Pope Pius II 1405—1464，意大利籍教皇，1458—1464年在位）的所属领地内发现了明矾矿，人们对此进行了开采。1463年，开采工人增至8 000人，成为西欧国家历史上第一次大规模开采明矾矿，为意大利的纺织业提供了可靠的明矾供应。

1480年

达·芬奇［意］绘制出冷轧金属板的轧机草图　轧机，即实现金属轧制过程的设备，泛指完成轧材生产全过程的装备，包括主要设备、辅助设备、起重运输设备和附属设备等。一般所说的轧机往往仅指主要设备。据说14世纪的欧洲就有轧机出现，1480年，意大利人达·芬奇（Leonardo da Vinic 1452—1519）设计了轧机草图。

1495年

陆容［中］的《菽园杂记》记载了有色金属的开采、选矿和冶炼技术　《菽园杂记》是陆容（1436—1494，字文量，号式斋，太仓州人）的代表著作，共十五卷，是关于明代朝野掌故的史料笔记。该书卷十四中记载了勘探五金（金、银、铜、铁、锡）的选矿、开采方法以及提炼金属银、金属铜的技术。

1500年

瑞典建成恩格尔斯堡炼铁厂　恩格尔斯堡炼铁厂位于瑞典首都斯德哥尔摩西北约130千米处，因德国炼铁专家恩格尔凯而得名。恩格尔斯堡炼铁厂的所在地，有着丰富的矿产资源，自古以来就有炼铁工场的存在。瑞典国王古斯塔夫一世建立了巴萨王朝，为了进一步发展本国矿业，他专门聘请德国的炼铁专家来传授技术。1500年，恩格尔斯堡炼铁厂正式开业。1681年，贵族拉·依伦海克买下了包括恩格尔斯堡炼铁厂在内的几家炼铁厂，使用技术领先的机械设备，大大提高了生产效率。19世纪，恩格尔斯堡炼铁厂的经营走到了终点。1856年，英国人发明的酸性底吹转炉炼钢法，给炼铁业带来了划时代的变革，法、美、德等国纷纷引进这项新技术，钢产量连年上升。在这种情况下，恩格尔斯堡炼铁厂只好从炼铁业撤退，直到被迫关闭。

1501—1505年

欧洲出现检验黄金纯度的金针系列试验法 金针系列试验法主要是一种划痕试验法，根据划在黄金上的痕迹的颜色和深度来判断黄金的成色及其纯度。由于该方法较为简易，易于实行，因此在中国唐代、罗马时期都曾得到过应用。

1506—1521年

傅浚［中］著《铁冶志》 明代傅浚著《铁冶志》二卷，已佚。根据《明史》记载，傅浚，字汝源，福建南安人，弘治（1488—1505）进士，官至工部郎中。明正德年间（1506—1521）曾督办遵化铁厂，期间著有《铁冶志》二卷，著录于《明史·艺文志》，后散佚。《铁冶志》可能在一定程度上反映了明代遵化冶铁的生产状况。河北遵化是明代重要的官营铁冶场所，政府制造军器需要的铁主要取自该厂。

1510年

德国首次正式出版德文版采矿冶金著作《采矿手册》和《试金手册》 《采矿手册》和《试金手册》首次正式出版于16世纪初期，这两本著作用德文写成，根据其所使用的语言猜测，作者均为实际操作的矿工而不是学者。前者主要介绍矿物学方法，后者则是介绍试金方法，两书相同点在于书中所描述的研究方法已经是定量研究方法，而不是炼金术家们所使用的称量式方法。这两本著作的正式出版，说明该时期的采矿和冶金技术已较为精湛，得以建立在较为精确的实验基础上。

1540年

比林古乔［意］出版了最早的关于冶金术的综合手册《火法技艺》　意大利冶金学家比林古乔（Vanoccio Biringuccio或Vanocci Biringuccio，1480—1539）的《火法技艺》是最早的关于冶金术的综合手册。青年时期比林古乔曾周游意大利和德国，考察冶金作业，后在铁矿、锻造厂和兵工厂工作。他的著作《火法技艺》（De La Pirotechnia）在其去世后出版了。该书共10卷，包括：金属矿，半矿产品，试金术，矿石熔炼，金、银分离（用硝酸和硫化锑或硫），金、银、铜、铅、锡的合金，巨型塑像和大炮的铸造，熔炉和熔炼金属法，小型铸件的制造，硝石、火药和烟火的制造，其他火法技术（如炼金术，酸、酒精等的蒸馏，造币工作，金工、银工和铁工，锡镴制品，拉丝、制镜、制陶和制砖）等。该书还附有蒸馏用炉、鼓风设备、钻炮膛和拉丝等装置的木刻画83幅。《火法技艺》保存了早期冶金和无机化学的许多实用资料，并且第一次相当完整地叙述了银汞齐作用、反射炉、熔析工艺等。

1546年

胡安·德·托洛萨［西］在墨西哥萨卡特卡斯发现银矿　萨卡特卡斯坐落在墨西哥塞罗–德拉布法山脚下的一条狭谷中，为萨卡特卡斯州的首府。1546年，西班牙殖民者胡安·德·托洛萨（Juan de Tolosa）在墨西哥的中心地带的萨卡特卡斯发现了一个储量丰富的银矿。随后，人们又在同一山脉中发现了三个新的银矿床。到1550年，这里已经出现了34个银矿，其中储量最大的银矿之一是阿尔瓦拉多。资料显示，1548—1867年阿尔瓦拉多银矿的产量接近8亿美元。由于该地区丰富的矿藏资源，墨西哥曾经是世界上最大的银生产国。目前，萨卡特卡斯城有墨西哥最大的两个银矿，分别为弗雷斯尼洛银矿和佩纳斯基托多金属矿。此外，该城还保留了大量的18世纪的宗教和世俗建筑，并于1993年入选世界文化遗产名录。

1553年

布律列尔［法］造出轧制金银板材的轧机　据说在14世纪欧洲就有轧机，但有文献记载的是1480年意大利人达·芬奇设计出的轧机草图。1553年，法国人布律列尔（Brulier）造出轧制金银板材的轧机，其轧制出的金和银板材主要用于制造钱币。此后在西班牙、比利时和英国相继出现轧机。

1556年

阿格里科拉

阿格里科拉［德］的著作《论冶金》出版　德国冶金学家、医生阿格里科拉（Georgius Agricola 1494—1555）于1556年完成《论冶金》这部著作，该书写作时间长达二十年，影响西方采矿冶金业达两个世纪之久。《论冶金》这部著作可分为三个部分：第一部分为采矿，包括对矿业师的要求、矿山的建设、矿脉的成因、矿床的测量、各种金属及其矿物、采矿技术、采矿工具和设备、排水通风、矿工的职业病等；第二部分为选矿和冶炼，包括矿石成分的检测、矿石破碎及煅烧、重力选矿、混汞法提取黄金、冶炼炉的建造、各种金属的冶炼工艺、收尘装置、金和银铜的分离、灰吹法和熔析法提银等；第三部分包括盐类、碱、明矾、矾石、硫黄、沥青、玻璃等制取方法。据考证，该书在明代天启元年（1621年）就传到中国，崇祯十三年（1640年）汤若望等人翻译了此书并命名为《坤舆格致》。由于阿格里科拉在矿物的形成及分类等方面提出过很多独到的见解，他也被誉为"矿物学之父"。

《论冶金》

1574年

埃克尔［德］的著作《重要矿石论》出版　德国化学家和冶金学家埃克尔（Lazarus Ercker 1530—1593）于1574年发表《重要矿石论》一书，该书在检验方面的细致介绍是对阿格里科拉著作的补充。书中叙述了酸、碱、盐的制造，实验室的设备和操作，灰吹皿和冶炼炉的建造以及试金天平的制作；系统总结了金、银、铜、锑、铋、汞、铅矿物，以及这些金属的检验、制取和精炼技术。同时，埃克尔也是欧洲湿法冶金的先驱，他曾指出从溶液中用铁沉积铜是由于置换作用。

1590年

英国开始使用水轮机驱动轧机　1590年，英国开始使用水轮机拖动轧辊，直到1790年仍利用水轮机配以石制飞轮拖动四辊式钢板轧机。1798年，英国人开始将蒸汽机作为轧机主要动力来拖动轧辊。到现代，人们主要利用直流或交流电动机来拖动轧机，既有单机拖动，也有通过齿轮成组拖动。

16世纪末

南美洲玻利维亚波托西城建成较为完善的水力开采提炼银矿　波托西城，位于安第斯山脉赛罗里科山的下方，附近有着丰富的矿藏资源，盛产银、铅、锡、铜等，同时也是南美最大的银矿所在地。1545年，西班牙殖民者在附近的塞罗里科发现银矿，并于1546年建立城市。1572年，在西班牙国王菲利浦二世的命令下，总督佛朗西斯科·托勒多采用当时已在墨西哥使用的银矿石加工工艺技术来重振波托西采矿业。首先他派遣众多工人在高处挖了22个人工湖蓄水，以满足水力粉碎机的需要（据记载，当时一共安装了130台水力粉碎机）；接着强迫印第安人采矿，并用美洲驼将矿石运下山来；然后利用水力带动锤子将矿石打碎碾成粉末，再加入汞提取银。1580年左右，根据提炼银矿的需要已建立了许多水力矿场，并利用复杂的引水渠和人造湖系统为银矿的开采和提炼提供水源，已拥有了22条尾矿坝和大约100台轧碎机，利用水力系统来开采、提炼银矿的工艺已发展得较为成熟。

1604年

万伦廷［德］描述了锑及其提取方法 据考证，数千年前人类已开始用锑，在伽勒底的泰洛挖掘出的古瓶碎片，就是B.C.4000年前的含锑铸件。16世纪初期，德国僧人万伦廷（Basil Valentine）著书分辨金属锑及其硫化物，较详细介绍了金属锑的用途、性质及提取方法，被誉为人类认识锑的开端。

1608年

策勒尔［捷克］提出利用渗碳工艺来制钢材 1574年，布拉格出版的一本著作中曾描绘过渗碳工艺。1608年，来自阿施豪森的策勒尔（Anton Zeller）提出利用渗碳工艺来制钢材，即将熟铁棒放在"箱内"用山毛榉木炭加热。

1614年

艾里奥特和默西发明了在炼钢过程中用煤来做燃料的方法 虽然早前在用熟铁生产粗制铁器时曾少量使用煤，但是直到16世纪末，欧洲在用煤来取代木材冶炼金属矿石方面并没有取得明显成功。17世纪初，荷兰的斯特蒂文特（Simon Sturtevant）和罗文松（John Rovenzon）分别在1612年和1613年发表了金属冶炼方面的著作，倡导采用烧煤的高炉，但是他们并没有对冶炼方法进行具体描述。其后几十年里，他们的方法被证明是不成功的。几乎同时，玻璃制造业攻克了用煤取代木材作为燃料的技术障碍。可能是在此激励下，1614年，艾里奥特（William Ellyott）和默西（Mathias Mersey）发明了在炼钢过程中用煤来做燃料的方法，但是在炼铁过程里用煤来取代木材却是几代人以后的事。

1619年

达德利［英］以煤炼铁取得成功 最早提出以煤代替木炭炼铁的是斯达蒂文特（Simon Sturtervant），他曾获得用煤炼铁的专利。他指出用煤炼铁可大大节约资金，但一年后他的工场倒闭，只好放弃了这项专利权。因此，并不知道他是否真正掌握用煤炼铁的技术。提倡以煤炼铁并取得一些实验成就的是英国人达德·达德利（D.Dudley）。1619年，达德·达德利进行了以煤炼铁的初步试验并获得了成功。当时的试验样品被认为有很好的销路，因此他以父亲达德利勋爵的名义申请了专利。1665年，他出版了专著《铁金属》，其中包括了相当丰富的技术知识，但他以煤炼铁的技术秘方却始终未公布。

1623年

挪威发现孔斯贝格银矿　孔斯贝格银矿位于挪威的布斯克吕郡，是由超过80个不同的矿山组成的挪威前工业革命时期最大的矿山。1623年，两个放牛娃在格鲁维亚森山偶然发现银。次年，挪威和丹麦国王克里斯蒂安四世建立了孔斯贝格镇。粗略估计，1623—1957年孔斯贝格银矿的产量达1 350吨，到1770年，孔斯贝格矿区的雇佣工人达4 000人，成为仅次于卑尔根的挪威第二大城市。但由于1807—1814年战争期间矿区银产量的减少，以及1810年火灾的破坏，挪威政府于1814年在矿区建立了国防工业，现在国防工业已经成为孔斯贝格镇的主要产业。

1627年

萨沃特首次公布含铜的锌合金可以制成黄铜　虽然直到16世纪人们对金属锌还几乎一无所知，但是早在古希腊时期，人们就已经将菱锌矿石和木炭放在一起，通过一种渗透的工艺从铜中制得黄铜。1627年，萨沃特（Savot）首次公布含铜的锌合金可以制成黄铜。

1637年

宋应星［中］出版《天工开物》　中国明朝末年的科学家宋应星（1587—1666）于明崇祯十年（1637年）任职江西分宜（今江西省新余市分宜县）教谕期间撰写了《天工开物》一书。《天工开物》是中国古代著名的综合技术著作，全书共计18卷，图200余幅，被誉为中国17世纪的工艺百科全书。其中"冶铸""锤锻"和"五金"三类专门论述矿冶技术；"作咸""陶埏""燔石""丹青"和"珠玉"五类则全部或部分论述非金属矿产的开采和加工技术。由于明代手工业生产技术先进，金属冶炼和加工工业的生产规模、产量和技术都居于世界前列，因此该书用了约占全书四分之一的篇幅，比较系统和全面地反映了这方面的成就。特别是在"五金"中比较详细而系统地介绍了中国明代晚期金、银、铜、铁、锡、铅、锌等七种金属矿的开采、洗选、冶炼、加工的方法。其中记录了关于生铁熔炼和炒炼的生产过程，以及木风箱、用焦炭冶炼、铸锅、铸

宋应星

千钧钟、锻千钧锚、炼锌等中国劳动人民在冶炼技术上独特的发明创造。

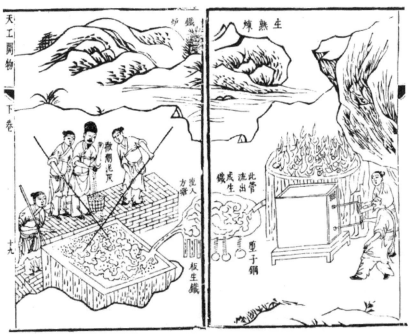

《天工开物》冶铁内容的插图

1650年

欧洲熔铁炉的炉腔开始被设计成圆形　据考证，1650年，欧洲熔铁炉炉

腔开始被设计成圆形，但许多铁厂厂主仍墨守于方形的炉膛或坩埚来收集熔化的金属。1775年，法国的铁厂厂主格里尼翁（Grignon，P.C.）建议采用圆形熔铁炉。直到1832年，这种形状的熔铁炉才被广泛接受并投入使用。这种炉形的变化也出现在英国斯坦福德郡吉本斯熔铁炉上。这个熔铁炉是由奥克斯（Oakes，T.）建造的，铁厂厂主吉本斯修改了炉内的尺寸，以延长其寿命。

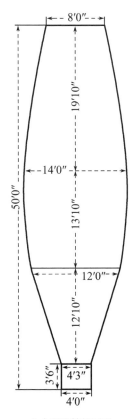

吉本斯熔铁炉图形

1656年

格劳贝尔［荷］发明"鲁伯特王子的金属"黄铜合金　德国裔的荷兰炼金术士、化学家格劳贝尔（Johann Rudolf Glauber 1604—1670）详细地研究了黄铜合金，并且发现了被冠以"鲁伯特王子的金属"之名的白镴的一些用途。

1664年

鲍尔［英］第一次用显微镜观察金属　1664年，英国物理学家、显微镜专家鲍尔（Henry Power 1623—1668）第一次记录下了其在显微镜下对金属的观察："看着一块抛光金属，你会发现它们充满裂缝、小洞、凹凸不平，毫无规律；但是铅具有最少这样的特征，它可能是世界上最精密、最紧凑的金属了。"他对钢撞击产生的火花的检验激发了胡克对金属自然属性的论述。

1665年

胡克［英］设计出复合显微镜观察金属表面　英国博物学家、发明家胡克（Robert Hooke 1635—1703）于1665年在其《显微术》（*Micrographia*）一书中对金属的自然属性进行讨论。同年，胡克根据英国皇家学会一位院士的资料设计了一台复杂的复合显微镜，并用它观察剃刀表面的锈斑和划痕。

胡克

胡克设计的显微镜

1668年

普洛［英］对熟铁条完全渗碳处理　1686年，英国博物学家、牛津大学第一任化学教授普洛（Robert Plot 1640—1696）在他的著作《斯塔福德郡的自然史》（*Natural History of Staffordshire*）一书中，首次对熟铁条采用完全渗碳处理进行了详细地描述。位于英格兰纽卡斯尔附近，始建于1720年的德温特科特炼钢炉（Derwentcote Steel Furnace）是现存最早的渗碳装置。

普洛

德温特科特炼钢炉

1681年

拉尔森［典］建立恩格尔斯贝格的铁矿工场　恩格尔斯贝格铁矿工场，位于瑞典西曼兰省的恩格尔斯贝格村，于1681年由贵族拉尔森（Per Larsson Gyllenhöök 1645—1706）建立，在18世纪期间逐渐发展成一个现代化的钢铁厂。1993年，它被列为联合国

恩格尔斯贝格铁矿工场

教科文组织的世界文化遗产地。恩格尔斯贝格铁矿工场是瑞典铁矿工场保存最好、最完整的范例。

1698年

塞维利［英］发明了世界上第一台实用的蒸汽泵　英国铁匠、发明家塞维利（Thomas Savery 1650—1715）在著名物理学家胡克的帮助下，发明了世界上第一台实用的蒸汽泵，并于1698年申请了专利。1702年，塞维利在他的著作《矿工之友》中描述这个机器，并指出它可以用于矿山排水。

塞维利

塞维利蒸汽泵

17世纪

中国明代使用活塞式木风箱鼓风　明代宋应星（1537—？）所著的《天工开物》（1637年刻本刊行）中描绘有20余幅用于冶铸的活塞式木风箱示意图。这种活塞式木风箱是中国古代鼓风器的又一重大发明。它利用活塞来推动和空气压力自动开闭活门，能产生连续的压缩空气，从而提高风压、风量以及炉内温度以强化冶炼。这种活塞式木风箱，构造十分巧妙，鼓风效率高，制作也可大可小，使用非常方便。

方以智［中］著《物理小识》　方以智（1611—1671）从崇祯辛未年（1631年）开始收集撰写《物理小识》的材料，至崇祯癸未年（1643年）编成初稿。卷七中记载："煤则各处产之，臭者烧熔而闭之成石，再凿而入炉为礁，可五日不绝火，煎矿煮石，殊为省力。"这里所记载的礁，即是中国明代对焦炭的别称。臭煤即烟煤，做炼焦原料，其含挥发物、沥青等杂质，并能结焦成块。焦炭的透气性和燃烧性比煤好，更适于冶炼，对进一步提高冶铁的质量和产量起着重要作用。

1701年

赖特［英］在铅的冶炼实验中发明了冲天炉　英国医生及化学家赖特（Wright, D.）从1696年起在北威尔士进行铅的熔炼和精炼实验，1701年，实验取得了成功。一个装备有改进型反射炉的炼铅厂由此建立起来。人们将这种改进后的反射炉命名为冲天炉。之后，这种改进型反射炉（再熔炉）也被运用到冶铁工业中。在这种改进型的反射炉中，铁不与用作燃料的煤直接接触，因而煤中的杂质不会对此金属造成有害影响。据说，阿布拉罕·达比在布里斯托尔开始铸造铁产品时就使用过这种冲天炉。曾于1764—1765年间访问过英格兰的法国工程师雅尔（Gabriel Jars 1732—1769）也描述过这样一座英国的铸造炉。

1709年

阿布拉罕·达比［英］用焦炭炼铁成功　真正用焦炭冶炼生铁的是阿布拉罕·达比（Abraham Darby 1677—1717）。他在什罗普郡科尔布鲁克代尔地区租用了一个废弃的鼓风炉，于1709年1月4日重新送风开炉，用焦炭炼铁并获得成功，之后他在该地区设厂炼铁。选择该地区是因为什罗普郡煤田接近露头煤层，煤含硫量较低，结焦性好。

阿布拉罕·达比

阿布拉罕·达比鼓风炉原址

1712年

英国首次安装由纽可门蒸汽机驱动的水泵进行排水 1712年，英国的斯塔福德郡的煤矿首次安装由纽可门蒸汽机驱动的水泵来进行排水，但效率非常低。之后，人们不断对蒸汽机进行实验和改进。可以说17世纪早期的蒸汽机实验，是由于英国煤炭工业的初期扩张而引发的，它们既是在为发明蒸汽机作重要的准备，也是在为煤在炼铁工业中的运用作重要准备。19世纪末，随着电动机的问世，离心式水泵广泛应用于矿山排水。人们为了解决水泵和管道锈蚀和磨损问题，采用了石灰中和法和沉淀过滤法来处理矿坑水，开创了矿山废水处理的先例。

1720年

英国使用叠轧薄板技术 为了减薄钢板厚度，英国在1720年左右发明了薄板叠轧的技术，至今某些工厂还在应用。1856年，英国谢菲尔德公园门铁工厂（Park Gate Ironworks）用轧叠法制出厚4.5英寸的装甲板，当时的方法是：把五条各为30英寸×12英寸×1英寸的铁条叠放在一起，轧制成一个粗板坯；然后再把这样做成的两块粗板坯叠起来，轧制成一块厚度为1.25英寸、4英尺见方的板材；接着把四块这样的板材叠放在一起，轧制成一块厚度为2.5英寸、面积为8英尺×8英尺的板材；最后把这样的四块大板材轧制到一起便制出了成品。这种用熟铁制造重型装甲板的方法一直使用了20年。1861年，约翰布朗父子公司（John Brown & Sons）轧制出了厚度为12英寸、重量为20吨的板材。

1721年

亨克尔［德］分离出锌 15世纪左右，锌主要在印度和中国生产，然后作为"白镴"和"粗锌"出口到欧洲一些国家。在帕拉切尔苏斯、卡丹等人的著作中，曾提到在熔炼铅的过程中偶然会制出锌，阿格里科拉称其为"锡和银的类似品"。直到17世纪初，这种金属仍然是从熔炼铅锌矿石的熔炉中收集。1721年，德国化学家亨克尔（Joachim Friedrich Henckel 1678—1744）首先将其独立分离出来，并且在1743年对其进行了描述。1742年，施瓦布（Anton von Schwab）也从菱锌矿中精炼出锌。德国化学家马格拉夫（Andreas Sigismund Marggraf 1709—1782）也于1746年从菱锌矿中提炼出锌。此后，就像镍一样，锌也仅仅被看作是一种不可捉摸的产物，在18世纪末之前几乎没有得到过应用。

马格拉夫

1722年

列奥米尔

列奥米尔［法］在欧洲生产出可锻铸铁　法国著名科学家列奥米尔（René Antoine Ferchault de Réaumur 1683—1757）在数学、生物学、钢铁及其他工业技术研究方面都取得过许多成就，并确定了列氏温标。其中，一个重要贡献是在1722年生产可锻铸铁。他用氧化铁粉包裹铸铁后放入坩埚加热，几天后发现铁已变软，这种铁被称为欧洲可锻铸铁或白心可锻铸铁。其实，中国早在战国初期（B.C.5世纪）就已发明了这个方法，并得到广泛应用，而欧洲直到19世纪才大规模推广此法。此外，由于18世纪炼钢采用渗碳法，列奥米尔对最佳的渗碳剂也进行过研究。经过大量实验，列奥米尔认为烟囱油烟、木炭、炉灰和食盐的混合剂是最好的渗碳剂，更重要的是，他认识到钢与铁的某种区别。他曾试图阐明钢的热处理，特别是回火过程。他还注意到将钢的试样打断，根据断口组织可以判断钢的质量。他用七种物质的硬度作为标准，测定金属的相对硬度。

1728年

英国设计了生产圆棒材的轧机　1728年，英国设计出生产圆棒材用的轧机，于1766年有了串列式小型轧机。19世纪中叶，英国投产了第一台可逆式板材轧机，并轧出了船用铁板。

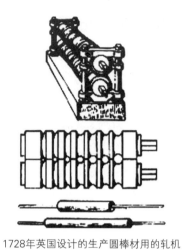

1728年英国设计的生产圆棒材用的轧机

伯格曼

1735年

布兰特［典］制出金属钴　1735年，瑞典化学家布兰特（Brandt，G. 1694—1768）首次分离、制得金属钴。1780年，瑞典化学家伯格曼（Torbern Olof Bergman 1735—1784）确定钴为元素。长期以来钴的矿物或钴的化合物一直用作陶瓷、玻璃、珐琅的釉料。到20世纪，钴及其合金在电机、机械、化工、航空和航天等行业得到广泛的应用，并成为一种重要的战略金属，消费量逐年增加。

1740年

亨茨曼［英］发明坩埚炼钢法　1740年，英国人本杰明·亨茨曼（Huntsman，B. 1704—1776）通过许多实验制造出令人满意的铸钢。他将渗碳铁料切成小块置于封闭的黏土坩埚中，在坩埚外面加热，铁料吸收石墨中的碳而熔化成为高碳钢水，浇铸成小锭后锻打成所需的形状。钢在坩埚中熔化时，石墨碳还能起还原剂作用。利用这种炼钢法，既可以去除钢中的氧，也能从液态钢中上浮去除各种夹杂物，所以这种钢的质量优于当时的各种金属材料，可用来加工制造金属材料的工具。当时英国为了更好地向其他国家出口钢铁，将这种生产铸钢的方法保密。坩埚法是人类历史上第一种生产液态钢的方法，但是生产量极小，成本高，19世纪末电弧炉炼钢发明后，逐渐被取代。只在一些试验中，还有人应用坩埚熔炼钢水进行研究，但这已不属于钢的生产范畴了。

英国开始大规模商业性锌精矿焙烧　1740年，大规模商业性锌精矿焙烧首先从英国开始，19世纪末在欧洲得到迅速发展。水口山矿务局是中国最早进行锌精矿焙烧的工业企业。1950年以前，国际上广泛采用机械多膛炉进行锌精矿的焙烧。飘悬焙烧炉由于克服了多膛炉的一些缺点，在工业中曾一度用于硫化锌精矿的焙烧。但飘悬焙烧要求物料颗粒悬浮于气流中，反应时间短，要求炉料粒度细，精矿还需要再磨；另一方面飘悬产出焙砂粒度过细，增加了湿法冶金中过滤等作业的困难。20世纪60年代以后，开始出现流态化焙烧工艺。1947年，美国道尔（Dorr）公司用流态化焙烧工艺处理含砷的硫化锌矿，1952年又将该法用于从硫化锌精矿中生产二氧化硫，随后世界各国硫化锌精矿的焙烧便普遍采用流态化焙烧工艺。

1742年

阿布拉罕·达比二世［英］采用纽可门蒸汽机来鼓风　1732年，阿布拉罕·达比二世（Abraham Darby Ⅱ 1711—1763）加入阿布拉罕·达比一世建立的科尔布鲁克代尔公司中。此时动力供应已成为问题，即利用马拉辘轳，把水从低位的水坑提到高位的水坑，贮存起来以供推动水轮机鼓风器之用。1742年，阿布拉罕·达比二世在这一方面进行改革，采用了出现不久的纽可门蒸汽机来鼓风，大大增加了鼓风的能力，这也促使人们逐步发展功率更大的鼓风机以替代又大又笨的皮革鼓风器。

1751年

克朗斯塔特［典］分离出金属镍　古代的埃及人、中国人和巴比伦人都曾用含镍很高的陨铁制作器物。古代中国云南出产的白铜中含镍很高，在欧洲曾称白铜为"中国银"。1751年，瑞典矿物学家克朗斯塔特（Axel Fredrik

克朗斯塔特

Cronstedt 1722—1765）分离出金属镍。1870年，新喀里多尼亚发现大型氧化镍矿床，随即建立起镍冶炼厂，紧接着在加拿大发现巨大的硫化镍矿床，并且在19世纪末建立起大型镍冶炼厂。与此同时，镍的应用领域（如制造合金钢、合金、蓄电池和催化剂等）不断扩大，使镍的产量急剧增加。

1752年

西班牙里奥廷托铜矿使用溶浸开采技术　溶浸开采，即借助溶浸液从矿石中有选择地浸出有用成分，也就是将矿石中的有用成分就地转化为液体状态（产品液），并将其输送到车间加工，回收其有用成分（金属）的方法。1752年，西班牙首先在里奥廷托（Rio Tinto）铜矿对铜矿石进行堆浸，这是西欧使用溶浸开采法的创举。

1753年

伯格曼［典］确定铋是一种新元素　古代人们就开始使用铋，但当时的铋很不纯净，常含有铅、锑等杂质，曾被误认为铅、锑。1546年，德国冶金学家、医生阿格里科拉（Agricola, Georgius 1494—1555）认为铋是一种独立的金属，16世纪人们开始将铋命名为bismuth。之后，瑞典化学家舍勒（Carl Wilhelm Scheele 1742—1786）和法国化学家若弗鲁瓦（Geoffroy, C. 1729—1753）发现了铋与铅的明显区别。到了1753年，瑞典化学家伯格曼（Bergman, T. O. 1735—1784）才确定铋是一种新元素，但这时铋未得到实际的应用。直到19世纪，由于铋在易熔合金和医药上应用的日益扩大，铋工业才得到较快发展。

1755年

阿布拉罕·达比二世［英］采用箱式鼓风机　1755年，阿布拉罕·达比二世在建设新高炉时选用了由蒸汽机推动的箱式鼓风机。但这时的蒸汽机并不与鼓风器直接相连，而是先把低水池的水抽送到高水池内，然后再用水推动水轮机，带动箱式鼓风器工作。1782年，瓦特的旋转动力蒸汽机出现后，就直接被用来为鼓风机提供动力。

1762年

英国开始出现新型的鼓风装置　1762年，新型的鼓风装置开始出现。此后不久，英国工程师约翰·斯密顿（John Smeaton 1724—1792）推出了他发明的机械鼓风风箱。使用这种装置可保证燃料更为完全的燃烧，但是水力仍被保留下来作为动力。直到瓦特（Watt, J. 1736—1819）的蒸汽机应用于机械鼓风风箱上以后，焦炭才最后战胜了木炭。

约翰·斯密顿

1763年

罗蒙诺索夫［俄］出版《冶金及矿业基础》　俄国化学家罗蒙诺索夫（Васильевич Ломоносов 或Mikhail Vasilyevich Lomonosov 1711—1765）出版了《冶金及矿业基础》概括了古代采矿的经验。罗蒙诺索夫也是俄国著名的哲学家、诗人，俄国自然科学的奠基者。

罗蒙诺索夫

1768年

英国发现迈尼帕瑞铜矿　1768年3月2日，英国发现迈尼帕瑞铜矿。它一度以每年3000多吨的出产量统治世界铜市。铜矿石用马和车运到4千米以外的阿姆卢赫厂房冶炼，然后用船运到斯旺西和利物浦。因此，1800年左右阿姆卢赫港成了威尔士第二大港。

1769年

斯密顿［英］制造出最原始的镗床　1769年，英国工程师约翰·斯密顿（John Smeaton 1724—1792）制造出最原始的镗床。它以水车为动力，在长轴的前端装有刀具，随着动力轴旋转，伸进气缸内进行切削，从而得到内圆。

但在加工的过程中，长轴受力时会变曲，这样会大大影响加工的精度，因此得不到真正的圆柱形内圆，这也影响了气缸钻孔的精密度，引起蒸汽泄露，降低了蒸汽机的效率。

1774年

甘恩［典］和伯格曼［典］分别用碳还原法从软锰矿中制取锰   1774年，瑞典矿物学家甘恩（Gahn，J.G. 1745—1818）和瑞典化学家舍勒（Carl Wilhelm Scheele 1742—1786）几乎同时各自用碳还原软锰矿的方法制得金属锰。因为软锰矿具有磁性，制得的金属以希腊文Magnes（意为"磁石"）命名。1875年以后，欧洲各国开始用高炉生产含锰15%～30%的镜铁和含锰达80%的锰铁。1890年开始采用电炉生产锰铁，并发展了电炉脱硅精炼法生产低碳锰铁。金属锰生产的起步较晚，1898年开始采用铝热法生产金属锰，1939年开始用电解法生产金属锰。

威尔金森［英］获得枪炮铸造和钻孔新方法的专利   英国发明家、工业家约翰·威尔金森（John Wilkinson 1728—1808）于1774年发明了一种新的钻孔机床。在这种机床上钻孔的刀具是固定的，而被钻孔的材料则处于旋转之中，以前的方法正好与此相反。因此他获得了"枪炮铸造和钻孔新方法"的专利，并进一步发明了镗孔用的镗床。此时的瓦特蒸汽机因气缸钻孔不够精密，蒸汽泄漏，达不到应用的效果，而无法进行推

约翰·威尔金森

广。在采用了威尔金森镗床后，才制造出第一只完全令人满意的蒸汽机铸铁气缸。从此，蒸汽机作为一种新型动力装置真正走上历史的舞台。

1776年

英国的炼铁高炉开始应用蒸汽鼓风机   1776年，蒸汽机第一次被用于泵水以外的用途。这台蒸汽机有一个38英寸的汽缸，为设在什罗普郡的约翰·威尔金森的炼铁炉鼓风。4年以后，威尔金森已拥有4台蒸汽机来为炼铁

炉鼓风，其他的铁厂厂主也开始订购炼铁炉用的蒸汽机，这些蒸汽机被安装在从约克郡到南威尔士的广大地区上。

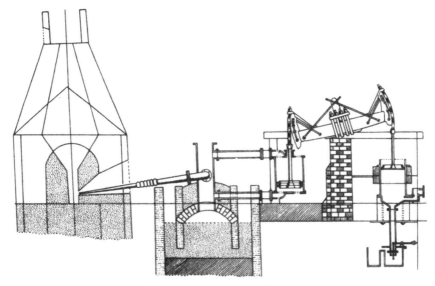

鼓风机、水力鼓风调节器、风口和炼铁炉的装置图

普尔勒尔［英］设计成带孔型的双辊轧机生产熟铁螺栓用棒材　1776年，在轧制铅片的手摇轧机基础上，欧洲出现了由普尔勒尔（J.Purnell）设计出的带孔型的双辊轧机用以轧制棒状产品。他也因此获得专利。

1780年

英国诺森伯兰韦林顿煤矿首次使用蒸汽机驱动的提升机　随着竖井挖到了较深的煤层（特别是100英尺以下），就需要研制某种形式的机械，来替代那些煤炭搬运工。1780年，英国诺森伯兰韦林顿煤矿首次使用蒸汽机驱动的木结构单绳缠绕式提升机。1829年，德国出现了使用钢结构单绳缠绕式提升机，这时使用的绳子是麻制的复合绳。1834年，德国出现了使用钢丝绳的缠绕式提升机。

伯格曼［典］发表《矿物的湿法分析》　化学家、博物学家伯格曼（Torbern Olof Bergman 1735—1784）一生做了大量的化学分析工作，对化学分析做过很多方法上的改进。他于1780年出版了《矿物的湿法分析》一书，书中详细分析了银、铅、锌以及铁等金属矿物通过湿法过程来算出金属重量的重量分析法，即"先将金属成分以沉淀化合物的形式分离出来，然后通过事先已测知的沉淀组成来算出金属的含量"。同时，书中所介绍的测定组分还包括金、银、铂、汞、铅、铜、铁、锡、铋、镍、钴、锌、锑、镁等金属矿物，这些为早期矿石的重量分析提供了丰富的历史资料，是分析化学史上的一部重要著作，也是矿物分析史的重要文献。

1782年

威尔金森［英］开始使用蒸汽机驱动的锻锤 蒸汽动力用于鼓风和提升之后，开始用来锻造加工。在此之前，英国主要采用水力驱动的锻锤。1777年，英国发明家、工业家威尔金森（John

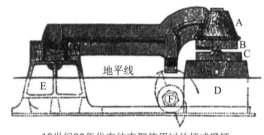

19世纪20年代在约克郡使用过的柄式锻锤
A—锤头　B—锤　C—锤砧　D—铸铁座　F—提升机

Wilkinson 1728—1808）试用了一台单动杠杆式泵机，它能操作一只头重27千克的捣锤，把旧机器砸成碎片回炉。1782年，英国什罗普郡的约翰·威尔金森炼铁厂开始使用第一台蒸汽机驱动的锻锤。这台锻锤每分钟能击打30次，锻锤头重7.5英担，每次击打前升程为2～3英寸。威尔金森解决了机械锻锤、轧机和机床等多种金属冷热加工设备的制造问题，为金属加工设备完整体系的形成作出了杰出的贡献。

1782年

耶尔姆［典］制得金属钼 钼在它被发现前就为人们所利用。早在14世纪日本人就用含钼的钢制造马刀。在16世纪，辉钼矿（MoS_2）被误认为是变态石墨而被用来制造铅笔芯。在19世纪末，人们发现将钼加入钢中对钢性质有良好的影响。1778

舍勒

年，瑞典化学家舍勒（Carl Wilhelm Scheele 1742—1786）在用硝酸分解辉钼矿时发现了一种新元素，并以希腊文Molybdos（意为"似铅"）命名，即钼。1782年，瑞典化学家耶尔姆（Hjelm，P.J. 1746—1813）首先用碳还原钼氧化物的方法制得金属钼。较纯的钼是在19世纪初用氢还原钼酸得到的。1900年熔炼钼铁的方法研究成功。1910年发现含钼的炮钢有特殊的性能而大量生产钼钢。此后，钼成为各种耐热和防腐结构钢的重要成分，也是镍合金和铬合金的重要添加剂。随着钼的应用范围不断扩大，当今世界钼工业已具相当规模，并发展成一个独立、完整的工业体系。

1783年

埃卢亚尔兄弟［西］从黑钨矿中制得氧化钨并用碳还原得钨粉 1781年，瑞典化学家舍勒（Carl Wilhelm Scheele 1742—1786）从当时称为重石的矿物（白钨矿scheelite）中发现一种新元素，并以瑞典文tung（意为"重的"）和sten（意为"石头"）的复合词"Tungsten"命名这种新元素，此名称至今仍为英国、美国等所用。1783年，西班牙人德卢亚尔兄弟（de Elhuyar，J.J.and F.）从黑钨矿中制得氧化钨，并用碳还原为金属钨，后命名为Wolfram，此名称至今为德国等一些欧洲国家所用。1959年，国际纯粹与应用化学联合会曾提出统一采用Wolfram这个名称，但至今未能实现。1847年，奥克斯兰德（Oxland，R.）取得钨酸钠、钨酸和金属钨生产方法的英国专利权，1857年又取得生产铁钨合金方法的英国专利权。1855年法国有用钨炼钢的专利。1909年，美国物理学家库利吉（Coolidge，W.D. 1873—1975）用粉末冶金法制得钨丝。1925年，施劳特尔（Schroter，K.）获得生产碳化钨钴硬质合金方法的美国专利权。这种专利方法于1926年首先在欧洲用于工业生产，成为现代钨工业生产工艺的基础。

科特［英］发明了槽轧辊 其实早在1745年，瑞典科学家普尔海姆（Polhem，C. 1661—1751）就制造出一台装有类似轧辊的轧钢机。1783年，英国钢铁冶金学家科特（Cort，H. 1740—1800）发明了槽轧辊，并获得专利。以前条形铁的制造或者是用锻锤锻打，或者是用纵切圆盘锯将轧制好的板材热切成条。利用槽轧辊，15吨的铁可在12小时内加工完毕，而利用锻锤在相同时间内很难加工好1吨铁。因此科特被西方誉为"近代轧制之父"。

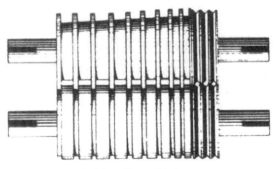

制造条形铁用的槽轧机

1784年

科特［英］在反射炉中用搅炼法炼钢 英国钢铁冶金学家科特（Henry Cort 1740—1800）发明了搅拌炉熟铁冶炼工艺。他的工作是建立在克拉尼奇兄弟（Cranege）已有的想法和反射炉的基础之上。科特所用的搅炼法，主要是在反射炉的炉床上搅拌熔融的生铁，通过炉中的循环空气的脱碳作用，将生铁变成可锻的熟铁。在这一过程中，为避免金属与作为燃料的原煤相互接触，连鼓风设备也不需要了。搅炼法使得消除铁中有毒的硫成为可能。1784

科特

年科特获得了关于用搅炼法将生铁制为可锻的熟铁的专利。事实上，奥尼恩斯（Perter Onions 1724—1798）所用的方法也是搅炼法，并在一年前就获得了专利权。

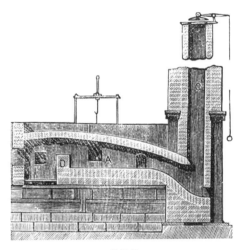

搅拌炉

1789年

克拉普罗特［德］从沥青铀矿中发现铀　1789年，德国化学家克拉普罗特（Martin Heinrich Klaproth 1743—1817）从沥青铀矿中分离出二氧化铀，并用1781年新发现的一个行星——天王星命名它为Uranium，元素符号定为U。1841年，法国科学家佩利果（Eugène–Melchior Peligot 1811—1890）指出，克拉普罗特分离出的"铀"，实际上是二氧化铀。他用金属钾还原四氯化铀首次制得金属铀。1896年有人发现了铀的放射性衰变现象。1939年，哈恩（Otto Hahn 1879—1968）和斯特拉斯曼（Friedrich Strassmann 1902—1980）发现了铀的核裂变现象。自此以后，铀便变得身价百倍。

克拉普罗特

佩利果

哈恩

斯特拉斯曼

1790年

沃克兰［法］用碳还原法获得金属铬 1790年，法国化学家、药剂师沃克兰（Louis Nicolas Vauquelin 1763—1829）从西伯利亚红铅矿（实际为铬铅矿）中用化学方法分离出了金属元素铬。因为大多数铬的化合物具有鲜艳的色彩，人们根据希腊文Chroma（意为"颜色"）定名为Chromium（铬）。铬化合物最早用于颜料和鞣革。自19世纪以来，铬作为合金元素在工程技术上获得了广泛的运用。

沃克兰

1791年

格雷戈尔［英］在研究钛铁矿时发现了钛元素 1791年，英国人格雷戈尔（Gregor，W.）在研究钛铁矿时，发现其中含有一种新的元素。1795年，德国化学家克拉普罗特（Martin Heinrich Klaproth 1743—1817）在研究金红石时，亦发现此种新元素，并以古希腊神话中人物Titans（意为"泰坦神"）命名为Titanium（钛）。

1792年

韦丁［德］用焦炭炼铁获得了成功　1789年，英国发明家、工业家约翰·威尔金森（John Wilkinson 1728—1808）收到普鲁士政府的邀请，在西里西亚的弗里德里希斯许特尝试用焦炭炼铁，但未获得成功。1791—1792年，德国工程师韦丁（Wedding，T.F.）在小帕内河地区用焦炭炼铁获得了成功，1794—1796年又在格莱威茨建起了另一座焦炭炉。上述两个地方都是在上西里西亚地区。在德国的煤炭基地鲁尔，开始用焦炭炼铁的时间不会早于1850年。

威尔金森［英］取得了改进型的轧机专利　1792年，英国发明家、工业家约翰·威尔金森（John Wilkinson 1728—1808）对1776年普尔勒尔（Purnell，J.）获得的带槽轧辊轧制船用螺栓棒材的专利进行了改进，取得了改进型的轧机专利。轧辊直径1.5米、长1.8米，每根轧辊重8吨以上。早期的轧辊为两辊式的，后来发展为三辊式的轧机，对后来轧制的连续操作有一定意义。此外他还改进了镗床，用蒸汽驱动，为加工瓦特的蒸汽机气缸作出了重要贡献。

1794年

加多林［芬兰］分离出氧化钇　1792年，芬兰的化学家、物理学家和矿物学家加多林（Johan Gadolin 1760—1852）用来自瑞典斯德哥尔摩附近伊比特村（Ytterby）采石场的一个黑色的、重矿物的样品进行实验研究时，分离出了一个稀土氧化物，这个氧化物后来被命名为氧化钇。他还在相同的研究中分离出三羟化钇。氧化钇是世界上首先发现的稀土金属化合物，但在当时它被认为是一个元素。

加多林

莫兹利［英］发明了带刀具移动架的车床　能够用轮子驱动的车床是14世纪在意大利出现的。早期车床的刀具是金属的，但床身却是木头的。在工作时，工人把握刀具，在旋转的工件上进行切削。显然，这对工人的技能要求极高，要想加工出平直的轴辊相当不容易。英国机械师亨利·莫兹利（Henry Maudslay 1771—1831）早年在英国机械师约瑟夫·布拉马（Joseph Bramah 1749—1814）的工厂任职，不久就表现了很高的才能，当上了总工长。该工厂配备了许多机床，为了提高生产效率，莫兹利于1794年发明了带刀具移动架的车床。这种车床具有能够在水平滑轨上移动的刀架，刀具卡在上面，能够很容易加工出平滑的机件来，不仅普通工人能操作，而且产品质量要高得多。之后他设计了自动给进的螺纹加工车，即在移动刀架增加了一根丝杠，随着丝杠的旋转，刀架带着刀具自动移动。由于丝杠的转动与被加工件的转动是严格相关联的，因而可以加工出精确的螺纹来。这一设计最后由其徒弟克莱门特（Joseph Clement 1779—1844）等人制造出来的。1817年，莫兹利原来的一个工人理查德·罗伯茨（Richard Roberts 1789—1864）对自动给进车床又做了改进，增加了一个开始或终止给进的构件，使得车床不仅能够不停止运转，也能随时控制刀具是否自动移动。

1797年

布拉默［英］提出挤压机原理　英国发明家布拉默（Joseph Bramah 1748—1814）于1797年提出了制作实用挤压机的原理。建议用液压将铅从环状喷嘴中挤出制成管子。这个设想后来被英国的管匠伯尔于1820年实现了。

布拉默

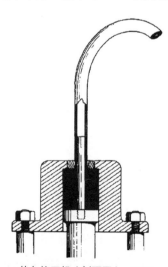

伯尔挤压机（剖面图），1820

1798年

克拉普罗特［德］证实米勒·冯·赖兴施泰因发现的新元素并命名为碲　1798年，德国化学家克拉普罗特（Martin Heinrich Klaproth 1743—1817）证实了奥地利矿物学家和采矿工程师米勒·冯·赖兴施泰因（F.J. Müller von Reichenstein 1740或1742—1825或1826）于1782年发现的新元素，并以拉丁文Tellus（意为"地球"）将其命名为碲（Tellurium）。米勒作为奥地利特兰西瓦尼亚矿区的总监察长，负责分析矿石样本。米勒认为矿石样本不包含锑矿，它应是硫化铋。次年，他报告说，矿石中主要包含黄金和一种未知的与金属锑非常相似的元素。经过历时三年，五十多个测试的详细调查，米勒确定了这种矿物的比重，但他没能确定这种金属并给它命名。1798年，德国化学家马丁·海因里希·克拉普罗特从米勒样品中分离出新的元素。他得出的结论是样品中存在一种新的金属，他把它叫作碲，并确认是米勒首先发现了它。

1801年

哈契特［英］在分析矿石时发现铌　1650年，在北美发现了一种以产地命名的铌铁矿（Colum bate）。1801年，英国化学家哈契特（Charles Hatchett 1765—1847）在分析该矿石时发现一种新元素，因矿石来源于哥伦比亚（Columbia），故将新元素命名为Columbium（钶）。1844年，德国化学家罗

哈契特

罗斯

马里纳克

斯（Heinrich Rose 1795—1864）宣称发现一种性质与金属钽很相似的新元素，因钽是以古希腊神话人物Tantalus命名的，所以就以Tantalus的女儿Niobe 的名字给新元素定名Niobium（铌）。1866年，瑞士化学家马里纳克（Jean Charles Galissard de Marignac 1817—1894）用氟盐分步结晶法将铌和钽分开，并确定铌和钶是同一种元素。1951年，国际理论与应用化学协会（IUPAC）决定将此元素的名称统一为铌（Nb），但美国仍沿用钶（Cb）的名称。

沃拉斯顿［英］最早尝试粉末冶金方法 1801年，英国化学家、物理学家沃拉斯顿（William Hyde Wollaston 1766—1828）从溶液中沉淀出铂粉，用肘杆式压床把铂粉压制成坚硬的铂块，然后加热并锻打成器件，使其比重增加到21.25～21.5克/厘米^3。这是尝试粉末冶金方法的最早的实例。18世纪下半叶和19世纪上半叶，俄、英、西班牙等国曾以工场规模制取海绵铂粒，经过热压、锻和模压、烧结等工艺制造钱币和贵重器物。1909年，美国库利吉

沃拉斯顿

（William David Coolidge 1873—1975）发明用粉末冶金方法，并用来制造灯泡用钨丝，奠定了现代粉末冶金的基础。

里奥［西班牙］在研究墨西哥齐马本的铅矿时发现了金属钒 西班牙矿物学家里奥（del Rio，A.M.）在研究墨西哥齐马本（Cimapan）的铅矿时发现其中含有一种新金属，他制得了这种金属的几种化合物，它们有着不同的颜色，所以新金属被命名为"Panchromium"，是希腊文五颜六色之意，但不久又改名为"Erythronium"，意为红色，因为其盐类与酸加热时呈红色。里奥实际上发现了金属钒，但他的工作没有得到化学界的重视和承认，而他自己也没有坚持这一重要的实验发现。结果钒等到30年后才被再次发现。

1802年

埃克伯格［典］分析矿物时发现钽 1746年，在芬兰发现了一种后来被称为钽铁矿的矿物，稍后在瑞典又发现钇钶石。1802年，瑞典化学家埃克伯

格（Anders Gustaf Ekeberg 1767—1813）在分析矿物时发现了一种新金属，由于这种金属的氧化物用的强酸都难以溶解，所以就以古希腊神话人物Tantalus的名字将其命名为Tantalum（钽），含有工作艰难之意。由于钽和铌的化学性质极相似，又共生在矿物中，初期发现的钽实为钽和铌的混合物。1866年，马里纳克（Marignac，J.C.）最先用复盐分步结晶法（见铌钽分步结晶法分离）将钽和铌分开，从而确定初期发现的钽实为两种元素。1903年，德国化学家博尔顿（Bolton，W.Von.）首先制得塑性金属钽，它被用作灯丝材料。

沃拉斯顿［英］确立了提纯铂的工艺并发现了元素钯　早在公元前7世纪，南美洲的印第安人就知道用天然铂制作精巧的饰品。第一次有记载论述到铂的是西班牙人尤尔拉（De Ulloa，D.A. 1716—1795），1735年他将在南美洲哥伦比亚乔科地区见到的天然铂称为"小银"（platina delpinto），此后即参照platina命名铂为Platinum。1741年，伍德（Wood，C.）把"小银"带到欧洲，引起了科学家的兴趣。1748年，铂就被分离出来了。1802年，英国化学家、物理学家沃拉斯顿（Wollaston，W.H. 1766—1828）首先确立了提纯铂的工艺，方法是将铂溶解于王水中，然后加入氰化汞，使铂中的杂质生成沉淀。同年，他在溶解分离粗铂的溶液中发现钯，为纪念当时新发现的小行星"Pallas"（希腊文，意为"智慧女神"）命名新元素为Palladium。

戴维［英］从锶矿中提炼出金属锶　1790年，化学家、医师阿代尔·克劳福（Crawford，A. 1748—1795）和他的同事在制备钡的时候发现了锶矿。1791年，英国格拉斯哥大学的化学教授荷普（Hope，T.C. 1766—1844）从菱锶矿中发现的新金属锶的存在。1802年，英国化学家戴维（Humphry Davy 1778—1829）用铂作阳极，汞作阴极，电解氧化锶（或氯化锶）和氯化汞的混合物制得了少量锶汞齐，锶汞齐再经蒸发除汞而得到金属锶。由于锶是从苏格兰村庄斯特朗廷（Strontian）镇的铅矿中被首次发现，因此它被命名为Strontium。

菲舍尔［瑞］首次制造出铸钢　虽然1740年亨茨曼就发明了铸钢法，但是英国为了更好地向其他国家出口铸钢产品，便对这种方法实行保密管理，因此其他国家不得不自行研制生产铸钢的方法。1802年，瑞士主要的工业家之一菲舍尔（Johann Conrad Fischer）在沙夫豪森首次制造出铸钢。他还发明了铜钢合金和镍钢合金，分别被他称为"黄钢"和"陨钢"。在此之前，法拉第也曾在实验室中制备出镍钢，但并无实际结果和应用。菲舍尔不久就将他的产业扩展到瑞士以外，在奥地利和法国建立了钢厂和机械加工厂。这一时期铸铁在军械制造中的应用一直超过其他各种材料。德国钢铁制造商克虏伯（Friedrich Carl Krupp 1787—1826）提议在军械制造中使用铸钢，但并未获得成功。

1803年

沃拉斯顿［英］发现了元素铑　英国化学家、物理学家沃拉斯顿（Wollaston，W.H. 1766—1828）从分离铂、钯的残液中制得一种玫瑰红色结晶，用氢气还原得到金属粉末。他用希腊文中的玫瑰花（Rhodon）命名新元素为Rhodium，即铑。铑没有独立矿床，产于与超基性或基性岩有关的含铂族金属铜镍共生硫化物矿床及铬铁矿矿床中，常与铂及其他铂族金属共生。主要矿物有铑金矿、铑铂矿、硫砷铑矿、砷铑铂矿等。

克拉普罗特［德］、贝采利乌斯［典］和希辛格尔［典］分别从铈硅矿中发现了铈　德国化学家克拉普罗特（Martin Heinrich Klaproth 1743—1817）、瑞典化学家贝采利乌斯（Jöns Jacob Berzelius 1779—1848）和希辛格

贝采利乌斯

希辛格尔

尔（Wilhelm Hisinger 1766—1852）分别从一种矿石（铈硅矿）中发现了一种新的物质的氧化物，并以1801年发现的小行星谷神星（Ceres）将新元素命名为铈（Cerium），其氧化物则称作铈土（Ceria）。铈是继钇发现（1794年）之后发现的第二种稀土金属元素。

坦南特［英］发现锇和铱 1803年，英国化学家坦南特（Smithson Tennant 1761—1815）继沃拉斯顿之后从自然铂的王水不溶物中发现了锇和铱。因为锇的四氧化物（OsO_4）具有强挥发性并有与氯气相似的刺激味，而铱的盐类呈多种色彩，所以分别以希腊字Osme（臭味）和Iris（虹）命名为Osmium（锇）和Iridium（铱）。1804年，坦南特在英国皇家学会宣布其发现并得到承认。英国化学家在两年中连续发现四种铂族金属成为科学发现史上的佳话。1805年，坦南特发表了《在铂溶解后生成的黑色粉末中发现的两种新金属》的论文，首次记载了锇和铱这两个名称。

1805年

利希特［德］出版《最新矿山和冶金辞典》 德国工程师利希特编纂的《最新矿山和冶金辞典》出版。该辞典"从一些优秀的矿物学和冶金学著作中收集和整理了矿山和冶金方面出现的各种作业工具和技术用语的解释"，是最早编成的矿冶专业辞书之一。

1807年

戴维［英］电解氢氧化钾制得钾 1807年，英国化学家、发明家戴维（Humphry Davy 1778—1829）用熔盐电解法电解氢氧化钾，发现在阳极有金属小颗粒生成并立即燃烧，从而断定是一种新金属。因为钾是从草木灰（拉丁文"Potash"）中提取的，所以命名为Potassium。

戴维［英］电解氢氧化钠制得钠 1807年，英国化学家戴维（Humphry Davy 1778—

戴维

1829）用电解氢氧化钠的方法首次制得金属钠。因钠是从天然碱（拉丁文"Soda"）中提取，所以命名为Sodium。1890年，美国化学家卡斯特纳（Castner，H.Y. 1858—1899）在英国建厂，用电解氢氧化钠的方法生产金属钠。1921年，美国人东斯（Downs，J.C.）成功研究出电解熔融氯化钠制取金属钠的方法，并于1925年投产，使金属钠的生产成本大幅度下降。1940年前后，随着生产汽油抗爆剂四乙基铅的用钠量急剧增加，金属钠的产量也迅速增加。

戴维［英］发展了熔盐电解法 1807年，英国化学家戴维（Humphry Davy 1778—1829）在实验室中首先用熔盐电解的方法电解熔融氢氧化钠和氢氧化钾制得了金属钠和钾。这一发现意义重大，标志着电化学方法的诞生，戴维无疑是这一方法的创始人。19世纪80年代末，铝、镁熔盐电解生产实现工业化。随后，熔盐电解逐渐用于稀有金属生产。熔盐电解原则上能制取所有金属及某些非金属，特别适合于生产水溶液电解不能制取的金属。到20世纪90年代，已有30多种金属是用熔盐电解方法生产的，其中包括全部碱金属和铝，以及大部分镁。铝电解槽电流强度已从铝熔盐电解初期的4～5kA发展到280kA。熔盐电解已成为一种重要的金属生产方法。

英国赫伯恩煤矿首次使用机械通风设备 第一台已知的机械通风设备是1807年在英国赫伯恩煤矿使用的气泵，这是一台由截面为5平方英尺、冲程约为8英尺、在木衬活塞室中运作的木活塞组成的抽气泵。当时它能以每分钟20次冲程排出6 000立方英尺的空气。气泵也同时在比利时的煤矿和德国哈尔茨山铅矿中得到了广泛应用。

多尼［比］设计制造炼锌用卧式横排蒸馏炉 18世纪时，西方已有相对稳定的有色金属提炼工艺。一种以竖炉为主，另一种则采用反射炉，后期多以反射炉为主。它们源于炼铁业，并根据不同的金属特性各自增加了一些特殊的工艺。例如锌的熔点低，必须在其接触空气氧化之前使其冷凝为液态锌，否则极易挥发。早期锌的提炼，一般是在带盖的坩埚炉内加热，同时在坩埚底部通管至炉下另一坩埚中冷凝，成本昂贵，效率低下。至1807年，比利时化学家多尼（Abbe Dony 1759—1819）突破了原有工艺，设计制造了卧式横排蒸馏炉，为大规模生产锌创造了条件。直到1953年，世界上50%

的锌都是用此法生产的。

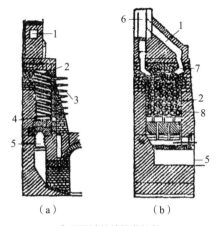

（a）　　　　　（b）

多尼设计的炼锌蒸馏炉

1-烟道　2-蒸馏器　3-冷凝室　4-更大的防护蒸馏器　5-火炉
6-烟囱　7-加热室　8-大蒸馏器

1808年

　　戴维［英］电解汞和氧化镁的混合物制出镁汞齐并获得金属镁　1695年，英国葛留（Grew，M.）发现硫酸镁和碳酸镁能治疗疾病。1755年，英国卜拉克（Black，D.）正式确定了元素镁的存在。1808年，

布西　　　　　　　　法拉第

英国化学家戴维（Humphry Davy 1778—1829）用电解汞和氧化镁的混合物的方法制得镁汞齐，第一次获得金属镁，并按当时取得氧化镁的地方——希腊的Magnesia，将其命名为Magnesium。1828年，法国化学家布西（Antoine Alexandre Brutus Bussy 1794—1882）用钾还原熔融氯化镁的方法制得金属镁，

1833年，英国化学家、物理学家法拉第（Michael Faraday 1791—1867）用电解熔融氯化镁的方法制得金属镁。1886年德国开始电解镁的工业生产。通过电解$MgCl_2$熔盐制取金属镁于19世纪末初具规模，此后镁便成为工业金属。

戴维［英］电解石灰和氧化汞的混合物制出钙汞齐并获得金属钙　1808年，英国化学家戴维（Humphry Davy 1778—1829）首次通过电解石灰和氧化汞的混合物的方法制取了钙汞齐，经蒸馏后得到金属钙，这一发现证明石灰是钙的一种氧化物。Calcium一词来源于拉丁文Calx（意为"石灰"）。20世纪初，钙开始工业化生产，第二次世界大战期间钙工业开始得到较快的发展，尤其在用钙作铀的还原剂后。

戴维［英］电解重晶石制出钡汞齐并蒸馏得金属钡　1774年，瑞典化学家舍勒（Carl Wilhelm Scheele 1742—1786）发现氧化钡是一种比重大的新土，称之为"Baryta"（意为"重土"）。1808年，英国化学家戴维（Humphry Davy 1778—1829）用汞作阴极，铂作阳极，电解重晶石（$BaSO_4$）制得钡汞齐，经蒸馏去汞后，得到一种纯度不高的金属，并以希腊文Barys（意为"重"）命名。自然界中钡的主要矿物为重晶石（$BaSO_4$）和毒重石（$BaCO_3$）。

戴维［英］和盖–吕萨克［法］、泰纳尔［法］各自用金属热还原（钾还原）硼酸酐制得硼　公元前2000年，古埃及人、罗马人、古巴比伦人曾用硼砂生产玻璃和焊接黄金。硼的化学加工始于18世纪初，1702年，霍姆贝（Homubbi，G.）用天然硼砂矿与硫酸亚铁反应首先制得了硼酸。1808年，英国化学家戴维（Humphry Davy 1778—1829）和法国化学家盖–吕萨克（Joseph Louis Gay-Lussac 1778—1850）、泰纳尔（Louis Jacques Thénard 1777—1857）几乎同时用钾还原硼酸酐（B_2O_3）制得半金属硼，并据硼砂（Borax）一词把新元素命名为Boron和Boraeium（意为"硼"）。盖–吕萨克和泰纳尔于1808年6月21日宣布了他们的发现，而戴维是1808年6月30日宣布的，仅晚几天。法、英两国科学家在10天之内独立地宣布发现同一种元素，这是化学元素发现史上绝无仅有的事例。戴维作为钠、钾、镁、钙和硼的发现者为英国科学界赢得了荣誉。1892年，法国化学家穆瓦桑（Moissan, H. 1852—1907）用金属镁还原硼酸酐制得纯度为98.3%的硼。1909年，温得劳布（Weintnaub，E.）用氢和三氯化硼混合气流在冷铜阳极的电弧上还原才制得纯度超过99%的高纯硼。

盖-吕萨克

泰纳尔

1809年

中国在河南潢川铸成铁旗杆　清嘉庆十四年（1809 年），中国河南潢川铸成2根高约20米、重约17吨的铁旗杆，上铸有3层方斗和两条张牙舞爪的蟠龙，杆顶铸有"凤凰展翅""日月辉映"的铭文，造型生动，铸功精湛，是清代著名的铸铁器物。铁旗杆经过了数次地震之灾、洪水之患及风吹日晒至今仍完好无损。铁旗杆以精湛绝妙的铸造艺术吸引了不少国内外人士前往参观游览，曾有学者高度赞扬它是"中国古代建筑大师聪明才智的结晶"。

1810年

贝采利乌斯［典］用碳还原法以石英砂和铁屑为原料制出硅铁　谢波德（Shepard）在陨石中发现成分为87.28%铁、11.01%硅的金属，并建议起名硅铁。瑞典化学家贝采利乌斯（Jöns Jacob Berzelius 1779—1848）用碳还原法以石英砂和铁屑为原料制出硅铁。在锻工炉内用铁屑、石英石和松木炭冶炼出含硅2.2% ~ 9.3%的五种硅铁。根据德维斯（Davis，E.J.）和盖特（Gate，A.D.）的报道，美国于1872年在格洛比（Globe）钢铁公司的高炉中生产含硅量为6% ~ 16%的硅铁。1875年，普尔塞尔（Pourcel，A.）在泰尔努瓦的高炉内炼得含硅量为10% ~ 18%的硅铁。1899年，迪夏尔莫（Cholmol，D.）在美国威尔逊铝公司的霍尔库姆罗克厂的电炉中冶炼出含硅量为25% ~ 50%的硅铁，并获得美国专利。之后，电弧炉取代高炉生产硅铁，并以生产含硅量为75%和50%两种硅铁为主。

1811年

盖-吕萨克［法］、泰纳尔［法］制得非晶单质硅　人类最早利用的较纯硅化物是石英和石英砂。相传，公元前3000多年，地中海沿岸的腓尼基人就已掌握了用石英砂和天然晶体苏打烧制玻璃的技术。公元前4000多年，居住在黄河流域的中国人就已用黏土等硅质材料制造陶瓷用品。人类对单质硅的认识始于18世纪初。1811年，法国化学家盖-吕萨克（Joseph Louis Gay-Lussac 1778—1850）、泰纳尔（Louis Jacques Thenard 1777—1857）使四氯化硅通过炽热的钾得到了纯度低的非晶单质硅。1823年，瑞典化学家贝采利乌斯（Jöns Jacob Berzelius 1779—1848）重复上述实验也制得了非晶单质硅，他将所得的非晶单质硅反复洗涤，结果得到了纯的硅粉。贝采利乌斯还通过加热金属钾和硅氟酸钾的混合物得到硅化钾，然后将硅化钾放入水中分解，也得到了非晶单质硅，并根据拉丁文silex（意为"燧石"）将其命名为Silicon（硅）。1855年，法国人德维尔用混合氯化物熔盐电解法制得晶体硅。

1812年

斯蒂芬森［英］将蒸汽动力用于运煤　英国土木工程师、机械工程师乔治·斯蒂芬森（George Stephenson 1781—1848）改装了一台泵机，用它从一条斜坡路上来运煤。在1820—1840年间，将蒸汽机用于斜坡运煤变得更为普遍，而且在许多情况下，机车和锅炉两者均位于地下。水平巷道上的机械运输后来才开始使用。1841年，在海德的孔雀矿用了一台固定的蒸汽机沿着水平巷道拉矿车。这时，这些运输方式只是用在水平巷道上，

斯蒂芬森

在一些辅助巷道和工作面巷道，畜力或人力依然发挥作用。第一台令人满意的工作面运煤机是1902年在达勒姆由布莱克特（Blackett，W.C.）发明的。

1813年

特里维西克［英］发明蒸汽冲击式钻机　用钻具以冲凿方式破岩的方法称为冲击式凿岩法，是一种机械凿岩法，一般包括冲凿、回转和清渣三个主要过程。用凿岩机可以钻浅炮眼和小直径深炮眼，若要钻大直径深炮眼，则一般使用潜孔钻机或钢绳冲击钻机。中国北宋庆历、皇祐年间（1041—1054）就能利用冲击式凿岩打出直径如碗口大小，深数十丈的深孔。18世纪后期，隧道修筑和矿石开采的迅速发展，对凿岩的机械化有

特里维西克

着迫切的要求。1813年，英国工程师特里维西克（Richard Trevithick 1771—1833）发明了蒸汽凿岩机。

贝采利乌斯［典］提出了一个化学元素符号系统　瑞典化学家贝采利乌斯（Jöns Jacob Berzelius 1779—1848）提出了一个化学元素符号系统，即用元素的拉丁语名称的第一个字母或再加上其后的某个字母作为它们的符号，并确定每个化学符号在化学式中各代表一个原子，这一符号系统逐步为世界所公认，并沿用至今。

1816年

戴维［英］发明了安全灯（戴维矿灯）　1815年，英国化学家、发明家戴维（Humphry Davy 1778—1829）发现了瓦斯爆炸的条件及其易燃程度以及它与定量的空气混合时的特性，并于同年发表了自己的研究结果。1816年，他发明了一个围着无遮蔽或无保护火焰的铁丝网筒的安全灯，这个安全灯在赫伯恩煤矿成功使用。

1817年

贝采利乌斯［典］发现硒　1817年，瑞典化学家贝采利乌斯（Jöns Jacob Berzelius 1779—1848）在焙烧黄铁矿生产硫酸的过程中，发现在铅室壁和底

部附着一层红色泥。他将红色泥加热时，意外地闻到一种类似碲的腐烂萝卜的臭味，经过研究发现这是一种新元素。由于碲是根据希腊文Tellus（意为"地球"）命名的，故新金属就按希腊文Selene（意为"月神"）命名为Selenium（硒）。贝采利乌斯还研究了硒的各种性质，1818年在《物理和化学年报》上发表专题论文《在法伦提取硫黄中找到的新矿物的研究》，报道了硒的发现及性质。1912年开始在工业上试生产硒，1917年全世界年产硒18吨，1939年增长到280吨。第二次世界大战后，人们掌握了硒的半导体性质和其导电能力随光强度增大而增加的特性，硒在电子工业中的应用量迅速增加，至1992年，全世界硒的生产量达到1 800吨以上。中国于1955年首先从铜阳极泥中试生产硒，1956年正式生产，20世纪60年代初已建成较完整的硒工业生产体系，所生产的产品能满足国内需求。

施特罗迈尔［德］、赫尔曼［德］、罗洛夫［德］三人分别发现镉 1817年，德国人施特罗迈尔（Friedrich Stromeyer 1776—1835）从碳酸锌中发现一种新元素，与此同时，德国医生罗洛夫（Rolofft，J.C.H.）和德国人海尔曼（Hermant，K.S.L.）也在氧化锌中发现了这种新元素，因为镉是煅烧碳酸锌得到的，根据拉丁文Cadmia（意为"菱锌矿"）将它命名为Cadmium（镉）。

施特罗迈尔

史密斯［典］焙烧锂云母制取氯化锂 1817年，瑞典化学家阿尔费德松（Johan August Arfvedson 1792—1841）在研究透锂长石时首次发现锂，并以希腊文Lithos（意为"石头"）命名。瑞典科学家史密斯（Smith，J.）利用氯化铵中温（1 223 K）焙烧锂云母制取氯化锂。20世纪60年代，美国矿务局进行氯化钙高温（1 143～1 813K）焙烧锂辉石制取氯化锂和生产水泥的工业试验，由于高温下气态碱金属氯化物的收集和分离都十分困难，且对设备有强腐蚀作用，也未用于工业生产。中国于1976年完成氯化钙中温（1 193～1 233K）焙烧锂云母生产碳酸锂的工艺试验，1986年完成工业试验，并建立用这种工艺生产碳酸锂产品的车间。

罗伯茨［英］发明了龙门刨床 英国工程师罗伯茨（Richard Roberts

1789—1864）曾在约翰·维尔金森铁工厂和亨利·莫兹利的工厂担任制图工和车工等工作。1817年，罗伯茨创制龙门刨床（是机床的重要品种之一），对金属加工技术的发展有重要意义。这台刨床上配有进给箱，该进给箱是手动的，可以水平、垂直进给，同时也可以某种角度倾斜进给。目前这台机床的实物仍然被珍藏在伦敦科学博物馆。罗伯茨为刨床和车床的改进作出了巨大的贡献，奠定了今天机床的基础。

罗伯茨

1818年

戴维［英］电解碳酸锂制得锂　1818年，英国化学家、发明家戴维（Humphry Davy 1778—1829）电解碳酸锂制得少量金属锂。1855年，德国化学家本生（Bunsen，R.W.E. 1811—1899）和英国化学家、物理学家马提生（Matthiessen，A. 1831—1870）电解熔融氯化锂制得较大量的金属锂，并确认锂具有碱金属性质。1898年，美国在南达科他州布莱克山采出30吨锂辉石，为工业开采锂矿之始。

惠特尼［美］创制出卧式铣床　美国发明家埃利·惠特尼（Eli Whitney 1765—1825）于1818年制造出一台铣床。但部分历史学家认为惠特尼只是同一时代发明铣床的人中的一个，而且其他人对于此项发明的贡献比他更大。惠特尼创制的铣床是卧式铣床，采用单齿铣刀进行工作，它的出现为金属加工业的发展创造了条件。在后来的几十年里，铣削机械并没有得到广泛的利用，原因在于铣刀不好制造，但铣床还是有了一些改进。1840年，美国出现了一台带垂直可调主轴和简单分度装置的铣床。1848年和1855年，豪（Howe，

惠特尼

F.W.）又分别制造了几种改进的铣床。1862年，美国人布朗为了铣削麻花钻头的螺旋槽制造了第一台万能铣床，这是升降台铣床的雏形。

1820年

怀特［英］制造出既能加工圆柱齿轮又能加工圆锥齿轮的机床　古代的齿轮是用手工修锉的，1820年，英国人怀特（White，J. 1756—1832）制造出第一台既能加工圆柱齿轮，又能加工圆锥齿轮的机床。具有这一性能的机床在19世纪后半叶又有所发展。

伯尔［英］制出第一台实用的挤压机　英国发明家布拉默（Joseph Bramah 1748—1814）于1797年提出用液压将铅从环状喷嘴中挤出制成管子的挤压法建议，1820年，英国什鲁斯伯里的管匠伯尔（Thomas Burr）根据该原理制作出第一台实用的挤压机并投入使用。伯尔挤压机的结构如右图所示，圆筒形容器下端被液压机活塞上端密封，在活塞上端固定着一圆形短杆，用作心轴。当活塞处于下方的位置时，可把铅注入

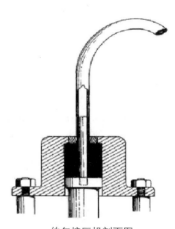

伯尔挤压机剖面图

心轴周围的环形空间里。待铅凝固之后，用螺栓把模子定位，并施加压力，于是在心轴和模子之间便会挤压出连续不断的铅管。伯尔第一次利用挤压机来制造铅管，应用于管道工程。直到1897年，包电缆用的铅管仍采用挤压工艺制造。1894年，迪克（Alexander Dick）将挤压机用于铜及黄铜合金的工序中。

1822年

费孚［英］对中国白铜分析并引起了欧洲各国对中国白铜的仿制活动　英国爱丁堡大学讲师费孚（Fyfe）对中国白铜做了分析，结果是：Cu 40.4%、Ni 31.6%、Zn 25.4%及Fe 2.6%。这一结果的发表再次引起了欧洲各国对中国白铜的仿制活动。

1823年

本生［德］用电解氯化熔盐法制得锶　1808年，英国化学家戴维（Humphry Davy 1778—1829）用铂作阳极，汞作阴极，电解氢氧化锶制得了少量的锶汞齐。1823年，德国化学家本生（Robert Wilhelm Eberhard Bunsen 1811—1899）用电解熔融氯化锶的方法制得了少量金属锶。

本生

比利时建成第一座焦炭炼铁高炉　1823年，出生于英国的比利时企业家柯克瑞尔（John Cockerill 1790—1840）引进英国的技术，在靠近列日的瑟兰首次采用焦煤炉，在比利时建成第一座焦炭炼铁高炉。

1824年

贝采利乌斯［典］用钾还原制得金属锆　1789年，德国化学家克拉普罗特（Martin Heinrich Klaproth 1743—1817）在锆石中发现了一种新的氧化物，起名叫Zirconia。1824年，瑞典化学家贝采利乌斯（Jöns Jacob Berzelius 1779—1848）用钾还原K_2ZrF_6制得金属锆，由于含杂质多，为脆性的黑色粉末。1914年，德国人莱利（Lely，D.）等用高纯钠还原提纯的$ZrCl_4$制得韧性的金属锆。1925年，范阿克耳（Van Arkel，A.E.）和德布尔（de Boer，J.H.）在电热丝上解离ZrI_4获得延展性更好的金属锆。1944年，美国矿务局在卢森堡冶金学家克劳尔（Kroll，W.J. 1889—1973）的指导下，成功用克劳尔法生产海绵锆。1947年，费舍尔（Fischer，W.）等人首先研究成功溶剂萃取法分离锆铪。从20世纪70年代开始，由于世界主要国家竞相发展核电，到了20世纪80年代末，西方国家海绵锆的年生产能力达7 000~8 000吨。中国于1956年开始研制原子能级海绵锆，1967年开始工业生产，达到能满足中国核潜艇用锆需求的规模。到了20世纪70年代初已建立较为完整的锆冶炼和加工的研究和生产体系。

汉宁根兄弟［德］仿制中国镶白铜获得成功　德国的汉宁根（Henninger）兄弟仿制中国镶白铜获得成功，从而开始了欧洲生产镶铜锌合金的历史。

1825年

奥斯特［丹］用钾汞齐还原无水氯化铝获得金属铝　1746年，德国人波特（Pott，J.H.）从明矾中制得一种氧化物，即氧化铝。法国化学家拉瓦锡（Lavoisier，A.L. 1743—1794）认为这是一种未知金属的氧化物。1807年，英国化学家、发明家戴维（Humphry Davy 1778—1829）试图电解熔融的氧化铝以取得金属，但没有成功。1809年，他将这种金属命名为Alumium，后来改为Aluminium。金属铝的制取最初采用化学方法。1825年，丹麦物理学家奥斯特（Oersted，H.C. 1777—1851）将氯气通过氧化铝和木炭的高温层，制得无水氯化铝，他把所得的氯化铝蒸气冷凝在与空气隔绝的冷却容器中，然后把无水氯化铝和钾汞齐一起加热，首次制得铝汞齐；蒸馏去汞后得到少量金属铝，指出它具有与锡相同的颜色和光泽。由于他的研究鲜为人知，因此铝的发现后来误归于德国化学家维勒（Wöhler，F. 1800—1882）。1827年，维勒用钾与无水氯化铝起反应，得到金属铝粉末；1845年，他用氯化铝气体通过熔融金属钾的表面，得到一些铝珠。1854年，法国化学家德维尔（Deville，S.C. 1818—1881）在巴黎附近建立了一座用钠置换氯化铝生产铝的小铝厂，之后又用冰晶石代替氯化铝生产铝棒，但生产成本还是太高（约130镑/千克），使铝成为贵金属。1865年，俄国的别克托夫（Бекетов，Н.Н.）提议用镁来置换冰晶石中的铝，这一方案为德国盖墨林根铝镁工厂所采用。

1826年

莫桑德尔［典］用金属钾还原无水氯化铈制得金属铈　1803年，德国化学家克拉普罗特（Martin Heinrich Klaproth 1743—1817）、瑞典化学家贝采利乌斯（Jöns Jacob Berzelius 1779—1848）和希辛格尔（Wilhelm Hisinger 1766—1852）分别从一种矿石（铈硅矿）中发现了一种新的物质——铈土（Ceria）。1826年，瑞典化学家莫桑德尔（Carl Gustaf Mosander 1797—1858）首次用金属钾在氢气气氛下还原氯化铈制得金属铈。此后一百余年间，又成功利用金属钠、钾还原无水氯化铈，制得金属铈。

莫桑德尔

1827年

佐藤信渊［日］著《山相秘录》 日本科学家、思想家、经济学家佐藤信渊（Sato Shinen 1769—1850）著《山相秘录》，记述了金、银、铜、铁、铅、锡和汞等金属的探矿、采矿和冶炼技术，是日本最著名的科技著作之一。《山相秘录》是一部有关采矿冶金技术的书，是佐藤信渊秉承祖父信景（字元伯，号不昧斋）及父亲信季（字孝伯，号玄明窝）之家学而作，成书于日本文政十年（1827年）八月，原文为汉文，有写本、刊本传世。经由三枝博士转为日文，收入其《日本科学古典全书》第九卷（第73—112页）。该书不少地方引用《天工开物》，但未予注明。

1828年

贝采利乌斯［典］分离出钍 1828年，瑞典化学家贝采利乌斯（Jöns Jacob Berzelius 1779—1848）从挪威产钍石（$ThO_2 \cdot SiO_2$）中发现钍，并用钾还原钍盐获得不纯的金属钍，以斯堪的纳维亚传说中的战神"Thor"命名为Thorium。1884年，德国韦尔斯巴赫（Welsbach，A.V.）在煤气白炽灯罩中使用钍盐，从而促进钍工业的发展。1898年，波兰裔法国籍女物理学家、放射性化学家玛丽·居里（Curie，M. 1867—1934）和施密特（Schmidt，G.C.）发现钍的放射性，但到此时，世界对钍的需要量仍一直不大。由于发现钍在核能中的用途，美国、英国、苏联都曾研究过金属钍的生产方法，并进行工业生产。中国于1957年用熔盐电解法制得金属钍，1973年用钙热法还原ThF_4制得公斤级核纯金属钍。

维勒［德］、布西［法］分别用钾还原法制得单质铍 1798年，法国化学家、药剂师沃克兰（Louis Nicolas Vauquelin 1763—1829）发现铍的氧化物。1828年，德国化学家维勒（Friedrich Wöhler 1800—1882）和法国化学家布西

（Antoine Alexandre Brutus Bussy 1794—1882）各自用钾还原氯化铍的方法，分别制得单质的铍。维勒将它命名为Beryllium（Be），而布西则命名为Glucinium（Gl），1957年才由国际纯粹化学与应用化学联合会（IUPAC）按前者定名。1898年，法国人勒博（Lebeau，P. 1868—1959）用电解氟化钠—氟铍酸钠熔体的方法制得小颗粒的铍。

维勒

尼尔森［英］发明铸铁式高炉热风炉　英国格拉斯哥煤气厂经理尼尔森（James Beaumont Neilson 1792—1865）发明铸铁式高炉热风炉，推动了热风技术的发展。尼尔森最初的想法是，在鼓风经过风口进入熔炉之前进行加热，可以提高熔炉内的温度。1828年，他获得了热鼓风的专利权，第二年初就将该技术应用在格拉斯哥的克莱德铁厂。在经过几次改进之后，1832年在克莱德铁厂建起了一座加热炉，它就是第一座实际建成的铸铁式热风炉。

尼尔森

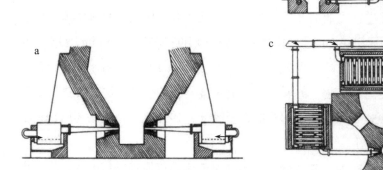

尼尔森的热风炉
a-最初的热风炉正面图　b-改进后的热风炉正面图　c-改进后的热风炉平面图

斯蒂芬森［英］发明火箭号机车 蒸汽机车以及铁路运输的成功离不开乔治·斯蒂芬森与其子罗伯特·斯蒂芬森（Robert Stephenson 1803—1859）的努力。当时瓦特蒸汽机的笨重和低效以及生铁轨的负载能力不足是制约铁路运输发展的重要因素。1812年，乔治·斯蒂芬森已经将蒸汽机用于运煤，但这时的机车与锅炉都位于地下。1814年，他制造了第一台蒸汽机车，将蒸汽活塞的连杆与机车车轮直接相连，省去了毫无必要的飞轮和齿轮，使蒸汽机车较原来小巧轻便，但时速只有6.5千米。1821年初，罗伯特·斯蒂芬森作为铁路工程师修建从斯托克顿到达林顿的铁路时，决定采用熟铁制轨，因为这种铁轨不轻易断裂。1828年，罗伯特·斯蒂芬森设计和制造了一种改进的机车——"火箭"号，该机车在满载乘客的情况下最高时速达46千米，证明了蒸汽机车的巨大潜力。"火箭"号的成功主要有两个原因，一是使用了管式锅炉，气压高，热效高，而且轻便。另一点是将排出的废蒸汽用管道引到锅炉烟囱口排出，高速气流形成了负压，使锅炉得到了强有力的鼓风，燃烧效率大大增强。

斯蒂芬森

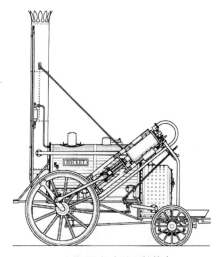

"火箭号"机车的原始状态

1829年

德贝莱纳［德］提出"三元素说"预示化学元素周期律的存在 德国化学家德贝莱纳（Johann Wolfgang Döbereiner 1780—1849）最出色的工作是提出

"三元素说"，预示化学元素周期律的存在。1829年，他发现选出的三元素群组（Triad）的某些属性具有一定规律。例如，锂和钾的原子量的平均数与钠的原子量非常接近。同样的事情也发生在钙、锶、钡、硫、硒、碲以及氯、溴、碘之间。此外，这些三元素群组的密度也遵循这样的规律。这些三元素群组后来被称作"德贝莱纳三元素群组"。

1830年

维格诺利斯［英］和史蒂文斯［美］设计了断面为倒"T"形状的钢轨　英国铁路工程师维格诺利斯（Charles Blacker Vignoles 1793—1875）、美国人史蒂文斯（Sterens，R.T.）设计了断面为倒"T"形状的钢轨，并于1857年在英国轧制成功。

维格诺利斯

俄国创造出世界上首台水枪用于开采金矿　1830年，俄国创造出世界上首台水枪，用于开采金矿。1852年，美国也将水枪用于开采金矿。1915年，俄国将水枪的运用扩展到煤矿的开采中。20世纪30年代，水枪在采矿业中得到进一步运用，德国、波兰、捷克等国开始将其用于采煤。而中国利用水枪的最早记录则是在1926年，在广西水岩坝砂锡矿的开采中运用到这个工具。

罗斯科

1831年

塞弗斯特姆［典］分离出元素钒　1801年，西班牙矿物学家里奥（del Rio，A.M.）在研究墨西哥锡马潘（Zimapan）的铅矿时发现钒。因为钒的盐类在与酸加热时呈红色，就以Erythronuim（意为"赤元素"）命名。后来里奥又接受了这种红色物质是铬的不纯物，可能是铬酸铅的解释。1831年，瑞典化学家塞弗斯托姆（Sefström，N.G. 1787—1845）用瑞典塔贝里（Taberg）附近矿石炼生铁时，分离出一个新元素，并以女神"Vanadis"（凡娜迪丝）命名为Vanadium。此后不久，德国化学家维勒（Wöhler，F. 1800—1882）证明Vanadium与Erythronuim是同一元素，即钒。1860年，钒开始作为着色剂使用。1867年，英国化学家罗斯科（Henry Enfield Roscoe 1833—1915）用氢还原VCL$_2$首次获得比较纯的金属钒粉。1869年，法国研究钒作为合金剂来生产装甲钢板。1905年前后，含钒合金钢用作汽车工业的原料。1927年，制得工业用金属钒。

1832年

德国绍普夫海姆铁厂第一次利用煤气来加热热风炉　德国人福尔（Faber du Faur，A.C.W.F.）于1831年就试图利用鼓风炉中排出的煤气。1832年，在德国巴登的绍普夫海姆铁厂第一次利用煤气来加热热风炉。煤气从炉顶排出，通过管子输送到热风炉。在英格兰，第一个尝试利用煤气加热热风炉的是位于斯塔福德郡温斯伯利帕克铁厂的劳埃德福斯特公司（1834年），可是产生的热量很低。后来对煤气的利用迅速蔓延开来，在欧洲大陆连方法也有了改进。但是在英格兰，直到斯旺西附近的阿斯特勒维拉铁厂的巴德（Budd，J.P.）推出并在1845年取得专利的煤利用设备后，该技术才被普遍采用。这种

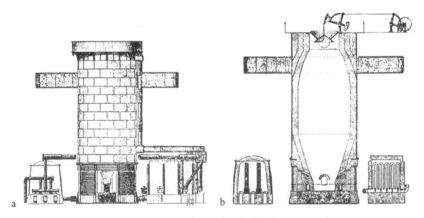

位于蒙茅斯郡埃布韦尔鼓风炉
a–热风加热炉的正面图　b–垂直剖面图

用于鼓风炉进料的杯锥式炉顶装料设备，最早于1850年在蒙茅斯郡埃布韦尔铁厂由帕里（George Parry）使用。

1833年

法拉第［英］用电解熔融氯化镁的方法制得金属镁　在法拉第之前，英国化学家戴维（Humphry Davy 1778—1829）和法国化学家布西（Antoine Alexandre Brutus Bussy 1794—1882）都已经用不同的方法制出了金属镁。1833年，英国科学家法拉第（Michael Faraday 1791—1867）用电解熔融氯化镁的方法制得金属镁。但在当时，镁仍然是实验室的珍品，直到1886年才在德国开始用后一种方法进行镁的工业生产。

帕廷森［英］发明了富集银的帕廷森工艺　帕廷森（Pattinson）偶然发现可利用银铅的密度不同来分离银和铅，从而发明了富集银的帕廷森工艺，并取得专利。这是继灰吹法工艺之后，炼银技术的一次重大进步。

盖森海默［美］获得了通过热鼓风利用无烟煤来炼铁的专利　美国人盖森海默（Geissenheimer，W.）最早提出通过热鼓风利用无烟煤来炼铁，并于1830—1831年冬天使用了一个小型的实验炉。于1833年取得专利以后，他在宾夕法尼亚的锡尔夫克里克建立起了"瓦利"炼铁炉，然后用无烟煤和热风炉成功熔炼了黑菱铁矿石。但这个炼铁炉在运行两个月之后，由于一次事故停止了工作。1837年，克兰（Crane，G.）和他的雇员托马斯（Thomas，D.）将同一想法付诸实践，他的工厂位于南威尔无烟煤区的伊内赛温。

1834年

惠特沃斯［英］发明制造了精密测长机　英国机械技师、发明家惠特沃斯（Joseph Whitworth 1803—1887）为了将前人发明的各种机床按照很严格的标准制造出来，发展了精密加工和测量技术。他于1834年发明了精密加工所必需的测长机，其原理与千分尺相近，通过转动分度板上可以进出的螺纹夹持住工件，使用滑尺读出分度板上的分度值，误差不超过0.002 5毫米，对当时的技术界来说简直不可思议。1835年，惠特沃斯发明滚齿机。除此以外，惠特沃斯还设计了测量圆筒的内圆和外圆的塞规和环规。当时测量内外圆直径一般是使用卡钳，要读出准确的读数需要相当熟练的技术。惠特沃斯发明的这种塞规任何人都能使用，只要将这种塞规插到加工完毕的孔中就可以简单而准确地测出精确到万分之一英寸的数据。他建议全部的机床生产业者都采用同一尺寸的标准螺纹。后来，英国的制定工业标准协会接受了这一建议，从此，这种螺纹仍作为标准螺纹被各国所使用。

1836年

索雷尔［法］发明了实用镀锌法　早在18世纪下半叶就有铁上镀锌的记载，但镀锌的生产工艺则是始于索雷尔（Stanislas Sorel 1803—1871）。他于1837年5月10日申请了实用镀锌法的专利。实用镀锌法即对铁进行酸洗，取出后涂上氯化铵助熔剂，然后放入熔融的锌中进行浸镀。镀锌的最早用途是制造镀锌波形钢板，并在不久以后开始大量生产，在全球各地用于建造房顶。用成捆或成卷的金属丝浸在熔融的锌中进行镀锌是和电报的发明同时出现的。贝德森（George Bedson）于1860年发明了一种钢丝、铁丝连续退火和镀锌的机器。单股金属丝连续地通过退火炉，通过酸洗液之后进入熔融的液态锌中进行镀锌，最后缠绕在卷筒上。后来各种户外用的钢丝也都进行镀锌，例如用于架空索道、悬索桥的牵索和钢丝栅栏。

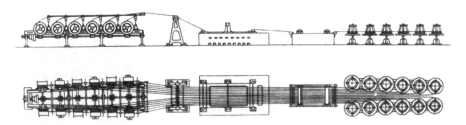

金属丝连续镀锌设备的立面图和平面图

哈森［英］首次尝试采用挤压法生产无缝钢管　1836年，哈森（Hanson）尝试按照英国专利采用挤压法生产无缝钢管，但未获成功，这是第一次有记载的为生产无缝钢管或钢管所做的努力。1867年在英国又有一项关于挤压工艺的专利，其生产方法和哈森的工艺类似，但作了一些改进。埃利奥特（Elliott）于1882年也取得了利用这种工艺生产无缝钢管的专利。

奥梯斯［美］发明了世界上第一台单斗挖掘机　美国发明家奥梯斯（Otis，W.S. 1813—1839）于1836年发明了世界上第一台单斗挖掘机。它以蒸汽为动力，五回转盘，靠轨轮行走，斗容为1.15立方米。1884年，美国制造出第一台蒸汽动力索斗挖掘机。1885年，美国人鲁德（Rood，E.O.）取得了以动臂和斗杆向机身方向运动挖掘的反铲工作装置专利，但直到1925年才得到推广。1910年出现了电动机械式挖掘机；1911年美国马里昂机铲公司（Marion Porwer Shavel Co.）制造出蒸汽动力的履带式挖掘机；1912年出现柴油机驱动的挖掘机，扩展了挖掘机的使用范围。多斗挖掘机的研制始于19世纪初。1860年法国发明了链斗挖掘机；1913年德国开始研制轮斗挖掘机，用于褐煤生产；1916年制造出世界上第一台轮斗挖掘机。至此，奠定了几种机械式挖掘机的雏形。1954年，德意志联邦共和国制造出世界上第一台液压反铲挖掘机。20世纪70年代起液压反铲挖掘机发展迅速，逐渐取代机械反铲挖掘机。

1837年

丹纳［美］出版《系统矿物学》　1837年，年仅24岁的美国地质学、矿物学和动物学家丹纳（James Dwight Dana 1813—1895）出版了《系统矿物学》（580页），成为早期的矿物分类的重要著作。1838年，丹纳作为地质学家加入了查尔斯·威尔克斯（Charles Wilkes）的探险队前往南太平洋地区进行了为期4年的考察。丹纳在地质学研究领域收获颇多，其著作《矿物学手册》（1848年）和第三版的《系统矿物学》（1854年）中包含了根据数学、物理和化学特性对矿物分类的完整

丹纳

修订。此外，丹纳担任《美国科学杂志》（*American Journal of Science*）编辑期间，对美国地质学界产生了深远的影响。

1839年

莫桑德尔［典］发现镧　瑞典化学家莫桑德尔（Mosander，C.G. 1797—1858）通过加热稀硝酸盐分离硝酸铈的时候，发现了一种新的稀土元素，莫桑德尔称之为镧（Lanthanum）。镧是来自希腊语 λανθανω（隐藏的意思），直到1923年相对纯净的镧才被分离出来。

巴比特［美］发明锡基轴承合金　美国发明家巴比特（Babbitt，I. 1799—1862）发明锡基轴承合金，这是最早的轴承合金。随后他又研制成铅基合金。上述两种轴承合金又称为巴比特合金。

霍尔［英］提出湿搅炼法制造熟铁　自从科特的发明以后，几乎所有的熟铁都是用"干式"搅炼法来进行制造的。这种方法的制造过程比较缓慢，为了使金属能够受到大气的作用，必须用铁棒对其进行搅拌。1839年，英国斯塔福德郡的布卢姆菲尔德铁厂的霍尔（Hall，J.）获得了在窑中煅烧"初渣"或"搅炼炉补炉底料"——搅炼炉窑中的炉渣的专利权。由于这个方法生产的是液态炉渣，而在砂底上进行的旧式搅炼法中并不存在这种现象，因此这种方法也叫作湿搅炼法。

1840年

埃尔金顿［英］发明电解沉积工艺　英国制造商乔治·埃尔金顿（George Richards Elkington 1801—1865）和他的堂兄亨利·埃尔金顿（Henry Elkington）发明在基体金属上镀金和镀银的电解沉积工艺并取得了专利。这种工艺是把金和银或其氧化物溶解在氰化钾或氰化钠溶液中，然后用这种电解液进行电镀。待电镀器件除去油脂和氧化皮后浸入电解液中，用金属锌棒或其他正电性金属棒来传送电流。该金属棒要浸在单独的液体或者浸在用多孔隔板

埃尔金顿

与金溶液或银溶液分隔开的电解液中。还需不时地添加氧化银，以维持银的

一定浓度。该专利提出，铜、黄铜和德国银都是最适于电镀的金属。

1841年

阿诺索夫［俄］利用浸蚀剂和放大镜研究大马士革钢剑花纹　俄国冶金学家阿诺索夫（Аносов，П.П.）利用浸蚀剂和放大镜研究大马士革钢剑上的花纹，揭示了大马士革钢的制作技术。

内史密斯［英］发明蒸汽锤　蒸汽锤最初是由瓦特于1784年提出来的，后来由德弗罗尔（Deveral）在1806年进行了改进。1841年，英国工程师内史密斯（James Hall Nasmyth 1808—1890）将其发展成为实用锻锤，不仅力量大，而且操作方便。首先，它省去了老式夹板上必不可少的许多笨重的齿轮装置；其次，它可以方便地按照工件的尺寸和需要的锤击力进行调整行程，这一点对于小型工厂来说特别重要，因为小型工厂不可能按工作的类型设有许多不同规格的锻锤。1846年，孔迪为改进后的内史密斯蒸汽锤锻申请了专利权。

内史密斯

双动式蒸汽锤

1842年

龚振麟［中］著《铸炮铁模图说》　世界上最早的论述金属型铸造的专

著《铸炮铁模图说》由清龚振麟著，1842年刊印，后收入魏源所编《海国图志》。著者曾任浙江嘉兴县丞，平素注重研习科学技术，1840年鸦片战争期间，调宁波军营监制军械。为赶铸铁炮打击侵略者，龚振麟于1840年首创铁模（即铸铁金属型）铸炮，随后写成此书，刊发沿海地区。书中详述由泥范翻铸铁模，再由铁模铸制铁炮的工艺过程和有关技术措施，指出铁模具有可以多次使用、生产费用低、产品质量好、能适应战时紧急需要等优点。

1843年

莫桑德尔［典］发现铽和铒 1843年，瑞典化学家莫桑德尔（Mosander，C.G. 1797—1858）明确最初发现的钇土（Y_2O_3）不是单一的元素氧化物，而是三种元素的氧化物。他把其中的一种仍称为钇土，而粉红色的部分称为氧化铽（Terbia），棕色部分称为氧化铒（Erbia）。1877年，氧化铒部分被正式命名为铽（Terbium），氧化铽部分被正式命名为铒（Erbium）。铒、铽和镧的发现打开了发现稀土元素的第二道大门，是发现稀土元素的第二阶段。它们的发现是继铈和钇两个元素后找到的另三个稀土元素。1905年，法国化学家乌尔班（Urbain，G. 1872—1938）第一次提纯制出金属铽。同年，他和英国化学家詹姆斯（James，C. 1880—1928）分离出了三氧化二铒（Er_2O_3）。直到1934年，克莱姆（Klemm）和博默（Bommer）才完成铒的提纯工作。

1844年

克拉乌斯［俄］发现钌 1827年，瑞典化学家贝采利乌斯（Jöns Jacob Berzelius 1779—1848）和德国化学家、物理学家奥赞（Gottfried Wilhelm Osann 1796—1866）差点就发现了钌，他们在对溶解于王水中的天然铂矿的残留物进行分析时，奥赞发现了新元素钌，但是贝采利乌斯并没有发现什么新元素，这导致他们对残留物的成分有很大的分歧。1844年，俄国化学家克拉乌斯（Карл Кáрлович Клáус或Karl Ernst Claus 1796—1864）在处理碱熔铱化铱时发现一种新元素，并以拉丁文Ruthenia（意为"俄罗斯"）命名为Ruthenium，即钌。这是铂族金属成员中最后被发现的元素。

奥赞   克拉乌斯

1847年

福克斯［英］发明水压锻造机 1847年，福克斯（Charless Fox）发明水压锻造机，到了1866年已出现500吨液压机，1887年，英国谢菲尔德安装了4 000吨水压锻造机，专门用来锻造巨大的平炉钢锭。

1848年

德国出现万能式轧机 1848年，德国发明了万能式轧机。1853年，美国开始用三辊式的型材轧机，并用蒸汽机传动的升降台实现机械化；接着，美国出现了劳特式轧机。1859年，建造了第一台连轧机。1872年，出现万能式型材轧机。20世纪初，制成半连续式带钢轧机。

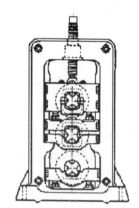

最初的三辊式轧机侧视

美国发现大金矿并由此兴起淘金热 1848年，美国加利福尼亚发现大金矿，形成了著名的加利福尼亚淘金热，圣弗朗西斯科（San Francisco）也被中国移民称为"金山"。1851年，澳大利亚墨尔本发现大壁砂金矿，淘金热弥漫全澳。淘金是依重力选矿原理，用水力淘洗技术，从含金矿砂中采集黄金的工艺技术。淘金所用设备主要有淘金盘、溜槽、摇床和跳汰机等。20世纪70年代以来，世界各国不仅大力发展各类机械化开采金矿，而且兴起了人工淘金热，除了继续采取古老的淘金工具外，还使用了小型移动式机械设备。

1850年

帕克斯［英］引进第一台多层炉床焙烧炉　英国冶金学家、发明家帕克斯（Alexander Parkes 1813—1890）引入一台多层炉床焙烧炉。在这座炉子中，矿石装在上层炉床上，旋转的炉壁把矿石耙到中央，在那里，矿石通过缝隙落到了下一层炉床上，然后从那里送到炉外。1873年，麦克杜格尔（Macdougall，J.S.）建造了一种更为先进的炉子。该炉有6层炉床，高达18英尺，直径为16英尺。后来炉床又增加到12层，整个结构是钢制的，炉壁、炉拱和炉床均衬有耐火砖。旋转的炉臂也是用钢材制作，并具有内部水冷设

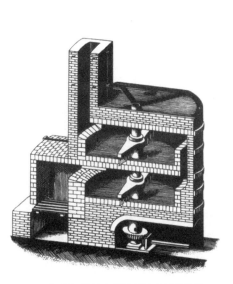

带旋转耙的帕克斯焙烧炉（1850年）

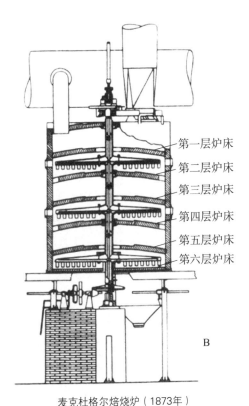

第一层炉床
第二层炉床
第三层炉床
第四层炉床
第五层炉床
第六层炉床

B

麦克杜格尔焙烧炉（1873年）

施。在这种类型的转炉中，温度能非常有效地受到控制。通过短短的一个操作过程，硫的含量便可减少，而用老式的韦尔什煅烧炉，把硫的含量减少到这样的程度则需要花费好几天的时间慢慢焙烧。

帕克斯［英］将加锌除银法用于工业生产　1842年，德国矿物学家卡斯坦（Karsten 1782—1853）发现用锌可脱除铅中的银。1850年，英国冶金学家、发明家帕克斯（Parkes，A. 1813—1890）将加锌除银法用于工业生产，故称帕克斯法。锌对金和银的亲和力较大，能相互结合形成稳定、熔点高、密度比铅小的锌金和锌银化合物，并以固体银锌壳的形态浮于液铅表面与铅分离。熔化在铅中的银能与加入的锌作用，生成银锌化合物，而其中的锌可在真空中挥发，富银的剩余物则可用灰吹法获得。大多数铅的精炼厂的加锌除银作业是在除银锅中以间断方式进行；但在少数工厂，如皮里港厂则是在皮里港式提银锅内连续进行的。

1851年

英国首先把离心式风机应用于矿山通风　16世纪初期，人类利用简单的通风装置以排除矿井内的有毒有害气体。1637年，中国宋代宋应星在《天工开物》中记载了处理矿内有毒气体的方法。1851年，英国首先把离心式风机应用于矿山通风。1854年，英国人阿特肯逊（Atkinson，J.J.）发表了《矿井通风原理》一书，奠定了矿井通风工程的计算基础。

凯利［美］发明空气吹炼法炼钢　1847年，美国发明家凯利（William Kelly 1811—1888）在肯塔基州埃迪维尔他自己的炼铁厂开始进行减少燃料的炼钢新方法试验。1851年，凯利发现仅靠鼓风即可把生铁中所含的碳吹出来，这些碳本身就能起到燃料的作用，并能产生非常高的温度。凯利发明的空气吹炼法的新特点是：靠生铁中所含的碳快速燃烧来提高温度。1851年，凯利便建造了第一座转炉，用空气吹炼的新方法来炼钢，之后的5年

凯利

他又建造了6座。最终，他在与贝塞麦的专利权争夺中获得胜利，并于1857年6月23日获得美国专利。该法在美国被称为凯利–贝塞麦法（Kelly–Bessemer Process），在欧洲习惯仍称为贝塞麦法。

1853年

皮丘［法］获得关于电在炼铁方面应用的法国专利　法国化学家皮丘（Pichou）建造了用来冶炼铁矿石或金属铁的第一座电炉，当时他是巴黎应用化学学校的实验教师。1853年，他获得了一项关于电在冶金工业上的应用，特别是在炼钢方面应用的法国专利。他用两根水平电极在熔池上方发生电弧间接加热熔池熔炼金属成功，同时还用约翰逊（Johnson）的名字（此人可能是一个专利代理人）获得了英国专利。皮丘打算建造一座更大规模的电冶炼炉，但他未能实现他的宏伟目标，因为他的设计已远远超越了他所处的时代。

1854年

德维尔［法］用钠代替钾还原制出金属铝　法国化学家圣克莱尔·德维尔（Sainte-Claire Deville, Henri-Étienne 1818—1881）在拿破仑三世的赞助下，于1854年首先开发了氯化铝和钠的生产方法，并用钠代替钾还原NaAlCl$_4$络合盐，制得金属铝。同年建厂，生产出一些铝制头盔、餐具和玩具。当时铝的价格接近黄金。他用木炭加热碳酸钠制得了钠，其成本降低到大约每盎司5先令。纯氧化铝由铝矾土矿石

德维尔

制得，铝矾土中含有50%～65%的氧化铝，把铝矾土碾碎后用烧碱浸渍，然后用水淋洗掉偏铝酸钠，过滤出溶液，并往溶液中吹入二氧化碳，即可沉淀析出纯氧化铝。然后在氯气流中用木炭煅烧氧化铝，即可制得一种易挥发的固体——氯化铝。在巴黎附近的萨兰德尔玻璃厂中，圣克莱尔·德维尔的制铝方法实际上是实验室的方法，反应是在一系列用木塔加热的钾玻璃管内完

成。将干燥的纯氢气通过盛有氯化铝的玻璃管，再让由此产生的蒸汽通过盛有液体钠的蒸发皿。

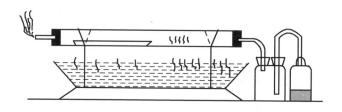

将氯化铝还原为铝的德维尔装置

霍斯福尔［英］发明了铅淬火法生产钢丝　此前的高抗拉强度钢丝用碳钢制造，并对成卷钢丝进行热处理。霍斯福尔（James Horsfall）发现，采用连续生产工艺可获得抗拉强度最高，韧性和抗扭曲性好的钢丝。霍斯福尔让单股的钢丝通过加热炉，接着通过淬火浴，最后通过熔融铅进行回火浴。该生产工艺保密了很长时间直到20世纪后才成为标准的生产工艺。在19世纪末，这种高抗拉强度的钢丝由于用在蒸汽机犁上而被叫作犁钢丝。高抗拉强度的钢绞线也被广泛地用于架空索道、矿山索道和桥梁上。1869—1883年间在纽约建造的布鲁克林悬索桥便是早期使用这种细绞线的著名范例。

1855年

克勒尔［奥］发明了钨钢　奥地利化学家弗朗兹·克勒尔（Franz Köller）发明了钨钢。这以后的几年里，奥地利河畔赖希拉明的一家专门的工厂生产出了这种钨钢。克勒尔的钨钢发明由享有国际声望的奥地利权威冶金学家滕纳（Peter Tunner）发布，产生了很大的影响。

1856年

贝塞麦［英］发明底吹酸性转炉炼钢法并获得专利　19世纪50年代，英国发明家、工程师贝塞麦（Henry Bessemer 1813—1898）注意到在设有鼓风设备的炉中熔化铁时，空气可除去铁水中的碳，炼出熟铁或低碳钢，于是采用风管吹炼坩埚中的铁水，后发展成为贝塞麦法。1855年，他在自己位于

伦敦潘克鲁斯大街的工厂车间里建造了一座固定的竖式炼钢炉，开始初期的炼钢新法试验，并于1856年获得成功并取得专利。贝塞麦法，又称底吹酸性转炉炼钢法，是将空气由酸性炉衬的转炉炉底吹入铁水以氧化其中的杂质元素并产生大量的热，借以炼成钢水的转炉炼钢方法。贝塞麦转炉炉衬为硅质耐火材料，由于无法造碱性渣以除去生铁中的磷、硫，而使它所用的原料来源受到限制。

贝塞麦

1856年，英国人马希特（Robert Forester Mushet 1811—1891）将镜铁（含锰量较低的锰铁）加入钢水中，克服了困难，促进了贝塞麦法的发展，开了大规模生产液态钢的先河。贝塞麦法的诞生标志着早期工业革命的"铁时代"向"钢时代"的演变，这在冶金发展史上具有划时代的意义。

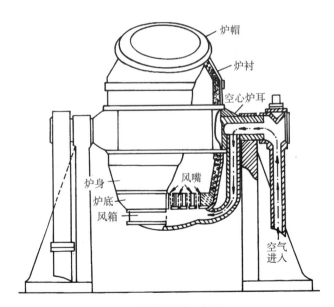

贝塞麦转炉结构示意图

西门子［英］发明蓄热法并获得专利　德裔英国工程师西门子（Frederick Siemens 1826—1904）于1856年发明了作为平炉炼钢工艺本质特征

的蓄热法，并取得英国专利。1857年，蓄热法最先
应用于英国机械工程师考珀（Edward Alfred Cowper
1819—1893）发明的热风炉（也称考珀炉），使进
入高炉的温度提高到620 ℃，生铁产量提高了20%。
在考珀炉中，空气在鼓入高炉的途中经过一个用耐
火砖砌成的格子装置而被加热，该耐火砖由同一座
高炉所排出的废气来加热。高炉即通过该方式对鼓
给自己的风加热。在第一座炉子产生热气期间，第
二座炉子被废气所加热，并为加热接收的空气流准

考珀

备。空气流的交替使得高炉可以不断获得热空气的供应。考珀式热风炉普遍
采用耐火砖作炉衬，利用高炉煤气加热空气。它们为大圆筒形结构，高约100
英尺，高度与高炉相仿，直径为20～24英尺，炉墙为格子砖结构。考珀炉经
过长期的改进成了现代内燃式热风炉。

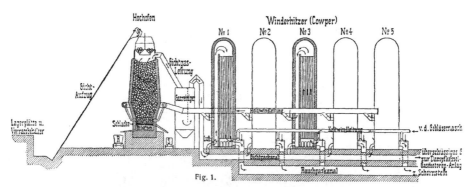

运用5个并排蓄热交换器的考珀炉结构

卡尔松德［典］建造了第一台三辊立式轧机　三辊立式轧机是指在第
一对轧辊的上辊上方放置第三个轧辊而无须让发动机倒向即可使铁板反方向
再次通过轧辊的轧机。瑞典土木工程师普尔海姆（Christopher Polhem 1661—
1751）早就提出过这种设想，但直到1856年，第一台这样的轧机才由卡尔
松德（Carlsund, O.E.）在瑞典的穆塔拉建造出来。在英国，德裔美国人劳斯
（Bernhard Lauth 1820—1894）于1862年在伯明翰他自己的工厂里引进了这种轧机。

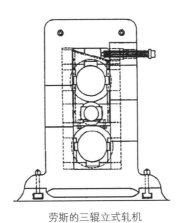

劳斯的三辊立式轧机

1857年

萨梅勒［意］发明凿岩机　1857年，意大利工程师萨梅勒（Germain Sommeiller 1815—1871）所设计的压缩空气凿岩机，在阿尔卑斯山塞尼峰隧道得到实际应用，因此一般把1857年作为凿岩机的诞生年。此后凿岩技术不断进步，1896年类似于近代的锤击式凿岩机得到应用。20世纪30年代，硬质合金钎头在矿山使用，大大改变了冲击凿岩技术的面貌。20世纪60年代以后，各种新型凿岩机、凿岩钻车的出现，尤其是1973年液压凿岩机的出现，使凿岩生产率在20年内提高了1～2倍，之后，凿岩技术向着自动化、智能化方向发展。

萨梅勒

萨梅勒设计的凿岩机

奥克斯兰特发表了一项关于炼制钨铁合金的专利　钨铁合金是钨和铁组成的铁合金，可用作炼钢的合金添加剂。1857年，奥克斯兰特发表了一项关于炼制钨铁合金的专利，从此钨成为工业上的重要金属。常用的钨铁有含钨70%和80%两种。钨铁用电炉冶炼，由于熔点高，不能液态放出，所以采用结块法或取铁法生产。

赫里布兰德等首次用稀土氯化物熔盐电解法制取稀土金属　熔盐电解法制取金属是指在直流电流作用下，含稀土熔盐电解质中的稀土离子在电解槽阴极获得电子还原成金属的稀土金属制取方法。这是制取混合稀土金属，轻稀土金属镧、铈、镨、钕及稀土铝合金和稀土镁合金的主要工业生产方法。电解生产稀土金属的小型电解槽有氯化物熔盐电解和氟化物熔盐电解两种，工业上主要采用前一种方法。与金属热还原法制取稀土金属相比，此法具有成本较低、易实现生产连续化等优点。赫里布兰德（Hillebrand，W.）等人在1857年首次用稀土氯化物熔盐电解法制取稀土金属。1940年，奥地利特雷巴赫化学公司（Treibacher Chemische Werke A G）实现了熔盐电解制取混合稀土金属的工业化生产。

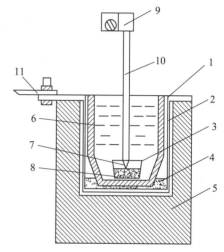

电解生产稀土金属的小型电解槽
1-石墨坩埚　2-钢壳　3-瓷皿　4-碳粉
5-耐火砖隔热体　6-熔融电解质　7-钼阴极
8-析出的稀土金属　9-阴极电源插头
10-瓷套管　11-阳极接头

多莱斯轧制出第一根酸性转炉钢轨　1857年，多莱斯轧制出第一根酸性转炉钢轨。1867年，英国谢菲尔德的布朗（John Brown）轧制出平炉钢轨。19世纪中期能生产多种产品的先进的轧制装置，一般有八个独立的轧机组，由一台蒸汽机驱动。轧机有两个直径各为20英尺的飞轮，所有的轧机组都连续作业，不可能反向和停止。其中，轴的一端是具有二辊式结构的轧机组A，每12小时能轧80吨巨型角铁、板坯或钢轨。轴的另一端是用来轧制最高达12英寸、最长为50英尺的"H"形和"T"形型材的轧机组B，安装有双轧机，材料从右向左通过轧机下方的一对轧辊，然后通过上方的一对轧辊返回。轧机组C用于初轧或轧制巨大的棒材，供轧制钢轨和型材之一。轧机组C上还安装有一个提升巨型棒材的起重轨运器，以便使棒材返回。在这样的轧机中，产品首先要在下轧辊和中间轧辊之间进行轧制，然后在中间轧辊和上轧辊之间返回去。无论是三辊式或是双轧机都可以避免材料在轧辊上头返回，返回

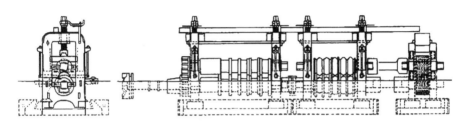

多莱斯蒸汽驱动的轧制装置正视、侧视图（1850年）

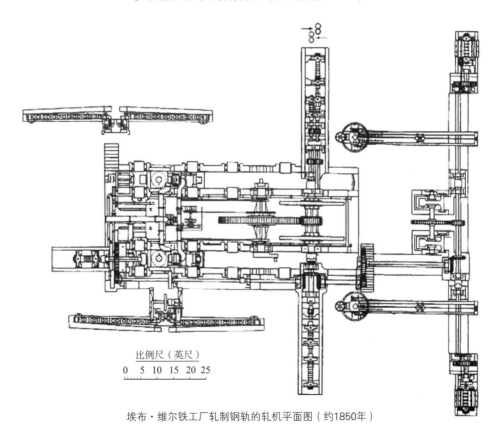

比例尺（英尺）
0 5 10 15 20 25

埃布·维尔铁工厂轧制钢轨的轧机平面图（约1850年）

的工序不仅没有生产效率且会使金属过分冷却。一般把发明三辊式轧机的荣誉归于匹兹堡的弗里茨（John Fritz），他于1857年根据这个原理建造了一台大型轧制设备。

1858年

布莱克［美］设计出颚式破碎机 1858年，美国发明家布莱克（Eli Whitney Blake 1795—1886）设计出第一台颚式破碎机。颚式破碎机的工作部件为两块颚板，一块固定，一块摆动。有简摆式（双肘板）和复摆式（单肘板）两种。颚式破碎机工作时，矿石在两块颚板间所形成的空间受动颚板冲击力、压力和弯曲力作用而破碎。目前的最大型简摆式颚式破碎机给矿口的规格（即宽×长）为1 500毫米×2 100毫米。

颚式破碎机

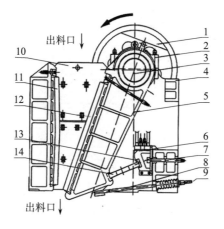

出料口↓

出料口↓

1–飞（槽）轮
2–左右轴承座
3–偏心轴
4–机架
5–动颚
6–调整座
7–顶杆
8–拉杆
9–压力弹簧
10–边护板
11–固定齿板
12–活动齿板
13–肘板垫
14–肘板

颚式破碎机结构图

约兰松［典］将鼓风机用于贝塞麦转炉炼钢获得成功 1857年，瑞典人约兰松（Göran Fredrik Göransson 1819—1900）购买了贝塞麦在瑞典的部分专利，并在英国工程师的帮助下，将从英国得到的一座固定式贝塞麦转炉和一台蒸汽鼓风机安装在瑞典。约兰松在炼钢过程中采用了由瑞典单讷穆拉矿炼成的铁，这种铁矿石几乎不含磷和硫。经过了起初阶段的多次失败后，约兰松于1858年7月终于取得了成

约兰松

功。这是贝塞麦炼钢法获得的第一次真正成功。约兰松在发展贝塞麦炼钢法方面的重要贡献在于控制鼓风量，也就是在正好达到某种品级的钢所需要的碳含量时停止鼓风。

1860年

基尔霍夫（左）

本生［德］和基尔霍夫［德］发现金属铯 德国化学家本生（Robert Wilhelm Eberhard Bunsen 1811—1899）和德国物理学家基尔霍夫（Gustav Robert Kirchhoff 1824—1887）在研究矿泉水的光谱时发现新的元素谱线，根据光谱线的颜色按拉丁文caesius（意为"天蓝色"）命名为Cesium（意为"金色"）。

贝塞麦［英］成功建造实用可倾动式转炉并获得专利 英国发明家、工程师贝塞麦（Henry Bessemer 1813—1898）首先在谢菲尔德的炼钢厂里建成可倾动式转炉投入运行，并获得专利。这一新式可倾动式转炉克服其早期发明的固定式炼钢炉的缺点，可以避免在装入铁水和放出钢水过程中热量的损失。贝塞麦的办法是把炼钢炉安装在一个耳轴上，此轴能使底吹风口在装满铁水以前总是处于铁水上方，且这种炼钢炉还可以在出完铁水时停止鼓风。可倾动式转炉的设计从此以后一直没有发生实质性的变化。

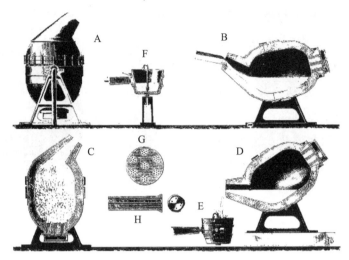

第一台贝塞麦可倾动式炼钢转炉和钢水包（1860年）

贝德森［英］发明了钢丝、铁丝连续退火和镀锌的机器　英国人贝德森发明了一种钢丝、铁丝连续退火和镀锌的机器，即金属丝单股地连续通过退火炉，经过酸洗之后进入熔融的液态锌中进行镀锌，最后缠绕在卷筒上。

查德理［法］利用烧结法制出首批氧化铝　1858年，法国化学家、实业家吕·查德理（Louis Le Chatelier 1815—1873）提出用碳酸钠同铝土矿烧结，溶出烧结产物后将得到的铝酸钠溶液通过二氧化碳分解，析出氢氧化铝；再将氢氧化铝煅烧成氧化铝。于1860年制得首批氧化铝。在当时西方国家的一些文献中，将烧结法称为吕·查德理法。用这种方法处理含氧化硅较高的铝土矿时，氧化铝和碱的损失很大。碱石灰烧结法则是用纯碱及石灰石与铝矿

查德理

物共同烧结处理铝矿石的一种氧化铝生产方法，其工艺主要由破碎、细磨、烧结、熟料溶出、赤泥分离、脱硅、碳酸化分解和加种子分解、煅烧等过程组成。1880年，缪勒（Müller, G.）提出在烧结配料中加入石灰石以减少氧化铝和碱的损失。1902年，巴卡尔德（Packard, H.）确定了1摩尔 SiO_2 配入

2摩尔CaO的配料方案，后来就一直沿用这一配料方案，即Na_2O：Al_2O_3=1，CaO：SiO_2=2。

1861年

基尔霍夫［德］和本生［德］发现并用电解法制得金属铷　1861年，德国物理学家基尔霍夫（Gustav Robert Kirchhoff 1824—1887）和德国化学家本生（Robert Wilhelm Eberhard Bunsen 1811—1899）在研究锂云母的光谱时发现在深红区有一新线，表征有一个新元素，根据拉丁文rubidus（意为"深红色"）命名为Rubidium（铷）。同年，本生在由石墨阳极和铁阴极组成的电解槽内电解熔融氯化铷时首次制得金属铷，这也是最早制取金属铷的方法。电解法制铷，也可以先从汞作阴极的熔体中电解得到铷汞齐，再从铷汞齐中回收金属铷。另外，也可以用电解溴化铷–溴化铝的硝基苯熔体而得到金属铷。铷熔盐电解最适当的电解质体系是卤化物体系。

克鲁克斯［英］发现元素铊　1861年，英国化学家、物理学家克鲁克斯（William Crookes 1832—1919）用光谱分析硫酸厂的残渣时，发现一种具有特殊绿色谱线的元素，根据拉丁文thallus（意为"绿色的嫩枝"）命名新元素为Thallium（铊）。1862年，克鲁克斯和法国化学家拉米（Lamy，C.A. 1820—1878）各自独立地分离出少量这种金属。铊主要是从有色重金属硫化矿冶炼过程中作为副产品回收的。铊

克鲁克斯

的氧化物（Tl_2O_3）特别是一氧化铊（Tl_2O）和氯化铊挥发性强，它们在铜、铅、锌硫化物精矿焙烧、烧结和冶炼时大部分挥发进入烟尘。1917年，科什（Case，T.W.）发现一些铊盐和铊的氧硫化物具有特殊的光电效应。1920年，德国用硫酸铊作为啮齿类动物的杀灭剂，开始了铊的工业应用。

西门子［英］发明了煤气发生器和平炉并获得专利　德裔英国工程师西门子（Charles William Siemens 1823—1883）于1861年发明了一种与炼钢炉完全分离的煤气发生器并获得专利。煤气发生器的发明，使炼钢所用燃料

从固体燃料变成以煤气作燃料。使用煤气发生器以后，炼钢就可以使用低质煤了。西门子在煤气发生器的专利中还提到一种能在炉床上熔化钢的平炉。1861年，伯明翰的玻璃厂应用了他的整个发明，这种发明很快普及到其他各种工业生产中。在平炉内部，空气和气体燃料混合并形成火焰，火焰遍及炉膛高度的2/3，冲到炉内物料表面上方。出气口（1和2）的作用是控制火焰方向。炉膛使用耐火材料砌成的长方形浅槽。废气应先通过沉渣室（3a和3b）使一部分固体颗粒沉降，以防止废气中的全部固体颗粒沉淀在砖格里。废气在排到烟囱的途中将一部分热量传给经过格子通道（4a–煤气，4b–空气）而进入炉膛的气体燃料与空气，炉内火焰的温度便大大上升，可达1 650 ℃。每隔一段时间，空气和煤气流的方向便调换一次。为了对平炉中熔化的生铁进行脱碳处理，西门子在冶炼时往铁水中加入一些铁矿石，铁矿石中的氧化物便与生铁中的碳发生反应，从而使生铁中的含碳量降低到所要求的水平。

西门子

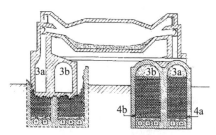

西门子的平炉截面示意图
1、2–出气口　3a、3b–沉渣室
4a–煤气　4b–空气

1862年

贝德森［英］发明了一种连续式轧机并取得专利　连续式轧机由若干个轧辊机架组成，这些轧辊机架一个跟着一个排列，尺寸和功率逐个减少。早在1789年，哈策尔迪内（William Hazeldine 1763—1840）便提出连续式轧机的设想并获得了英国专利，但他的发明在当时没有得到实际应用。1862年，英国曼彻斯特的贝德森（George Bedson）采纳了哈策尔迪内的设想，制造出一种连续式轧机并获得专利。这种轧机由列有16台双辊式轧机组成。这些轧机的轴线交替呈水平和竖直，因此无须像老式的比利时轧机那样不时转动轧机的棒材。通过与轧机组相连的固定齿轮系统，能使后续轧机的旋转速度高于前面轧机的旋转速度，这就避免了线材在轧制过程中伸长而产生的松弛现象。轧机可以将正截面面积为6.85平方厘米、质量达45千克的熟铁棒送到连续加热炉中预热，然后轧制成直径为6.35毫米的线材，每小时能生产20吨。

布朗［美］制造出第一台真正的万能铣床　美国人约瑟夫·洛奇·布朗（Joseph Roger Brown 1810—1876）最初设计该铣床的目的只是为了代替手锉加工麻花钻头上的螺旋槽，他在设计中发现这种铣床的加工能力大大超出加工麻花钻的范围时，于是干脆就研制成可用于铣螺旋、切齿以及其他需要手工完成的工序的多功能铣床。其工作台可自动给进，且万能分度头与工作台的走动可以按所需比值进行。万能分度头上安有一个分度盘，因此铣齿轮等零件时，铣刀可以按准确的间隔在圆形毛坯上切削。除铣床外，布朗对机械技术的最大贡献是发明了万能外圆磨床，这种磨床可以进行外圆及各种锥度的磨削，因此，就可以进行淬火后的高精度加工，从而引起了工件加工的技术革命。

1863年

赖希［德］和里希特［德］发现并分离出铟　1863年，德国人赖希（Reich，F.）和里希特（Richter，H.T.）在研究闪锌矿样品时，用光谱分析含氧化锌的溶液，发现一种鲜蓝色新谱线，随后分离出一种新金属，根据谱线颜色，以拉丁文indium（意为"蓝色"）命名。铟是稀有金属，具有亲硫性，常见于含硫的铅、锌矿中。其他矿石如锡石、黑钨石以及普通的闪角石中也含有铟。铟的主要来源是闪锌矿。铟是铅锌冶炼厂的副产品，锡冶炼厂也回收铟。

索比［英］发明金相技术　英国金相学家、地质学家索比（Henry Clifton Sorby 1826—1908）把岩相学的方法，包括试样的制备、抛光和腐刻等技术移植到钢铁组织的研究，发展了金相技术。他于1863年在英国协会纽卡斯尔年会上展示钢铁在显微镜下的六种不同的金相组织，证实酸浸以后钢具有各种不同的结晶组织。1864年9月他在英国协会上展示钢的显微照片。为了纪念他，将钢经过淬火后回火的组织称为索氏体（Sorbite）。他还利用高倍显微镜证明早期称为羽翅状的组织是铁和碳化铁组成的层状混合物，后因其有珠母光泽而称为珠光体（Pearlite）；此外，还证明铁的样品中有石墨和氧化铁存在，并揭示了再结晶与相变的现象。

索比

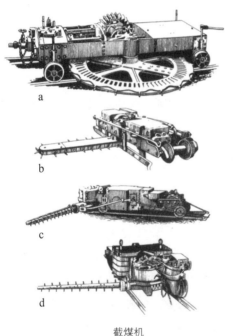

截煤机
a-圆盘式截煤机　b-截链式截煤机
c、d-截杆式截煤机

哈里森［英］制造了第一台实用的截煤机　哈里森（Thomas Harrison）制造的截煤机包括一只安装在压缩涡轮主轴上的齿轮，通过齿轮传动装置来驱动圆形旋转切割机，或坚固的具有锯齿状刀口的圆盘，或中空的圆形箱体或框架。里面可以装入任何所需数量的切割工具。这种机器实现了从往复运动到旋转运动的转变，代表了所有后来截煤机的发展方向。旋转和连续运动的截煤机原理的采用，大大提升了挖煤能力。截煤机分圆盘式、截链式和截杆式三种形式明确的机型。英国早期的重型截煤机专门用来在长壁工作面上采煤，使井下用手镐切割下部煤层的过程实现机械化。

新西兰首先使用单斗杠杆式采砂船　采砂船是回采浸水砂矿的漂浮式挖掘和重选综合机械，一般由船体和移行、挖掘、洗选、排尾、动力、供水、

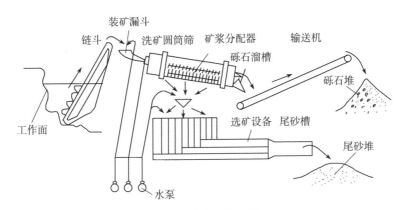

采砂船生产工艺示意图

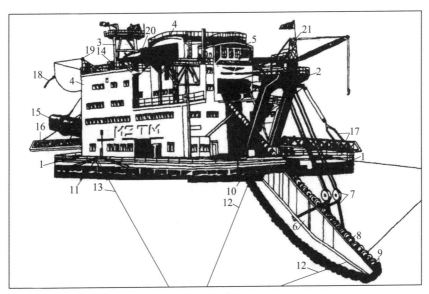

链斗式采砂船

1-平底船　2、3-前后桅杆　4-机房　5-控制室　6-斗架　7-斗架吊悬装置　8-斗链
9-斗架下导向轮　10、11-滑轮　12-船首绳　13-侧绳　14-桩柱　15-堆砂机　16-尾砂溜槽
17-上岸桥　18-动力电缆　19-电缆吊架　20-桥式起重机　21-前桅杆辅助吊车

信号等设备组成。用于开采陆地矿砂、海滨、海水湖和大湖深水域松散沉积矿床，挖掘新运河，疏浚港口、河道、湖泊，填充土地及开采矿石。具有开采连续化、生产能力高，采选成本低，可规模开采低品位砂矿床等优点。按挖掘机构型式，可分为单斗式、链斗式和吸扬式三种。1863年，新西兰首先使用单斗杠杆式采砂船；1882年，制造出双臂铲斗式；1895年，电动链斗式问世。1899年，美国部赛路斯–伊利公司（Bucyrus–Erie Co.）研制出首台桩柱移位和集中控制的链斗采砂船。19世纪末出现绞吸式采砂船。20世纪30—40年代发展迅速，20世纪80年代大量应用斗容为50～700 L的刚性机架链斗式采砂船。采砂船的改进方向是部件通用化，装备自动调节传动系统和计控装置，根据工艺过程自动回采和遥控。

1864年

马丁［法］取得在平炉中采用生铁–废钢炼钢法的专利 1864年，法国工程师皮埃尔·马丁（Pierre Émile Martin 1824—1915）在西门子发明的带有蓄热室的火焰炉的基础上，以生铁和废钢为原料首次成功地炼出了合格的钢液，取得在平炉中采用生铁–废钢炼钢法的专利，从此创造了平炉炼钢法。该方法以适量废钢和生铁为原料，控制含碳量，以炼出所需要的钢。1866年，马丁父子与西门子订立了一项协议，为所谓的"西门子–马丁平炉炼钢法"奠定了基础。

马丁

西门子–马丁平炉炼钢法的优点是：能在非常高的温度下冶炼大量金属，并能使金属在整个冶炼过程中总是处于熔融状态，且能使用废钢和廉价的低质煤，降低了成本；缺点是比转炉炼钢费时。1900年后不久，西门子–马丁炼钢法在生产中的应用大大超过贝塞麦炼钢法，直到20世纪50年代，才为氧气顶吹转炉炼钢法所代替。

西门子–马丁平炉示意图

美国出现劳斯三辊式轧机　早期轧辊会在载荷作用下发生弯曲，当时最有效的解决办法是增大轧辊直径，但使得轧制相同厚度板材时驱动轧辊动力增加。德裔美国人劳斯（Bernhard Lauth 1820—1894）于1864年首先指出使用小直径的工作辊配以大直径支承辊的优点，支承辊能在不提高驱动力的条件下不发生挠曲。劳斯三辊式轧机有一个小直径的轧辊，还配有大直径的上轧辊和下轧辊。轧制工件从中间轧辊和上轧辊之间送入，又从中间轧辊和下轧辊之间返回，所有轧辊都连续不断地运转。

德国首次采用注浆凿井法解决了砖井壁的漏水问题　注浆凿井法是指在裂隙水岩层或较薄含水粗砂层中，用注浆机具经钻孔注入一种或几种胶结性浆液，堵塞裂隙或固结砂层，在井筒周围形成一个隔水的和有足够强度的帷幕，在它的保护下可以进行井筒掘砌的施工方法。德国于1864年首次采用水泥注浆，解决了砖井壁的漏水问题。1900年，荷兰约斯滕（Joosten）应用水玻璃和氯化钙进行双液注浆，创造了化学注浆法。20世纪50年代以来，美国、日本、苏联等国相继研制成多种新型化学注浆材料，如以丙烯酰胺为主剂的AM-9聚氨酯等。中国在20世纪50年代初开始大量使用注浆法，至今用本法施工的井筒有100余个，20世纪60年代以来研制出多种化学注浆材料、专用注浆泵、止浆塞和测试仪表等。注浆法施工简便，对治理矿井水害、加固岩体、防渗抗漏等快速有效，有利于实现打干井。

1865年

加尼尔［法］在新喀里多尼亚发现了氧化镍大矿床　大约从1820年开始，许多国家都开始小批量的生产镍。生产镍所采用的工艺有两种，一种是湿法分离工艺，一种是以威尔士工艺方法为基础的传统熔炼工艺。1865年，法国地质学家加尼尔（Jules Garnier）在法属新喀里多尼亚发现氧化镍大矿床，1875年开始开采后这种矿石很快就成了镍的主要来源，在此后的三年中，镍的价格大约下降了2/3。加拿大在19世纪70年代初也发现了大型的硫化镍矿床，并在19世纪末建起大型镍冶炼厂。

埃尔金顿［英］提出电解精炼铜的工艺并获得专利　埃尔金顿（James Balleny Elkington）提议先制作一系列用粗铜或白冰铜铸成的铜板，18英寸见方，3/4英寸厚，并在上面铸有挂耳，通过挂耳将铸铜板垂直悬挂在导电母线上，导电母线则安装在木制支架上。铸铜板作为电解槽的阳极，以3个平行排成对地悬挂在槽中，排的间距为6英寸。在铸铜板间及外侧，挂有16个小一些的阴极板。阴极板用轧制的铜板制作，分4排排列，每排4块。阴极板厚1/32英寸，与阳极板一样设有挂耳以便悬挂于导电铜母线。埃尔金顿还建议建造一座设有25个电解槽的装置，一个槽的负极板连到下一个槽的正极板，依次将它们连接起来就构成了一个由25个独立的电解槽串联而成的电路。此电路由一台永磁发电机提供电源，发电机有50块重约12.70千克的永久磁铁，发电机的其他零件数与磁铁数成比例。用饱和的硫酸铜水溶液作为电解液，电流一直通到阴极板厚度达到0.75～1英寸时为止，电解液则可一直使用到溶液中的硫酸亚铁析出时为止。埃尔金顿的专利还强调了从阳极淤泥中回收银、金、锡和锑的重要性。

维维安［英］用格斯登赫夫炉回收炼铜产生的二氧化硫　自1865年始，维维安（Henry Hussey Vivian 1821—1894）在哈福德冶炼厂先后安装了28座格斯登赫夫炉，取代了原先冶炼铜矿的反射炉。在格斯登赫夫炉中，磨细的矿粉被送入炉顶的给料器，并落到下面的水平栅栏上。炉子开始工作后，硫化物燃烧产生的热量可以保持炉内温度，红热的矿石分别落到每一层栅栏上。这些格斯登赫夫炉建造在以前放置的炉渣堆下方，在炉渣堆的平顶上建造了硫酸制造室，炉内产生的气体沿着烟道输送到硫酸制造室中，制造出的酸可以用于生产其他新的产品（如硫酸铜等）。

维维安

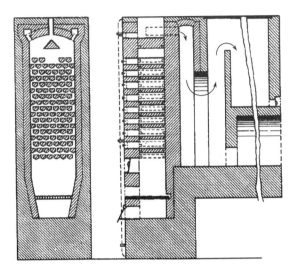

用于煅烧铜矿石和回收二氧化硫的格斯登赫夫炉剖面图

鲍尔［美］获得了生产铬钢的专利　合金钢是在混合矿石的冶炼过程中偶然得到的。最早的合金钢是由英国著名物理学家、化学家法拉第（Michael Faraday 1791—1867）研制的铬钢。铬钢是含铬的合金钢，质地坚硬，耐磨，耐腐蚀，不生锈，可用来制造机器和工具。法拉第从1819年起就在皇家研究院及一家钢铁厂进行实验研究，但他炼制出来的铬钢数量太少尚不足以进行机械试验。直到1865年，美国人鲍尔（Julius Baur）在纽约获得了生产铬钢的专利时，钢铁制造商们才开始把注意力转向铬钢生产，开始了铬钢的大规模生产和商业应用。

拥有中国第一座炼钢平炉的江南制造总局建立　1865年9月20日，清同治帝准奏由曾国藩、李鸿章在上海购买美商旗记铁厂建立江南机器制造总局，简称江南制造局或江南制造总局，又称作上海机器局。该机构是清朝洋务运动中成立的军事生产机构，为晚清中国最重要的军工厂，是清政府洋务派开设的规模最大的近代军事企业，也是江南机器制造总局早期厂房，近代最早的新式工厂之一，江南造船厂的前身。它于1868年7月23日制造成中国第一艘近代兵轮（恬吉号）；1890年，江南制造总局开始设立炼钢厂，建立了15吨酸性平炉1座，每日可出钢3吨，这是中国最早的一座炼钢平炉，炼出我国第一炉钢水，创办了我国第一所机械工业制造学校。

1866年

英国首先采用了可逆式轧机　可逆式轧机即让灼热的金属前后来回地通过轧辊。19世纪中叶，第一台可逆式板材轧机在英国投产，并轧制出了船用的铁板。1866年在英国的克鲁首先采用了可逆式轧机，第二年，这种轧机在谢菲尔德用于生产。

1867年

雷廷格尔［奥］著《选矿学》　奥地利选矿先驱雷廷格尔（Peter Ritter von Rittinger 1811—872）早年曾就学于斯洛伐克加夫尼察（Banská Štiavnica）的采矿与林业学院，1840年毕业后成为一家捣碎工厂的公务员，他领导了选矿方面的一系列改进工作。1845年他组织建设的机顶盒，是一个关于细粒度矿石的分类系统。悬浮在泥浆中的矿石流过一系列大小不同的中空金字塔形状的盒子而分离

雷廷格尔

出不同的颗粒尺寸规格。他在自己的特殊领域发表了众多著作，在矿石加工中，他被认为是国际公认的权威。他在该领域具有开创性的教科书是1867年出版的《选矿学》［原名：*Lehrbuch der Aufbereitungskunde*（教材的处理艺术）］初步形成了选矿体系。随后选矿理论不断发展，1903年美国选矿学家里恰兹（Robert Hallowell Richards 1844—1945）著《选矿》，构成独立的选矿工程学。

吕尔曼［德］建造了第一座封闭式炉缸的高炉　滕纳在操作奥地利炼

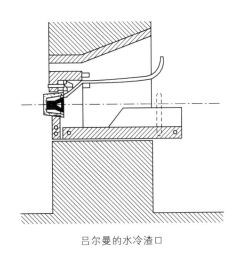

吕尔曼的水冷渣口

铁炉方面具有丰富的经验，他最先提倡舍弃前炉缸，完全封闭炉缸。但直到1867年，德国工程师吕尔曼（Lürmann，F.W.）才冲破了传统观念，在离奥斯纳布吕克不远的格奥尔格斯马林许特建造了第一座有着封闭式炉缸的高炉，这座高炉上装有4个风口。吕尔曼还发明了用装在风口下方不远处的水冷渣口来分离炉渣的方法，取代了过去所采用的让炉渣周期性地流出，通过挡料圈中的一个槽口来分离出炉渣的方法。封闭式炉缸可以更好地保持炉温，过去在每次打开前炉缸出铁和出渣时总是要损失掉大量的热量。封闭式炉缸高炉的发明，使炉温变得更高，从而可以在增加高度的高炉中获得更多的生铁产量。

1868年

切尔诺夫［俄］发表关于钢中临界点的论文　1866—1868年，俄国冶金学家切尔诺夫（Дмитрий Константинович Чернов 1839—1921）在研究武器铸件缺陷的产生原因及有关钢锭的冶、铸、锻的基础上，确立了钢的热加工及热处理与其组织及性能之间的关系。他注意到只有把钢加热到某一温度"a"以上再快冷，才能使钢淬硬，即发现钢在加热和冷却时发生固态相变的临界温度。后来这些测定点被称为切尔诺夫点，他用

切尔诺夫

图解表示铁-碳合金成分对临界点位置的影响。他还研究钢锭结晶的理论，晶体的成核和生长，特别是树枝状晶体（又称为切尔诺夫晶体）；全面研究了铸造的缺陷并指出有效防止法。切尔诺夫的成就是多方面的。他论述炼钢时脱氧的意义和综合脱氧剂的应用，指出致密无气泡钢锭的制取方法和在结晶过

程中搅拌钢水的意义。他对转炉炼钢技术也有贡献，富氧鼓风吹炼原理的发明人之一，还从事过铁矿石直接还原和优质钢炮筒和穿甲钢弹的研究。

马希特［英］发明锰钨系自硬钢　英国冶金学家马希特（Robert Forester Mushet 1811—1891）受享有国际声望的奥地利权威冶金学家滕纳（Peter Tunner）公布的钨钢发明的启发，于1868年在迪恩森林的科勒福德开始炼制他的合金钢（高碳钨锰钢，含碳2%、锰2.5%、钨7%）。只要把炼成的这种合金钢放在空气中冷却，即可达到所要的硬度，无须像过去那样用淬火的方法来进行硬化处理。用这种合金钢制成的工具的使

马希特

用寿命，至少是原先同种工具的5~6倍。这项发明对于需要进行连续加工的制造过程具有特殊的重要性。1871年，马希特把他炼钢的炼制机销售权转让给谢菲尔德的奥斯本（Samuel Osborn）的公司，后者在此后的几年里，把马希特的特种钢传播到世界上几乎所有的机械制造工厂。

1869年

埃尔金顿［英］获得剥离法的专利　埃尔金顿（James Balleny Elkington）在专利中提出，在杜仲树胶的薄板上涂上一层青铜粉末形成一种导电体，这样铜就会沉淀到胶板上。一旦形成了镀层，树胶便被剥离，剩下铜进一步沉淀。用这种剥离法或某些相似的方法制备的起镀板，是后来所有电解设备的基础，这样即无须使用昂贵的轧制铜板。1869年，埃尔金顿在其位于斯旺西附近的联合炼钢厂安装了第一台电解精炼设备，后来这家工厂被埃利奥兹金属公司（Elliotts Metal Company）收购。

英国建成世界上第一家铜电解精炼厂　1799年，伏打电堆的发明为实验室电解奠定了基础。1800—1803年，俄国科学家克里尤克申克（Крьюкщенк）用电解的方法从水溶液中电解出铜、铅、锌。1807年，英国化学家戴维（Davy，H.）电解熔融NaOH和KOH制得钠和钾，1865年发表了电解精炼铜的第一个专利。1867年，英国开始用电解法生产精铜，1869年建成世界上第一

家铜电解精炼厂——埃尔金顿工厂。该法以火法精炼铜为阳极，金属盐水溶液为电解质，往电解槽通直流电使阳极溶解，在阴极析出更纯的金属铜。

博克瑟［英］发明的金属弹壳被用于英国陆军步枪　伍尔维奇皇家实验室的博克瑟（Boxer, E.M.）发明的金属弹壳的炸药帽位于尾部，子弹头则封住了弹壳前端。这种弹壳的尾部是铁制的，弹壳壁则用细黄铜丝绕制而成。1869年，博克瑟的子弹壳被英国陆军选中，用在马蒂尼–亨利（Martini-Henry）步枪上。与博克瑟在伍尔维奇进行研究的同时，弹药制造商基纳克（George Kynoch 1834—1891）制成了一种整体控制的黄铜子弹壳，并为其他国家生产了几百万个这种弹壳。然而英国政府却对博克瑟的产品情有独钟。1882年的苏丹战争中，由于卷丝子弹壳常常发生卡壳现象，英国政府这才放弃使用博克瑟子弹壳。早期基纳克整体控制的子弹壳的设计和结构基本上与今天的设计相同。制造子弹壳的步骤如下图所示，采用的原材料是厚度约为0.14英寸的黄铜带材。

金属子弹壳的构造

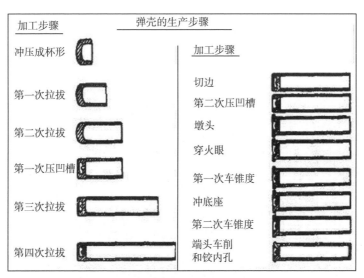

整体控制弹壳的生产步骤

1870年

俄国建造了第一批用焦炭炼铁的高炉　早期生产生铁使用木炭作为燃料。英国在1800年以前一直处于领先地位，后来逐渐被欧洲其他国家赶超。至1850年前后，美国迅速超越各国成为领头羊。俄国由于拥有丰富的森林资源，因木材缺乏给炼铁造成困难的局面出现得比较晚，1870年俄国才在顿涅茨煤田建造了第一批用焦炭炼铁的高炉。至19世纪末，用焦炭在高炉中生产生铁作为基础的现代钢铁工业，已被引入世界主要的一些产铁国家中。

1871年

沃勒［德］发现疲劳寿命和应力幅之间的关系　$S-N$曲线即应力–寿命曲线，也称沃勒（Wöhler）曲线，是德国工程师沃勒（Wöhler，August 1819—1914）于1871年发现的。$S-N$曲线以材料标准试件疲劳强度为纵坐标，以疲劳寿命的对数值lg N为横坐标，表示一定循环特征下标准试件的疲劳强度与疲劳寿命之间关系。$S-N$曲线来源于测试样品的材料特征（通常称为取样片），由可以计算疲劳破坏周期数的测试机施加的常规正弦压力于取样片上。分析疲

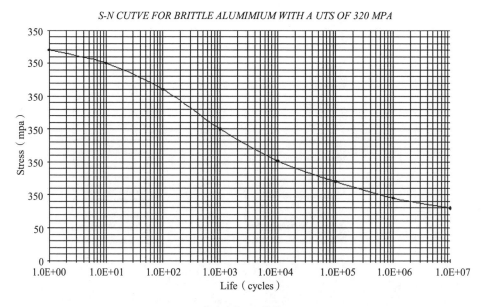

铝合金的$S-N$曲线

劳数据需要各种技巧，包括统计学，尤其是生存分析和线性回归。我们通常所说的材料的 S–N 曲线，是指把原材料做成圆棒形、在指定的加工精度等级和热处理工艺下的标准试件，得到拉、压、弯曲和扭转作用下的疲劳寿命，从而得到的相应的 S–N 曲线。因此，不同的零件，因形状不同，加工精度和热处理工艺也不尽相同，其 S–N 曲线也自然不同。

金策尔［德］首先提出了磷青铜 1871年，金策尔（Künzel，C.）首先提出含磷约0.1%同时含锡达到5%的磷青铜。1873年，蒙特菲尔-莱维（C.Montefiore-Levi）描述了这种磷青铜的工业应用，从此，磷青铜合金在电气应用方面变得极其重要。这种合金在冷加工状态下具有很高的抗拉强度，很适于制造弹簧和电接点。

吴枰立［中］写作《自流井风物名实说》 《自流井风物名实说》又名《自流井图说》，是清代河南固始（今河南固始县）吴枰立（字铭斋）所著。《自流井图说》记述了清代自贡经营井盐和天然气的情况，是吴枰立于清同治十年（1871年）任富顺县知县时根据实地调查所得资料撰成，其主要内容有：自流井的地理区划、集资经营盐井的原则和雇佣关系、布置盐灶和导引卤水入灶的方法、汲卤车和采卤唧筒的结构、钻井的工具和方法、"疗井病"（指排除盐井故障）的工具和烧盐方法等。后五部分是介绍采盐工艺的，与《东坡志林》《天工开物》所记四川井盐的钻井方法和煎炼过程大体相似，但较为详明，尤以钻井和"疗井病"两项最重要。

1872年

兰［奥］制成金相显微镜 金相显微镜是用可见光作为照明源的一种显微镜，分立式和卧式两种，均包括光学放大、照明和机械三个系统。其中放大系统是影响显微镜用途和质量的关键，主要由物镜和目镜组成。金相显微镜与生物显微镜不同，它不是用投射光，而是采用反射光成像，因而必须有一套特殊的附加照明系统，即垂直照明系统。1872年，奥地利化学家兰（Viktor von Lang 1838—1921）创造出这种装置，并制成了第一台金相显微镜。原始的金相显微镜只有明场照明，以后发展用斜光照明以提高某些组织的衬度。

立式金相显微镜

卧式金相显微镜

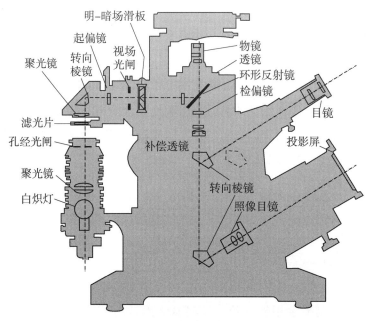

金相显微镜光路图

奥地利试行转炉和平炉相结合的双联炼钢法　双联炼钢法即将转炉和平炉两种冶炼方法结合在一起的炼钢法，能集二者优点之大成。早在1872年，在奥地利斯蒂里亚的诺伊贝格就试行了转炉和平炉相结合的双联炼钢法，但直到20世纪初发明了可倾炉以后才在美国开始得到广泛应用。在冶炼的第一阶段，最好的选择是采用贝塞麦转炉，以便把大量的冶金原料迅速地变成钢水，然后用平炉缓慢而有效地完成第二阶段，完成最后的精炼和金属成分的调整。用途不大的废钢给主要钢铁冶炼地区的酸性贝塞麦转炉和碱性平炉双联炼钢法提供了特别适合的条件。20世纪30—40年代，美国改良了双联炼钢工艺，主要是减少了可倾炉中残留的金属量，从原来的三分之一减少到几乎完全排空。德国的双联炼钢工业情况与美国不同，主要成分是熔融的废钢，冶炼方法也不同于美国，不全使用液态金属，而是把少量的铁和废钢装进平炉中去，因此转炉实际上起着生产熔融合成低磷废钢的作用。

1875年

普尔塞尔［法］首先用高炉冶炼出高碳锰铁 高炉冶炼锰铁是生产高碳锰铁的最早方法，1975年普尔塞尔（Pourcel，A.）在法国泰尔努瓦的高炉内炼出含Mn 60%～80%和含C 6%～7%的高碳锰铁。20世纪初罕有铁厂在100吨

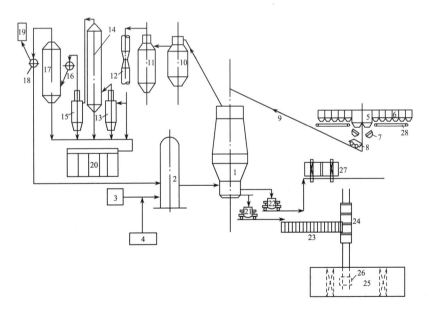

高炉冶炼锰铁工艺流程图

1-高炉 2-热风炉 3-鼓风机 4-氧气调压室 5-焦炭仓 6-原料仓 7-焦炭筛
8-料车 9-斜桥 10-重力除尘器 11-旋风除尘器 12-文氏管 13-灰泥补集器
14-洗涤塔 15-脱水器 16-半精煤气总管 17-电除尘 18-净煤气总管
19-煤气加压站 20-煤气洗涤污水池 21-铁水罐车 22-渣罐车 23-铸铁车
24-铁块车 25-锰铁库 26-磅秤 27-冲渣池 28-皮带机

高炉内冶炼锰铁，1937年，日商在天津建立的制铁所冶炼锰铁。其工艺为将锰矿（包括烧结矿）、焦炭、石灰、白云石按配比从炉顶加入高炉，鼓风机从高炉风口鼓入热空气与焦炭燃烧产生热量，使炉料熔化，还原成为炉渣和高碳锰铁，定时从炉底排出。炉渣配入渣罐送到冲渣池粒化，用作生产水泥及建筑材料的原料，高碳锰铁送到铸锭间用铸锭机铸锭。

孟加拉国钢铁公司建造了印度的第一座焦炭炼铁炉　1875年，孟加拉国钢铁公司建造了印度的第一座焦炭炼铁炉，但这座焦炭炼铁炉只运行了不到4年。1881年英国政府接管该钢铁厂，并增建了两座高炉。但直到1903年孟买的工厂主塔塔（Tata，J.N.）在印度中部的钱达开始建造一家只雇用印度人的大型钢铁厂，印度才开始真正有效地发展自己的钢铁工业。

1876年

吉布斯〔美〕创建吉布斯相律　相律用来表达平衡体系中组分数、相数和自由度之间关系的规律，1876年由美国物理化学家、数学物理学家吉布斯（Gibbs，Josiah Willard 1839—1903）首先导出的，故又称吉布斯相律。在平衡体系中，为表达体系内各相的成分，所需的最少物质数称为组分数，用C表示。确定组分数的公式为：$C = S - R - m$，其中，S表示组成体系的物质数，R表示物质间可能存在独立的

吉布斯

化学反应式的数目，m表示可能存在的独立的浓度比例关系的式子数目。体系中成分均匀，聚集状态相同，如为固态，且具有同样结构的组成部分称为相。体系中相的数目用p表示，自由度数用F表示。当外界影响因素只有温度和压强两个变量时，自由度数、组分数和相数之间存在如下关系：$F = C - P + 2$；当研究凝聚态时，压强影响甚微，此时相律表达为：$F = C - P + 1$。相律在分析相平衡时具有重要作用，当组分数已知时，体系的自由度仅决定于存在的相数，可根据自由度数为零的条件，求出该体系可共存的最多相数。

1877年

德国制得单钢丝绳摩擦式提升 矿井提升机是联系矿井井下和地面的工作机械，用钢丝绳带动容器在井筒中升降完成运输任务。钢丝绳提升是矿井提升方式中应用最广泛的方式，其特点是钢丝绳牵引容器在井筒中按规定的加速、等速、减速和爬行速度升降，要求停车准确。钢丝绳提升是由原始的提水工具逐步发展演变而来的。19世纪初期，德国制出第一台蒸汽机拖动的木结构缠绕式提升机，1827年又出现钢结构提升机。1877年，德国设计出第一台单钢丝绳（单绳）摩擦式（戈培）提升机，但由于其尺寸大，安全性不好，后来不再制造。1895年德国制造出电力拖动的矿井提升机，1905年德国又制造出电力拖动提升机。1938年瑞典制出双钢丝绳（多绳）摩擦式提升机。

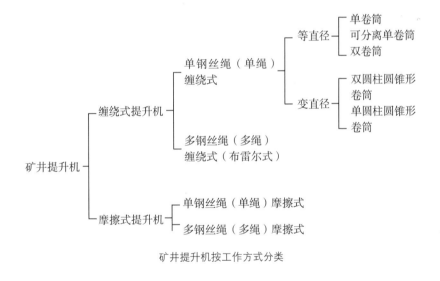

矿井提升机按工作方式分类

1878年

马里纳克［瑞］发现了稀土金属镱 1878年，瑞士化学家马里纳克（Jean Charles Galissard de Marignac，1817—1894）从铒土中分离出一个新元素的氧化物，以其发现地瑞典的乙特比（Ytterby）小镇命名为ytterbium（镱），符号为Yb。1907年，法国化学家乌尔班（Georges Urbain 1872—1938）指出，马里纳克分离出的镱是由镥和已知的镱两个元素组成的。几乎在同一时间，美国化学家查尔斯（Jean Charles 1880—1928）独立发现了该元素。镱是重稀土元素，在地壳中的含量为0.000 266%，主要存在于磷钇矿和黑稀金矿中，有7种天然同位素。由于可利用的资源有限，产品价格昂贵，限制了其用途研究。随着光纤通信和激光等高新技术的出现，镱才逐渐找到大显身手的应用舞台。

马里纳克

马滕斯［德］发表《铁的显微镜研究》 德国材料试验和金相学家马腾斯（Adolf Martens 1850—1914）在早期从事铁路桥梁工作时，接触到正在兴起的材料检验方法。他用自制的显微镜观察铁的金相组织，并于1878年发表了《铁的显微镜研究》，阐述金属断口形态及其抛光和酸浸后的组织图像。他观察到生铁在冷却和结晶过程中的组织排列很有规则，预言显微镜研究必将成为最有用的分析方法之一。为纪念马腾斯，将钢淬火后的硬化组织命名为马氏体（Martensite）

西门子的间热式电弧炉

西门子［德］建造新型间热式电弧炉并取得专利 1878年和1879年，德裔英国工程师西门子（Charles William Siemens 1823—1883）建造了很多新型小型间热式电弧炉。这些炉子由一只用绝缘材料制成的具有横向可调电极的坩埚组成，电极是空心的，因而可以通过它向炉内充入一种适宜的气体，以得到一种还原的或惰性的气体环境。

中国第一座现代化煤矿基隆煤矿建成投产 台湾基隆老寮坑煤矿是我国第一座现代化煤矿。矿区在台湾基隆（原称鸡笼），从明代起就有土法开采。1876年闽浙总督沈葆桢奏请改为官办，聘英国人翟萨为矿师，自英国购进机器。1878年建成投产，日产能力300吨，以后产量逐年上升。1884年中法战争中遭法军破坏，生产停顿。1885年起设法恢复，但未见成效，产量下降，1886年由商人张学熙承办，仍无起色。1887年改为官商合办，生产稍见景气，后又由台湾巡抚收回官办，长期处于破败状态。1892年，因亏蚀，全部封闭。1895年，《马关条约》订立后被日本攫夺。抗日战争胜利后，由国民党政府接收。基隆煤矿起步较早，虽因管理不善，成效不大，但仍对中国近代新式煤矿的产生起了一定带动作用。

1879年

克利夫［典］发现钬和铥　1878年，瑞士化学家索里特（Jacques-Louis Soret 1827—1890）和马克（Marc Delafontaine 1837—1911）从铒土的光谱中发现钬。1879年，瑞典化学家、生物学家、矿物学家克利夫（Per Teodor Cleve 1840—1905）用化学方法从铒土中分离出两种新元素（钬和铥）的氧化物。其中一种元素被命名为holmium（钬），以纪念其出生地斯德哥尔摩Holmia（拉丁文），元素符号Ho；另一种元素被命名为thulium，以纪念其祖国所在地斯堪的纳维亚半岛（Thulia），元素符号曾为Tu，今用Tm。

克利夫

瓦博德朗［法］发现钐　1878年，法国光谱学家、化学家德拉丰坦从莫桑德尔发现的称为didymium的物质中发现了一种新元素，命名为decipium。

瓦博德朗

1879年，法国化学家瓦博德朗（Paul-Émile Lecoq de Boisbaudran 或François Lecoq de Boisbaudran 1838—1912）利用光谱分析法，确定decipium是一些未知和已知稀土元素的混合物，并从中分离出一种当时未知的新元素，命名为samarium，符号Sm，也就是钐。他从铌钇矿中提取了didymium之后，制作了硝酸didymium的溶液，并加入了氢氧化铵，发现沉淀物分两个阶段形成。他全神贯注于第一种沉淀物并测量了它的光谱，这才意识到它是一种新的元素——钐。

尼尔松［典］发现钪　1869年，俄国化学家门捷列夫注意到原子质量在钙（40）和钛（48）之间有一个间隙，预言这里还有一个未被发现的中间级原子质量的元素，并预测其氧化物是X_2O_3。1879年，瑞典化学家尼尔松（Lars Fredrik Nilson，1840—1899）及其团队在黑稀土金矿及硅铍钇矿中发现了这个元素。他从黑稀金矿中提取了氧化铒，并从这个氧化物中获得了氧化镱，且还有

尼尔松

另一个更轻元素的氧化物，其光谱显示这是一种未知的金属，他将其命名为Scandium，即元素钪，符号为Sc。这就是门捷列夫预言的金属，其氧化物为Sc_2O_3。金属钪直到1937年才由电解熔化的氯化钪生产出来。

美国开始在矿山进行大规模的工业冰铜冶炼　在开发该富矿区的早期，个体探矿者用小型的反射炉或高炉来熔炼挖出的矿石。这种反射炉及高炉用石头或砖简单砌成，以木炭作燃料。而矿山大规模熔炼金属的工业可以认为是从1879年开始的，标志是科罗拉多冶炼采矿公司在尤比特建造了一座14英尺的反射炉。用这种炉子炼出的冰铜，含有60%的铜，每吨冰铜含有700～800盎司的银。美国蒙大拿州阿纳康达分别于1880年和1902年建造了两种炉子，前一种炉子长16英尺，最大宽度为10英尺，使用木材作为燃料，每天可熔炼12吨矿石；后一种炉子长50英尺，每天能熔炼100吨左右的矿石，燃料消耗量小于前一种炉子的一半。19世纪末叶，亚利桑那州和蒙大拿州的生产能力已经达到年产20万吨，几乎接近世界铜产量的一半。

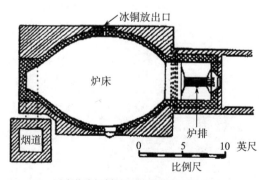

以木柴为燃料的反射煤炉，约1880年

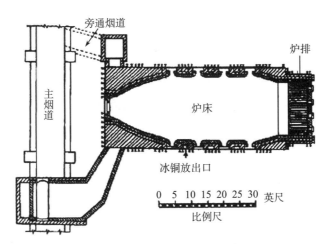

以煤为燃料的反射炉，约1902年
阿纳康达的冶炼冰铜的反射炉剖面图

托马斯

托马斯［英］发明了能处理高磷铁水的碱性转炉炼钢法 英国冶金学家托马斯（Sidney Gilchrist Thomas，1850—1885）在其堂兄吉尔克里斯特（Gilchrist，P.C. 1851—1935）的帮助下，用碱性耐火材料的炉衬和炉渣解决转炉炼钢除磷问题。他们最初用石灰或石灰石组成的碱性炉衬做试验，发现要避免炉衬受到侵蚀，必须在铁水中加入适量的碱性料，几经失败，终于在1877年获得成功，于1879年在生产中推广。该法被推广到平炉炼钢中去，使大量含磷铁矿石得以用于生产钢铁，对钢铁工业的发展作出了重大贡献。为纪念他，这种碱性转炉空气炼钢法被命名为托马斯法。从托马斯碱性转炉炼钢法中获益最多的是拥有大量含磷铁矿石的欧洲大陆国家，如比利时、法国和德国等。

1880年

马内［法］和达维德［法］用转炉炼铜 1880年，法国的马内（Pierre

Manhès）和达维德（David）开始用转炉吹炼冰铜（金属硫化物）得到粗铜，这是炼铜技术的重大进步。冰铜吹炼是利用硫化亚铁比硫化亚铜易于氧化的特点，在卧式转炉中，往熔融的冰铜中鼓入空气，使硫化亚铁氧化成氧化亚铁，并与加入的石灰熔剂造渣除去，同时部分脱除其他杂质，而后继续鼓风，使硫化亚铜中的硫氧化进入烟气，得到含铜98%～99%的粗铜。吹炼周期分为两个阶段：第一阶段，将FeS氧化成FeO，造渣除去，得到白冰铜（Cu_2S），冶炼温度为1 150～1 250 ℃，主要反应是：$2FeS+3O_2 \stackrel{\triangle}{=\!=} 2FeO+2SO_2$；$2FeO+SiO_2 \stackrel{\triangle}{=\!=} 2FeO+SiO_2$。第二阶段，在冶炼温度1 200～1 280 ℃下，白冰铜吹炼成粗铜的主要反应是：$2Cu_2S+3O_2 \stackrel{\triangle}{=\!=} 2Cu_2O+2SO_2$；$Cu_2S+2Cu_2O \stackrel{\triangle}{=\!=} 6Cu+SO_2$。冰铜吹炼是放热反应，可自热进行，通常还须加入部分冷料吸收其过剩热量。

美国建造了第一座具有宽型炉缸的高炉　19世纪60—70年代，英国克利夫兰郡开始建造平均高度达75英尺的高炉，虽然高炉的高度增加了，但炉缸依旧很小。美国钢铁制造商们最早抛弃传统观念，采用了一种宽型炉缸，经进一步的改进，创造了现代类型的高炉。美国钢铁大王卡内基（Andrew Carnegie 1835—1919）于1880年在匹兹堡附近的埃德加·汤姆森钢铁厂内建造的"B号高炉"，是第一座具有宽型炉缸的高炉。这座高炉的高度为80英尺，炉的直径为11英尺，炉腹的直径为20英尺。炉缸壁四周围有铸铁板，但最初没有采用冷却板。炉身和炉腹的砌砖由6根铁带组成并用衬架结合在一起，衬架用板条支撑。1881年，衬架又被铁制外套所代替。炉缸直径增大后，风口的数量便可增加到8个。和过去的高炉相比，风口稍稍伸进炉缸内部，并且被安装在相当高的位置上。由于做了这些改进，高炉的产量增加到每星期1 200吨，而过去每星期的最高产量为800～900吨。

1881年

赛特贝格［德］首次用熔盐法制金属铯　赛特贝格（Carl Setterberg）通过电解氰化铯-氰化钡混合熔盐，首次制得金属铯，其中氰化钡仅起降低熔体熔点的作用。电解法制取金属铯也可以先用汞阴极从含铯浓的水溶液中电解析出金属铯形成汞齐，再从汞齐中回收铯。由于铯性质极其活泼并且挥发性大，卤化物的熔点又较高，因此需向卤化物中加入能降低电解质熔点的助熔物质。用铅作阴极，在943～973K温度下电解熔融氯化铯可得到铯铅合金，然后真空蒸馏铯铅合金即可得到金属铯。1957年，美国研究出从锂云母提锂后的母液——混合碳酸碱液（含2%的Cs_2O和23%的Rb_2O）中回收铯、铷的方法，使铯产量骤增。

1882年

韦耶［法］取得硅青铜的专利 1882年，韦耶（Weiller，L.）在法国取得含硅2%～4%的硅青铜的专利。硅青铜耐蚀性好（特别耐酸），低温性能好，可制作输酸管道、低温容器、耐酸耐磨零件等。硅青铜曾被用来制作布鲁塞尔和巴黎之间的电报线和电话线，并在1889年巴黎博览会时首次被用来制作与会场相连的街道照明线路用的电源电缆。

哈德菲尔德［英］发明高锰钢 英国冶金学家哈德菲尔德爵士（Hadfield Sir Robert Abbott 1858—1940）宣布他发明了锰钢。锰一直被用作炼钢时的一种添加剂，但早期锰的添加量不足以炼出合金钢，因为在增大锰的添加量后，钢就变得很脆。后来哈德菲尔德发现，当锰的添加量进一步增加到12%～13%时，这种脆化效应就消失了。如果把这种钢加热到1 000 ℃，并把它放到水中淬火，它的硬度便能达到不寻常的程度。具有这种硬度的钢可以应用于需要非常硬的金属的场合，例如，岩石破碎机以及铁轨两端的衔接处和路轨道岔等。1893年，哈德菲尔德取得用高锰钢作耐磨件的专利。

加勒特［美］设计建造高效线材轧机 美国人加勒特（William Garrett）设计的轧制设备比早期线材轧制设备生产率和机动性都要大得多。从1882年起，他在工程师摩根（Charles Hill Morgan）的帮助下，在美国建造了许多轧制设备。将4平方英寸的初制毛坯放在加热炉中加热，然后送到由发动机带动的初轧毛坯轧机列中。将所获得的1.5平方英寸的毛坯按长度切断，放在加热炉中再加热，然后使其来回通过轧机。棒材在独立的轧辊之间由管道或槽传输，使其从一个轧辊被导向另一个轧辊。轧机组可同时轧制一个以上的毛坯，如使用重量为120～180磅的毛坯，则在9小时之内可轧制约50吨直径为0.25～0.312 5英寸的成卷线材。这种线材的轧制除轧制酸性转炉或平炉冶炼的低碳钢外，还可为了生产高延性的钢材而轧制坩埚冶炼的碳钢。

1883年

加拿大发现萨德伯里大铜矿　　1883年，加拿大在修建太平洋铁路期间发现萨德伯里大矿床，吸引了许多探矿者，该矿床于1886年开始大规模的开采。起初，这里的矿石被用来炼铜，但很快人们就发现这里的矿石与德国的红砷镍矿一样难以熔炼。因此，放弃了原有的大部分开采计划，而只是生产了少量的含有镍的冰铜，并将其运到国外去加工。

德国最早用人工冻结法开凿立井　　冻结凿井法是指在开凿井筒前，将井筒周围含水层用人工制冷方法冻结成封闭的圆筒形冻结壁，以抵抗地压并隔绝地下水与井筒的联系，在冻结壁的保护下进行掘砌作业的施工方法。该方法的施工顺序是在井筒周围

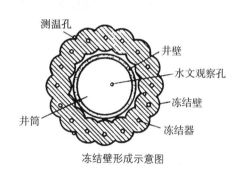

冻结壁形成示意图

钻若干冻结孔，孔内安装由供液管、回液管和底端封闭的冻结管组成的冻结器；地面冻结站将制出的低温媒剂量（一般为$-30 \sim -20\ ℃$的盐水-氯化钙溶液）循环输送到冻结器内，吸收地层的热量，使含水层形成以冻结管为中心的冻结圆柱，逐渐扩大与相邻的冻结圆柱连成封闭的冻结壁。冻结壁达到设计厚度后，即可进行井筒掘砌作业，直到顺利穿过不稳定地层为止。从冻结开始到冻结壁达到设计厚度的时间，称积极冻结期。掘砌时期须部分供冷，维护冻结壁，称为维护冻结期或消极冻结期。掘砌工作完成后，拆除冷冻站，拔出冻结管，充填冻结孔，冻结壁自然解冻，恢复地层初始状态。

马内［法］和达维德［法］建造了第一台卧式侧吹转炉炼铜　　卧式转炉是一种圆筒形卧式回转自热吹炼炉，用于铜、镍等的冶炼。1880年，法国人马内（Pierre Manhès）和达维德（David）用转炉吹炼冰铜，得到粗铜。1883年，马内和达维德建造了第一台卧式侧吹转炉，成为现代炼铜转炉的雏形。当时这种转炉用硅质耐火材料作内衬，吹炼冰铜时，造渣所需的SiO_2由熔蚀的炉衬供给，因而炉衬寿命短。1909年，皮尔斯（Peirce, W.H.）和史密斯（Smith, E.A.C.）采用以镁砖为内衬的卧式转炉吹炼冰铜，获得成功，造渣

所需的SiO_2由外加的石英熔剂供给，提高了炉衬寿命。之后，转炉又推广应用于吹炼低冰镍来产出高冰镍。现代普遍应用的卧式侧吹转炉仍以皮尔斯和史密斯的姓氏字头命名，称为P-S转炉。

特吕肖发表五道镀锡工艺的报道　特吕肖（Ernest Trubshaw）在1883年发表的一份关于镀锡工艺的报道中描述了五道操作工序。第一道工序是先将板材浸入棕榈油中；第二道工序是将板材从棕榈油中取出并放入镀锡槽内浸镀约4分钟；第三道工序是清洗工用刷子刷去板材表面的锡渣，并再次浸镀；第四道工序是把板材放入油脂槽内，使锡能均匀地滑移，用轧辊轧过板材，调节锡层厚度；最后一道工序是用羊皮蘸着麸皮擦拭板材表面，进行清洁处理。

美国首先在高炉上采用斜坡箕斗提升机　19世纪90年代以来，更高的高炉冶炼强度需要大幅提高原料的机械装卸和储备能力，美国在机械化高涨时期首先采用了斜坡箕斗提升机。1883年，露西高炉上首先使用了箕斗提升机，在之后的几年中，其改进型又应用到了其他高炉上。箕斗提升机是指用钢丝绳牵引的箕斗将矿石或废石沿井筒提升到地面的装置。箕斗从地面上的料仓装满、称重，然后运送到高炉炉顶，并由双贮斗装料机倒入炉中。它是一套通用装置，最终取代了从地面提升手推车的直立吊车。1895年，匹兹堡附近建造迪凯纳高炉时，建造了一个具有新型装卸机械的矿石场建筑物。在该建筑物中有一套由布朗（Brown，A.E.）发明的桥式装矿机设备和容纳大型移动箕斗进行重力卸载的料仓，这些革新成果被命名为"迪凯纳革命"。20世纪30年代以来，普遍采用了容积超过250立方英尺的箕斗，并建造了大型桥式装矿机，其中的很多装备了15吨的铲斗。

1884年

莫比乌斯［德］获得银电解精炼的专利权　银电解精炼以粗银为阳极，往盛有硝酸银电解液的电解槽中通直流电使粗银阳极溶解，在阴极上析出更纯银的过程。1884年，莫比乌斯（Moebiuss）最先获得银电解精炼的专利，至今此法仍是世界上最主要的银精炼方法。

1885年

韦尔斯巴赫［奥］发现镨和钕　1841年，瑞典化学家莫桑德尔从铈土中得到镨钕混合物，命名为didymia。1885年，奥地利科学家、发明家韦尔斯巴赫（Carl Auer Freiherr von Welsbach 1858—1929）将didymia分离成两种不同颜色的盐，将这两种新元素分别命名为praseodymium和neodymium，即镨（Pr）和钕（Nd）。镨和钕均为银白色稀土金属，室温下镨为六方晶体结构，暴露在空气中会产生一层易碎的黑色氧化物。

韦尔斯巴赫

贝纳尔多斯［俄］发明了碳电弧焊　俄国发明家冯·贝纳尔多斯（Nikolay Nikolayevich Benardos 1842—1905）于1885年发明了碳电弧焊，并于1887年获得专利。碳电弧焊的原理是：将发电机的一个极接到待焊接的零件上，另一个极则接到碳棒上，两电极之间产生的电弧使铁或钢局部熔化，用钢丝作填补材料，其顶端按照需要被引入到电弧中去。后来便用钢条来代替碳棒，钢条本身就熔化成焊缝的填补材料。在19世纪90年代，电弧焊仅限

冯·贝纳尔多斯

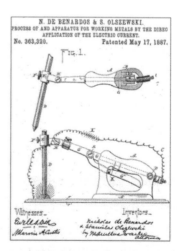

贝纳尔多斯的碳电弧焊专利

于用来连接小的工程组合件和装饰性铁件。在发明碳电弧焊的同一时期，还发明了对头焊接法——当棒的两端达到足够的温度时，中间便触发电弧，然后在压力作用下把两端连接在一起。这种焊接方法的重要性仅仅在于它能把待拉制的轧制棒材一节节地连接起来，以便使拉丝过程能够连续进行，但是该方法直到19世纪末也未得到应用。

曼内斯曼兄弟［德］发明无缝制管法　德国发明家和企业家曼内斯曼兄弟（Reinhard Mannesmann 1856—1922和Max Mannesmann 1857—1915）于1885年发明二辊斜轧穿孔机，并获得无缝钢管制法的专利。大约在1860年，R·曼内斯曼就已提出了该设想：在无缝钢管生产工艺中，热管坯放在两个转动的辊

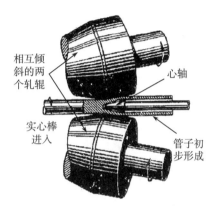

相互倾斜的两个轧辊

心轴

实心棒进入

管子初步形成

制造无缝钢管的曼尼斯曼方法

子间，辊子在一个方向上对管坯产生压力，而在另一个方向上则产生拉力，两个逆向的拉力会使管坯从中央断裂。辊子的作用力迫使热管坯向前运动，插入一固定的穿通杆，将管坯穿透，从而形成管子。管子的直径和壁厚可以在相当大的范围内进行选择。曼内斯曼工艺是由斯旺西的兰道西门子钢铁公司于1887年首先采用的，这种到今天还在广泛使用的方法，可以制造比焊缝管更为精确的无缝钢管。

伯奈［英］获得多功能拉丝机的专利　把金属条拉成金属丝的工序从早期起就是利用滑轮进行的，把金属丝绕成卷的滑轮或卷筒环绕竖直轴旋转并提供必要的拉力以便把金属丝拉过拔丝模。第一台多滑轮拔丝机大约在1875年前后建造完成。1885年，伯奈（Byrne，S.H.）获得多功能拉丝机专利并投入了使用。伯奈的多功能拔丝机是一种早期连续拔丝机，其结构如下图所示，通过卷筒（b）使金属线从每一个拔丝模之间通过，最后缠绕在卷筒（d）上。拔丝模靠齿轮带动旋转（该措施本是用以防止不均匀磨损的，但后来发现没必要），软肥皂液不停地喷向拔丝孔口。卷筒的速度需仔细调整

以适应金属丝的伸长。早在1890年，最后一道拔丝模的拔线速度就可达每分钟1 000英尺。

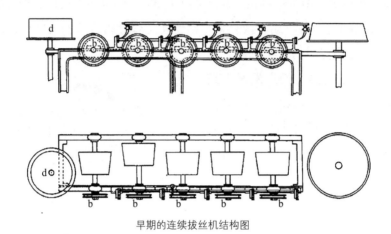

早期的连续拔丝机结构图

1886年

霍尔［美］和埃鲁［法］获得冰晶石–氧化铝熔盐电解法制铝专利　美国工业化学家、发明家霍尔（Charles Martin Hall 1863—1914）和法国冶金学家埃鲁（Paul Louis Toussaint Héroult 1863—1914）几乎同时各自独立利用法国化学家德维尔（Henri-Ètienne Sainte–Claire Deville 1818—1881）的电解熔融氯化铝钠（NaCl·AlCl$_3$）复盐制铝法的原理，发现了直接电解制铝的工艺方法。从此以后，人们一直用电解法来生产金属铝。霍尔研究利用萤石、氟化镁，最后用冰晶石（3NaF·AlF$_3$）为氧化铝的熔剂，在碳坩埚中进行电解实验。埃鲁则先利用纯冰晶石（3NaF·AlF$_3$）熔体进行实验，几经失败，后认识到熔体中必须加入氧化铝。这个发明使铝发展成为仅次于铁的重要金属材料。霍尔–埃鲁工艺的重要性取决于两个重要的实质性因素：其一，它使用的电解液由氧化铝熔化在熔融的冰晶石中形成，在电解过程中，只有氧化铝被分解，价格比较昂贵的冰晶石则可保留下来继续使用；其二，熔融的电解液密度比铝小，因而阴极上生成的铝会沉到电解槽的底部，这样就可以使铝免受大气的氧化。该法于1888年在美国开始应用于工业生产。

霍尔

埃鲁

美国采用电热还原法生产第一批商业铝硅合金　19世纪中叶，人们便开始采用电热还原法生产铝硅合金。1886年，美国用此法生产了第一批商业铝硅合金，当时生产的合金含铝15%，其余为铜、铁、镍等。此后，德国在1935—1945年间生产出含铝60%、其余为硅的铝硅合金。只要往这种合金中添加少量纯铝便可制得能直接使用的铸造铝合金（即铝热法），从而把电热还原法生产铝硅合金的技术向前推进了一大步。美国在1965—1969年间用电热还原法生产铝硅合金，经分离后，得到含铝86%、含硅13%的铝硅合金，这种合金可直接用作铸造合金。

德国开始电解光卤石生产金属镁　电解光卤石炼镁即以光卤石为原料生产金属镁，是熔盐电解法炼镁的一种形式。在工业生产中，根据使用的不同原料和工艺，可将熔盐电解法炼镁分为海水炼镁、卤水炼镁、光卤石炼镁、菱镁矿炼镁、合成氧化镁炼镁和海绵钛副产氧化镁等六种工艺类型。1886年，德国电解光卤石产生金属镁。1936年，苏联第一家炼镁厂投产，使用光卤石炼镁。

1887年

麦克阿瑟［英］发明氰化法提金　英国化学家麦克阿瑟（John Stewart MacArthur）在英国内科医师福里斯特（Forrest，R.W.）和W·福里斯特（William Forrest）的资助下，提出使用低浓度的氰化物溶液提取金的方法，并获得专利。用氰化物提取黄金时，应先将矿石粉碎成粗糙的颗粒，然后与含有0.05%氰化钠的水溶液混合，同时加进足够的天然酸；湿的混合物经过球磨机及棒磨机研磨后，用分类机处理泥浆，粗的颗粒返回重新研磨；然后吹入空气，使悬浮物或矿泥与空气充分接触，直到所有的金溶解为止；接着用多尔浓缩机或过滤器分离液体，在除去溶解其中的氧后，金便与锌片起反应，从氰化物中释放出来，氰化物可回收后重新使用；最后通过熔炼使锌氧化，即可得到纯度为85%～90%的金。

法兰梯［法］设计了高频电炉　德·法兰梯（de Farranti，S.Z.）利用高频交流电和涡流的作用，使线圈中的炉料感应生热，将金属、炉料熔化成为铁芯变压器的短路副线圈。这种设计思想独特新颖，为电炉增加了新品种，即高频电炉。至此，各种熔化炉大体形成，为炼制大批钢材提供了物质手段。

奥斯蒙［法］等发现铁的同素异构体　早在1868年，俄国学者切尔诺夫就注意到只有把钢加热到某一温度"a"以上再快冷，才能使钢淬硬，从而有了临界点的概念。1887—1892年，法国金相学家奥斯蒙（Floris Osmond 1849—1912）利用热分析法和金相法对钢在加热和冷却中组织的变化进行研究，他发现铁的加热和冷却曲线上出现两个驻点，即临界点A_3和A_2，它们的温度视加热或冷却（分别以Ac和Ar表示）过程而异。奥斯蒙认为这表明铁有同素异构体，他称在室温至A_2之间保持温度的相为α铁，A_2～A_3间为β铁。1922年，瑞典的韦斯特格伦（Westgren，A.）用X射线证明α铁、β铁和δ铁都是体心立方结构，β铁不是新相，否定了β铁硬化理论；认为A_3以上为γ铁。1895年，韦斯特格伦又进一步证明，如果铁中含有少量碳，则在690℃或710℃左右出现临界点，即Ar_1点，标志在此温度以上碳溶解在铁中；而在低于这一温度时，碳以渗碳体形式由固溶体中分解出来，随铁中碳量提高，Ar_3下降而与Ar_2相合；然后继续下降，至含碳为0.8%～0.9%时，与Ar_1合为一点。

瑞士首先将铝电解槽投入工业生产　1887年，在瑞士诺伊豪森为了开发埃鲁铝电解槽而开办的瑞士冶金公司首先提出了生产铝青铜的计划。被称为铝青铜的试样最先是由蒂西耶（Tissier，C.）和蒂西耶（Tissier，A.）开发的，他们跟法国化学家圣克莱尔·德维尔（Henri-Étienne Sainte-Claire

Deville 1818—1881）的合作者德布雷（Debray，H.L.）同时描述了这类合金的特性。含铝10%的铝青铜具有出众的机械性能、防水气侵蚀性能和防化学侵蚀性能，这些都引起了人们极大的兴趣。不久，佩西内（Péchiney）在法国的弗罗日地区建造了电解厂。1888年，匹兹堡冶炼公司（Pittsburgh Reduction Company）在美国第一次着手生产金属铝。英国铝业公司（British Aluminium Company）也于1896年开始生产金属铝。但是之后很多年里，瑞士的制铝工业一直是金属铝主要生产者。

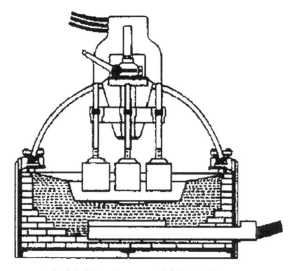

电解法生产铝用的16000A埃鲁铝电解槽

1888年

拜耳［奥］发明从铝土矿提取氧化铝的拜耳法　奥地利的拜耳（Bayer，K.J.）于1888年发明了从铝土矿中提取氧化铝的拜耳法，其原理是：将苛性钠（NaOH）溶液加温溶出铝土矿中的氧化铝，得到铝酸钠溶液；溶液与残渣（赤泥）分离后，降低温度，加入氢氧化铝作晶种，经长时间搅拌，铝酸钠分解析出氢氧化铝，洗净，并在950～1 200 ℃温度下煅烧，便得到氧化铝成品。析出氢氧化铝后的溶液称为母液，蒸发浓缩后可循环使用。

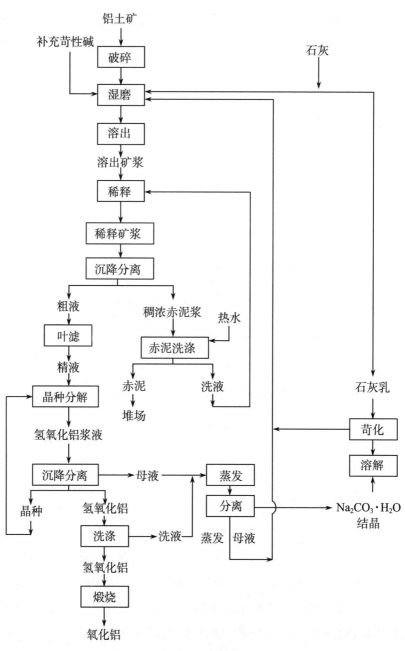

拜耳法工艺流程图

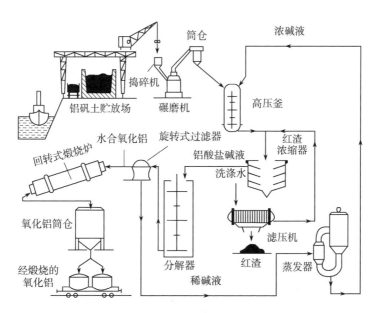

提取氧化铝用的拜耳法工艺流程图

埃鲁［法］发明工业性直流电弧炉　法国冶金学家埃鲁（Paul Louis Toussaint Héroult 1863—1914）在1888—1892年间创制出工业性直流电弧炉，用于电石和铁合金生产，为电碳热法用于工业生产的首创。1898年，意大利斯达桑诺（Stassano）用电弧直接炼钢并取得了专利。埃鲁于1900年将电弧炉应用于炼钢。起初使用的为单相敞口电炉，容量小，设备简单，以碳素炉底的熔池作为一极，挂在手动卷扬机上，末端埋入炉料中的碳质电极作为另一极。电弧炉以电能为热源，可调整炉内气温，对熔炼含有易氧化元素较多的钢极为有利，发明后不久，就用于冶炼合金钢。现在所用的三相电弧炉，是按埃鲁式电弧炉原理制造的，又称埃鲁电弧炉。

法国斯奈德公司开始生产工业用镍钢　英国科学家、物理学家法拉第（Michael Faraday 1791—1867）除了发明铬钢以外，还发明了镍钢。1824—1825年，费希尔在瑞士沙夫豪森的钢铁厂中生产出镍钢，并因此获得奥地利的一项专利。1888年，法国勒克勒佐的施奈德（Schneider）公司开始生产工业用镍钢，并把它推向市场。1889年，英国格拉斯哥的赖利（James Riley）发现，增加4.7%的镍可使钢的强度从46万牛/米^{2}增加到140万牛/米^2，延展性却降低不多，这震惊了工程技术和武器制造界。

1889年

琼斯［美］发明混铁炉　英国的戴顿（William Deighton）最早提出在铁水倒入炼钢转炉前先经过混铁炉混匀的设想，并于1873年获得了专利。1889年，卡内基钢铁公司埃德加·汤姆森厂的琼斯（William Jones）发明了混铁炉，不仅能确保为炼钢转炉提供均匀的铁水，而且还能除去杂质，并使几个炉子中的铁水混合以后变得更为均匀。混铁炉很快被美国、德国和英国所采用。它最初是一种大型砖衬储罐，当铁水从高炉流出后，被储存在混铁炉内，并在此保持液体状态直到贝塞麦转炉需要用料时。接下来是用混铁炉作为炼钢工序的附属设备，在混铁炉中对铁水做进一步的化学精炼。德国赫尔德的马萨内茨（Massanez, J.）和英国的萨尼特（Saniter, E.H.）的工作使"预精炼"混铁炉得以使用。1891年，前者报道了在混铁炉中锰的脱硫作用

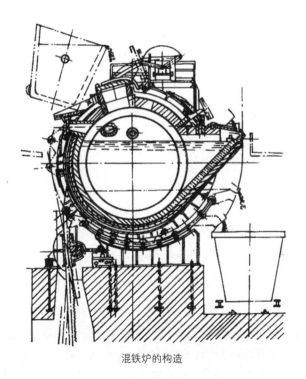

混铁炉的构造

（可以去掉铁水中70%的硫）。第二年，后者在混铁炉中加入石灰和氯化钙以达到统一的脱硫目的。到20世纪初期，混铁炉的应用已变得相当普遍。

1890年

博尔［美］发明圆筒式磁选机　1890年，美国的博尔（Boll, C.M.）等人发明了电磁磁系的圆筒式磁选机，才开始用它进行选矿。所谓磁选即磁性分离法，是19世纪后期发明的一种矿石精选方法，是一种利用各种矿石或物料的磁性差异，在磁力及其他力的作用下，不同性质的矿物沿不同路径运动得到

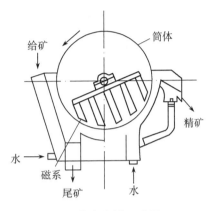

圆筒式磁选机示意图

分选的过程。其中磁性矿物颗粒所受磁力大小与矿物本身磁性有关，非磁性矿物颗粒主要受机械力（如重力、离心力、摩擦力、介质阻力等）作用。这种方法最初用于分选含铁和不含铁的矿砂，到19世纪末期，也用于分离那些磁化率有别的矿物。继博尔的发明之后，又相继出现了多种结构的选别强磁性矿物的干式和湿式弱磁场磁选机。19世纪50年代前后，所有的磁选机都是电磁磁性的，19世纪50年代中期开始出现以铝镍钴合金作为磁系的永磁磁选机；后来又逐渐以价格低廉、原料来源广的铁氧体永久磁铁代替铝镍钴合金。铁氧体永久磁铁不仅节省电能，而且便于维护和检修。

蒙德［英］发明羟基法提炼镍的工艺　羟基法是利用化学迁移反应原理的一种精炼方法，用于生产高纯度的镍、铁等。1890年，德裔英国化学家、工业家蒙德（Ludwig Mond 1839—1909）在研究氨碱法制纯碱的工艺方法时发现腐蚀镍阀的新化合物羟基镍，在较高的温度下会分解并沉积出镍。蒙德意识到这种反应对于分离镍的价值十分重要，于是提出了专利。1892年，蒙德及其助手兰格（Carl Langer）在亨利·威金公司（Henry Wiggin and Company）的工厂里安装了一套完整的试验设备。1895年，羟基工艺中的大部分技术难点基本解决，但受开采权谈判的影响，1900年才在加拿大开始开采和熔炼。在泰韦河

流域的克莱达奇（Clydach）建造的应用羟基工艺的精炼设备于1902年正式投产。羟基镍工艺很快在工业上得到应用，并一直沿用到20世纪。

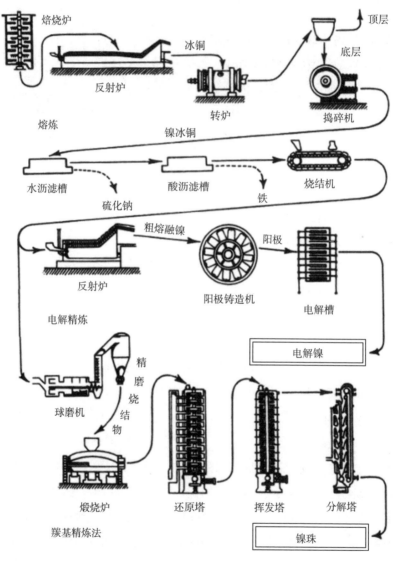

提炼镍的羟基镍工艺流程图

肯尼迪［美］发明了二通式热风炉　肯尼迪（Julian Kennedy）为埃德加·汤姆森工厂发明了二通式热风炉。该热风炉的格子砖孔较小，且配备更有效的气体净化设备，不仅具有较大的表面积，而且可以大大减少炉灰和杂质的堵塞。随后热风炉的改进越来越显著，至1950年，通过更换炉衬使热风炉的加热面积由原来的大约8万平方英尺增加到25万平方英尺以上。

1891年

特罗佩纳［法］发明酸性侧吹转炉炼钢法　法国特罗佩纳（Alexandre Tropenas）发明了从转炉的炉墙侧面吹入空气或氧气把铁水炼制成钢的转炉炼钢方法，这种空气酸性侧吹转炉被称为特罗佩纳炉。这种炉子的操作方法同与塞麦转炉的不同之处在于，用鼓风冲击金属熔池表面，从而形成主要由氧化铁组成的复杂的炉渣覆盖层。因此，反应是发生在金属和炉渣之间而不是像贝塞麦转炉那样在金属和空气之间，且其每单位的碳能产生更多的热量，因为一氧化碳能在炉膛内更有效地燃烧。

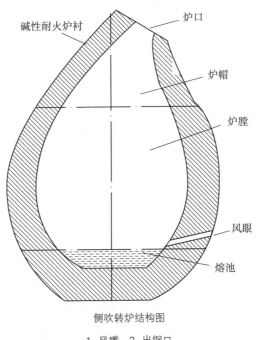

侧吹转炉结构图

1-风嘴　2-出钢口

韦尔斯［美］首次用沉淀铯榴石盐酸法分解液中的铯　铯榴石盐酸法分解是从铯榴石中提取铯的经典方法，即用盐酸处理铯榴石制取氯化锑的铯提取方法。盐酸和铯榴石中铯、铷、钾、钠、锂等碱金属作用生成可溶性氯化物，用氯化锑作沉淀剂，使这些可溶性氯化物转变成相应的、溶解度各异的碱金属锑复盐。这些复盐的溶解度依铯、铷、钾、钠、锂复盐次序递增。据此，溶解度最小的锑铯复盐首先从氯化物溶液中沉淀析出，而与其他碱金属分离，获得纯的氯化铯产品。韦尔斯（Wells, H.L.）于1891年首次用铯的特效沉淀剂氯化锑来沉淀铯榴石盐酸法分解液中的铯。铯榴石盐酸法分解工艺包括盐酸分解、复盐沉淀和重结晶、复盐分解、溶液净化和铯盐制取。美国在20世纪30年代已用该法大规模处理锡山铯榴石。

威尔斯巴赫［奥］取得用稀土处理白炽汽灯纱罩的专利　1891年，奥地利科学家威尔斯巴赫（von Welsbach, C.A.）取得用ThO_2（99%）和CeO_2（1%）处理白炽汽灯纱罩的专利，并开始工业生产，稀土工业由此正式开始。1903年，威尔斯巴赫发明了打火石。1907年，建立了第一个电解混合稀土金属的车间。1910年，发明了稀土氟化物用于弧光灯碳电极棒，1920年，稀土氧化物用于玻璃着色。这是稀土工业的初级阶段。1930—1950年间，稀土氧化物用于玻璃抛光、玻璃脱色，氧化铈用于生产陶瓷釉料的乳浊剂，扩大了稀土应用市场。第二次世界大战后，美国、英国对稀土元素分离和稀土金属冶炼技术，以及物理化学性质进行了大量研究工作，为20世纪60年代稀土获得广泛应用奠定了基础。到了1958年，人类已经掌握了传统化学法、离子交换法、溶剂萃取法分离系统，以及用金属热还原法、熔融电解提取法制取稀土金属和合金的技术。

1892年

蒙格［英］利用化学气相沉积法来生产金属镍　化学气相沉积法，即通过气相进行化学反应，来制取金属及金属化合物的特殊制品和提纯金属或金属化合物的方法。其英文缩写词为CVD，故又称为CVD法。CVD法的工作原理是：高熔点金属的气态化合物与还原气体在气相中直接发生还原反应，所得的高熔点金属会聚集成金属粉末，而还原反应在加热至一定温度的基底上进行时，反应产生的金属便可在基底上形成金属涂层。在19世纪末，人们就利用化学气相沉积法来生产金属。1892年，英国学者蒙格（Mong）就通过分解气体Ni(CO)$_4$制取高纯镍。1893年，罗古京（Logugin）利用气体WCl$_6$与H$_2$在加热的石墨棒上反应，在石墨表面镀上一层钨。1915—1925年，范阿克尔–德博尔（Van Arkel–de Baer）利用碘化物热离解反应提纯锆、铪、钛、铌、钽等高熔点金属。1964年，氟化物氢还原法被用来生产钼、钽等高熔点金属及其合金的特种材料。CVD法现已得到广泛应用，成为制取各种特种材料的重要途径。

1893年

库尔纳科夫［俄］发表了复合金属络合物的论文　苏联化学家、冶金学家库尔纳科夫（Николей Семенович Курнаков 1860—1941）于1893发表关于复合金属络合物的论文，总结了络合物化学的研究成果。他发明的自动记录测温仪是对热分析法的巨大改进。库尔纳科夫参与并建立了二元系成分及其性能的研究工作，在金属体系研究中，他发现了一系列化合物，并阐明固溶体相变时产生金属间化合物的最重要条件。他的研究成果促进了苏联化学和冶金生产的发展，如：铂的精炼，铝、镁等金属的冶炼，高电阻合金的制造等。

汤普森［加］公布了提炼镍的奥福德顶底分层工艺　1889年，赖利（James Riley）发表论文指出，往钢中加入镍可改变钢的性能。1893年，加拿大奥福德铜业公司（Orford Copper Company）的汤普森（Thompson，R.W.）公布了提炼镍的奥福德顶底分层工艺法。该方法以芒硝（硫酸氢钠）的使用为基础，把芒硝和适量的焦炭一起加入

分离铜和镍的奥福德顶底分层工艺过程

已熔化的含48%镍和17%铜的冰铜中，形成一种钠、铜和镍的硫化物的混合物。然后，把这些物质倒入一个大型坩埚里，溶解在硫化钠里的硫化铜漂浮在上部，硫化镍则沉积在坩埚底部。待凝固后，再用大铁锤敲打即可将两部分分开。重复上述工艺过程便可使第二底层的物质中含有72%的镍、1.5%的铜和25%的硫。在羟基镍工艺中，用水淋掉可溶钠盐后，再进行焙烧或烧结处理。将大量的硫烧掉后，所得氧化物含有的硫仅剩约0.5%。将焙烧过的物质压碎并混合焦炭装入反射炉还原出镍。

穆瓦桑［法］用电炉炼出高碳铬铁　1821年，贝尔蒂尔（Berthier, P.）在坩埚内加热木炭、氧化铬与氧化铁的混合物生产铬铁，该方法一直使用到1857年弗雷迈（Fremy, E.C.）发明了在高炉内冶炼铬铁的方法。1870—1880年间，高炉生铁的铬铁含Cr 30%~40%、C 10%~20%。穆瓦桑（Moissan, H.）于1893年发表了在电炉内还原铬矿生产含Cr 67%~71%、C 4%~6%的高碳铬铁的报道。用电炉取代高炉冶炼高碳铬铁是一个重大进步。1886年，奥德斯杰纳（Odelstjerna, E.G.）描述了瑞典用电炉生产含Cr 70%的高碳铬铁的情况。贝克特（Becket, F.M.）及其合作者于1906—1940年开展硅还原铬矿生产低碳铬铁的工艺。1920年左右，瑞典特勒尔赫坦铁合金厂制订了三步法生产低碳铬铁的工艺，即电硅热法，亦称瑞典法。

布劳顿铜公司首次采用挤压法进行铜管生产　1893年，布劳顿铜公司（Broughton Copper Co.）首次采用挤压法进行铜管和铜圆筒的工业生产。挤压法是把铜坯加热至850℃左右后放入立式的容器中，下压液压活塞，强行挤入坯的中心，铜沿容器壁上涌，形成空心短圆筒；将圆筒从容器中取出，锯掉底部，按要求的尺寸对管壳进行机械加工或冷加工。这种方法特别适用于制造大管径的铜管，且它比格林法更适于制造铜质印花辊筒。1902年，埃弗里特（Everitt）提出采用卧式容器的方法对上述方法做了很大的改进，卧式容器较宽的一端敞开以便放入管坯，容器另一端的狭窄开口则由带短衬套的

制造有封闭端的铜管坯的立式压制机结构

副液压活塞封严。由定心板导引的穿芯杆几乎被推压到管坯的底部；在最后一刻，衬套被撤回，以便穿芯杆直穿过去。这种方法可直接制造出完整的圆筒，省去原方法中形成底部的那部分材料。

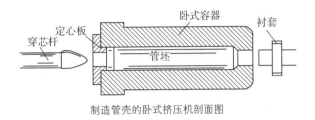

制造管壳的卧式挤压机剖面图

1894年

霍尼希曼［德］研制成分次扩孔旋转钻机　1894年，德国霍尼希曼（Honigmann）研制成分次扩孔旋转钻机，为现代钻井法奠定了基础。旋转钻即利用钻头旋转时产生的切削或研磨作用破碎岩石，是当前最通用的钻井方法。1901年，旋转钻获得公认并首先在美国开始使用，随后得以迅速推广。

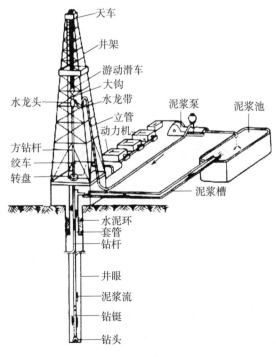

旋转钻示意图

弗拉施［德］发明古典弗拉施采矿法　弗拉施采矿法是指从钻孔压入过热水，熔融地下自然硫，使其从同一钻孔排出地表的采硫法。该法的优点是生产安全，投资省，建设快，工艺简单，生产效率高，开采深度大，少占农田，无尾矿及其污染问题；缺点是回采率低（40%～70%），热效率差（0.5%～5%），耗水量大。弗拉施法最宜用于有可靠水源和廉价燃料供应的大型自然硫矿床。1894年，德国采矿工程师弗拉施（Herman Frasch 1852—1914）在美国设计出古典弗拉施采矿法，主要用于开采盐丘型自然硫矿床。该方法是自地表打直径250～300 mm的钻孔，钻穿矿层进入底板，作为采硫井；井内套装一组同心钢管用以注压气、升硫、注过热水和保护井壁。将160 ℃的过热水沿热水管注入矿床，熔融自然硫，熔融的液态硫积聚在井底的溶腔中，然后自压气管中压入压缩空气与液态硫混合，利用空气升液原理将液态硫从升硫管中举升出来。

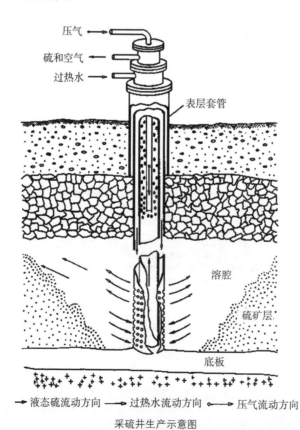

采硫井生产示意图

中国第一家现代化钢铁厂汉阳铁厂建成投产　汉阳铁厂始建于1891年，由湖广总督张之洞筹建，共有大厂6个、小厂4个。大厂有炼铁厂（100吨高炉2座）、钢厂（8吨贝塞麦转炉2座）、平炉厂（10吨酸性平炉1座），是中国近代最早的官办钢铁企业，它的规模在当时的亚洲首屈一指。汉阳铁厂于1893年建成两座高炉、一座平炉。1894年5月，中国第一座近代化高炉在汉阳铁厂开炉生产。因甲午战争中国战败，清政府为筹措战争赔偿，于1896年4月11日将铁厂改为官督商办，承办人为盛宣怀。1908年3月26日，汉阳铁厂、大冶铁矿和萍乡煤矿合并组成汉冶萍煤铁厂矿有限公司，改官督商办为完全商办，盛宣怀任总理。汉冶萍公司是当时亚洲最大的钢铁联合企业，在辛亥革命前，达到年产钢7万吨、铁砂50万吨的规模，拥有工人7 000余人，钢铁产量占全国产量的90%。

1895年

威尔夫利［美］研制成具有平行沟槽的选矿摇床　随着蒸汽动力的出现，人们开始采用机械簸筛法让较轻的矿石成分浮上来。里廷格（Rittinger）的选矿摇床可能是第一台科学设计的簸筛机。这种簸筛机每次簸筛浅浅一层磨细了的矿石，以提高分离效率。在选矿方面最大的进步是1895年威尔夫利（Wilfley，A.R.）研制的具有平行沟槽的选矿摇床。这种摇床上的沟槽（又称捕砂沟）进料端比较深，向着出口端逐渐变浅，摇床面在出口端稍微抬起一点。当水流在沟槽上横向流过时，冲走了沟槽顶部较轻的

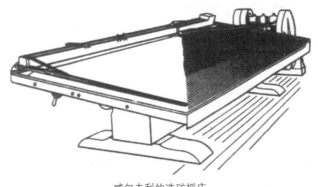

威尔夫利的选矿摇床

矿砂颗粒。由于矿粒向沟槽的较浅部位移动，较重的颗粒往往会被分离出来。如果仔细调节，就可以沿摇床的不同位置分离出许多成分。

塔尔博特［英］发明了塔尔博特连续炼钢法 1895年，利兹的塔尔博特（Benjamin Talbot）在美国田纳西州查塔努加南方钢铁公司研发了连续炼钢法，即每次出钢只倒出平炉中的一部分钢水，这样就能使炼钢炉内始终保持很高的温度。当时，田纳西煤铁公司因生铁中含硅量过高而伤透脑筋，塔尔博特为该公司做了一系列试验。1899年，塔尔博特连续炼钢法在费城附近的彭科伊德投入实际应用。在欧洲，直到1902年，这种方法才传到林肯郡的弗罗丁汉姆。塔尔博特提出脱硅的主张，就是连续冶炼、碱性炉衬、煤气加热的可倾炉，通过碱性炉渣去除生铁中的硅，促进了在可倾炉上的实践。塔尔博特法的主要特点是，当生铁与5倍容积的熔融低碳钢混合时，就能迅速除去生铁中的碳。塔尔博特炉是连续地装料和出钢的，高氧化性炉渣和铁水之间的化学反应加速了这一过程。由高磷生铁产生的重渣可以倾炉倒出，钢则保存在熔池中。可倾炉除了经济上具有大容量的优越性之外，较之固定炉还更能利用质量较差的生铁来进行精炼。类似塔尔博特炉的设计，但容量更大的圆筒混铁炉开始流行，用于钢厂或炼铁厂。

中国第一个开设采矿冶金专业的北洋大学成立 北洋大学是中国近代第一所大学，是一所新式学堂，是天津大学的前身。1895年10月2日，天津海关道盛宣怀通过直隶总督王文韶，禀奏清光绪皇帝设立新式学堂；光绪帝御笔钦准，成立天津北洋西学学堂，并由盛宣怀任首任督办，建校之初即设立采矿冶金门。1896年，天津北洋西学学堂更名为北洋大学堂。北洋大学堂从1895年创办到1951年，共培养各类工程技术人员3 000余名，其中采矿、冶金技术人员600多人，对创建中国的采矿、冶金、土木工程事业，以及开拓水利、航空等各项工程技术，起到了重要作用。

1896年

吉尧姆［法］制成因瓦合金 因瓦合金是在一定的温度范围内尺寸几乎不随温度变化的合金。1896年，法籍瑞士物理学家吉尧姆（Charles Édouard Guillaume 1861—1938）制成的因瓦合金，即通常所说的FeNi36（在美国是

64FeNi），是一种以其独特的低膨胀系数（CTE或α）而著称的镍铁合金。因瓦（Invar）这个名字源于单词"invariable（不变）"，指其随着温度的变化，不易扩张或收缩。因瓦合金是一种固溶体，只有单一的相，含镍36%，含铁64%。日本人曾本量于1927年发明超因瓦合金，又于1934年发明不锈因瓦合金。

吉尧姆

美国伊利诺依钢铁公司尝试烟道灰造块工艺　早在1896年，伊利诺依钢铁公司的南部工厂就进行了烟道灰造块的尝试，当时建立了一个工厂，把原料与石灰石混合物一起压制成块作为高炉炉料的一部分。瑞士工程师、磁选法的倡导者格伦达尔（Grondal, G.）1899年在芬兰工作期间，曾创造了一种新型烟道灰造块的压块工艺，即把矿粉同水混合后放入模子中压实，然后再带至蓄热式的隧道窑中焙烧，其重点在于烧结。这个方法深受美国工艺的影响。在该工艺中，矿粉同焦粉混合，由活动炉箅传送，并使它们受到热处理，形成块状，以便装入高炉。

1897年

塔曼［德］提出晶体动力学原理　德国物理化学家、金属学和冶金学奠基人塔曼（Gustav Heinrich Johann Apollon Tammann 1861—1938）于1897年提出了结晶动力学的原理，即晶体的生长取决于三个独立量，即晶核数目、结晶速度和导热率。他建立热分析技术，并致力于金属间化合物的研究。塔曼提出合金固溶体中有序化的概念。为阐明合金的化学性能，他研究了包括晶体结构和电导、力学等金属的物理和化学性能，从而开拓并发展了金属学。

塔曼

1898年

居里夫妇［法］发现了钋 1898年，法国物理学家皮埃尔·居里（Pierre Curie 1859—1906）与夫人玛丽·居里（Marie Skłodowska-Curie 1867—1934）在处理铀矿时发现钋元素，居里夫人为纪念自己祖国波兰（拉丁文：Polonia），把这种新元素定名为钋。

居里与居里夫人（1903）

戈尔德施密特

戈尔德施密特［德］正式提出铝热法 所谓铝热法是指以铝作还原剂生产铁合金的方法。用铝还原某些金属氧化物所释放的化学反应热就能完成氧化物还原反应并得到分离好的合金和炉渣，从而不需要从外部补充能量。有关铝热法的最早报道是1859年俄国科学家别克托夫在《论若干还原现象》中提到的"用铝还原氧化钡得到24%Ba和33%Ba的钡铝合金"，但当时在工业上未得到使用。1893年，德国化学家戈尔德施密特（Hans Goldschmidt 1861—1923）发现金属氧化物粉末和粉末状还原金属（基本上是铝）的混合料，点火引发反应后，就能自动继续进行，直至炉料反应完毕。1898年，戈尔德施密特在德国电化学学会上做了有关金属热还原法的报告，人们才知道铝热法在工业上已取得良好效果，可以经济地、大批量地生产不含碳的铁合金与纯金属。在该工艺方法中，提纯了的金属氧化物和细铝粉被充分地混合在一起，然后点燃此混合物，使其进行激烈的反应，结果生成氧化铝，释放出金属。这种工艺方法的成功取决于很多因素，例如：金属颗粒的大小、铝中游离氧的比率，以及炉料中各种氧化物的分解自由能。为了成功地进行冶炼，还要求温度超过2 200 ℃，以使氧化铝渣能够自由地流动，从而与金属完全分离开。

勒博［法］用氟铍酸钠熔盐电解法制得金属铍　法国人勒博（Lebeau, P.）用氟铍酸钠熔盐电解法制得小颗粒金属铍。工业规模生产金属铍及其化合物则是在20世纪20年代末期，1929年，德国西门子（Siemens）公司首先建立了生产氧化铍的工厂。20世纪30年代，由于铍铜合金在机械和电子工业中的广泛运用，促使氧化铍和铍铜合金的冶金工业迅速发展。美国、法国、苏联都开始建立铍冶炼厂，如1932年美国建立了铍公司（Berylco），同年苏联也开始了铍的工业生产。

1899年

德比尔纳［法］发现并分离出金属锕　锕，元素符号Ac，是一种天然放射性元素，元素名来源于希腊文aktinos，原意是"射线"，属于锕系元素。1899年，在居里实验室工作的法国化学家德比尔纳（André-Louis Debierne 1874—1949）从铀矿渣中分离出锕。1902年，德国有机化学家盖瑟尔（Friedrich Oskar Giesel 1852—1927）也独立发现了锕。现已发现质量数209～232的全部锕同位素，其中只有锕227、锕228是天然放射性同位素，其余都是通过人工核反应合成的。

罗伯茨-奥斯汀［英］制定了第一张铁碳平衡图　以1868年俄国学者切尔诺夫（Дмитрий Константинович Чернов 1839—1921）提出的临界点的概念，以及奥斯蒙（Osmond, F.）1887—1892年间发现的铁的加热和冷却曲线的驻点A_3、A_2和Ar_1、Ar_2、Ar_3等临界点工作的成果为基础，英国冶金学家罗伯茨-奥斯汀（William Chandler Roberts-Austen 1843—1902）于1899年制定了第一张铁碳相图。铁碳相图的出现是金属学发展的一个里程碑。

19世纪90年代

美国首先采用阶段崩落采矿法及带假顶式分段崩落采矿法　崩落采矿法是指在回采过程中，不分矿房矿柱，随回采工作面推进，用强制或自然崩落的围岩充填采空区，以实现采场地压管理的采矿法，适用于地表允许陷落，矿体围岩易于崩落，崩落矿岩无自燃性等条件。崩落采矿法可分为单层、多层、分段和阶段崩落采矿法四类。其中，单层、多层崩落采矿法中，围岩滞后崩落或被假顶隔离，崩落岩石不会覆盖崩下的岩石；而分段、阶段崩落采矿法中，崩落的矿石则直接被崩落岩石覆盖或侧面包围，放矿时二者同时向放矿口运动，随意放矿会引起岩石过早崩落而混入矿石。于19世纪90年代带假顶式的分段崩落采矿法首先用于美国苏必利尔湖地区的铁矿。19世纪90年代以前，英国首先使用分层崩落采矿法；20世纪50年代以前，在英、美、苏联和东欧的国家开始广泛使用；20世纪50年代后期，中国开始使用。阶段自然崩落法于1895年在美国皮瓦贝克（Pewabic）铁矿首先试用成功；后来在美国、智利和菲律宾等国家都有较好的应用。阶段强制崩落采矿法于20世纪30年代后期首先在苏联克里沃罗格（кривойрог）矿区试验；后来苏联和欧洲的东欧的一些国家应用得较好；中国在20世纪60年代开始试验阶段崩落采矿法。

1900年

巴基乌斯–洛兹本［德］首先将相律应用于合金组成研究　自美国物理化学家吉布斯（Josiah Willard Gibbs 1839—1903）于1876年创建相律后，1900年，德国化学家巴基乌斯–洛兹本（Bakhius Roozeboon，H.W. 1854—1907）首先将相律应用于合金组成的研究，这对合金相图工作有重大意义，相图的测定和理论工作从此逐步展开。从相图可以了解不同合金在一定温度（及压强）下所存在的相，还可以得到冷却及加热过程相的变化的知识，从而得到组织和性能变化的信息。所以，相图是研究金属和合金的成分、组织和性能的关系的基础。其他如新合金成分的配制和设计，已有合金性能的提高等均需参考相图。相图也为金属热处理、铸造、塑性加工和焊接等工艺提供了必要的指导性知识。

20世纪初

矿块崩落法发明　传统的地下开采最普遍的方法是水平开采与填充，即在矿井中，从站台挖巷道一直通到矿体，两站台之间相距100～150英尺，采掘工作在巷道里进行。这种方法需要切去很长的剥离带，直到回采工作面成为一间10～12英尺高的大矩形厅，并且其顶部需用许多坑木支撑。部分回采工作面底部用废石块填满，只留下一个从底层到顶板约5英尺高的空间。从石质平台开始，矿工们开采顶部矿层，采下矿石后开采面顶部升高，他们便在底部堆积更多石块。20世纪初发明了一种类似露天开采的新方法，即矿块崩落法，用该法可以开采庞大的矿体。它用下部掏槽的方法搬掉回采工作面四壁的整个矿体，让矿石在重力作用下落进准备好的空穴里，使它在下落过程中碎裂。这种方法在商业上获得极大成功，直到20世纪30年代，在加拿大萨德伯里盆地的铜矿、中部非洲前北罗得西亚所开发的铜矿中仍极为盛行。

1901年

澳大利亚新南威尔士第一次运用浮选法来精选锌矿　矿石浮选法是一种获得精矿砂的主要工艺方法，其前身是海恩斯（William Haynes）在1860年提出的一种工艺方法。这种工艺方法是将磨得很细的矿砂与水和一种黏性油相混合，用该法处理的硫化物矿砂不会被水浸湿，但能集聚于油中，因而矸石能被水清洗干净。由于该法需用大量的油，且分离效率很低，因此实用价值有限。20世纪初，浮选法用于从矸石中分离出大多数低品位的硫化物矿，例如含铜黄铁矿（铜铁硫化物）、闪锌矿（硫化锌）和方铅矿（硫化铅），还用于去除金矿石中不需要的和有害的成分。1901年，波特（Potter，C.V.）和德尔普拉（Delprat，G.O.）进行了第一次现代化的浮选操作。在这个方法中，只需使用少量的油，混合物则用空气进行搅拌。硫化物颗粒吸附了油，结果不能被水润湿。1901年，在新南威尔士的布罗肯希尔，第一次运用浮选法来精选锌矿，从此以后，这种方法迅速地被推广应用，且技术也发展得更加纯熟了。由于应用了特殊的表面活性添加剂并控制了水溶液的pH，运用浮选法可以从贫矿石中分离出大多数重金属的硫化物，还可以有选择地分离像闪锌矿和方铅矿等矿石中的某些成分。

欧洲首先出现高碳铬滚动轴承钢　滚动轴承钢是指制造各类滚动轴承套圈和滚动体的钢。轴承转动时承受很高的交变应力，除要求材料有较高的抗压强度、接触疲劳强度和耐磨性外，还要有一定的韧性、耐蚀性、良好的稳定性。高碳铬轴承钢于1901年首先出现于欧洲，1913年美国将其列为标准钢。

日本八幡制铁所建成投产　为了满足迅速发展的造船业、铁路业、建筑业及军事工业的发展，1896年日本在八幡市（今福冈市北九州）始建八幡制铁所。该制铁所1901年建成的第一座高炉是由德国钢铁公司（Gute Hoffnungs Hütte 即G.H.H公司）工程师设计建造，并于1901年2月5日投产。然而制铁所早期发展并不顺利，高炉建成之初产出品质量低劣、焦炭消耗量大并且频发故障，致使该高炉在随后的几年中一直处于停产状态。后来，制铁所用本地的工程师（"日本冶金之父"野吕景义便是其中之一）取代原有的德国工程师，才逐步走入新的发展阶段。1912年，日本80%的生铁、80%～90%的钢均由八幡制铁所生产，其铁矿原料主要来自中国和朝鲜。

1902年

奥地利首次尝试在连续轧机上进行宽带轧制 1902年，奥地利的托普利茨首次在连续的轧机上进行宽带轧制的尝试。这套设备有两台共用一个735千瓦发动机的三辊式轧机，可对铸锭进行初轧；还有五台串联的双辊式轧机，由另一台735千瓦的发动机驱动，供精轧之用。让最大厚度为8英寸、最大重量为1 000磅的金属板坯来回通过三辊式轧机，初步被热轧至3英寸厚。再加热之后，金属板坯在三辊式轧机上被进一步轧制到0.3英寸厚。然后，板坯不经重新加热就立即送入两辊式轧机组。这些轧机的轧辊尺寸为24.625英寸

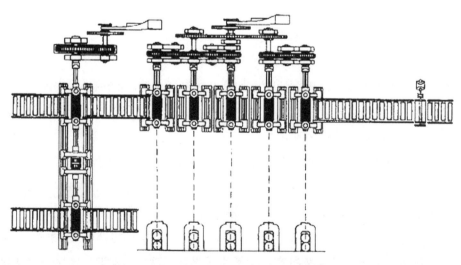

奥地利托普利茨轧机的设备配置图

×59英寸，间隔9英尺。轧辊通过齿轮传动装置能调节到让带材在5台轧机上同时轧制，最终出板厚度为0.110英寸，速度为每分钟390英尺。但这种轧制设备并不是很成功，因为它的速度太低，功率不足，因而会产生各种各样的问题（如精轧后的带材厚度超过允许误差等），所以在1907年这种轧制方案被淘汰了。又经过25年的不懈努力，连续的带材-板材轧机才取得了完全的成功。

达勒姆煤矿最早安装了长壁工作面输送机　最早出现的用于长壁工作面的输送机是由布莱克特（Blackett，W.C.）发明并获得专利的，其组成包含在钢槽里移动的钢刮板链，保证了采煤工作更快、更有节奏地进行。1902年，达勒姆煤矿最早安装了长壁工作面输送机。20世纪20年代，改用橡胶传送带，使大巷传送带运输大为推广，从而导致了主干传送带的设置。20世纪40年代，又采用了钢缆传送带输送机，这种输送机上的传送带靠钢索支撑和运送，那时它仅仅被用作载重装置，但也是重要的进展。

1903年

加拿大安大略省开发银钴矿和砷钴矿　德国、挪威和匈牙利是世界上最早生产钴的国家。1864年，在新喀里多尼亚发现氧化钴矿床，随着1903年加拿大安大略省银钴矿和砷钴矿的开发，世界产钴量从1904年的16吨猛增到1909年的1 553吨。1920年，扎伊尔开发了其国内的铜钴矿，从此其钴产量一直居世界首位。1933年，摩洛哥开始从砷钴矿中提取钴，芬兰和德国以含钴的黄铁矿为原料，分别建成生产钴的工厂。

德国和美国生产热轧硅钢片　硅钢片是一种含碳极低的硅铁软磁合金，一般含硅量为0.5%～4.5%，主要用来制作各种变压器、电动机和发电机的铁芯。加入硅可以提高铁的电阻率和最大磁导率，降低矫顽力、铁芯损耗（铁损）和磁时效。1900年，英国冶金学家哈德菲尔德（Sir Robert Abbott Hadfield 1858—1940）等首先发现含硅4%的Si-Fe合金有良好磁性，此后硅钢片发展迅速。1903年，德国和美国相继生产含硅1.0%～4.5%的热轧硅钢片。1906年，代替低碳钢用来制造电机和变压器的铁芯。1934年，美国戈斯（Goss，N.P.）采用两次冷轧法制成（110）［001］晶粒择优取向的含硅3%的冷轧硅钢片。

1968年，日本田口悟等采用硫化锰和氮化铝综合抑制剂并使用一次大压下率冷轧法，制成（110）［001］高磁感取向硅钢，这种材料的晶粒取向更加准确，铁损和磁性进一步改善。

1905年

美国生产出最早的镍铜耐蚀合金　镍基耐蚀合金是指以镍为基体，能在一些介质中耐腐蚀的合金。1905年美国生产的Ni-Cu合金［即蒙乃尔（Monel）合金，Ni70Cu30］是最早的镍基耐蚀合金。镍基耐蚀合金多具有奥氏体组织，在固溶和实效处理状态下，合金的奥氏体基体和晶界上还有碳氮化物存在。镍基耐蚀合金按成分可分为Ni-Cu合金、Ni-Cr合金、Ni-Mo合金、Ni-Cr-Mo（W）合金、Ni-Cr-Mo-Cu合金。Ni-Cu合金在还原性介质中耐蚀性优于镍，而在氧化性介质中耐蚀性又优于铜，它在无氧和氧化剂的条件下，是耐高温氟气、氟化氢和氢氟酸的最好材料。1914年，美国开始生产Ni-Cr-Mo-Cu型耐蚀合金（Illium R）。1920年，德国开始生产含Cr约15%、Mo约7%的Ni-Cr-Mo型耐蚀合金。20世纪70年代各国生产的耐蚀合金牌号已近50种，其中产量较大、使用较广的有Ni-Cu、Ni-Cr、Ni-Mo、Ni-Cr-Mo（W）、Ni-Cr-Mo-Cu和Ni-Fe-Cr和Ni-Fe-Cr-Mo等合金系列，共十多种牌号。

美国出现第一台带钢热连轧机　带钢热轧是指在带钢热轧机上生产厚度为1.2～8毫米成卷热轧带钢的工艺。带钢宽度600毫米以下称为窄带钢，超过600毫米的称为宽带钢。1905年，第一台带钢热连轧机在美国投产，生产宽200毫米的带钢。带钢热轧机由粗轧机和精轧机组成，粗轧机分为半连续式、四分之三连续式和全连续式三种。精轧机组均由5～7台连续布置的机架和卷取机组成。热轧带钢的原料是连铸板坯和初轧板坯，厚度为130～300毫米。板坯在加热炉中加热后，送到轧制机上轧成厚1～24.5毫米的带钢，并卷成钢卷。轧制的钢种有普通碳钢、低合金钢、不锈钢和硅钢等，其主要作用是作冷轧带钢、焊管、冷弯和焊接型钢的原料，或用于制作各种结构件、容器等。带钢热轧按产品宽度和生产工艺有四种方式：宽带钢热连轧、宽带钢可逆式热轧、窄带钢热连轧以及行星轧机热轧带钢。

1906年

德怀特［美］和劳埃德［美］取得抽风带式烧结机的专利　1887年，英国人亨廷顿（Huntington，T.）和赫伯莱茵（Heberlein，F.）首次申请了硫化矿鼓风烧结法及用于此法的烧结盘设备的专利。1906年，两位美国工程师德怀特（Dwight，A.S.）和劳埃德（Lloyd，R.L.）在美国取得抽风带式烧结机的专利。他们在墨西哥炼铅期间，首创了在活动炉算上利用抽风连续烧结的方法。他们最初使用的商用机器长30英尺，使用环带运输机，传送速度为每分钟1英尺，每天的运送量为50吨。这种方法不久就被运用到铁矿中。1911年，第一台有效面积为8平方米的连续带式抽风烧结机（亦称DL型烧结机）在美国宾夕法尼亚州的布罗肯钢铁公司建成投产。这种设备很快取代了压团机和烧结盘等造块设备。抽入的空气通过已烧结好的热烧结矿层被预热，在燃烧层中使固体燃料燃烧，放出热量，获得高温（1 250～1 500 ℃）。从燃烧层抽出的高温废气将烧结料预热和脱水干燥，各层根据不同的温度和气氛条件进行着不同的物理和化学反应。

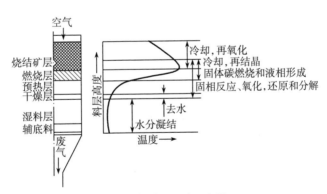

抽风烧结过程各层反应示意图

贝克特［美］开发硅还原铬矿石生产低碳铬铁的工艺　贝克特（Becket，F.M.）及其合作者于1906—1940年间开发硅还原铬矿石生产低碳铬铁的工艺，最早是用含Si 50%～75%的硅铁和硅作还原剂。使用硅铁作还原剂，因其铁含量高，不能生产含Cr大于70%的低碳铬铁，使用工业硅成本会更高。而用铬铁矿先冶炼出硅铬铁合金，再与铬矿石反应得到低碳铬铁的方法是经济的。铬铁含Cr量大于70%，要求铬矿石中Cr与Fe含量比例为3：1。1925年，贝克特在其专利中公布了硅铬铁合金含碳量与含硅量的关系图。

马什［英］制成镍铬电热合金　电热合金是指用于制造电热元件的合金材料。当电流通过合金元件时，产生焦耳效应，将电能转变成热能。1906年，英国的马什（Marsh，A.L.）制成镍铬电热合金Cr20Ni80。Ni–Cr–（Fe）型电热合金以镍或铁为基体，一般含Cr 15%～31%，含Ni 29%～80%，呈奥氏体组织，特点是以氧化铬（Cr_2O_3）构成表面保护膜，耐蚀性强，高温下强度高，成型加工和焊接性能好；缺点是价格高，并且不宜在含硫气氛中使用。Cr20Ni80合金组织稳定，电气物理特性稳定、高温力学性能好，冷变形塑性好，可焊接性好，长期使用不会产生脆性断裂，多用于制造家用电器和工作温度在1 000 ℃以下的加热元件，使用寿命长。

维尔姆［德］制成可热处理强化的铝合金　1885年，发明家及冶金学家考尔斯兄弟（Alfred Hutchinson Cowles和Eugene Hutchinson Cowles）首先制出含铁和铜的铝合金。早期铝合金中最常见的合金元素是铜、锌和镁。1906年前后，德国人维尔姆（Wilm，A.）为获得可变形的铜铝合金的固溶强化效果，在其中加入了镁，但他发现该合金通过淬火进行时效处理（即在室温中放置若干时间）后，硬度大增。他还指出，含铜4%，含镁、锰、铁、硅各0.5%的铝合金的时效硬化效果最为明显。这一研究确定了铝合金作为结构材料使用的功能，对铝合金的发展起到了推动作用。这类铝合金就是后来得到广泛应用的杜拉铝（Duralumin），即硬铝合金。

1907年

普罗托季亚科诺夫［俄］导出了平巷地压计算公式　19世纪中期，欧洲把矿山岩石力学作为一门科学，当时研究了采煤地表移动问题，并在比利时及德国制定了开采损害法，提出保安煤柱及地表移动范围的实用规范，当时的许多成果都是经验性的。20世纪初，建立了巷道围岩变形及地表下沉机理的概念。1907年，苏联著名采矿学家普罗托季亚科诺夫（Михаил Михайлович Протодьяконов 1874—1930）把岩体视为散体，提出压力拱理论，导出了平巷地压的计算公式。20世纪20年代，德国学者斯托克（Stoke，K.）和哈克（Hack，W.）等提出了长壁工作面地压假说，别尔鲍梅尔（Bierbaumer，M.）提出浅部地压公式。20世纪30年代，德国学者芬纳（Fenner，R.）提出岩体由颗粒材料与破碎弹性材料构成，并对围岩与支护压力的相互关系作了数学论证，提出芬纳公式。到了20世纪50年代，波兰学者萨乌斯托维奇（Salustowicz，A.）及法国学者塔络伯（Talobre，J.）分别出版了比较完整的岩石力学教科书，并在矿业学院设立了矿山岩体力学课程。

皮卡德［美］发明电晕电场电选机　电选是指在高压电场作用下，配合其他力场作用，利用矿物的电性质的不同进行选别的干选过程，可用于有色金属、铁矿石、非金属矿石以及其他物料的选别。电选机的处理能力比其他选别设备低，对粒度小于0.074毫米的物料，分选效果很差。1880年，奥斯本（Osborne，T.B.）首先发明静电选矿机。1907年，美国无线电先驱皮卡德

皮卡德

（Greenleaf Whittier Pickard 1877—1956）发明电晕电场电选机，其选别效果远高于单纯静电场，是电选的重大发展。20世纪60年代以来，解决了电选的高压电源和绝缘等问题，扩大了电选的应用范围。

矿山采用莱诺水钻减少了粉尘危害　1907年，有些矿山采用了一种叫莱诺（Leyner）的水钻。水钻的使用使得在钻装炸药的炮眼时所产生的粉尘减少，保障了矿工的健康安全。而且水钻比别的钻（如气动钻等）轻，大约60千克，只需一个人操作。20世纪30年代，研究制造出碳化钨材料作刃口的钻杆，使钻头质量得到极大改善，其磨刃次数大大少于锻造钢钻。与此同时，炸药的质量也得到了改善，减少了爆破工作的危险性。

琼斯［美］最早提出回转窑直接还原法炼铁　回转窑直接还原法是以连续转动的回转窑作反应器，以固体碳作还原剂，通过固相还原反应把铁矿石炼成铁的直接还原炼铁方法。回转炉直接还原是在950～1 100 ℃进行的固相碳还原反应。1907年，琼斯（Jones，J.T.）最早提出回转窑直接还原法。在回转窑

卸料端设煤气发生炉，热煤气从卸料端入窑，在距窑加料端三分之一窑长处导入空气，与热煤气燃烧形成氧化加热带。铁矿石和还原煤从加料端加入，被高温废气干燥、预热、氧化去硫，随窑体转动铁矿石向卸料端前移，同时被热煤气和还原煤还原，最后从卸料端排出。1926年，鲍肯德（Bourcond）、斯奈德（Snyder）在实验室进行了用发生炉煤气的回转窑直接还原的实验并取得了成功，同年还出现了用回转窑进行还原、增碳、得到熔融铁水的巴赛特（Basset）法。1930年，克虏伯（Krupp）公司开发了克虏伯-雷恩（Krupp-Renn）法，用低质煤作燃料和还原剂，在回转窑内将低品位高硅铁矿石还原，实现渣铁分离，铁聚合成细颗粒被夹裹在半液态的黏稠渣中，经水淬、破碎、磁选分离出铁粒。回转窑直接还原法是煤基直接还原法的主要工艺。

法国博茨尔公司用电硅热和电碳热法生产硅钙合金　电碳热法是指在电炉内以碳质还原剂生产铁合金的方法，是生产铁合金的主要方法之一，即将电能经电极输入电弧还原电炉内转化为热能，将矿石、碳质还原剂及熔剂的混合料加热至熔化和还原所需要的温度而得到铁合金。法国化学家穆瓦桑（Moissan，H. 1852—1907）做了一些在电弧炉内用碳还原氧化物的实验，这是电碳热法生产铁合金工艺的先驱性工作。1888—1892年，法国埃鲁（Héroult，P.L.T.）首创用三相直接电弧炉生产电石，这是电碳热法用于工业生产的首创。约1907年，法国博茨尔（BOZEL）通用电化学公司先用电硅热法后用电碳热法在电炉内生产硅钙合金。

1908年

瑞典首先实现电炉炼铁工业生产　电炉炼铁即以电能为供热能源的非高炉炼铁方法。由于炼焦煤的缺乏和水电资源的开发，自20世纪初，一些国家开始研究和使用电炉炼铁，1908年，第一座炼铁电炉在瑞典投入生产。电炉炼铁的原理及工艺特点是：原料经配料加入炉内，炉料经加热、分解、还原、熔化、造渣及渣铁反应等过程生成生铁和炉渣，渣、铁定期从铁口、渣口放出。电炉炼铁的特点是：炉内所有反应所需的热量不是由燃料燃烧提供，而是由外部输入的电能提供；电炉炼铁过程中炉料的还原主要是直接还原（占总还原量的80%～90%），由煤气产生的间接还原仅占10%～20%。炉料入炉后受下部上升的热煤气及自身电阻热的加热，经预热、分解、部分还原后在电弧下及附近的高温区迅速熔化，在很短时间内完成造渣、熔化、渣铁分离等过程，并在渣铁流经炉缸内炽热的焦层时进行终还原、渗碳及脱硫反应，最终聚集在炉缸形成铁水层和炉渣层，渣铁定期从铁口、渣口放出，冶炼周期仅为0.5～1.5小时；料柱短，对料柱的透气性要求低，可以使用强度低的原料和还原剂，如无烟煤、劣质焦。

稀土合金打火石问世　稀土中间合金是指稀土元素和一种或数种其他元素组成的具有金属特性的物质，又称母合金，一般包括混合稀土金属、硅基稀土复合铁合金，以及以稀土或钇为基的二元稀土中间合金。稀土中间合金的基本用途是作稀土添加剂。1908年，含铁30%的打火石问世，这是稀土合金的首次应用。1922年，美国矿务局首先在钢中添加稀土合金。从20世纪50年代起，含铁5%的铈组混合稀土金属广泛用于钢铁冶金。20世纪60年代，美国钒公司和钼公司研制成功被欧美等一些国家称作稀土硅化物的稀土硅铁合金。1948年，英国研究人员首先用火石合金与硅铁一起处理生铁得到了球墨铸铁。1952年，美国联合炭化物公司在镁硅铁球化剂中配入铈来处理铁水取得成功，从而导致了稀土镁硅铁合金的诞生。

1909年

库利吉［美］用粉末冶金法制成电灯钨丝　制造和利用金属粉末，经历了很长的时间。早期是用机械粉碎法制得金、银、铜和青铜的粉末，多用作陶器等器具的装饰涂料。18世纪下半叶和19世纪上半叶，俄、英、西班牙等国曾以工场规模制取海绵铂粒，经过热压、锻和模压、烧结等工艺制造钱币和贵重器物。1909年，美国物理学家库利吉（William David Coolidge 1873—1975）发明用粉末冶金法制造灯泡用钨丝，奠

库利吉

定了现代粉末冶金的基础。此后20年间，用粉末冶金法制造了钨制品、钼制品、硬质合金、青铜含油轴承、多孔过滤器、集电刷等，逐步形成了整套粉

末冶金技术。

皮尔斯［美］和史密斯［美］研制出耐用的耐火镁砖 早期转炉的炉衬很容易被炉渣侵蚀掉，虽然人们早就意识到应该使用一种碱性炉衬，但一直没有找到合适的材料，直到1909年皮尔斯（Peirce，W.H.）和史密斯（Smith，E.A.C.）研制出耐用的耐火镁砖，它很快被用来制作转炉的炉衬。在使用耐火镁砖作炉衬的炉子中，应在装料时往炉内加入适量的硅砂，使它们与熔液中的铁形成炉渣而将所含的铁排除掉。

1910年

美国采用辊式冷弯机 冷弯型材是以金属板带作坯料，用冷弯机制成具有各种形状横断面的轻型经济型材。1838年，俄国已用压力机冷弯制成型材。1910年，美国首先制成辊式冷弯机。20世纪50年代，冷弯型材的生产取得发展。冷弯型材的生产方法有滚弯、压弯、拔弯和折弯四种，以辊式连续弯曲法的应用最为普遍。板带经过2～30架辊式冷弯机沿纵向逐步弯曲变形，形成各种形状的型材。理论上板带在弯曲变形过程中只有断面几何形状的变化，断面面积不变。

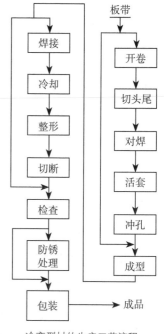

冷弯型材的生产工艺流程

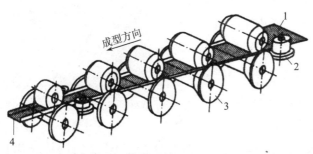

辊式连续冷弯成型示意图
1-板带原料　2-辅助立辊　3-成形辊　4-成品

亨特［美］用金属钠还原四氯化钛制得钛 四氯化钛是一种无色的液体，其沸点为136 ℃。如同生产氯化镁那样，四氯化钛是存在碳存在的情况下，用氯和氧化钛（现在多用作涂料）反应而生产的。镁在约900 ℃时，在氩气覆盖下，在铁罐中熔化；将液态的四氯化钛滴入，蒸发，还原成金属钛（熔点为1 800 ℃），聚集在容器壁上，由放热反应维持其温度。在反应终了时，留下未还原的镁、金属钛和氯化镁的混合物。

亨特

然后，用稀盐酸溶解或真空蒸馏法予以分离，氯化镁可在镁电解槽内还原成金属镁。这样，钛在一定程度上取决于镁或钠。1910年，美国冶金家亨特（Matthew Albert Hunter 1878—1961）用金属钠还原四氯化钛制得较纯的金属钛。1932年，卢森堡科学家克劳尔（Kroll，W.J.）用钙还原四氯化钛制得钛，为现代钛生产方法奠定了基础。克劳尔又于1940年在氩气保护下用镁还原四氯化钛制得钛，此方法是20世纪70年代工业生产钛方法的基础。1948年，美国杜邦公司用镁还原法生产商品海绵钛，开始钛的工业化生产。

美国发明了混凝土喷射技术 混凝土喷射机是用压力输送混凝土混合料经喷嘴直接射到岩石表面上形成固结混凝土层的支护机械，主要用于地下矿山井巷、隧道、硐室支护，采场临时护顶和构筑充填料阻挡墙及其他地下工程支护，按配料类型可分为干式和湿式两种。1910年，美国阿伦顿气动喷枪公司（Allen-Town Pnumatic Gun.Co.）发明了混凝土喷射技术，20世纪40年代，瑞典阿利瓦公司（Aliva Ltd.）制造出骨料粒径为10～25毫米的干式混凝土喷射机，到20世纪50年代在矿山得到推广应用。同期，美国发明了湿式混凝土喷射机，20世纪70年代改进了其结构，使湿润混合料能通过干式喷射机体，水灰比达到0.15～0.3，有效地降低了粉尘和回弹率，这种喷射机也称为半湿式混凝土喷射机。

美国采用露天开采方法大规模开采低品位矿 早期世界上的主要采矿形式为露天采矿，必要时首先通过初步爆破松开表土，然后用蒸汽铲挖出矿石并装到附近的火车上，当时很多公司只在富矿脉露天开采。1899年，美国犹他州宾厄姆铜矿的年轻工程师杰克林（Jackling，D.C.）和格默尔（Gemmell，R.C.）写了一份报告，简述了用露天开采法以每天2 000吨的速度开采和破碎矿石的计划。这个计划在当时被认为非常大胆，后来在联合企业的财政支持下于1910年开始实施。到1913年，该矿达到每天开采4 500吨矿石的能力，证明了如果经营规模足够大的话，开采低品位且分散的铜矿是可以获利的。宾厄姆的工程师们开辟了用露天开采法大规模开采低品位矿的道路，大规模进行露天开采的主要意义在于它能够开发贫矿。

1911年

居里夫人［法］和德比尔纳［法］用电解–蒸馏法制得金属镭　1898年，居里夫妇（Pierre et Marie Curie）和贝蒙（Bémont，G.）发现沥青铀矿提铀残渣的富钡部分通过分布结晶法，得到另一种放射性很强、原子量比钡更大的物质，以拉丁文radius（射线）命名。1911年，居里夫人和法国化学家德比尔纳（André-Louis Debierne 1874—1949）用汞阴极和铂阳极电解氯化镭溶液制得镭汞剂，再于纯氢气氛中，在270～700 ℃蒸馏，除去汞，得到金属镭。

格日迈洛［俄］提出冶金炉的水力学原理　俄国人格日迈洛（Гржимайло，Г.）1911年提出冶金炉的水力学原理，把一座正在工作的炉子，堪称是一条"倒置的河床"，提出了炉子设计方面的若干重要原则。这对当时炉子普遍存在的单位产量不高、炉内气体呈自然流动的情况是适用的，在生产上也发挥了作用。后来，为使炉子不断提高产量，逐步采用液体和气体燃料的燃烧装置，炉内气体变成了强制流动，这一理论就不适用了。20世纪50年代初，思林（Thring，M.W.）、格林科夫（Глинков，М.А.）等人较全面地研究了炉内的燃烧、气体运动、传热等热工过程。1959年，格林科夫提出炉子的一般原理，把炉子的工作制度分为三类：辐射制度、对流制度和层状制度。在讨论每一种工作制度时，都从热交换出发，对燃料的选择、燃烧过程、气流的组织等提出相应的要求。

1912年

瓦纽科夫［俄］提出最早的熔渣离子结构理论　熔渣离子学说是一种熔融炉渣结构学说。1912年，俄国冶金学家瓦纽科夫（Ванюков，В.А.）提出熔渣离子化理论，认为熔渣是由简单的离子和复杂的配位离子构成，质点间相互作用为离子的相互作用，所以渣金间的相互作用是电化学性质的作用。1945年，苏联学者焦姆金（Темкин，М.N.）提出熔渣完全离子溶液学说，称为Темкин模型，该模型揭露了离子熔体质点载有正负电荷的本质，但忽略了电荷符号相同而种类不同的离子之间的差异，与真实离子熔体（如熔渣）存有偏差，但它提供了一种对实际炉渣进行比较的标准。马松（Masson，C.R.）在1965年提出并在1970年改进的马松模型，又称全链结构型，该模型假定熔体中离子活度等于其离子分数，硅氧配位离子之间发生一系列聚合反应并达到平衡，每个聚合反应的平衡常数都相等。

布雷亚里［英］和海恩斯［美］发明了马氏体不锈钢　不锈钢被定义为一种含铬量为12%～30%和含碳量低于1%的钢合金，奥氏体不锈钢含有7%～35%的镍。20世纪早期出现了各种硬化钢合金。1904年，法国研究员莱昂·古

布雷亚里

耶（Léon Guillet）尝试了各种低含碳量的铬合金。尽管他忽视了不锈钢所具有的抗腐蚀性，但他的描述表明他已冶炼出不同等级的两种不锈钢：可以用高温硬化的马氏体不锈钢和不能硬化的铁素体不锈钢。1904—1915年，许多研究人员都在研究各种合金，但人们一般把不锈钢的发明归功于英国冶金学家哈里·布雷亚里（Harry Brearley 1871—1948）和美国人埃尔伍德·海恩斯（Elwood Haynes）。布雷亚里发明了1912年开始用于海军枪支的马氏体不锈钢，他和托马斯·弗斯父子公司在专利权上起了争端，1915年，布雷亚里最终获得了不锈钢在美国的专利。埃尔伍德·海恩斯也发明了生产马氏体不锈

钢和其他硬金属合金的方法。他从1912年开始申请，但直到1919年才获得这项专利，同时宣称这种金属不会腐蚀。海恩斯和布雷亚里两人的专利在钢铁公司都得到了应用。1912年，德国的克虏伯申请了奥氏体不锈钢的专利，镍是这种不锈钢中的一种重要成分。

毛雷尔［德］和施特劳斯［德］制出奥氏体不锈钢　德国人毛雷尔（Maurer，E.）和施特劳斯（Strauss，B.）1912—1914年在德国发明了含C小于1%，含Cr 15%～40%，含Ni小于20%的奥氏体不锈钢。一般情况下，钢中含Cr约18%，含Ni 8%～10%，含C约0.1%时，具有稳定的奥氏体组织。奥氏体铬镍不锈钢包括毛雷尔1920年发明的著名的"18-8"钢（C 0.1%、Cr 18%、Ni 8%）和在此基础上增加Cr、Ni含量并加入Mo、Cu、Si、Nb、Ti等发展起来的高Cr-Ni系钢。奥氏体组织的钢是无磁性且具有高韧性和塑性，但强度较低，而且不能通过相变使之强化，仅能通过冷加工进行强化。如果把S、Ca、Se、Te等加入钢中，它便具有良好的易切削性。此类钢除耐氧化性酸介质腐蚀外，还能耐硫酸、磷酸以及甲酸、醋酸、尿素等的腐蚀。不锈钢中的含碳量如果低于0.03%或含Ti、Nb，就可以显著提高其耐晶间腐蚀性能。高硅的奥氏体不锈钢对浓硝酸有良好的耐蚀性。

安德森［典］发明了球团矿生产法　1912年，瑞典人安德森（Anderson，A.G.）开始研究利用铁精矿生产球团矿的方法并取得了专利。1913年，安德森发现一种将湿的矿粉团球干燥并进行热处理的矿粉造球造块法，但未被人们广泛采用。同年，布莱克尔斯贝尔格（Brackelsberg，C.A.）取得了德国专利，他提出将矿粉加水或黏结剂混合、造球，然后在一定温度下焙烧固结。他在莱茵豪森建造了一个球团厂，利用硅酸钠作黏结剂，并用德怀特-劳埃德烧结机把球硬化。在团球方面，最显著的进展是在美国取得的，1934—1936年，美国矿务局资助戴维斯（Davis，E.W.）用梅萨比的铁燧岩矿石进行了此项工作。这种方法包括把这些含铁量低的硬矿磨得很细，使它能以磁力聚集。20世纪40年代后期，查默斯（Allis Chalmers）和麦基（McKee，A.G.）两公司制造了一种加热硬化机，这是球团工艺方面的最大成就。与烧结工艺不同的是，这种机器是在严格控制温度的情况下，对球团进行较长时间的热处理。

1913年

维特金［美］和里威士［美］首先研究成功钙还原法生产金属锆　二氧化锆钙还原，是指用金属钙或氢化钙还原二氧化锆制取金属锆粉的金属锆生产方法，产品纯度可达98%以上，主要用作电子管吸气剂。该法由维特金（Wedekind，E.）和里威士（Lewis，S.J.）于1913年首先研究成功，现已用于工业生产，其原理是：将二氧化锆、金属钙和氯化钙混合均匀后，迅速装入不锈钢反应罐中，密封后放到竖式反应炉中；将反应罐抽真空并反复用氩气冲洗后，保持氩气压力略高于常压，缓慢升温，在573 K左右保温一段时间以去除炉料中的水分，然后再继续升温至1 173～1 223 K进行还原反应。

1914年

美国从海水中提炼镁获得成功　镁与铝相似，但比铝轻，然而因为提炼困难未能大量使用。1914年，美国一家化学公司从海水中提炼镁获得成功。第二次世界大战中镁用于制造飞机，产量增长了10倍。20世纪60—70年代又开始用镁合金作为结构材料。后来又研究出含有9%的钇和1%的锌的镁合金，它既轻、强度又高，是制造飞机零件的重要材料。

1915年

美国熔炼和精炼公司用硅氟酸电解精炼粗锡　粗锡电解精炼是指粗锡经电解精炼产生精锡的过程，是锡电解流程之一。粗锡电解精炼始于20世纪初期。1915年美国熔炼和精炼公司（American Smelting & Refining Co.）的珀思·安博伊（Perth Amboy）厂用硅氟酸电解精炼粗锡，1917年改用硅氟酸和硫酸混合液，1920年使用硫酸和萃酚磺酸电解液。电解精炼以金属的标准电极电位和超电位理论为依据，在适当电压下电解，使阳极中的锡溶解，而标准电极电位比锡正的杂质则不溶解而成为阳极泥与锡分离。标准电极电位比锡负的杂质金属与锡一起溶于电解液中，但由于这些杂质量很少，在电解液中达不到一定的浓度则不会与锡一起在阴极上析出。对于和锡标准电极电位相近的铅，使其与电解液形成难溶的盐类而与锡分离。铁在电解精炼时容易还原和氧化，应预先用火法精炼将其除去。

1916年

德国首先制造出轮斗挖掘机 轮斗挖掘机是多个铲斗在动臂端部转轮上做圆周运动而连续挖掘岩土的多斗挖掘机，主要用于以上挖掘方式进行玻璃和采矿作业、掘进堑沟、向排土场排卸岩土或向运输设备装载岩土，其基本构造由工作装置、排料输送机、回转平台、行走装置、动力和控制系统组成。1884年，美国工程师斯米特（Smit）根据古代水车原理提出了在带式运输机前端对称布置两个斗轮的轮斗挖掘机的专利。1916年，德国洪堡公司（Humboldt）根据法国工程师什万格（Swanger, C.）的专利制造出轮斗挖掘机，广泛用于德国露天采煤，20世纪50年代推广到其他国家。

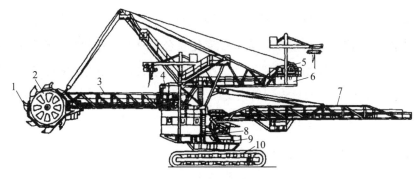

轮斗挖掘机结构图

1-铲斗 2-斗轮 3-斗轮臂 4-司机室 5-斗臂绞车
6-配重 7-卸料臂 8-回转装置 9-平台 10-行走履带车

1917年

埃尔门［美］发现铁镍合金在弱中磁场下的高磁性能 美国贝尔实验室的物理学家埃尔门（Elmen, G.W.或Elmen, G.）发现，含镍30%～90%的Ni-Fe合金在弱、中磁场下具有较好的软磁性能；其中78Ni-Fe起始磁导率最高，称为坡莫合金（Permalloy）。

世界首台拖拉式露天铲运机在美国问世 露天铲运机是铲挖、运输、排卸岩土的铲斗式装运机械，用于露天矿和土方工程中分层铲挖、运输和分层

卸下或堆积岩土，其主要由牵引架、前架、铲斗、升运装置（升运式）、后动
力装置（双发动机）、液压和操纵系统等组成。1917年，世界上首台拖拉式露
天铲运机在美国问世，1938年，制造出自行式露天铲运机，广泛用于土方工
程。20世纪50年代初，出现6～15立方米的机型之后，露天铲运机开始用于露
天矿铲挖、装运松软矿岩。中国露天矿山于1983年开始用露天铲运机。

露天铲运机
1-单轴牵引机　2-前架　3-升运装置　4-铲斗

1918年

帕茨［美］发明了抗下垂钨丝　由掺杂钨条拉制的钨丝称为抗下垂钨丝
或高温钨丝，其特征是再结晶温度高，且在高温下形成沿丝轴方向生长的长
而大的再结晶晶粒，因而防止了晶界滑移引起的高温变形，从而使钨丝不下
垂。1918年，美国帕茨（Pacz，A.）发明了抗下垂钨丝，主要用作白炽灯、荧
光灯和其他灯泡的灯丝及电子管的热丝。经研究和工作实践表明，以蓝钨为
原料，添加掺杂剂所获得的钨丝具有较优异的高温抗下垂性能。

维伯［典］发明了直接还原法炼铁　维伯直接还原法是一种煤基直接还
原炼铁的方法，1918年由瑞典人马丁·维伯（Wiberg）发明，它是用固体燃
料（木炭、焦炭或煤）以电热法制取还原气，在竖炉内将铁矿石直接还原成
铁，称为维伯法。1930年，在瑞典桑德福斯（Soderfots）建造了第一座生产装
置，此法最初使用木炭制造还原气，后因经济上的原因，改用焦炭制气。维
伯法是由3个竖炉组成一套生产装置，其中1个竖炉用作焦炭电热制气，另1个

竖炉用作还原气脱硫，还有1个竖炉用作铁矿石还原。热还原气从竖炉的还原区下部进入竖炉，与从上向下的铁矿石逆流运行；还原气和铁矿石能很好地进行热交换和还原反应；在竖炉下部的冷却区，用冷却气进行直接还原铁的冷却最后通过排料机构出炉。维伯直接还原法是第一个有工业生产意义的气基直接还原法，虽然这种方法没有大规模发展起来，但是却为以后的竖炉直接还原法奠定了理论和工艺基础。

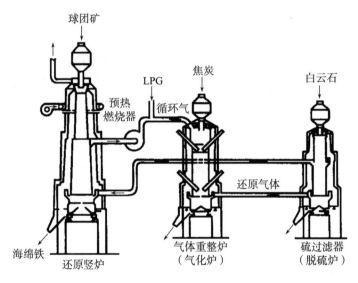

维伯法工艺流程

1920年

格里菲斯［英］提出了脆性材料强度降低理论　1920年，英国工程师格里菲斯（Alan Arnold Griffith 1893—1963）提出了脆性材料强度的降低是由于材料中存在微裂纹的理论。1957年，美国科学家欧文（George Rankin Irwin 1907—1998）用弹性力学求出中心穿透裂纹板双面拉伸的解，发展了断裂力学。1970年，美国ASTM颁布断裂韧性试验标准。

瑞典公布了用铬矿生产低碳铬铁的工艺　20世纪初，法国冶金工作者已开始研究电硅热法生产中低碳铬铁（锰铁）的工艺，如贝克特（Becket, F.M.）等自1906年起就从事这一领域的研究。但工业化生产却是瑞典首先报道的，1920年左右，瑞典公布了用铬矿生产低碳铬铁的"三步法"工艺——"瑞典法"，而电硅热法就是这种"三步法"工艺的最后一步。1939年，波伦（Perrin，M.R.）获得了"热兑法"生产低碳铬铁的专利，故称此法为"波伦法"。"波伦法"对电硅热法的工艺做了重大的改进，使电能消耗减少，热利用率提高，铬和锰的回收率提高，避免了因电机增碳和渣洗脱碳而使产品含碳量降低，生产规模大幅提高；缺点是产品含氮较高。20世纪70年代又出现了一些改进的工艺，如电炉摇包法等。

1921年

帕茨［美］发现在铸造铝合金中加钠可大大提高合金性能 1921年，帕茨（Pacz，A.）在铸造铝硅合金中加入万分之几的钠（后来称为变质处理），合金性能获得很大改善，于是铸造铝硅合金便得到大量应用。所谓变质处理，是指向金属液体中加入一些细小的形核剂（又称为孕育剂或变质剂），使其在金属液中形成大量分散的人工制造的非自发晶核，从而获得细小的铸造晶粒，达到提高材料性能的目的。

美国沙利文公司制造出世界上第一台气动双卷筒绞车 扒矿机是以绞车和钢绳牵引耙斗机扒运矿石的机械，主要由绞车、耙斗、钢绳和滑轮等组成。扒矿机的工作原理：绞车用主绳和绕过悬挂在爆堆后面岩壁上的滑轮的尾绳牵引耙斗往复运动。1921年，美国沙利文公司（Sullivan Machinery Co.）制造出世界上第一台气动双卷筒绞车，1923年制造出电动双卷筒绞车，1929年制造出三卷筒绞车。

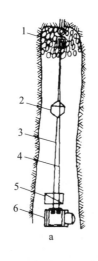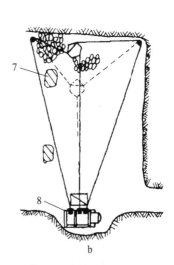

扒矿机作业示意图
a–双卷筒绞车扒矿机 b–三卷筒绞车扒矿机
1–滑轮 2–耙斗 3–首绳 4–尾绳 5–溜井
6–双卷筒绞车 7–矿柱 8–三卷筒绞车

1923年

阿尔曼德［美］和卡姆勒尔［美］电解硫酸锰水溶液制得电解锰　1923年，阿尔曼德（Allmand，A.I.）和卡姆勒尔（Camplell，A.N.）通过电解硫酸锰水溶液制得电解锰。1936年2月，美国矿务局完成电解硫酸锰水溶液制电解锰的半工业试验。1938年，美国电锰公司开始工业规模生产电解锰。

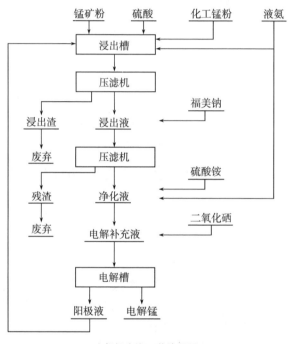

电解锰生产工艺流程图

智利发明离析炼铜法　离析炼铜法是将难选、难浸出结合性氧化铜矿进行氯化还原、浮选和熔炼产出粗铜的铜熔炼方法。1923年，在智利进行氧化铜矿还原焙烧–氨浸出试验时，研究者们发现了矿石中天然存在的食盐能使氧化铜转变成为金属铜而沉积在炭粒表面的现象，这一发现为铜矿石的处理开辟了一条新途径——离析炼铜法。20世纪30年代，在津巴布韦和刚果曾建设了几座离析炼铜法的中间工厂，但由于当时市场铜价低，生产成本高，很快停产。20世纪50年代，由于易选的硫化铜矿日益减少，氧化铜矿相对增多，离析炼铜法又被重视起来。一般认为，铜矿的离析过程包括食盐分解成氯化氢气体、铜氧化物氯化挥发和铜氯化物被还原成金属三个基本步骤。

施勒特尔［德］用粉末冶金方法制成硬质合金　硬质合金是指由难熔金属的硬质化合物和黏结金属组成的合金，常用的难熔金属硬质化合物主要是碳化钨、碳化钛和碳化钽。黏结金属是指起黏结作用的金属，常用铁族元素，尤其是钴。1923年，德国人施勒特尔（Schröter, K.）采用粉末冶金方法制成以钴为黏结金属的烧结碳化钨，开创了制作硬质合金的先例。1926年，德国克虏伯公司开始工业规模生产含钴6%的碳化钨硬质合金，并以"Widia"（wie Diamond的缩写，意即"像金刚石"）为商标出售。早期的硬质合金成分是单纯碳化钨和钴，只用作模具和切削铸铁、有色金属的刀具材料，如果用于切削钢材，刀刃会迅速出现月牙洼形状的磨损，逐渐扩大以致崩刃。1929年，美籍奥地利人施瓦茨科夫（Schwarzkopf, P.）在原有合金成分中加入适量的复式碳化钨（即碳化钨和碳化钛的固溶体），改善了刀具切削钢材的性能，这是硬质合金发展历程中的一大成就。

美国阿姆科公司建立第一座薄钢板连轧车间　连轧技术的设想由来已久，1892年，波希米亚的迪普利希工厂就曾设想将50英寸的钢板轧成60英尺的薄板，但因难以保证尺寸的均匀性，经15年努力未获成功。美国青年泰塔斯（Titus, J.B.）使这项技术获得了突破，他于1904年进入阿姆科公司做轧钢工作，在实践中逐渐萌发了宽带钢连轧的新设想，当发现真正的圆柱形坯料并不能轧制出宽带钢时，他又通过反复试验发现，只有当钢坯保持一定的凸度，轧制时才能保证薄板的行进方向，阻止薄板横移，使薄板表面平滑。他在生产实践中进一步分析影响薄板轧制的各种工艺因素，尽可能予以校正、控制，找到了轧辊的形状、温度、间距、弹性和成分等与薄板轧制的关系，使热连轧工艺得以完善。阿姆科公司于1921年采用泰塔斯的方案建立新的轧钢厂，1923年正式建立了第一座薄钢板连轧车间，6个月便正常生产，并获得了连续热轧钢板的专利。

1924年

德国霍希钢铁厂最早提出熔融还原炼铁的方案　位于德国多特蒙德的霍

希钢铁厂（Hoesch Steel）提出在转鼓形回转炉内用碳还原铁矿石得到铁的方案，之后开发的Stara法、Sturzeberg法均未成功。20世纪50年代研究开发的熔融还原法，大多数设想是在一个反应器内完成全部熔炼过程，故称一步法，如Dored法、Retored法、CIP法等。但由于还原反应产生的CO的燃烧热不能迅速传递到吸热的还原反应区，迫使熔炼中止而告失败。20世纪70年代采用两步法原则，即将整个熔炼过程分成固态预还原和熔融态终还原两步，分别在两个反应器内进行。预还原装置有回转窑、流化床和竖炉等形式，其中以流化床和竖炉为多；终还原装置为转炉型或电炉型。如今，COREX法已实现工业生产，DIOS法、HI熔融还原法、Plasmelt法、INRED法及ELRED法均进行了较大规模的半工业试验，川崎熔融还原法、住友熔融还原法、COIN法、MIP法和CIG法进行了单环节或联动半工业试验，AISI法、PJV法等还在试验中。COREX法已于1989年在南非ISCOR公司建成一座年产30万吨工业生产装置投入生产，又在韩国浦项投产了一座年产60万吨的工业生产装置。

1925年

诺达克［德］用光谱法发现了金属铼　早在1872年，俄国化学家门捷列夫就根据元素周期律预言自然界中存在尚未发现的原子量为190的"类锰"元素；1925年德国化学家诺达克（Walter Noddack 1893—1960）用光谱法在铌锰铁矿中发现了该元素，以莱茵河的名称Rhein命名为rhenium。后来，诺达克又发现铼主要存在于辉钼矿，并从中提取了金属铼。铼在矿石中的含量低，价格昂贵，对其研究较少。1950年后，金属铼才从实验室的珍品变成重要的新兴金属材料。中国自1959年开始从钼精矿焙烧的烟气淋洗液和烟尘中提取铼。铼粉生产方法有氢还原法、电解法和卤化物热离解法三种，工业上常用的是用氢气还原高铼酸铵的氢还原法。

1926年

加拿大实现粗镍电解精炼工业化生产　粗镍电解精炼是用电解精炼法去除粗镍中的杂质来获得纯镍产品的方法，产出的镍主要用于生产合金、电热材料、磁性材料和用作电镀原料。粗镍电解精炼于1926年在加拿大科尔博恩港（Port Colborne）镍精炼厂实现工业化。该法的原理是：以粗镍为可溶阳极，纯镍作阴极，硫酸镍和氯化镍混合溶液作电解液，电解在隔膜电解槽内进行。当往电解槽通直流电时，粗镍阳极发生溶解，在阴极上析出更纯的镍。其工艺是由硫化镍焙烧成氧化镍，再用电炉或反射炉还原熔炼所产出的粗镍浇铸成阳极。

1927年

马登［美］和李奇［美］用电炉钙热还原法制得工业金属钒 早在1867年，英国化学家罗斯科已经用氢还原VCl₂制得较纯的银灰色金属钒粉。1869年，法国研究钒作合金剂用于生产装甲钢板。1869年，欧洲用钒作特殊钢添加剂。1870年，钒被用作催化剂。1905年前后，含钒合金钢用作汽车工业的原料。1927年，美国马登（Marden，J.W.）和李奇（Rich，M.N.）用电炉钙热还原法制得工业金属钒。

罗斯科

理查德［德］创立了高炉区域热平衡图 20世纪初，马西修斯（Mathesius，W.）提出了区域热平衡概念。理查德（Richardt，P.）于1927年根据高炉热交换和区域热平衡特点创立了温度–热量图，成为描述高炉炼铁的最早的热平衡模型，该图又称理查德图。理查德图是以高炉具有煤气发生供

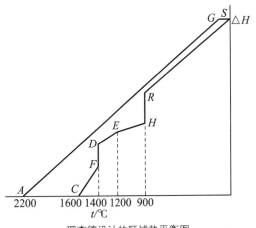

理查德设计的区域热平衡图

热和热交换两项功能为基础的。进入高炉内的燃料遇到热风燃烧形成CO放出热量，将燃烧产物加热（炉缸煤气）到一定温度$t_{缸}$（2 000～2 350 ℃）。

在上升过程中高温煤气通过热交换将热传给炉料，供加热炉料和冶炼过程的物理化学反应的需要，煤气离开高炉时，温度降到$t_顶$。理查德以温度t为横坐标，煤气放出热量$\triangle H$为纵坐标，把煤气供热和冶炼过程中各区域的需热绘制在t–$\triangle H$图上。

涅姆佐夫［苏］在高炉使用加湿鼓风试验成功　加湿鼓风是往高炉鼓风中加入水蒸气以提高和稳定鼓风湿度的技术，也称为蒸汽鼓风，是高炉强化冶炼技术之一。由于加湿鼓风具有稳定炉况、调节炉温和强化高炉冶炼的作用，所以自1927—1928年，涅姆佐夫（Немцов，А.В.）首先在苏联斯大林钢厂高炉试验取得显著效果以来，便逐渐得到推广。1937—1940年在苏联马格尼托哥尔斯克钢厂、库兹涅茨克钢厂和新利佩茨克冶金工厂先后进行了加湿16～32克/立方米的生产试验，并相应提高了风温，结果高炉产量提高了10%～15%，焦比降低了1.5%～3.4%。

1928年

挪威建成第一座采用自焙电极的炼铜电炉　电炉炼铜是指将含铜炉料在电炉内熔炼成铜锍的铜熔炼方法。铜精矿经过炼前准备，配入熔剂，加入矿热电炉中，在电热作用下熔化，在熔池内完成各种化学反应，生成铜锍和炉渣等产物。芬兰、挪威和瑞典等国家水电资源丰富，电价便宜，最早进行电炉熔炼铜矿石的试验。挪威于1928年在苏利帖尔玛（Sulitjema）建成一座3 000千瓦的炼铜电炉，并首次采用自焙电极。20世纪70年代后，因环境保护需要，有些炼铜厂将原有的反射炉改为矿热电炉。电炉炼铜具有烟量小、烟气温度低、热损失小、热利用率高和处理难熔炉料简单等特点，但也存在脱硫率低、烟气的SO_2浓度低、耗电多、生产成本高等问题。

20世纪30年代初

铲斗装载机问世　后卸铲斗装载机是滚臂式铲斗正铲后卸的地下装载机，简称装岩机，主要用于平巷、隧道和倾角小于8°的倾斜巷道掘进装岩，也用于回采工作面装矿。整机由装载机构、提升机构、回转机构、行走底盘、动力和操纵装置组成。铲斗装载机于20世纪30年代初问世，在20世纪

40—60年代成为地下矿山最主要的装载设备。中国于20世纪50年代末开始制造和推广铲斗装载机。铲斗装载机除后卸式铲斗装载机外，还有前段装载机、侧卸铲斗装载机、铲插装载机和耙斗装载机等。1949年，德意志联邦共和国出现第一台液压缸操纵的前端装载机。中国于20世纪70年代末研制成功铲插装载机。

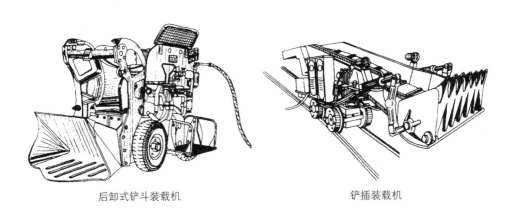

后卸式铲斗装载机　　　　　　　　　　　　铲插装载机

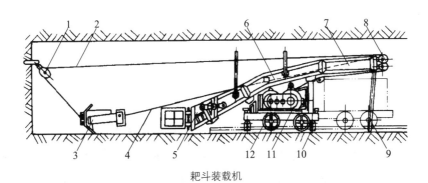

耙斗装载机

1–尾滑轮　2–尾绳　3–耙斗　4–首绳　5–进料槽　6–中间槽
7–卸料槽　8–导向轮　9–支腿　10–卡轨器　11–绞车　12–台车

英国试用梅考–穆尔联合采煤机　梅考—穆尔联合采煤机是20世纪30年代初在长壁工作面上采煤和装煤方面取得的一项重大进展。这种机器基本上是一个截煤机后面拖一个装煤部件。它在输送机和工作面之间的地面上运行时，从下部掏槽，并将煤爆破以备装运。当它运行到采煤工作面的尽头时，还可以往回走，并借助于带有悬臂、能够旋转的装料部件，把准备好的煤装入工作面输送机。但是，其把截和装分为两道工序是一项缺陷。在第二次世界大战爆发前，斯塔弗尔德郡的斯内德煤矿曾对梅考-

梅考-穆尔联合采煤机

穆尔联合采煤机的进一步发展进行过一次试验。1942年，诺丁汉郡的博尔索弗煤矿和拉福德煤矿又专门进行过多次试验。试验的结果表明，同时进行截煤和装煤是切实可行的。两种机器的生产商很快于1943年研制出AB-梅考-穆尔联合采煤机，这是第一台用于长壁采煤、可以同时进行截煤和装煤的联合采煤机。

南非采用刮板绞车采矿　南非伊斯特兰矿区引进刮板绞车的装置，这种装置由双卷筒绞车组成，卷筒上的绳索操纵耙式刮板，刮板在工作面上下耙动，从而把破碎了的矿石装进卡车。这种机器在南非的成功应用使得几乎所有不能利用重力装载碎矿石的矿区都采用了它。

美国开始用重油残渣于平炉炼钢　20世纪30年代的美国和第二次世界大战后英国的大多数炼钢炉炉喷口设计一直是困扰平炉炼钢的一个主要问题，最终由于使用了重油残渣这种燃料而得以解决。重油残渣价格便宜，热值高，又清洁，可以高速进入炉内，直接吹到金属熔池，因此减少了炉衬和炉顶的磨损，甚至最终不必使用长长的水冷式喷口。它也可以同天然气、焦炉煤气或焦油结合使用，由此带来的直接好处超过了发生炉煤气。

1930年

德国开发了回转窑粒铁法炼铁　早在18世纪就有人提出以直接还原法炼铁，1873年，建成第一座非高炉炼铁装置，但不久便宣告失败，此后的几十年发展缓慢。20世纪20年代，由于电力工业的开发，实现了工业化电炉炼铁。1930年，德国克虏伯公司开发了回转窑粒铁法，又称活法选矿法。由于该法不用冶金焦，而是用煤和其他燃料，还能富集贫铁矿中镍等金属元素，曾在德国、日本、希腊和苏联等国得到应用和发展。随着选矿技术和直接还原炼铁技术的发展，粒铁法在20世纪70年代后逐渐被淘汰。20世纪70年代，德国克虏伯公司在此法基础上创立了Krupp–CODIR法，并于1973年在南非建厂投产。

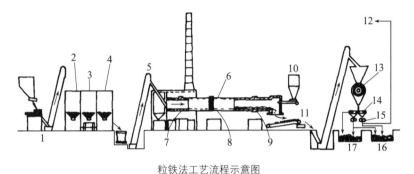

粒铁法工艺流程示意图

1–矿石破碎　2–燃料　3–矿石　4–返矿　5–混料和装窑设备　6–回转窑
7–预热带　8–还原带　9–粒铁带　10–粉煤燃烧系统　11–带式冷却机
12–循环磁精矿　13–球磨机　14–筛子　15–分选　16–炉渣　17–粒铁

1931年

苏联最先研究成功拜耳–烧结串联法　拜耳–烧结联合法是拜耳法和烧结法并用的一种氧化铝生产方法，是一种用于处理Al_2O_3与SiO_2质量比为5～7的中等品位铝土矿的较经济的方法。该方法的最大特点是可用烧结法系统所得的铝酸钠溶液来补充拜耳法系统中的碱损失。该法有三种形式，即串联法、并联法和混炼法。串联法是1931年苏联最先研究成功的，即用拜耳法处理中等品位铝土矿，同时用烧结法处理拜耳法产出的赤泥的氧化铝生产方法，可以降低碱耗，提高氧化铝的回收率，并用纯碱来补充拜耳法系统的苛性碱损失。并联法也是20世纪30年代初苏联最先研究成功，即以拜耳法处理高品位铝土矿，同时以烧结法处理低品位铝土矿的氧化铝生产方法，也可用烧结法系统处理高品位铝土矿，其目的是通过烧结来苛化纯碱，并且用比较便宜的纯碱来替代较贵的苛性碱。混联法是用拜耳法处理的高品位铝土矿、拜耳法产出的赤泥加低品位铝土矿共同烧结的氧化铝的生产方法，主要在中国使用。

1932年

申克［德］发表《钢铁冶金过程物理化学导论》 物理化学应用于冶金过程首先自炼钢工艺开始。1925年，英国法拉第学会（Faraday Society）召开的炼钢物理化学国际学术会议引起了全世界广大冶金工作者的兴趣，使炼钢工作者产生了把炼钢由技艺发展为科学的期望。1926年，美国赫尔蒂（Charles Holmes Herty 1867—1938）在美国矿务局领导下组织了钢铁冶金物理化学专门研究小组，进行了较有系统的

赫尔蒂

研究工作。1932年，德国著名冶金学家申克（Hermann Schenck 1900—1991）编写出版的《钢铁冶金过程物理化学导论》（*Einführung in die Physikalische Chemie der Eisenhüttenprozesse*）是将钢铁冶炼工艺的实践经验上升为系统理论的第一本冶金过程物理化学的名著，先后被译成英、俄、意等文字。美国奇普曼（Chipman, J.）的早期代表著作，如《1600 ℃的化学》和《金属溶液中的活度》进一步奠定了冶金过程物理化学学科的基础。

1934年

泰勒［英］、奥罗万［匈］和波拉尼［匈］分别提出位错理论 英国物理学家、数学家泰勒（Geoffrey Ingram Taylor 1886—1975）、匈牙利物理学家、冶金学家奥罗万（Egon Orowan 1902—1989）和匈牙利博物学家波拉尼（Michael Polanyi 1891—1976）于1934年分别提出位错（晶体缺陷）理论。位错是指晶体中某一集合面两侧发生相对位移的区域和其他未发生相对位移的区域的边界线，如相对位移矢量是点阵矢量，则除了位错线附近外，原子仍按完整的点阵排列。这一相对位移矢量被称为位错的伯格斯矢量（Burgers vector），一般它是点阵中最密排方向上最短的点阵矢量。

泰勒

波拉尼

扎伊尔首先采用电炉炼锡　1934年，扎伊尔的马诺诺（Manono）炼锡厂首先采用电炉熔炼锡精矿。电炉炼锡具有易于达到高温（1 723～1 873 K）、强还原、热效率高、炉气和烟尘少等特点，适用于熔炼含锡高、含铁低或难熔的锡精矿，为许多国家的炼锡厂采用，是产锡量仅次于反射炉的炼锡法。炼锡电炉主要由炉体和变压器两部分组成，炉体为钢制外壳，内砌碳砖或镁砖，安放在钢梁上；炉顶为活动炉盖，上面设有3个电极孔、3个进料孔和1个排烟孔；炉旁有钢臂支架、电极夹及控制电极升降的电动绞车或气动装置。炉膛渣线以上有工作门，炉底设一个或两个放出口。工艺过程包括炉料准备、还原熔炼、放锡和放渣等作业。

戈斯［美］制成冷轧取向硅钢板　1900年，英国的哈德菲尔德（Hadfield, R.A.）首先发现硅钢有良好磁性，1903年开始生产热轧硅钢板。1934年，美国发明家戈斯（Goss，N.P. 1902—1977）制成冷轧取向硅钢板。20世纪40年代初，冷轧无取向硅钢获得应用，60年代又生产出冷轧低碳电工钢。中国于1954年开始生产热轧硅钢，1979年开始生产冷轧硅钢。

1935年

福克斯［美］和洛塞脱［美］用石灰法提锂　石灰法提锂是指含锂铝硅酸盐矿物经石灰石焙烧处理来生产单水氢氧化锂（LiOH·H$_2$O）或碳酸锂的锂提取方法。该方法的原理是锂铝硅酸盐矿物通过石灰石焙烧，使主要杂质硅、铝生成难溶于水的化合物，而锂及其伴生有价金属钾、钠、铷、铯生成易溶于水的化合物，然后用水浸出分离获得锂产品。石灰法提锂适用于从锂云母中提锂，也可用于从锂辉石中提锂。1935年，福克斯（Fuchs）开始研究石灰法提锂，同年洛塞脱（Ralston，O.C.）提出了比较完整的石灰法提锂工艺。

美国在有色金属方面开始应用连续铸轧法　连续铸轧是指直接将液态金属"轧制"成成品或半成品的工艺，简称液轧，以前被称为无锭轧制，在有色金属工业中也被称为连续铸轧。在这种工艺中，轧辊主要是起液态金属结晶器的作用，又有轧压作用。液态轧制不同于连铸–连轧工艺，后者是金属在连铸机的结晶器中凝固，在轧机中完成变形的工艺。1857年，英国贝塞麦（Bessemer，H.）设计出第一台辊式液轧机。1935年，美国首先在有色金属方面取得液态轧制的工业生产成功。20世纪50年代，苏联以生铁水液轧取得成功，建造了几十套生铁水液轧机，每年共生产约10万吨生铁板。20世纪60年代开始，其他工业发达国家陆续建造了各种不同形式的液轧机，但只用于生产铝、铜等有色金属或合金的带材、线坯和型材。液态轧制法可以大幅度节约能源，而且产品性能更加均匀，建设投资大大节省（约为传统方法的12.5%），缺点是轧制速度低、生产能力小。

1936年

休谟–饶塞里［英］发表《金属与合金的结构》　英国金属学家和化学家休谟–饶塞里（William Hume-Rothery 1899—1968）的科学贡献在于奠定合金相的晶体结构原理的基础。当时虽已证明合金中存在各种中间相，但远未形成理论。这些中间相的形成用道尔顿的分子论已难以解释，许多已确定的合金组分又不符合原子价的正常规律，而用X射线衍射测定晶体中原子排列的新方法以及原子和电子本质的新观点，已为新的探讨途径准备了条件。经研究，他归纳出电子化合物的规律，称休谟–饶塞里规律。

1937年

佩里埃［意］和塞格雷［意］用回旋加速器制出第一个人造元素

锝　1937年，意大利矿物学家佩里埃（Carlo Perrier 1886—1948）和意大利物理学家塞格雷（Emilio Gino Segrè 1905—1989）用回旋加速器以氘核轰击钼发现锝。这是第一个用人工方法制得的元素，故按希腊文technetos（人造）命名为technetium。1961年，美国的吉奥索（Ghiorso，A.）等人在回旋加速器上用硼离子轰击锎制得铹。

塞格雷

1938年

纪尼埃［法］和普雷斯顿［英］公布铝合金时效处理的原理　法国物理学家纪尼埃（André Guinier 1911—2000）和英国人普雷斯顿（Preston，G.D.）对铝合金的时效处理初始阶段进行研究，指出硬度的增加是由于溶质原子偏聚（即形成GP区）的结果——在过饱和固溶图中，溶质原子易发生偏聚，并沉淀析出新相的现象称为脱溶，这是对金属学理论的一大贡献。铝合金研究和发展初期主要与航空工业联系在一起，此后用途不断扩大，发展很快，在金属材料中，铝的产量仅次于钢铁，居于有色金属的首位。

苏联制造出地下支架式潜孔钻机　潜孔钻机是以冲击器潜入孔内直接冲击钻头破岩的钻孔机械。1932年，美国英格索尔-兰德公司（Ingersoll-Rand）首先研制出潜孔冲击器。1938年，苏联制造出地下支架式潜孔钻机。20世纪50年代初，该种钻机在地下矿山深孔钻进中得到推广。自行式潜孔钻机首先在美国露天矿得到应用，20世纪60年代初成为世界露天矿在硬岩中钻孔的最主要钻机。1965年，澳大利亚实现露天钻孔潜孔化。20世纪60年代中期，由于牙轮钻机及其钻头取得重大技术突破，在大中型露天矿中取代了潜孔钻机。20世纪70年代出现了高气压冲击器和合金球齿钻头，潜孔钻机在地下大直径深孔钻进中又重新获得应用。1987年，瑞典推出第一台全自动地下潜孔钻机。中国于1958年开始研制潜孔钻机，20世纪60年代初用于露天矿钻孔，1985年研制出地下自行高气压潜孔钻机。

1939年

苏联最早实现硫化镍矿电炉熔炼工业化　硫化镍矿电炉熔炼是指将硫化镍矿块或精矿在矿热电炉中熔炼产出低镍锍的硫化镍矿处理方法，是硫化镍矿的主要熔炼工艺。其原理是用矿热电炉熔炼硫化镍矿，将电极插入渣层中，一部分电能产生电弧并转化为热能，另一部分则以渣层为电阻体转化为热能，两部分热能使渣层上部的固体炉料熔化，并发生分解、氧化和造渣反应生成镍锍、炉渣和烟气三种产物。电炉熔炼最早于1939年在苏联实现工业化，此后俄罗斯北方镍公司（СеверНикепь）、加拿大国际镍公司（INCO）的汤普逊（Thompson）冶炼厂，以及加拿大鹰桥镍矿业公司（Falconbridge Nickel Mines Ltd）相继采用了这种熔炼工艺。1965年，中国金川有色金属公司镍冶炼厂硫化镍矿熔炼电炉投产。

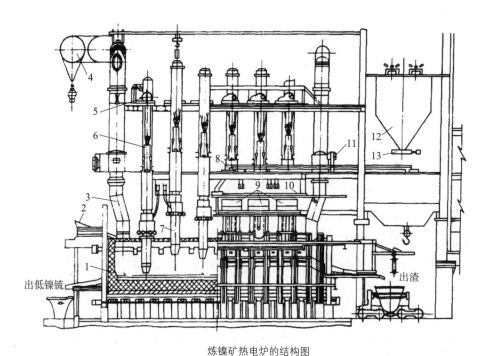

炼镍矿热电炉的结构图

1-炉子砌体　2-返渣流槽　3、4-排烟管　5-电极升降装置　6-电极吊架　7-电极
8-加料运输机　9-炉顶料仓　10-埋刮板　11-秤　12-大料仓　13-给矿机

波伦［法］发明生产低碳铬铁方法　1939年，波伦（Perrin，R.）获得了用液态硅铬铁合金与铬矿–石灰熔体反应，生产低碳铬铁的专利，通常波伦法也称为热兑法。这一方法经过不断改进，已成为生产低碳铬铁的主要方法。1949年，埃拉斯姆斯（Erasmus，H.）取得了真空固态脱碳法生产含 C 0.01% 的低碳铬铁的专利，并在美国联合碳化物公司的马里塔（Marietta）厂生产名为辛普雷克斯的低碳（低硫）铬铁。

20世纪30年代

奇普曼［美］将活度概念引入冶金物理化学　早期的冶金学者研究冶金过程，多从质量作用定律出发，由于高温熔体不是理想溶液，它的各组分不服从质量作用定律，当时在阐明反应时，多采用经验公式，对熔渣则采用各组分的"自由"状态的量或假定熔渣中存有若干化合物。20世纪30年代中期，开始用活度代替浓度以进行有溶液参加反应的热力学计算。活度的概念首先由美国物理化学家刘易斯（Gilbert Newton

刘易斯

Lewis 1875—1946）于1907年提出，迅速被应用于电化学，以测定水溶液中电解质的活度系数。美国国家科学院院士、美国金属学会（ASM）主席、美国矿冶工程师学会冶金分会主席奇普曼（Chipman，J. 1897—1983）在20世纪30年代中期将活度概念引用于冶金熔体，并提出金属溶液中以1%浓度溶液为活度标准态，此建议迅速被冶金物理化学工作者所接受而推广采用。20世纪50—60年代，活度在冶金过程物理化学中成为最活跃的研究课题之一。

20世纪40年代初

德国制造出铠装双链可弯曲刮板输送机　刮板输送机是以刮板链为牵引机构，沿料槽连续运输物料的设备，主要由刮板链、电动机、传动装置和斜槽组成，一般作为松软地层状矿床开采工作面的输送设备，可作水平或倾斜运输，倾角不大于25°。沿输送机全长都可向斜槽装载，其机身低，伸缩方便，移植容易。20世纪初，英国将刮板输送机用于煤矿工作面。20世纪40年代初，德国制出铠装双链可弯曲刮板输送机。20世纪80年代，由于改进了料槽和刮板的形状（如梯形和圆形等），已适应于运送各种散状货料。

德国研制成刨煤机　随着第二次世界大战的到来，在欧洲大陆尤其是德国，人们更加注重发明一种由同一台机器来截煤和装煤的系统，这导致德国的长壁采煤法取得重大突破，促使刨煤机研制成功。刨煤机是一种钢制的镐或楔形装置，它沿着紧靠采煤工作面的铠装工作面输送机的侧面运行。用刨煤机采煤时，它反复地用钢丝在采煤工作面上来回拖曳，当其楔入煤层后，薄层煤便纷纷落到输送机上。当刨煤机把煤从煤层中剥离下来后，这台灵活的输送机便被顶起，使其迫近工作面，让刨煤机再度工作。这样，就同时实现了截煤和装煤两项工作。

德国迪高沙公司用硫酸盐法生产氧化铍　硫酸盐法生产氧化铍是指用硫酸分解绿柱石精矿制取氧化铍的过程，适于处理含BeO 8%～10%的绿柱石精矿，是氧化铍制取的重要工业方法，产品纯度一般为98%，可用作制取铍铜合金、氧化铍陶瓷和金属铍的原料。20世纪40年代初，德国迪高沙公司（Degussa Co.）首先用该法来生产氧化铍。硫酸盐法生产氧化铍的工艺一般由铍矿石的电弧熔融和水淬、硫酸盐化、逆流浸出、冷却结晶、中和除铁、沉淀及烘干煅烧等作业组成。

1940年

克劳尔［卢森堡］研究成功镁热还原法生产金属钛　镁热还原法于1940年由卢森堡冶金学家克劳尔（William Justin Kroll 1889—1973）研究成功，故又称克劳尔法。1948年，美国杜邦（Du Pont）公司开始用这种方法生产商品海绵钛，即用镁还原$TiCl_4$制取金属钛的过程，是金属钛生产的主要方法之一。传统的镁热还原法是在还原作业结束待还原产物冷却后，再组装蒸馏设备进行真空分离作业，其工艺原理主要涉及还原和真空蒸馏两大过程。20世纪70年代，苏联成功采用了半联合法。20世纪80年代初，日本又成功采用了还原-蒸馏联合法，简称联合法。联合法的工艺特征是在镁热还原$TiCl_4$结束后，将热态还原产物在高温下直接转入真空蒸馏分离金属镁和$MgCl_2$，这是镁热还原法工业化以来的重大技术进步。大多数镁热还原法生产厂家采用联合法或半联合法。

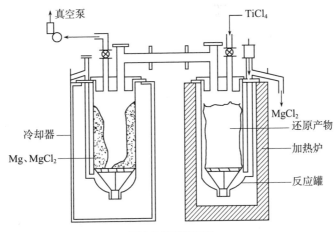

联合法装置示意图

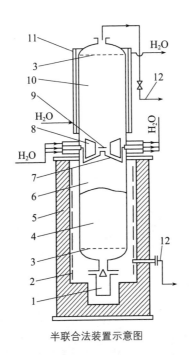

半联合法装置示意图

1-真空罩 2-炉电阻丝 3-活底 4-还原产物 5-电阻炉 6-反应罐
7-反应缸盖 8-隔热板 9-镁盲板 10-冷凝器 11-冷却套筒 12-真空管道

霍普金斯[美]提出电渣重熔原理 电渣重熔是指把平炉、转炉、电弧炉或感应炉冶炼的钢铸造或锻压成为电极，通过熔渣电阻热进行二次重熔的精炼工艺，英文简称ESR。该法的特点是：在整个熔铸过程中，金属始终在电渣的保护、加热和精炼作用下得到提纯和净化。美国的霍普金斯（Hopkins，R.K.）于1940年获得"凯洛电铸锭"专利，其实质上就是电渣重熔。乌克兰的沃洛斯凯维奇于1951年发现"电渣现象"，1953年开发出电渣焊接技术。1958年，苏联工业电渣炉问世，此后电渣冶金发展极为迅速。电渣重熔在工业上多用于重熔一些重要的高温合金、精密合金、耐蚀合金及不易加工的铜、镍、铝、钛等有色金属合金。电渣炉按电极不同，分为自耗式电渣炉和非自耗式电渣炉。

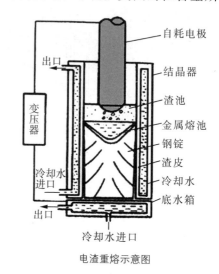

电渣重熔示意图

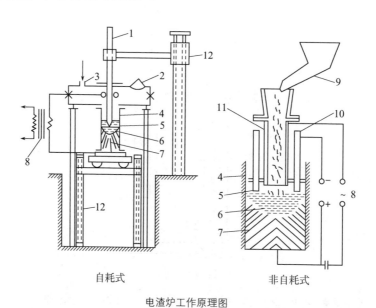

电渣炉工作原理图

1-自耗电极　2-观察孔　3-充气或抽气口　4-结晶器　5-渣池　6-金属熔池
7-金属锭坯　8-变压器　9-加料斗　10-附加非自耗电极　11-加料器　12-升降机构

1941年

英国生产出镍基高温合金　从20世纪30年代后期起，英、德、美等国就开始研究高温合金。第二次世界大战期间，为了满足新型航空发动机的需要，高温合金的研究和使用进入了蓬勃发展时期。20世纪40年代初，英国首先在80Ni-20Cr合金中加入少量铝和钛，形成γ'相以进行强化，研制成第一种具有较高的高温强度的镍基合金Nimonic75。1956年，中国抚顺钢厂炼出第一炉高温合金GH30（相当于Nimonic75），1965年，中国研制出第一代铸造镍基高温合金多孔气冷涡轮叶片。

加拿大蒂明科（Timminco）公司最先采用皮江法生产金属镁　皮江法炼镁是以煅烧白云石为原料，硅铁为还原剂，添加萤石，物料经粉磨制团，装于耐热合金钢还原罐内，于1473K、1~10Pa真空下还原生产出金属镁，是硅热法炼镁的经典方法。其优点是建厂快、投资省、可利用多种热源，产品质量好；缺点是间歇作业、单台生产能力低、能耗高。1941年，加拿大蒂明科（Timminco）公司的哈雷（Haley）镁厂最先采用皮江法炼镁生产金属镁。皮江法炼镁包括白云石煅烧、粉磨与压球、真空热还原等过程。

1944年

克劳尔［卢森堡］首先研究成功镁还原法生产金属锆　四氯化锆镁还原是指于氩气氛围中，用金属镁还原四氯化锆制取海绵锆的金属锆生产方法，又称克劳尔法。还原产物经锆真空蒸馏分离出去其他组分后即可获得海绵锆。该法于1944年由美国矿务局的克劳尔（Kroll，W.J.）首先研究成功，1950年用于工业生产，是世界各国生产海绵锆的重要方法。

埃林汉［英］建立氧势图　氧势图又称氧位图。稳定单质（M）与1摩尔氧结合成氧化物（M_xO_y）的反应的标准自由焓变量$\triangle G^\circ$（即氧势）与温度T的关系图。1944年，英国物理化学家埃林汉（Harold Johann Thomas Ellingham 1897—1975）首先将许多氧化物的$\triangle G^\circ$对T作图，得到一系列支线，所以称为埃林汉图。1948年里恰桑（Richardson，F.D.）等人在此图上增加了氧分压及p_{H_2}/p_{H_2O}、p_{CO}/p_{CO_2}标尺，扩大了此图的应用范围，故又称为埃林汉-里恰桑图。以后，虽然有许多学者根据更可靠的热力学数据对该图做了修订补充，但图的形式并没有原则性的变化。氧势图对火法冶金过程氧化物还原反应的热力学判断很有用，能直观地表明各种氧化物稳定性的次序——图中直线位置越低，它所代表的氧化物越稳定。

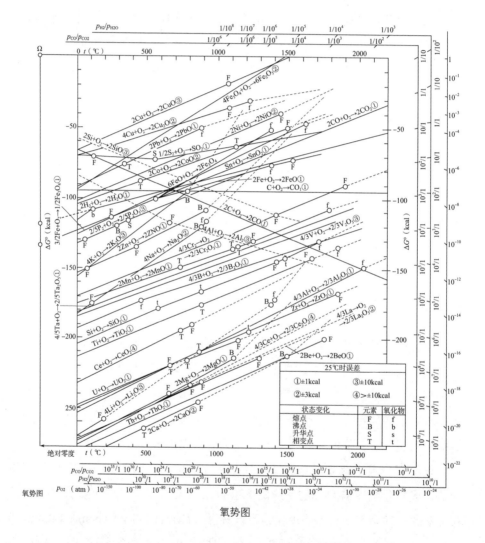

氧势图

美国共和钢铁公司取得高炉高压操作试验的成功　高压操作，指炉顶煤气压力在30 kPa以上的高炉操作是一种高炉强化冶炼技术的措施。该设想早在1871年就由贝塞麦所提出。1915年，俄国工程师叶斯曼斯基

（Есмаиский，Д.М.）明确提出，提高炉内煤气压力可加速间接还原，并使高炉截面上的气流分布均匀，有利于冶炼过程。1940年，苏联的克罗波夫（Коропов，И.И.）在彼得罗夫斯克工厂进行了首次高压操作试验，但未获得成功。1938年，美国的厄弗里取得了高炉使用高压的专利。1944年，在共和钢铁公司克利夫兰的柯里钢厂5号高炉上进行了提高炉顶煤气压力至70 kPa的高压操作试验，并在1946年试验取得了很好的效果——产量提高12.3%，焦比降低2.7%，炉尘吹出量大为减少。此后，美国其他高炉相继采用高压操作。1950年以后，高压操作技术在世界范围内得到了广泛应用，炉顶压力水平也在逐渐提高。

1946年

英国建成世界上第一台工业试验性立式连铸机　立式连铸是最早用于工业生产的连铸技术。1933年，德国容汉斯（Junghans，S.）发明结晶器振动技术，解决了由于初凝坯壳与结晶器粘连而引发的拉漏问题，连铸技术进入工业应用。世界上第一台工业试验性立式连铸机于1946年在英国的劳莫尔（Low Maor）建成，用来浇铸小断面铸坯。第一台工业生产用小方坯立式连铸机于1952年在英国的巴路（Barrow）钢厂建成。第一台板坯连铸机（半连续立式铸机，板坯断面为180毫米×800毫米）在苏联红十月钢厂建成。中国第一台工业试验立式连铸机于1956年在上海钢铁研究所建成，第一台工业生产型立式连铸机于1958年在重庆第三钢铁厂建成，浇铸断面为170毫米×250毫米。

1947年

法国试验高炉喷吹燃料技术　高炉喷吹燃料是指将气体、液体或固体燃料通过专门的设备从风口喷入高炉，以取代高炉炉料中部分焦炭的一种高炉强化冶炼技术，它可改善高炉操作，提高生铁产量，降低生产成本。高炉炼铁是以冶金焦作为燃料和还原剂的，喷吹燃料在风口区的高温下转化为CO和H_2，可以代替风口燃烧的部分焦炭，一般可代替20%~30%，高的可达50%。喷吹燃料已成为当代高炉降低焦比的主要措施，还可以促进高炉采用高风温和富氧鼓风，这几项技术相结合，已成为强化高炉冶炼的重要途径。早在19世纪，欧洲、美国就有人提出了高炉喷吹燃料的设想，有的还申请了专利，但是直到20世纪中叶才在工业上逐步实现。1947年，法国纳维–梅松（Naves-Maisons）工厂试验向高炉喷吹燃料油。1948年，苏联捷尔仁斯基工厂向高炉喷吹煤粉。1957年，苏联彼得洛夫斯基工厂向高炉喷吹天然气。自此以后，世界各国根据自己的资源条件和世界市场上燃料的价格来喷吹不同的燃料。

1948年

加拿大开始研究电炉法生产钛渣 电炉法生产钛渣是富钛制取方法之一，即将钛铁矿精矿用碳质还原剂在电炉中进行高温还原熔炼，铁的氧化物被选择还原成金属铁，钛氧化物富集在炉渣中成为钛渣的过程。此法能同时回收钛铁矿中的钛、铁两个主要金属，过程无废料产生，炉气可回收利用或经处理达到排放标准。1948年，加拿大魁北克铁钛公司（Quebec Iron and Titanium Corporation）开始研究电炉法生产汰渣，1950年建立试验工厂，1956年用于工业化生产。20世纪50年代后，这种方法得到广泛应用，成为世界上生产富钛料的主要方法。

美国研制成液压圆锥式破碎机 圆锥式破碎机的工作部件是两个同向位置的截头圆锥体，其给矿口的宽度（开度）远小于旋回式破碎机，适用于中、细碎作业，工作原理与旋回式破碎机相似。1920年左右，弹簧式圆锥破碎机被应用于选矿。1948年，液压式圆锥式破碎机研制成功。它能在运转中排出进入破碎腔

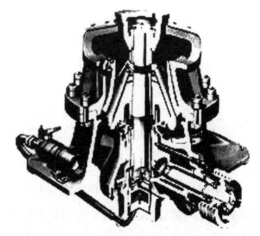

液压圆锥式破碎机

的不可碎物，并且在运转中排矿口的大小可调节，使破碎产品粒度均匀。20世纪70年代，用于控制液压圆锥式破碎机的自动控制器研制成功，还出现了细圆锥破碎机。

奥地利制成小型立式精锻机 精锻机是一种快速精密的锻压设备，是由几个对称锤头对金属坯料进行高频率锻打的短冲程压力机。第一台小型立式精锻机是1948年由奥地利GFM公司制成的。经过不断改进，精锻机逐渐大型化、系列化。精锻机由手动、半自动发展到自动控制，20世纪70年代又发展到用计算机控制。精锻机有立式和卧式两种类型，立式精锻机在锻压直径和长度上受到很大限制，实现自动控制比较困难。

美国建成第一座工业性球团竖炉 竖炉焙烧团球法是指在专用竖炉中进行焙烧的一种铁矿石球团法。第一座工业性球团竖炉是1948年在美国PM（Pickands Mather）矿山公司伊利（Erie）球团厂建成投产的圆形竖炉。由于圆形竖炉在生产上存在许多技术问题，于1951年改建成矩形竖炉。1955年后，伊利球团厂陆续建成27座球团竖炉，年产球团矿曾达1 100万吨，成为世界最大的竖炉球团厂。球团竖炉由炉顶、炉身和燃烧室组成，整个炉体由钢皮、钢结构架及耐火砖衬构成。

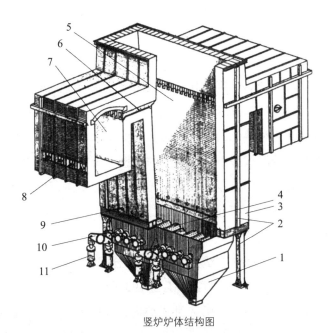

竖炉炉体结构图

1-排料漏斗　2-钢结构框架　3-炉皮　4-齿轮　5-炉身　6-喷火道
7-燃烧室　8-烧嘴　9-冷风　10-框臂　11-油缸

1949年

阿吉泰［匈］和科斯佐拉斯［匈］制造出首台铣刀悬臂式连续采矿机用于采煤 地下连续采矿机是连续剥落矿石并将其转入运输设备内的采矿机械，用于较软和中硬岩层的地下矿山采矿，主要由破岩机构、岩渣装运机构、行走底盘、降绳系统、液压泵站、电气和操纵系统组成。按破岩机构的型分为滚筒式、螺旋钻式、悬臂式和摆轮式4种。其中，滚筒式连续采矿机最早于1968年由美国乔伊（Joy Manufacturing Co.）推出，主要用于采煤和抗拉强度小于80MPa的软矿岩采掘。第一台螺旋钻式连续采煤机样机是由威尔科克斯（Wilcox，A.G.）于1955年开始在美国研究并由杰佛里公司（Jeffery Manufacturing Co.）制造的，主要用于采煤，在美国应该很成功，但在英国因引发瓦斯爆炸的危险未能推广。悬臂式连续采矿机的构想是德国公司于1902年提出的，但直到1949匈牙利采矿工程师阿吉泰（Ajtay，Z.）与科斯佐拉斯（Koszorus，I.）制造出首台铣刀式样机用于采煤，1953年苏联开始制造，20世纪60年代在西欧得到推广，1969年进入北美矿山。摆轮式连续采矿机是美国罗宾斯公司（Robbins Co.）于20世纪80年代末推出的新型硬岩连续采矿机，适用于薄矿脉开采、厚矿体分层充填法和房柱法采矿、斜坡道和平巷掘进。

芬兰首先采用闪速熔炼铜精矿 闪速熔炼是指将干且细的硫化精矿、熔剂与氧气（或富氧空气，抑或预热空气）一起喷入赤热的炉膛内，使炉料在漂悬状态下迅速氧化和熔化的熔炼方法。19世纪末，冶金学家便提出使细粒的硫化铜精矿处在悬浮状态下进行冶炼的设想。第二次世界大战后，芬兰奥托昆普（Outokumpu Oy）在反射炉顶部增加一个竖炉进行闪速炼铜试验——炉料加进竖炉后从上向下垂直运动。试验成功后，1949年在哈里亚伐尔塔（Harjavalta）冶炼厂建成日处理300吨硫化铜精矿的闪速炉，1959年开始用于熔炼镍精矿。闪速熔炼的方法主要有奥托昆普型和因科型两类方法。1952年，加拿大铜崖（Copper Cliff）冶炼厂于1952年采用因科法熔炼精铜矿，其特点是将炉料借助氧气流水平喷入卧式炉内，采用不预热的工业氧来氧化熔炼精矿。

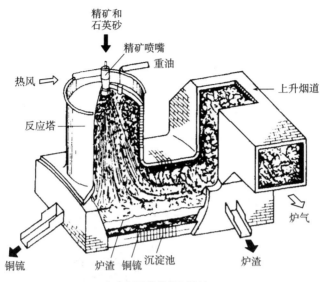

奥托昆普炼铜闪速炉

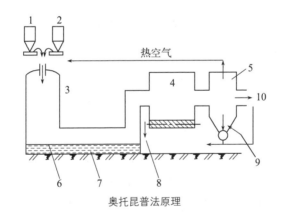

奥托昆普法原理

1-硫化精矿 2-熔剂 3-精矿喷嘴 4-余热锅炉 5-换热器
6-炉渣 7-铜锍 8-烟尘 9-冷空气 10-静电除尘和H_2SO_4回收

容汉斯［德］和罗西［美］研究连续铸钢技术获得成功 有色金属（铜、铝等）的连铸在20世纪30年代已成功。1949年，美国人艾尔文·罗西（Irving Rossi）获得了容汉斯（Junghans，S.）振动结晶器的使用权，并在美国的阿·勒德隆钢公司（Allegheng Ludlum Steel Corporation）的水庄（Watervliet）厂的一台方坯试验连铸机上采用了振动结晶器。与此同时，容汉斯振动结晶器又被应用于德国曼内斯曼（Mannesmann）公司胡金根（Huckiugen）厂的一台连续铸钢试验连铸机。与通常钢锭浇铸相比，连续铸钢具有增加金属收得率、节约能源、提高铸坯质量、改善劳动条件、便于实现机械化自动化等优点。20世纪60年代出现板坯连铸机，1964年，中国重庆第三钢厂和联邦德国迪林根（Dillinger）厂的大型板坯连铸机几乎同时投入生产。

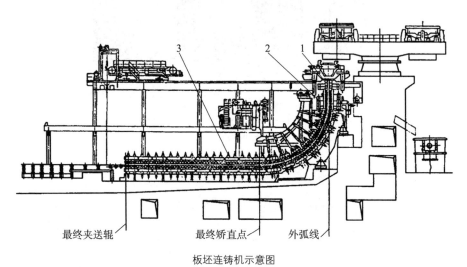

最终夹送辊　　　　　最终矫直点　　外弧线

板坯连铸机示意图

1-结晶器　2-结晶器振动装置　3-铸坯导向装置

达勒［瑞士］和海尔布吕格［瑞士］试验成功氧气顶吹转炉炼钢　　氧气转炉炼钢的设想由英国的贝塞麦1856年提出。他在英国的专利中已叙述了通过吹氧加速炼钢过程、提高钢质量的想法，但当时氧气价格昂贵，不可能付诸大规模生产。1928—1929年，林德-弗兰克尔制氧法试验成功，氧价下降，才可能用于大规模工业生产。但直至1949年4月，氧气顶吹转炉炼钢才最终由德裔瑞士冶金学家达勒（Durrer, R.）及其助手海尔布吕格（Hellbrügge, H.）研究成功。1943年，达勒继续研究并试验利用瑞士的一种低品位矿石炼出优质钢，1948年进行了小规模试验。1949年，他在美国产的一台2.5吨转炉上试验，证明从炉顶向炉中熔融的铁水吹氧炼钢是有效的和现实可行的，他还解决了耐火材料易损坏和钢水中含磷偏高的问题。后来，达勒所在的沃罗尔公司、奥地利钢铁公司等四家公司达成协议，随即在林茨钢厂组织正规的工业试验，在屡遭失败后最终获得成功，并获得了一系列工艺参数。1952年，林茨钢厂第一次成功地在30吨的转炉上采用了氧气顶吹炼钢，最终形成了扬名四海的LD法（LD是由林茨厂和属于阿尔卑斯矿冶公司的达勒维茨厂的第一个字母组成）。后来，美国、加拿大以高价买下了专利，在许多方面又做了改进，综合了贝塞麦炉和平炉炼钢的优点，形成了BOF法（即碱性转炉氧气顶吹法）。

20世纪40年代

南非金矿中使用成对的主平巷的方法实现人工冷却　在南非的金矿深井中，岩石的温度高达38℃以上，在20世纪40年代南非金矿的解决办法是使用成对的主平巷，这也是煤矿中的惯常用法。由两个平行的平巷组成，相距约50英尺，以此替代单一的宽平巷。这两个平巷每隔500英尺就相连接，一个用作连接下风井的入口通风道，另一个用作连接上风井的出口通风道。这种方法非常成功，使大量空气得以循环，并且通过连接，每一段平巷的长度都不超过600英尺。

用溶剂萃取法分离、富集和提取铀　第二次世界大战时期，随着原子能工业的发展，湿法冶金进入快速发展时期。溶剂萃取在湿法冶金中的应用是从含量很低的铀矿浸出液中分离、富集和提纯原子工业中应用的铀开始的，后来推广到用来提取贵重的稀有金属。20世纪60年代中期，对铜具有高选择性的羟基肟类萃取剂被合成和应用后，成为湿法冶金中的一个重要方法。工业萃取设备主要有混合澄清器、筛板、转盘或脉冲萃取塔以及离心萃取器等。

电子显微镜用于研究金属微观结构　电子显微学是用电子显微镜研究物质的显微组织、成分和晶体结构的一门科学技术。电子显微镜是用一束电子照射到样品上并将其组织结构细节放大成像的显微镜。20世纪40年代，透射电子显微镜在金属学中的早期应用就采用了胶膜复型，证明了钢在淬火时生成的所谓屈氏体或索氏体是由很细小的片状渗碳体与铁素体构成的共析组织，与珠光体无异，只因尺寸小而不能用光学显微镜分辨而已。

20世纪40年代末

流态化技术被引入炼铁工业　气-固流态化床工作原理是德国温克勒（Winkler, F.）在20世纪20年代初发现的，在德国褐煤气化工艺中首先实现了工业化应用并取得专利。20世纪40年代末期流态化技术被引入炼铁工业，20世纪50年代初出现了日产海绵铁10～20吨的大型试验装置。较早开发的炼铁流程，如诺瓦尔（Novalfer）法和氢-铁还原（H-Iron）法，是以氢为还原剂。1960年，一座日产50吨的H-Iron法生产装置在阿兰伍德（Alan wood）公司投入运行；1961年，又一座H-Iron法生产装置在美国加利福尼亚伯利恒（Bethlehen）钢铁公司投产，生产能力为日产120吨。与此同时，一座日产5吨海绵铁的菲奥尔法试验装置投入运行。1965年，加拿大新斯科舍又投入一座日产300吨的菲奥尔法半工业示范装置。1968年，一座日产60吨海绵铁的诺瓦尔法生产装置实现了工业化。流态化直接还原炼铁的工艺过程包括分原料准备、还原气制备、矿粉预热、矿粉还原和产品后处理等5个步骤。工艺要点是具有一定流速和温度的还原气通入粉状铁矿石料层，使矿石层形成流态化状态并得到加热和还原，产品为直接还原铁，又称海绵铁。

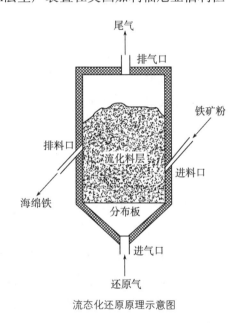

流态化还原原理示意图

美国首先出现了以石墨为电极的电渣热封顶工艺　电渣热封顶是指将常规方法冶炼的钢水浇铸到钢锭模或铸模中后，在冒口部位采用电渣过程对钢水进行加热保温的电渣冶金应用技术。这种技术能使在钢锭或铸件的凝固过程中冒口区域的金属始终保持液态直至钢锭或铸件凝固完毕，从而使金属在凝固过程中产生的收缩能够得到液态金属的不断补充，消除在钢锭或铸件中心出现的疏松和缩孔缺陷，因而它是对普通钢锭及铸件浇铸工艺的改进，可以提高普通钢锭和铸件的质量。该工艺特别适合大型钢锭和大铸件的生产，钢锭或铸件越大，采用电渣热封顶工艺的效果越好，经济效益也越高。20世纪40年代末，正是为生产大型钢锭，首先在美国出现了以石墨为电极的电渣热封顶工艺。

1950年

联邦德国采用钢液炉外精炼法脱除氢　炉外精炼是指将转炉、平炉或电炉中初炼过的钢液移到另一个容器中进行精炼的炼钢过程，也叫"二次炼钢"。1933年，法国人波伦（Perrin，R.）应用专门配制的高碱度合成渣，在出钢的过程中，对钢液进行"渣洗脱硫"，这是炉外精炼技术的萌芽。1950年，联邦德国用钢液真空处理法脱除钢中的氢以防止出现"白点"。

20世纪50年代初

利用液-固流态化理论实现流态化浸出的湿法冶金作业　流态化浸出是指物料颗粒受上升液体的作用，呈悬浮状态的浸出方法。人们早就利用液态和固体颗粒相互作用的原理进行沙里淘金、淘汰选矿，但利用液-固流态化理论来实现流态化浸出的湿法冶金作业是在20世纪50年代初流态化焙烧技术广泛应用于有色金属冶金工业之后。中国在1959年开始研究流态化浸出，以后陆续在铝矾土烧结料的熔出、含钴黄铁矿烧渣的浸洗、锌焙砂的浸洗、氧化铅锌烟尘的浸洗等方面进行了大量工作，有的达到了中间试验厂试验成功的程度，有的已用于工业生产。国际上，美国的里基斯（Rickles）于1965年提出流态化浸出设想，20世纪60年代中期到70年代末，匈牙利的波林斯基（Polinszky）和苏联的布罗沃依（ИАВуровой）分别报道了流态化浸出和洗涤颜料、中性浸出锌渣的研究结果。法国、美国、南非申请了一些有关流态化浸出和洗涤的专利。

法国克鲁索-卢瓦尔（Creusot-Loite）公司开始研究旋转连铸技术　法国克鲁索-卢瓦尔（Creusot-Loite）公司自20世纪50年代初就着手研究浇铸空心铸坯，提出在旋转立式结晶器中利用离心力铸造钢液，以获得空心管坯的设想。该公司的安菲（Imphy）厂经过长期研究，发现获得实心铸坯容易得多，进一步进行铸坯与结晶器同时转动的试验，得到高质量的圆钢坯，旋转圆坯连铸技术是通过旋转圆坯连铸机进行浇铸的，之后该公司在其圣–索尔夫（Saint-Saulve）厂采用了这项技术。

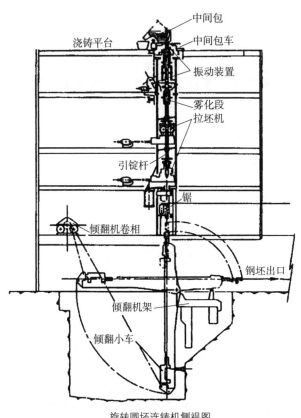

旋转圆坯连铸机侧视图

墨西哥希尔萨公司开发并研究希尔法 希尔法，即HYL process，是以天然气、水蒸气、催化裂解气为还原剂，以块矿或球团矿为原料的固定床反应罐直接还原炼铁法，是由墨西哥希尔萨（Hojalata Y Lamina 简称HYLSA）公司于20世纪50年代初开发并研究成功的。1957年，第一座日产200吨直接还原铁（DRI）的希尔法生产装置在墨西哥蒙特雷（Monterey）建成投产。20世纪70年代，希尔萨公司在原有的希尔法（HYL-Ⅰ）基础上进行了技术改造，将间歇式生产的固定床反应罐改为连续性生产的移动床竖炉，并命名为希尔-Ⅱ（HYL-Ⅱ）法，于1980年投入使用。1991年之后，HYL-Ⅰ法逐渐被HYL-Ⅱ

法取代。希尔法的原理：天然气以水蒸气为氧化剂催化裂解生成高H_2还原气，经冷却脱水后还原气用热交换器预热到约850℃，再用严格控制的部分燃烧法将还原气加热到要求的还原温度（1 100～1 200℃）。热还原气自上而下通过固定料层，依次进行预热、预还原和终还原，最后用新还原气进行冷却。HYL-Ⅱ法与HYL-Ⅰ法原理相同，只是用竖炉取代了反应罐，省去了对还原气的反复冷却、加热的工艺过程，提高了煤气利用率和热效率，改善了经济技术指标。

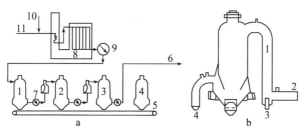

HYL-Ⅰ工艺过程简图

a-工艺流程

1-冷却罐　2-终还原罐　3-初还原罐　4-装卸料罐　5-皮带
6-燃料煤气　7-煤气冲却器　8-煤气转化器　9-冷却塔
10-蒸汽　11-天然气

b-反应罐示意图

1-燃烧室　2-煤气入口　3-空气入口　4-煤气出口

20世纪50年代初期

　　英国和德国相继出现浅截式滚筒采煤机　滚筒采煤机是一种铣削式浅截深采煤机，由截割部分、牵引部分和动力部分组成。截割部分包括工作机构和减速器，牵引部分包括行走机构（链轮、牵引链机器拉紧装置）和液压传动装置，动力部分包括电动机和电气控制箱。另外，还有辅助装置，包括底托架、电缆架、喷雾装置和信号照明等设备。滚筒采煤机适于在煤层厚度变化小、无夹石、地质构造简单、煤层倾角15°以下、顶板易于管理的条件下使用。倾角较大时，需装防滑装置。滚筒采煤机骑在可弯曲刮板输送机上工作，沿工作面往返运行。螺旋式滚筒上装有按一定规律排列的截齿，滚筒转动时，截齿按一定顺序在煤体上先后截出很多沟槽，使沟槽之间的煤体破落，通过滚筒旋叶和弧形挡煤板装入输送机。滚筒直径为测量到截齿齿尖的截割直径，各制造厂有各种不同的系列，根据采高选定。中国在20世纪60年代开始使用浅截式滚筒采煤机。

1951年

克里格［南非］提出矿床模型推估的克里格法 克里格法是南非采矿地质学家克里格（Danie Gerhardus Krige 1919—2013）于1951年提出矿床推估方法，由法国地质学家马特隆（Matheron, G.）在20世纪60年代加以发展完善而成。矿床矿化时既有规律又十分复杂，在平稳区域内，矿床特征值的空间分布受矿化规律支配而具有结构相关性；但各处的特征值实现时又受各种因素的影响而具有随机性。因此，克里格法采用地质统计方法中的最优无偏估计方法来推断方块特征值。

美国钢铁公司实现富氧鼓风炼铁工业化 富氧鼓风是一种高炉强化冶炼技术。早在1876年，贝塞麦就提出采用富氧鼓风来强化高炉冶炼。1913年，比利时乌格尔厂第一次进行了高炉富氧鼓风试验，鼓风含氧增加到23%，产量提高12%，焦比降低2.5%～3.0%。之后，德国、苏联也相继进行了试验。但是富氧鼓风作为一项实际应用技术是从20世纪50年代开始的。1951年，美国钢铁公司威尔顿厂建立一台氧气纯度达95%的制氧机用于高炉富氧，鼓风含氧量达到22.5%～25.0%，并取得富氧1%增产4%～5%的效果。进入20世纪60年代，由于大功率低能耗高炉专用制氧机的诞生和高炉喷吹燃料技术的开发应用，高炉富氧鼓风在欧、美、日本及苏联等国得到迅速推广。

1952年

普凡［美］发明区域熔炼法 区域熔炼法是指靠局部加热使材料锭条上出现一个狭窄熔区，并将此窄熔区缓慢移动，利用杂质在固相与液相间的溶解度差异，在熔化和凝固的过程中控制杂质分布的技术，也称区域熔化。美国发明家、材料科学家普凡（William Gardner Pfann 1917—1982）在1952年发明了区域提纯法并且用来制备高纯锗，并在此后的几年里对区域提纯理论做了详细的阐述。锗是使用区域提纯较早而且效果显著的材料，经化学提纯后的锗中杂质含量为10 ppm，当区域提纯六次以后，锭条的一般杂质浓度可降到0.1 ppb。

奥地利首先应用氧气顶吹转炉炼钢法　瑞士工程师达勒（Robert Durrer 1890—1978）和施瓦茨（Schwarz，C.V.）从1937年起在德国利用氧气作为唯一的精炼剂进行试验，二战后，达勒和海尔布吕格（Hellbrügge，H.）进一步试验，于1949年在奥地利林茨建立了小型试验厂。在这个试验厂中，熔融金属和废钢装进实底的桶形炉中，并用通过炉口插入的水冷式喷枪把高纯度的氧气向下吹入熔池，效果不错。1952年，在奥地利的林茨厂和多纳维茨厂应用氧气顶吹转炉炼钢法，这种方法遂命名为LD法。

加拿大采用富氧熔炼金属铜　1952年，加拿大国际镍公司（Inco）采用工业氧气（含氧95%）闪速熔炼铜精矿，熔炼过程不需要任何燃料，烟气中SO₂浓度高达80%，这是富氧熔炼有色金属的最早案例。1971年，奥托昆普型闪速炉开始用预热的富氧空气代替原料的预热空气鼓风熔炼铜（镍）精矿，使这种闪速炉的优点得到更好的发挥，硫的回收率达到95%。采用氧浓度较高的富氧鼓风，生产较高品位的铜锍，可以实现不用燃料的自热熔炼。

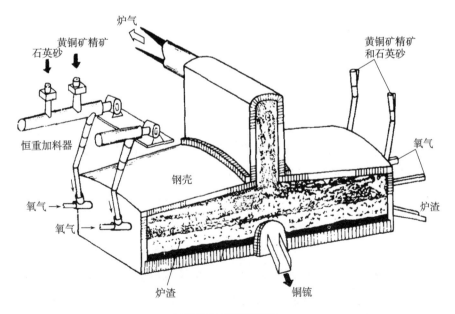

国际镍公司炼铜闪速炉

德国胡金根钢厂首先实现连铸电磁搅拌　连铸电磁搅拌是指在连续铸钢过程中，连续铸坯时通过外界电磁场时感应产生的电磁力使铸坯内未凝固的钢液产生搅拌流动，从而改善凝固过程而获得良好的铸坯质量的技术，简称EMS。早在1917年就有人提出在金属凝结过程中进行电磁搅拌的建议，1922年，人们开始注意到流体流动对金属结构、致密性、偏析和夹杂等方面的影响。1934年已开始在钢液凝固过程中进行电磁搅拌的实验室试验。1952年，胡金根钢厂首先装置了二冷区电磁搅拌（S-EMS），但直到20世纪60年代后期，随着连铸扩大品种和提高拉坯速度的要求，连铸EMS技术才开始广泛地引起人们的兴趣和注意。该技术是20世纪70年代首先在欧洲发展起来的。

瓦格纳［德］发表其名著《合金热力学》　德国著名物理化学家瓦格纳（Carl Wilhelm Wagner 1901—1977）对于冶金过程物理化学学科的发展作出了重要贡献，1952年，在他的名著《合金热力学》（*Thermodynamics of Alloys*）一书中提出了活度互相作用系数的概念，给出了多元稀溶液活度的计算方法，带动了多元系相互作用系数的大量研究工作，使热力学在冶金生产中的实际应用前进了重要的一步。1956年，瓦格纳他发表了重要论文《炼钢中的动力学问题》，从理论上详细地分析了"钢液-熔渣"相间反应的本质，提出了处理钢渣反应动力学的方法，给当时还很不活跃的冶金过程动力学的研究工作开创了新局面。1957年，瓦格纳与他的合作者以ZrO_2基固体电解质成功地测定氧化物的热力学性质，推动了固体电解质的理论研究及其在冶金中的应用。

1953年

美国研制成液压旋回式破碎机　旋回式破碎机的工作部件是两个相对放置的截头圆锥形环体，两圆锥环体间所形成的空间是破碎腔，矿石在腔内受动锥摆动产生的冲击压力、劈裂力而破碎。1953年，美国研制成液压旋回式破碎机，其特点是运转时借助单缸液压系统能排除进入破碎腔中的不可破碎物体，运转安全可靠；能在小范围内调节排矿口的大小，以补偿肘板的磨损，各国新建的选矿厂绝大多数采用此型破碎机。目前，最大的旋回式破碎机给矿口的规格为1 828毫米×2 769毫米，单台生产能力为每小时5 500～6 000吨。

苏联波多尔斯克炼锡厂首先用烟化炉硫化挥发法处理含锡低的炉渣　烟化炉挥发法是将低品位锡精矿（或锡中矿）和硫化剂置于烟化炉中，在高温下使其中的锡和有价金属转变成硫化物挥发出来，然后再从烟尘中回收。其原理与20世纪30年代提出的富锡渣硫化挥发法基本相同，即在还原气氛中，黄铁矿分解产物与富锡渣中的锡组分在高温下进行硫化反应并挥发成硫化亚锡，常用黄铁矿作为硫化剂。

达恩［英］和斯佩丁［加］用金属热还原法制得金属钇、钐和镱　金属热还原法制取稀土金属，即在高温下用活性较稀土强的金属还原剂将稀土化合物还原成金属的过程，是稀土金属制取的重要方法，所用的还原剂有钙、锂、镧和铈等。1953年，达恩（Daane，A.H.）和加拿大化学家斯佩丁（Frank Harold Spedding 1902—1984）用钙还原稀土氟化物制得致密状金属钇和其他重稀土金属。同年，达恩又用镧还原氧化钐和氧化镱制得金属钐和镱。1956年，美国卡尔森（Carlson，O.N.）等人采用钙还原钇的中间合金法制得金属钇。至20世纪60年代，人类已能用金属热还原法制取纯度超过99%的全部稀土金属。

1954年

美国试验成功真空电子束重熔法　1905年，德国的西门子公司用电子束熔炼钽首次获得成功，重熔锭的纯度和加工性能都优于真空电弧炉重熔的锭子。1907年，冯皮雷尼（Vonpirani，M.）以其名字登记的美国专利记载了这一个工艺的诞生。但当时世界上的真空技术发展水平还很低，从而影响了电子束熔炼技术的发展。直到20世纪50年代，美国的汤姆斯蔡（Tomoscai）公司才将电子束熔炼技术发展到工业化生产规模，引起世界各国的注意。1954年，真空电子束重熔法试验获得成功。至20世纪80年代末，电子束熔炼技术发展很快，业已形成了一类专门的炉型——电子束熔炼炉。真空电子束炉的工作原理是在较高真空下（$10^{-8} \sim 10^{-4}$毫米汞柱）用一个或数个电子枪发射出电子束，轰击被熔物料（作为阳极），使之熔化，并滴入一个水冷铜结晶器，凝固成锭。电子束熔炼技术适用于熔化钨、钼、铌、钽、铪、铍、钛等金属及其合金以及高级合金钢、高温合金和超纯金属，可以处理各种形态的原料，如锭状、棒状、粉状、粒状、片状或海绵状等等。

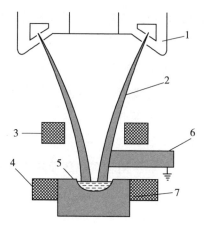

真空电子束炉(EBR)原理图

1-电子枪　2-电子束　3-聚焦装置　4-水冷铜结晶器　5-熔池　6-熔化电极　7-锭

瑞典建立第一座隧道窑直接还原法生成装置　隧道窑直接还原法是一种重要的煤基直接还原炼铁法，此法由固体反应罐法发展而来。最主要的固体反应罐法是赫格纳斯直接还原法，它是瑞典人西图林（Sieurin，E.）于1911年

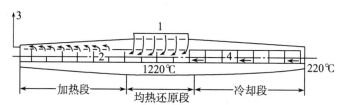

赫格纳斯直接还原法隧道窑及工艺流程示意图
1-燃料气　2-燃烧产物热烟气　3-排气　4-台车

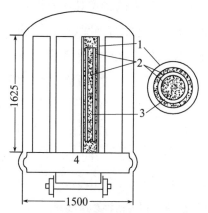

台车坩埚断面示意图
1-陶瓷坩埚　2-焦粉和石灰石混合物　3-铁精矿　4-台车

发明的。此法在瑞典已有多年生产历史，经过技术改造后于1954年建立了第一座隧道窑直接还原生成装置，实现了机械化生产。

加拿大首先在工业上采用加压氨浸出法处理硫化镍精矿　加压氨浸出法，即以氨和硫酸铵为浸出剂，使原料中的硫化镍矿物与氧、氨反应，将镍和伴生的铜、钴转化为稳定的可溶性氨络合物，硫氧化为各种硫-氧离子，铁转变为不溶性含水三氧化二铁，其他脉石保留在渣中，是硫镍矿处理方法之一。该法主要过程为两段逆流加压氨浸出，浸出液蒸氨除铜，高温水解除去不饱和硫，高压氢还原生产镍粉及镍粉压块。1954年，加拿大谢利特哥顿矿业公司（Sherritt Gordon Mines Ltd.）的萨斯喀彻温堡（Fort Saskarchewan）精炼厂首先在工业上采用加压氨浸出法从林湖地区的硫化镍精矿中提镍。硫化镍矿的加压浸出工艺除加压氨浸出外，还有加压酸浸出工艺。

1955年

世界上第一台大型带式机球团焙烧工厂在美国里塞夫矿山公司投产　20世纪初出现的带式机一直是铁矿石烧结的主要设备，20世纪40年代末，带式机开始用于铁球团矿的焙烧。1955年，世界上第一个大型带式机球团焙烧工厂在美国里塞夫矿山公司投产。此后，带式机焙烧球团工艺迅速发展，并很快成为铁矿石球团法中最主要的一种。带式机包括主机和布料器、燃烧室、炉罩、风箱、风机等附属装置，典型的D-L型带式机主要设备结构如下图所示。

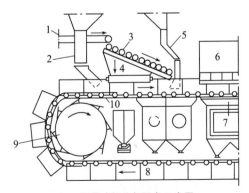

D-L型带式机头部设备示意图

1-生球运输皮带　2-底料统槽　3-辊式布料器　4-筛下物　5-边料统槽　6-排废炉罩　7-鼓风干燥风箱　8-台车　9-星轮　10-轨道

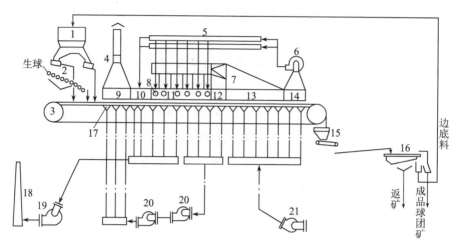

典型的D-L型带式机主要设备示意图

1-边底料槽　2-辊式存料机　3-带式机　4-排废风机　5-一次风管　6-回拉风机　7-一次风罩
8-重油燃烧室　9-鼓风干燥风罩　10-干燥风罩　11-预热焙烧罩　12-灼热风罩　13-一冷风罩
14-二冷风罩　15-线面矿槽　16-振动筛　17-风箱　18-烟囱　19-废气风机　20-循环风机
21-冷风机

中国制成镁铝砖用于平炉　镁铝砖是为了改善镁质砖的热震稳定性，在配料中加入少量氧化铝（Al_2O_3）后形成镁铝尖晶石制得的。中国有丰富的菱镁矿和高铝矾土，但缺乏铬铁矿资源，1956年在平炉顶上研制出镁铝砖，取代了当时国际上通用的镁铬砖。镁铝砖主要应用于碱性平炉炉顶，也可用于炼钢电炉炉顶、高温隧道窑、大型水泥回转窑和炼铜转炉等。

1956年

卡林［瑞典］用卡尔多转炉生产有色金属试验成功　卡尔多转炉又称氧气斜吹转炉，1956年由瑞典人卡林（Kalling，B.）试验成功，并在多母纳维特（Domnavet）厂投产，取两者的第一个音节kal和do命名。转炉炉体呈斜状，置于托圈内圆滚上；炉身可绕纵轴线回转，最大速度为每分钟30转；氧枪经炉口斜插炉内，并能摆动。此种转炉被称作氧气顶吹旋转转炉（top-blown rotary converter 简写为TBRC）。1959年，加拿大国际镍公司用此炉首次吹炼高冰镍直接获得金属镍。中国用顶吹旋转炉熔炼高品位铜精矿，产出粗铜。

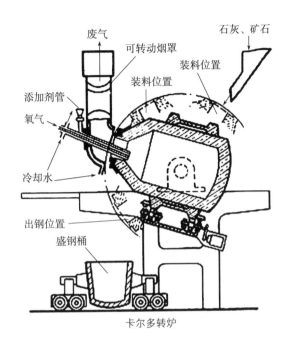

卡尔多转炉

联邦德国制造了钢液真空提升脱气DH法　钢液真空提升脱气法是早期出现的钢液真空处理技术之一，由联邦德国多特蒙德霍德尔（Dortmund Horder）公司设计制造，命名为DH真空脱气法，简称DH法。真空提升脱气设备主要由真空室、提升机构、加热装置、合金加入装置及真空抽气系统等组成。

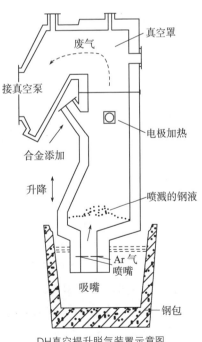

DH真空提升脱气装置示意图

德国开发了钢液真空循环脱气RH法　钢液真空循环脱气法是1956年，由联邦德国鲁尔（Ruhrstahl）公司和海拉斯（Heraeus）公司共同开发，简称RH法。真空循环脱气是利用空气扬水泵的原理，首先将钢水吸入真空室，接着在两个浸入管的一个侧壁向钢水内吹入氩气。真空循环脱气法作为一种炉外精炼手段，在炼钢流程中的使用趋势是与LF炉配合使用，发挥LF炉精炼过程脱氧脱硫优势以及RH法的脱气优势。

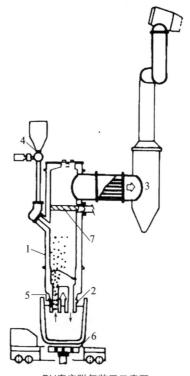

RH真空脱气装置示意图

1–真空室　2–浸入管（上升管和下降管）　3–真空排气管道
4–合金料仓　5–环流用吹氩管　6–钢包升降装置
7–真空室预热装置

美国钢铁公司发明HIB法炼铁　HIB法是High Iron Ore Briquette的缩写，意为高铁团块，是美国钢铁公司1953年开发的Nu–Iron铁矿石直接还原法的改进型，于1956年获得发明专利权。在HIB工艺中，铁矿粉的还原在两段式流化床反应器中进行，还原产品热压成还原铁块，生产工艺分制气和还原两部分。工艺所需还原气由蒸汽和天然气在催化转化炉中催化转化：制气部分将蒸汽和甲烷按3∶1比例混合，在850℃进行催化转化，转换炉出来的还原气经冷却脱水后，含氢85%～97%。将脱水后的还原气在加热炉加热到843℃后进入流化床反应器中还原铁矿粉，经300℃烘干、破碎、筛分处理后小于2毫米的铁矿粉，用惰性气体送入两段干燥、预热流化床。

美国建成第一座溶剂萃取法提纯铀的工厂　在湿法冶金中，常用于水溶液提取有价金属或作为溶液净化的一种手段。溶剂萃取在湿法冶金中的应用是从含量很低的铀矿浸出液中分离、富集和提纯原子能工业用铀开始的，1942年，溶剂萃取开始在工业上用于分离和提纯铀。1956年，美国建成第一座溶剂萃取法提取铀的工厂。随后萃取法很快就发展成铀富集的主要方法，后来推广到用来提取贵重的稀有金属。

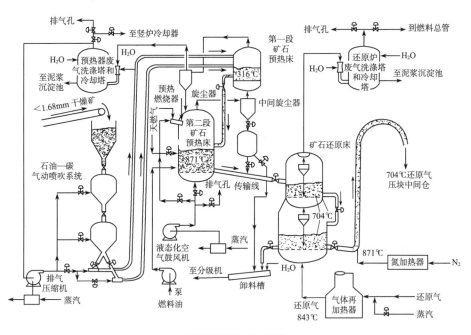

HIB法设备布置及流程

比利时和法国各自独立研究高磷生铁的氧气吹炼炼钢技术　由于西欧的高磷铁矿资源，得到的高磷生铁不能用于氧气顶吹转炉，而托马斯法炼出的钢质量差。从1956年起，比利时中央冶金研究所（CNRM）和法国钢铁研究院（IRSID）各自独立研究高磷生铁的氧气吹炼问题。他们分别在比利时阿尔贝德（Arbed）的杜德郎日（Dudelange）工厂和法国德南（Denain）钢厂改造了26吨的托马斯转炉进行实验，发明了喷石灰粉吹炼高磷生铁的方法。前者命名为LD-AC法，后者命名为OCP法或OLP法。这两种方法基本相同，统称为氧气喷石灰粉炼钢法。它们的操作基本上是相同的，都是利用喷石灰粉快速成渣，并采用双渣和留渣操作来达到有效脱磷。

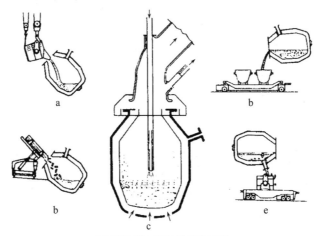

氧气石灰粉炼钢法的操作过程
a-兑铁水　b-装废钢　c-吹炼　d-倒渣　c-出钢

1957年

美国矿物、金属及材料学会成立　1957年，美国矿物、金属及材料学会（TMS）由原美国矿冶石油工程师学会（AIME）分出而成立，业务范围涉及材料科学与工程的广阔领域，主要出版物有《金属杂志》《冶金学报》《电子材料杂志》等。

1959年

杜威兹［美］用液态合金直接快速冷却获得非晶态金属　非晶态金属又名无定形金属或金属玻璃，它与具有晶体结构的一般金属不同，是一种没有原子的三维周期性排列的金属或合金固体，即在超过几个原子间距范围以外，不具有长程有序的晶体点阵排布。20世纪30年代前后，已有人采用蒸发或电沉积的方法制备出非晶态金属，但由于实验条件的限制，未能对其非晶态本质及其性能做系统深入的研究。直到1959年，美国的杜威兹（Duwez,P.）等报道了用液态Au81-Si19合金直接快速冷却（冷却速度大于106开尔文/秒）而获得非晶态固体之后，非晶态金属的研究才广泛开展起来。与普通晶态金属相比，非晶态金属具有较高的强度、良好的磁学性能和抗腐蚀性能等，因而受到材料科学界和物理学界的重视。

英国建成投产第一座大型炼锌密闭鼓风炉　英国帝国熔炼公司研究成功鼓风炉炼锌方法，又称帝国熔炼法，简称ISP。鼓风炉炼锌法是在密闭鼓风炉内燃烧碳质燃料，直接加热含铅锌烧结块或团矿进行还原挥发熔炼，同时提取铅、锌的锌熔炼方法。其原理是，除主要发生碳质燃料的燃烧和铅、锌、镉等氧化物的还原等反应外，还伴随着锌、镉等的蒸发和冷凝。碳质燃料与鼓入炉内的热风作用发生燃烧，为熔炼过程提供热源和气体还原剂。自1959年第一座大型炼锌密闭鼓风炉投产至1984年，已有14座这种炉子在11个国家内运行。

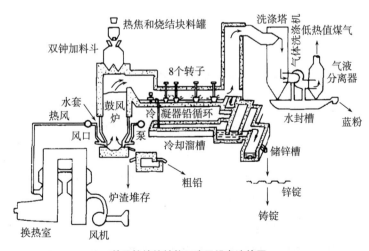

鼓风炉炼锌结构示意及设备连接图

20世纪50年代

德国和比利时利用本井筒开采自身保安煤柱并保持井筒功能　随着开采深度的增加，立井井筒和工业广场煤柱的压煤量越来越大。过去井筒煤柱一般留而不采，不够经济；或采用向导开采方法开采，回采率极低。20世纪50年代，利用本井筒开采自身保安煤柱并保持井筒功能的新技术首先在德国和比利时试验成功。1960年以后，在波兰、苏联、捷克等国又得到进一步发展。开采井筒煤柱时，井筒会发生下沉、偏斜、水平和垂直方向的拉伸和压缩变形，以及水平方向的位移和扭动。波兰首创的"两步开采法"应用较广：第一步开采井筒周围的一小块煤层；第二步在全煤柱范围内用长工作面开采。其方法有：由煤柱一侧向另一侧回采；由煤柱中心或稍偏离中心处向两侧回采；由煤柱两侧向中心回采；由煤柱一侧前后两个工作面跟随向另一侧回采。如井筒位于煤层一侧，可采用条带法，并在井筒两侧进行等体积的均衡开采，以防止井筒偏斜。

加拿大实现硫化镍电解精炼工业化　硫化镍电解精炼即以硫化镍精矿为可溶阳极，经电解精炼获得纯镍的镍电解方法。该方法于20世纪50年代首先在加拿大汤普逊（Thompson）镍精炼厂实现工业化。

日本发明密闭鼓风炉熔炼铜精矿的百田法　传统鼓风炉的炉顶是敞开的，所产烟气的二氧化硫浓度很低（约0.5%），难以回收，并且污染环境。为解决这个问题，20世纪50年代中期，日本最先采用了炉顶密闭的密闭鼓风炉熔炼铜精矿的方法，即百田法。利用此法，铜精矿只需加水混合后即可直接加入炉内，在炉气加热和料柱的压力作用下，固结成块，使熔炼得以顺利进行。炼铜密闭鼓风炉是一种炉顶具有密封装置的鼓风炉，它将传统敞开式鼓风炉的烟罩取消，在加料平台上安设一个加料斗将炉口封住，使炉气由加料台平面以下的排烟口进入排烟收尘系统。加料斗中要保有一定量的炉料，特别是致密性较好的混捏铜精矿，以保证炉口密闭。炉子结构的其他部分与传统敞开式鼓风炉大体相同。

美国杜邦公司开始采用流态化氯化法生产四氯化钛　流态化氯化法（亦称沸腾氯化法）生产$TiCl_4$是指细粒富钛物料和碳质还原剂在流态化氯化炉中

于高温下与氯气作用生产TiCl₄的过程，是TiCl₄制取方法之一。富钛物料主要有金红石、钛渣和人造金红石，碳质还原剂一般采用石油焦。流态化氯化炉炉体可分为反应段、过渡段和扩大段。该法的特点是气-固相间，传质和传热过程快、生产效率高。20世纪50年代后期，美国杜邦公司开始采用该法，20世纪60—70年代开始该法应用于工业生产并得到迅速推广。

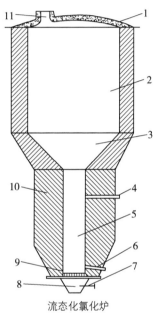

流态化氯化炉

1-炉盖　2-扩大段　3-过渡段　4-加料口　5-反应段　6-排渣口　7-氯气进口
8-气室　9-气体分布板　10-炉壁　11-氯气出口

20世纪60年代初期

中国开始试验深孔落矿的有底柱分段崩落法和阶段强制崩落法　有底柱分段崩落法的特点是分段落矿，通过底部结构放出崩落的矿石。底部结构简称底柱，位于矿块或矿房底部，其中布置出矿巷道、斗穿、斗颈、漏斗（或堑沟）和溜井等，根据出矿方式分为电耙、格筛和装载机械三种底部结构。有底柱分段崩落法分水平分层和垂直分层两种落矿方式，中国矿山广泛采用垂直分层落矿方式。垂直分层落矿方式的优点是爆破对底柱的破坏小，使用挤压爆破技术的落矿质量好，矿块结构简单，易于实现凿岩机机械化，工作安全，但工人装药的劳动强度大。阶段强制崩落法主要利用凿岩爆破落矿，矿块布置和回采工艺大体与有底柱分段崩落法相似，该法的主要特点是整个阶段高度一次落矿，不分段。阶段强制崩落法也分水平深孔和垂直深孔两种落矿方案。水平深孔落矿法要求落矿范围要有相适应的水平补偿空间，能掘进凿岩天井和凿岩硐室；在凿岩天井或硐室中钻水平深孔需要搬运凿岩设备，作业条件差。该法适用于开采矿石比较稳固，无自燃，形状又比较规则的厚大矿体。其主要优点是矿块生产能力大，采准工作量小，劳动生产率高，成本低，存窿矿石多，有利于调节生产；缺点是落矿高度大，放矿管理要求严格，出矿时间长，当矿岩不够稳定时底柱维护困难。中国于20世纪60年代初期开始试验深孔落矿的有底柱分段崩落法和阶段强制崩落法，1978年，有色金属地下矿山用这两种方法采出的矿石占总量的27.3%。

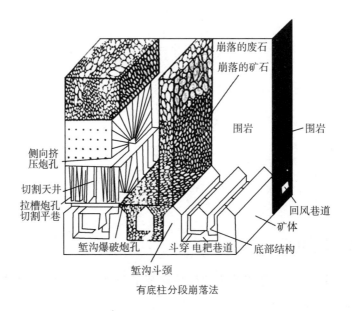

有底柱分段崩落法

1960年

凯洛格［美］与巴苏［美］等人绘制出优势区图　优势区图又称稳定区图（stability diagram），是冶金过程热力学参数状态图之一，表示在多种凝聚相组元（金属及金属的化合物）与气相构成的复杂体系中，组元间发生化学反应达到平衡时的存在范围及平衡条件。俄裔比利时化学家普巴（Marcel Pourbaix 1904—1998）等人于1948年提出用图解法研究化学反应的平衡关系，并首次绘制电位-pH图——一种用于湿法冶金过程的稳定区图。优势区图是由克纳克（Knacke，O.）在1953年提出，用来表述火法冶金过程。1960年，美国凯洛格（Kellogg，H.H.）与巴苏（Basu，S.K.）将图解法用于Pb-S-O体系，绘制出相应的稳定区图，故又称作凯洛格图（Kellogg diagram）。优势区图能直观、简洁地反映复杂体系各组分的平衡条件及存在范围，广泛用于分析冶炼过程相组成变化的关系，确定某些凝聚相的制取或分离的条件，以及研究气相氧化腐蚀过程等，是探究复杂反应体系的有力工具之一。

德国克虏伯公司开发回转窑直接还原法CODIR工艺　CODIR工艺流程与SL-RN法相似，只在使用低反应性还原剂、热炉料冷却、磁选等方面具有特色。1960年，德国克虏伯（Krupp）公司发明了回转窑直接还原法CODIR工艺。1974年，南非邓斯沃特（Dunswart）钢厂投产CODIR法。1988年，印度太阳旗（Sunflag）钢铁公司15万吨工厂投产。1992年，印度格尔达坦（Goldatan）公司年产22万吨工厂投产。回转炉烟气余热可以发电，还原铁产品用于电弧炉炼钢。

芬兰奥托昆普公司采用硫酸选择性浸出法实现镍电解沉积工业化　镍电解沉积是指采用不溶阳极，在直流电作用下，使硫酸镍或氯化镍溶液中的镍离子在电解槽阴极上呈金属镍沉积的镍电解法。芬兰奥托昆普公司（Outokumpu Oy）哈贾伐尔塔（Harjavata）冶炼厂最早采用硫酸选择性浸出法处理高镍锍，首先实现了镍电解沉积的工业化。1968年，加拿大鹰桥镍矿业公司（Falconbridge Nickel Mines Ltd）的克里斯蒂安松镍精炼厂最早采用氯化浸出法并实现工业生产，其先采用盐酸浸出，1977年改用氯气浸出。1967年，澳大利亚西部矿业有限公司（Western Mining Corp. Ltd）的克维纳纳（Kwinana）镍精炼厂采用加压氨性溶液浸出法处理高镍锍。

1961年

美国橡树岭实验室用溶剂萃取法提铯　1961年，美国橡树岭实验室（ORNL）用萃铯萃取剂进行碱性废液中裂变产物^{137}Cs的分离和提纯，并同时研究从铯榴石–碱焙烧浸出液中萃取铯以及从锂云母–石灰法提锂后的碱金属混合碳酸盐溶液中萃取分离铷、铯的工艺流程。

1963年

美国阿姆科公司试验用气基直接还原炼铁的阿姆科法 阿姆科法是用蒸汽–甲烷催化重整造气和竖炉还原生产直接还原铁，其还原气的转化是利用经脱硫后的天然气与蒸汽混合预热后在蒸汽–甲烷重整炉内915～955 ℃的温度下用蒸汽来转化天然气的。阿姆科（ARMCO）公司1963年在美国堪萨斯州建成实验炉，并于1972年在休斯敦建成阿姆科移动床竖炉和蒸汽–甲烷催化裂化系统的生产工厂。阿姆科直接还原产品的成本与天然气的价格有关，因休斯敦的燃料优势，产品的成本仍比废钢便宜，故得到一定的发展，所生产的产品主要用于电弧炉炼钢。

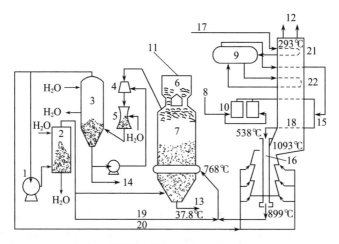

阿姆科法直接还原工艺流程图

1–竖炉煤气压缩机（800m³/min） 2–压缩气体冷却器 3–竖炉煤气冷却器 4–饱和器
5–文式管洗涤器 6–装料漏斗 7–竖炉 8–工艺煤气 9–锅炉 10–脱硫装置
11–块矿或球团矿（1360t/d） 12–烟道气 13–产品（990t/d） 14–澄清器
15–蒸汽（1900kg/h） 16–蒸汽甲烷重整炉 17–锅炉软水 18–蒸汽和天然气
19–调温气 20–燃料（竖炉煤气） 21–预热器 22–蒸汽发生器

德国曼内斯曼公司建成最早的工业用弧形连铸机 弧形连铸机是在立弯式连铸机的基础上发展来的，由于该设备高度低，铸坯内部钢液的静压较小，由此产生的鼓肚现象随之减少，且由于水平方向出坯，铸坯的定尺长度不受限制。弧形连铸机可浇铸最小断面为100毫米×100毫米左右的方坯，也可以浇铸造矩形坯和板坯。最早用于工业生产的弧形连铸机是1963年联邦德国的曼内斯曼（Mennesman）公司建成的，可浇铸坯断面为200毫米×200毫米的方坯。其后康卡斯特（Concast）公司在瑞士冯·莫斯（Von Moos）厂建设小方坯弧形连铸机，1964年，该公司设计制造的板坯弧形连铸机在联邦德国的迪林根厂（Dillinger Hüttenwerke）投产。中国在1960年开始试验弧形连铸，在北京钢铁学院（现北京科技大学）的附属钢厂建立了试验装置，并浇铸成200毫米×200毫米的方形铸坯。1964年在重庆第三钢铁厂建成一台大型板坯弧形连铸机，圆弧半径为6米，可浇断面为180毫米×（1 200～1 500）毫米板坯，还可浇铸三流矩形坯180毫米×250毫米。它采用了中国独创的差动齿轮式振动机构和钩式永久性引锭头，铸坯剪切采用1 500吨液压飞剪。

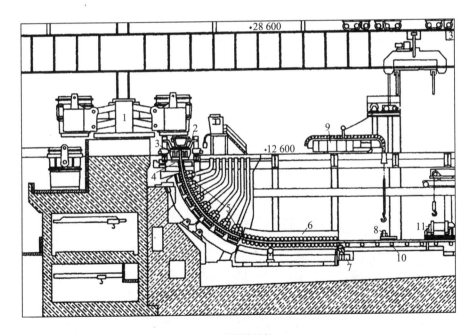

弧形连铸机

1-钢包回转台　2-中间罐及中间罐车　3-结晶器　4-振动装置　5-二冷扇形段

6-拉矫机　7-脱引锭机　8-切剪机　9-引锭杆收集装置　10-输出辊道

11-挡板

美国开始试验研究等离子电弧重熔技术 等离子电弧重熔技术是在惰性气氛或可控气氛中利用超高温的等离子电弧熔化和精炼金属（棒料或块料），被熔化的金属聚集在水冷结晶器中，再拉引成锭的二次重熔工艺，简

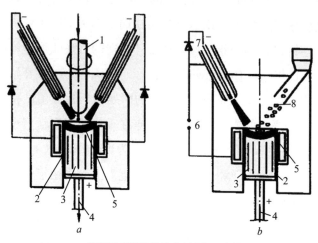

等离子电弧重熔炉（PAR）示意图

a–重熔棒料 b– 重熔块料
1–电极棒料 2–渣皮 3–锅锭 4–抽锭系统 5–金属熔池及渣池
6– 交流电源 7– 小功率直流电源 8– 块料

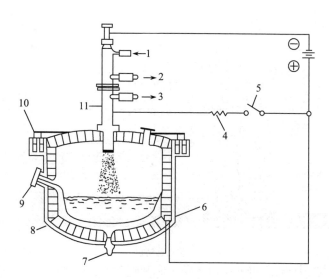

等离子电弧炉（PAF）示意图

1–气体 2–进水 3–出水 4–引弧器 5– 引弧开关 6–搅拌线圈
7–底电极 8–炉体 9–出钢口 10–砂封 11–等离子枪

称PAR。它是综合了等离子电弧炉和其他二次重熔法，如电渣重熔（ESR）等优点的等离子熔炼技术。1963年，美国联合碳化物（Union Carbide）公司下属的林德（Linde）公司研制了两台实验型等离子电弧重熔炉（PAR）和11千克的等离子电弧炉（PAF）。

加拿大诺兰达法炼铜试验获得成功 诺兰达法指向熔锍层鼓入空气或富氧空气，将加到熔池表面的含铜物料迅速熔炼成高品位铜锍的铜熔炼方法，属于熔池熔炼。该法具有加速气、液、固三相传质和传热过程的特点，是一种重要的强化、低能耗、少污染的炼铜新方法。诺兰达反应器是一种与卧式转炉相似的圆筒型设备。1963年，加拿大的诺兰达（Norada）研究中心在一台小型顶插喷枪的反射炉中做了试探性试验，证明可以从精矿直接炼得粗铜。1967年在诺兰达冶炼厂建成一台转炉炉型的反应器，并完成半工业试验。1971年在霍恩（Horne）冶炼厂建了一台工业标准反应器进行工业试验，后来过渡到正式生产。1978年，美国犹他（Utah）冶炼厂引进了此项技术。

比勒［美］制出镍钛形状记忆合金 1938年，美国的格雷宁格（Greninger, A.B.）在铜锌合金中观察到形状记忆效应。1963年，美国的比勒（Buehler, W.J.）制出镍钛形状记忆合金并用于航天器。人们从此对形状记忆效应和形状记忆合金开展了广泛的研究，20世纪70年代已制成许多种记忆合金。中国于1978年开始研制记忆合金，1980年得到应用。

1964年

德国鲁奇公司创立了SL-RN法 SL-RN法是以回转炉、冷却筒为主体设备，用铁矿石或者球团矿以及非黏结性动力煤为原料生产直接还原铁的回转窑直接还原法。该法由德国鲁奇（Lurgi）公司于1964年创立，是将1960年研制成功的SL法（由加拿大钢铁公司和鲁奇公司于1960年研制成功）与1920—1930年开发的RN法（由美国共和钢铁公司及美国国家铅公司开发）组合，发挥它们的优点，再加以改进并以四家公司英文名称的第一个字母定名的。该法的主要原料为氧化球团矿和块矿，但也有用钒钛磁铁矿砂不经造块直接入炉，利用排除废气预热还原用的褐煤和矿砂，以提高生产率。

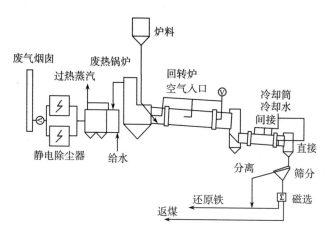

SL-RN法回收废热的直接还原工艺流程示意图

德国曼内斯曼-德马克公司建成超低头板坯连铸机 超低头板坯连铸机是把小半径多点矫直的弧形连铸机与板坯连铸技术相结合的一种机型，其起始半径（结晶器的圆弧半径和二冷区上段半径）小，连铸机总体高度低，适于建设在低高度的厂房内，该机型与纯净钢水的生产技术相结合，能生产达到热送和直接轧制质量要求的无缺陷铸坯。超低头板坯连铸机最早建于1964年，当时联邦德国曼纳斯曼-德马克（Mannesman-Demag）公司在150吨平炉车间装设一台单流超低头板坯连铸机，为了能在已有的旧厂房内安装，该铸机的矫直半径选定为3.9～5.8米/11.4米，浇铸板坯断面为150～250毫米×800～2 100毫米。该公司于1967年又在其所属的胡金根（Hückingen）厂投产了两台双流超低头板坯连铸机，与220吨氧气顶吹转炉配合，浇铸坯断面为150～250毫米×800～2 100毫米，铸机矫直半径有5.0米、6.8米、9.9米和19.6米。

美国联合碳化物公司研制成氩氧精炼法 氩氧精炼法，简称AOD法，是一种利用喷吹Ar和O_2混合气体精炼低碳不锈钢的炉外精炼技术。该技术是1964年由美国联合碳化物（Union Carbide）公司研制成功的，1967年，在美国乔斯林（Joslyn）不锈钢厂建成并投产了第一台15吨AOD炉。AOD法的优点是基建投资少，操作机维护简单，冶炼质量优越，经济效益显著。这很快引起冶金界的关注，各国争相引进，发展十分迅速，其发展速度超过了早于它诞生的VOD法。氩氧精炼法是一种双联操作法，初炼炉可以是电弧炉、转炉或感应炉。

法国马利纳建成半连续硅热法炼镁厂　半连续硅热炼镁法是指在真空电炉内用硅铁还原剂将煅烧白云石还原成金属镁的热还原法炼镁的方法，又称马格尼特法。该方法由法国人马格尼特于20世纪60年代初期试验成功的。1964年，法国马利纳（Marignac）厂已用附近的白云石矿和水力、电力资源建成半连续硅热法炼镁厂，初期的生产规模为年产镁4 500吨，后来该厂经过多次扩建，年产量达到1.54万吨。半连续硅热炼镁法具有技术先进、单台还原炉生产能力大、能耗较低等优点；缺点是投资较高，产品纯度不如皮江炼镁法。其工艺主要由煅烧和真空还原法两大过程组成。

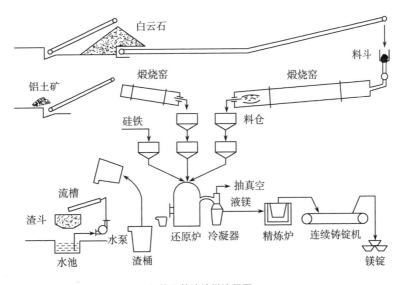

马格尼特法炼镁流程图

1965年

桑纳德［加］和李［加］试验氧气底吹转炉炼钢　尽管氧气顶吹转炉法得到广泛发展，有人认为由底部供气，熔池搅拌力更强，冶炼过程更为合理。1965年，加拿大液化公司的桑纳德（Sannard, G.）和李（Lee, R.）发明了用同心吹氧管同时吹入气态碳氢化合物来冷却喷嘴的技术。随后法国也试成燃料油冷却喷嘴技术，较好地解决了氧气底吹风口烧损快的问题，使底吹转炉炼钢法得以复苏。1967年，联邦德国和法国分别采用上述两项技术建造的氧气底吹转炉并投入生产，称为OBM法和LWS法。1971年，美国引进OBM技术，用于底吹氧气喷石灰粉吹炼含磷生铁，即Q-BOP法。

瑞典建成了第一座ASKA-SKF钢包精炼炉　1965年，瑞典滚珠轴承（SKF）公司为了改进滚珠轴承钢质量，提出了在钢包内精炼钢液的设想，并与瑞典通用电气（ASEA）公司合作建成了第一座30吨的 ASEA-SKF精炼炉。由于钢包精炼炉的工艺操作方便且有很大的灵活性，引起了世界各国炼钢界的重视。20世纪70年代末，巴西、日本、多米尼加、比利时、美国、意大利、西班牙、英国、苏联等国都先后引进了该精炼装置。中国从20世纪80年代初期开始引进。

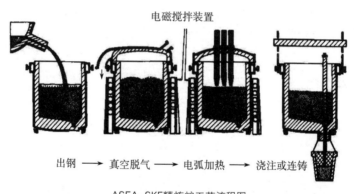

电磁搅拌装置

出钢 ⟶ 真空脱气 ⟶ 电弧加热 ⟶ 浇注或连铸

ASEA-SKF精炼炉工艺流程图

日本新日铁研制成机械搅拌法脱硫KR法　机械搅拌法脱硫是指铁水进入炼钢炉前在铁水罐中加入脱硫剂的同时，插入高铝质耐火浇注料搅拌器进行机械搅拌的铁水脱硫法，此法也称KR法（Kambara Reactor）。其优点是可以将铁水中的硫降到极低，是铁水脱硫的有效方法之一，是由新日铁广畑制铁所于1965年研制成功并应用于工业生产的。

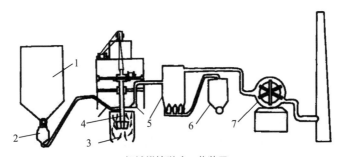

机械搅拌脱硫工艺装置

1-脱硫剂贮存罐　2-脱硫剂喷射泵　3-铁水包　4-搅拌器

5-除尘　6-除尘灰贮存罐　7-除尘风机

德国开发成功VOD炉外精炼法　VOD法是一种在真空条件下吹氧脱碳，并吹氩搅拌生产高铬不锈钢的炉外精炼技术，是真空吹氧脱碳法的简称。1965年，联邦德国埃德尔（Edelstahlwerk Witten）钢铁公司建成了50吨VOD炉。VOD炉主要由真空罐、真空泵、钢包、氧枪、加料系统及取料、测温装置和终点控制仪表等组成。充足的蒸汽、水、氧气和氩气来源，高质量的耐火材料，适用的扒渣工具及高效率的钢包烘烤装置是保证VOD炉正常生产的必要条件。

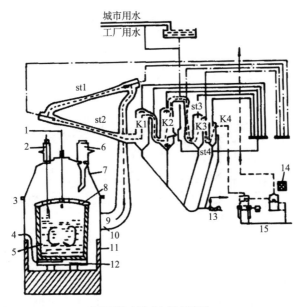

VOD炉（罐式）设备概观

1-氧枪　2-取样、测温　3-热电偶　4-氩气　5-钢包　6-合金料仓　7-罐盖

8-防溅盖　9-废气排出口　10-废气温度测量　11-真空罐　12-滑动水口

13-冷却水泵　14-EMK电池　15-循环泵

1966年

美国表面燃烧公司开发成功米德莱克斯法直接还原铁工艺 米德莱克斯法（Midrex）是一种重要的气基直接还原炼铁法，该法是美国表面燃烧公司的研究成果。从1936年开始研究，经长期试验，直至1966年天然气制取还原气和气-固相逆流热交换还原竖炉两项关键技术的成功，才使米德莱克斯法发展起来，现已成为技术较成熟、生产量最大的直接还原连续铸钢炼铁法。米德莱克斯竖炉是气、固相逆流热交换和还原反应，铁矿石在下降的过程中，被热还原气加热和还原。可以看出，竖炉直接还原流程由竖炉、还原气重整炉（亦称"制气炉"）、炉顶气及冷却气净化、烟气废热回收等部分组成。对于直接还原铁需要外售并远距离运输的工厂，竖炉可取消冷却区而加进直接还原铁的热压系统。

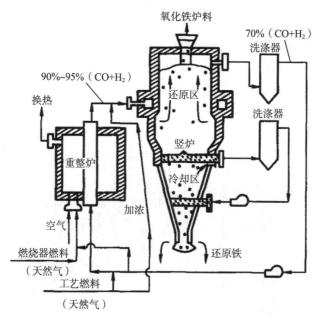

米德莱克斯法标准流程图

1967年

德国铝联合公司应用第一套管道浸出的工业装置 管道浸出是利用管道浸出装置实现比煮压器更高浸出温度或更高浸出压力的有色金属矿物原料的

浸出方法。马勒（Müller）和希勒（Hiller）首先提出了采用管道浸出装置处理一水硬铝石型铝矿的方法。1967年，第一套管道浸出的工业装置在联邦德国的铝联合公司（VAM）应用。管道浸出已成为铝土矿浸出的标准方法，并可用于有色金属冶金行业中的钨、铀、金矿的加压浸出过程。

美国发明了真空电弧加热脱气精炼炉　VAD炉是真空电弧加热脱气精炼炉的简称，由美国FINKL–SONS公司于1967年发明，它可以在钢液脱气过程中进行加热，同时在一个工位上进行脱氧、脱硫和脱气，协调炼钢炉与连续铸钢两道工序稳定生产。但由于VAD炉盖与炉体的密封及电极孔的密封极难解决，使得VAD炉几乎没有得到发展。德国称VAD炉为VHD炉。

1969年

美国阿里斯–查默斯公司开发成功煤基直接还原炼铁的阿卡尔法　阿卡尔法（ACCAR process）是回转窑直接还原法的一种工艺，是美国阿里斯—查默斯（Allis–Chalmers）公司开发的，以回转炉、冷却筒为主要设备，以煤为主，燃料油和天然气为辅的煤基直接还原炼铁法。由于供油或供气，炉内料床不需要过剩煤，产品含碳量可以在较大范围内控制调节，单位电耗较低。阿卡尔法的研究试验始于1960年，1965年又采用可控气氛炉做试验，1969年建成$\varphi 0.6 \times 7$米中间试验炉，取得生产和设计资料。1973年在加拿大尼亚加拉瀑布城（Niagara Falls）对一座原有炉做了改造并建成年产3.5吨试验厂，产品曾销往加拿大和美国，它的回转炉直径$\varphi 2.5 \times 45$米，采用80%煤和20%天然气。1976年建成加拿大萨德伯里金属公司直接还原厂，炉子直径$\varphi 5 \times 50$米，设计能力年产25万吨，燃料配比（%）是：夏季天然气/油=75/25，冬季天然气/油=60/40。1983年，印度奥里萨海绵铁公司投产年产10万吨的工厂。

德国蒂森公司开发出钢包喷粉冶金技术　钢包喷粉法是利用载气将粉剂喷入钢包内的钢水中进行喷射冶金的炉外精炼处理技术，其主要作用是脱硫、成分调整和均匀化，调整温度、排除夹杂物和进行夹杂物形态控制等。钢包喷粉法是20世纪60年代末期由德国蒂森–尼德尔汉（Thyssen–Niederrhein）钢铁公司开发成功的，以该公司名称首写字母简称为TN法。20世纪70年代推广到瑞典、日本、美国和中国等一些国家，成为广为采用的一种喷射冶金方法。喷射设备主要组成部件有喷粉罐（又称"分配器"）、气力输送系统、喷枪及其升降回转系统、粉剂供给系统、钢包和控制室等，喷吹工艺包括粉剂选择、钢水顶渣准备和喷吹。

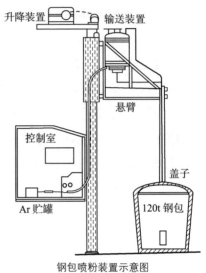

钢包喷粉装置示意图

意大利用湿法与火法交换的工艺从锌浸出渣中分别提取出铟、锗、镓 用湿法和火法交换的工艺从锌浸出渣中分别提取铟、锗、镓的过程，可称为玛格海拉港（Porto-Marghera）法。意大利玛格海拉港电锌厂与都灵冶金中心（Torino Metallurgy Centre）于1969年联合采用这种方法，首次在世界上实现了从锌浸出渣（含Ga0.02%～0.04%、In0.04%～0.09%、Ge0.06%～0.09%）中同时分别回收铟、锗、镓三种金属。

斯科拉格斯［美］研制出铬合金高温材料 由于铬合金的塑性-脆性转变温度高于室温，特别是在高温下暴露在空气中，因氮的渗入，使合金塑性变坏，冲击韧性也不能达到要求，使铬合金在用作高于镍基高温合金使用温度的喷气发动机的涡轮叶片和导向叶片方面未能得到发展和应用。20世纪60年代初，美国斯科拉格斯（Scruggs，D.V.）等研制出的弥散强化型Cr-MgO合金（Chrome-30）有较好的室温塑性，在1 000～1 200 ℃温度下，材料表面形成MgO·Cr_2O_3尖晶石结构，具有抗高温氧化和抗熔蚀性。这种合金已用作制造燃气轮机的火焰稳定器、乙烯分馏炉中的热电偶套管等部件。弥散型Cr-MgO型合金系是将电解铬粉末、MgO粉末和其他元素粉末混合，用粉末冶金工艺制备的。

20世纪60年代后期

中国开始试验无底柱分段崩落法 无底柱分段崩落法的特点是凿岩、崩矿和出矿在同一个分段回采巷道内顺序进行，以较小的崩矿步距向崩落区进行挤压爆破，不设底部结构，崩落的矿石自回采巷道端部直接放出，用装载设备装运至溜井。该法的优点是：结构简单，有利于使用大型机械化无轨自行设备；各工序都在水平巷道内进行，工作安全；能分采和剔出夹石。缺点是通风差，矿石损失和贫化高。适于开采围岩易崩落、矿石稳固的急倾斜厚矿体。若矿石不稳固，回采巷道维护困难，倾角小和矿体薄，矿石损失、贫化将增大。20世纪80年代，中国用无底柱分段崩落法采出的铁矿占地下铁矿生产总量的80%以上。

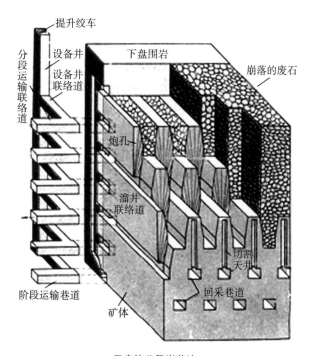

无底柱分段崩落法

1970年

美国应用技术公司研制成功铁水熔池造气技术　铁水熔池造气技术是指将煤粉和汽化剂（氧气或水蒸气等）持续稳定地供入铁水熔池，在高温和充分搅拌的条件下，进入熔池的粉煤会快速汽化，煤中的固体碳氢化合物转入汽相，成为容易使用的CO和H_2的过程。铁水熔池早期可以汽化各种煤，生成的煤气还原性好，含硫量低，是较好的煤气化制气工艺，也可用于直接还原炼铁和熔融还原炼铁，还可开发出铁浴熔融还原新工艺。铁水熔池早期技术的开发始于20世纪60年代末期。1970年，美国应用技术公司（ATC）开发了Atgas法，进行了2.7吨级试验，制得含CO63.5%、H 23.6%和少量其他成分的还原气体；此后日本新明和株式会社进行了两室连通铁浴汽化实验，解决了水煤气反应吸热的熔池温度补偿问题。1975年，瑞典皇家工学院开始研究并于1982年在国际能源机构资助下与日本联合开发CIG法，此后相继又有CGS法、MIP法、COIN法等的试验工作。

1971年

加拿大国际镍公司实现萃取剂提纯金的工业化生产　萃取剂提纯金是指用含磷、含氧、含硫或胺类萃取剂从金溶液中萃取分离杂质制取纯金的方法。1971年，加拿大国际镍公司（INCO）实现DBC（DBC学名为二乙二醇二丁醚，简称二丁基卡必醇，是一种含氧萃取剂）萃取提纯金的工业化生产，金回收率接近100%，产品纯度达99.99%。且DBC具有萃取工艺时间短、费用低等优点，可称得上是金溶剂萃取的一个重大突破。1974年，南非在工业生产中用含磷萃取剂磷酸三丁酯（TBP）从铂精矿产出的溶液中萃取金。

1972年

法国和瑞典共同开发了钢炉外精炼的CLU法　CLU法是法国Creusot-Loire公司和瑞典Uddeholm公司共同开发的一种类似氢氧精炼法（AOD法）的炉外精炼技术，该技术的基本原理与AOD法相同，只是用水蒸气代替昂贵的氩气以稀释脱碳反应所生产的一氧化碳。与AOD炉相比，CLU法炉衬寿命较高，可以节省氩气，冶炼温度低于1 700 ℃，易于脱硫，且水汽容易获得，降低成本，可以使用高碳、高硅原料（碳6%、硅2%），但CLU法铬的回收率较低，还原剂用量较大。另外，虽然采用了清洗措施，钢中氢含量仍然较高。

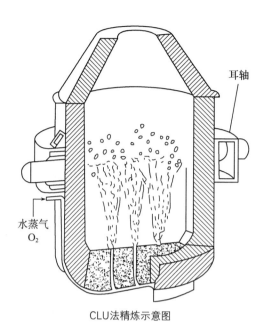

耳轴

水蒸气
O₂

CLU法精炼示意图

日本饭岛电锌厂采用赤铁矿法进行工业生产锌 赤铁矿法是指使硫酸锌水溶液中的铁以赤铁矿（Fe_2O_3）形态沉淀除去的锌热酸浸出液除铁方法。它与锌焙砂热酸浸出组成完整的锌焙砂浸出系统。该方法于1972年在日本饭岛电锌厂获得工业应用。用赤铁矿法处理中性浸出渣的工艺包括还原浸出、脱铜、预中和及氧化沉淀。图中虚线为日本饭岛电锌厂的流程，实线为德国鲁尔（Ruhr）电锌厂用的流程。

1973年

加拿大首先采用了VCR采矿法 VCR采矿法是指在大直径深孔中装填球状药包并自下而上崩落矿石的阶段矿房采矿法。它可用于回采矿房，也可用于胶结充填矿房后回采矿柱。1973年末，加拿大首次在列瓦克（Levack）镍矿将高效潜孔机和垂直漏斗爆破技术应用于阶段矿房法。随后，美国、加拿大、西班牙、澳大利亚、中国的许多矿山也使用这种采矿法。

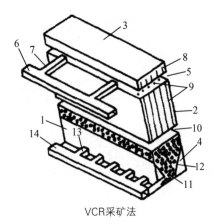

VCR采矿法

1–矿体与下盘岩石的接触面　2–矿体与上盘岩石的接触面　3–矿块的顶柱
4–矿块的底柱　5–凿岩硐室　6–联络平巷　7–联络横巷　8–中深孔
9–深孔　10–碎胀空间　11–崩下矿石　12–堑沟帮　13–装矿巷道　14–运搬巷道

加拿大国际镍公司用氧气顶吹旋转转炉吹炼粗镍铜合金　1973年，加拿大国际镍公司的铜崖冶炼厂用氧气顶吹旋转转炉将镍锍吹炼成含硫0.2%～4%的粗镍铜合金。该方法的原理：将镍锍吹炼成粗镍的关键是要达到1728K的高温和防止生成氧化镍。由于熔体中硫在吹炼过程中不断氧化，就要求提高熔体温度并使熔体中各成分混合均匀，防止出现硫的局部贫化，避免液态金属镍重新氧化成氧化镍。采用旋转转炉氧气顶吹吹炼时，液相中各成分混合良好，传热传质迅速，有利于Ni_3S_2的扩散。利用化学反应放出的大量热可向炉内补热以维持操作所要求的高温。

美国铝业公司研制成功阿尔科氯化铝电解制铝法　氯化铝电解制铝法是指把直流电流通入溶有氯化铝的碱金属和碱土金属氯化物电解质中，在电解槽阴极析出铝的一种铝电解方法。1854年，德国的本生（Bunsen，J.）和法国的德维尔（Deville，C.）曾经成功地电解$NaAlCl_4$熔盐制得金属铝。1973年，美国铝业公司的阿尔科（Alcoa）分公司宣布研究出一种新的氯化铝电解制铝法。阿尔科氯化铝电解制铝方法主要由氯化铝制备和氯化铝电解两大过程组成。采用了多室电解槽的新工艺，与冰晶石-氧化铝熔盐电解法相比，可节电30%，还有占地面积小、单槽产量高，可避免强磁场等优点。该公司于1976年在得克萨斯州建成一座年生产能力为1.5万吨铝的试验工厂。

1974年

芬兰科科拉电解锌厂采用加钙法提硒 加钙法提硒是指含硒酸泥配石灰石进行氧化焙烧进而制取元素硒的过程。在氧化焙烧过程中，含硒酸泥中的汞挥发入烟气，硒则生成难挥发的亚硒酸钙留在渣中，用稀硫酸分解$CaSeO_3$除去钙后，再通SO_2将H_2SeO_3还原得元素硒。1974年，芬兰的科科拉（Kokola）电解锌厂采用这种方法从含硒酸泥制取硒。

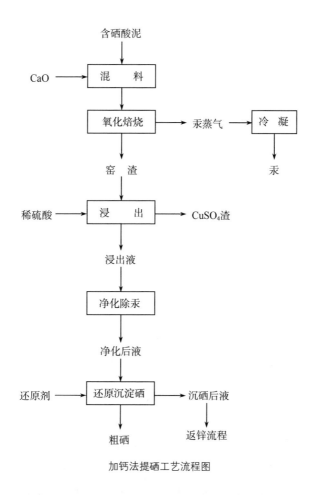

加钙法提硒工艺流程图

中国研究出萃取剂提取铊的流程 用溶剂萃取法从铊的酸浸出液中回收铊的方法是铊提取冶金的一个重要发展方向。溶剂萃取法具有工艺流程短、金属回收率高和无挥发性毒害等优点。中国于1974年研究出用A101萃取剂提取铊的流程，即以A101为萃取剂的溶剂萃取法从铊的氯化物溶液中生产工业铊或高纯铊的过程。A101萃取提铊流程是中国铊生产最先应用的溶液萃取法流程，也是世界铊萃取冶金发展历程中较早工业化的萃取流程之一。

1975年

威廉［美］等人提出了矮鼓风炉还原炼铜 1975年，美国阿麦克斯（Amax）公司的威廉（William，R.O.）等人提出了矮鼓风炉还原炼铜，并进行了小型、中间和生产规模的试验。该法是用矮料柱鼓风炉处理由硫化铜精矿经死焙烧得到的铜焙砂生产黑铜的铜熔炼方法。此法对铜精矿的化学成分有一定要求，即要求含铜15%～45%、铁15%～40%、硫20%～45%，三者的总和大于85%。此法主要包括硫化铜精矿死焙烧、焙砂热压团和矮鼓风炉还原熔炼三个环节，取消了易产生污染的造锍熔炼和吹炼等中间过程，与传统炼铜法相比具有烟气污染小、所产硫酸成本低和建厂投资小等优点。但由于黑铜质量差，鼓风炉低浓度二氧化硫烟气难以经济、有效回收，直到20世纪80年代末尚未获得工业应用。

1976年

德国研制成功碱土金属氯化法提锗 碱土金属氯化蒸馏法提锗是以高砷锗渣为原料，经过预氧化、氯化蒸馏处理回收锗的过程。预氧化和氯化蒸馏作业同在耐腐蚀的反应罐内进行。碱土金属氯化法提锗于1976年首先见之于西德专利报道，中国于1982年用于工业生产。该法的特点是工艺流程短，锗的回收率在94%～96%，GeO_2产品纯度超过98%，含砷低于0.1%；加入$CaCl_2$提高了颜色活度因而氯化蒸馏可在含盐酸2～2.5 mol/L的低酸度溶液中进行，且$CaCl_2$可再生回用。该法适用于处理高砷（含砷20%以上）的锗物料或锗以金属或合金存在的含锗物料。

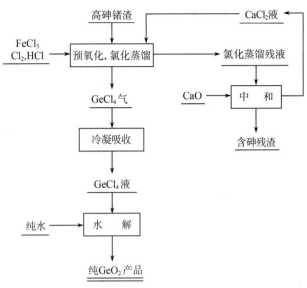

碱土金属氯化蒸馏法提锗流程图

德国开发了转炉真空吹氧脱碳法（VODC法）　VODC法（vacuum oxygen decarburization converter）是转炉真空吹氧脱碳法的简称，是德国于1976年开发的，其目的主要是降低AOD法冶炼不锈钢过程的巨大氩耗量（15～20立方米/吨）。以55吨VODC炉为例，其脱碳过程分为非真空吹氧脱碳和真空脱碳两部分。

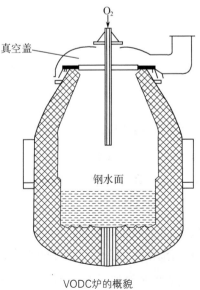

VODC炉的概貌

　　委内瑞拉建成采用菲奥尔法的直接还原铁厂　菲奥尔法是一种流态化直接还原炼铁方法，原名为FIOR法，是Fluid Iron Ore Reduction的缩写，意为流态化铁矿还原。该法是埃克森研究和工程公司与里特里（Little，A.D.）在20世纪50年代末期研究开发的，经日产5吨和300吨的中试后，于1976年在委内瑞拉的奥尔达斯港建成一个年产40万吨的直接还原厂，1998年的产量为39万吨。该工艺的还原部分由一个预热流化床反应器和3个串联的流化床还原反应器组成。铁矿粉的还原在3个串联的流化床中分阶段完成，还原系统在1.05 MPa和880 ℃条件下进行操作。还原气由天然气、液化气或油等加水蒸气催化裂化或部分氧化制成。

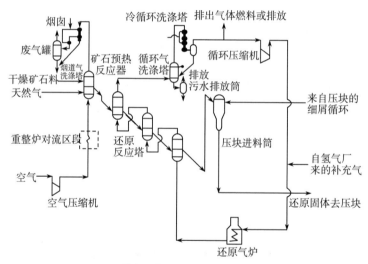

菲奥尔法的设备布置及流程

　　中国自行研究和开发的白银炼铜法实现工业规模生产　白银炼铜法是指经侧置风眼向铜锍层鼓入高压空气或富氧空气，将加到熔池表面的含铜炉料炼成铜锍的铜熔炼方法，属于熔池熔炼。它具有加速气、液、固三相间传质和传热过程的特点，也是一种强化生产、降低能耗和消除污染的炼铜方法。中国白银有色金属公司于1972年开始研究，1974年北京有色金属研究总院、白银矿冶研究所和北京矿冶研究总院参与协作研究，1975—1976先后完成了日处理精矿100吨和300吨规模的试验，实现了400吨规模的工业生产。主要设备白银炼铜炉为固定式长方形炉，炉中熔池用水冷隔墙分为熔炼区和沉降区两部分，炉料加到熔区表面后即被剧烈翻动着的熔体所分散冲入熔体中。

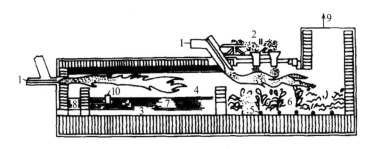

白银炼铜炉结构示意图

1-燃烧罩　2-炉料　3-铜锭　4-渣　5-风口
6-熔炼区　7-沉淀区　8-铜镜区　9-烟气　10-出渣口

1977年

瑞典开发成功电熔融还原法炼铁　电熔融还原法，原名为ELRED法，是一种熔融还原炼铁工艺，该工艺设备由流态化预还原炉和直流电流组成。该法由瑞典Stora Kopparberg公司和Asea公司开发，后与德国Lurgi公司合作。1971年开始基础研究，1976年建设了500千克/小时级预还原试验装置，1977年建设了25吨/炉的终还原电炉。其工艺流程如下图所示，其特征是在流化

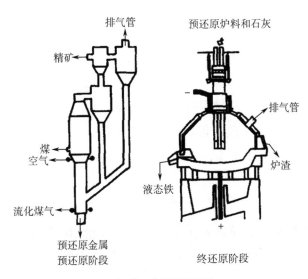

ELRED法工艺流程示意图

状态下，用煤粉对铁矿粉进行预还原，预还原铁料从直流电炉的中空电极投入，用电极下部的等离子体进行快速熔融还原，电炉排出的煤气发电，作为电力来源。

1978年

卢森堡阿尔贝德公司首先实现顶底复吹转炉炼钢的工业规模生产　顶底复吹转炉炼钢是从转炉炉顶吹氧的同时又向炉底吹入不同气体进行吹炼的转炉炼钢方法，顶吹和底吹方法可互相补充。1973年，奥地利人爱德华（Eduard）开始试验复吹炼钢方法，从1975年开始，在法国钢铁研究院（IRSID）的试验转炉上系统进行了顶底复吹转炉炼钢的研究，证明顶底吹气体搅拌有利于使脱磷更接近平衡。然后于1978年在卢森堡阿尔贝德公司（ARBED）埃施-贝尔瓦尔厂的180吨顶吹转炉增设底吹惰性气体以加强熔池搅拌，在工业生产规模上取的复合吹炼的成功，这就是在国际上影响较大的复吹炼钢法（LBE法）。日本川崎制铁株式会社在1980开发成功顶吹氧底吹惰性气体的LD-KG法（即LD-Kawasaki Gas法）和顶底均吹氧的K-BOP法（K为Kawasaki缩写），扩大了复合吹炼的类型。中国鞍山钢铁公司于1986年开发出顶底复吹AFC法并投入使用。炉底供气元件为双层套管或集束管。中心管内通O_2和CO_2，外管道通N_2或Ar；顶吹用双流道氧枪，以增加炉气的二次燃烧。

澳大利亚实现赛罗法炼锡工业化　赛罗法炼锡是指在设有沉没燃烧喷枪的竖式固定圆形炉内熔炼含锡物料产出粗锡的过程，是锡精矿熔炼新方法之一。由澳大利亚联邦科学与工业研究组织（SIRO）研制成功，故称为赛罗（SIRO）法。为了改进传统的两端熔炼法，该组织于1970年开始进行沉没式燃烧喷枪的加热试验，1974年在悉尼联合炼锡厂建成容量为1吨的工业试验炉，1978年又建成5吨的炉渣还原炉，开始了赛罗炉的第一次工业操作。赛罗炉主要由炉体和喷枪组成。炉体内衬铬镁砖，炉盖上设有加料口、排气口和喷枪口，熔体从炉下面放出。喷枪用钢管制作，燃料（天然气、燃料油或粉煤）和空气（或氧气）由喷枪射入熔融渣层燃烧供热，同时强烈搅拌熔体，加速传质和传热过程。赛罗法设备简单，过程强化，对原料和燃料的适应性强，但需要解决的问题是回收渗漏进耐火材料的金属和降低耐火材料的消耗。

20世纪70年代

中国淮南矿务局创造了伪倾斜柔性金属掩护支架采煤法　在距采区边界5米处掘两条上山眼，贯通平巷后，在回风平巷中扩巷并安装掩护支架。安装工作进行15米后，逐步调斜掩护支架，使其与水平面成25°～30°，然后在掩护支架下进行正常回采。随着工作面沿走向推进，要不断接长回风平巷中的掩护支架，同时在工作面下端的顺槽内拆除支架，采下的煤沿工作面铺设的搪瓷溜槽经溜煤眼溜到运输平巷。掩护支架下可用风镐或爆破法落煤。支架随着出煤而逐渐下降，生产时应注意调整支架，使其处于正常位置。该采煤法具有以下优点：工艺简单；劳动强度低；工人在掩护支架下工作比较安全；材料消耗少；与水平分层采煤法相比，巷道掘进量可减少60%～70%，工作面月产量提高46%。但由于支架结构还不完善，煤层厚度和倾角有变化时开采困难。该法的适用条件是：煤层赋存稳定，倾角大于60°，煤层厚度1.8～8.0米。

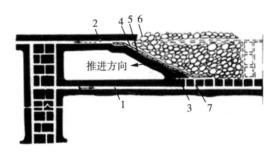

伪倾斜柔性金属掩护支架采煤法
◦━▶新风风流方向　　⋯⋯▶回风风流方向
1–区段运输巷道　2–区段回风巷道　3–超前巷道
4–柔性金属掩护支架　5–工作面　6–支架上方矸石　7–溜煤眼

瑞典首先使用上向进路充填采矿法　向上进路充填采矿法是指在采场中自下而上回收各个分层，分层中用进路回采矿石的充填采矿法，特点是用进路回采，充填时使用充填材料完全充满采空区，尽量接触顶板，适用于开采矿石和围岩不稳固、矿石品位和价值高的倾斜和急倾斜矿体。该法于20世纪

70年代前期首先在瑞典法伦（Falun）矿在矿柱回收中使用。中国在20世纪80年代使用了这种采矿法。

日本新日铁公司开发出CAS精炼技术炼钢 日本新日铁公司开发出钢包密封吹氩、成分微调的CAS精炼技术。该方法除具有钢包内喷吹惰性气体

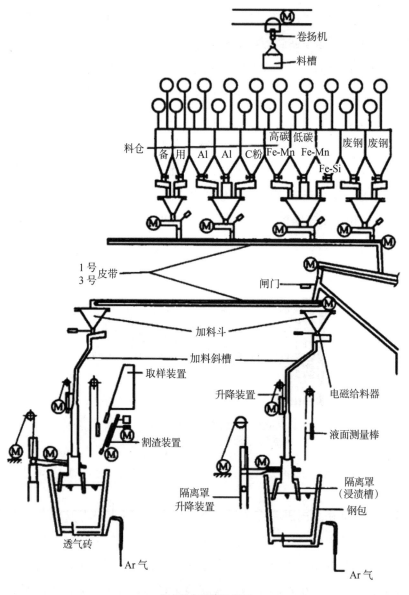

CAS设备装置示意图

均匀钢水成分和温度的功能外，还能进行成分微调、提高合金回收率，消除钢中大型杂质，以较低成本净化钢液。CAS装置由合金料仓、电磁振动给料器、电子称重器、皮带输送机、中间料斗、溜槽、测温取样装置、隔离罩及其升降装置、氧枪、底吹氩砖等构成。新日铁公司于1982年又开发了补偿CAS法工艺过程中的降温，并在其隔离罩上加一直氧枪进行吹氧，同时加铝（或硅）氧化放热以使钢水快速升温的方法，即CAS-OB法。

德国首先采用电弧炉无渣出钢技术 电弧炉无渣出钢技术是电弧炉炼钢完毕出钢时钢渣分离，将渣子留在炉内，钢水流入钢包中的出钢技术。较重要的有虹吸出钢法、中心底出钢法和偏心底出钢法3种，其中又以偏心底出钢法应用最为广泛。虹吸出钢法是20世纪70年代末期由联邦德国克虏伯钢公司（Krupp Stahl AG）开发的一种简易的钢渣分离技术，即根据虹吸原理，把电弧炉原水平出钢口改为倾斜式，出钢口炉内端埋入钢液内一定的深度，炉外端高于钢液面，如下图所示。中心底出钢法是德国曼内斯曼-德马克公司（Mannesmann-Demag AG）和蒂森特殊钢公司（Thyssen Edelstahlwerke AG）合作开发成功的，第一座中心底出钢（CBT）电弧炉于1979年投产。它的出钢

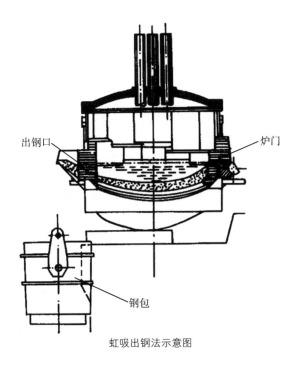

出钢口　　　炉门

钢包

虹吸出钢法示意图

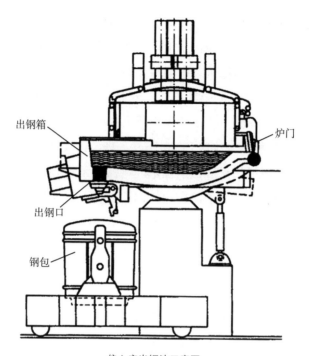

偏心底出钢法示意图

口设在炉底中心部位，取消了原出钢槽，并且出钢口向下，从而使出钢时的水平抛物线钢流改变为竖直向下的钢流。这一技术是电弧炉出钢法的重大改进。偏心底出钢法是曼内斯曼–德马克和蒂森两公司与丹麦特殊钢厂合作，在中心底出钢的基础上开发的偏心底出钢（EBT）技术。即在炉底后部增加一个鼻状出钢箱，把出钢口系统置于出钢箱的下部，第一座偏心炉底出钢电弧炉于1983年在丹麦特殊钢厂投产。

1980年

瑞典SKF公司实现以等离子体作为热源直接还原铁 等离子体熔融还原在处理难熔和难还原金属及工业废弃物方面有很大的优势。1980—1981年，瑞典SKF公司将一座年产

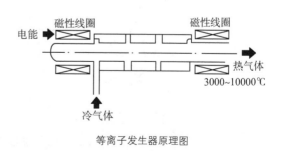

等离子发生器原理图

2.5万吨海绵铁的维伯尔直接还原法的装置改造为Plasmared（等离子体还原）装置，用等离子体作为热源生产直接还原铁在工业上得到实现。等离子体是用直流或交流电在两个或更多个电极间放电获得的，等离子体电热转换所用的装置是等离子发生器。

1981年

世界上第一套硫化锌精矿氧压浸出工业装置在加拿大投产　硫化锌精矿氧压浸出是指往压煮器内通入氧气，并用稀硫酸使硫化锌精矿中的锌和硫分别转变成水溶性硫酸锌及元素硫的锌浸出方法，其工艺流程如下图所示。1977年，加拿大谢利特哥顿（Sherritt Gordon）矿业有限公司和科明科（Cominco）矿业有限公司联合进行硫化锌精矿氧压浸出试验。1981年，世界上第一套硫化锌精矿氧压浸出工业装置在科明科公司所属的特雷尔（Trail）厂投产；1983年，第二套工业装置在加拿大齐德克里克（Kidd Creek）矿业有限公司电锌厂投产。

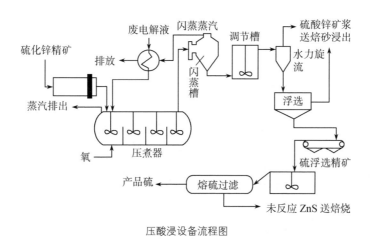

压酸浸设备流程图

美国直接还原公司DRC法直接还原铁厂投产　DRC法是回转窑直接还原法的一种工艺，是直接还原公司（Direct Reduction Corporation）的简称，起源于澳大利亚西方钛公司，用煤还原钛铁矿中的铁。1978年，美国直接还原公司投产了年产5万吨还原铁厂，并于1981年获得DRC法技术特许证。DRC法工艺和主要设备与其他煤基回转窑法大同小异，但该法在测温、控制料床厚度、燃烧温度、残炭回收技术以及预防结圈方面有特点。

1982年

德国开发的EOF炼钢法在南非获得成功　EOF法是一种能源优化炉炼钢法，此法首先在南非试验成功。1982年5月，德国可夫（Korf）工程公司开发的EOF法获得成功，在巴西的帕因斯钢铁公司的平炉车间建成1座28吨EOF中间试验设备，1985年底，第2座EOF设备建成投产，取代该厂年产40吨的3座平炉。EOF设备主要由固定式熔炼炉体和安装在炉顶烟道上方的废钢预热器组成，还备有埋入式喷嘴、氧燃烧嘴、换热器、水冷设备和两套出钢装置等，炉体像一座没有电极的电弧炉，为了便于维修，炉壳可以拆开。EOF法可以以100%废钢为原料，废钢在预热器内加热至750～850℃后加入熔池，用埋入式喷嘴向熔池吹氧和碳粉（煤粉），碳氧反应生成大量热熔化废钢。

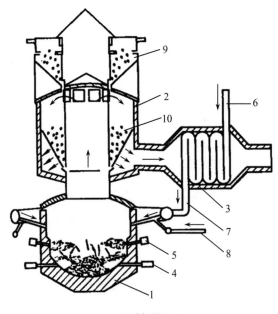

EOF炼钢简图

1-炉体　2-废钢预热器　3-换热器　4-埋入式喷嘴　5-油氧烧嘴　6-冷空气
7-热空气　8-氧气　9-未预热的废钢　10-预热的废钢

日本和瑞典合作研究铁浴造气结合熔融还原的CIG法　CIG法是一种铁浴造气结合熔融还原的熔融还原炼铁方法。该法由日本和瑞典合作，并作为与国际能源机构（IEA）有关钢铁工艺节能合作项目，1982年开始进行了两年的共同研究。日本由钢铁协会负责，新日铁、日本钢管和神户制钢参加了早期的

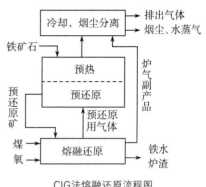

CIG法熔融还原流程图

常压法研究，此后新日铁与瑞典进行了高压法的半工业性研究。瑞典由国家技术发展局（STU）负责。日本方面侧重工艺设计、主要设备概念及经济性的研究，瑞典方面侧重煤的气化研究，重点进行了铁浴炉煤气化实验，并以铁浴炉实验结果为基础，熔融还原的热量和物料平衡由计算机模拟结合实验室试验进行。CIG法研究了铁浴式熔融还原的基本技术，如二次燃烧、熔池传热效率等，为此后新的铁源熔融还原工艺开发积累了大量有用的技术资料。

1985年

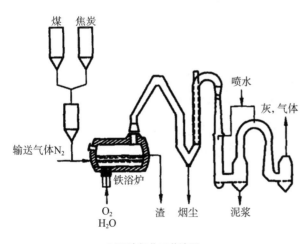

MIP法气化工艺流程

德国和日本联合开发MIP法熔融还原铁试验成功　MIP法（molten iron process）是20世纪80年代中期由原联邦德国的KHD（Klockner Humboldt Deutz）公司和日本住友金属公司联合开发的一种煤气化工艺流程，并在瑞典吕勒阿（Lulea）地区建立了30吨级铁浴煤气化试验装置。1985年进行了首次试验，并设计了利用铁浴造气与闪烁熔炼炉预还原相结合的熔融还原炼铁的工艺。

1986年

中国鞍山钢铁公司研制成功AFC法顶底复合吹转炉炼钢技术 AFC法是中国鞍山钢铁公司开发的一种顶底复吹转炉炼钢法，它以鞍山、复合、吹炼3个词的汉语拼音第一个字母命名，于1986年投入使用，炉底供气元件为双层套管或集束管。中心管内通氧气和二氧化碳，外管道通氮气或氩气，底吹氧量占总氧量5.0%以下，底吹供气强度为0.05～0.15平方米/分钟·吨，顶吹用双流道氧枪，以增加炉气的二次燃烧，二次燃烧用氧约占20%。

日本住友公司开发出IR-UT法炉外精炼技术 IR-UT法（injection refining with temperature raising capability）是一种炉外精炼技术，早期称作LT-OB法，由日本住友公司开发，后经改进与喷粉技术相结合，于1987年研发成功，也称喷射精炼升温法。

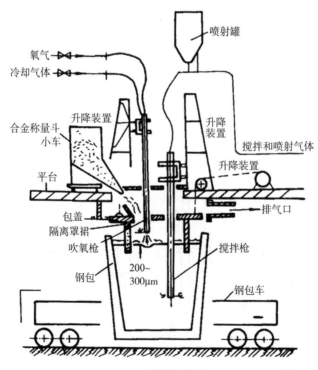

IR-UT精炼法简图

日本开发了川崎熔融还原炼铁工艺 日本川崎钢轨公司开发的以预还原流态化床与熔融还原竖炉作为联合设备的熔融还原炼铁工艺，该工艺要点是用富氧热风并以低质量焦炭粉作为燃料和还原剂，直接用粉矿进行预还原，然后在熔融还原竖炉完成铬还原的二步法熔融还原，目标是用非焦煤替代焦炭为能源冶炼生铁。川崎钢铁技术研究所于1972年开始研究熔融还原工艺，当时的目的是以铬铁矿熔融还原生产铬铁。1979年以前，除完成实验室部分基础研究外，主要是对铁矿石熔融还原进行研究；1979年起，研究重点转向铬铁

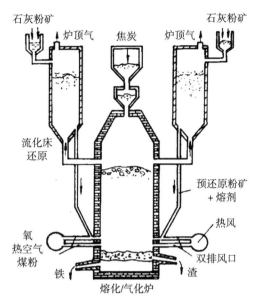

川崎法工艺流程示意图

矿熔融还原并建立了一个日产0.5吨生铁的实验装置；1983年，建成包括预还原流化床和用焦炭的气化竖炉实验厂；1986年，在川崎千叶钢铁厂建成第一座容积4.1立方米、日产10吨生铁的熔融还原中间试验装置，此装置进行了5次试验，产品以铬铁为主，同时也进行过生铁和镍铁的冶炼试验。川崎熔融还原炼铁包括流态化矿粉预还原——竖炉熔融还原和精矿粉直接喷入竖炉进行熔融还原两种工艺。

中国实现氯化焙烧法提锂的工业生产　氯化焙烧提锂是指锂矿石中的锂经氯化焙烧转变为氯化锂的锂提炼方法。氯化焙烧提锂具有流程短、金属回收率高、设备生成能力大、冶炼能耗低、流程封闭、无污染等特点。早在1817年，瑞典史密斯（Smith，J.）就用氯化铵中温（1 223 K）焙烧锂云母制取氯化锂。印度于1976年曾对氯化钙中温（1 223 K）焙烧锂云母制取氯化锂的方法进行过半工业试验，但没有用于工业生产。中国于1976年完成氯化钙中温（1 193～1 233 K）焙烧锂云母生成碳酸锂的工艺试验，1986年完成工业试验并建立用这种工艺生成碳酸锂产品的车间。氯化焙烧提锂的原理是：在焙烧温度下，锂矿石中的锂及其他碱金属元素与氯化剂发生氯化反应，生成相应的氯化物，然后从这些氯化物中提取各种碱金属化合物产品。

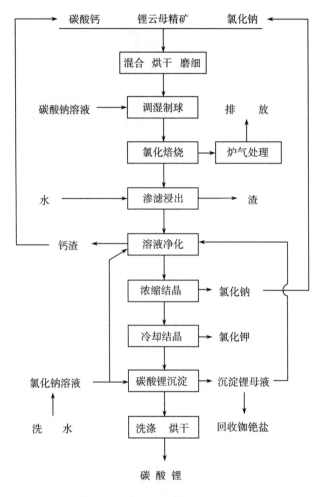

锂云母氯化焙烧提锂工艺流程

1989年

德国西马克公司研制的第一台薄板坯连铸机在美国投产　薄板坯连铸技术的实质是在保证成品钢材质量的前提下，尽量缩小铸坯的断面来取代压力加工。连铸薄板坯的厚度为20～100毫米，宽度为900～1 600毫米。有关人员曾尝试过多种薄板坯连铸方案都未能达到生产水平。1985年，联邦德国西马克（Siemag）公司开始进行紧凑式带钢生产线（Compact Strip Production-

CSP）研究，并于1989年在美国建成第一台连铸机。之后，德国德马克（Demag）公司与意大利阿维迪公司合作，于1992年投产了在线生产带钢生产线（In-line Strip Production–ISP），这两条生产线都是使用固定结晶器。中国于1990年完成了第一台自行设计的薄板坯连铸机并完成了试生产。薄板坯连铸的关键技术是结晶器及其相关技术，即结晶器的形状、结构、浸入式水口的材料和形状、结晶器振动装置以及保护渣。

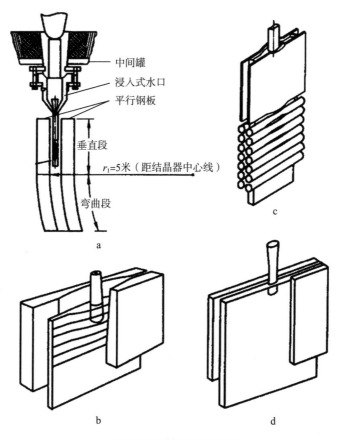

四种类型的薄板坯连铸结晶器
a–立弯式结晶器　　b–漏斗型结晶器
c–凸透镜型结晶器　d–平行板型结晶器

南非埃斯科公司成功实现COREX法工业化生产 COREX法是联邦德国KORF公司和奥地利VOEST-ALPINE公司联合开发的一种无焦炼铁的熔融还原炼铁工艺，原名是KR法，是在米德莱克斯（Midrex）竖炉直接还原法基础上发展起来的。1986年初，南非埃斯科（ISCOR）公司的普勒多利亚（Pelatoria）钢铁厂开始建造年产30万吨的生产装置，1987年投产，随着对装置的不断改进和试运行，于1989年实现工业生产正常操作，生产率达到设计能力。COREX法是唯一已产业化和商业化的熔融还原炼铁法，工艺流程由预还原竖炉、熔融气化炉和煤气除尘调温系统组成。此法具有很高的预还原度和很低的二次燃烧率，工艺难度较小，生产铁水质量与高炉过程基本相同。

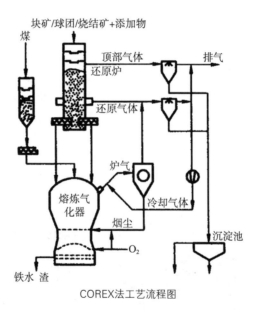

COREX法工艺流程图

20世纪80年代

日本首先用还原–蒸馏联合法生产海绵钛 镁热还原法生产海绵钛是在高温、氩气保护下用金属镁作还原剂将$TiCl_4$还原成海绵钛的过程。还原产物经真空蒸馏除去剩余的镁和$MgCl_2$后，将钛块破碎、分级得成品海绵钛。20世纪80年代，日本首先用还原–蒸馏联合法生产海绵钛获得成功，这是镁热还原法炼钛的重大技术进步。还原–蒸馏联合法是将还原产物在热态下直接转入蒸馏并实现镁循环，因而可大幅度降低镁耗、电耗，增大单炉生产能力，降低生产成本。海绵钛生产除了镁热还原法外，还有钠热还原法。

1990年

澳大利亚建成年艾萨熔炼法炼铅厂 艾萨熔炼法炼铅是由澳大利亚芒特·艾萨矿业有限公司（Mountain Isa Mines Limited）和联邦科学与工业研究组织（CSIRO）共同开发的直接炼铅技术，这种技术是在两台竖炉内，通过在炉顶插入的喷枪将空气和煤粉喷入熔融炉料中，熔炼硫化铅精矿产出粗铅的铅熔炼方法，又称赛罗炼铅法（SIRO）。芒特·艾萨矿业有限公司先建造了日处理5吨硫化铅精矿的示范设备，经过1983—1986年间的运行证明熔炼效果良好。于是该公司又于1990年建成了年产6万吨的艾萨熔炼法炼铅厂。艾萨熔炼法炼铅所用的两台竖炉由钢板焊成，内衬铬镁砖。熔炼过程分两个阶段进行，第一阶段是在1号氧化炉内将硫化铅精矿熔炼为富PbO渣，第二阶段是在2号还原炉内用喷入的煤粉还原PbO产出粗铅和弃渣。

1998年

中国提出新一代钢铁材料重大基础研究计划 1995年，日本发生阪神大地震，当地钢铁建筑毁于一旦，引发日本学界对钢铁材料重要性的思考，很多学者提出要开发更坚固的钢铁材料，这是研发"超级钢"的起源。日本从1997年开始研究具有高强度和长寿命的"超级钢"，韩国在1998年提出了"高性能结构钢计划"。中国也于1998年末提出了"新一代钢铁材料重大基础研究计划"等，其目的是采用各种现代技术对传统的钢铁材料进行处理，使其获得最佳的综合使用性能，以充分挖掘钢铁材料的潜力，并使机械零部件向轻、小型化方向发展。该项目作为国家"973"重大基础研究项目之一，历时5年，承担的协作单位20多家，参加人员达300多人，显著特点是"产学研"大协作，对于我国钢铁工业可持续发展具有推动意义，与我国的钢铁工业发展和资源环境相得益彰，良性循环。

参考文献

［1］北京大学物理系《中国古代科学技术大事记》编写小组. 中国古代科学技术大事记［M］. 北京市：人民教育出版社，1977.

［2］《化学发展简史》编写组. 化学发展简史［M］. 北京：科学出版社，1980.

［3］亨利·M·莱斯特. 化学的历史背景［M］. 吴忠，译. 北京：商务印书馆，1982.

［4］伊东俊太郎等. 简明世界科学技术史年表［M］. 姜振寰，葛冠雄，译. 哈尔滨：哈尔滨工业大学出版社，1984.

［5］中国大百科全书总编辑委员会《矿冶》编辑委员会，中国大百科全书出版社编辑部编. 中国大百科全书：矿冶卷［M］. 北京：中国大百科全书出版社，1984.

［6］泰利柯特. 世界冶金发展史［M］. 华觉明，译. 北京：科学技术文献出版社，1985.

［7］Robert Maddin，James. D. Muhly. The beginging of metallurgy in the old world: The Second International Conference on the Beginning of the Use ofMetals and Alloys，Zhengzhou，China，October21-26，1986. Cambridge，Mass. :MIT Press，c1988.

［8］中国大百科全书总编辑委员会《机械工程》编辑委员会，中国大百科全书出版社编辑部编. 中国大百科全书：机械工程卷［M］. 北京：中国大百科全书出版社，1992.

［9］廖正衡. 自然科学发展大事记：化学卷［M］. 沈阳：辽宁教育出版社，1994.

［10］孙关龙. 自然科学发展大事记：地学卷［M］. 沈阳：辽宁教育出版社，1994.

［11］高达声，汪广仁. 近现代技术史简编［M］. 北京：中国科学技术出版社，1994.

［12］材料科学技术百科全书编辑委员会编. 材料科学技术百科全书（上）［M］. 北

京：中国大百科全书出版社，1995.

［13］材料科学技术百科全书编辑委员会编.材料科学技术百科全书（下）［M］.北京：中国大百科全书出版社，1995.

［14］田长浒.中国铸造技术史：古代卷［M］.北京：航空工业出版社，1995.

［15］郭建荣.中国科学技术年表［M］.北京：同心出版社，1997.

［16］李文范、宋正海.地球科学年表［M］.北京：石油工业出版社，1998.

［17］中国冶金百科全书总编辑委员会《有色金属冶金》编辑委员会.中国冶金百科全书：有色金属冶金卷［M］.北京：冶金工业出版社，1999.

［18］美国不列颠百科全书公司编著.不列颠百科全书：国际中文版（20卷）［M］.北京：中国大百科全书出版社，1999.

［19］中国冶金百科全书总编辑委员会《采矿》编辑委员会、冶金工业出版社《中国冶金百科全书》编辑部编.中国冶金百科全书：采矿卷［M］.北京：冶金工业出版社，1999.

［20］中国冶金百科全书总编辑委员会《钢铁冶金》卷编辑委员会.中国冶金百科全书：钢铁冶金卷［M］.北京：冶金工业出版社，2001.

［21］孙淑云，李延祥.中国古代冶金技术专论［M］.北京：中国科学文化出版社，2003.

［22］辛格.技术史：第Ⅰ卷［M］.王前，孙希忠，译.上海：上海科技教育出版社，2004.

［23］辛格.技术史：第Ⅱ卷［M］.潜伟，译.上海：上海科技教育出版社，2004.

［24］辛格.技术史：第Ⅲ卷［M］.高亮华，戴吾三，译.上海：上海科技教育出版社，2004.

［25］辛格.技术史：第Ⅳ卷［M］.辛元欧，译.上海：上海科技教育出版社，2004.

［26］辛格.技术史：第Ⅴ卷［M］.远德玉，丁云龙，译.上海：上海科技教育出版社，2004.

［27］特雷弗·Ⅰ.威廉斯.技术史：第Ⅵ卷［M］.姜振寰，赵毓琴，译.上海：上海科技教育出版社，2004.

［28］丁长青.中外科技与社会大事总览［M］.南京：江苏科学技术出版社，2006.

［29］刘二中.技术发明史［M］.合肥：中国科学技术大学出版社，2006.

［30］韩汝玢，柯俊.中国科学技术史：矿冶卷［M］.北京：科学出版社，2007.

［31］郭书春，李家明.中国科学技术史：辞典卷［M］.北京：科学出版社，2011.

事项索引

1906，1909，1912，1923，1931，1955，
1959

渗碳　B.C.7—B.C.6世纪，550，1608，
1668，1722，1887，1908

失蜡法　约B.C.2500，B.C.1—B.C.5世纪，
1190

湿法炼铜　B.C.2世纪

湿法冶金　1574，1740，20世纪40年代，
20世纪50年代初，1956，1960

石范铸造　约B.C.2300—B.C.1600，约
B.C.2000，约B.C.300

石灰法提锂　1935，1961

《识别贵重矿物的资料汇编》　1048

试金石　1387

《试金手册》　1510

铈　1803，1826，1839，1843，1857，
1885，1891，1908，1953

《菽园杂记》　1495

竖井　新石器时代晚期，B.C.14世纪，约
B.C.1100，1780

竖炉炼铁　B.C.4—B.C.3世纪，1世纪

双联炼钢法　1872

水排　31

水枪　1830

水压锻造机　1847

水银　B.C.3世纪初，B.C.3世纪，317—
420，659，743，8—10世纪

水钻　1907

后母戊鼎　B.C.14世纪

锶　1802，1823，1829

宿铁刀　550

酸性侧吹转炉　1891

隧道窑　1896，1954，1955

燧石矿　旧石器时代，新石器时代早期

铊　1861，1974

钛　1270，1791，1879，1892，1910，1923，
1940，1941，1948，1954，20世纪50年
代，1963，1981，20世纪80年代

钽　1801，1802，1892，1923，1954

碳还原法　1774，1790，1810

镗床　1769，1792

陶范铸造　B.C.4世纪

淘金　1世纪，1848，20世纪50年代初

淘洗　B.C.17世纪，B.C.8世纪，1848

T

铽　1843

锑　约B.C.3200，1270，1279，1540，1574，
1604，1753，1780，1798，1865，1891

提升机　1780，1877，1883，20世纪30年
代初，1956

《天工开物》　1637，17世纪，1827，1851，
1871

跳汰机　1848

《铁的显微镜研究》　1878

铁范铸造　B.C.3世纪

铁炮　1842

《铁冶志》　1506—1521

铜柄铁剑　B.C.7—B.C.6世纪

铜佛　743，971，1252，1321

鍮石　1045

图坦卡蒙金棺　B.C.14世纪

钍　1828

托马斯碱性转炉　1879

人名索引

伯格曼 Bergman，T.O.［典］1735，1753，
　1774，1780

布拉默 Bramah，J.［英］1797，1820

布莱克 Blake，E.W.［美］1858

布兰特 Brandt，G.［典］1735

布雷亚里 Brearley，H.［英］1912

布西 Bussy，A.A.B.［法］1808，1828，
　1833

C

查德理 Chatelier，L.L.［法］1860

查尔斯 Charles，J.［美］1878

常璩［中］347

陈椿［中］1334

崔昉［中］1045

D

达比 Darby，A.［英］1701，1709，1742

达比二世 Darby II，A.［英］1742，1755

达芬奇 Da Vinci，L.［意］1480，1553

达勒 Durrer，R.［瑞］1949，1952

戴维 Davy，H.［英］1802，1807，1808，
　1816，1818，1823，1825，1833，1869

丹纳 Dana，J.D.［美］1837

德贝莱纳 Dbereiner，J.W.［德］1829

德比尔纳 Debierne，A.L.［法］1899

德维尔 Deville，S.C.［法］1811，1825，
　1854，1886，1887，1973

杜诗［中］31

多尼 Dony，A.［比］1807

F

法拉第 Faraday，M.［英］1808，1833，
　1865，1888

方以智［中］17世纪

冯皮雷尼 Vonpirani，M.［德］1954

弗拉施 Frasch，H.［德］1894

傅浚［中］1506—1521

G

盖-吕萨克 Gay-Lussac，J.L.［法］1808，
　1811

甘恩 Gahn，J.G.［典］1774

戈尔德施密特 Goldschmidt，H.［德］1898

戈斯 Goss，N.P.［美］1903，1934

格劳贝尔 Glauber，J.R.［荷］1656

格雷宁格 Greninger，A.B.［美］1963

格里菲斯 Griffith，A.A.［英］1920

葛洪［中］317—420

龚振麟［中］1842

H

哈策尔迪内 Hazeldine，W.［英］1862

哈德菲尔德 Hadfield，R.A.［英］1882，
　1903，1934

哈契特 Hatchett，C.［英］1801

海尔布吕格 Hellbrügge，H.［瑞］1949，
　1952

海思斯 Haynes，E.［美］

何蘧［中］11世纪末—20世纪

荷普 Hope，T.C.［英］1802

赫尔蒂 Herty，C.H.［美］1932

亨茨曼 Huntsman，B.［英］1740，1802

亨克尔 Henckel，J.F.［德］1721

亨特 Hunter，M.A.［美］1910

狐刚子［中］2世纪

胡克 Hooke，R.［英］1665，1698

怀特 White，J.［英］1820

惠特沃斯 Whitworth，J.［英］1834

惠特尼 Whitney，E.［美］1818

霍尔 Hall，C.M.［美］1839，1886

霍普金斯 Hopkins，R.K.［美］1940

J

基尔霍夫 Kirchhoff，G.R.［德］1860，1861

基纳克 Kynoch，G.［英］1869

吉布斯 Gibbs，J.W.［美］1876，1900

吉尔克里斯特 Gilchrist，P.C.［英］1879

吉尧姆 Guillaume，C.［法］1896

纪尼埃 Guinier，A.［法］1938

加多林 Gadolin，J.［芬］1794

居里 Curie，M.［波］1828，1898

居里 Curie，P.［法］1898

K

卡林 Kalling，B.［典］1956

卡内基 Carnegie，A.［美］1880，1889

凯利 Kelly，W.［美］1851

凯洛格 Kellogg，H.H.［美］1960

考尔斯 Cowles，E.H.［英］1906

考尔斯 Cowles，A.H.［英］1906

考珀 Cowper，E.A.［英］1856

柯克瑞尔 Cockerill，J.［比］1823

科斯佐拉斯 Koszorus，I.［匈］1949

科特 Cort，H.［英］1668，1783，1784，1839

克拉普罗特 Klaproth，M.H.［德］1789，1791，1798，1803，1824，1826

克拉乌斯 Claus，K.E.［俄］1844

克莱门特 Clement，J.［英］1794

克朗斯塔特 Cronstedt，A.F.［典］1751

克劳尔 Kroll，W.J.［卢森堡］1824，1910，1940，1944

克劳福 Crawford，A.［英］1802

克里格 Krige，D.G.［南非］1951

克利夫 Cleve，P.T.［典］1879

克虏伯 Krupp，F.C.［德］1802，1907，1912

克鲁克斯 Crookes，W.［英］1861

库利吉 Coolidge，W.D.［美］1783，1801，1909

L

拉米 Lamy，C.A.［法］1861

兰 von Lang，V.［奥］1872

劳斯 Lauth，B.［美］1856，1864

雷廷格尔 Rittinger，P.R.［奥］1867

李 Lee，R.［加］1965

里恰兹 Richards，R.H.［美］1867

列奥米尔 Réaumur，R.A.F.［法］1722

刘安［中］B.C.2世纪，25—220

刘易斯 Lewis，G.N.［美］20世纪30年代

陆容［中］1495

吕不韦［中］B.C.239

罗伯茨-奥斯汀 Roberts-Austen，W.C.［英］
　1899

罗蒙诺索夫 Lomonosov，M.V.［俄］1763

罗斯 Rose，H.［德］1801

罗斯科 Roscoe，H.E.［英］1831，1927

罗西 Rossi，I.［美］1614

M

马丁 Martin，P.é.［法］1864

马里纳克　Marignac，J.C.G.［瑞］1801，
　1878

马腾斯 Martens，A.［德］1878

马提生 Matthiessen，A.［英］1818

马希特 Mushet，R.F.［英］1856，1868

玛格努斯 Magnus，A.［德］1250

曼内斯曼 Mannesmann，M.［德］1885

曼内斯曼 Mannesmann，R.［德］1885

蒙德 Mond，L.［英］1890

赖兴施泰因 Reichenstein，F.J.M.［奥］1798

莫桑德尔 Mosander，C.G.［典］1826，
　1839，1843，1885

莫兹利 Maudslay，H.［英］1794，1817

穆瓦桑 Moissan，H.［法］1808，1893，
　1907

N

内史密斯 Nasmyth，J.H.［英］1841

尼尔森 Neilson，J.B.［英］1828

尼尔松 Nilson，L.F.［典］1879

诺达克 Noddack，W.［德］1925

O

欧文 Irwin，G.R.［美］1920

P

帕茨 Pacz，A.［美］1918，1921

帕克斯 Parkes，A.［英］1850

佩里埃 Perrier，C.［意］1937

佩利果 Peligot，E.M.［法］1789

皮卡德 Pickard，G.W.［美］1907

普巴 Pourbaix，M.［比］1960

普尔海姆 Polhem，C.［典］1783，1856

普凡 Pfann，W.G.［美］1952

普雷斯顿 Preston，G.D.［英］1938

普罗托季亚科诺夫 Дми трийКонстан
　тинович-Чернов［俄］1907普洛 Plot，
　R.［英］1668

Q

奇普曼 Chipman，J.［美］1932，20世纪30
　年代

綦母怀文［中］550

切尔诺夫 Дми трийКонстантинович-
　Чернов，1839—1921［俄］1868，
　1887，1899

R

容汉斯 Junghans，S.［德］1946，1949

布朗 Brown，J.R.［美］1818，1857，1862

Z

曾公亮［中］1044

詹姆斯 James，C.［英］1843

张潜［中］1086—1100

赵希鹄［中］1190

佐藤信渊［日］1827

编后记

　　姜振寰老师是我尊敬的前辈，在技术史领域有很深的研究，特别是编撰过多部大型图书，很有经验。21世纪初，陈昌曙、姜振寰老师主持牛津版《技术史》全译本工作，我应邀参加了第二卷的主译工作，与姜老师合作非常愉快。2012年底，姜老师与我谈起准备编撰《世界技术编年史》时，我欣然答应承担其中采矿冶金卷的工作，并应邀在哈尔滨参加了一次编撰工作会议。回来后，我立即组织了几位研究生开始编写，查找各种图书资料，终于在2013年6月完成初稿。随后，编委会召开了多次会议，对体例要求和进度进行了细致的工作，我们按照总体部署，又进行了一些修改，终于在2016年6月拿到清样。后来，由于种种原因，书稿一直搁置未有进步。2018年，幸得山东教育出版社的李广军先生催促，才算最后完工。历时多年完成此部著作，其中艰辛自然难以描述。

　　《世界技术编年史》采矿冶金卷的编写由北京科技大学冶金与材料史研究所的教师和研究生共同完成。潜伟担任采矿冶金部分的主编，撰写概述，并对全书进行了校对。陈虹利、陈依、雷丽芳等参与了初稿编写。编写过程中得到师友亲朋的帮助，在此一并表示感谢。

能源动力

概　述

　　人类活动的历史也是人们认识能源、利用能源的历史。"万物生长靠太阳"，可以这样说，没有能源，人类不能生存，社会也得不到发展。火的使用，使人类首次支配了一种自然力。控制火提供热和光是人类早期最伟大的成就之一。火的使用，使人类形成和推广熟食生活。特别是人工取火的发明，使人类随时可以吃到熟食，减少疾病，促进大脑的发育和身体的进化，使猿人真正能进化到现代智人并进而形成人类社会。然而，人类此时并没有掌握将热能变成机械能的技巧。在工业社会到来之前的漫漫历史长夜中，人力和畜力是最主要的生产动力。

　　随着社会的发展和认识的提高，风力和水力得到利用，人类找到了可以代替人力和畜力的新能源。而在18世纪中期左右，人类社会发生了一次重要的变革，伴随着工业革命的产生和到来，人类社会开始走入机器化的工业时代，在此基础上所形成的工业文明基本上奠定了人们现今的生产和生活方式。一般认为，蒸汽机、煤炭、钢铁是促成工业革命技术形成和加速发展的三项主要因素。而细观这三个因素，不难发现，它们皆与能源动力息息相关。人类早期利用生物质能、风能、水能等提供的能量受到许多客观条件的限制，不能适用于大规模的工业生产方式。煤炭的开采和使用，提供了大量热能，蒸汽机利用热能，将其转化为工业生产所需要的巨大动力。而铁矿石的开采和冶炼离不开煤炭和蒸汽机，同时它也是制造蒸汽机和其他机械的最主要的原材料。因此，可以毫不夸张地说，新能源的开采、使用以及新动力的形成，奠定了工业化的基础，使人类真正进入工业文明。此后，伴随着石油、天然气、海洋能、地热能、核能等新能源的认识利用以及风能、水能等能源新方式的利用，以及在此基础上内燃机、电动机等各种动力机械的产生和应用，人类迈入了现代社会。

1. 能源动力的概念和范畴

"能"（energy）来源于古希腊语"$\acute{\varepsilon}\rho\nu\acute{\varepsilon}\rho\gamma\varepsilon\iota\alpha$"，有"活力、运行"之意。该术语最早可能出现于B.C.4世纪亚里士多德（Aristotle，B.C.384—B.C.322）的著作中。不同于现在的意思，它是一个哲学意义上的概念，范围很广，包括"欢乐""愉悦"等各种情绪在内。17世纪，莱布尼茨（Leibniz, Gottfried Wilhelm 1646—1716）将该术语表述为"vis viva"，为"活力"之意，表述为物体运动速度的平方产生的效能。1807年，英国科学家托马斯·扬（Young, Thomas 1773—1829）第一次在现代意义上使用"energy"这个术语。此后，经过多位科学家的频繁使用，"能"逐渐形成今天意义上的"能量"概念。

"能源"来源于"能"的概念。简单来说，即为"能量源泉"之意。《大英百科全书》将其定义为："能源是一个包括所有燃料、流水、阳光和风的术语，人类用适当的转换手段便可让它为自己提供所需的能量。"《日本大百科全书》解释为："在各种生产活动中，我们利用热能、机械能、光能、电能等来做功，可利用来作为这些能量源泉的自然界中的各种载体，称为能源。"我国的《能源百科全书》解释为："能源是可以直接或经转换提供人类所需的光、热、动力等任一形式能量的载能体资源。"可见，能源是一种呈多种形式的、可以相互转换的能量的源泉。因此可以说，能源是自然界中能为人类提供某种形式能量的物质资源，是可产生各种能量（如热能、电能、光能、机械能等）或可做功的物质的统称。能源是能够直接取得或者通过加工、转换而取得有用能的各种资源，包括煤炭、原油、天然气、煤层气、水能、核能、风能、太阳能、地热能、生物质能等一次能源和电力、热力、成品油等二次能源，以及其他新能源和可再生能源等等。

自然界存在的各种一次能源和人类利用改造产生的二次能源，除了极少量人类能直接利用外，其他必须通过加工、转化才能够为人类所利用，进而发挥其最大效能，其中最主要的利用方式就是将各种能源转化为机械能使各种机械做功，进行动力输出。动力就是使机械做功的各种作用力。动力机械按其将自然界中不同能量转变为机械能的方式可以分为风力机械、水力机械、热力机械、电力机械四大类。

　　风力机械有风帆、风车、风磨等。早期人们主要是通过风帆来驱动船只航行，利用风车来抽水、磨面等，而现在，风力最主要的利用方式是发电。风力发电的原理是：利用风力带动风车叶片旋转，再通过增速机将旋转的速度提升，来促使发电机发电。水力机械有水车、水磨、水轮机等。与人类利用风力类似，现在水力最主要的利用方式也是发电。水力发电的基本原理是：利用水位落差，配合水轮发电机产生电力，也就是将水的位能转化为水轮的机械能，再以机械能推动发电机，从而得到电力。热力机械是指各种利用内能做功的机械，是将燃料的化学能转化成内能，再转化成机械能的动力机械，包括蒸汽机、汽轮机、内燃机（汽油机、柴油机、煤气机等）、热气机、燃气轮机、喷气式发动机等。电力机械主要包括各种电动机。

2. 能源利用的历史

　　人类利用能源的历史大致可以分为五个阶段：一是火的发现和利用；二是畜力、风力、水力等自然动力的利用；三是化石燃料的开发和热的利用；四是电的发现及开发利用；五是原子核能的发现及开发利用。当然，这几个阶段并非是前后截然分开的，即使是到了今天，在世界上某些特定地方，这五种利用能源的方式依然是并行存在着。

　　18世纪之前，人类一般只限于对风力、水力、畜力、生物质能、太阳能等天然能源的直接利用，其中利用最多的是生物质能中的木材，它在一次能源消费结构中长期占据主导地位。蒸汽机的出现是18世纪工业革命开始的重要标志，它促进了煤炭的大规模开采。到19世纪下半叶，出现了人类历史上第一次能源转换，即煤炭取代木材等成为主要能源；1860年，煤炭在世界一次能源消费结构中占24%，1920年上升为62%，从此，世界进入了"煤炭时代"。19世纪70年代，电力逐渐代替了蒸汽动力，电器工业迅速发展，煤炭在世界能源消费结构中的比重逐渐下降。1965年，石油首次取代煤炭占居首位，世界进入"石油时代"。1979年，世界能源消费结构的比重是：石油占54%，天然气和煤炭各占18%，油、气之和高达72%，石油取代煤炭完成了能源的第二次转换。然而，地球上石油的储量有限，石油的大量消费，使能源供应严重短缺，世界能源向石油以外的能源物质转移已势在必行。

随着工业社会向后工业社会过渡，现代社会在能源消费结构中，已开始从以石油为主要能源逐步向多元能源结构过渡，新能源在能源消费结构中正在占据越来越重要的地位。新能源又称非常规能源，是指传统能源之外的各种能源形式，包括地热、低品位放射性矿物、地磁等地下能源，潮汐、海浪、海流、海水温差、海水盐差、海水重氢等海洋能和风能、生物能等地面能源，以及太阳能、宇宙射线等太空能源，等等。在这些能源中，核能和太阳能是非常有希望取代石油的重要能源。

能源的发现和利用与动力机械的制造及发展息息相关，特别是到了近现代工业社会，两者之间的联系愈加紧密。

早在B.C.3000年前，在古埃及的法老时代，许多简易的旅行船和捕鱼船都装设有单层的方形帆，借助风力推动船只航行，这种风帆可以视为最原始、最简单的风力动力机械。公元1世纪，亚历山大里亚的希罗（Hero of Alexandria 约10—70）在一个可通入蒸汽的空心球上，装了两根方向相反的喷管，当蒸汽从喷管喷出时，由于反作用力的推动，球就旋转起来。该装置是反动式蒸汽机的雏形。这种汽转球，是有文献记载以来已知最早的、以蒸汽为动力的机器装置。18世纪末蒸汽机的问世，开拓了化学能的利用，大大提高了劳动生产率，催生了工业革命。从此以后，能源迅速成为绝大多数动力机械产生动力所必不可少的基本物质条件，成为工业生产的血液，以及工业文明产生和发展的最基本的物质资料。19世纪末至20世纪初，随着汽轮机、燃气轮机、喷气式发动机、火箭发动机等各种动力机械的发明和制造，以此为基础的交通工具的运行速度大大提高，人们的交往更加方便快捷，人类活动的领域更加开阔。航空、航天等新的工业领域也得到开拓，从而进一步带动和促进了其他科学和工业部门的发展。此后，随着各种新能源的开发和广泛利用，能源不但成为工业生产中不可缺少的物质资料，而且与每个人的日常生活密不可分。毫不夸张地说，没有能源，社会将无法运转，人类将无法生存。

距今约3.2亿年—2.6亿年前

煤炭开始形成　约在古生代石炭纪和二叠纪时期，植物种类繁多，生长迅速，森林的不少林地是被水浸泡着的沼泽地，死亡后的植物枝干很快会下沉到稀泥中，形成一种封闭的还原环境。在这种环境中，植物枝干避免了外界的破坏，经泥炭化作用或腐泥化作用，并在压实作用和其他作用下缓慢地演变成泥炭。

距今约6500万年—约180万年前

褐煤、石油形成　约在新生代第三纪时期，有大量动植物遗体的堆积，不仅在海相地层而且在陆相地层中都有油田开始形成。这一时期还是一个重要的成煤时期。因气候温暖潮湿，地壳运动活跃，适于煤的形成和聚集，褐煤逐渐形成。

距今约100万年前

人类控制用火　控制用火以提供热和光是人类早期伟大的成就之一。会用火使人类能够移民到气候较冷的地区定居；可用火烹饪较难消化的食物；可以照明、取暖、驱赶野兽、热处理材料等等。考古学研究显示，人类在距今约100万年前就能有控制地用火。在非洲的切苏瓦尼亚和中国云南的元谋地区都发现了人类用火的痕迹，但使用火的技能到距今约40万年前才逐渐普

北京人用火遗留的灰烬

及。人类最初使用的都是自然火，直到旧石器时代晚期，人类才掌握了人工取火的方法。在德国杜塞尔多夫附近的尼安德特人遗址中，已经发现了用敲击燧石的方法进行人工取火的遗迹。控制用火使人类掌握了通过燃烧利用燃料能源的方法，火成为人类利用自然和改造自然的有力工具。

约B.C.4千纪

人类发明弓形钻　弓形钻由燧石钻头、钻杆、窝座和弓弦等组成。往复拉动弓弦可使钻杆转动，用来钻孔、扩孔和取火。弓形钻后来又发展成为弓形车床，成为更有效的工具。

史前西亚的弓形钻

约B.C.3千纪

古埃及出现帆船　在古埃及的法老时代，尼罗河有许多简易的旅行船和捕鱼船都盛行装设一单层的方形帆，借助风力推动船只航行。

约B.C.2千纪

阳燧

中国制造阳燧　阳燧又名夫遂，为铜制凹镜，可向日取火。据《考工记》记载，中国在西周时期制造并使用阳燧。东汉高诱对《淮南子·天文训》中"故阳燧见日，则燃而为火"有如下注："阳燧，金也。取金杯无缘者，熟摩令热；日中时，以当日下，以艾承之，则燃得火也。"阳燧取火是人类将太阳能转化为热能的一个重要技术进步。由于用阳燧照人或物所看到的像有时正立，有时倒立，后来，阳燧也被用作成像研究。

骆驼逐渐被驯服为驮载牲畜　单峰骆驼在数千年前已开始在阿拉伯中部或南部被驯养。约B.C.2千纪，单峰骆驼逐渐在撒哈拉沙漠地区生活。B.C.1千纪，阿拉伯半岛普遍饲养骆驼，西亚商队用骆驼组队运送货物，陆地贸易更趋发达。

B.C.9世纪

中亚养马技术迅速发展　马的驯化起源于大约6 000年前的欧亚大陆草原西部，而被驯化的马群在欧亚大陆扩展的过程中不断有野马补充进来。B.C.9世纪后期，中亚游牧部落首创多种马具，如马勒、马鞍、缰绳辔头、带钩等，马作为动力的运用迅速发展起来。

B.C.8世纪

中国开始用牛耕田　牛的驯化最早起源于亚洲西部地区，约10 500年前出现人类对原始牛的驯化，后又经过了2 000年，在南亚地区才出现人类对瘤牛的驯化。春秋初期，中国开始用牛作为畜力拉动器具耕田，由此得以开垦的荒田增加，农业得到迅速发展。

B.C.7世纪

中国养马繁育技术取得进步　春秋时期，根据毛色进行区别的马的名目已达16种之多，对马的形态的观察已经相当细致，马匹的繁育、饲养及管理技术已经相当完善发达，这些都促进了马匹作为动力的应用。

B.C.6世纪

中国利用皮囊鼓风装置冶炼金属　在金属冶炼中，为了使燃料充分燃烧以提高炉温，一般都装设有鼓风机械。春秋中叶，金属冶炼始用鼓风装置，这种鼓风器称为"橐"，是一种皮囊。这是风力在金属冶炼技术方面的一项重要应用。

B.C.5世纪

中国最早记载天然石油的自燃现象　中国《周易》中描述有天然石油的自燃现象。《周易·经传》有"泽中有火""火在水上"等记载，这是表述当时所观察到的天然石油浮于水面而自燃的现象。

中国风筝问世　战国时期，墨家学派的创始人墨子和工匠鲁班（B.C.507—B.C.444）都曾用木头制成鸟禽状的器械，放之借助风力能够飞行，称"木鸢"，即我国早期的风筝。汉代开始以竹篾扎制成鸟禽状骨架，上糊以纸，称为"纸鸢"。南北朝至唐代，纸鸢（鹞）用于军事，传递情报。纸鸢上附有竹哨、弓弦，放飞空中因风吹而哨响，如同筝鸣，所以宋代又名"风筝"。清代，中国风筝制作已很精巧。清代著名文学家曹雪芹（约1715—约1763）著有《南鹞北鸢考工记》，总结了风筝制作的技艺经验，是中国古代唯一的风筝专著。

希腊商船已经把帆作为船舶的主要动力　英国大不列颠博物馆收藏有一件绘有古希腊商船的陶瓶，从陶瓶上可以看出，这些商船的船型不仅短，而且吃水深，帆装形式是西方古船常见样式，船上未见有侧桨，只有操纵船舶的尾桨，说明当时的商船已经把帆作为船舶前进的主要动力了。

中国马车利用挽具　这个时期，中国已能制造相当精致的马车，马用挽具已相当完善，并有用于乘骑的马鞍、马镫等，这是中国最早在畜力牵引系统中利用挽具。

中国出现人力抛石机　抛石机最早出现于战国时期，是纯利用人力在远离投石器的地方一起牵拉连在横杆上的梢（炮梢），炮梢架在木架上，一端用绳索拴住容纳石弹的皮套，另一端系以许多条绳索，人拉拽炮梢而将石弹抛出。最早的抛石机可将10余斤重的石头发射数百步远。

约B.C.450年

欧洲阿尔卑斯山以北地区出现滑轮组动力器械　滑轮组是由多个动滑轮、定滑轮组装而成的一种简单机械，既可以省力也可以改变用力方向。约在B.C.450年，欧洲阿尔卑斯山以北地区就出现了滑轮组动力器械。B.C.400年，古希腊人已经知道如何使用复式滑轮并将其归类为简单机械。大约在B.C.330年，古希腊学者亚里士多德（Aristotle B.C.384—B.C.322）在著作《机械问题》（*Mechanical Problems*）里的第18个问题，专门研讨了"复式滑轮"系统。

约B.C.4世纪

克特西乌斯［古希腊］记述天然气　在波斯宫廷任职的克特西乌斯（Ktesius）撰写波斯历史，其中提到在小亚细亚某地区有地下气体冒出，拜火者将这一天然气体作为永久之火予以供奉，后来又用作家庭取暖燃料。

中国出现桔槔动力提水器械　桔槔俗称"吊杆"或"秤杆"，是一种原始的汲水工具。桔槔始见于《墨子·备城门》，作"颉皋"，是一种利用杠杆原理的提水机械。《庄子·天地》也载有："凿木为机，后重前轻，挈水若抽，数如沃汤，其名为槔。"

约B.C.350年

亚里士多德［古希腊］记述煤炭　亚里士多德的地质学著作中有关于煤炭的正式记载，后来罗马人利用煤炭进行取暖和冶炼金属。

B.C.3世纪

中国开采并利用天然气　中国是最早发现、开采并利用天然气的国家。西汉时已出现了天然气井。《汉书·郊祀表》记载："祠天封苑火井于鸿门。"西晋文学家张华（232—300）所著《博物志》对天然气的开采和利用有较为详细的描述："临邛火井一所……深二三丈。井在县南百里，昔时人以竹木投以取火。盆盖井上，煮盐（卤）得盐。"此后，天然气的开采和利用不断发展，到清代已出现深达1 000米的燊海井，1835年完钻，至今仍在生产天然气。

中国发明帆船上使用的立帆式风轮　中国汉魏时期，帆船上开始使用立帆式风轮，即在风轮的外缘竖装6张或8张船帆。其特点是：每一张帆转到顺风一侧，能自动与风向垂直，以获得最大风力；转到逆风一侧，又能自动和风向平行，使所受阻力最小。通过这种设置，船只可以更好地利用风力进行航行。

B.C.250年

阿基米德［古希腊］发明"阿基米德螺旋"水泵　古希腊科学家、数学家、物理学家阿基米德（Archimedes B.C.287—B.C.212）发明的该器械为中空螺旋形的圆柱体，是为解决用尼罗河水灌溉土地的难题而发明的一种螺旋扬水器，该器械至今仍在埃及等地使用。此外，阿基米德还利用杠杆原理制造了一种叫作石弩的抛石机，利用滑轮组制造了原始起重机等。

约B.C.245年

克特西比乌斯［古希腊］发明多种空气和水力动力机械装置　古希腊发明家、数学家克特西比乌斯（Ctesibius B.C.285—B.C.222）发明了利用空气或水的压力作为动力的灭火泵、压力泵、水风琴、水钟等，成为罗马建筑师维特鲁威（Vitruvius，Pollio Marcus 约B.C.80—约B.C.25）和罗马物理学家、机械师、气体力学家希罗（Hero of Alexandria 约10—70）的先驱，为古希腊工程技术传统奠定了基础。

B.C.206年

中国出现风扇车　风扇车也叫扇车、飏扇。中国至晚于西汉晚期已经出现可以清除糠秕的农具——风扇车。其由车架、外壳、风轮、喂料斗及调节门等构成。西汉史游（B.C.48—B.C.33）所撰《急救篇》中有用风扇车扬去稻菽中秕糠的记载，河南洛阳、济源等地出土的汉墓中有作为陪葬器物的陶风扇车。风扇车在中国一直应用了2 000余年。

风扇车复原模型

B.C.2世纪

波斯人发明立轴式风车　风车是将风能转换为机械能的动力机械，最早

立轴式风车

出现在波斯。波斯人用布做成风帆，挂在一根直柱上，柱的下端与脱谷和磨面粉的石臼相连接，由此发明了最早的风车。起初是立轴翼板式风车，后又发明了水平轴风车。风车传入欧洲后，15世纪在欧洲得到广泛应用。荷兰、比利时等国为提水建造了功率达90马力以上的风车。18世纪末期以来，随着工业技术的发展，风车的结构和性能都有了很大提高，后又用风车进行发电。

中国使用多桅帆船　其风帆用植物叶编成，属于硬帆（古称"蓬"），可利用侧向风力，并可根据多帆的相互影响，随时调节帆的位置和帆角。在16世纪以前，中国帆船在尺度和性能上都处于世界领先地位。

B.C.104年

中国发明风向器　殷墟甲骨文中有"倪"字，倪可能是一种在长竿上系以帛条或羽毛而成的简单器具，当风吹过，帛条或羽毛利用空气流动产生的动力飘动，以显示风向。《淮南子·齐俗训》说："辟若倪之见风也，无须臾之间定矣。"可见它是很灵敏的。《三辅黄图》中有两处关于风向器的记载：一处是汉武帝太初元年修建章宫，"铸铜凤高五尺，饰黄金，栖屋上，下有转枢，向风若翔"；另一处是东汉时的灵台，"上有浑仪，张衡所制，又有相风铜鸟，遇风乃动"。晋代太史令设木制相风鸟，并逐渐流行起来。

B.C.1世纪

维特鲁威［罗马］首次描述垂直式水磨　罗马工程师、建筑师维特鲁威对扬水机进行了介绍，其中包括阿基米德的螺旋扬水器等。此外，维特鲁威还首次准确描述了垂直式水磨，被视为技术史上的一个里程碑。

中国开始利用水力原动力进行生产活动　人类开始利用畜力、人力等作为冶铸行业鼓风的原动力。西汉末年，中国人开始利用水力为原动力。此后进一步发展到利用风力和水力为原动力，并且生产应用范围得到推广，与此相适应，这些工作导致了稍后风轮和水排等器械的发明。

31年

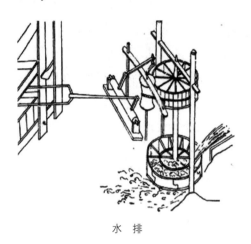

水 排

杜诗［中］发明水排　中国东汉官员及发明家杜诗（？—38）在任南阳太守时，发明水排（水力鼓风机），以江河水流为动力，通过传动机械，使皮制鼓风箱连续开闭，将空气输送进冶铁炉，以铸造农具。《后汉书·杜诗传》记载杜诗"造作水排，铸为农器，用力少，见功多，百姓便之"。由于杜诗的倡导，至迟在公元1世纪上半叶，水排于南阳地区已较多使用。水排的功效不仅比人排高，就是比马排也高得多。三国时期，曹魏官员韩暨（159—238）将这项发明推广到魏国官营冶铁作坊，用水排代替人排和马排，生产效率提高了3倍。

60年

希罗［罗马］发明汽转球　亚历山大里亚的希罗所发明的汽转球，是有文献记载以来已知最早的、以蒸汽为动力的机械装置。希罗在一个可通入蒸汽的空心球上，装了两根方向相反的喷管，当蒸汽从喷管喷出时，由于反作用力的推动，球就旋转起来。该装置是反动式蒸汽机的雏形。

汽转球

1世纪

中国出现石油、天然气的文字记载　中国《汉书·地理志》中记载有上郡高奴县"有洧水，可燃"，这是关于石油的最早文字记录；《汉书·郊礼志》中对鸿门火井的描述是关于天然气的最早文字记录。

水　碓

中国发明水碓　最早提到水碓的是东汉桓谭（B.C.23—A.D.50）的著作。《太平御览》引桓谭《新论·离车第十一》说："伏义之制杵臼之利，万民以济。及后世加巧，延力借身重以践碓，而利十倍；又复设机，用驴骡、牛马及投水而舂，其利百倍。"这里讲的"投水而舂"就是水碓。这表明中国人此时已经发明了水碓，并且广泛应用到了生产中。

约117年

张衡［中］制成水运浑象　东汉元初四年，太史令张衡（78—139）创制水运浑象。其浑象部分为一直径四尺六寸余的大圆球，上绘中外星官、二十八宿、黄道、赤道、北极常显圈、南极常隐圈等。圆球可绕南北极轴转动，一半在地平环上，一半在地平环下。张衡巧妙地将漏壶与浑象联系起来，以漏壶水为动力，通过齿轮系推动浑象，每日均匀旋转一周，以模拟和演示天象变化。

180年

丁缓［中］制成七轮扇　《西京杂记》卷一载："长安巧工丁缓者……又作七轮扇，连七轮，大皆径丈，相连续，一人运之，满堂寒颤。"这是利用大型扇叶连续旋转产生人造风的原始风扇。

186年

中国出现龙骨水车和虹吸管　《后汉书·张让传》载："中平三年，又使掖庭令毕岚铸铜人四……又作翻车、渴乌，施于桥西，洒南北郊路。"这里供洒路用的翻车即为后来龙骨水车之雏形。唐代李贤（655—684）对"渴乌"做了注释,指出:"渴乌,为曲筒,以气引水上也。"可见,渴乌就是利用大气压力抽水的虹吸管。三国时期的马钧所做的翻车,"灌水自复,更入更出",说明其结构精巧,运转轻便省力,而且可以连续不断地提水。马钧继毕岚(?—189)之后对翻车进行重大改革,使之成为用于河渠上的重要提水工具——龙骨水车。最初的龙骨水车是用人力转动的,后来又出现了利用畜力、风力、水力等转动的多种水车。

龙骨水车模型

265年

杜预[中]发明水力连机碓 《通俗文》载有"杜预作连机碓"。连机碓是古代用水轮驱动的多碓式舂米机械,其动力轮是一个大型立式水轮,轮轴上装有一排互相错开的拨板,用以拨动碓杆,使几个碓头间断地相继舂

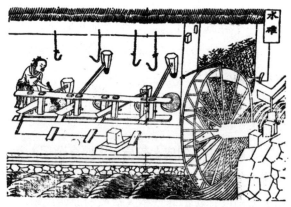

水力连机碓

米。水碓在汉代即已出现,东汉哲学家桓谭所撰《新论》有记载。晋代政治家、军事家杜预(222—285)发明的连机碓,利用水力不仅用于粮食加工,还用于舂碎香料、陶土等。

3世纪

马钧［中］制成"水转百戏" 三国时期，魏明帝得到一个木制玩具，上面有百戏（古代杂技）的造型，形象优美，制作精巧。但是，这些小模型都是固定的，不会活动。马钧对玩具进行了改制，他用木头做了一个大原动轮，平放在地上，用水力驱动，原动轮便能带动百戏模型活动起来。"水转百戏"的研制成功，表明马钧已能熟练掌握和巧妙利用水力和机械传动的原理。此外，马钧还改进了连弩和发石车。

347年

葛洪［中］发明"飞车" 东晋炼丹家、医药学家葛洪（284—364）在《抱朴子内篇·杂应篇》中写道："或用枣心木为飞车，以牛革结环剑以引其机。"由于这种"飞车"能升上空中，所以，这段文字是螺旋桨和直升机发明以前，中国有关利用空气反作用力托升重物的最早历史记载。

4世纪

罗马出现巨型水力磨坊 在法国南部阿尔勒（Arles）附近的贝韦加尔（Barbegal），罗马建造了一个巨大的水力磨坊，16个阶梯形上冲式水轮推动32台磨粉机，面粉的日产量可达28吨。

530年

中国发明水力面粉筛 公元530年左右出版的《洛阳伽蓝记》记载了安装在洛阳城南景明寺中的水力面粉筛。它靠水流带动轮子驱动筛杆，将旋转运动转化为需要过筛的前后运动。这是最早的能进行这种工作的机械。

537年

伯利塞鲁斯［东罗马］发明浮动磨 伯利塞鲁斯（Belisarius 约505—565）发明的浮动磨是将水磨安放在驳船上，利用江河流动的水流力使磨转动。这种浮动磨在欧洲中世纪很普遍，几乎每一座大城镇的大桥拱下都有，有的沿用至今。

549年

中国出现关于风筝（纸鸢）的正式记载　风筝是利用风能，依靠自身与空气相对运动产生动力而得以飞升的一种器具。相传，墨子曾以木头制成木鸟，研制三年而成，这是人类最早的关于风筝起源的传说。正史中关于风筝的最早记载见于南朝。据《南史·侯景传》中所述，梁武帝太清三年（549年），侯景（503—552）叛乱，梁都建邺（今南京）被围困，内外断绝，有人献计制作纸鸱，乘西北风施放，向外告急求援，风筝开始成为传递信息的工具。

6世纪

耿询［中］制成水运浑仪　浑仪也称作浑天仪（浑象），是中国古人为演说浑象说而设计制造的模仿天体运行的一种天文仪器。据《隋书·耿询传》记载："询创意造浑天仪，不假人力，以水转之，施于暗室中，外候天时，动合符契。"这意味着耿询制造的浑仪不需人力帮助，而仅仅依靠水力推动，这在我国历史上尚属首次。

668年

加利尼科斯［东罗马］发明"希腊火"　"希腊火"是一种以石油为基本原料的物质。"希腊火"或"罗马火"只是阿拉伯人对该武器的称呼，拜占庭人自己则称之为"海洋之火""流动之火""液体火焰""人造之火"和"防备之火"等。668年，希腊裔叙利亚工匠加利尼科斯（Callinicus of Heliopolis）逃往君士坦丁堡，途经小亚细亚地区时，他发现了当地出产的一种黑色黏稠油脂可在水上漂浮和燃烧。于是他借助自己掌握的化学配制技术进行了多次实验，最后获得了成功，发明出"希腊火"。它极易点燃，但不具备爆炸力，因此便于携带和运输。它的性状如油，可以在水面上漂浮和燃烧，而且容易附着于物体表面。经过配制的"希腊火"被装入木桶，运送到前方供守城将士使用。士兵们通常使用管状铜制喷射器将它喷洒向敌人，然后射出火箭将它点燃。根据文献记载，"希腊火"多次为拜占庭帝国的军事胜利作出颇大的贡献，一些学者和历史学家认为它是拜占庭帝国能持续千年之久的原因之一。希腊火的配方现已失传。

7世纪

欧洲普遍使用水车作为碾磨动力

水平式风车为人所知　在公元9世纪阿拉伯人的著作中谈到，644年，波斯、阿富汗边界地区装有风车，并提到一位波斯风车匠人。此时，水平式风车可能已经为人所知。10世纪初，水平式风车已经在阿拉伯地区使用。

751年

巴格达出现能带动100个碾磨的水车　在阿拉伯帝国中央集权的统治下，生产得到了飞速发展。农业区修建了纵横交错的灌溉工程、供水设施、运河、防沙墙、水库、抽水机等，风车也普遍使用起来。帝国首都巴格达出现了可同时带动100个碾磨的水车。农业的发展带来了帝国经济的普遍繁荣，一方面为科学的发展提供了强大的经济基础，另一方面也使手工业进一步发展起来。

813年

中国广泛使用水力鼓风熔铸技术　中国唐代的冶铸技术，在前代的基础上有了很大进步。唐代以前已有水冶，即用水力鼓铸，唐朝仍继续用水力熔铜铸钱。据《元和郡县图志》卷十八载："两处同用拒马河水，以水斛销铜。北方诸处，铸钱人工绝省。"这说明用水力鼓风熔铸技术已广泛使用了。

828年

唐文宗李昂［中］令做水车　太和二年（828年），唐文宗李昂（809—840）令人做水车样式。"并令京兆府造水车，散给缘郑、白渠百姓，以溉水田"。此外，还出现了一批新的灌溉工具，北方有"以木桶相连，汲于井中"的水车；长江流域则出现了半机械化的筒车。筒车形似纺车，四周缚有竹筒，利用水流冲力，冲击轮子而旋转，将水由低处提到高处。

969年

岳义方［中］发明以火药为动力的箭 火药即黑火药，是在适当的外界能量作用下，自身能进行迅速而有规律的燃烧，同时生成大量高温燃气的物质。火药在军事上主要用作枪弹、炮弹的发射药和火箭的推进剂及其他驱动装置的能源，是弹药的重要组成部分。黑火药在晚唐（9世纪末）时候正式出现，大约在10世纪初的唐代末年，开始在战争中使用。宋时，黑火药在军事上更得到了广泛使用。北宋军官岳义方发明的火药动力箭由箭身和药筒组成。药筒由竹、厚纸制成，内充黑火药，前端封死，后端引出导火绳。点燃后，以火药产生的反作用力推箭前进，这是世界上第一支火药动力箭。

940年

中国大量使用水力磨坊 中国此时开始大量使用水力磨坊，如今甘肃山丹地区的一座水力磨坊的遗址仍坐落在古代丝绸之路上。

970年

冯继升［中］制造火箭 据《宋史·兵志》记载，公元970年，北宋军官冯继升采用火箭法，即将竹篾或细苇编成篓子，形如飞鸦，外用绵纸封牢，内装火药，鸦身前后分别装有头、尾，用裱纸做成翅膀钉在鸦身两侧。鸦身下安装4支火箭，点燃引线，靠火箭推力，可飞行百余丈，故名"神火飞鸦"。到达目标时，鸦身内的火药点燃爆炸，借以焚烧陆地上的营寨或水面上的船只，其原理和火箭弹相同。此后出现各类火箭，如明朝的"火龙出水"和"飞空砂筒"。"火龙出水"是在薄竹筒前后端装木制龙头和龙尾，筒内装火箭数支，引线全部扭结起来，从龙头下的小孔引出。龙身下前后各装两支火箭，引线也扭在一起，且前面两支火箭起火的药筒底部和从龙头引出的引线连通。使用时点燃龙身下的火箭，龙身射出，用于水战时犹如水面上腾飞的火龙，故名火龙出水。龙身外的火箭的药筒烧尽后，龙身内的火箭即被点燃飞出，射向敌方。其原理已同现代两级火箭相似。"飞空砂筒"则是在火箭箭身前端两侧各绑一个药筒，一个筒口向前，一个筒口向后。筒口向后的药筒前放有爆竹，其引线与药筒底部相通。使用时利用筒口向后的药筒将火箭射出，钉在敌方营寨的帐篷上，筒内火药烧尽后引燃爆竹，内装细砂喷出伤人双目，随后筒口向前的药筒点燃，将火箭返回。"飞空砂筒"体现了火箭回收的设计思想。

10世纪

英国开始使用风车　风车也叫风力机，是一种不需燃料、以风作为能源的动力机械。在《人类改造自然》一书中记载了英国人在10世纪开始使用风车的情景。

中国出现石油喷火器　中国北宋成书的《吴越备史》记载，后梁贞明五年（919年），在后梁与后唐作战中出现了以铁筒喷发火油的喷火器。《吴越备史》卷2《文穆王》中提到"火油得之海南大食国，以铁筒发之，水沃其焰弥盛"，这里所说的"火油"即为石油。

1002年

石普［中］制造火器　据《续通鉴长编》记载，宋朝将领、火器制造师石普制造并进献火礮和火箭等火器，宋真宗和宰相大臣等观看了他的火器试验。

1044年

《武经总要》记述"猛火油柜"　"猛火油柜"是中国古代战争中的一种喷火器，是中国古代发明的世界上最早的火焰喷射器。据《武经总要》记载，它以猛火油为燃料，用熟铜为柜，下有4脚，上有4个铜管，管上横置唧筒，与油柜相通，每次注

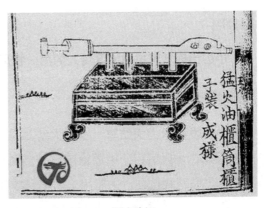

猛火油柜

油1.5千克左右。唧筒前部装有"火楼"，内盛引火药。发射时，用烧红的烙锥点燃"火楼"中的引火药，然后用力抽拉唧筒，向油柜中压缩空气，使猛火油经过"火楼"喷出时，遇火点燃，成烈焰，用以烧伤敌人和焚毁战具，或在水战时焚烧浮桥、战舰。还有一种用于守城战和水战的小型喷火器，用铜葫芦代替油柜，以便于携带、移动。该装置所用的猛火油即石油，是中国古代战争中使用的一种以火为武器的燃烧物，其作用发挥最大的时期是五代以及宋辽金元时期。也正是在这一时期，石油被称为"猛火油"。史载占城（今越南中南部一古国）曾在这一时期多次朝贡给中国皇帝猛火油。

11世纪

阿拉伯三角帆船在地中海地区普遍使用　886年，出现了可逆风行驶的三角帆船。据说，这种帆船是东印度群岛人发明的，帆呈三角形。与横帆不同的是，它可以在船的横位上做幅度大得多的转向，甚至可以与船的长轴成一线。到了11世纪初，阿拉伯三角帆船代替横帆船成为地中海地区普遍使用的运输工具。

沈括［中］提出"石油"一词　北宋官员、学者沈括（1031—1095）在其名著《梦溪笔谈》中，首先使用了"石油"这一名词，在此以前人们都把石油称作"石蜡水""石漆""猛火油"等。沈括还揭示了石油的存在环境，并预言"此物后必大行于世"。

英国的水磨数量达到5 600多台

1198年

中国出现从阿拉伯地区传入的第一批风磨

12世纪

中国发明水力大纺车　水力大纺车是中国古代的水力纺纱机械，发明于南宋后期，元代盛行于中原地区，是当时世界上最先进的纺纱机械。水力大纺车专供长纤维捻纱，主要用于加工麻纱和蚕丝。麻纺车形制较大，全长约9米，高2.7米左右（丝纺车规格稍小）。外观上分为主机、主动轮、从动轮三大部分，实际上可细分为机架、纱锭及相关部件、绕纱装置及相关部件、传动装置及相关部件。这种纺车在南宋、元代中原产麻地区非常普遍，尤其盛行于近水之乡。利用水力驱动，工效非常高，一昼夜可以完成上百斤麻条的加捻。

欧洲利用水力研布　12世纪下半叶，欧洲利用水车推动桩锤用来研布。这以后，有不少行业都依靠水力而建立起来。13世纪时，水力被用来锯木头和推动铁匠煅炉的风箱，14世纪时被用于铸锤和磨石，15世纪时被用于水泵开矿抽水。

风轮磨传入欧洲　据传，风轮磨最早是由波斯人发明的。最古老的风轮磨是一种固定的结构，称为柱状风轮磨。12世纪中期，风轮磨传入欧洲。此后，又出现了塔状的风轮磨，其冠或顶部可以转动，以使风帆对准风向。风轮磨原先主要用于农业生产，如浇灌和磨谷，但到中世纪末期，开始被用作原动机，在难以利用川流的滨海地区，逐步起到了与水轮磨相同的作用。

1232年

中国使用火箭武器　1232—1233年，金人使用的飞火枪，在形制和构造原理上就是《武备志》中具体描述的"飞枪箭"，即火箭武器。其火药筒内除装填固体火药外，还有铁粉、磁末和砒霜，故能喷出有毒性和迷人眼目的火焰和气流，铁粉可增加其特殊光泽。这种火箭导杆较长，在形制上脱胎于火枪，士兵不便携带，也不利于集束发射，所以到元、明以后，都改用较短的火箭筒和导杆，以便携带。

中国制成最早的金属炸弹"震天雷"　蒙古军攻打金人南京（今开封）时，金人守城用到了"震天雷"。它是一种装有黑火药的铁火炮，有罐子式、葫芦式、圆体式和合碗式，用时由抛石机发射，或由上向下投掷，到达目标爆炸。

1249年

培根［英］描述黑火药的组成比例　英国自然哲学家罗吉尔·培根（Bacon，Roger 1214—1294）是欧洲最早提到黑火药及其制造方法的人之一。在一封信中，培根描述黑火药的比例为：5（木炭）：5（硫黄）：7（硝石）。这个配方由于所含硝石太多，不是特别有效。

1259年

中国制成以黑火药发射子窠的竹管突火枪　在中国寿春府（今安徽省寿县）出现了一种突火枪。其枪管为巨竹制成，射击时里面装上黑火药，然后安上"子窠"（弹丸），火药点燃后产生推力射出弹丸。这种突火枪是世界上最早用化学能发射弹丸的管形射击火器，为近代枪械的产生和发展奠定了基础。

1280年

中国书籍刊载世界上最早的双动式活塞风箱图　1280年印制的《演禽斗数三世相书》中，刊载了世界上最早的双动式活塞风箱图。相传该书为唐初袁天罡所撰，宋代初次刊行。明代《天工开物》中所载的活塞式风箱，与此类似。活塞式风箱正逆行程都做有用功，每个行程中一端排气鼓风，一端同时吸取等量空气，因而能提供连续风流，提高鼓风效率，是鼓风技术上的重大进步。欧洲直至1716年才发明了类似的双动往复式水泵，为后来的活塞式机械打开了道路。

13世纪

欧洲推广使用水磨漂布技术　织工从织布机上取下来的呢绒为粗呢，将其放入木桶，和以一定量的漂白土，用水漂洗，以去掉杂质。起初，漂布是在木桶中用脚踩，十分费力，一匹布即须3人。13世纪初期，开始推广使用水磨漂布技术，解放了大批劳动力，有人甚至称该技术为13世纪的工业革命。

欧洲已普遍使用风车　英国科技史专家李约瑟（Needham，Joseph 1900—1995）根据在诺曼底和普罗旺斯等地关于风车的记载，认为最晚至13世纪，风车在欧洲已经普遍使用。

亨利三世［英］准许开采煤矿　欧洲的英国和德国到9—10世纪时才发现

了煤。中世纪的欧洲，家庭和工业的主要燃料是木材。13世纪时，英国国王亨利三世（Henry III 1207—1272）准许开采煤矿，随后煤炭作为燃料被大量使用。16世纪50年代，英国在酿造、制砖、制陶、制糖、制碱等行业开始用煤炭代替木材，工业革命使煤的开采成为一个重要的产业。1735年，英国开始用煤炼铁。1769年，英国发明家瓦特对蒸汽机做了改进后，蒸汽机成为主要的动力装置，为煤的应用开辟了广阔的道路，随之出现了煤炭工业。

阿拉伯人使用手持式射击武器　它是由固定在长木柄（便于用双手握抱）上的带底的金属短炮身（管子）构成的。通常支在支架上用球形胡桃弹进行射击。由硝石、硫和炭的机械混合物构成的黑火药作为发射动力药。装填时，先将黑火药填入身管，然后再装入弹丸。发射时，利用烧红的铁条或引燃的火绳通过填有火药的导火孔点燃发射药。

1303年

中国开始人工开采石油　成书于元大德七年（1303年）的《大元一统志》卷542记载："延长县南迎河有凿开石油一井，其油可燃，兼治六畜疥癣，岁纳壹佰壹拾斤。又延川县西北八十里永平村有一井，岁办肆百斤入路之延丰库。"这是关于中国人工开采石油的最早记载。

1330年

吉田兼好［日］描述日本水车　日本歌人吉田兼好（约1283—1350）所著《徒然草》一书，描述了日本各地水车的使用情况。由于水车的广泛使用，地下水、池塘水、河水等资源得到了广泛利用，从而解决了农田灌溉问题。

1390年

德国出现利用水车为动力的造纸场　纽伦堡商人斯特罗姆（Stromer, Ulman 1328—1407）在纽伦堡城西门外佩格尼茨河（Pegnitz River）流经的地方建起了纸场。用垂直升降的杵臼舂捣麻料，每一水车带动18个杵杆。所产的纸上有字母"S"的水印标志，代表场主Stromer。

14世纪

中国对原油进行加热处理 中国是世界上最早开采利用石油的国家之一。早在公元1世纪，东汉历史学家班固（32—92）在《汉书·地理志》中就记有"高奴有洧水，可燃"，说的是水上有石油可以燃烧。秦汉时期，就有"清者燃灯，浊者膏物"的记载，这种清、浊之分，就是现代分馏技术的萌芽。至迟到14世纪，中国人开始对原油先进行加热处理，即先"煎"，去掉易挥发成分，再用来点灯。这是石油加工和应用技术方面的一大进步。

中国中原地区普遍使用32锭水力纺车 中国春秋时期，就出现了最早的纺车和织机，不过都是人力推动。到了宋代，出现了32锭水力推动的纺车，促进了纺织业的快速发展。

中国出现逆风行舟和帆车 据传，中国在B.C.2000年时船上已经有帆，若干年后，人们学会侧风驶帆。到了14世纪，人们懂得了在逆风中用帆行舟。后来，中国有些地区（如山东）在人力推拉的车上也装帆，利用风力助车行驶。

万户［中］实验利用火箭飞天 据美国火箭学家著作中记载，14世纪末期，明朝工匠万户将当时最大的火箭捆绑在椅子周围，自己坐在椅子上，并用绳子绑紧。他两手各拿一个大风筝作为翅膀，想利用风筝产生升力。他让人将47支火箭同时点燃，借用火箭的力量把自己推向空中。然而火箭升空不久即发生爆炸，万户也为此献出了生命。万户由此成为世界上最早欲利用火箭飞行升天的人。

1403年

马泰奥［意］倡导用火药开掘坑道 佛罗伦萨人围攻比萨时，工程师马泰奥（Matteo，Domenico di）最早提出使用火药开掘坑道的方案。

1414年

荷兰开始利用风车提水 荷兰人用风车驱动阿基米德螺旋式水车提水，围海造田。装备有风车的水车只能将水提到几英尺高，为了将水提到更高的地方，就需要有更多的风车。约在此时，荷兰共有约7 500台风车，用于提水和工业生产。

1465年

桑迦洛［意］记载建筑用起重机械　意大利建筑师桑迦洛（Sangallo, Giuliano da 约1445—1516）在1465年的笔记里描画了12种建筑用的起重机械，这些机械都使用了复杂的齿轮、齿条、丝杠和杠杆等，动力大多为人力推磨。也有的垂直装设一个大轮子，人在里面走，一步一踏，轮子因而转动起来，带动简单的卷扬机并进而带动起重机。这些起重机械构思复杂、巧妙，可以移动、起吊很大的重物。

1493年

列奥纳多·达·芬奇［意］设计出一个飞行器　意大利文艺复兴时期发明家、画家列奥纳多·达·芬奇（da Vinci, Leonardo 1452—1519）通过对鸟类飞行和鸟翼运动的详细研究，首次设计出一个飞行器，并随后策划了数部飞行机器，包括直升机设计草图（但因机体本身亦会旋转故无法作用）和轻型滑翔翼。在1496年，他曾测试了一部自制飞行器，但以失败告终。

15世纪

列奥纳多·达·芬奇［意］提出蒸汽炮、大型水车和链式水泵设计方案　列奥纳多·达·芬奇曾对蒸汽炮进行过试验。他在炮身之下安装金属箱，用炭火在底部加热，当置于其上的水箱中的水流入被加热箱中时，水立刻转变成蒸汽，发出爆声的同时，把炮弹发射出去，射程可达180米。他曾设想使用大型水车把河中的水汲引到农田灌溉。他设计过深井汲水用的链式水泵，在链子上按一定间隔安装铁皮水桶，通过链子回转，水桶就把深井的水提升上来，当上升到顶端再下降时，汲上来的水就被引流出来。

欧洲出现两种类型的风车　13世纪，风车在北欧平原地区推广开来。14世纪以后，在欧洲平原地区，风车已被当作相当重要的动力源使用了。欧洲的风车是叶片垂直安装的水平轴风车，由于风吹来的方向不固定，因此需要使全部叶片随风向动作。在14—15世纪已制造出能改变叶片方向的两种类型风车。在木制的大型箱体中放入磨粉机之类的机械，在箱体稍上方的外部安上风车，风车轴旋转就带动了磨粉机等机械工作。风向变化，这个箱体就连同风车一起转动，这种风车称为箱形风车。整个箱体不动，仅头部随风转动的风车称为塔形风车。

西欧广泛使用水力、风力等作为动力来源　随着社会的发展，在手工工场的内部，水力成为抽水、磨面、制革、冶铁、纺织、锯木等生产过程中的主要动力来源。如金属加工业使用10吨重的水力锻锤和简单的车床、钻床、磨床等等。以水力、风力为动力来源的机械装置如风车、水磨之类，得到了广泛使用，在某种程度上已经开始了半机械化的技术革命。

竖井开采石油

1521年

中国出现人工石油竖井　明正德十六年（1521年），四川嘉州（今乐山市）开凿盐井时，打进含油层，凿成一深数百米的石油竖井，这是世界上出现得最早的人工石油竖井。

1540年

比林格其奥［意］介绍了以水车为动力的器具　意大利冶金家比林格其奥（Biringuccio, Vannoccio 1480—1539）所著《火工术》（*De la pirotechnica*）出版，这是最早的一部关于冶金术的综合性手册。书中用绘制插图的方法介绍了以水车为动力的风箱、踏轮、砲轮、炮筒钻孔机等许多器具及独特的机械技术。

1556年

中国发明逆风利用风力航船方法　中国明朝抗倭名将胡宗宪（1512—1565）等所撰《筹海图编》卷十三载有："沙船能调戗使斗风。"指出逆风行船时，轮流换向（调戗）地斜驶，走"之"字形的航线，使逆风变为旁风，借助风力仍能使船只向前保持正确航线航行。

1570年

丹蒂［意］发明摆动式风力计　约1570年，意大利工程师丹蒂（Danti，Egnatio 1536—1586）发明了摆动式风力计，这是风速测量从定性到定量的里程碑式发明。

1582年

《玉芝堂谈荟》描述"蜀都火井"　明朝学者徐应秋所著的《玉芝堂谈荟》卷二十三记载："火井在云台山东五里。火自井出，周围有灶数十。居民各以竹剟其中，引火至灶，锅滚而竹不然。观者不敢近井。盖井火时一喷，辄及数丈。不用时，以物盖之；用时去盖投火，少许，即腾腾焰上至井。近井数十家擅其利云。"这说明当时已有开采利用石油天然气的火井，并已有采气和输气设施。

1588年

拉梅里［意］所著的《各种精巧机械装置》出版　意大利工程师拉梅里（Ramelli，Agostino 1531—约1630）所著的这本书是当时涉及机械内容最为广泛的一部书，以法文和意大利文出版。该书配有195幅精美铜版插图，其中，超过100幅是关于提水机械装置方面的设计，例如水泵和矿井机械等，以详细记录凭借水力、人力或风力推动的水泵、风车等机械装置而著名。此外，此书还有很多关于磨粉机、采石机、起重机等16世纪重要机械装置方面的参考文献。该书在机械装置设计上前瞻而新颖的思想，对当时影响很大。

1590年

英国首先用水轮机驱动轧机　在英国肯特郡的达特福德（Dartford）市，首先出现采用水轮机驱动的轧机。直到1790年仍有以水轮机配以石制飞轮拖动的四辊式钢板轧机。

1600年

斯台文［荷］设计制造风力快车 荷兰风力资源丰富，荷兰科学家、工程学家斯台文（Stevin，Simon 1548—1620）发明了一辆利用风力驱动的快车。该车在马车车厢上装设桅杆和风帆，完全利用风力驱动行进，被形象地命名为"陆地快艇"（Land Yacht）。1600年，斯台文、莫里斯王子以及其他26个乘客乘坐该车，在荷兰的海滩上行驶，速度超过了马车。

1601年

波尔塔［意］描述利用蒸汽产生动力 意大利学者、博物学家、作家波尔塔（Porta，Giambattista della 1535—1615）在其《神灵三书》中描述了一种利用蒸汽的压力提升水的机器，这种机器由于蒸汽的压力先将液体排出，待蒸汽冷凝后产生真空，而后可以利用大气的压力，将低处的水压入形成真空的容器内。虽然他设计的装置只是一种实验器械，实际用途不大，但其设计这个器械的构想以及他当时尚未意识到的动力原理对后人均产生了十分重要的影响。

1606年

何汝宾［中］著辑录体综合性兵书——《兵录》 明朝官员何汝宾所著该书是一部关于论将、选士、编伍、教练、拳法、棍法、阵法、器械、军行、安营、守御、功战、水攻、火攻、医药、天时、地利等军事方面的论著。全书共十四卷，另附图。书中关于明代以来自西洋传来的火器的资料较为丰富，对火药包括火攻药性、要法以及提硝法、提磺法、火药法等性能特点皆有详述。

1607年

《新刊翰苑广记补订四民捷用学海群玉》描述多种动力机械 明朝学者武纬子补订的日用类书《新刊翰苑广记补订四民捷用学海群玉》于1607年出版。该书刊有翻车、旋转风扇扬谷机、连杆手推磨、很简单的缲丝机和某些纺车等的木刻版画。

1615年

德·科［法］发明利用蒸汽动力的喷水装置 法国的德·科（de Caus, Salomon 1576—1630）将一只盛了少许水的密闭容器与一根管子连通，管子的另一端伸进井内水面之下，用火焰加热容器，里面的水沸腾起来，产生的蒸汽充满了整个容器和管子。他随后把火移开，容器内部的蒸汽冷却凝结，井水就被吸到容器中。这个办法效率太低，没有实用价值，但对后人却是一个极大的启发。

1617年

维兰梯乌斯［意］描述风车细部结构 约1617年，意大利人维兰梯乌斯（Verantius, Faustus 1551—1617）著《新机器》，在书中描述了一些风车的细部结构、拱桥的拱架、吊桥以及疏浚设备等。

1621年

宗卡［意］描绘水车驱动的缩绒机 意大利工程技术著作家宗卡（Zonca, Vittorio 1568—1603）的《机器新舞台和启发》一书，在其逝世19年后出版。书中用相当粗糙的简图表明了动力机械扩展应用到缩绒、缩呢、复式锭子绢纺以及许多其他工业用途。书中记录了现存最早的一幅缩绒机图画。按该书的描绘，这种缩绒机是一种相当简单的机器，由一个水车驱动一根轴，轴上装有凸轮，以提起两个沉重的木槌，凸轮的运动带动木槌打击槽里的布。这种缩绒机械节省了大量劳动力，因而也促进了机织布缩绒后处理工序的改良。

茅元仪［中］所著《武备志》记载"火龙出水"原始火箭 明代茅元仪（1594—1640）所著《武备志》记载了一种名为"火龙出水"的火箭。它是用一根五尺长的大竹筒，里面打通磨光，两头装上龙头与龙尾。龙身的前后部各斜装着两支大火箭，这是第一级火箭。龙身内部也装有几支火箭，把他们的药捻连接在龙身外火药筒的尾部，这是第二级火箭。使用时，先发射第一级火箭，到一定的时候，引火线又引燃装在龙腹内的第二级火箭，它们就从龙口中照直飞出去，焚烧和杀伤敌人，而龙体自由落地。这种火箭的原理符合现代二级动力火箭原理，是世界上最早的二级火箭。

1627年

邓玉函［瑞］、王徵［中］所著的《远西奇器图说录最》出版　1626年，由瑞士耶稣会传教士邓玉函（Johann Schreck 1576—1630）口授，明末学者王徵（1571—1644）笔译并绘图，编译而成《远西奇器图说录最》，并于1627年出版。该书又称《奇器图说》或《远西奇器图说》，全书共分四卷。第一卷为绪论，介绍力学的基本知识和原理，并分别讨论了地心引力、各种几何图形的重心、各种物体的比重等，阿基米德浮力原理也首次被介绍给中国；第二卷为器解，讲述了各种简单机械的原理，如天平、杠杆、滑轮、轮盘、螺旋和斜面等；第三卷为机械原理应用，共绘有54幅图，包括起重、引重、转重、取水、转磨等，每幅图后均有说明；最后一卷为"新制诸器图说"，共载9器，包括虹吸、自行磨、自行车、代耕、连弩等。

欧洲矿山开始使用黑火药

1629年

布兰卡［意］著作中出现最早蒸汽机插图　意大利工程师、建筑家布兰卡（Branca, Giovanni 1571—1645）在罗马出版了拉丁文著作《机械》（*Le Machine*）。在该书中，出现了最早的蒸汽轮机插图。这台蒸汽轮机里用蒸汽通过管道冲击叶轮的叶片驱动，可用作磨粉机、提水机、锯木机等机械设备的动力源。由于当时技术水平所限，并未制成实物，仅是简单图示而已。

1630年

拉姆齐［英］发明蒸汽动力装置　英国钟表制造商拉姆齐（Ramsay, David ？—约1653）获得国王查理一世颁发的一项专利权，该发明是一个利用火力产生蒸汽从矿井、低处等抽水的装置。

1635年

刘侗［中］、于奕正［中］描述螺旋桨式风轮　明朝文学家刘侗（约1593—约1636）、于奕正（？—1635）在二人合著的《帝京景物略》中写道："剖秫秸二寸，错互贴方纸，其两端纸各红绿，中孔，以细竹横安秫杆上，迎风张而疾趋，则转如轮，红绿浑浑如晕，曰风车。" 该风轮能在风中不断旋转，是飞机螺旋桨的最原始模型，也是立式张帆风车的雏形。这是17世纪文学作品中有关风车的记载，但作为儿童玩具的风车的真正起源时间当在明代之前。

1648年

威尔金斯［英］记载"汽堆"　英国主教、自然哲学家威尔金斯（Wilkins, John 1614—1672）出版《数学的魔力》一书。该书主要讲述机器的力学原理，其中记载了利用蒸汽作为动力的装置——汽堆，可用来"驱动出风角的翼板，这翼板的运动可以被用来旋转烤肉叉之类的东西"。

1650年

格里凯［德］发明抽气泵　德国马德堡市市长、工程师格里凯（Guericke, Otto 1602—1686）得知伽利略（Galilei, Galileo 1564—1642）证明空气有质量的消息后，开始研究真空。他通过改进抽水唧筒、增加活门、改用铜球、加固密封等措施，终于在1650年发明了抽气泵。随后，格里凯使用自己发明的抽气泵做了一系列的真空实验，如真空不能传声、火焰在真空中会熄灭等。格里凯把铜球中的空气抽空，发现大气的压力非常大，可以把铜制的球形容器压瘪。格里凯还把水注入抽空的玻璃管中，发明了水柱气压计，用管中水面高低的变化来预测天气。

1654年

格里凯［德］进行马德堡半球实验　格里凯把两个直径为40厘米的铜制半球对接在一起，用经过松节油蜡浸过的皮环密封，再使用抽气泵把球内抽成真空，然后将半球套上马向两边拉动，结果用16匹马也未能把半球拉开。这一实验显示了人造真空的可能和大气压的巨大机械力，在社会上引起了广泛的兴趣和影响。

马德堡半球实验

1658年

波义耳［英］、胡克［英］改良格里凯抽气泵　波义耳（Boyle，Robert 1627—1691）让其助手胡克（Hooke，Robert 1635—1703）制造格里凯抽气泵，格里凯是用水做密封剂，胡克改为用从牛的肝脏中提取的油做密封剂，性能大为改善，当时将由这种泵获得的真空称为"波义耳真空"。

1663年

武斯德［英］介绍蒸汽机　1655年，英国侯爵武斯德（Worcester，Edward 1601—1667）撰写《发明的世纪》一书，该书于1663年正式印刷，书中介绍了一百多项发明，其中有一项是蒸汽机。

牛顿［英］设计利用蒸汽反冲作用而使四轮车前进的装置　英国物理学家、数学家牛顿（Newton，Isaac 1642—1727）设计了一种喷气蒸汽机车。他将一个大的球形蒸汽锅安装在一辆四轮车上，在汽锅下面安装一个火炉，蒸汽锅后端有一喷嘴。牛顿设想在驾驶这种车辆时，驾驶员通过手中的长杆将汽锅后面的喷嘴打开，蒸汽就会从汽锅上的喷嘴向后喷去，从而推动车辆向前移动，然而牛顿并未试验成功。

萨默塞特［英］发明蒸汽动力抽水机械　英国发明家萨默塞特（Somerset，Edward 1601—1667）是英国早期蒸汽机研究者之一，他所发明的抽水机械根据英国议会法令取得99年的专利权，所著《百科发明》一书论述了火力抽水机、永动机等有关知识。

格里凯［德］发明摩擦起电机　格里凯发明的这种起电机是在棒轴上旋转硫黄球，在转动时用手接触，产生摩擦，就能积蓄大量电荷。硫黄球的制作过程是：用一个球状玻璃瓶，盛满粉末状硫黄，用火烧热玻璃瓶，使硫黄熔化，待冷却后打破玻璃瓶，硫黄就成球状，在其上钻一小孔，支在一根棒轴上就可自由转动。格里凯静电起电机的发明，是静电实验研究的开端，也是人类利用电能的开始。

1665年

达德利［英］著《用煤炼铁》　约从1618年开始，英国冶金家达德利（Dudley，Dud 1600—1684）就开始进行用煤炼铁的实验。他首先进行了用煤加热大量的生铁在高炉中熔化的试验，但后来由于种种原因，如自然条件、战争、竞争者的嫉妒以及木炭高炉业者们的恶语中伤等，致使工厂倒闭，以失败告终。达德利于1665年著《用煤炼铁》（*Metallum Martis*）一书，但书中并未提及煤的焦化问题。

1668年

波义耳［英］改进抽气泵　英国化学家、物理学家波义耳于1656年至1668年间寄居牛津，在听到马德堡半球实验后，便着手研究设计抽气机，成功地改进了格里凯的空气泵而获得了比较好的真空。他在自己创制的抽去了空气的透明圆筒里，实验发现铅块和羽毛等时下落，首先证明了伽利略关于落体运动的观点：一切物体不论轻重均等时下落。同时还证实空气对于燃烧、呼吸和声音的传播是必要的，而电吸引力却可穿过真空。

英国开始使用天然气

1669年

海登［荷］发明道路照明油灯 荷兰画家、发明家海登（Heyden，Jan van der 1637—1712）发明的道路照明油灯首先在其家乡阿姆斯特丹使用。在随后的50年中，世界上绝大部分的主要城市都陆续实现了道路照明。从1810年起，煤气灯占据了优势。1844年法国巴黎协和广场上第一次装上了试验性的碳弧灯。

1673年

惠更斯［荷］、巴本［法］设计火药内燃机 荷兰物理学家惠更斯（Huygens，Christiaan 1629—1695）与其学生巴本（Papin，Denis 1647—1712）试图用火药做燃料，研制真空活塞式火药内燃机。它利用火药燃烧的高温燃气在气缸内冷却，形成真空，使大气压力推动活塞做功。进行过多次试验后，由于气缸内真空引发大气压力推动活塞的力量非常有限，而且火药爆炸难以控制，加之材料、加工技术方面还没有发生相应变革，屡次试验均告失败，但其气缸活塞结构成为后来热机的基本结构。后来，巴本以蒸汽为介质取代火药，利用大气压力开辟了以后研究蒸汽机的道路。

1674年

莫兰德［英］发明实心活塞泵 英国发明家莫兰德（Morland，Samuel 1625—1695）发明实心活塞泵，直径为10英寸的实心柱塞水泵装有由两块"皮帽"构成的垫料盖，以防在吸水和排水过程中漏水，而无须再将泵缸淹没在水中，避免了启动时注水。

1678年

胡克［英］制成气候钟 英国物理学家胡克研制的气候钟是用来测量和记录风向、风强、大气温度、压力、湿度以及降

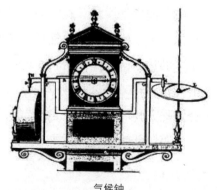

气候钟

雨量的机械装置。它由两部分组成，一部分是一台强固的摆钟，它除了指示时间外，还转动一个上面卷有纸的圆筒，并操纵一个机械每一刻钟在圆筒上打一次孔；另一部分是测量上述现象的各种仪器，这些仪器（气压计、温度计、验湿器、雨量斗、风向标和转数可以计算的风车）操纵打孔器，使其周期性地在由圆筒缓慢放出的纸带上打下标记。

1679年

巴本［法］发明蒸汽高压锅　法国物理学家巴本发明的蒸汽高压锅中的水在一个严密封盖的容器中煮沸，积聚蒸汽产生的压力提高了水的沸点。锅内装有安全阀，在高压锅顶部插入一根管子，管子顶部由阀门封闭，借助悬吊于杠杆端部的重物来保持阀门的封闭状态。杠杆可绕其支座转动，当锅内压力过大，阀门顶起杠杆放气，可避免压力锅爆炸。这种高压锅是动力高压锅炉及民用高压锅的前身。

1680年

巴本［法］、波义耳［英］合作发明冷凝泵　这一发明在著作《新实验续篇》中公布。

1681年

贝策［德］、塞尔［英］提出用煤生产焦油的专利申请　1681年，德国化学家贝策（Becher，Johann 1635—1682）、英国人塞尔（Serle，Henry）以"由煤生产沥青和焦油"为题申请英国专利。这一设想启发人们分离和利用煤焦油，促进了煤焦油化学的发展。

1684年

克莱顿［英］试验从煤中提取煤气　究竟是谁在什么地方首先研究制造出煤气，迄今尚无法作出准确的论断。据文献所载，法国、英国、比利时、德国和其他一些国家，在17世纪时都发表有关于从木材、煤、泥炭制造出可燃气体的报告。1684年，英格兰威根（Wigan）的教士克莱顿（Clayton，John

1657—1725）将煤经过干馏后得到一种可燃气体，当时他称之为"煤精"（Spirit of the Coal）。他将所得煤气收集起来再放出去，可以点燃，他的朋友们都围观称奇。此外，还有其他一些人，大约在同时代也先后研制出煤气。只是那时交通不便，消息闭塞，各自进行煤气研究，时间大致同时却互不相知。例如，1691年，波义耳也报告说："当煤受热时，可产生一种可燃气体。"一直到18世纪和19世纪时，才有比较正式和完整的记录。

1690年

巴本［法］发明原始活塞式蒸汽机　法国物理学家巴本设计的这种活塞式蒸汽机由直径约2.5英寸、装有活塞和连杆的竖管构成。管下部盛水加热变成蒸汽，推动活塞向上运动到顶部时被插销固定。移去热源后蒸汽冷凝，汽缸内形成真空，拔去插销，上部大气压使活塞向下运动，通过杠杆提升重物。竖式管子完成了锅炉、汽缸和凝汽器三种功能。巴本只是实验，未能制成实用

原始活塞式蒸汽机

的蒸汽机。但他最早应用蒸汽在汽缸中推动活塞，首先指出了蒸汽的工作循环，为实用的活塞式蒸汽机的制造奠定了基础。

1698年

萨维里［英］发明蒸汽机　英国工程师萨维里（Savery, Thomas 1650—1715）所制造的排水蒸汽机，又称蒸汽泵，功率为1马力。将蒸汽注入容器（凝汽器），关上阀门，使蒸汽冷凝形成真空，矿井中的水被抽入容器，关上水管阀门后再注入蒸汽，利用蒸汽压力将水从另一水管排出。

萨维里蒸汽机

该机的特点是把蒸汽压力和大气压力的利用结合起来。该机器于1698年7月25日取得专利。1699年，在英国皇家学会展出了包括锅炉在内的模型。萨维里机在1706年投入斯塔福德郡的煤矿使用，被称为"矿山之友"。由于当时的锅炉材料和焊接技术问题，蒸汽压力只能产生3个大气压，限制了抽水高度，最多提水至80英尺。燃料消耗也很大，约为现代蒸汽机的20倍。而且这种机器功率小，动作慢，经常有爆炸的危险。

1699年

普尔赫姆 [典] 建立以水力为动力的工厂　瑞典实业家、发明家普尔赫姆（Polhem，Christopher 1661—1751）曾发明许多种工业用的机器，特别是采矿机械。普尔赫姆积极提倡用水力来代替人力，1699年，他建立了一个完全用水力作为动力的工厂，工厂生产了一些产品，但遭到了工人的反对和抵制。1734年，工厂的绝大部分毁于一场大火。

17世纪

中国四川敷设天然气管道　B.C.61年，中国已在鸿门（今陕西省临潼东北）、临邛（今四川省邛崃市）等地挖掘了火井（即天然气井）。明代《天工开物》（1637年）中详细描述了用竹管输气的方法："长竹剖开，去节，合缝，漆布，一头插入井底，其上曲接，以口紧对釜脐。"说明当时管道地面建设技术已经达到一定高度。

1705年

纽可门 [英] 发明用蒸汽推动活塞做功的抽水机　英国发明家纽可门（Newcomen，Thomas 1663—1729）发明的这台蒸汽排水机（当时称大气机），其蒸汽汽缸和抽水汽缸分置，蒸汽通入汽缸后，内部喷水使之冷凝，造成汽缸部分真空，汽缸外的大气压力推动活塞动作。与活塞相连的平衡梁另一端和抽水机相连，活塞在汽缸内上下运动，平衡梁就带动水泵抽水。纽可门蒸汽抽水机是综合了巴本的汽缸活塞和萨维里形成真空的冷凝器的优点而研制成的。汽缸内安装冷水喷射器，大大提高了热效率。由于蒸汽汽缸的直径大于提水泵的缸径,故可提取数十米深处的水。但该机器的耗煤量很大,做1马力小时的功大约耗煤25千克,效率低,而且只能做往复直线运动。

1707年

巴本〔法〕著《利用蒸汽抽水新技术》 1705年,德国数学家、哲学家莱布尼茨(Leibnitz, Gottfried Wilhelm 1646—1716)将英国发明家萨维里制造的蒸汽抽水机设计草图寄给法国物理学家巴本,这促使巴本进一步研究蒸汽机的原理和结构,并撰写了《利用蒸汽抽水新技术》一书,对尔后蒸汽抽水机的重大革新作出了贡献。

1709年

达比〔英〕用焦炭炼铁获得成功 英国铸铁厂厂主、贵格会教徒达比(Darby I, Abraham 1678—1717)采用类似于烧制木炭的方法,改良了获取煤炭燃料的工序。他在一个密闭容器中将煤块加热,使杂质变成气体排出,所得残留物质即为含碳量极高的焦炭,可用作高炉炼铁的燃料。不过,尽管达比实现了技术上的突破,但这项新技术的普及速度却相当缓慢。

1712年

实用纽可门蒸汽机投入运行 该机安装于英国的达德利城堡煤矿,功率为55马力,每分钟12冲程,每冲程能将10加仑的水提升153英尺。纽可门机比萨维里机有明显的优点,可以安放在地面上,不需要萨维里机那样高的蒸汽压力,排水效率高,操作简便。纽可门机是蒸汽机发展过程中的一次突破,标志着从蒸汽冷凝造成真空直接抽水,过渡到利用蒸汽压力使活塞做机械运动抽水。实质上是人类把热能转换成动力使用的开端。到18世纪末,英国煤矿基本上都用上了这种

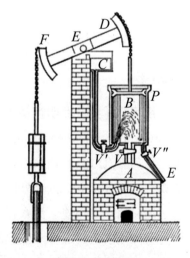

实用纽可门蒸汽机

蒸汽抽水机。

1724年

利奥波德［德］设计高压蒸汽机　德国科学家、工程师利奥波德（Leupold，Jacob 1674—1727）在1724年出版的《机器通论》（*Theatrum Machinarum Generale*）一书中，首次对工程机械进行系统分析，其中设计了一台高压无冷凝器的蒸汽机。类似机械直至19世纪初才制造成功。

1729年

格雷［英］进行电的传导性实验　英国科学家格雷（Gray，Stephen 1666—1736）按物体摩擦后是否带电区分了导体和绝缘体，创始"静电"概念，提出静电力思想理论。

1732年

孟席斯［英］发明用水车带动的脱谷机　苏格兰人孟席斯（Menzies，Michael ？—1766）发明了最原始的脱粒机，这种脱粒机由水力驱动的一系列连枷机构组成，其功效相当于30个人的手工劳动，但很容易损坏。

1733年

迪费［法］发表论文《论电》　法国电学家迪费（du Fay，Charles 1698—1739）在其《论电》中提出电可区分为正、负电荷的二元流体假设。他发现存在两种电，他把用玻璃棒和丝带摩擦所产生的电称为"玻璃电"，用琥珀和法兰绒摩擦所产生的电称为"树脂电"，并总结出静电学第一个基本原理：同性相斥，异性相吸。

1736年

哈尔斯［英］获得蒸汽拖船专利　英国发明家哈尔斯（Hulls，Jonathan 1699—1758）可能是第一位作出蒸汽拖船详细设计的发明家。这种船能带动"海上船只在风浪中或风平浪静时出入港口、港湾或江河"。1737年出版的小册子里对该蒸汽拖船有图解说明，其船尾用纽可门大气压蒸汽机拖动。为使明轮连续转动，哈尔斯提出使用棘轮，由连接在活塞上的绳索来驱动。但这个方案并未通过实际试验。

1744年

温克勒［德］宣告"电线"诞生 德国人温克勒（Winckler，Johann 1703—1770）用金属丝传递电荷到远处的试验获得成功。在此以前，英国电学家格雷发现玻璃管经摩擦所带电荷可以转移到木塞上，再用一根带有骨质小球的小棒插进带电木塞上，小球也带上了电，这表明电荷能传递。他还用绳子、铜丝做传递实验，证实不仅摩擦可以使物体带电，用传递的方法也可以使物体带电。

1745年

克莱斯特［德］、穆森布洛克［荷］发明莱顿瓶 1745年10月和1746年10月，德国物理学家克莱斯特（Kleist，Ewald 1700—1748）和荷兰莱顿大学的物理学教授穆森布洛克（Musschenbroek，Pieter 1692—1761）先后发明了蓄电瓶。这是一种带内层电极和外层电极的玻璃瓶，电极材料可以是水、汞、金属箔等各种物质。它是最初形式的电容器，称作莱顿瓶，是蓄电池的最早形式。

克莱斯特［德］最早进行电晕放电试验 德国物理学家克莱斯特利用水银或酒精储存电荷，当瓶内充电过量，金属杆上端就会产生光锥。

里奇曼［俄］发明静电指示器 该静电指示器是第一台应用于电学实验的测量仪器。1753年夏天，俄国物理学家里奇曼（Richmann Wilhelm，Georg 1711—1753）和罗蒙诺索夫（Lomonosov，Mikhail 1711—1765）进行大气放电实验，将一根2米长的铁杆竖立在屋顶上，用金属导线将铁杆与屋内的检测仪器连接起来。里奇曼正在观察大气放电现象时，不幸被雷电击中，成为第一个为研究雷电而献身的科学家。

1750年

富兰克林［美］发现电荷流过导体时会发热　美国物理学家、政治家富兰克林（Franklin，Benjamin 1706—1790）观察到积蓄在平板电容器的电荷在细金属丝中流动时因发热而熔断，促成了后来电路中使用的熔断器的发明。

富兰克林［美］提出设置避雷针的设想　富兰克林写信给在英国的朋友，该信以"电的观察与实验"为题发表。信中根据尖端更易放电的现象，提出采用避雷针以防止直接雷击的设想，立即引起科学家们的极大关注，其信函被译成法文、德文和意大利文。这是发明和应用避雷针的开端。1752年，富兰克林通过风筝实验，认识到天电和地电的统一性，马上想到利用尖端放电原理将天空雷电引入地面，以免建筑物、船只遭受雷击。1760年，他在费城的一座大楼上竖起一根避雷针，效果十分显著，不久各地尽相仿效，避雷针很快得以普及。

米克尔［英］发明风车用风翼方向自动调节装置　英国工程师米克尔（Meikle，Andrew 1719—1811）采用与主翼轴、风磨主轴相互垂直的辅助风翼，来控制主翼的方向。当风向改变时，辅助风翼受到风力转动，借助蜗轮蜗杆和齿轮齿条机构，带动转塔转动，改变主翼方向，直到辅翼不受风力为止，此时主翼方向的风力最大。1772年，他又把主翼板分成若干不均等开合的部分，其开裂也受到控制，过量的风便自动漏掉，保护机翼不受狂风的危害，作用相当于安全阀。

1752年

黑尔斯［英］将风车用于室内通风和干燥谷物　18世纪，英国对窗户征税，任何住宅或建筑物（包括医院和监狱）的每一扇窗户均得交税。英国生理学家、物理学家黑尔斯（Hales，Stephen 1677—1761）遂致力于发现某种给建筑物（尤其是医院和监狱）通风，同时又不增加窗户税的方法，从而发明了风车通风装置。1752年，风车通风装置由伦敦市政官下令装设在新门监狱的迪克·惠廷顿门的屋顶上面。在黑尔斯设计的基础上，后来又不断改进并设计出其他各种更好的通风装置，对改善公共卫生条件起了重要作用。黑尔斯还发现，可以利用这一空气运动系统干燥仓库里的潮湿谷物。他利用风车为动力，在谷仓里安装了几个通风机，这样，谷物就能贮藏在干燥的条件下。

达利巴尔［法］最早进行引雷实验　法国博物学家达利巴尔（Dalibard，Thomas-François 1703—1799）于1752年5月10日在靠近巴黎的玛尔利镇将一根长40英尺、底部绝缘的铁杆竖立在小桌上，当出现雷云时，经过训练的信鸽嘴含黄铜丝飞近铁杆上端，随即出现电火花并发出噼啪声，由此达利巴尔支持了富兰克林的避雷针设计思想。

1753年

贝利多［法］著《水利建筑》出版　法国工程师贝利多（Belidor，Bernard 1698—1761）著《水利建筑》4卷，其中含有水磨与水轮、水泵等内容，为法国水利工程技术奠定了理论基础。

1754年

欧拉［瑞］提出叶轮式水力机械的基本原理　瑞士数学家欧拉（Euler，Leonhard 1707—1783）指出，离心泵依靠叶轮旋转时产生的离心力可以输送液体。叶轮内的液体受到叶片的推动而与叶片共同旋转，由旋转而产生的离心力使液体由中心向外运动，并获得动量增量。在叶轮外周，液体被甩出至蜗卷形流道中。由于液体速度的减低，部分动能被转换成压力能，从而克服排出管道的阻力不断外流。叶轮吸入口处的液体因向外甩出而使吸入口处形成低压，因而吸入池中的液体在液面压力作用下源源不断地被压入叶轮的吸入口，形成连续的抽送作用。此基本原理奠定了离心泵设计的理论基础。

1759年

罗比森［英］最早提出用蒸汽机驱动车轮的设想　在纽可门蒸汽机问世33年后，英国格拉斯哥大学的青年物理学家、数学家罗比森（Robison，John 1739—1805）首次把蒸汽机与铁轨联系起来，提出了用蒸汽机驱动车辆在铁轨上运行的最初设想。

斯米顿［英］设计水车驱动的压缩空气鼓风法　英国土木工程师斯米顿（Smeaton，John 1724—1792）设计利用水车驱动改进的鼓风机，使空气进入炉内之前得到压缩，以增炉温并进一步去除焦炭中的硫及其他杂质。后来，英国发明家、实业家罗布克（Roebuck，John 1718—1794）在卡隆炼铁时采用这种鼓风方法炼铁获得成功。

1763年

波尔祖诺夫［俄］设计大气压发动机　俄国机械师波尔祖诺夫（Polzunov，Ivan 1728—1766）于1763年绘制了世界上第一台双气缸蒸汽机设计图，但未能实用。1765年，根据另一个设计图试制了类似于俄国工厂用的第一台蒸汽动力装置，该装置运转了43天。在投产前一周，波尔祖诺夫去世。

波尔祖诺夫大气压发动机

1765年

瓦特［英］发明凝汽器与汽缸分离的蒸汽机　英国发明家瓦特（Watt，James 1736—1819）在研究纽可门机模型时，发现其运转不灵、效率低的原因源于每一冲程都要用冷水把汽缸冷却一次，热量损失巨大。于是他把蒸汽的冷凝过程设计在汽缸以外进行，这样就可保持汽缸的恒热，从而发明了分离凝汽器的蒸汽机，这是纽可门蒸汽机的关键性改革。瓦特蒸汽机的热效率为3%，每小时每马力的耗煤量为4.3千克；而纽可门机的热效率不到1%，耗煤量高达25千克。1775年，瓦特与企业家博尔顿（Boulton，Matthew 1728—1809）合作创办了世界上最早的蒸汽机制造厂。

1766年

伯格曼［典］发现电石受热产生电　瑞典物理学家伯格曼（Bergmann，Torbern 1735—1784）发现电石受热时，电石各部分间的温度差可产生电。在电石冷却过程中，两端的电荷性质与受热时正相反。

拉姆斯登［英］发明圆板型起电机　英国天文仪器制造商拉姆斯登

（Ramsden，Jesse 1735—1800）发明的这种起电机，是用玻璃圆板和毛垫作为摩擦物体，安装有集电装置和测量电火花长度的装置，成为摩擦起电机的主要形式。1771年经进一步改进后，可以任意获取正、负电荷，从而得到广泛应用。

1769年

阿克莱特［英］获得水力纺纱机专利　英国发明家、企业家阿克莱特（Arkwright，Richard 1732—1792）发明了水力纺纱机，并在细节上进一步改进，使其生产的线很结实，从而能够第一次制造全棉织物，不过它只能纺较粗的纱线。这种纺纱机最初的动力是畜力，而后是水车，在1790年

水力纺纱机

则是蒸汽机。阿克莱特原来是一名理发师，对机械制造并不在行，但他勤于钻研，1771年在克隆普顿创建了世界上最早的靠水力运转的机械纺纱厂。

居尼奥［法］制成世界第一辆蒸汽动力汽车　法国军事技师居尼奥（Cugnot，Nicolas 1725—1804）制成的蒸汽汽车是三轮木制的，在前轮上安装一个锅炉，其后有两个气缸，由蒸汽推动气缸中的活塞上下运动，然后通过曲柄传给前轮推车前行。该车被称为"居尼奥蒸汽汽车"，开动时震动大，声音大，浓烟和蒸汽多，且每隔15分钟必须停下来加水，1小时只能走4千米。尽管如此，该车是世界上第一辆蒸汽汽车，后来不少人在此基础上又进一步改革，制造出了多种类型的蒸汽汽车，从而使汽车制造技术得到了发展。

瓦特［英］获得第一个专利——"在火力机中减少燃料和蒸汽的消耗的新方法"

1772年

斯米顿［英］发表梁式蒸汽机的实验结果　英国工程师斯米顿的这一实验结果，对于蒸汽机的详细设计数据公式、锅炉尺寸、供水水质等都提出了最佳推荐值。1792年，斯米顿逝世，他一生设计、建造了许多桥梁、海港、运河、磨坊和蒸汽机，并通过定量的方法改进了纽可门蒸汽机，使其达到最好性能和效率，是18世纪将科学应用于技术创新的一个典范。斯米顿还于1791年创建了土木工程师协会。

1775年

伏打［意］发明起电盘　意大利物理学家伏打（Volta, Alessandro 1745—1827）发明的起电盘，由一块用绝缘物质（石蜡、硬橡胶、树脂等）制成的平板和一块带绝缘柄的导电平板组成。通过摩擦使绝缘板带正电（或负电），然后将导电板放在绝缘板上，由于静电感应，导电极靠近绝缘板一侧出现负电，另一侧出现正电。将导电极接地，地中的负电即与导电板上的正电中和，使导电板带上负电。断开导电板与地的连接，手握绝缘柄将导电板从绝缘板上移开，导电板上即获得负电荷。移去导电板上的负电荷再重复上述过程，就可不断得到负电荷。

瓦特［英］、博尔顿［英］合作创办蒸汽机制造厂　这是最早的蒸汽机制造厂。从1775年到1800年的25年间，共生产了318台蒸汽机。蒸汽机的发明和生产应用，促使人类开始进入以大机器生产为主要标志的工业化社会。

威尔金森［英］研制出铸铁汽缸　英国机械技师威尔金森（Wilkinson, John 1728—1808）利用自己发明的镗床研制成铸铁汽缸。有了优质的铸铁汽缸，1769年开始制造的铸锡汽缸被淘汰，瓦特发明的带有分离凝汽器的蒸汽机才真正获得推广。

富兰克林［美］用喷射水为动力推进船只　美国物理学家富兰克林用一台水泵把水从船头吸入，从船尾喷出，推动船只前进。这种船于1782年在波托马克河试航后，直到1865年英国皇家海军才造出一艘用这种方式推进的装甲炮舰。

1781年

瓦特［英］、默多克［英］发明蒸汽机的"太阳行星齿轮机构"　瓦特与其助手、苏格兰发明家默多克（Murdoch，William 1754—1839）提出蒸汽机的"太阳行星齿轮机构"。这种蒸汽机附加装置的研制成功，巧妙地使蒸汽机的活塞往返运动转变为转轮的旋转运动，由此使蒸汽机开始成为万能的动力机。

霍恩布洛尔［英］发明多级膨胀型复式蒸汽机并取得专利　英国工程师霍恩布洛尔（Hornblower，Jonathan 1753—1815）受瓦特雇用，发明了使在第一汽缸中用过的蒸汽重新在第二汽缸中工作的蒸汽机，并获得专利，称为"多级膨胀型复式蒸汽机"。后来与博尔顿–瓦特公司（Boulton and Watt）发生专利诉讼并最终败诉。

1782年

瓦特［英］将蒸汽机由单向送气改进成双向送气　传统的蒸汽机是单向机，蒸汽压力将活塞顶起之后，在活塞之上的大气压力和气缸中蒸汽冷凝形成的真空作用下，活塞下降。瓦特充分利用蒸汽的膨胀作用，使活塞在运动到一半冲程时即停止蒸汽输入，以后的一半冲程则利用蒸汽的膨胀力来推动活塞做功。随后又设计出双向蒸汽机，使热效率几乎增加1倍，由此进一步节省了蒸汽并降低了燃料消耗。

默多克［英］完善瓦特蒸汽机　在瓦特蒸汽发动机缺乏密封材料的条件下，瓦特的助手默多克发明了滑动阀和机器铸铁零件表面之间密封糊状物的制备方法，对蒸汽机的完善作出了贡献。

蒙哥飞兄弟［法］制造世界上第一个热空气气球　法国发明家蒙哥飞兄弟（Montgolfier，Joseph-Michel 1740—1810；Montgolfier，Jacques-Étienne 1745—1799）研制出第一个热空气气球，仅升到3～4米的高度即坠落。后来兄

蒙哥飞兄弟制造的热空气气球

弟二人用麻布和纸制成一个直径达10米的热空气气球，用稻草和碎羊毛燃烧产生的热空气充满气球，经反复试验和改进，于1783年6月4日在昂纳内首次升空。同年9月19日，蒙哥飞兄弟前往巴黎凡尔赛宫进行表演，他们在气球下面吊一个笼子，放入羊、鸡、鸭各一只，气球在空气中飘行8分钟后安全降落。

1783年

罗齐尔［法］、达尔兰德［法］乘气球自由飞行　1783年11月21日，法国科学家罗齐尔（Rozier，Jean-François 1754—1785）和法国侯爵达尔兰德（d'Arlandes，François 1742—1809）共乘一只容积2200立方米的蒙哥飞热气球，从巴黎一庭园升空，最高离地面900米，用26分钟飞行了12千米，在格布兰河附近着陆。

查理［法］用涂胶绢布制造气球充入氢气上升成功　在热气球发明之后，根据英国化学家布莱克（Black，Joseph 1728—1799）使用氢气代替热空气的设想，法国物理学家查理（Charles，Jacques 1746—1823）于1783年12月1日与组装气球的罗伯特（Robert，Nicolas-Louis 1760—1820）一同乘气球，从巴黎一庭园升空，在2小时内飞行43千米，在内勒着陆。罗伯特下来后，查理又独自升空，在1.5小时内上升至2 700米高处。气球时代由此开始。

罗齐尔［法］试验系留气球　气球为圆形，用绳索系在地上。罗齐尔于1783年10月15日首次用系留热气球进行飞行实验，升至离地面26米高，滞空时间为270秒。

1784年

瓦特［英］取得安有平行四边形机构、离心调速器的复动蒸汽机专利　把活塞的上下运动借助所谓平行四边形机构转变为旋转运动的方法，仅是机构学上的进步，然而它对社会产生的影响却是极大的。因为这种机构首次使蒸汽机可以作为一切工作机的动力而使用。自从为驱动威尔金森的铸铁锤安装这种蒸汽机之后，产业革命进入了真正的发展阶段。

赛明顿［英］、默多克［英］制成蒸汽动力汽车　英国发明家赛明顿

（Symington，William 1764—1831）和默多克制成用蒸汽机驱动的汽车，但是制造出来后运行效果不佳。

默多克［英］发明缸摆式发动机　默多克对蒸汽机作出重要改进，发明了缸摆式发动机，并于1784年制作了一台样机。

1785年

卡特赖特［英］发明水力动力织布机　英国牧师卡特赖特（Cartwright，Edmund 1743—1823）参观德比郡的一家棉纺厂后受到启发，在一位木工和一位铁匠的帮助下，发明了用水车带动的自动织布机，获得专利。纺纱机的发展促进了织布机的发展。卡特赖特就是迎合了这一需求而发明织布机的。他的这种织布机，当经纱或纬纱断开或线框中纬纱不足时会自动停车，但他成功的关键是在织布作业中应用了蒸汽机。1791年，卡特赖特开始动手建设配备400台织布机的大工厂，但由于织布工对机器的反感，他的工厂还没安装完蒸汽机就被烧毁。1804年，经英国发明家拉德克利夫（Radcliffe，William 1761—1842）和赫拉克斯（Horrocks，William）改进，用钢结构取代了原来的木结构，动力织布机得以迅速发展。

1786年

本尼特［英］发明金箔验电器　英国电学家本尼特（Bennett，Abraham 1749—1799）在一金属匣顶部装上橡皮塞，塞中插入一铜棒，铜棒上端有一金属盘，下端有一对细长的金箔条。当带电体与金属盘接触时，箔片便会张开一定角度，移去带电体，金箔仍将保持张开状态。这种验电器还可用来鉴别带电体所带电荷的正负。

1788年

瓦特［英］在蒸汽机上使用离心摆球调节器　这种调节器能自动控制蒸汽的输出，输出的蒸汽使靠近垂直连杆的调节器旋转。调节器旋转越快，两个金属球向外飞离得越远，蒸汽出口越小；调节器旋转变慢，球体回落，蒸汽出口即开大。这样，就保证了蒸汽机转速的稳定和蒸汽能量的有效利用。

1789年

克拉普罗特［德］发现铀　德国化学家克拉普罗特（Klaproth，Martin 1743—1817）在分析沥青矿时得到一种黄色沉淀（UO_2CO_3），将其中所含的未知元素称为铀。

卡特赖特［英］用蒸汽机带动织布机　此前织布机是用人力、畜力或水力驱动的，英国牧师卡特赖特将瓦特蒸汽机应用于织布机，极大地提高了织布效率。

雷诺兹（Reynolds，Richard 1735—1816）［英］、斯米顿［英］制造与轨道相配合的带凸缘的机车车轮

1790年

瓦特［英］进一步完善蒸汽机　1790年，瓦特发明了蒸汽机压力表、计数器、指示器和节流阀门，这些发明进一步完善了蒸汽机，使其配套齐全，切合实用。至此，瓦特完成了蒸汽机发明的全过程，并获得了4项专利。

1791年

巴伯［英］取得煤气燃气轮机专利　英国煤矿主、发明家巴伯（Barber，John 1734—1801）设计发明的煤气燃气轮机由一个链传动装置、往复煤气压缩机、一个燃烧室和一个涡轮机构成，包含了燃气轮机所有的重要特征。

里德［美］发明垂直型水管锅炉　在美国造船工程师里德（Read，Nathan 1759—1849）发明的锅炉中，垂直的水管直接安置在火室内，因提高了受热面积而使锅炉效率大为提高，为后来史蒂芬森（Stephenson，George 1781—1848）研制"火箭号"机车所使用。

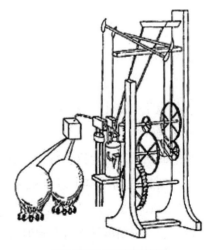

巴伯发明的煤气燃气轮机

1792年

默多克［英］实验用煤气照明　苏格兰发明家默多克采用由铁曲颈甑和镀锡的铜管、铁管组成煤气输送设备，煤气经过这些管子通到相当远的地方，在那里点灯照明。煤气输送途中通过各种形状和尺寸的孔，并用水和其他措施使煤气得到净化。默多克用各种不同的煤做实验，发现"烛煤"生成的煤气最适用于照明。

伽伐尼［意］发现伽伐尼电流　意大利医生伽伐尼（Galvani, Luigi 1737—1798）发现两种不同金属组成的环和蛙腿接触，蛙腿就发生痉挛。这是人类发现摩擦产生静电后最早获得的（动）电流源——伽伐尼电流。蛙腿既是电解质，又是电流指示器。但是，他认为这是"动物电"，和人们在电鳗及其他鱼中已知道的动物电一样，而实际上这是化学反应所产生的电流。

卡特赖特［英］发明酒精蒸汽机　卡特赖特发明了制绳机和一种用酒精代替水的蒸汽机，但是由于酒精蒸汽机费用昂贵且比较危险，所以并不具有多大的实际用途。

1794年

瓦特［英］发明示功汽缸　示功汽缸是一种小汽缸，有一个精密适配的活塞借助一根螺旋弹簧装在顶部，活塞同作用于它的压力成正比例地上升，活塞杆上固定的一根针在所附标尺上示出每平方英寸的压力。示功汽缸同汽缸相连，使得蒸汽能从后者通到前者，并使二者有相同压力。瓦特的一个助手给示功汽缸添加了一块滑动板，用以支承铅笔和纸，铅笔在纸上描绘的曲线相应于汽缸中气压的变化，这就是"示功图"。示功图是在活塞式机器的一个循环中，气缸内气体压力随活塞位移而变化的循环曲线。循环曲线所包围的面积可表示为机器所做的功。

斯特里特［英］发明燃用松节油或柏油的内燃机　英国人斯特里特（Street, Robert）首次提出根据燃料与空气混合的原理可以制成内燃式动力机。这一发明虽然获得专利但未得到实际应用。

1796年

法布罗尼［意］发现伽伐尼效应与化学作用相关　意大利博物学家、化学家法布罗尼（Fabbroni，Giovanni 1752—1822）将两种金属片一起放入水中，在观察到伽伐尼效应的同时，其中一片金属部分被氧化了，由此导致了电化学的形成。

1797年

伏打［意］发现"伏打序列"　意大利物理学家伏打用各种金属搭配成多对电极进行实验，找到了一个序列：锌、锡、铅、铜、银、金等。按此序列，将前面一种金属与紧接着的下一种金属接触，前者带正电，后者带负电，无一例外。此序列被称为"伏打序列"。

加纳林［法］从气球上跳伞成功　1785年6月3日，法国飞船驾驶员布兰查德（Blanchard，Jean-Pierre 1753—1809）从上升的气球上用降落伞放下重物，后又用降落伞放下动物。1793年，他本人从气球上用降落伞下降，着地时摔坏了腿。1797年10月22日，加纳林（Garnerin，André-Jacques）从气球上跳伞成功，1802年，他再次在伦敦进行试验。进入19世纪后，跳伞活动在欧洲盛行。

勒邦［法］发明"热灯"　法国工程师、化学家勒邦（Lebon，Philippe 1767—1804）在昂古莱姆（Angoulême）做工程师时，开始研究并最终发明了用气体照明和加热的"热灯"。该"热灯"燃烧从木材中蒸馏出来的气体，于1799年获得专利并展出。

1800年

特里维西克［英］发明横梁连接杆型复式发动机　英国发明家、矿业工程师特里维西克（Trevithick，Richard 1771—1833）发明的横梁连接杆型复式发动机，压力为每平方英寸65磅，汽缸直径25英寸，冲程10英尺，应用于矿山起重作业。1802年，他又发明高压蒸汽机，工作压力达每平方英寸145磅。1804年，他配合1800年发明的复式发动机，研制成"特里维西克型锅炉"，该锅炉有一个铸铁圆筒形外壳和一个碟形封头。

伏打［意］发明伏打电堆　1800年3月20日，在意大利物理学家伏打给英国皇家学会的报告中写道："用一些不同的导体按一定方式叠置起来，用30片、40片、60片，甚至更多铜片（最好是银片）将它们的每一片与锡片（最好是锌片）相对重叠在一起，并在每两片（铜片和锡片）之间充填被水或比水导电性能更好的液体（如食盐水）浸透的纸壳或皮革等，就能产生相当多的电荷。"伏打在盛有盐水的玻璃杯中，用锌片和银片放在杯中作为引出的电极，这样串接20个或30个，产生了较强的电流，并将此装置称为电液杯，成为现代电池的雏形。后经改进，由一面镀银、另一面涂二氧化锰的圆纸片叠加，在直径为1英寸的这种圆纸片之间能产生0.75伏电压。

卡莱尔［英］、尼科尔森［英］制成实用电堆　英国科学家卡莱尔（Carlisle，Anthony 1768—1840）和尼科尔森（Nicholson，William 1753—1815）制成实用的伏打电堆，并进行电解水实验。

博伊斯［英］发明蒸汽动力收割机　英国农业技师博伊斯（Boyce，Joseph）发明的收割机，在一个圆盘上安装几只大型镰刀，由蒸汽机带动旋转，是圆盘形割麦机的雏形。该发明获得专利。

1801年

勒邦［法］取得一种煤气内燃机专利　该煤气内燃机装有燃料泵和火花点火装置。勒邦将爆燃室放在汽缸外面，煤气在爆燃室中燃烧后产生的气体通过阀门进入汽缸做功。这是世界上第一台内燃机，不过效率非常低。勒邦还在1801年最早提出内燃机的"压缩比"概念。

特里维西克［英］制造高压蒸汽汽车　英国发明家、矿业工程师特里维西克在汽车上安装了一部高压蒸汽发动机。2年后，他又制造了一辆类似公共马车的蒸汽汽车，该车可乘坐8人，时速达9.6千米。1823年，英国人格尼（Gurney，Goldsworthy 1793—1875）制造了一辆蒸汽汽车。1825年，格尼制造了蒸汽公共汽车。该车把发动机安装在后部，自重虽只有3吨，却可容下18位乘客，时速达到19千米。1828年，汉考克（Hancock，Walter 1799—1852）制造出了时速为32千米、载客22位的蒸汽公共汽车。1834年，世界上第一个公共汽车运输公司——苏格兰蒸汽汽车公司成立，开始了公共汽车营业。1863年，美国人制造了自重只有300千克，时速却达32千米的轻快汽车。由于蒸汽汽车的噪声大，黑烟多，损坏路面，而且不安全，引起公众反对，使其发展受到限制。1878年，法国的配尔（père，Amédée 1844—1917）制造了"奥贝桑特号"和"曼歇尔号"蒸汽长途公共汽车，时速分别为40千米和42千米。

艾特魏因［德］出版《力学和水力学手册》　德国水利学家艾特魏因（Eytelwein，Johann 1764—1848）出版《力学和水力学手册》（*Handbuch der Mechanik und der Hydrqulik*）一书，对复式管道中的水流、喷射流的运动和冲击，以及水轮何时具有最大效能等问题作了精辟的阐述。

1802年

里特尔［德］发明充电柱　德国物理学家、化学家里特尔（Ritter，Johann Wilhelm 1776—1810）发明的充电柱是一种在金属制成的圆片之间，夹以对金属无化学作用的某种液体浸湿的圆形布料、法兰绒或纸片的容器。当其两端与一个伏打电池的电极连接后被充电，并能保持所充的电，可以代替伏打电池作电源使用。充电柱当时称为二次电池，是蓄电池的雏形。

特里维西克［英］取得高压蒸汽机专利，实验蒸汽机车　英国发明家、矿业工程师特里维西克采用内壁呈U型的筒式锅炉，并把汽筒置入锅炉内，使蒸汽压力从瓦特蒸汽机的0.8个大气压提高到35个大气压。他制成的首台实验蒸汽机车在默瑟尔和加尔第夫之间的铁路上行驶，时速9英里。1815年，他又制成蒸汽压力达7个大气压、热效率超过7%的蒸汽机车，功率超过100马力。虽然特里维西克面临着机车动力

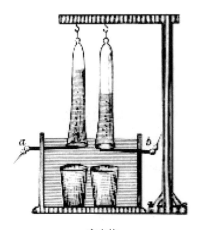

充电柱

不足，车轴、铁轨断裂，运输震动过大等一系列难题而得不到应有的支持，使其发明难以为继，但该发明为尔后史蒂芬森发明蒸汽机车奠定了基础。

赛明顿［英］建造蒸汽机明轮拖船　英国技师赛明顿建造了第一艘蒸汽机明轮拖船"夏洛特·邓达斯号"，船长17米，功率为10马力，在运河上试航时，以5.5千米的时速将两艘大型驳船拖行了32千米。1837年，赛明顿又制造出拖船"奥格登号"，首次采用螺旋桨，在泰晤士河上航行。

1803年

伊文思［美］制造蒸汽挖泥船　15世纪，荷兰人采用了搅动泥沙的疏浚方法，把犁系于航行的船尾，耙松河底泥沙，使其悬浮于水中，利用水流将泥沙带到深水处沉淀。16世纪，荷兰人又创造出一种"泥磨"。施工时，用人力或畜力转动平底木船上的大鼓轮，通过循环链条带动木刮板，将水底泥沙刮起，经溜泥槽卸入泥驳。17世纪初用铜制斗勺代替木刮板。1803年，美国工程师伊文思（Evans，Oliver 1755—1819）采用蒸汽机为动力，驱动挖泥铲斗链条传动，将挖进铲斗中的泥沙传到船舱中。

富尔顿［美］制造蒸汽船　美国工程师富尔顿（Fulton，Robert 1765—1815）建造38马力、时速达4海里的蒸汽轮船，并首次试航成功。1807年，他又建造了一条更大的蒸汽轮船，用蒸汽机驱动装在两边的明轮，取名为"克莱蒙特号"，并于同年8月17日在哈得逊河试航成功。该船长150英尺、宽13英尺，吃水量为2英尺，往返于纽约和奥尔巴尼城之间，时速为16海里。这标志着蒸汽动力船取代帆船的开始，是轮船发展史上的重要里程碑。1811年，美国制造的"奥尔良号"蒸汽船在俄亥俄河试航成功。

蒸汽船

1804年

沃尔夫［英］制成复式发动机　英国的沃尔夫（Wolff，Arthur 1766—1837）制成的这种发动机为二级膨胀式发动机，与瓦特的发动机相比，复式发动机结构较复杂，成本稍高，但大约可节约50%的燃料，由此使其在燃料费用很高的欧洲大陆得以迅速普及。二级膨胀发动机又称作"沃尔夫发动机"，1810年取得专利。

1805年

默里［英］制作"可搬动的蒸汽机"（萨伊多列维引擎） 当时的蒸汽机的横梁在上方，重心过高，英国技师默里（Murray，Matthew 1765—1826）制作萨伊多列维引擎，把横梁设在汽缸两侧。这种蒸汽机本来是应船舶或蒸汽机车低重心小型发动机需要而出现的，但后来在陆地上使用的发动机中也开始设计不受安装场所限制的蒸汽机。

康格里夫［英］发明并制造出新型火药火箭 英国贵族、发明家康格里夫（Congreve，Sir William，2nd Baronet 1772—1828）以英国士兵从印度带来的火箭资料为基础，经改进提高，采用新型火药制造出实用的火药火箭。该火箭质量为14.5千克，长为1.06米，直径为0.1米，装一根4.6米长的平衡杆，射程达1 800米。这种火箭在英国击败拿破仑军队的战争中发挥了重要作用，但由于未能解决制导与控制问题，精度较差。

伊文思［美］改善高压蒸汽机 1804年，伊文思建成一台装有直径为6英寸的双作用式汽缸、8英寸冲程的直接作用垂直固定式蒸汽机。与特里维西克一样，伊文思也采用了带内部火焰板和烟道的圆柱形锅炉，并于1805年计划使用压强达每平方英寸120磅的蒸汽。

1806年

戴维［英］提出用绿色植物生产沼气的报告 英国化学家戴维（Davy，Humphry 1778—1829）提出了用绿色植物生产沼气的报告。1890年，德国农场开始生产沼气，20世纪50年代后，各国对沼气的研究和生产迅速发展。

1807年

莫兹利［英］制作台式蒸汽机 英国发明家莫兹利（Maudslay，Henry 1771—1831）制作的这种蒸汽机是一种没有摇杆的蒸汽机，活塞和曲轴直接相连，并装有大型惰性轮，由于比带摇杆的蒸汽机所占的空间小，因此非常普及。

戴维［英］发明电解法　英国化学家戴维用250对锌片及铜片组成了一个电堆，把电堆的两极插在熔融了的氢氧化钠中，发现在阴极上得到了金属钠，随后又制得金属钾，从而发明了电解法。他的发明为电化学打下了牢固的实验基础，同时也为获得高纯度物质提供了新的方法。

1809年

戴维［英］发明碳弧灯　用电加热金属丝至白炽而发光的概念是英国化学家戴维于1802年提出来的。他用2 000个伏打电池构成电堆组，对彼此相距4英寸的两根碳棒通电，就产生出明亮的弧光。由于当时缺乏充足的电源，且点燃时有噪声，故未能广泛采用。直到1842年，才首次在法国街道、剧场、工厂等许多场合试用改进后的碳弧灯。碳弧灯是爱迪生（Edison，Thomas 1847—1931）发明白炽灯以前用于实际照明的最早的电光源。

1811年

布伦金索普［英］取得与齿轨啮合的带齿车轮蒸汽机车专利　早在1803年，特里维西克已经证明蒸汽机车的平滑车轮与平滑轨道间的摩擦能充分地保证列车的运动，但这一事实被人们遗忘。1811年，英国工程师布伦金索普（Blenkinsop，John 1783—1831）制作了带有特殊齿的轨道及能与其啮合的带齿车轮的机车，认为这样车轮就不会空转了。车轮虽然不会空转，但由此引起速度低（每小时6千米以内）、价格昂贵、噪声大以及易损坏等问题。虽然有一台在矿山上实际应用，但未能普及。

1812年

富尔顿［美］设计制造蒸汽动力明轮战舰　美国工程师富尔顿和美国海军签订合同，开始世界上第一艘蒸汽明轮战舰的设计制造。战舰1815年制成，被命名为"锹莫路号"，后改为"富尔顿号"。该舰船型为双体，单个明轮布置在双体的中部，明轮尺寸为4.8米×4.26米，排水量为2 475吨，航速可达5节。

1813年

哈德利［英］制造出火车机车　英国工程师哈德利（Hadley，William 1779—1843）证明路轨与车轮间的摩擦足可以保证机车运动，并制造出"普芬·比利号"（Puffing Billy）火车机车，并于1813年首次运行，现保存于英国伦敦科学博物馆。该机车的成功激励哈德利及其合作者又制造了第二台"怀勒姆·迪利号"（Wylam Dilly）机车，现保存于苏格兰爱丁堡国家博物馆。同一年，哈德利的车轮耦合利用系统取得专利。

1814年

史蒂芬森［英］制成第一台可以实际运行的蒸汽机车　1812年，英国铁路技师斯蒂芬森在博览会上参观特里维西克的蒸汽机车后，受到很大启发。1814年，他对所制造的"布留赫尔号"蒸汽机车进行了改进，首次用凸边轮作为火车的车轮，以减少车轮和路轨的摩擦力。采用蒸汽鼓风法，将废气导引向上

蒸汽机车

喷出烟囱，带动后面的空气，从而加强通风。该机车在达林顿的矿区铁路上牵引8节共30吨的货车进行试运行，时速约4英里。这次试验虽然取得了一定效果，但该车运行时，浓烟滚滚，火星四溅，噪音和震动过大，对铁轨的破坏厉害，蒸汽机车本身也存在着爆炸的危险。

1815年

戴维［英］发明防风安全灯（戴维灯）　英国化学家戴维在火焰的周围置一金属丝网，空气可以通过金属网供给火焰，灯焰的热则通过金属网被散逸，而灯外的爆炸性气体不会被点燃。戴维灯用作矿灯，矿工们首次获得安全保障，不必顾虑发生爆炸事故。

克莱格［英］发明湿式燃气流量计　1808年，英国土木工程师克莱格

（Clegg, Samuel 1781—1861）发明了用石灰水对灯用煤气进行化学洗涤的方法，设计开办新的煤气工厂。1815年，销售燃气时为了以体积计费取代计时收费，克莱格设计出第一台湿式燃气流量计。第二年，克莱格又发明带转鼓的湿式燃气流量计。在煤气照明中，克莱格的地位可以与电灯照明中爱迪生的地位相媲美。

美国建成第一艘蒸汽动力军舰　这艘名为"德莫洛戈斯号"的船舰装有20门大炮，是帆船舰向蒸汽舰过渡的典型，最初采用明轮推进，1836年后采用螺旋桨推进。俄国第一艘螺旋桨巡航舰则于1848年下水。

1816年

斯特林［英］提出"斯特林热气机循环"　英国物理学家、热力学研究专家斯特林（Stirling, Robert 1790—1878）提出"斯特林循环"，亦称"斯特林热气机循环"，并获得专利。这种循环是封闭式的，采用定容下吸热的气体循环方式，循环过程是：① 等容吸热加热；② 由外热源等温加热；③ 等容放热，供吸热用；④ 向冷体等温放热，完成一个循环。在理想吸热的条件下，这种循环的热效率等于温度上下限相同的"卡诺循环"。利用该循环的"斯特林热气机"具有很多特点，如采用外燃，或外热源供热等。由于这种循环是封闭式循环，可采用传热性能好的工质，同时，工质的腐蚀性也可以很小，如氮气、氢气等气体。充入的气体工质还可以加大压力，视封闭系统的情况，能够采用远远大于大气压力的高压气体工作，这样可以提高发动机单位重量的功率，减小发动机的体积和重量。斯特林热机在逆向运转时可以作为制冷机或热泵机，这种设想在现代已进入了实用阶段。1818年，斯特林制成第一个实用"斯特林循环热气机"，用于从采石场抽水。

1819年

罗杰斯［美］建造蒸汽机帆船　美国船舶工程师罗杰斯（Rogers, Moses）设计监制了"萨凡纳号"蒸汽机帆船，从美国输送棉花到英国的利物浦，首开27天横渡大西洋的纪录（其中用蒸汽机航行了80小时）。

1820年

塞歇尔［英］提出以氢煤气为燃料的内燃机报告　这种内燃机的工作原理是利用爆发后的真空构成动力。塞歇尔（Cecil，Reverend）曾在实验室里试运转成功，获得每分钟60转的转速。1833年出现了"爆燃"发动机，它是直接利用燃气压力推动活塞动作，从此结束了真空机的历史。在内燃机的技术发展演变过程中，从燃料的化学能转化为机械功的方式上追踪，可分为真空机、爆发机、压缩机、二冲程（四冲程）点燃机、二冲程（四冲程）压燃机等阶段。

施韦格尔［德］发明电流计　德国科学家施韦格尔（Schwigger，Johann Salomo 1779—1857）用导线环绕磁铁许多圈，使旋转磁针的电流效应增加许多倍，创制成电流计，当时称为"电流倍增器"。

英国建成独轨铁路　该铁路建在伦敦北部，是世界上最早的一条用于运输货物的铁路。独轨铁路的主要结构是轨道梁，由钢或钢筋混凝土制成，独轨铁路车辆一般由铝合金制成，用电动机驱动。独轨铁路按车辆的行车状态分为悬吊式独轨铁路和跨座式独轨铁路。独轨铁路造价低廉，工期较短，技术简单，行车速度高，不受地面交通干扰，运行平稳安全，因此，日本、德国、美国等国家都非常重视独轨铁路的研究并取得成效。

1821年

法拉第［英］研制出将电力和磁力转换成连续机械转动的模型　丹麦物理学家奥斯特（Oersted，Hans Christian 1777—1851）揭示电和磁的关系后，人们都试图用固定的强磁铁使载流导线绕轴旋转。法拉第（Faraday，Michael 1791—1867）受此启发，成功地设计出使磁铁围绕导线和使导线围绕磁铁转动的装置。他在《电学实验研究》中写道：在一个长约6英寸、宽约3英寸的水平台上，装有6英寸高的铜支架，其中安装有导线轨道，左端的导线固定，右端则装有可自由移动的导体。在固定导线一方，有一个装有水银的玻璃杯，杯中装有可自由移动的磁极，杯底铜柱连接电源；在自由移动导体的一方则有一个稍浅的水银杯，中间固定一块磁极，杯底有导线与水银连通。通过10组极板的伽伐尼电池，便能使左端可自由移动的磁极和右端可自由移动的导体获得足够的力量，产生快速旋转。这是一种带电导体围绕直立磁铁旋转的实验装置，是用化学电源驱动的近代电动机的雏形。

1823年

杜比宁三兄弟［俄］炼制石油　杜比宁三兄弟（Dubinin brothers）在莫兹多克建立了俄国的第一座釜式蒸馏工厂以炼制石油，主要是从石油中炼得照明用油。这一工厂的建立，促进了俄国采油、炼油技术的发展。

斯特金［英］发明电磁铁　英格兰工程师斯特金（Sturgeon，William 1783—1848）在进行安培发明的螺线管通电试验时，将一个通电18匝的线圈与单匝线圈接触，发现产生很大的像磁铁一样的磁力，进而发现其磁力大小与通电电流大小、匝数多少成正比。斯特金通过把带电流的导线缠绕在铁棒上制成了电磁铁，这是世界上最早的电磁铁。用单个电解电池给铜线通以电流时，这块仅7盎司（约200克）的铁棒吸持了9磅（约4千克）的铁块，电流一断开，铁块即刻跌落。美国的亨利于1829年对该技术进行了改进。这项发明对电动机和电报的发展极其重要。

1824年

伊博森［英］取得制取水煤气专利　伊博森（Ibbetson，John Holt 1771—1844）取得的这项专利在1830年由多诺万工业推广应用。

卡诺［法］所著《关于火动力和适于发展这种动力的机器之思考》出版　法国军官萨迪·卡诺（Carnot，Sadi 1796—1832）出版开拓性的热力学研究著作《关于火动力和适于发展这种动力的机器之思考》，其中解释了蒸汽机动力来源于锅炉与冷凝器之间的温度差，提出了著名的"卡诺循环"，以描述热和机械运动的相互转换（热力学第二定律的基础）。

1825年

史蒂芬森［英］设计世界上第一条铁路并将蒸汽机车推向实用　1821年，英国筹建从斯托克顿到达林顿供马车拉煤的铁轨路，英国铁路技师史蒂芬森建议改为蒸汽机车铁路并获准，后由他设计、勘测，施工中在铁轨枕木下加铺碎石块，以增大路基强度，经过4年努力完成铁路的建设。这是世界上第一条正式铁路。与此同时，史蒂芬森对所设计的"动力1号"机车进行了改进，将锅炉安装在车头以减小万一发生爆炸时造成的危害，在车厢下安装减震弹簧等。1825年9月27日，史蒂芬森亲自驾驶"动力1号"机车，牵引20节客车车厢（载450人）和6节煤车，总载重90吨，以每小时24千米的速度从达林顿顺利开往斯托克顿。这标志着铁路运输事业从此开始。

1826年

泰勒－马蒂诺公司制造最早的卧式蒸汽机　英国伦敦的泰勒－马蒂诺公司（Taylor & Martineau）制造了最早的一种卧式蒸汽机，在1826年出版的一幅版画中描绘了这台蒸汽机。蒸汽机汽缸水平地安装在两个铸铁侧架之间，这两个侧架还支承着曲轴轴承以及为十字头上的滚轴而设置的导槽，水平的活塞阀和凝汽器均位于汽缸下方。

1827年

富尔内隆［法］制成反冲式水力涡轮机　法国工程师富尔内隆（Fourneyron，Benoit 1802—1867）制成的涡轮机，可以在落差5米的情况下运转，它利用水的流速变化而将水流量转化为动力源，功率达200马力以上，后来在世界各地得到推广应用。富尔内隆的老师给这种利用水流动能和压力能的新式水车命名为涡轮机，以区别于已普遍应用的水车。

彭赛列［法］发表论文《论曲面轮叶式水轮机》　法国力学家、工程师彭赛列（Poncelet，Jean Victor 1789—1867）在该文中描述了他对具有曲面轮叶的新型下击式水轮机所做的实验。他发现曲面轮叶能够不受冲击地接受水流，并且以很低的速度把水排出去，使水轮机的效率从原来的25%提高到60%以上。他还于1838年建立了一个精确的水轮机理论。

格尼［英］制造出世界第一辆正式运营的蒸汽四轮汽车　英国公爵格尼（Gurney，Goldsworthy 1793—1875）制造的蒸汽四轮汽车采用新型高压蒸汽机，可乘坐18人，平均时速19千米。此后，利用蒸汽机驱动的汽车开始在实际中得以应用。

1828年

诺比利［意］研制出无定向电流计　意大利的诺比利（Nobili，Leopoldo 1784—1835）对德国物理学家施韦格尔于1820年发明的电流计（当时称倍增器）进行了改进，采用无定向磁针系统以减弱地磁阻尼效应，这种无定向电流计的灵敏度极高。

1829年

贝克勒尔［法］发明能产生较稳定电流的电池　法国物理学家贝克勒尔（Becquerel，Antoine César 1788—1878）发明的这种电池的结构是用两块金箔把一个玻璃电槽分成三部分，中间部分装盐，两旁盛溶液，分别浸入铜板和锌板。用这种电池观察切线电流计的偏转，在半小时内从84度降到68度，这表明这种电池可以产生较为稳定的电流。

史蒂芬森父子［英］设计制造"火箭号"蒸汽机车　英国机械师史蒂芬森父子（Stephenson，George 1781—1848；Stephenson，Robert 1803—1859）设计制造的"火箭号"蒸汽机车，采用卧式多烟管锅炉，蒸汽压力达0.345兆帕，自重4吨，是第一辆使用现代形式管式锅炉的机车。在1829年的比赛中，"火箭号"以每小时近23千米的速度行驶了约96千米，最高速度达到每小时46千米，创造了当时车辆地面行驶的最好成绩。1830年，史蒂芬森又完成了从利物浦到曼彻斯特全长64千米铁路的修建，并亲自驾驶"火箭号"蒸汽机车以平均每小时29千米的速度顺利完成无故障运行，其最高时速达到54千米。"铁路时代"由此到来。

1831年

法拉第［英］、内格罗［意］分别制成发电机模型　1831年，英国物理学家、化学家法拉第将圆铜盘置于永久磁铁两极之间，在圆铜盘边缘装上摩擦接片，当圆盘旋转时，切割磁力线感生出电流，这是发电机的雏形。同年，意大利教授内格罗（Negro，Signor Salvatore Dal 1768—1839）用4块小磁铁，插进和拉出4个线圈而产生电流，这是往复式发电机的雏形。

亨利［美］用电磁铁制成电铃　美国电学家亨利（Henry，Jeseph 1799—1878）用电磁铁制成电铃，他将该电铃通过16千米的距离传递信号，制成了最早的电磁音响式电报机。

杰维斯［美］发明机车转向架　美国工程师杰维斯（Jervis，John 1795—1885）首次在机车前部试装引导转向架，使机车能够在弯道上安全行驶。

亨利［美］改进电磁铁　美国电学家亨利用蚕丝包裹导线使之与铁芯绝缘，并在铁芯上绕多层导线。他用这种方式为美国新泽西学院制作了一个马蹄形电磁铁，通过一个小的蓄电瓶给电磁铁励磁，成功地吸持了750磅（约340千克）重物。

亨利［美］发现自感现象　美国电学家亨利在实验中发现，当长导体或螺线管的一端从电池上断开时，断开处产生火花。1832年，他以"螺旋状导线内的电自感"为题在《美国科学》上发表论文，文中指出：一个线圈的电流不仅能在另一个线圈里感生出电流，而且也能在自身中感生出电流。从而最早地提出了变压器的设计思想。

美国铁路客车使用二轴转向架　这种转向架是由机车车辆走行部的零部件装置组装而成的独立部件，起支承车体、转向和制动的作用，并保证机车车辆在轨道上安全平稳地运行。

1832年

皮克希［法］发明永磁手摇式交流发电机　法国仪表制造商皮克希（Pixii，Hippolyte 1808—1835）将绕有线圈的铁芯（电枢）固定在支架上，用手轮转动马蹄形磁铁，朝着线圈水平轴旋转，磁铁相对于线圈旋转，线圈中产生感生电流，由此发明了永磁手摇式交流发电机。

富尔内隆［法］制成实用外流型水轮机　法国机师富尔内隆制造的这种外流型水轮机曾获得专利，经过改进后于1855年又制成800马力的外向流动型扩散

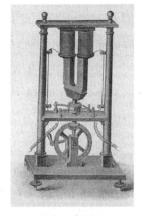

皮克希发明的发电机

式水轮机，再次获得专利。

1833年

赖特［英］设计爆燃式内燃机　英国物理学家赖特（Wright, Lemuel Wellman）提出爆燃式内燃机设计方案，即通过煤气和空气混合使其爆燃，直接利用燃烧气体的压力推动活塞做功。

楞次［俄］提出电机的可逆性思想，发现电枢反应现象　俄国物理学家楞次（Lenz, Heinrich Friedrich Emil 1804—1865）认为，电动机和发电机是一种机器的两种运行方式，两者是可逆的。他还发现了电枢反应现象，并建议采用电机的电刷位移法以减少电枢反应。

皮克希［法］发明直流永磁式手摇发电机　法国仪表制造商皮克希采用法国化学家安培的建议，在1832年发明的永磁手摇式交流发电机上加装一种简单的换向器。它由两片相互隔开的、与发电机相连的筒瓦状金属板构成，用弹簧片（后来改为石墨刷）与其接触，再通过导线向外引出电流。当线圈中的电流方向改变时，换向器的金属板也正好转过半圈而改换了电流方向，这样输出的电流就成为方向不变的直流电，但这种直流电是脉动的。

法拉第［英］发现半导体具有负电阻系数　英国物理学家法拉第发现硫化银的电导率随温度而变化，具有负电阻系数，他把这一性质作为区别导体和半导体的主要根据。

萨克斯顿［美］发明电枢式发电机　1833—1835年，美国发明家萨克斯顿（Saxton, Joseph 1799—1873）对皮克希发明的发电机进行了改进，发明了旋转电枢式发电机。这类装置中，旋转线圈在固定磁铁的磁场中切割磁力线，使线圈中产生出感应交流电。不过，萨克斯顿和皮克希发明的发电机都是手摇式发电机，主要用于医疗、示范和科学研究中，并没有太大的实用价值。

1834年

雅可比［俄］制成电动机　德裔俄国物理学家雅可比（Jacobi, Moritz 1801—1874）在亨利制成电磁铁的启发下，于1834年制成15瓦的电动机。由于这类电动机使用当时价格昂贵的化学电池供电而未能实用化。这些电机都是使用永磁铁，效率很低，一台输出功率几千瓦的发电机竟有2吨重。

克拉克［英］发明具有整流子的手动磁电式发电机　英国电气技师克拉克（Clarke，Edward 1804—1846）发明的这种发电机，结构不同于皮克希的发电机，其线圈是在平行于磁场侧面的一个平面中旋转。这种发电机是为实验室提供方便电源而制造的，其电压高于化学电池产生的电压。克拉克对不同型号的线圈进行实验，能按照用户的要求来改变发电机的输出电压。

达文波特［美］发明回转式电动机　美国发明家达文波特（Davenport，Thomas 1802—1851）发明的这种电动机，由一个装有两根电磁铁辐条的轮子夹在两块固定的磁铁之间构成，轮子上的电磁铁连接至换向开关，接通电源后轮子即快速旋转。1835年，达文波特利用这台电动机驱动圆形轨道上的小车行进。

1835年

法国用干馏法制取页岩油　法国建成世界上第一座页岩油厂，生产方法是将油页岩破碎筛分，在油页岩干馏炉中进行低温（约500 ℃）干馏，制取类似天然石油的页岩油，再进一步制取煤油、石蜡等。以页岩油为主要产品的油页岩工业是燃料化工中起步较早的技术门类。

斯特拉廷（Stratingh，Sibrandus 1785—1841）［荷］、贝克尔（Becker，Christopher）［荷］试制以电池供电的双轴小型铁路车辆

1836年

坎贝尔［美］设计4轮转向架4轮驱动的机车　美国工程师坎贝尔（Campbell，Henry R 1781—1844）设计了一台4轮转向架4轮驱动的机车后，与他同时代的哈里森在这辆机车上加装了车辆均衡装置，不久这辆机车就成为美国的标准机车，命名为"美国式"机车，它是早期最常用的机车，具有很好的弯道行进功能。

史密斯［英］、埃里克森［美］发明船用螺旋桨　英国发明家史密斯（Smith，Francis Pettit 1808—1874）和美国发明家埃里克森（Ericsson，John

1803—1889）共同发明了螺旋桨推进器，他们分别制成用螺旋桨推进的蒸汽船。19世纪中叶后，螺旋桨船开始逐渐为人们所认识，并用于新船的设计中。

斯特金［英］发明移动线圈电流计

1837年

英国建造蒸汽船"格雷特·威斯坦号"　该船重1 350吨，功率750马力，用16天横渡大西洋，这是最早的横渡大西洋的蒸汽与风帆混合动力船。1854年，英国又制造了一艘排水量达24 000吨的"古雷特·伊斯坦号"巨轮。

1838年

雅可比［俄］研制出实用回转式直流电动机　雅可比对其电动机进行了革新，在电动机上加了24个固定的U型电动磁铁和12个绕轴转动的电磁铁，试制成功双重式电动机，这是世界上第一台实用的回转式直流电动机，大大提高了电动机的功率。1839年，雅可比将这种电动机用作船舶动力，安装在可乘坐14人的小船上，驱动小船行驶在圣彼得堡的涅瓦河上。雅可比还发明了电铸术。

佩奇［美］发明感生线圈　感生线圈的原线圈是粗铜线，次级线圈是细铜线，利用自动锤的振动使水银接通电路或断开。美国物理学家佩奇（Page，Charles Crofton 1812—1858）发明的感生线圈在次级线圈上感生出电动势，通过一个真空玻璃管能产生长达4.5英寸的电火花，这实际是一种"开放磁路"的原始变压器。佩奇这一发明当时不为人知，在科技史上多提到1851年侨居巴黎的德国仪器制造商鲁姆科夫（Ruhmkorff，Henrich Daniel 1803—1877）研制的线圈。

"天狼星号"蒸汽船横渡大西洋　"天狼星号"是第一艘全程用蒸汽机横渡大西洋的桨轮船，该船由英美汽轮公司租用，船重703吨，载客40人，于1838年从伦敦经科克驶往纽约，在快到达终点时燃料耗尽，船长拒绝升帆，以帆桁代替燃料，终于以蒸汽机为动力驶完全程。该船还最先采用了通过冷凝器回收锅炉用淡水的新技术。

英国制造世界上第一艘螺旋桨蒸汽船　该船被称为"阿基米德号"，长38米，主机功率80马力，载重237吨，是第一艘螺旋桨蒸汽船。这艘螺旋桨蒸汽船又激励英国海军委托制造了"响尾蛇号"军舰，成为第一艘用螺旋桨装备的海军舰艇。

1839年

格罗夫［英］发明燃料电池　英国科学家格罗夫（Grove，William Robert 1811—1896）发明的这种电池是用硫酸作电解液，利用铂催化电极使氢和氧化合而直接转变成电能的电池，其主要缺陷是只要耗用电流稍大，电压就显著下降。

哈尔［美］制得电石　美国化学家哈尔（Hare，Robert 1781—1858）将氰化汞和石灰混合，用电弧加热，得到一种物质，当加入水时会产生一种气体，他用这种方法制得了最早的电石（碳化钙）和乙炔。

贝克勒尔［法］发明光电池　法国物理学家贝克勒尔发现了光伏效应，发明并制造了第一个光电池。该电池为一个圆柱体，内装硝酸铅溶液，溶液中插入一个铅阳极和一个氧化铜阴极。这种电池一经阳光照射，就会供给电流。

1840年

中国用顿钻法凿成1 200米深天然气井　中国四川省自贡市富顺县和荣县境内的天然气田是中国最早的天然气田，用顿钻法凿成1 200米深的天然气井，日产气量15万立方米，成为当时世界上深度最深、产量最大的天然气井。

凯兰［爱尔兰］发明感应线圈　爱丁堡大学教授凯兰（Callan，Father Nicholas Joseph 1799—1864）所制作的线圈，能在空气中产生40厘米长的电火花。感应线圈在阴极射线和X射线的发明中起了重要作用。现在主要用于内燃机的高压点火。

弗朗西斯［美］设计质量优良的水轮机　美国工程师弗朗西斯（Francis，James Bicheno 1815—1892）设计的水轮机利用霍德的内流式水轮机的专利，水通过许多导叶，导叶平滑地使水发生偏转，将其导入固定在轴上转轮的曲面轮叶之间所形成的通道之中。水在转轮上做功后，便在离中心更近的地方离开转轮。

1842年

本生［德］发明本生电池　早期的伏打电池为单种溶液电池，极板很容易产生极化，使电池在投入使用后的短时间内引起电压的显著降低。德国化学家本生（Bunsen，Robert 1811—1899）发明的电池也是单种溶液电池，以碳棒代替了昂贵的金属材料，采用碳、锌极板和铬酸。

戴维森［英］制造电力机车　苏格兰人戴维森（Davidson，Robert 1804—1894）制造出用40组电池供电、重5吨的标准轨距电力机车。这种自带化学电源的机车，由于供电时间有限加之自重过大而未能实用。

潘世荣［中］自制火轮船　广东绅士潘世荣雇用工匠，自制一只小火轮船（蒸汽船）。这是中国自制的第一艘火轮船。

1843年

容瓦尔［法］发明轴流式水轮机　法国工程师容瓦尔（Jonval，Feu）发明的轴流式水轮机将转轮分成若干个不同的隔舱，因而能够单独地调整供水量。这样就能在不同的水头条件下，保持恒定不变的速度，提高水轮机的效率，特别适用于拥有大量低水头或中水头水流的欧洲。1850年被引入美国。

容瓦尔发明的轴流式水轮机

丁拱辰［中］制成小蒸汽机车和小轮船　清朝机械工程专家丁拱辰（1800—1875）在广东著《演炮图说》，制成象限仪一具。1843年，丁拱辰将《演炮图说》修订为《演炮图说辑要》，是中国第一部有关蒸汽机和火车、轮船的著作，它记载了丁拱辰制成的小蒸汽机车和小轮船。小蒸汽机车长1尺9寸，宽6寸，载重30余斤，配置铜质直立双缸往复式蒸汽机；小火轮船船长4尺2寸，明轮，在内河行驶较快，但不能远行。1851年，丁拱辰又写成《演炮图说后编》。

焦耳［英］进行电流热效应的试验　英国酿酒业者、物理学家焦耳（Joule，James Prescott 1818—1889）把一盛水容器放入磁场中，使一个线圈在水中旋转，测知运动线圈感生电流产生的热和线圈运动所消耗的能量都与电流的平方成正比，这说明电流产生的热和产生的机械动力之间存在恒定的比例。

斯特莱尔［德］制造组合蹄形磁铁磁电式发电机　斯特莱尔（Stoehrer）采用3个组合在一起的蹄形磁铁，起到一个6极电枢的多路系统效用，由此提高了发电机效率。

1844年

勒贝里耶［法］设计蒸汽动力飞艇　法国飞艇爱好者勒贝里耶（Le Berrier）设计出以蒸汽为动力的飞艇，于1844年6月9日在巴黎上空试飞成功。

1846年

福韦勒［法］采用空心钻管钻井　1846年7月，福韦勒（Fauvelle，Pierre-Pascal 1797—1867）在佩皮尼昂采用空心钻管钻掘了一口550英尺深的井，这种钻井法能把水通过钻管向下压到钻头，当水沿着管子上升时，便夹带着钻下来的东西，将它们从孔中排出来。后来石油工业中普遍采用了这种排水钻井法，用这种钻井法获得了每小时3英尺的平均钻井速度。

鲁宾孙［英］发明转杯式风速计　鲁宾孙（Robinson，John Thomas Romney 1792—1882）发明的转杯式风速计开始由4个杯组成，后改为3个抛物形或半球形的空杯，按同一朝向，互成120度固定于支架，装在一个可自由转动的轴上，在风力作用下，风杯绕轴旋转，其转速与风速成正比。

1848年

斯特林费洛［英］制作以蒸汽机为动力的三翼模型飞机　1842年，英国人亨森（Henson，William Samuel 1812—1888）设计并制造了名为"飞行蒸汽车"的模型飞机，其实质上是用蒸汽机驱动两个螺旋桨的单翼机，翼展150英尺。该机有保持稳定的可操作尾部和离地、着陆的三轮装置，但试飞未能成功。斯特林费洛（Stringfellow，John 1799—1883）制造的三翼式模型飞机，以蒸汽机为动力，用木头和帆布做成弧形机翼和独立的机尾，曾进行过短时间的飞行，有关记载虽不算充分，但可认为是安有动力装置的固定翼飞机的最早飞行。从地面起飞成功

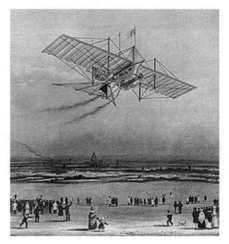

蒸汽机为动力的飞机

进行动力飞行的最早模型飞机是1857年法国的拉克鲁瓦兄弟（la Croix，Félix du Temple de 1823—1890；la Croix，Louis du Temple de）制作的小型牵引式动力单翼机。

1849年

弗朗西斯［美］发明混流式水轮机　美国水力工程师弗朗西斯（Francis，James Bicheno 1815—1892）发明混流式水轮机，其外侧安装固定叶片，内侧安装旋转叶片，水从叶轮的外圈向内流动，与法国水轮机发明家富尔内隆发明的外流型水轮机水流方向相反。混流式水轮机结构简单，效率较高，适应的水头范围较宽，可广泛应用于水电站带动发电机发电。

1850年

英国敷设海底电缆　海底电缆的历史始于1845年，当时英国电话工程师布雷特创办通用海洋公司，为建立英法两国之间的电报业务，在得到法国政府的特许后，于1850年在英吉利海峡敷设世界上第一条海底电缆，但因没有铠装保护而于第二天就被外力损坏。1851年改用铠装电缆获得成功。该条电缆使用了近20年。

斯旺［英］发明碳丝电灯泡　英国物理学家和化学家斯旺（Swan，Joseph

1828—1914）比爱迪生早20年制成碳丝灯，可是由于当时未能获得使碳丝保持长时间工作的真空度，灯泡寿命极短。1875年开始，他将经硫酸处理过的棉纤维装进真空玻璃内制成碳丝灯，并于1878年在英国的纽斯卡尔化学学会会议上展出。

沃辛顿［美］发明活塞泵　1689年，法国巴本发明了具有四叶片叶轮的蜗壳式离心泵。1754年，瑞士数学家欧拉提出了叶轮式水力机械的基本方程式，由此奠定了离心泵设计的理论基础。1818年，在美国出现了具有经向直叶片、半开式双吸叶轮和蜗壳的"马萨诸塞"离心泵；1840—1850年，美国的沃辛顿（Worthington，Henry Rossiter 1817—1880）发明了由蒸汽直接作用的活塞泵，标志着现代活塞泵的形成；1851—1875年，又出现了带有导叶的多级离心泵。

雅可比［俄］发现发电机和电动机的互换原理　经过长期观察和研究，雅可比发现了发电机和电动机能够互换的原理，即将机械能转化为电能的直流发电机可以当作电动机来使用，将电能转化为机械能的电动机也可以当作直流发电机来使用。

1851年

鲁姆科夫［德］发明产生高压放电的感应线圈　德国电工技师鲁姆科夫发明的这种线圈，能放出长达2英寸的电火花，又称"鲁姆科夫线圈"。

辛斯特登［德］提出发电机励磁方案　德国电工学家辛斯特登（Sinsteden，Wilhelm Josef 1803—1891）提出用通电线圈（电磁铁）代替电机的永磁铁，这是发电机励磁方式的重大变革。

格温［英］、阿波尔德［英］发明离心泵　与当时已有的往复泵相比，英国工程师格温（Gwynne，James Stuart）、阿波尔德（Appold，John George 1800—1865）发明的离心泵不使用活动阀门，因而能提供稳定的输出流量。在离心泵中没有反向运动，但必须具有很高的旋转速度。离心泵的优点是它的效率比较高，但水排入叶轮孔后须进入小室再排出，这样就把部分能量变为冲击热以及涡流形成的热而浪费掉。该离心泵曾在万国博览会展出。

1852年

汤姆生［英］设计涡流水轮机　英国物理学家汤姆生（Thomson, William 1824—1907）设计涡流水轮机，转轮和导叶封闭在一个很大的螺形外壳之内。水从螺形外壳最宽阔部分进入，以大致均匀的速度沿着机壳流动，导叶把水导入转轮之内，导叶的形状能够使水沿着形成螺旋形涡流的流动线路流动。汤姆生后来又对这种水轮机进行了长期改革，增加导叶数目，并将导叶由固定式变为活动式，为水轮机的发展作出了贡献。

1853年

格斯纳［加］从沥青中蒸馏出煤油　加拿大医生格斯纳（Gesner, Abraham Pineo 1797—1864）从沥青中蒸馏出易燃的油状液体，并根据希腊文单词"keros"（意为"蜡"）给它命名。1847—1850年，苏格兰化学家詹姆斯·杨加热油泥板岩（油页岩）得到相同的液体，他称之为石蜡油。两种油后来被称为矿物油。此前，煤油只能昂贵地从油页岩和煤焦油中获得。1859年美国发现大量的地下石油储藏，用这种石油可以生产大量的廉价煤油，同时还可提取烷烃石蜡，用石蜡制作的蜡烛比用动植物油制作的更好。起初煤油仅被用来替代鲸油，作为照明用的燃料油，20世纪后煤油主要被用作航空燃料油。

汤姆生［英］进行喷射泵的实验　喷射流体时，流体会带动其周围的液体在喷嘴后面产生低压，这样在吸水管内就会产生足以使水从集水池内上升的力，这就是喷射原理。汤姆生把这一原理用于实际工程上，对喷射泵进行了多次实验，于1853年向皇家学会做了报告。

1854年

西利曼［美］建立原油分馏装置　美国化学家西利曼（Silliman, Benjamin 1779—1864）采用釜式间歇蒸馏方法分馏出原油中的煤油，供照明用。他的工作为石油炼制工业提供了初步经验。1860年，美国的毕赛尔（Bissell, George 1821—1884）等人建造了美国第一座炼油厂，利用宾夕法尼亚州油井的石油炼制各种石油产品。

奥蒂斯［美］发明升降机（电梯）　美国实业家奥蒂斯（Otis，Elisha Graves 1811—1861）研制出用钢丝绳提升的升降机，并进行安全示范表演。他斩断正在运行的提绳，安全钳可靠地钳住导轨，轿厢仍保持在井道空间。1854年，奥蒂斯在伦敦水晶宫博览会上公开演示了他发明的升降机。这种升降机是他在绞车基础上改制的。他在绞车上安装弹簧，在井道两侧的导轨上装设棘齿杆，并创造了一个制动器。3年后，纽约的哈瓦特公司安装了世界上最早的乘客升降机，载重量达450千克，每分钟升（降）12米。1867年奥蒂斯兄弟公司成立，11年后，奥蒂斯兄弟公司设计出了水压动力升降机（每分钟可行204米）和在高速运行紧急时刻缓慢停车的安全限速装置。1879年，在美国纽约波利尔大楼上同时安装了4台升降机。1889年出现使用电动机驱动的电梯，1915年出现自动控制电梯。

1855年

霍姆斯［英］创制商用发电机　英国人霍姆斯（Holmes，Frederick H.）制成使用36个蹄形磁铁的发电机，成为世界上第一台商用直流发电机。该机重约2吨，5英尺见方，由蒸汽机带动，转速为每分钟600转，功率不到1.5千瓦，1862年被邓吉尼斯灯具厂购用。随后出现多台同类型发电机，直到1900年仍为灯塔提供照明用电。

本生［德］发明本生灯　德国化学家本生发明的这种灯是一种可调节空气进气量的可燃气体燃烧装置。它有底座和金属管，底座上开有进气口，金属管下端开孔，利用套管调节开口大小以控制进入的空气量。利用煤气的压力将空气和煤气的混合物送至金属管的顶端点火燃烧。其火焰温度最高可达1 500 ℃。这种灯为实验室的主要加热工具，也是煤气取暖炉和工业煤气炉的先驱，俗称"本生灯"。

汤姆生［英］制作象限电流计　汤姆生长期从事热力学研究，并对电学和磁学作出了贡献，他发明了镜式电流计（检流计）、象限电流计等，并建立了热力学温标（开氏温标）。

1856年

卡隆［法］、吉拉尔［法］设计冲击式水轮机　法国人卡隆（Callon）、吉拉尔（Girard, Louis Dominique 1815—1871）设计的这种水轮机是使水从喷嘴中喷出，凭借水流动的动能使叶轮旋转，带动发电机发电。其设计目的是满足不同情况（高落差、低落差、大水流和小水流）的需要。吉拉尔的一项重要发明，就是对水轮机戽斗进行通风，以确保戽斗保持大气压力，从而防止充满水及反作用运转。为达到效果，在水轮的侧面钻上孔与每个戽斗相通，以使空气进入其中。为了充分利用水头，在大气压下运转的冲击式水轮机应当尽可能地接近尾水渠，但要避免洪水把水轮机淹没。为既要利用水头，又要防止水轮机被淹，吉拉尔把整个水轮机封闭在一个不漏气的机壳里，机壳的下端通到尾水以下，由水轮机驱动的空气泵保持足够压力，不管尾水渠水位如何，使机壳内的水总是位于转轮之下。

西门子［德］制成双T型电枢　德国电气工程师西门子（Siemens, Ernst Werner von 1816—1892）最先认识到将电枢线圈置于高强度磁场内的优越性，并用梭形电枢（也称H型或双T型电枢）实现了这一想法。他用电磁铁代替永久磁铁，利用电机自身产生的部分电流向电磁铁提供电能，即利用剩磁建立激磁电压，研制成自激式发电机。

盖斯勒［德］发明低压放电管（盖斯勒管）　德国物理学家和发明家盖斯勒（Geissler, Heinrich 1814—1879）利用水银槽的升降发明了水银真空泵，进而发明低压放电管。低压放电管是一根内径很小、长度很长的玻璃管，将它弯曲多次以缩短外形长度，管内充有低压气体，被密封玻璃管的两端各镶有金属电极。通电后，管内气体即发出辉光，其色彩随气体种类而异，常常用作装饰品。由于电极会溅射而且气体会被吸收，盖斯勒管的寿命很短，其主要用于频谱分析。盖斯勒管的发明为日后霓虹灯的发明奠定了基础。

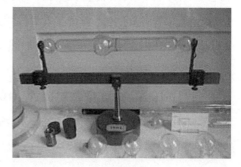

盖斯勒管

1857年

纽芬兰—爱尔兰间横跨大西洋海底电缆铺设工程开始动工　1857年，美国人费尔德（Field，Cyrus West 1819—1892）的大西洋电缆公司开始在纽芬兰至爱尔兰间敷设一条横跨大西洋的长距离海底电缆。经过数次失败后，终于在1866年取得成功。这种海底电缆只有一根导线，用马来胶作绝缘体，经海水构成回路，只能传送低速电报。该工程由英国物理学家汤姆生主持。

1858年

里基特［英］制造三轮蒸汽动力汽车　里基特（Rickett，Thomas）制造的这种三轮蒸汽汽车，有两个驱动用的后轮和一个操纵用的前轮，包括驾驶员在内的三个座位安在锅炉上，炉工站在车后台子上工作。在两个后轮中，一个后轮通过链条与蒸汽机相连，另一个后轮则在主轴上自由转动。当上陡坡或路面不好走时，驾驶员还能同时驱动双轮前进。该车自重约1.5吨，最高时速约19千米。1860年，他又设计了一辆重量更大、用齿轮代替链条驱动的蒸汽汽车。他最后设计的是一辆将曲柄与驱动车轴直接连接、与铁路机车相似的蒸汽汽车。

1859年

格勒内［法］发明长颈瓶电池　法国格勒内（Grenet，Eugene）发明的重铬酸钾长颈瓶电池采用碳、锌极板。这类电池能产生较稳定的电流，但电池的内阻受电解质浓度的影响，电压仍有波动。

普朗特［法］发明铅蓄电池　法国人普朗特（Planté，Raimond Louis Gaston 1834—1889）研制出第一个实用的铅酸蓄电池，它由两块卷成螺旋形的铅皮组成，铅皮中间用橡皮隔开，浸在浓度为10%的硫酸溶液中。接上电流后，使其中一块铅皮镀上一层PbO_2薄膜，另一块铅皮为粗糙的多孔表面。这种电池比当时其他电池的电动势高，但由于成形过程复杂，难以成批生产。1881年，法国的福尔（Faul）设法回避"成形"工序，将Pb_3O_4直接涂布在铅板上。同年，英国的斯旺发明蜂窝状的铅极板，其内可填充铅绒填料，使得蓄电池的容量大大增加。这些改进使铅蓄电池获得商业上的应用而得以迅速普及。

勒努瓦［法］研制成功实用二冲程煤气内燃机　比利时裔法国工程师勒努瓦（Lenoir，Étienne 1822—1900）设计成功靠煤气和空气的混合爆发来运行的内燃机，并于1860年获得专利。该内燃机结构与卧式双作用式蒸汽机相似，具有一个汽缸、一个活塞、一根连杆和一个飞轮。它与蒸汽机的不同之处

勒努瓦发明的内燃机

仅在于用燃气代替蒸汽。当活塞到达中间位置时，蓄电池和感应线圈便提供必要的高强度电火花，以点燃混合气体。当活塞返回时，废气被排除，在活塞另一边新充入的煤气和空气则被点燃，故该发动机是双作用式的。这种发动机沿用了蒸汽机上所用的滑阀，并且水冷。该内燃机输出功率为0.74~1.47千瓦，转速为每分钟100转，热效率仅为4%，燃料消耗大。但它转动平稳可长久使用，作为小型动力机被立即应用到各个领域。勒努瓦在发明二冲程煤气内燃机后的第二年便将它装上一辆运输车，这是世界上第一台用内燃机驱动的"不用马拉的车辆"，后又将其装在轮船上作为动力。1865年，法国和英国分别生产了400多台和100多台，德国生产了300~400台，小型的每台为0.5~3马力，大型的每台为6~20马力。勒努瓦还设计发明了制动器、发电机、调节发电机设备等，他以第一台实用内燃机的发明制作者闻名于世，开创了新的内燃机时代。勒努瓦制造的二冲程内燃机主要问题是效率低，原因是无压缩空气过程，后来德国人奥托解决了这一问题。

德莱克［美］主持钻井队在美国开凿出第一口油井　1859年8月27日，美国上校德莱克（Drake，Edwin Laurentine 1819—1880）在宾夕法尼亚州克里夫兰市的泰特斯维尔（Titusville）主持钻井队开凿了世界上第一口油井，拉开了人类开采石油的序幕。德莱克所用的钻井方法类似于中国传统的竹缆方法，此项技术很可能是从当时在美洲修筑铁路的中国劳工那里获得的。该

口油井井深21.69米，日产原油25桶。在泰特斯维尔，该油井的重要性在于它吸引了投资和更多的钻井建设。石油工业开始成为该地区的最主要产业，并带动周围几个城镇石油产业的繁荣。到1872年时整个地区可以日产原油15 900桶。

1860年

帕奇诺蒂［意］制成他激式发电机　与永磁型发电机不同，电动式发电机是用电磁铁取代永磁铁的发电机。德国的西门子、英国的怀尔德（Wilde，Henry 1833—1919）等都对此进行过大量的研究。意大利比萨大学教授帕奇诺蒂（Pacinotti，Antonio 1841—1912）利用自己发明的环状电枢，研制出包括环状电枢、多环片整流子和励磁装置的电动机，基本具备现代电动机的结构形式。这种电机既可以作为发电机，又可以作为电动机。

瓦利［英］发明感应起电机　英国电工学家瓦利（Varley，Samuel Alfred 1832—1921）发明的感应起电机由转动的电枢、电刷以及若干块感应板组成，用摇柄（后用水轮机或蒸汽机）转动电枢，通过静电感应不断地储蓄静电，由此形成高电压装置。

奥托［德］发明定容加热循环（奥托循环）活塞式内燃机　在内燃机理论循环中，根据加热方式的不同可分为定容加热、定压加热和混合加热三类循环。德国工程师奥托（Otto，Nicolaus August 1832—1891）发明的这种活塞式内燃机采用定容加热循环过程，将煤气和空

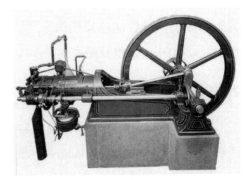

奥托内燃机

气的混合物送入气缸进行压缩，在压缩终了时点火，由于反应时间很短，加热时的位移极小，近于定容。这种循环还用于后来的汽油机，因被压缩的是燃料和空气的混合物，压缩比太高容易产生爆燃，故汽油机和煤气机的压缩比比定压加热循环的汽油机低，热效率也较低。

1862年

德罗沙斯［法］提出内燃机四冲程循环理论　法国工程师德罗沙斯（de Rochas，Alphonse Beau 1815—1893）提出内燃机四冲程原理，并获得专利。他提出了著名的等容燃烧四冲程循环：进气、压缩、燃烧膨胀、排气，从而使燃气发动机进入一个重要阶段，但他一直没有制造出样机。1876年，德国的奥托研制出四冲程煤气内燃机。

徐寿［中］、华蘅芳［中］试制蒸汽机　清末科学家、近代化学的启蒙者徐寿（1818—1884）和清末数学家华蘅芳（1833—1902）在安徽省安庆军械所任职时，试制成中国第一台蒸汽机。该机气缸直径为1.7英寸，转速为每分钟240转。

沃勒［德］发明制电石新法　德国化学家沃勒（Wöhler，Friedrich 1880—1882）在研究金属的低氧化物和过氧化物时，把锌钙合金与碳一起加热得到电石，用它与水作用即可产生乙炔。

米诺托［意］对丹尼尔电池进行改进　米诺托（Minotto，Jean）用一层砂子代替丹尼尔电池的陶土环，这样，容器就可用玻璃或其他绝缘材料制成。容器下方放一个薄铜板，用一根绝缘导线引出，铜板上交替添加硫酸铜粉末和砂子，最后加盖锌板作为另一极。欲使电池工作，只需向容器内加水，经过约1小时，电池便进入工作状态。

1863年

索斯渥克铸造机械公司制造波特–艾伦蒸汽机　美国费城的索斯渥克铸造机械公司（Southwark Foundry&Machine Company）制造了由波特设计的波特–艾伦（Porter-Allen）蒸汽机。它装有一个悬垂的汽缸，以每分钟350转的较高速运转，能产生约168马力的功率。

怀尔德［英］、瓦利［英］取得自激式发电机的英国专利　英国的怀尔德和瓦利发现了自激现象，先后制成自激式发电机，并获得专利。瓦利在《发电方法和设备改进》的专利书中明确指出："通过电磁铁线圈的电流就已经使磁铁的铁芯获得了少量的永久磁力。"

1864年

马库斯［奥］制成汽油汽车　奥地利发明家马库斯（Marcus，Siegfried 1831—1898）自己制造了内燃机并将其安装在手推车上，制造出燃烧精炼石油的内燃机汽车。该车的内燃机是卧式的，车后装有飞轮，其他不详，这是世界上最早的汽油汽车。马库斯对所制的汽油汽车曾进行过试运行，由于结果不理想最终将其拆掉。该车一共试制过三辆，其中一辆现仍保存在维也纳博物馆。

1865年

徐寿［中］等人设计制造"黄鹄号"木质蒸汽船　1862年，清朝军事家、政治家曾国藩（1811—1872）设立安庆军械所，派徐寿、华蘅芳等人设计和试造轮船，先制成了一个蒸汽机，其汽缸直径为1.7英寸，转速为每分钟240转。1863年制成了一艘螺旋桨暗轮木质轮船，但因蒸汽供应不足只能行驶1里。1865年，徐寿等人改暗轮为明轮（以蒸汽机推动的桨轮），终于获得了成功。"黄鹄号"船重25吨，长55英尺，锅炉长12英尺，直径2英尺6英寸，炉管49根，长8英尺，直径2英寸。蒸汽机为高压单汽缸，汽缸直径1.09英尺，长2.18英尺，回转轴长14英尺，直径2.4英寸，静水速度为每小时12.5千米。"黄鹄号"成为中国人自行设计制造的第一艘轮船，除转轴、烟囱和锅炉是用外国材料外，船体、主机以及其他一切设备均为国产。

西克尔［美］敷设输油管道　公元前3世纪，中国人用竹子连接管道输送卤水，这是世界管道运输的开端。1600年前后，中国四川出现了穿越河流的竹制卤水管道。1865年，美国人西克尔（Syckel，Samuel Van）在美国宾夕法尼亚州用熟铁管敷设了一条9 756米长的输油管道，该管道采用直径50毫米、长4.6米的搭焊热铁管。管道由宾夕法尼亚州皮特霍尔铺至米勒油区铁路车站。沿线设三台泵，每小时输送原油13立方米。

巴黎出现最早的蒸汽压路机

1866年

惠斯通［英］、西门子［德］、瓦利［英］发明工业用自激式直流发电机　英国实验物理学家惠斯通（Wheatstone，Charles 1802—1875）、德国电气学家西门子、英国电气工程师瓦利用电磁铁代替永久磁铁，利用电机自身产生的部分电流，向电磁铁提供电能，即利用剩磁建立励磁电压，研制成工业用自激式发电机。这种基于自激原理制成的发电机，功率大为提高。1866年，西门子向柏林科学院呈送论文，更明确阐述了在不用永久磁铁的情况下，把机械能转换成电能的方法，随后又展示了一台手动发电机模型，以论证自激原理。1866年12月24日，瓦利取得该项发明的专利，而西门子和惠斯通则都于1867年1月17日宣布他们的发明，惠斯通还向英国皇家学会提交了一篇关于该发明的论文。自激式发电机的发明为广泛利用电能作出了划时代的贡献。

霍尔特［英］制造小型蒸汽动力汽车　霍尔特（Holt，H.P.）制造了一辆安有立式锅炉和两个双缸蒸汽机的小型蒸汽汽车，该车每个蒸汽机各用链条链轮与后轮连接，前轮采用防止车体震动的方法。该车载客8人，最高时速为32千米。

北大西洋海底电缆投入使用

1867年

奥托［德］、兰根［德］设计出改进型立式燃气内燃机　德国人奥托与德国工业家兰根（Langen，Eugen 1833—1895）合作，成立奥托公司后，创制成一台改进型立式煤气内燃机，1867年获巴黎世界博览会金质奖章。该机原理与勒努瓦的卧式燃气内燃机相同，均为二冲程内燃机。在动力发展史上，煤气内燃机是继纽可门蒸汽机之后的先进发动机，它比蒸汽机装置简单，热效率高。由于煤炭易被制成煤气燃料，因而煤气机被广泛用于工厂动力机和发电厂的原动机。19世纪中后期是煤气机的全盛期，随后被效率更高的汽油机所代替。

巴布科克［美］、威尔科克斯［美］发明自然循环水管锅炉　锅炉的发展与蒸汽机的进步紧密相关，早期的锅炉因为压力要求不高，通常是用辊轧的熟铁板铆制而成。1859年，美国的哈里森设计分节锅炉，它由熟铁连结杆结合在一起的几排倾斜的中空铸铁管组成，虽然能提高蒸汽的压力，但遇到了材料差异膨胀这一难题。1865年，英国的特威贝尔（Twibill，Joseph）在锅炉中装上一些稍倾斜于水平面的熟铁管，但是清理却发生了困难。美国发明家巴尔科克（Babcock，George Herman 1832—1893）和威尔科克斯（Wilcox，Stephen 1830—1893）采用便于清理的直管，直管的每一端装有铸铁联管箱，此联管箱与上面的汽水包相连。这种易于清扫的自然循环水管式锅炉，由于使用安全、结构可靠而发展为后来锅炉的标准型，称之为"巴尔科克·威尔科克斯锅炉"。1867年，两人合作创办公司生产锅炉，行销全球。19世纪末期，这种典型的锅炉每小时能产生12 000磅、压力为每平方英寸160磅的蒸汽，足以满足发电站对蒸汽的要求，并被广泛使用在舰船上。

1868年

法尔科［法］发明气动船舵位置伺服机构　法国船舶学家法尔科（Farcot，Joseph 1824—1908）提出了"伺服机构"的概念，并在研究船舵调节器时发明了伺服马达。所发明的伺服机构将操纵杆与一曲柄连杆连接，曲柄连杆带动杠杆推动钟形曲柄打开或关闭滑阀，控制活塞运动，活塞杆又与一臂连接，臂的旋转又带动通向掌舵引擎的轴转动，实现舵的位置控制。

勒克朗谢［法］发明"勒克朗谢电池"　这是在伏打电堆基础上研制的一种碳–二氧化锰–氯化铵溶液–锌体系的湿电池。勒克朗谢（Leclanché，Georges 1839—1882）把固体的二氧化锰装在陶杯中，中间插上一根碳棒作为正极，然后将它放置在装有氯化铵溶液的玻璃杯内，并在溶液中放一根锌棒作负极。随后有人将锌棒改为锌筒，既作为电池的负极又作为容器，成为目前最常见的锌锰干电池。

威斯汀豪斯［美］发明铁路用空气制动器　美国发明家、电工企业家威斯汀豪斯（Westinghouse，George 1846—1914）使用压缩空气发明空气制动装置后，1869年成立威斯汀豪斯空气制动公司，所生产的自动空气闸于1872年开始在铁路上使用，在1875年的一次制动测试中，自动空气闸成功地使一列行驶时速为52英里、重203吨的列车在19秒内停住，滑行距离为913英尺。随后气动装置被广泛应用于铁路道岔、信号系统以及其他方面。

奈特［英］制造四轮蒸汽动力汽车　英国工程师奈特（Knight，John Henry 1847—1917）制造的四轮蒸汽汽车开始时是用单缸蒸汽机，后来又改用双缸蒸汽机，车后安有立式锅炉，车前部设有3个座位，后部的伙夫平台上还设有两个座位的客舱。该车重约1.7吨，时速为13千米。

英国在伦敦的英国议会两院入口处设立了带有红绿两色的煤气灯

1869年

贝特洛［法］发明煤直接液化法　早在19世纪初，人们已开始研究煤直接液化技术。法国化学家贝特洛（Berthelot，Marcellin 1827—1907）用碘化氢在温度270℃下与煤作用，得到烃类油和沥青状物质。这一方法启发人们采用加氢的方法从煤中直接制取液态烃，这促使1913年德国出现了"柏吉斯法"。

鲁佩尔［美］制造双缸蒸汽动力摩托车　1869年，美国发明家鲁佩尔（Roper，Sylvester H. 1823—1896）将一台双缸蒸汽机安装在自行车上，并用两根长连杆带动后轮旋转，在车把上分别安装着用来控制车速与车闸的手柄。同年，法国人也制成了时速为15千米的蒸汽自行车。

格拉姆［比］发明环形电枢直流发电机　比利时电气工程师格拉姆（Gramme，Zénobe Théophile 1826—1901）将一个环形装置安装在电动机上，将电线绕在该装置上，使其在与转轴垂直的磁场上旋转，同时，将每个绕组的两端连接到两片整流子上，两个电枢与整流子接触形成正负电极，从而发明环形电枢自励直流发电机。这种发电机可用水力转动发电机转子，后来经过反复改进，格拉姆直流电机进入商品化工业应用阶段，开始进行批量生产。

1870年

佩尔顿［美］制成冲击型水轮机　美国工程师佩尔顿（Pelton，Lester Allan 1829—1908）发明了一种水从喷嘴中喷出，让喷出的水冲击叶片，靠水流的动能使叶片旋转的冲击型水轮机，又称"水斗式水轮机""佩尔顿水轮机"。它适用于水量不多，但落差较大（300～1 800米）的水电站中。它的水流量低于每秒5立方米，功率不超过13万千瓦。这种水轮机转速较小，每分钟10～70转。

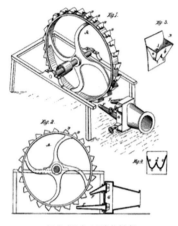

佩尔顿冲击型水轮机

1871年

布拉泽胡德［英］获得新型蒸汽机专利　英国工程师布拉泽胡德（Brotherhood, Peter 1838—1902）获专利的新型蒸汽机供直接驱动机械用，其速度比以前的蒸汽机要高得多，它有3个以辐射状固定在一个垂直平面内的汽缸，每个汽缸之间的夹角为120度。

日本长崎—中国上海海底电报电缆架通

韦纳姆［英］建成低速风洞　英国人韦纳姆（Wenham, Francis Herbert 1824—1908）建成的低速风洞是世界上第一座风洞，是研究物体空气动力特性的主要实验设备之一。

1872年

鲁宾逊［美］研制出直流电闭路式轨道电路　美国发明家鲁宾逊（Robinson, William 1840—1921）在纽约举办的展览会上展出了开路式轨道电路控制信号机模型。以后他又成功研制出直流电的闭路式轨道电路，并于1872年获美国专利。

伦道夫［英］制造四轮蒸汽动力汽车　英国的伦道夫（Randolph, Charles 1809—1878）制造了结构较复杂的蒸汽汽车。该车车窗全封闭，设有8个座位，立式锅炉置于车后部，锅炉两侧各有一台独立运转的立式双缸蒸汽机，用平齿轮驱动汽车后轮。在司机旁装设后望镜，这在汽车上属于首创。该车中央客舱有6个座位，前舱除司机席外还有两个座位，车周围全用车窗封闭，外部华丽。该车全长约4.5米，总重4.5吨，是当时较重的汽车，因不实用而被淘汰。

澳大利亚—印度间海底电报电缆接通

1873年

瑞士建成世界上最早的水电站——珀伦造纸厂水电站　该电站位于罗伊斯河畔，安装有4台155千瓦水轮发电机组。水轮机为混流式，水头3.2米。

格拉姆［比］用实验表明发电机与电动机的可逆性　格拉姆的这一实验结果是在维也纳世界博览会上展出时向观众演示证实的。

阿尔特涅克［德］发明鼓形电枢　阿尔特涅克（Alteneck，Friedrich von Hefner 1845—1904）是德国西门子–哈尔斯克公司的设计人员，他最初采用木质鼓，其上用木钉固定表面绕组，后来演变成在木质鼓上安装表面绕组之前先加绕铁丝。由于格拉姆的环形电枢中，部分绕组是不起作用的，而阿尔特涅克的鼓形电枢中的绕组都能被有效利用。在技术上，鼓形电枢比环形电枢优越，加之鼓形电枢结构简单，铜线用量较少，西门子–哈尔斯克公司批量生产这种鼓形电枢发电机。1880年，瑞典电工学家文斯特洛姆（Wenström，Jonas 1855—1893）最早发现电枢内有效磁路的重要性，将电枢导线嵌入电枢芯的槽缝内，并于1882年获得专利。

克拉克［英］发明标准电池　英国电工学家克拉克（Clark，Josiah Latimer 1822—1898）发明的这种电池由外涂硫酸亚汞膏的汞阳极和锌负极组成，电解液是硫酸锌饱和溶液。经多次测定，电池在15.5℃温度下的平均电压为1.457伏。尽管克拉克电池的电动势温度系数非常大，但在1891年芝加哥举行的国际电工大会上，仍决定采用它和银质电量计来确定伏特和安培这两个电量单位。

洛德金［俄］发明使用碳棒的白炽灯泡　俄国电工学家洛德金（Lodygin，Alexander Nikolayevich 1847—1923）于1872年发明了一种由细碳棒作发光体的白炽电灯泡。他在密闭的充满氮气的玻璃灯泡内，使用碳棒作为发光体，制成白炽灯泡，并于1874年获得了专利。

1874年

皮罗茨基［俄］架设直流输电实验线路　俄国工程师、发明家皮罗茨基

（Pirotsky，Fyodor Apollonovich 1845—1898）架设的这一线路设在俄国彼得堡，输送距离开始为50米，后增加到1 000米，输送功率4.5千瓦。由于电压降和电能损耗太大，难以推广应用。

美国铺设世界上第一条现代输油管道　该管道长60英里，管径为4英寸，日输原油7 500桶，是世界上第一条现代输油管道。1880年和1893年相继出现了直径为100毫米的成品油管道和天然气管道。1886年在俄国巴库修建了一条管径为100毫米的原油管道。这是管道运输的创始阶段，在管材、管道连接技术、增压设备和施工专用机械等方面还存在许多问题。1895年，生产出质地较好的钢管。1911年，输气管道用乙炔焊接技术连接。1928年，用氩弧焊代替了乙炔焊，并生产出无缝钢管和高强度钢管，从而降低了耗钢量。

马库斯［奥］改进汽油汽车　奥地利的马库斯对1864年制成的汽车进行改进，发动机改为卧式单缸四冲程型，采用活塞摇动横梁的方式旋转曲轴，安有四个传递带驱动后轴和后轮，与圆锥形离合器相连，与蜗轮蜗杆相连接的驾驶盘用手控制转向，其汽化器设计也采用旋转刷子式的喷雾器以使导管中的燃料汽化，点火则采用了低压电磁方式，这是公路机动力中最早采用的点火方式，该车时速最高达5英里。

1875年

法国火力发电厂投入运行　该电厂建于法国巴黎北火车站，电厂内安装有经过改进的格拉姆环状电枢自激式直流发电机，专供火车站及其附近弧光灯照明用电，是世界上第一座火车站发电站。

洛威［美］制得水煤气　美国科学家、发明家洛威（Lowe，Thaddeus Sobieski Coulincourt 1832—1913）将水蒸气和空气交替通过赤热的焦炭，获得了含有氢气和一氧化碳的水煤气，其主要反应式为：$C+H_2O=CO+H_2$，$C+2H_2O=CO_2+2H_2$。这是最早的煤气化方法。

西门子［德］发明硒光电管　1873年，科学家发现化学元素硒对光反应敏感。西门子利用这种特性，于1875年研制出了硒光电管。西门子在管衬底上敷设一薄层的硒，其电阻会随着照射在光电管上光线的亮度而变化，当把这个光电管连入电路时，光电管附近环境的亮度变化会引起电流强度的变化。现在，硒光电管早已被其他光电管所代替。

1876年

奥托［德］创制四冲程往复活塞式内燃机（煤气机） 奥托偶然看到德罗沙斯于1862年提出的四冲程循环理论，受到很大启发，潜心钻研，1876年底造出了一台以四冲程理论为依据的燃气内燃机。他第一次发现，利用飞轮的惯性可以使四冲程自动实现循环往复，将德罗沙斯的理论付诸实践，使燃气内燃机的热效率一下提高到14%。1878年，奥托开始成批生产卧式燃气内燃机。由于这种内燃机的优越性，仅几年时间，德国奥托-兰根公司就制造了35 000台，安装到世界各地。到1880年，奥托内燃机的功率由原来的4马力提高到20马力，人们将四冲程循环习惯地称为"奥托循环"，而其创始人德罗沙斯往往不被人提及。1883年，奥托制造出200马力燃气内燃机，随着工作过程的改善，性能不断提高，热效率在1886年已达到15.5%，1894年更是达到20%以上。在动力发展史上，燃气内燃机是继蒸汽机之后的先进发动机，它装置简单，热效率高，加之煤气易被制成燃气及石油工业的发展，使得燃气内燃机得以广泛应用。

西门子［德］、哈尔斯克［德］采用鼓形电枢 德国西门子和机械工程师哈尔斯克（Halske, Johann Georg 1814—1890）研制的直流发电机，采用鼓形电枢，简化了电机结构，减少了铜线用量，降低了成本，效率较高。

雅布洛奇科夫［俄］发明开磁路单相变压器 俄国电气工程师雅布洛奇科夫（Yablochkov, Pavel 1847—1894）用有两个绕组的感应线圈改变供给负载（电烛）的电压，这实际上就是开磁路单相变压器。供给照明电烛的电源是交流发电机发出的交流电。

菲茨杰拉德［爱］发明卷式纸介电容器 爱尔兰物理学家菲茨杰拉德（Fitzgerald, George Francis 1851—1901）研制的这种电容器，是将几层相互交替的纸和导体（通常是锡箔）卷绕在一个圆柱体上，然后再用石蜡浸渍而成。纸介电容器由于制造容易，价格较低，虽然误差较大，但在20世纪仍得到大量应用。

雅布洛奇科夫［俄］发明电烛 俄国电气工程师雅布洛奇科夫发明电

烛，轻而易举地解决了自动调节处于同一直线上垂直碳极间的间隙这一难题。电烛由两根直径通常为4毫米平行放置的碳棒构成，碳棒之间隔以瓷土，顶端跨接一根石墨条。电流接通后，石墨条被消耗掉，两极碳棒间形成电弧，并逐渐向下点燃。这是一种新型实用弧光灯，最早用于巴黎、伦敦的街道照明。当时电烛由法国通用电气协会投资制造。1878年，巴黎歌剧院附近安装了16支电烛。

1878年

中国台湾开发苗栗油田 福建巡抚丁日昌（1823—1882）奏请开办苗栗油矿，获准后即从美国购买一部钻机，聘请2名美国技师，在苗栗出磺坑钻凿油井。1878年，第一口油井钻到120米时获油，用泵抽油，日产15吨。这是中国近代第一次使用新式机械钻凿油井。

布罗希［美］发明混合绕组电磁调节电机 美国发明家、实业家布罗希（Brush，Charles Francis 1849—1929）发明的是一种直流发电机，其绕组由主绕组和分支绕组混合组成。发电机主要靠主绕组激励，分支绕组起调节作用，其作用方向与主绕组相反，以保持电路电压或电流的稳定。该技术后来获美国专利。

西门子［英］建造小型间隙式电弧炉 1853年，法国人皮丘（Pinchon）建造了第一座用来冶炼铁矿石或金属铁的电炉。英国人西门子的间隙式电弧炉由一只用绝缘材料制成的具有横向可调电极的坩埚组成，电极是空心的，因而可以通过它向炉内充入一种适宜的气体，以得到一种还原的或惰性的气体环境。

斯旺［英］发明碳丝白炽灯 英国物理学家、化学家斯旺很早就确信，电照明的未来取决于灯丝电灯的不断完善。1845年，美国人斯塔尔主张"运用连续的金属和碳质导体，使其通过电流后剧烈发热，以实现照明"，并明确说明"在使用碳箔时，应将其封装在托里拆利真空中"。约1848年，斯旺曾成功地用硫酸处理的棉纤维制作了坚固、柔软的碳化纸条，并使0.25英寸×1.5英寸的碳箔纸条发出了白炽光，但寿命依然很短。1877年，英国著名化学家和物理学家克鲁克斯（Croockes，William 1832—1919）将汞真空泵应用于高真空的实验获得成功。在1878年纽卡斯尔会议上，斯旺首次展出了他的碳丝白炽灯，获得成功，但没有申请专利。

梅谢［法］开发锌空气干电池　法国的梅谢（Maiche，Lois）在锌锰电池中用含铂的多孔性炭电极代替二氧化锰炭包，开发了锌空气干电池新技术。1917年，法国的费里（Féry，Charles 1865—1935）用活性炭代替铂以吸收氧，使锌空气电池实用化。

1879年

巴雷尔［法］设计用铅屏护电缆的压力机　法国人巴雷尔（Borel，François 1842—1924）设计的这种机器，能把铅注入容器中，待冷凝后用下降式活塞压缩，两股铅流在200～250℃的温度下融合在一起，在此温度下进行挤压，铅便沿着电缆流动，形成连续的保护层。利用这种铅屏护电缆的方法，就会使电缆免受损坏又具有防水性。后来这种技术用到了挤压铜和铜合金上。

美国建成旧金山实验火电厂　该电厂属于加利福尼亚照明公司，是世界上第一家出售电力的公司，初期供22盏弧光灯用电，每盏灯每周电费10美元。

西门子［德］设计并成功运行电力机车　德国电气工程师西门子设计的小型电力机车的电源，由在车外的150伏直流发电机供应，通过位于两轨道中间与两轨道绝缘的第三轨向机车输电。机车牵引一列装有背靠背座椅的车厢，载18人运行在柏林博览会上的一条小型铁路线上，进行了成功的表演。这是世界上第一台采用外接电源而不是靠车厢携带化学电池成功运行的电力机车。

德国建成电气化铁路　这种电气化铁路以电力机车作为列车牵引动力，机车上不安装原动机，所需电能由电气化铁路电力牵引供电系统提供。这种供电系统由牵引变电所和接触网组成。来自发电厂高压输电线的电能，经过牵引变电所降压后，向架设在铁路上空的接触网送电，电力机车从接触网取电，牵引列车前进。牵引供电制式按接触网的电流方式有直流制和交流制两种。

德国西门子公司应用牵引变流器　牵引变流器是电力机车以及安装电传

动装置的其他机车上设置在牵引主电路中的变流器，其功能是转换直流制和交流制间的电能量，并对各种牵引电动机起控制和调节作用，从而控制机车的运行。1879年，德国西门子公司在建造的直流125伏、3马力的电车上成功地应用了牵引变流器。

爱迪生［美］发明耐用的碳丝白炽灯　爱迪生为试制耐用的白炽灯，曾试验过1 000多种材料。从1877年开始，他利用克鲁克斯发明的真空泵提高灯泡的真空度，用碳化灯丝制成灯泡，终于在1879年10月21日接通电源，稳定的点亮了45个小时。1880年获专利并开始批量生产，在最初的15个月内就售出了约8万只白炽灯泡。1880年2月，爱迪生的实验性电灯便传到英国伦敦。1898年，英国布拉什公司推出卡口灯头，成为英国灯泡的特征，而美国从一开始就使用螺旋灯头。1898年，白炽煤气灯罩的发明者——奥地利科学家韦尔斯巴赫（Welsbach，Carl Auer von 1858—1929）发明锇丝电灯，20世纪初出现钽丝灯、钨丝灯。每瓦特流明数则从1881年的1.4上升到1900年的4.0。

布拉什［美］研制出实用的碳弧路灯　美国发明家布拉什（Brush，Charles F. 1849—1929）研制的碳弧路灯在美国克利夫兰正式投入使用，由此开始了路灯使用电光源的历史。

英国出现霓虹灯　在英国维多利亚女王60寿辰的庆典上，霓虹灯作为烘托节日气氛的照明光源首次亮相。

1880年

爱迪生［美］制成直流发电机　爱迪生制成的这台发电机重27吨，功率100马力，电压110伏。1881年该发电机被运至巴黎，在电气博览会上展出，可供1 200盏白炽灯照明，这是当时世界上最大的直流发电机。

爱迪生［美］发明"安全线"　爱迪生发明的"安全线"是一种原始熔断器，由一根线形熔体密封在玻璃管内制成，当电流过量通过安全线时，其中熔体就会发热熔断。

1881年

中国开平煤矿建成投产 1877年，淮军创始人、晚清重臣唐廷枢（1832—1892）奉李鸿章（1823—1901）之命，订立了中国第一个煤矿招商章程，设立开平矿务局，筹建开平煤矿。

开平煤矿

正式投产后，由于采用了新技术，运输畅通，煤质优良，又靠李鸿章的权势减轻了煤税，开平煤矿产销两旺，在市场上有很强的竞争力。

德国研制出架空接触导线供电系统 这一系统使电力机车的供电线路由地面转向空中，机车的电压和功率都大为提高。

爱迪生用高速蒸汽机来驱动发电机 1881年，爱迪生在纽约的珍珠街（Pearl Street）建立第一个中心发电站时，用高速西姆斯卧式蒸汽机直接驱动与其连接的爱迪生发电机，这是一个重大创新。在转速为每分钟350转时，每台蒸汽机能产生175马力的功率。

中国装配第一台"龙号"蒸汽机车 1881年，在修建唐胥铁路过程中，中国工人凭借时任工程师的英国人金达（Kinder，Claude William 1852—1936）的几份设计图纸，利用矿场起重机锅炉和竖井架的槽铁等旧材料，试制成功了一台蒸汽机车。这台机车只有三对动轮，没有导轮和从轮，机车全长18英尺8英寸。当时英国人仿照史蒂芬森制造的"火箭号"蒸汽机车的名字，把这台机车叫作"中国火箭号"，而中国工人却在机车两侧各刻上一条龙，并把它叫作"龙号"机车。该机车牵引力约为100吨。

柏林铺设由西门子公司制造的第一条有轨电车轨道

首届世界电气博览会在巴黎召开 在这次博览会上，爱迪生展出了其研制的全套白炽灯配电系统。

格林伍德–巴特利公司制造西姆斯蒸汽机 英国利兹的格林伍德–巴特利

公司（Greenwood&Batlay）制造了一台美国式的西姆斯（Armington Sims）蒸汽机，它是为直接驱动发电机而专门设计的，无须使用钢索或皮带来传动。由于采用了短的行程和连杆，并且加固了底座，这台蒸汽机的转速达到了每分钟350转。该机的汽缸直径为6.5英寸，行程为8英寸，能产生18马力的指示功率。

世界电工技术会议（WELC）召开　世界电工技术会议是一个国际性专业学术会议，创立于1881年。第一届会议于是年9月15日至10月5日在法国巴黎由法国电信部门组织召开，当时的名称为"世界电工技术工作者会议"，参加会议的包括当时许多著名学者。从1889年至1911年先后在法国、美国、德国、瑞士、意大利等国召开过8次会议。1911年的第九届会议，中国第一次派代表参加。

1882年

爱迪生在纽约建立珍珠街发电站　1882年9月4日，爱迪生的纽约珍珠街发电站投入使用。该发电站最初拥有一个直流发电机，为85个客户的300盏灯供电。受此影响，1886年，克朗普顿（Crompton，Rookes Evelyn Bell 1845—1940）成立肯辛顿赖特布里奇供电公司。1889年，费朗蒂（Ferranti，Sebastian Ziani de 1864—1930）成立伦敦供电公司。

爱迪生［美］在伦敦建发电站　爱迪生于1879发明了白炽灯后，为发展电灯事业，于1882年在伦敦建立了发电站，安装3台爱迪生于1880年研制的110伏自激式直流发电机，这种发电机可以为1 500个16烛光的白炽灯供电。

威姆萨斯特［英］发明感应起电机　英国发明家、工程师威姆萨斯特（Wimshurst，James 1832—1903）发明的这种感应起电机由两个相反方向旋转的圆盘组成，圆盘采用绝缘材料（如玻璃），四周装有导电片，由于电刷在圆盘旋转时轻轻擦过导电片，其上就产生电荷，并被电梳收集起来贮存于电容器中。该感应起电机可用于在两个球形导体之间产生电火花等的高电压实验。

乌萨金［俄］发明高压变电装置　俄国电气工程师乌萨金（Usagin，Ivan Filippovich 1855—1919）发明的高压变电装置由升压变压器和降压变压器组成，在莫斯科全球展览会上展出，是日后建立高压远距离输送电力系统必需的电器。

高拉德［法］、吉布斯［英］制成开磁路变压器　法国发明家高拉德
（Gaulard，Lucien 1850—1888）、英国发明家吉布斯（Gibbs，John Dixon
1834—1912）所研制的变压器为开磁路变压器，当时称为"二级发电机"，
功率为5千伏安。可以把几个"二级发电机"串联用于远距离输送电力。1883
年，他们在伦敦建成用开磁路变压器串联的交流输配电系统。

德普勒［法］建成远距离直流输电线路　法国物理学家德普勒
（Deprez，Marcel 1843—1918）建成的这条线路与米斯巴赫煤矿中的直流发
电机连接，始端电压为1 343伏，末端电压为850伏，沿57千米电报线（直径
4.5毫米钢线）输送到慕尼黑国际博览会，带动一台电动机运转，电动机带
动水泵，将水升高2.5米，造成一个"人工瀑布"。该输电线路的路耗达到
78%，它既说明远距离输电的可能性，但也显示了直流电在远距离输电中的
局限性。

瑞士建成抽水蓄能电站　该电站位于苏黎世的奈特拉，装机容量515千
瓦，水头153米。早期抽水蓄能电站主要以蓄水为目的。西欧山区国家利用工
业多余的电能，把汛期河中的水抽到山上水库中贮存起来，到枯水季节放下
水来发电。瑞士奈特拉电站为世界上第一座抽水蓄能电站，安装单独工作的
抽水机组和发电机组，抽水和发电各自独立运行。其后出现将水泵和水轮机
与一台兼做电动机和发电机的电机联在一起，形成组合式机组（亦称三机式
机组）。随着制造技术的进步，蓄能机组结构出现了将水泵和水轮机合并为
一体的可逆式水泵水轮机，称为两机式机组。抽水蓄能电站能承担电力系统
的调峰、填谷、调相、调频和事故备用等职能。

拉瓦尔［典］发明单级冲击型实用汽轮机　瑞典工程师拉瓦尔（Laval，
Carl Gustaf Patrik de 1845—1913）发明的这种汽轮机的结构，是在圆筒四周安
装许多叶片，从喷嘴喷射出的蒸汽冲击叶片使轮子转动。这台汽轮机是为了
使离心奶油机高速旋转而制作的，是最早的冲击型汽轮机，其功率为5马力。
20世纪初，法国和瑞士分别制成多级冲击式汽轮机，机组功率不断扩大。

爱迪生［美］发明电度表　美国发明家、企业家爱迪生为计算用户用电
费用而发明电度表，这样电能就有了精确的仪表计量，用户用电量计算有了

科学依据。

达松瓦尔［法］发明用于测量微弱电流的电流计　法国物理学家达松瓦尔（d'Arsonval，Jacques-Arsène 1851—1940）发明用于测量微弱电流的"达松瓦尔电流计"。这种电流计利用电流流过固定在磁极间的线圈所产生的力矩而制成，是使用时间最长、应用范围最广的一种电流计。

西门子［德］发明无轨电车　西门子发明的无轨电车是由直流架空触线供电的牵引电动机驱动的非轨道运行的城市公共交通客运车辆。该车形似轮式马车，车厢为木结构，轮辋为木制，使用实心橡胶轮胎，运行控制采用直接控制方式，集电装置由8个小轮和电缆组成。这种无轨电车经过改进后，于1911年在英国布雷得福特市开始投入营运。20世纪30年代，英国制造了双层无轨电车，20世纪40年代意大利发展了铰接式无轨电车。1914年，中国在上海开始使用无轨电车。

艾尔顿［英］、贝里［英］制造电动车　1880年，法国化学工程师富尔（Faure，Camille Alphonse 1840—1898）进行了两次蓄电池改革，用电力驱动车辆。1882年，英国人艾尔顿（Ayrton，William Edward 1847—1908）和贝里（Perry，John 1850—1920）制成电动三轮车。该车的一个车轮用齿轮与电动机连接，还安装了载电池的台板，但因车体过重，效果并不理想。

上海电气公司成立　1882年4月，4位英国商人在上海投资5万两白银，开办上海电气公司。他们采购美国克利夫兰电气公司制造的锅炉、汽轮机和发电机等设备，在南京路江西路西北角31号A（今南京东路190号）同孚洋行后面的一个旧仓库内，建了一座12千瓦容量的发电厂。并在南京路江西中路转角围墙内，竖起了中国第一根电杆，沿着外滩到虹口招商局码头，架设了6.4千米的线路，串接了15盏弧光灯，7月26日晚开始正式供电照明。上海电气公司的成立，标志着中国第一家电力生产企业的诞生。它比法国巴黎世界上第一座发电厂晚7年，比英国伦敦霍而蓬（Holborn）发电厂晚6个月，却比美国纽约珍珠街发电厂早两个月，比日本东京电灯公司更是早了5年。1893—1929年，上海电气公司更名为工部局电气处。1929年，美国摩根财团以8 100万两白银购买工部局电气处，改名为上海电力公司，设总公司于南京东路181号。1930—1935年，公司发行股票、债券7次，计约8 400万两白银。1940年前供电量为上海总电量的80%以上。珍珠港事件后，日军占领公司，英美籍人员被拘禁于集中营。抗战胜利后美国人重掌公司，1947年再度繁荣，后因经济萧条而衰落。1949年5月后收归国有。

1883年

戴姆勒［德］研制成功汽油内燃机　德国发明家戴姆勒（Daimler, Gottlieb 1834—1900）认识到高转速能导致功率的提高，小而轻的高速发动机更适合人们的需要。他研制成功的热管点火式汽油内燃机，转速达每分钟800～1 000转，1885年获立式单缸发动机专利。这种发动机装有密闭的曲柄箱和飞轮，使用了空吸式进气阀和机械式排气阀，安装了节速器，用以在速度预定值前阻止排气阀的开启，借助一个封闭式的风扇使空气围绕汽缸环流，以对其进行冷却。与此同时，他还发明了表面汽化器，以便使发动机能使用在空气中易于蒸发的汽油来进行工作。戴姆勒所发明的立式单缸汽油发动机的输出功率为0.5马力，转速为每分钟500～800转，汽缸高度不足30英寸，重110磅，成为后来制造的各种汽油内燃机的原型。由于汽油的燃烧值远大于煤气，汽油内燃机所产生的动力也高于煤气内燃机。

拉瓦尔［典］发明收缩扩张喷管　瑞典人拉瓦尔发明的这种喷管用以产生超声速气流，被称为"拉瓦尔管"，在汽轮机中首先使用，后广泛用于超声风洞、喷气发动机、火箭推进器等。

维也纳博览会上展出家用电器　在维也纳博览会上展出了电热器、电热锅、电垫、电毛毯等家用电器。

1884年

帕森斯［英］发明与发电机配套的反冲型汽轮机　英国企业主帕森斯（Parsons, Charles Algernon 1854—1931）发明的这种汽轮机，是把许多叶片成排安装在圆筒周围，再将它装进有固定叶片的壳体内。该汽轮机不使用喷嘴，而是利用蒸汽在叶片之间边膨胀边通过而产生的反作用力使转轮旋转，带动同轴的发电机发电。汽轮机转速为每分钟1 800转，直流电压100伏，功率7.5千瓦。

洛奇［英］发现灰尘的电沉降现象　英格兰物理学家洛奇（Lodge，Oliver Joseph 1851—1940）发现灰尘的电沉降现象，后来电沉降作用被用来净化发电站和其他工厂的排放物。

德国建成电气化铁路　西门子–霍尔斯基公司建造了从法兰克福到奥芬巴赫的电气铁路线，架空导线安装在车顶上方开槽的煤气管道内，通过能够移动的具有凸形部的梭形滑块向车厢供电，前面的车厢装有一根单一的驱动轴，电动机通过减速齿轮连接驱动轴带动车辆运行。

1885年

赫兹（Hertz，Heinrich Rudolf 1857—1894）［德］研究无线电波，提出光和热均是电磁辐射

威斯汀豪斯［美］组织研究推广交流供电制　美国的威斯汀豪斯买下法国高拉德和英国吉布斯发明的开磁路变压器的专利，与研制配电设备的斯坦利（Stanley，Williams Jr. 1858—1916）、发明交流发电机和感应电动机的特斯拉（Tesla，Nikola 1856—1943）等合作，共同研究推广交流供电制。1886年，威斯汀豪斯在马萨诸塞州的大巴林顿（Great Barfington）进行距离1 200米、电压3千伏的交流输电示范表演，积极宣传交流输电。

费拉里斯［意］发现旋转磁场现象并发明两相感应电动机　意大利物理学家和电力工程师费拉里斯（Ferraris，Galileo 1847—1897）研究了不同相位的光可以产生干涉现象，因而联想到不同相位的电流磁场也将会产生旋转磁场。他在都灵实验室将单相交流电分解为两个相位差90度的两相交流电流，分别通到互相垂直的两个线圈，线圈中间放置一铜棒可以获得起动转矩，制成了两相感应电动机。电动机的方向随极性而改变，从而使研制自起动异步电动机成为可能。费拉里斯深信这一进展在科学上的价值远远超过物质上的价值，他没有申请专利而是向来访者公开演示发明。

斯坦利［美］制成实用变压器　斯坦利对变压器在交流电系统中的作用进行研究，认为变压器在交流电系统中有重要作用。1883—1884年，他在自己的小实验室里进行变压器的研究。1884年2月，他受雇于威斯汀豪斯公司，主持设计制造交流系统及变压器。1885年9月29日，他制成美国第一台原线

圈并联、闭合磁路铁芯的变压器，并在西屋空气制动器公司车间里进行了试验。1885年10月23日，他在美国申请第一个有关闭路铁芯变压器的专利。同年11月23日他又提出3个专利，其中2个是带变压器的配电系统的专利，另外1个是开路铁芯变压器的专利。这4个专利都转让给了威斯汀豪斯。

布雷德利［英］取得模压合成电阻专利　英国电工技师布雷德利（Bradley, C.S.）发明的这种电阻，是由碳和橡胶的合成物经加热、模压成形，再经硫化而成的坚硬的电阻体，在无线电设备中得到了广泛应用。

贝纳尔多斯［德］发明碳电弧焊　德国的贝纳尔多斯（Benardos, Nicolas von）于1885年发明碳电弧焊，发电机的一个极接到待焊接的零件上，另一个极则接到碳棒上，两电极之间产生的电弧使铁或钢局部熔化。用钢丝作填补材料，填补材料的顶端按照需要被引入弧中。此后不久他又用钢条来代替碳棒，钢条本身就熔化成焊缝的填补材料。

戴姆勒［德］制造出最早的汽油发动机摩托车　德国的戴姆勒于1885年获得安有高速汽油发动机的自行车专利，成为摩托车的发明者。该车在木制的同样大小的两个车轮之间，立式安装空冷单缸汽油发动机。后轮用圆皮带驱动，圆皮带由滑动滑轮张紧，必要时可以驱动此带松弛进行刹车。发动机安有热管点火和特别设计的表面汽化器，在驱动轮外侧还安装着两个小滚轮，以支撑车体。该车发动机功率为0.8马力，车速为每小时12千米。随后，德国、法国等相继制造出不同型号的摩托自行车和三轮车。

本茨［德］制成三轮内燃机汽车　本茨（Benz, Karl 1844—1929）是现代汽车工业先驱者之一，他采用汽油驱动的卧式单缸发动机，并运用奥拓循环方式，制成三轮内燃机汽车。但该种汽车与煤气发动机汽车一样，速度较慢。该车后部垂直安装曲轴，下端水平安装大型飞轮，能使车在转向时保持稳定。飞轮由一组伞齿轮从曲轴上端将动力传给短的水平轴，进而由传送带传给车中部下方的带差动齿轮的副轴。驱动副轴的皮带可以从驱动滑轮向空转齿轮移动，由此使车停止但发动机照样运转。副轴带动链条驱动后轮，安有齿条和小齿轮的小转向杆将动作传向前轮可使车转向。该车还安装有表面汽化器和电点火装置（由感应圈和蓄电池组成的高压系统），时速13千米。

特斯拉［美］将多相系统卖给威斯汀豪斯　出生于克罗地亚的美国物理学家特斯拉把他的交流发电机、变压器和电动机系统卖给美国实业家威斯汀豪斯。交流电技术系统优于美国发明家爱迪生提倡的直流电系统。威斯汀豪斯为了建立交流电技术系统进行了艰苦的努力。

托德［英］获得卧式蒸汽机专利　托德（Todd，Leonard Jennett）在1885年获得专利的卧式蒸汽机，后被称为单向流动式蒸汽机。在这台机器中，蒸汽通过滑阀被引入汽缸两端，并通过中部的一列排气口逸出。活塞起排气阀的作用，其长度等于行程减去汽缸的余隙部分。该机的优点是能使气缸两端保持高温，使公共的出口侧保持较低的排气温度。该机制造起来很困难，在施通普夫（Stumpf，Johann 1862—1936）于1908年获得了一项更为合适的阀动装置专利以后，卧式蒸汽机才成为一种成功而又经济的蒸汽机。

1886年

兰利［美］最早进行系统空气动力学研究　美国天文学家、物理学家兰利（Langley，Sanuel Pierpont 1834—1906）仔细研究了空气动力学原理，科学解释了鸟类怎样利用双翼滑翔飞行，以及空气怎样支承特殊形状的薄翼，他所提出的升力计算公式到今天仍然被采用。兰利的理论虽然是可行的，但是在实际操作中由于他所用材料的结构强度以及发动机的缺陷，致使他的飞机未能成功。1896年，他制造了一个带动力的飞机模型。该模型飞到了150米的高度，飞行留空时间近3个小时。这是历史上第一个重于空气的动力飞行器，实现了稳定持续的飞行，在世界航空史上具有重要意义。

美国建成交流发电站　该电站位于美国法布罗，安装了一台用蒸汽机带动的由西屋电气公司制造的6千瓦发电机，是世界上第一座交流发电站。布法罗成为美国最早大量采用交流电照明和将交流电作为动力的城市。

本顿［美］申请第一项关于石油裂化的专利　泰特斯维尔的本顿（Benton，George L）申请了第一项关于石油裂化的专利。他建议在炉子内的管子中对残渣或重油进行过热，在20~35个大气压下被加热到370~540℃。然后再在炉后的汽化室内使所得到的轻质组分气化。

戴姆勒［德］制成第一辆四轮内燃机汽车　德国的戴姆勒在1885年11月

研制成功摩托车后，1886年他将同类型发动机安装在四轮马车的后部，并安装转向装置，试运行获得成功，成为世界上最早的四轮内燃汽车。该车采用单缸发动机，功率为1.1千瓦，最高时速为16千米。

沃德［英］制造电动车　沃德（Ward, Michael Radcliffe 1859—1920）制造出最高时速为8英里的电动车，该车电动机由28个蓄电池供电，安装有两级变速的摩擦轮，用传送带驱动车轮。

英国建成油船　早期的石油用桶装，由普通货船运输。英国建造"好运号"机帆船，该船将货舱分成若干长方格舱，可装石油2 307吨。这艘船用泵和管道系统装卸，是第一艘具有现代油船性质的散装油船。此后油船发展很快，到1914年，世界油船吨位已占世界商船总吨位的3%，到1930年达到10%。

哈梅尔［丹］、约翰森［丹］制造汽油汽车　19世纪末，汽车制造在欧洲快速发展，丹麦人哈梅尔（Hammel, Albert F. 1835—1903）、约翰森（Johansen, Hans Urban 1851—1931）制造的汽油汽车采用卧式双缸发动机，使用表面汽化器和热管点火装置，动力由齿轮传递，经摩擦离合器用链条传向后轮。虽然没有使用差动齿轮，但由于后轮是通过圆锥离合器驱动的，当车转向时车轮可以稍作滑动，必要时还可以退出凸轮轴使车后退，后退时车速会自动减半，但前进时速度不变。

1887年

弗拉施［美］开发煤油脱硫方法　早期生产的煤油中含大量硫化物，有恶臭，质量很差。美国采矿工程师、发明家弗拉施（Frasch, Herman 1851—1914）把金属氧化物加入煤油中，使其与硫化物发生反应而达到脱硫的目的，这就是煤油最早的化学处理方法。

威斯汀豪斯［美］取得空冷和油冷变压器专利

布朗希尔［英］获得实用投币煤气表专利　布朗希尔（Brownhill, Rowland William）发明的这种投币煤气表，使顾客一次能买一便士或一先令的煤气。

德迪翁［法］制造的蒸汽三轮车使用空气轮胎　法国人德迪翁（de

Dion，Jules-Albert 1856—1946）的这一设计可能是最早在动力车上使用空气轮胎的例子。

1888年

门捷列夫（Mendeleev，Dmitri Ivanovich 1834—1907）［俄］首先提出煤地下气化的主张

特斯拉［美］、费拉里斯［意］制造商用两相交流感应电动机　美国人特斯拉在匹兹堡独立研制出结构较完善的商用电动机，其成功之处在于应用了交流旋转磁场和多相运行系统。在此之前，工业上使用的电动机都是用直流电源带整流器的电动机。19世纪80—90年代，发生了交、直流供电的争论，其中一个论点是采用交流电运转带整流器的电动机有困难。特斯拉和费拉里斯发明的感应电动机解决了这个难题，随后三相感应电动机也发明成功。

斯波拉格［美］在马拉轨道上运行有轨电车　美国人斯波拉格（Sprague，Frank Julian 1857—1934）在马拉轨道上改用电力牵引车辆行驶，并对车辆的集电装置、控制系统、电动车的悬挂方法及驱动方式进行改进，现代有轨电车由此诞生，此后有轨电车遍布世界各大城市。

1889年

多布洛沃尔斯基［德］研制出三相交流异步电动机　俄裔德国电工学家多布洛沃尔斯基（Dobrovolsky，Mikhail Dolivo 1862—1919）研制出第一台实用的三相交流单鼠笼异步电动机和第一台双鼠笼异步电动机，1890年发明了三相变压器。

蒙德［英］制成氢氧燃料电池　德裔英国化学家蒙德（Mond，Ludwig 1839—1909）和他的助手兰格（Langer，Carl）制成的氢氧燃料电池用多孔的铂板作电极，用黑铂作催化剂，在0.5伏电压和50%左右效率下，功率为1.46瓦。由于电池含有1.3克的铂，造价太高，而且只有使用纯氢和纯氧才能正常运作，因此这种燃料电池难以推广。

费朗蒂［英］敷设10千伏油浸纸绝缘电缆　英国电工学家费朗蒂用两根

不同直径的铜管作为同心导体，然后穿入铝管内制成浸油绝缘电缆。这条电缆敷设在迪普特福德火电厂与伦敦之间，是世界上第一条高压绝缘电缆。

伯格［美］制成第一台内燃机拖拉机　美国人伯格（Burger，Franz）首先把柴油发动机安装在蒸汽动力拖拉机的底盘上，制成第一台内燃机拖拉机。

戴姆勒［德］取得V型双缸发动机专利　德国的戴姆勒将两个汽缸互相倾斜15度，两个连杆连在一个公共的曲柄上制成双缸汽油发动机。他采用功率为1.1千瓦的双缸V型发动机，制造出新型的四轮内燃机汽车，最高时速达18千米。随后，法国公司买断了戴姆勒的专利，改进了变速机构和差动装置，开始批量生产汽车。1890年，其汽车销售量达350辆。

塞波莱［法］发明瞬间蒸汽发生器　法国工程师塞波莱（Serpollet，Léon 1858—1907）将镍钢管盘绕起来，当少量水注入钢管下端时，燃烧室中炽热钢管瞬间产生大量蒸汽，蒸汽全部通过钢管到达发动机，使膨胀力增大，不仅可获得过热蒸汽，而且产生的蒸汽比水管锅炉所产生的蒸汽干燥。1894年，他将此项发明成功地运用到蒸汽汽车上，随后以石油代替煤炭作为燃料，并采用卧式带有提升阀的单缸蒸汽机，使所制蒸汽汽车在欧洲享有盛誉。

珀若［法］制造法国最早的汽油汽车　法国人珀若（Peugeot，Armand 1849—1915）制造出一台以V型双缸戴姆勒发动机为动力的轻型汽车，这是法国最早的汽油汽车。该车在车身后面装载发动机，使用粗辐条车轮，用棒型控制器控制方向。1891年，他又设计出新型汽车，该车前部垂直安装有双缸戴姆勒发动机，用摩擦离合器与可以进行三级调速的滑动齿轮箱连接，齿轮箱经伞齿轮驱动副轴，由此经车中部的链条将动力传给带有差动齿轮的后轴，这种结构方式几乎成为日后汽车设计的标准型式。该车转向装置用转向杆操作，在木制车轮上安装橡胶或铁制轮箍。数年后，转向杆被方向盘取代。

1890年

佩尔顿［美］安装高水位水轮机　美国工程师佩尔顿在阿拉斯加矿山安装一台7英尺高的水轮机，此水轮机能在400英尺落差下运行，其最大优点是结构简单，从水管端头的喷嘴喷出的水流打在轮叶的弧形戽斗上，水从戽斗落入尾水渠中，用调节器进行控制。该水轮机的功率为500马力，可带动240台捣矿锤、96台粉碎机和13台破碎机工作。

斯托莱托夫［俄］发现光电流　俄国物理学家斯托莱托夫（Stoletov, Alexander Grigorievich 1839—1896）用紫外线光照射锌板产生了连续光电流，这是最原始的光电装置。

美国出现电动玩具　美国制成电动小风扇玩具。1896年又制成电动小火车，它能在一圆周轨道上绕圈行驶。此后电动火车制造成为西方玩具工业中的一个重要门类。

英国伦敦建成电力地铁线路　该铁路由南非工程师设计并组织施工，位于旧伦敦和南伦敦之间，1887年动工，1890年通车，是第一条城市深层电力地铁线。在地铁建造中，隧道挖掘采用防护屏，隧道用铁制弓形架支撑，当防护屏前进的时候，铁制弓形架就被一环一环地向前推进。地铁用500伏直流电供给机车上的两台串激式电动机，机车牵引三节车厢，机车上每台电动机的功率为25马力，总共50马力，转速为每分钟310转。电动机与机车轴采用直接连接方式，机车时速为25英里。地铁所挖掘的隧道直径为10英尺6英寸，其规模小于后来所修建的地下铁路的隧道，旅客进出站口采用液压升降机。

1891年

德国通用电器公司架设最早的高压交流输电线路　德国工程师多布洛沃尔斯基研究了三相交流理论和三相四线配电方式。1891年，他指导德国通用电器公司架设了178千米的输电线路，用15～30千伏高压将内卡河用水轮机发出的电能输送到法兰克福国际博览会，效率达77%，由此证明了三相交流高压输电的可行性。

拉库尔［丹］发明风力发电机　丹麦拉库尔（la Cour, Poul 1846—1908）教授建成世界上第一座风力发电站，安装了两台9千瓦风力发电机组，为人类利用风能开创了新途径。

韦斯顿［美］发明韦斯顿标准电池　美国电气工程师韦斯顿（Weston, Edward 1850—1936）用饱和硫酸镉溶液代替克拉克电池中的电解液，用镉汞合金代替锌负极，极化剂仍用硫酸亚汞，制成了这种电池，1893年获得专利。

帕森斯［英］制成带凝汽器的汽轮机　凝汽式汽轮机的蒸汽在膨胀做功后排入凝汽器（也称冷凝器），经冷却凝结成水，形成真空，因而热能能较充分地转化为机械能，提高了汽轮机的热效率。英国的帕森斯创制的这台新型汽轮机是为伦敦剑桥电灯公司制造的，驱动的发电机为功率100千瓦的涡轮交流发电机。该汽轮机为世界上第一台带凝汽器的汽轮机。由于冷凝式汽轮机省燃料、占地少、震动小，被认为是发电站最好的原动机。

米勒［德］发明高压远距离传送交流电电缆　德国电气工程师米勒（Miller，Oskar von 1855—1934）发明一种能用25千伏电压远距离传送交流电的电缆，这种电缆的发明，使得用400千伏以上电压传送电力成为可能。

特斯拉［美］发明"特斯拉线圈"　特斯拉线圈（Tesla Coil）是一种使用共振原理运作的变压器，主要用来生产超高电压、低电流、高频率的交流电力。特斯拉线圈由两组（有时用三组）耦合的共振电路组成。特斯拉试行了大量的各种线圈的配置，利用这些线圈进行创新实验，如电气照明、荧光光谱、高频率的交流电流现象、电疗和无线电能传输、发射和接收无线电信号等。特斯拉还证实了无线能量传输。

1892年

费罗利克［美］制造专用内燃机　美国艾奥瓦州的费罗利克（Froehlich，John 1849—1933）为辛辛那提市的范杜兹煤气和汽油机械公司制造了一台专用内燃机，安装在农用牵引车上，这是第一台真正实用的内燃动力拖拉机。

希维赛德［英］论述电报学和电传输问题理论　在希维赛德（Heaviside，Oliver 1850—1925）所著的《电学论文集》一书中，论述了电报学和电传输问题的理论概貌。

狄塞尔［德］取得定压加热循环柴油内燃机的专利　德国工程师狄塞尔（Diesel，Rudolf

狄塞尔循环柴油内燃机

1858—1913）设计的定压加热循环又称"狄塞尔循环"（Diesel cycle），其过程是将空气送入气缸进行压缩，当在压缩终了时，用一台喷油泵将精确定量的少量油喷入，由于空气压缩产生高温，燃料立刻自动着火燃烧，反应时间极短，空气压力变化极小，近于定压。狄塞尔循环应用于柴油内燃机，由于被压缩的是空气，可采用较大的压缩比，因而热效率要比奥托循环（定容加热循环）的煤气或汽油内燃机热效率高得多。

齐奥尔科夫斯基［俄］建造风洞　俄国科学家齐奥尔科夫斯基（Tsiolkovsky，Konstantin Eduardovich 1857—1935）建造一系列风洞来测量空气对运动装置的阻力，开拓了对空气动力学的研究。

丹斯［英］设计自动风仪　英国气象学家丹斯（Dines，William Henry 1855—1927）设计的自动风仪，可以自动测定瞬时风向和风速的连续变化，其风向由风向标装置测定，风速由感应风的动压力与大气静压力的压力差来测定，被称为"丹斯风仪"。

穆瓦桑［法］、威尔逊［加］发明电炉制电石法　法国化学家穆瓦桑（Moissan，Henri 1852—1907）和加拿大发明家威尔逊（Willson，Thomas 1860—1915）同时发明以廉价的石灰和焦炭为原料，在电炉中加热制取电石的方法，这一方法为电石工业的兴起开辟了道路。威尔逊在1893年获得专利，并于1895年在美国建立了世界上第一座电石工厂。另外，威尔逊利用电石和水在乙炔发生器中反应制得乙炔，使乙炔进入工业化生产。

美国凯斯公司研制蒸汽动力三轮拖拉机　美国凯斯公司研制出三轮拖拉机，前面一个小轮用来导向，后面两个大轮子承载锅炉。由于拖拉机对速度要求不高，不适于汽车的蒸汽机可以用来驱动农机，3年后，美国西部的大农场已普遍使用这种机器。

1893年

西屋公司［美］完成全套高压交流输变电设备　美国威斯汀豪斯的西屋公司购买了法国物理学家戈拉尔（Gaulard，Lucien 1850—1888）在1882年发明的变压器专利，对交流电机和变压器进行了大量的研制工作。为了推广高压输电方式，击败爱迪生并取得对美国电力的垄断权，西屋公司在不到一年的时间内设计制造了包括12部三相发电机在内的全套电站设备,并在1893年芝加哥国际博览会上成功地进行了展示。

梅巴克［德］取得浮子充油式汽化器专利 德国技师梅巴克(Maybach,Wilhelm 1846—1929)设计的浮子充油式汽化器应用于戴姆勒发动机。在该装置中,汽油靠压力或重力被送到装有一个浮子的空腔内,一根端部装有一个细孔(也叫喷嘴)的管子将汽油引入发动机输入管中的适当部位,在那里,空吸作用使得输入的空气与从喷嘴里喷出的油雾混合。浮子控制一个用来调节从油箱流入浮子室内的进油量的指针,使浮子室内油的平面始终保持在合适的高度上。这一原理几乎为后来所有的汽化器所采用。

本茨［德］制造四轮单缸内燃机汽车 德国的本茨在制造汽油内燃机三轮车的基础上,改装制造了四轮单缸内燃机汽车,采用两级变速的传送带驱动,最高时速达40千米。此后至1901年,他又制造了几台3.5马力的汽车。

本茨制造的四轮单缸内燃机汽车

欧洲批量制造汽油发动机摩托车 1885年,德国工程师戴姆勒取得装有高速汽油发动机的自行车专利,制成世界上最早的摩托车。1893年,德国公司制造出装有卧式双缸四冲程汽油发动机、经长连结棒用曲轴直接驱动后轮、采用空气轮胎的摩托车。1895年,法国改制了这种摩托车。同年,德迪翁制造出了用0.5马力驱动的自动三轮车。1900年,发动机功率达到2.75马力。

普尚［法］制造商业电动车 普尚(Pouchain,Paul)制造的电动车取得商业上的成功。该车可乘6人,安装54个蓄电池,电动机输出功率为3.5千瓦,用齿轮链条传动机构驱动后轮,车速由变换接入的电池个数调节,这是历史上最早用此法改变车速的例子。

霍兰［爱］制造安装汽油发动机的潜艇 1893年,爱尔兰工程师霍兰(Holland,John Philip 1840—1914)制造的潜艇安装了45马力的汽油发动机,用以推进潜艇在水面航行,潜艇航速达7节,续航力达1 000海里;以蓄电池作动力的电力驱动潜艇在水下以5节的速度前进，续航力达到50海里，艇上装备了一具在气动加农炮的基础上改进的鱼雷发射管。

特斯拉［美］研究高频交流电　1893—1895年，特斯拉通过实验研究，利用圆锥形的"特斯拉线圈"产生出百万伏的交流电。他研究了导体中的"集肤效应"，设计了调谐电路，发明了无绳气体放电灯，并制造了第一台无线电发射机。

1894年

迪迪奥−波顿公司［法］的蒸汽客车在汽车竞赛中获胜　法国迪迪奥−波顿公司（De Dion-Bouton）的一辆15马力的蒸汽客车在第一次汽车竞赛中获胜，从巴黎到里昂127千米的路程中，汽车平均时速达到18.7千米。

1895年

特斯拉［美］发明的两相交流发电机安装发电　美国电气工程学家特斯拉发明的两相交流发电机，装于美国尼亚加拉瀑布水电站，输出功率5 000千瓦，输出电压5 000伏，用变压器升压至11 000伏，送到相距40千米的布法罗市。这一输电方式的成功使高压交流输电方式迅速在世界范围内推广开来。发电机由西屋电气公司制造，此为尼亚加拉瀑布水电站的第一号机组。该电站设计规模14.7万千瓦，成为世界商用交流水力发电的开端。

英国制成油断路器　这是一种最老式的罐型油断路器，其中的油用作灭弧介质。断路器是一种能在正常情况下接通或切断电气设备（如变压器、输电线路等）的负荷电流，也能在电网故障情况下切断规定的异常电流（如短路电流）的开关装置。1891年，在德国慕尼黑国际电工展览会后，由于高压三相输电系统的发展，需要制造供应有效和安全的断路器，英国费伯蒂工厂承担研制任务，制成世界上第一台油断路器。

迪迪奥−波顿公司［法］研制出单缸发动机摩托车　该公司用一台0.75马力的单缸发动机非常成功地驱动了一辆三轮车的后轮。该发动机气缸容量为120毫升，装有外部散热片以利于空气冷却。

中国汉口茶厂采用蒸汽机压制青砖茶　中国在220—264年已使用碾碎茶

叶的工具。1081—1083年创制了用水力驱动的碾制饼茶（团茶）的机具，这是世界上最早使用的制茶机械。1850—1861年湖北已用人力螺旋压力机压制帽盒茶（即砖茶）。1895年汉口茶厂开始采用蒸汽压力机压制青砖茶。

美国建成巴尔的摩至俄亥俄的电气化铁路　美国在巴尔的摩至俄亥俄铁路线上的卡姆登到韦弗利隧道中的蒸汽铁路中，建成长达4千米的第一条电气化干线，该铁路采用高架电线的大功率电力机车牵引，以消除长隧道中因蒸汽机车所带来的烟尘，成为后来电气化铁路干线的前身。

纳冈［比］制造英国最早的汽油汽车　比利时人纳冈（Nagant，Henri Léon 1833—1900）在英国最先研制三轮汽油汽车。汽车装有卧式单缸发动机，起初用热管点火，后改用电点火；使用双级变速传送带传递动力；安有滑轮，用于选择所需要的传送带，不用的传送带则空转。1896年，汽车改制为四轮车结构，同时用带实心胶轮缘的木轮取代了辐条式后轮。另外，还安装了大型气缸，时速高达16千米。1895年，英国的兰彻斯特（Lanchester，Frederick William 1868—1946）制造了用空冷单缸5马力发动机驱动的汽车，并于1896年试运成功。

利连塔尔［德］进行滑翔机试验　德国工程师利连塔尔（Lilienthal，Otto 1848—1896）及其英国助手皮尔彻（Pilcher，Percy 1866—1899）是在空中进行飞行滑翔实验的先驱人物。利连塔尔制造过一系列大小不同的三角翼悬吊式滑翔机，进行过上千次实验，获得大量的飞行记录。利连塔尔和皮尔彻分别于1896年和1899年在飞行实验中牺牲，他们生前都努力研究过安有动力装置的滑翔机，为后来内燃机驱动的飞机制造奠定了基础。

1896年

贝克勒尔（Becquerel，Antoine Henri 1852—1908）［法］**发现铀的放射性**

霍尔［英］设计液压机械传动装置　英国人霍尔（Hall，John Wallace）设计的液压机械传动装置具有极好的差动性能，是机械和液压驱动的结合。液压驱动利用一个密封的液压系统，包括一个泵和一个能以上限和下限之间的可变速度传递动力的马达。下限通常为零，工作液体只在泵中绕流，没有输出转矩。之后出现了许多"自动传动装置"，都是代替摩擦离合器的液体连接器，而另一些"自动传动装置"则完全是自动转矩变换器，具有离合器和齿轮箱的功能。

帕森斯［英］、拉瓦尔［典］发明用汽轮机驱动的轮船 英国人帕森斯用三轴装置取代原来的径向涡轮机，将三台涡轮机串联，每一台涡轮机连接一根轴，而每一根轴带动三个螺旋桨推进器。来自锅炉的高压蒸汽先通过右舷的高压涡轮机，然后流经左舷的中压涡轮机，最后流入位于船中央的低压涡轮机，三台涡轮机产生大约2 000马力的轴部功率。1897年，安装着上述装置的"特比利亚号"轮船试航成功，创下了时速34.5海里的航行记录。与此同时，瑞典工程师拉瓦尔发明的冲击式汽轮机也成功地应用在轮船上。

福特［美］研制美国第一台四轮汽车 福特汽车公司创始人福特（Ford, Henry 1863—1947）研制的这种汽车采用了水冷双缸四冲程发动机、皮带传动、驾驶盘转向系统、实心橡胶轮胎和带辐条的条轮，时速为40～48千米。1903年，福特汽车公司成立。

福特及其设计的四轮汽车

1897年

美国钻出第一口海上油井 1894年，在美国加利福尼亚州的圣芭芭拉附近，人们发现了第一个海滩油田萨默兰德（Summerland）油田。1896—1897年，在美国加利福尼亚海岸，人们为开采由陆地延伸至近海的油田，从防波堤向海里搭建了一座76.2米长的木质栈桥，并装上钻机打井，这是世界上第一口海上油井。油井采用全陆式集输系统，最早的两座木质栈桥码头分别深入海里300英尺和500英尺，每座码头上可以钻6～12口油井。

狄塞尔［德］研制柴油内燃机 德国机械工程师狄塞尔设计的这台定压加热循环四冲程柴油内燃机的功率为5.6马力，转速为每分钟180转，压缩比为16：1，压力为35个大气压，热效率达24%～26%，成为当时热效率最高的内燃机。它结构简单，燃料便宜，重量功率比为每马力30千克，经济性比汽油机高1.5～2倍。狄赛尔柴油内燃机的问世，标志着往复活塞式内燃机的发明进入基本完成的阶段。到20世纪20年代研制成适用的燃油喷射系统后，柴油内燃机开始广泛应用于汽车、拖拉机、船舶与机车等，成为重型运输工具无可争议的原动机。

英国伦敦市区定期运行电动汽车　伦敦电动汽车公司开始在市区定期运行电动汽车，这种汽车装有40个蓄电池，一次充电可运行约80千米。车后部装有带平齿轮的电动机，平齿轮驱动副轴，副轴上装有差动轮，其两端安有链轮，靠它带动后轮上的大链轮。这种电动车由于车体太重、速度慢，起动、停车动作笨拙，经营两年后宣告停运。

沃纳兄弟［法］研制小型高速发动机摩托车　出生在俄国的沃纳兄弟（Werner，Michel；Werner，Eugene）在法国设计出安装小型高速发动机的摩托车，1897年取得了在前轮上安装发动机、用皮带驱动前轮方式的专利。不久英国商行购买此专利进行批量生产。1900年，他们又取得在两轮中间支架下部安装发动机的专利，这样安装就降低了车的重心，摩托车行业得以快速发展。

1898年

尤格涅尔［典］发明镉镍电池　瑞典发明家、工程师尤格涅尔（Jungner，Waldemar 1869—1924）发明镉镍电池（即镉镍碱性蓄电池），其正极活性物质是高价氢氧化镍，负极活性物质是海绵状金属镉，电解液是氢氧化钾或氢氧化钠的水溶液。

霍尔登［英］制造四缸发动机摩托车　1896年，英国马车制造商霍尔登（Holden，Henry James 1859—1926）发明新型四缸发动机，两年后安装该发动机的摩托车问世。该车使用空气轮胎，前轮直径24英寸，后轮直径20英寸，发动机安装在车架上。发动机两个活塞连接的活塞棒经由两个平行安装的钢管与钢栓相连，钢栓两端与安装在后轮曲轴上的两条长连结棒中心相连。该车采用电点火，最高时速为20英里，行驶平稳舒适，数年后改用水冷式发动机。

吴味熊［中］创办贾汪煤矿公司　1897年，江苏徐州铜山县（现铜山区）境内的青山泉煤矿附近的贾汪地区发现优质煤矿，经化验，"煤质坚韧，作方块形。含硫质较少，足合烧焦之用"。1898年，广东商人吴味熊（？—1907）向清朝户部申请备案，改徐州利国驿矿务局为贾汪煤矿公司，资本总额为200万元，先收足80万元，开井采煤，余款俟营业后陆续收清。贾汪煤矿在投产后的三年间，生产较兴旺，煤炭的日产量达到100吨。后来，运销阻滞问题日趋严重，采掘出的煤炭无法销售，亏耗成本，煤矿被迫停产。

1899年

瑟曼［美］发明世界上第一台电动吸尘器　1898年11月14日，瑟曼（Thurman，John S.）向美国专利局提交了电子吸尘器的专利，1899年10月3日获得专利。

1900年

曼哈顿高架铁路实现电气化　纽约市轨道交通运输历史十分悠久，早在1868年左右，第一条高架路线（IRT第九大道线）就已开通，而BMT莱辛顿大道线（现布鲁克林BMT牙买加线部分）的轨道结构自1885年使用至今。至19世纪末，曼哈顿的上空已经遍布密密麻麻的高架铁路网。1900年，经威斯汀豪斯的公司设计改造，将电力应用到火车运输系统中，曼哈顿高架铁路基本实现了电气化。

1901年

美国建成太阳能水泵　该水泵建于加利福尼亚帕沙登纳的一个鸵鸟农场，水泵的太阳能反射器由1 788块小镜子构成，它把太阳光聚集到一台锅炉上，锅炉中产生的蒸汽驱动水泵引水。

1902年

丹尼尔森［典］发明同步感应电动机　瑞典工程师丹尼尔森发明的电动机包括一台感应电动机、一个合适的电阻、一个连续电流源和一个开关装置，利用开关装置的连接方式，可产生同步效应。

雷诺［法］发明鼓式制动器 法国发明家雷诺（Reynaud，Charles-Émile 1844—1918）发明的这种制动器工作时，轮毂上的两块蹄片张开，紧贴在与轮子内壁相连的旋转鼓上，制止了轮子的转动。直到20世纪80年代大部分客车的后桥上还在使用这种制动器。

休伊特［美］发明水银整流器 美国电气工程师休伊特（Hewitt，Peter Cooper 1861—1921）发明的整流器是把交流电转变为直流电的装置。20世纪30年代后，水银整流器广为应用。

1903年

艾林［挪］制造能靠燃烧产生的动力对外做功的燃气涡轮发动机 燃气轮机的思想和原理早已有之，中国宋朝时出现的"走马灯"就体现了燃气轮机的原理，达·芬奇也有过类似设计。1791年，英国发明家巴伯（Barber，John 1734—1801）获得的最早的燃气轮机设计专利已经具备了现代燃气轮机最主要的组

艾林制造的燃气涡轮发动机

成部分，但其设计十分粗糙。1870年之后，在高速动力装置需求推动下，蒸汽机与水轮机的发展结合在一起，燃气轮机出现。1903年，挪威工程师艾林（Elling，Jens William Ægidius 1861—1949）制造的燃气轮机利用旋转压气机和涡轮机可以产生高达11马力的动力，这在当时是最高的。

齐奥尔科夫斯基［俄］提出"齐奥尔科夫斯基公式" 他发表《利用喷气工具研究宇宙空间》一文，阐明了火箭飞行理论，讨论了采用火箭作为星际交通工具的可能性，并推导出在不考虑空气动力和地球引力的理想情况下，计算火箭在发动机工作期间获得速度增量的公式，为研究火箭和液体火箭发动机奠定了理论基础。齐奥尔科夫斯基在研究喷气飞行原理方面卓有建树，提出了燃气涡轮发动机方案，解决了航天器在行星表面着陆的理论问题，研究大气层对火箭飞行的影响，首次探讨从火箭到人造地球卫星等诸多

问题，提出液体燃料火箭原理图。他指出，为飞向其他行星，必须设置地球卫星式的中间站。1929年，他又提出多级火箭的结构，并建议利用多级火箭来克服地球引力以获得进入宇宙空间所需速度。

1904年

意大利最早利用地热能发电　意大利在拉德瑞罗（Larderello）首次采用地热蒸汽推动涡轮机发电成功。这台地热发电装置的功率仅552瓦，点亮了5盏电灯。地热电站按发电方式分为蒸汽型和热水型两种，前者直接将地热井喷出的具有一定压力的过热蒸汽送入汽轮机，驱动发电机发电；后者利用地热井涌出的具有一定压力和温度的汽水混合物或热水，通过减压扩容或双循环方法发电。

1905年

中国延长石油官厂成立　陕西"三延"（延安、延长、延川）地区蕴藏有丰富石油。据古籍记述，古代劳动人民早已发现了油苗，采之作照明、润滑、制墨等用。1905年，陕西当局奏准拨用地方专款，从日本购机聘匠，开办延长石油官厂。1907年6月5日开钻，9月10日出油，10月炼油房投产，这是中国自产煤油之始。延长石油是我国乃至世界上最早发现的天然油矿之一，结束了中国陆上不产石油的历史。

1906年

瑟雷［瑞］建成规模大、技术先进的直流输电线路　瑞士电气工程师瑟雷（Thury，René 1860—1938）改进了直流发电机和电动机的串联系统。1906年，他负责建成从法国毛梯埃斯（Moutiers）水电站到里昂（Lyon）的远距离直流输电线路系统。线路总长200千米，190千米在地上，10千米以地下电缆传输。线路为双线，单线输电电压75千伏，输送电流开始为75安，后来达到150安。

国际电工委员会（IEC）成立　这是一个从事电工产品标准化的国际性组织，是根据1904年在美国圣路易市举行的第七届世界电工技术会议（WELC）上通过的一项决议而成立的。

英国伦敦地下铁路实现完全电气化　1863年，世界上首条地下铁路系统"伦敦大都会铁路"开通，该铁路是为了解决伦敦的交通堵塞而建。当时电力尚未普及，所以即使是地下铁路也只能用蒸汽机车。由于机车释放出的废气对人体有害，所以当时的隧道每隔一段距离便要有和地面打通的通风槽。1870年，伦敦建成第一条客运钻挖式地铁，在伦敦塔附近越过泰晤士河。但这条铁路运营并不成功，在数月后便关闭。现存最早的钻挖式地下铁路则在1890年开通，连接伦敦市中心与南部地区。最初铁路的建造者计划使用类似缆车的推动方法，但最后用了电力机车，使其成为第一条电动地下铁路。早期在伦敦市内开通的地下铁路于1906年全部实现电气化。

1907年

休利特［美］、巴克［美］发明悬式绝缘子　绝缘子又称瓷瓶，是一种由电瓷、玻璃、合成橡胶或合成树脂等绝缘材料制成的电器件，用于支持带电导线，对杆塔保持绝缘。1907年以前，输电线上使用针式绝缘子，只能承受不超过60千伏的输电电压。美国工程师休利特（Hewlett，Edward M.）和巴克（Buck，Harold W.）发明悬式绝缘子，是输电技术上的一个突破，使输电压提高到110～120千伏。

大西洋石油炼制公司研制出连续蒸馏塔　它使石油的炼制变成了一个连续的过程，而不再像过去那样一罐一罐的断续生产，因而提高了产量。炼制的石油产品包括各种溶剂、石蜡和油脂等。此方法从1910年起陆续被许多炼油厂采用。

中国第一台用于发电的汽轮机投入运行　该台汽轮机系英国帕森斯（Parsons）公司制造，机组容量800千瓦，安装在上海虹口斐伦路（今九龙路）新中央电站，隶属上海公共租界工部局。与汽轮发电机配套，同时安装一台当时远东最大、最先进的自动链条炉排锅炉，蒸发量为每小时2.4万磅，由英国拔柏葛公司（B&W）制造。

民营六河沟煤矿公司成立　河北观台镇六河沟煤矿地处安阳西北部（今河北省磁县观台镇），煤质优良，并有平汉铁路的交通优势。六河沟煤矿开办于光绪二十九年（1903年）。1907年3月，经清政府批准成立民营六河沟煤矿股份有限公司。该煤矿为现峰峰煤矿的前身。

滦州煤矿公司成立　该煤矿位于河北开平县（现开平市）马家沟一带。1905年，清政府鉴于开平煤矿出让给英国人后，用煤紧缺，令直隶总督袁世凯筹办。1907年，袁世凯派周学熙和孙多森为该矿总协理，取名"北洋滦州官矿公司"，实为官督商办，筹资300万两白银，向德国购买采煤机械，聘用德国工程师，日产煤900吨。后在与开平煤矿激烈竞争中，于1911年6月与英国人达成合并协议，成立"开滦矿务总局"。

1908年

中国中兴煤矿有限公司成立　1880年，北洋大臣、直隶总督李鸿章委派戴华藻由民间集股二万余两，开采山东峄县煤矿。当时为官督商办，初用土法开采，嗣后增加股金，陆续购置机械设备。1899年，又借助外资继续开办，加入德股，更名为"德华中兴煤矿有限公司"。1908年，因曹州教案，由华股集资80万两，赎回德股，定名为"商办山东峄县中兴煤矿有限公司"，自此为完全华资自营煤矿。至20世纪30年代，中兴煤矿公司与当时的开滦、抚顺齐名，为中国三大煤矿，而且是其中唯一的"民族股份制企业"，为国家的发展作出了巨大的贡献。新中国成立后，该矿改为公私合营。后经过近50年的开采，煤炭资源逐渐枯竭，于1999年6月关井破产，改组为枣庄新中兴公司。

1909年

上海求新机器厂制成中国最早的火油发动机　该台发动机的功率为25马力，转速为每分钟500转，耗油为每小时10斤，适于碾米机、抽水机、轧花机等装用。

中国赎回江北厅煤铁矿开采权　1891年重庆开埠以后，许多外国领事和商人相继在重庆附近掠夺煤、铁矿藏。采煤业集中在江北、北碚地区。重庆煤资源丰富，土法开采历史悠久。20世纪初，采矿业逐步由传统的手工采矿向机器采矿发展，由采矿场向采矿企业演变。最早拟用机器开采的是江北厅煤矿。1898年，英商申请开矿。1904年4月，英商开办的华英合办煤铁矿务有限公司（简称华英公司）与四川省矿务总局订立合同16条，夺得江北厅煤矿50年的煤、铁开采权。1905年3月，该公司在香港正式注册，当年即在江北龙王洞一带正式开矿采煤。为了挽救国家主权，中国商人组织成立江北矿务公司，1908年更名为"江合矿务有限公司"（简称江合公司），筹集股本20万两白银，后经四川总督定为官督商办。公司成立一年多，通过谈判，以库银22万两的高价赎回被英商攫取的江北厅煤、铁矿权，华英公司全部财产转交给江合公司，江合公司由此成为当时重庆资本最大的近代企业。

1910年

日清合办本溪湖煤矿公司成立　该矿区在辽宁省东部的本溪市。清末奉天矿政总局就辖有本溪湖矿政分局，分坑开采。1905年日俄战争时日军占领该地，组成大仓炭坑公司勘探采掘。1909年改为中日合办，1910年定名"商办本溪湖煤矿有限公司"，有效期30年，实权为日方掌握。1911年1月正式开业，并增设制铁部，添办庙儿沟铁矿，改称"本溪湖煤铁有限公司"。之后矿区不断扩大。1931年后矿区被日本侵占，受满铁和大仓集团控制。1934年生产石油20 000桶（炼焦副产品）。1946年资源委员会接办。

中国赎回铜官山煤铁矿开采权　1905年，英商组织"伦华公司"在安徽歙县、铜陵、大通、宁国、广德、潜山等6处采掘煤铁，资本预定700万两白银，实际投资不足12万两。1910年，中国政府赎回该矿主权，由皖省官矿局组织泾铜矿务股份公司经营。额定资本220万银圆，一半用于开采铜官山铁矿，一半用于开采泾县煤矿。1912年6月，皖省政府以铜官山矿作抵押，向日本三井物产株式会社借款20万日元作军政费用，所以抗战期间铜官山矿由日军控制，抗日战争胜利后归国民经济部燃料委员会支配。

美国研制出船舶动力用慢速多级同步电动机　在船舶的发动机方面，汽轮机在20世纪初被用作大型船舶的发动机。汽轮机转速高，功率大，工作平稳，可靠性与热效率都比较高，而且功率输出特性好，低速时比柴油机节省燃料8%～9%，特别适合作为大型舰船的动力机。在这一时期，欧洲8 000吨以上的船舶几乎全部采用汽轮机为发动机。美国在1910年前后发明了可与汽轮机发电机组配套使用的慢速多级同步电动机，这一技术使美国海轮最先进入由汽轮机驱动的远洋巨轮发展时期。由于汽轮机在20世纪初期的迅速发展，外燃技术的基本技术规范也就在这一时期内实现了从活塞式蒸汽机到涡轮式蒸汽机的全面技术变革。从20世纪20年代末开始，传统的高温度、高压力和高转速的活塞式蒸汽机逐渐被淘汰。

恰普雷金［俄］奠定机翼动力理论基础　俄国力学家恰普雷金（Chaplygin, Sergey Alexeyevich 1869—1942）发表论文《论平行平面流在堵塞体上的压力》，提出假说，认为当气流顺利流过机翼时，其尖后缘必定是上下两面气流的会合线。这一假说和茹科夫斯基定理一起解决了气流在流线型物体上的作用力问题，被称为"恰普雷金-茹科夫斯基假说"。从这个假说出发，恰普雷金推导出计算气流在阻塞体上的压力的"恰普雷金公式"。其后期的工作解决了一系列气体动力学的复杂问题，如举力点的确定、机械化机翼理论、机翼在飞行中的稳定性等问题。

1911年

冯·卡门［匈］提出"卡门涡街"理论　在一定条件下的定常来流绕过某些物体时，物体两侧会周期性地脱落出旋转方向相反、并排列成有规则的双列旋涡。匈牙利科学家冯·卡门（von Kármán, Theodore 1881—1963）最先对出现在圆柱绕流尾流区的两列这种规则排列的旋涡做了深入分析，故把它们称为"卡门涡街"。"卡门涡街"是黏性不可压缩流体动力学所研究的一种现象。流体绕流高大烟囱、高层建筑、电线、油管道和换热器的管束时都会产生"卡门涡街"。1911年，冯·卡门从空气动力学的观点中找到了这种涡旋稳定性的理论根据，归纳出钝体阻力理论。

中国大同煤矿开始建立现代矿井　山西大同煤炭储量丰富，开采历史悠久，北魏时即有人开始采掘。1911年，大同煤矿开始建设现代矿井，先后由晋北矿务局、大同保晋分公司、同宝、宝恒、协兴、恒义等煤炭公司组织生产开采。抗日战争期间被日军侵占，由南满洲铁道株式会社经营。1940年，日伪合组大同煤矿株式会社开采煤炭。抗战胜利后，大同煤矿被国民党政府接收。1949年5月，矿区收归人民所有。

1912年

世界首座潮汐电站在德国建成　该电站建在德国北部石勒苏益格-荷尔斯泰因州。修建潮汐电站的设想是法国科学家最早于19世纪末提出来的，但并未实现。潮汐电站是利用天然海湾或河口，筑起堤坝，形成水库，在坝内或坝侧安装水轮发电机组，利用坝内外两侧潮汐涨落的水位差，驱动水轮发电机组发电。继德国之后，1931年，法国在海滨建成阿别尔潮汐实验电站。20世纪60年代，法国建成世界最大的潮汐电站——朗斯潮汐电站，安装有24台1万千瓦灯泡型水轮发电机组，总装机容量24万千瓦，年设计发电量5.44亿千瓦时。

卡普兰［奥］发明新型水轮机——卡普兰水轮机　奥地利工程师卡普兰（Kaplan，Viktor 1876—1934）发明的水轮机是两种轴流式水轮机的一种，即转桨型（另一种称为定桨型）水轮机。这种水轮机可以随水量的变化而变化螺旋桨叶片，能适应水头变化和负荷变化，在各种运行工况下，都能维持较高的效率，应用较广。轴流转桨式水轮机适用于较低水头的水电站，在相同的水头下，其比转数较混流式水轮机高。轴流转桨式水轮机的转轮叶片一般由装在转轮体内的油压接力器操作，可按水头和负荷变化做相应转动，以保持活动导叶转角和叶片转角间的最优配合，从而提高平均效率。

中国第一座水电站——石龙坝水电站开始发电　该电站位于中国云南省昆明市郊的螳螂川上，是中国最早兴建的水电站。电站一厂于1910年7月开工，1912年5月28日发电。引水渠长1 478米，利用落差15米，引用流

石龙坝水电站

量每秒4立方米，安装两台从德国西门子公司订购的、单机容量240千瓦的水轮发电机组，用22千伏输电线路向距电站32千米的昆明供电。

田熊常吉［日］发明田熊式锅炉　田熊常吉发明的田熊式锅炉，是根据

血液循环里动、静脉的分工，以及心脏内防止血液逆流的瓣膜功能进行等值变换这种生理现象而发明的。他先画出一个锅炉模型，再画出一个人体血液循环的模型，将两者重叠起来，假设为新锅炉。他发现心脏相当于气包，瓣膜相当于集水器，毛细血管相当于水包，动脉相当于降水管，静脉相当于水管群。据此，他提出了一个新的设计，随后又设计了一个烟筒状的集水器，从而发明了水管式高性能锅炉，使锅炉的热效率提高了10%。

1913年

贝吉乌斯［德］发明煤直接液化方法　德国化学家贝吉乌斯（Bergius, Friedrich Karl Rudolf 1884—1949）发明了从煤中提取工业汽油的方法。这种方法是：先将煤与原油混合成糊状物，然后在200个大气压下，借助催化剂进行氢化处理，用氢气将其转化为液相产物，再制成汽油等轻质油品。该技术工艺于1913年获得德国专利。

德国研制出新型水力涡轮发电机　该型涡轮机的叶片可以根据水头的变化进行调节，从而使水电站保持稳定的输出功率。

霍赫施泰特［德］研制出油浸纸绝缘屏蔽型电力电缆　德国电力工程师、发明家霍赫施泰特（Hochstadter, Martin）对19世纪末出现的统包型电缆绝缘结构进行了技术革新，从而改善了电缆内部电场分布，提高了绝缘水平。统包型电力电缆普遍使用在22千伏及以下电压的输电系统，而33千伏输电系统则采用油浸纸绝缘屏蔽型电缆。

中国出现生产白炽灯泡的电器厂　该厂设在上海，称"奇异安迪生灯泡厂"，系美国通用电气公司（GE）设在中国的子公司，主要生产白炽灯泡，并制造低压配电线路上的电瓷配件、电风扇以及家用电灯开关。1923年，中国实业家、发明家胡西园（1900—1981）等人在上海创建中国亚浦耳灯泡厂，中国才开始有国产的白炽灯泡和充气灯泡。

伯顿［美］取得原油加工热裂法专利权　热裂化工艺是石油炼制过程之一，是在热的作用下（不用催化剂）使重质油发生裂化反应，转变为裂化气（炼厂气的一种）、汽油、柴油的过程。1913年1月7日，美国化学家伯顿（Burton, William Merriam 1865—1954）获得热裂化工艺的专利权，并实现工业化应用。

洛林［法］提出喷气发动机设想并获得专利 法国航空工程师洛林（Lorin, René 1877—1933）在飞机发明之后，于1908年就提出喷气推进的理论并获得专利。他建议在活塞发动机的排气阀上接一支扩张型的喷管，借助燃气从喷管向后喷射的反作用力使飞机前进。不过在当时，该技术还完全不适用于飞机，因为只有在速度大于每小时640千米时，采用喷气推进才是经济高效的。1908—1913年，洛林在一系列文章中介绍了自己的设计和理论。

1914年

邓希思［英］研制出油浸纸绝缘分相铅包电力电缆 英国电力工程师邓希思（Dunsheath, Percy 1886—1979）研制的改型电缆，具有纸绝缘容易浸渍饱满、弯曲变形小而不易损伤、发生故障时可单独修理一芯等优点，但该技术工艺复杂，成本较高。

中国最早制造直流电机的镛记电器铺在上海创办 1914年，中国技工钱镛森（1887—1967）在闸北黄家宅自己家中创办了镛记电器铺。1918年，他自制成功专供电镀用的小型直流电机。1925年，他又开始仿造德国西门子电动机。1930年，制造出10马力电动机25台，卖给了申新棉纺厂。同年，钱镛森将电器铺改名为"钱镛记电器厂"。1937年，他将厂址迁至卡德路（现石门二路），并制造出一台50千瓦的交流发电机。新中国成立后，钱镛森拥护党的方针政策，积极发展直流电机生产。1959年1月，钱镛记电业机械厂（新中国成立后改名）与孙立记电器厂、华昌电机厂、南洋烟厂合并成立上海南洋电机厂。

戈达德［美］进行火箭实验并获得专利 1913年10月，美国工程师、发明家戈达德（Goddard, Robert Hutchings 1882—1945）完成了第一项火箭研究计划。1914年，戈达德利用分级原理，设计了一枚二级火箭，并完成了第二项火箭实验研究。戈达德的这两次实验为后来的载人航天事业奠定了基础。在实验期间，他认识到液态燃料作为火箭的推进剂比较理想，并计算了各种燃料的重量比值和产生的能量。1919年，戈达德根据研究结果发表了论文《到达极高空的方法》。论文中，他详细论述了火箭使用液态燃料的可行性。不久，他又研究了用液氧和汽油等液态燃料的具体质量。1926年，戈达德成功发射了世界上第一枚液体火箭，宣告了现代火箭技术的诞生。

1915年

中国制成首台烧球式柴油机　广州协同和机器厂成功仿制4缸44.3千瓦两冲程烧球式柴油机。1918年，该厂又生产出117.7千瓦、用压缩空气启动、可逆转的两冲程柴油机，将其安装在轮船上，引起航运业重视。后又继续仿制了多种两冲程和四冲程柴油机。

中国首台烧球式柴油机

1917年

德国制成世界上最早的大容量铝线圈电力变压器　这种变压器高压侧电压为110千伏，容量为6万千伏安。

埃马努埃利［意］研制出输电电压在110千伏以上的充油电缆　意大利工程师埃马努埃利（Emanueli，Luigi 1883—1959）采用低黏度矿物油浸渍的电缆纸绝缘，并在电缆内部设置油道与供油箱相连，以保持电缆内油的压力，从而抑制了电缆绝缘内部气隙的产生，使电缆的工作电压提高到110千伏以上。1923年底，意大利米兰附近的勃鲁盖利敷设了世界首条132千伏充油电缆，长610米。1927年6月和8月，美国芝加哥和纽约的两条132千伏单芯充油电缆投入运行，输送功率9.5万千伏安，长度分别为9.6千米和19.2千米。此后，美、英、意、法各国相继敷设了几百千米的充油电缆，最高电压220千伏。

美国获得第一个天然气液化、储存和运输专利　世界上第一家液化甲烷工厂建成。1960年1月28日至2月20日，美国"甲烷先锋号"运载2 200吨液化天然气首行成功，标志着世界液化天然气工业的诞生；美国消防协会

（NFPA）起草了液化天然气设施设计新标准。1962年，世界液化天然气委员会正式成立，总部设在法国巴黎。到1977年底，全世界每年液化215亿立方米的天然气。

上海华生电器厂生产中国第一台实用直流发电机　上海华生电器厂创办于1916年，主要生产电风扇、电流表和电气开关等产品，并制造电力变压器和电机。1917年，该厂自行设计制造出中国第一台实用直流发电机和电力变压器。1922年，该厂制造的8千瓦直流发电机和60安电镀用直流发电机在上海总商会举办的展览会上获金奖。1926年，该厂又制造出中国第一台交流同步三相发电机，容量150千瓦。进入20世纪30年代，华生电器厂在制造电机和输变电电器方面有了更快的发展，取得了较大成就。

1918年

中国仿制成三汽缸立式蒸汽机　该机是由上海江南造船所按美国提供的设计图纸制造成功的，功率3 000马力，为万吨级运输舰的主机。

美国壳牌石油公司开发出多金刚石钻头

1919年

哈扎［美］最早提出全贯流式水轮发电机组设计概念　美国工程师哈扎（Harza，Leroy Francis）提出设计的这种发电机没有轴，机组段的尺寸很短，可直接安装在水轮机转轮叶片的边缘上。由于当时制造条件限制，直到1938年才研制出样机。

美国、加拿大开始研究芬地湾的潮汐发电　芬地湾（Bay of Fundy）是世界上潮汐落差最大的海湾区，平均潮差14.5米，最高16.3米，潮起潮落每天两次。芬地湾由于潮差大，成为世界上潮汐发电潜力最大的地方。

1920年

普朗特［德］奠定空气动力学的理论基础并建成风洞实验室　德国物理学家普朗特（Prandtl，Ludwig 1875—1953）的理论和实验室为合乎空气动力学性能的涡轮叶片的设计和实验创造了优良条件，从而能研制出更合理的叶片剖面和叶栅结构，促进了汽轮机制造技术的进步。

霍尔茨瓦特［德］制成第一台实用的燃气轮机　德国科学家、工程师霍尔茨瓦特（Holzwarth，Hans 1877—1933）研制成功实用燃气轮机，按等容加热循环工作，其效率为13%，功率为370千瓦。但因等容加热循环以断续爆燃的方式加热存在许多重大缺陷，后来逐渐被人们放弃。

开滦煤矿开始采用电动绞车　随着煤矿采煤向纵深发展，煤井变深，采煤量增大，便需要有相应的提升设备。新式煤矿多使用绞车作为提升机。1780年，英国诺伯兰威灵顿煤矿首次使用蒸汽绞车提煤。19世纪80年代，西方蒸汽绞车被引入中国，大约20年后，电动绞车也被引入中国。1920年，开滦煤矿赵各庄矿4号井安装了75马力的电动绞车，日提煤能力800～1 000吨，与1881年安装的150马力蒸汽绞车相比，电动绞车在效率方面优势明显。虽然此后蒸汽绞车还在使用，但电动绞车替代蒸汽绞车成为发展趋势。至1934年后，主提升设备换用863.6～2 205千瓦（1 157～2 955马力）的大型电动绞车。提升能力与矿井产煤数量直接相关，开滦煤矿是近代煤矿中除抚顺煤矿外产煤量最高的，这与开滦提升设备的先进是分不开的。

1921年

国际大电网会议（IGRE）于1921年3月在法国巴黎成立　这是一个国际性学术协会，在国际电工委员会（IEC）赞助下成立，其宗旨是促进国际发电、高压输电和大电网方面科技知识与情报的交流。会议每两年召开一次，地点在巴黎。出版物有《国际大电网会议会刊》（双月刊）、《国防大电网会议通报》（每两年一次）和《国际大电网会议论文集》（每两年一次）。1956年，中国第一次派员出席国际大电网会议召开的年会。

苏联成立全苏电工研究所（ВNЭCX）　该所原称"国家试验电工研究所"，主要从事高电压技术、电力电子器件、大电流技术、绝缘材料等方面的研究。

苏联成立全苏热工研究所（ВТИ）　它是苏联最重要的热工研究机构之一，基本任务是研究锅炉、汽机等热力设备方面的有关问题，制定热力设备及燃料的国家标准，提高热力设备的经济性和可靠性。

中国江苏戚墅堰发电厂开始兴建　1921年2月，北洋政府交通部批准震华制造电气机械厂以股份有限公司名义立项，在戚墅堰镇西三里许建设电厂（简称震华电厂）。同年开始安装英国制造的蒸发量为每小时10吨的锅炉4台和德国西门子公司的汽轮发电机2台，发电机每台容量为3 200千瓦，电压6.6千伏，于1924年2月发电，并经33千伏输电线路送至常州东门变电所。1926年建33千伏南门变电所。1928年震华电厂更名为"戚墅堰电厂"。以后又安装了1台3 200千瓦的汽轮发电机，1931年发电。1933年，安装英国制造的蒸发量为每小时30吨的锅炉1台，1934年投运。1934年安装德国制造的7 500千瓦汽轮发电机1台，1935年投产发电。1936年又安装每小时40吨的6号炉1台，1937年投运。至此，戚墅堰电厂共有低压锅炉6台，蒸发量计每小时110吨，发电机组4台，装机容量为1.71万千瓦。1947年4月，又安装容量为2 500千瓦的流动型汽轮发电机组1台和蒸发量为每小时7.5吨的锅炉2台，同年7月竣工，11月投产。此后历经多次技术改造和升级发展，至20世纪90年代，该厂发电生产能力达到49.25万千瓦，步入大型火力发电企业行列。

苏联开始建造油页岩干馏炉　油页岩属于非常规油气资源，以资源丰富和开发利用的可行性而被列为非常重要的接替能源。它与石油、天然气、煤一样都是不可再生的化石能源。在多年的开发利用中，人们在资源状况、主要性质、开采技术以及应用研究等方面都积累了不少经验。1921年，苏联开始在爱沙尼亚建设油页岩干馏炉，为直立圆筒发生式实验炉，以加工油页岩，研究开发页岩油生产，1924年建成。20世纪20—30年代，苏联建成了页岩油的工业生产。早期的油页岩干馏炉型有内热式的垂直圆筒形发生式炉（后改为基维特炉），也有外热式的室式炉及隧道窑炉，随后还开发了葛洛特炉等。

美国盖瑟斯地热电站开始发电　美国地热发电装机容量目前居世界首位，大部分地热发电机组都集中在盖瑟斯地热电站。该电站位于加利福尼亚州旧金山以北约20千米的索诺马地区。1920年在索诺马地区发现温泉群、沸水塘、喷气孔等热显示，1922年钻成了第一口气井，开始利用地热蒸汽供暖和发电。1958年又投入多个地热生产井和多台汽轮发电机组，至1985年电站装机容量已达136万千瓦，在盖瑟斯地热电站的最兴盛阶段，装机容量达到

209万千瓦。

1922年

本森［德］取得超临界压力锅炉专利　超临界压力锅炉为出口工质（如蒸汽）压力超过其临界压力的锅炉。锅炉按工质出口压力分低压、中压、高压、超高压、亚临界压力、超临界压力锅炉等。作为锅炉工质的水，其临界压力是22.129兆帕，超过此压力，水和水蒸气的密度相同，依靠两者密度差形成自然循环将不可能，只能用直流锅炉。若将压力或温度再提升便成为超临界压力锅炉，此时发电煤耗和相应的污染物排放减少。德国工程师本森（Benson，Mark）发明了超临界压力锅炉（本森锅炉），并于1922年取得专利，后来他将该专利卖给西门子公司。自20世纪50年代以来，超临界压力锅炉一直处在发展和应用之中。

1923年

美国研制出用过剩蒸汽发电的涡轮发电机组　芝加哥克劳夫顿大道发电站由于采用这种机组而提高了热效率，增加了电力供应。此后，世界许多发电站都采用了这种机组。

费希尔［德］和托罗普希［德］发明人造石油合成方法　德国化学家费希尔（Fischer，Franz Joseph Emil 1877—1947）和托罗普希（Tropsch，Hans 1889—1935）利用"费-托合成法"，即以氢和一氧化碳（或二氧化碳）为原料，在钴等铁系催化剂的作用下合成烃类。它的化学反应机理类似于植物的光合作用，即通过一氧化碳（或二氧化碳）的催化加氢作用和还原聚合作用形成有机化合物。目前，这种人工合成石油的方法是唯一经受住实践检验的工业化合成方法，依然在使用。在第二次世界大战期间，德国的科技人员利用这种方法每年可为德国生产100万吨合成石油。

奥伯特［德］所著《飞往星际空间的火箭》一书出版　在这部著作中，德国物理学家、工程师奥伯特（Oberth，Hermann Julius 1894—1989）深入研究了火箭的许多技术问题，比如喷气速度、理想速度和火箭在大气层中上升的最佳速度等，用数学方法阐明了火箭如何获得脱离地球引力的速度，对早期火箭技术的发展有较大影响。奥伯特的著作曾经由科普作家改写成通俗读物，产生了广泛影响。

1924年

中国工商界筹建的最早火电厂——震华电厂开始发电　1920年，江苏工商界施肇曾（1866—1945）等人前往德国考察西门子公司等电工制造企业，回国后筹建该厂。电厂于1921年开工兴建，初期安装2台德国进口的3 200千瓦机组，第一台汽轮发电机组于1924年2月13日正式投入运行。1928年10月，国民政府建设委员会接收了震华电机制造厂所属的震华电厂，改名为戚墅堰电厂。

震华电厂

中国试制成第一台高压三相电力变压器　1924年，该台变压器由周琦（1894—1985）、刘锡祺（1895—1989）等人在上海创建的益中机器股份有限公司制造，容量为50千伏安。这台电力变压器被江苏宜兴电灯公司购用。同年，刘锡祺与周琦合作，参考美国西屋电气公司的技术资料，自行设计制造出中国第一台5马力、每分钟1 430转的交流感应电动机。1925年3月，周琦在美国《工程》杂志上发表题为《中国第一台感应马达之制造》的论文。此后，他们又相继试制成功高压瓷瓶。

1925年

荷兰风力发电厂采用航空技术设计风力发电机　发电厂将飞机机翼的剖面形状和轴承运用于风力发电机的设计，使发电量提高了3倍。

斯莱宾［美］发明气体喷射熔断器　美国电气工程师斯莱宾（Slepian, Joseph 1891—1969）发明的这种熔断器是利用有机材料燃烧分解出来的气体进行灭弧的原理研制成功的，首先应用于变电所的短路保护。

中国自行设计施工的第一座水电站——洞窝水电站开始发电　该电站位于四川泸县长江支流龙溪河下游，1921年由留德归国的工学博士税西恒（1889—1980）创议集资和主持建设。工程于1922年开工兴建，用条石砌筑成圆拱形滚水坝，长82米，高2.5米，并从大坝上游修筑一条长

洞窝水电站

250米的引水渠，建成引水式电站。初期安装1台140千瓦水轮发电机组，1925年2月建成发电。后来为了满足用电需要，增装1台240千瓦机组。1942年，引进2台美国通用公司水轮发电机组，单机容量为500千瓦。

国际发供电联盟（UNIPEDE）在巴黎成立　该组织是国际民间行业组织，其宗旨是开展国际合作研究，以提高电业部门在发电、输电、配电方面的技术水平，组织国际的协作研究，保护电能经营者的权益，协调本行业与相关行业的关系。联盟每3年举行一次大会，此外还不定期召开各种学术委员会和专题讨论会。

1926年

惠特尼和韦德莫尔发明空气断路开关　英国电气工程师惠特尼（Whitney, Willis Bevan 1888—1971）和韦德莫尔（Wedmore, Edmund Basil 1876—1956）发明的这种开关可以用作电路过载保护和日常断闸开关，可以用"吹

断法"分离电弧，从而让电器与高压供电线路断开。

德国法本公司将煤液化技术工业化　1913年，德国化学家柏吉斯（Bergius, Friedrich Karl Rudolf 1884—1949）提出最早的一种煤直接液化技术——"柏吉斯法"（Bergius process），并获得专利。该方法利用高压使煤加氢裂解为液体燃料。1922年建成的早期柏吉斯法装置采用三个平卧串联反应器，将煤和溶剂（重质油）制成的浆液注入反应器内进行高压加氢，产物有气体、液化油、残煤及灰分等。液固分离采用过滤或离心分离方法。以烟煤做原料可得到44%～55%的液化油，其中230℃以下的馏分占原料煤量的15%～22%。此方法的主要问题是反应停留时间较长。1926年，德国法本公司完善了"柏吉斯法"，以铁、锡、钼等金属作为高效催化剂，建成了一座由褐煤高压加氢液化制取液体燃料（汽油、柴油等）的工厂，实现了煤液化技术工业化。

1927年

中国制成第一台上击式水轮机　该水轮机由福建省南平县（现南平市）纪延洪（1900—1976）研制成功，额定容量3千瓦，安装在他倡议建设的商办南平夏道水电站。电站水槽的水向下流向水轮齿槽，由于动力、重力作用使水轮机齿槽向下转动，拖动发电机发电。夏道水电站建成发电后，福建各地纷纷聘请纪延洪设计制造小型水轮机，福建小水电得到迅速发展。后来，纪延洪又陆续研制了40千瓦、75千瓦、132千瓦的立轴混流式水轮机，单喷嘴冲击式40千瓦以及双喷嘴冲击式60千瓦的水轮机。

1928年

国际大坝委员会（International Commission on Large Dams，简称 ICOLD）在法国巴黎成立　该委员会是一个国际民间组织，其宗旨是通过相互信息交流，包括技术、经济、财务、环境和社会现象等问题的研究，促进大坝及其有关工程的规划、设计、施工、运行和维护的技术进步。活动形式包括国家委员会间的信息交流，在一定时间组织年会、执行会、大会及其他会议，组织合作研究和试验，发表论文集、公报和其他文件等多种形式。中国大坝委员会于1973年秋成立，1974年成为国际大坝委员会成员。

惠特尔［英］发表关于喷气推进方式的论文　英国工程师惠特尔（Whittle，Frank 1907—1996）发表关于燃气涡轮和喷气反作用飞机的论文，提出了喷气热力学的基本公式，奠定了飞机喷气发动机的理论基础。1930年，惠特尔在英国获得离心式涡轮喷气发动机设计的专利。1937年，惠特尔研制的单转子涡轮喷气发动机首次运转成功。装有他设计的W1发动机的格罗斯特公司E-28/39飞机于1941年5月试飞成功，并在此基础上研制出"流星"和"吸血鬼"等喷气式战斗机。W1发动机的成功具有重要意义，为英国喷气推进技术奠定了基础。此后，惠特尔又研制成功众多型号的发动机，如W2B、W2/500、W2/700等，使英国的航空推进技术实力快速增长。1950年7月，世界上第一架涡轮螺旋桨旅客机"子爵号"投入使用，这是英国早期产量最大的旅客机，销售到世界上许多国家。1952年5月，英国装载4台涡轮喷气发动机的旅客机"彗星号"投入航线，成为世界上第一架涡轮喷气旅客机。这两种飞机的动力装置分别是惠特尔领导设计的RDa7/IMK525涡轮螺旋桨发动机和RA29涡轮喷气发动机。一直到20世纪50年代初期，由于惠特尔的出色工作，英国航空喷气推进技术都居于世界前列。

中国西藏建成夺底水电站　该电站由强俄巴·仁增多吉（1900—1945）设计，并负责工程的施工和运行人员培训。水电站建于雅鲁藏布江支流拉萨河上，1924年2月8日（藏历）正式动工，1928年建成发电。水电站落差210

夺底水电站

米，输水管道长350米（其中木管段长330米、钢管段长20米），机组容量125马力，是当时世界上海拔最高的水电站，水头落差在当时引水式水电站中亦名列前茅。

1929年

中国制成首台狄塞尔柴油机　该柴油机为36马力双缸狄塞尔柴油机，由上海新中工程公司（现上海新中动力机厂）制造，开中国制造狄塞尔柴油机之先河。该公司由支秉渊（1898—1971）协同魏如（1897—1966）、吕谟承、朱福驷等人于1925年6月成立，支秉渊任经理。

德国设计和制造柴油机车　这种柴油机车直接用齿轮传动和压缩空气传动，但由于当时柴油成本高且机车速度尚低于蒸汽机车，所以并未得以推广。直至20世纪60年代，各发达国家开始成批生产柴油内燃机车并成系列，内燃机车才逐渐成为牵引动力的主力。

美国通用汽车公司制成液压离合器和行星齿轮系变速箱　液压离合器和行星齿轮系变速箱的发明，使得汽车操作更加轻便、舒适、省力、合理。这种技术设计后来发展成标准的传动机构。

斯切契金［苏］发表《空气喷气式发动机原理》　苏联工程师、发明家斯切契金（Stechkin, Boris Sergeyevich 1891—1969）在该论文中，用科学的观点讨论了空气喷气式发动机的原理问题，为冲压喷气发动机的理论工作奠定了基础。

1930年

布劳恩［德］在地面作火箭发动机燃烧试验　德国火箭专家布劳恩（Braun, Wernher von 1912—1977）用液氧和煤油作燃料，进行火箭发动机的燃烧试验，取得了大量的第一手资料。此后，他在燃料发动机冷却等火箭发射的重要技术方面，均作出了重大贡献。

1931年

尤里［美］在蒸馏液氢的残渣中发现重氢——氘　美国科学家尤里（Urey, Harold Clayton 1893—1981）在蒸发了大量液体氢之后，利用光谱检测的方法发现了重氢（氘）。尤里因此在1934年获得诺贝尔化学奖。根据尤里的建议，重氢被命名为"Deuterium"，在希腊语中是"第二"的意思。1克氘核聚变释放出的热能为6 389亿焦耳，是燃烧1千克石油释放出的热能的1亿倍以上。氘是核聚变的基本燃料，可以从海水中提取。每立方米海水中约有30克氘，能获得约300万千瓦时的电能。

温克勒［德］制造的液体燃料火箭发射成功　德国星际航行协会会长、火箭先驱温克勒（Winkler, Johannes 1897—1947）从1925年即开始研究火箭推进问题，当时主要集中在火药火箭方面。1928年，他研究了燃烧室的传热问题，利用液体推进剂研究燃烧控制和燃烧效率。1831年，温克勒和助手设计了一枚 "HW-1" 号 "三脚" 火箭。它有三只直立的管子分别装高压氮气、液氧和液化气，上端连接了一个燃烧室。高压氮气用于将推进剂注入燃烧室。这枚火箭质量为3.18千克。2月12日，这枚火箭在发射后失败。此后，温克勒给这枚火箭加装了起稳定作用的尾翼。3月14日，在第二次试验时，火箭成功飞到300多米的高度，这是欧洲第一枚试验成功的液体火箭。此后直至10月17日，温克勒及德国星际航行协会进行了多次液体火箭飞行试验，取得了极大成功。

1932年

德国建成世界第一条40千伏直流输电电缆线路　该线路从里尔吉到密斯堡，全长4.6千米，输送功率1.6万千瓦，采用空气吹弧阀作交流电力转换成直流电力的换流器。1942年，该线路的换流器改用汞弧阀。

埃格洛夫［美］用棉籽制成高品位汽油　美国化学家埃格洛夫（Egloff, Gustav）利用棉籽制成一产品，其50%是汽油，残留物可用于制造柴油机用重油、焦炭、13种气体和1种酒精，其中有些气体商业价值很高。

意大利在米兰敷设成世界第一条220千伏充油电缆　同年，英国安菲尔特电缆厂与德国费尔敦厂、吉尔奥姆厂合作，首先制成压气电缆。德国制成132千伏高压熔断器。苏联第一条154千伏输电线路投入运行。法国第一条225千伏输电线路投入运行。

德国出现时速125千米的柴油机车　柴油机车具有功率大、热效率高、重量轻、燃料消耗率低等优点。1926—1929年，德国制成直接由齿轮传动和压缩空气传动的柴油机车。1932年，在德国的柏林至汉堡和英国的东北铁路上分别出现时速为125千米和101.5千米的柴油机车，但由于柴油成本高和速度尚低于蒸汽机车，在欧洲未能推广。美国则因为柴油价格较为低廉，柴油机车取得了很大发展。

苏联第聂伯水电站第一台机组开始发电　第聂伯水电站位于苏联乌克兰第聂伯河下游，靠近扎波罗热市。拦河大坝为混凝土溢流坝，最大坝高60米，坝顶长760米，非溢流坝顶长251米。第聂伯1号水电站于1927年动工，1932年第一台机组投入运行，1939年工程竣工。水电站装机容量55.8万千瓦，年平均发电量30亿千瓦时。第二次世界大战期间，电站被破坏，1947年开始修复，装机容量增加到65万千瓦，年平均发电量36.4亿千瓦时，1950年修复工程竣工。2号扩建水电站于1969年动工，1974年第一台机组投入运行，1975年工程竣工。该工程具有发电和航运等综合效益。

1933年

德国最早建成安装二机式（可逆式）机组的抽水蓄能电站　随着制造技术的进步，出现了水泵与水轮机合并为一体的可逆式水泵水轮机，同时配置可逆式电机，两套可逆式机械组成先进的可逆式抽水蓄能水电机组。

世界石油大会（World Petroleum Congress）成立　该机构为一个国际性石油代表机构，是非政府、非营利的国际石油组织，被公认为世界权威性的石油科技论坛。机构于1933年8月在伦敦成立，每4年举行一次会议，从第14届大会以后改为每三年举行一次。第二次世界大战期间曾中断活动，1951年恢复活动。

苏联第一枚液体燃料火箭发射成功　1933年8月17日，苏联火箭专家科罗廖夫（Korolev, Sergei Pavlovich 1907—1966）参与研制的苏联第一枚液体燃料火箭发射成功。该火箭为喷气发动机单级实验火箭，飞行高度达4 000米，以后进而达到12 000米。同年，苏联成立火箭研究所。这些工作大大促进了苏联火箭技术的发展。二战期间，苏联火箭技术迅速发展，研制出固体燃料火箭，并在大战中有效地使用了这种武器。

1934年

中国电机工程师学会成立　该机构成立于1934年，1958年改称"中国电机工程学会"。它是全国电机工程科学技术工作者自愿组成并依法登记成立的非营利性的学术性法人社会团体，是我国电机工程科技事业的重要社会力量。其宗旨是联系和组织全国电机工程界的科学技术工作者，开展学术活动，推动电机工程技术进步和科学技术水平的提高，普及科学技术知识，培养电机工程科学技术人才。

德国修建阿梅克坝（Amecke Dam）　阿梅克坝是用沥青混凝土作上游防渗面板的土石坝，由面板、垫层、坝体及下游排水等部分组成。坝高12米，上游边坡1∶2，防渗层单层厚6厘米，是世界上第一座沥青混凝土面板坝。其面板是将沥青、矿粉、砂、石屑和小碎石加热至220℃左右，拌和后均匀摊铺在上游坝面上，在约180℃的情况下将其碾压密实，具有良好的防渗和适应变形的能力，还具有一定的水稳定性和热稳定性。

美国成立火箭协会　美国对火箭的研究比德国晚。1930年4月4日，美国在纽约成立了"美国行星际协会"（American Interplanetary Society）。1934年4月6日，更名为"美国火箭协会"（American Rocket Society）。1931年，协会研制出第一枚火箭ARS1，长约1.68米，用汽油和液氧作推进剂。1932年11月12日，ARS1试验失败。后来经过多次改进，1934年9月，ARS4试射，升高408米，水平飞行距离483米。1936年，美籍匈牙利科学家冯·卡门在加州理工大学成立喷气推进实验室，开展喷气推进实用火箭的研究。1942年，该实验室研制出推力达4 500牛的火箭发动机。1945年9月，实验室研制的"女兵下士"火箭达到了72.8千米的飞行高度。二战期间，美国对火箭发展工作重视不够，技术发展缓慢。二战后，很多德国火箭专家移居美国，大大加强了美国火箭研制的力量，使其技术有了长足发展。

美国开始使用定向钻井技术　美国在东得克萨斯康罗油田完钻了一口定向实验井。钻井位置距失控井有一定距离，定向钻井与失控井相交，然后向井内泵入重质液体压死失控井。该技术使那些位于不易接近地区的油气田能得到开发，可以在崎岖不平的井场上钻孔，甚至可以水平方向钻孔。

1935年

德国通用电气公司（AEG）制成自由喷射式空气断路器　空气断路器是以压缩空气作为灭弧、绝缘、传动介质的断路器，具有开断能力强、分合闸动作快、介质更换方便、载流能大等优点。自20世纪30年代试制成功后，经过不断技术改进，空气断路器已成为高压和超高压输电工程中使用最广泛的一种断路器。

中国国民政府成立资源委员会　资源委员会的前身，是于1932年11月成立于南京的参谋本部国防设计委员会，1935年4月与兵工署资源司合并易名为"资源委员会"，隶属军事委员会。1938年改隶经济部。1946年直属行政院。它是国民政府垄断工业的主要机关。主要负责资源的调查研究和动员开发，后来逐渐发展成为重工业的主管部门。其产业活动主要集中在与军事工业相关的钢铁、动力、机电、化学等基本工业领域。

中国与美国合资成立沪西电力股份有限公司　1935年1月4日，上海市政府与美商上海电力公司达成协议，组建一家中美合资的"沪西电力股份有限公司"，特许经营沪西越界筑路地区的供电。其股份中方占49%，美方占51%。公司向美商上海电力公司购电转售，其电力负荷约占美商上海电力公司全部的1/5。

奥海恩［德］获得涡轮喷气发动机的专利权　德国物理学家奥海恩（Ohain, Hans Joachim Pabst von 1911—1998）在德国申请了涡轮喷气发动机的专利权。1937年，他研制成功第一台涡轮喷气发动机，推力约2 450牛，改进后增加到4 900牛，命名为Hes3-B。这台发动机用于亨克尔178（He-178）飞机上。1939年8月27日，He-178飞机试飞成功，成为世界上第一架涡轮喷气发动机推进的飞机，这是航空发展史上的第三次重大技术突破，开辟了航空喷气飞行的新时代。

美国出现标准化的组合式柴油机　1926—1929年，德国研制成功直接由齿轮传动的和压缩空气传动的柴油机车。1935年，美国研制成功"567"型标准化的组合式柴油机，用于机车动力装置，取得高功率和高热效，促进了柴油机车的大发展。

波兰建成罗斯汀水电站　电站最早采用了贯流式水轮机，输出功率为200千瓦。贯流式水轮机是水流从进口通过转轮到尾水管出口、均沿轴向流动的反击式水轮机，是轴流式水轮机在低水头下发展起来的一种形式。通常为卧式布置，没有蜗壳，用引水管将水直接引向水轮机，与通常轴流式水轮机相比，其过水流量大，效率和转速较高，比立式机组节约土建费用10%～20%，但机组所需钢材料多。早在1919年就有人提出过贯流式水力机械的设想，直到1935年才得以实现，并在罗斯汀水电站首先采用。

中国在天津建立第一水工试验所　该所主要任务是通过水工模型试验等研究解决当时水利工程中的复杂问题，后迁往北京。1956年合并为北京水利科学研究院，1958年调整合并成北京水利水电科学研究院。

中国成立中央水工试验所　所址在江苏省南京市。1942年改名为中央水利实验处，1949年改组为水利部南京水利实验处，1956年改为水利部南京水利科学研究所，1984年改归水利电力部。它是一所水利水电和水运科学技术的综合性科学研究机构，出版刊物有《岩土工程学报》《海洋工程》《水利水运科学研究》和英文版*CHINA OCEAN ENGINEERING*等。

1936年

中国国民政府资源委员会筹备组建中央电工器材厂和中央机器厂　中央电工器材厂下设四个分厂：电线厂、管泡厂、电话机厂、电机厂。此外，还组建中央机器厂，其中第二分厂生产锅炉，第四分厂生产水轮发电机组和汽轮发电机组以及配套锅炉。1941年，第四分厂制成2 300伏、50千瓦三相水轮发电机组，水头10米。1942年，制成了混流式水轮发电机组，水头10～22米，功率分别为100千瓦、150千瓦、600千瓦。

美国实验成功油井注水技术　该技术是将水注入开发不久的油层内，解决了保持油井压力、控制出油量问题。到20世纪50年代初，这一技术已被普遍接受。

美国开发出炼油新工艺　这项由太阳石油公司和索科尼真空技术公司研究成功的工艺，在低温下就能生产出高标号汽油，并可回收使用作为催化剂的铝土矿。

惠特尔［英］成立喷气动力有限公司　1936年1月，惠特尔组织成立"喷气动力有限公司"（Power Jets Ltd）。5年后（1941年5月），该公司试制成具有两台涡轮喷气发动机的"流星"涡轮喷气战斗机，并投入生产，每台涡轮喷气发动机的推力约为5 300牛。

美国建成胡佛水坝　胡佛水坝（Hoover Dam）是美国综合开发科罗拉多河（Colorado）水资源的一项关键性工程，位于内华达州和亚利桑那州交界之处的黑峡（Black Canyon）。1931年4月开工，1936年3月建成，同年10月第一

胡佛水坝

台机组正式发电。水库库容为348亿立方米，电站装机容量245.1万千瓦，还有防洪、灌溉等效益。枢纽主要建筑物有高混凝土重力拱坝，坝高221.4米，坝顶长379米，坝顶厚13.6米，坝底厚200米，坝顶半径152米，中心角138度，坝体混凝土量为336万立方米。

1937年

"兴登堡号"氢气动力载客飞艇燃烧坠毁　飞艇是一种轻于空气的航空器，艇体的气囊内充以密度比空气小的浮升气体（氢气或氦气），以此产生浮力使飞艇升空。吊舱供人员乘坐和装载货物。尾面用来控制和保持航向、俯仰的稳定。"兴登堡号"飞艇是德国的一艘大型载客硬式飞艇，是兴登堡级飞艇的主导艇种，是当时世界上最长的飞行器，并且是体积最大的飞艇型号，由齐柏林公司建成并由德意志齐柏林飞艇运输公司（DZR）于1936年3月投入运营。1937年5月6日，该艇在第二个飞行季中的第一次跨大西洋飞行中，在美国新泽西州曼彻斯特镇莱克湖海军航空总站上空尝试降落时，发生爆炸并燃烧坠毁，97名乘员中有13名乘客和22名工作人员丧生。此次事件以

后，飞艇的安全性受到质疑，商业飞行开始逐渐停止。1940年，齐柏林公司倒闭。

1938年

德国火电厂汽轮机排汽采用直接空冷系统　该系统是德国GEA冷却设备公司创制的，最先在鲁尔工业区自备电厂中的2 300千瓦汽轮发电机组上使用。这种系统中的汽轮机排汽，直接排进置于室外的空气冷却系统（凝汽器和空气冷却塔两者合一的设施）内进行冷凝，冷却空气在管外流动，管内蒸汽在高温情况下冷凝成水，热量传给外界空气，而凝结水用泵送回锅炉冷却水系统。空气冷却系统一般在缺水地区建设火电厂情况下使用。

卡尔劳维茨［匈］在美国制成世界第一台磁流体发电机　匈牙利物理学家卡尔劳维茨（Karlovitz，Béla）主持研发的该台发电机建在美国匹兹堡西屋电气公司的一个实验室，实验证实了磁流体发电的基本技术要求。磁流体发电是利用热离子气体或液态金属等高温导电流体高速通过横向施加强力磁场的通道，在通道上下两壁装设的电极间产生电流的一种发电方式。

法国制成高速蒸汽机车　法国研制成功的这种蒸汽机车，时速可高达202千米。但由于蒸汽机车燃料消耗率高，体型笨重，污染严重，以后逐渐被柴油机车和电力机车所取代。

1939年

美国建成实验太阳能房屋　该房屋由麻省理工学院建设，目的是对太阳能房屋的民用价值进行计量。该房屋为一层两间，屋顶太阳能反射板面积为38平方米，朝南向阳倾斜安放，用它加热水箱中的水。实验的第一个夏末，水温达到90.6 ℃。

瑞士制成定压燃烧的实用燃气轮机　瑞士勃朗-包维利股份公司（Brown，Boveri & Cie）所研制的这种燃气轮机功率为4 000千瓦，热效率达17.4%。此前虽然早已发明定压和定容燃气轮机，但热效率低，都没有发展，直到20世纪30年代，能够经受燃气高温的合金材料研制成功，为燃气轮机进入实用阶段创造了条件。燃气轮机是燃料连续燃烧，直接推动叶轮转动，因此结构简单。与活塞式内燃机相比较，燃气轮机重量轻、体积小，还有可采用多种燃料、运行费用较省等优点。但它的缺点是热效率较低、噪声大、寿命短，需要高级耐热钢材，成本高。主要应用于飞机、船舶和发电，其他领域仍多使用活塞式内燃机。

苏联成立动能研究所　该所的基本任务是研究电力工业的主要技术经济问题，研究电工、热工以及新能源等方面的科学技术问题。专业有电力系统、高压技术、动能经济、热工、运动、核电、风力发电、太阳能利用等。

中国贵州遵义酒精厂创立　遵义酒精厂位于遵义城北郊九节滩，由国民党政府资源委员会于1939年创立，为委员会燃料供应署下辖的军需生产工厂。1942年，酒精厂建成投产，拥有资本约6 739万元，生产规模约为年产90度动力酒精2 700吨，主要是供应军队用作汽车燃料。产品全部交给燃料供应署分配，为战时后勤保障和燃料供应发挥了重要作用。

甘肃玉门老君庙油田钻探成功　老君庙油田是玉门开发最早也是最重要的油田，其储油层为古近系白杨河组（E_3b）砂岩，根据地层状况、压力系统、油水系统等因素，自上而下分为K、L、M三个油藏。1938年，国民政府资源委员会下设甘肃油矿筹备处。1939年5月，在老君庙开始钻探第一口井。同年8月，1号井出油，在井深130米处钻遇油层，发现K油藏，日产油20余桶，揭开老君庙油田开发的序幕。随后又于1940—1941年间钻探油井多口，并见猛烈井喷，证明老君庙油田有重要开采价值。1941年发现高产油层L油藏，老君庙油田受到重视，由此油田正式开发。玉门老君庙油田的发现和成功开采，成为我国建立近代石油工业的基础。

英国英伊石油公司生产高辛烷值汽油　英国石油公司（British Petroleum Co. Ltd.）为英国石油业垄断组织，1909年成立。原名"英波（斯）石油公司"，1935年改称"英伊石油公司"，1954年又更名为"英国石油公司"，英国政府拥有48.2%股份，其余股份属英国大资本家，在世界各地有220多家子公司和合资公司，是世界石油工业进行综合经营（包括勘探、采油、运输和销售等业务）的最大石油垄断组织之一。1939年，英伊石油公司以硫酸作催化剂，建成石油烃烷基化装置，生产高辛烷值汽油。这种汽油在汽油机中燃烧时能经受较高的压缩比而不致发生爆震，可以提高汽油机的热效率，宜用作航空汽油和车用汽油。

1940年

延安自然科学研究会机械电机分会成立　延安自然科学研究会是抗战时期中国共产党领导的学术研究团体，于1940年2月5日在延安成立。研究会下设医药学会、农学会、地区矿冶学会、生物学会、机械电机学会、化学学会等分会，以加强自然科学研究，使自然科学成为抗战的战斗力量为宗旨。1941年8月，研究会召开了第一届年会。学会成立后，机械电机分会开展了一系列研究工作，以炼铁、动力、制造电池等为研究中心，培养了一批技术骨干，为支援抗日战争等起到了积极作用。

1941年

中国首座自行设计施工的桃花溪水电站投入运行　桃花溪水电站位于四川省长寿县（现重庆市长寿区）境内的桃花溪上，是国民政府资源委员会主持兴建的第一座水电站。电站于1939年9月被批准建设，同年11月开工，在桃花溪头洞上游20米处用条石浆砌重力滚水坝1座，坝长78米、高2米，蓄水量9万立方米。引水道由进水渠、暗渠、直井、隧洞及压力钢管连接而成，全长630米，过水能力为每秒1.5立方米，引水至二洞瀑布下游约200米左岸厂房发电。电站水头90米，安装水轮发电机组3台，单机容量292千瓦，合计装机容量876千瓦。水轮机为横轴冲击式，发电机及配电屏由美国西屋公司制造。1941年3月中旬机组安装完毕，同年8月25日电站正式发电。

甘肃油矿局建设以釜式蒸馏为主的炼油厂　1939年，甘肃玉门老君庙油田开始钻井采油。1941年，国民资源委员会成立甘肃油矿局，建设了以釜式蒸馏为主的炼油厂。1942年，玉门油矿的开发迅速发展，形成了年产180万加仑石油的生产规模，比1941年的产量提高了9倍。

贵州大定航空发动机制造厂建立　由于受到抗日战争的影响，中国希望发展自己的航空工业，以应对战局需要。考虑到发动机是飞机的心脏，故而决定重点筹建航空发动机制造厂，厂址选定于贵州大定县羊场坝一个巨大的溶洞——乌鸦洞。1941年1月，发动机厂正式成立，对外则称"云发贸易公司"。制造厂装有新式车床100多台及专用设备和试车台,设计年产美国莱特航空发动机厂的"赛克隆G105B"型1 050马力发动机300台。发动机的毛坯除汽缸头、汽缸身、活塞、涨圈等由本厂铸造外,其余毛坯和主要附件、零件均由美国进口。截至1946年,制造厂共装成发动机32台,装配于AF-6型高级教练机等机型。1946年,制造厂增设广州分厂,1949年分厂迁建于台中,贵州大定厂原厂则于1953年迁至成都。

瑞士研制成功燃气轮机机车　20世纪30年代,空气动力学以及耐高温合金材料和冷却系统的进展,为燃气轮机进入实用阶段创造了条件。1938年,瑞士制成4 000千瓦定压燃烧的燃气轮机,热效率达17.4%。同年,德国研制成功2 000千瓦定容燃烧的燃气轮机,热效率可达20%。对内燃机来说,由于燃料燃烧所产生的气体直接推动叶轮转动,因此它结构简单、重量轻、体积小、运行费用省,且宜采用多种燃料,也较少发生故障,已经可以跟往复式内燃机相抗衡。1939—1940年,利用燃气轮机驱动的涡轮螺旋桨式飞机制造成功。1941年,瑞士研制成功世界上第一台燃气轮机机车。但由于燃气轮机还存在一系列缺点,例如寿命短、需要高级耐热钢材和成本较高等,而且其排气污染也较为严重,因此,燃气轮机主要用于飞机、船舶、发电厂和机车的原动力。

美国大古力水电站开始发电　电站位于美国西北部华盛顿州斯波坎市附近,是哥伦比亚河在美国境内最上游的一座枢纽水电站。电站于1934年开工,1941年开始发电,1951年装机容量达197.4万千瓦,是当时世界上最大的水电站。1967年扩建,1980年完工,机组总容量649.4万千瓦,直至1968年让位于委内瑞拉的古里水电站和巴西、巴拉圭两国合建的伊泰普水电站,居世界第三位。电站初期建有第一厂房和第二厂房,各装9台10.8万千瓦机组。第一厂房内还装有3台1万千瓦厂用机组。扩建工程新建第三厂房,装有3台60万千瓦和3台70万千瓦机组。初期安装的18台10.8万千瓦机组重绕线圈,输出功率提高至12.5万千瓦。

美国建成大型风力发电厂　该发电厂建于美国佛蒙特州,是第一个风力同步发电站,可向电网直接输电1.09兆瓦,足以同时满足56 000户的居民用电。

1942年

　　美国建成世界上第一座原子反应堆　该反应堆在美籍意大利物理学家费米（Fermi，Enrica 1901—1954）的指导下在芝加哥大学建成。装置宽9米，长10米，高5.6米，内装6吨金属铀和46吨铀的氧化物，铀与石墨分层相间，共装有57层。堆中的石墨用来使快中子减速成为慢中子，称为慢化剂。堆的中间插有许多能吸收中子的镉棒，调节镉棒的深入尺寸，就可以控制链式反应的速率。该装置总质量达1 400吨，反应堆于1942年12月2日进行了裂变反应试验，链式反应持续了28分钟，共制造出0.5克钚。这是人类历史上第一次实现人工控制的核反应，从而在实验上验证了链式反应理论的正确性，为研制原子弹提供了可靠基础。

　　美国启动"曼哈顿工程"计划　该计划是二战期间美国研制原子弹的一系列工程计划的总称。这个庞大的工程计划集科研、军事和工业为一体，包括16个大大小小的计划，涉及单位数百个，顶峰时期工作人员达53.9万人，耗资高达20多亿美元。该计划启动于1942年8月，领导机构设在纽约的曼哈顿地区，由著名物理学家奥本海默（Oppenheimer，Julius Robert 1904—1967）担任科学负责人，陆军工程兵团建筑部副主任格罗夫（Groves，Leslie Richard 1896—1970）准将任工区总负责人。该计划的启动标志着美国研究原子弹的工作由纯理论的试验室工作转入实现研制生产的新阶段。

　　高格勒［美］提出热管工作原理　热管的工作原理是利用工质相变的物理过程来传递热量。当热量从蒸发段传入时，吸液芯内的工质受热蒸发，由此产生的压差使蒸汽流向冷凝段。蒸汽在冷凝段接触到比较冷的吸液芯表面便凝结成液体，放出热量。而工质在蒸发段蒸发的结果，使那里的气液交界面下凹，形成许多弯月液面，产生毛细压头，把冷凝液送回蒸发段，补充工质消耗，完成闭合循环。这样，工质的蒸发和冷凝便把热量源源不断地从热端传到冷端。该工作原理最早由美国通用汽车公司工程师高格勒（Gaugler，Richard Slechrist 1900—？）于1942年提出，1944年取得专利，但他没有对其进行进一步发展。

　　美国标准油开发公司建成流态化催化裂化反应装置　1942年，美国标准油开发公司在路易斯安那州的巴吞鲁日（Baton Rouge）炼厂建成流态化催化裂化反应装置。同年，美国石油格雷斯公司戴维森化学分部石油炼制催化裂化开始利用微球形硅铝作为催化剂。

中国西南大后方尝试用各种燃料代替石油燃料　抗战期间，燃料尤其是汽油供应非常紧张。国民政府专门设立了一个液体燃料管理委员会，对汽车用油等液体燃料的购买、储运、分配进行管制。1942年后，西南大后方在滇缅公路中断之后，进口仅仅依赖驼峰航线空运，汽油供应更为紧张，处于严重缺油局面。为维持后方运输，国民政府下令强制使用代用油作为汽车燃料，各地纷纷开发和利用各种代用品。首先大力推广木炭车的使用，其次积极开发酒精代替汽油，使用酒精的车辆曾占全部行驶车辆的60%。此外，又研制出以植物油代替矿物油的多种办法，比如，用桐油、菜油、棉籽油、樟脑油等代替汽油、煤油、柴油作燃料。

布劳恩［德］领导研制成功A-4火箭　1942年10月，布劳恩主持研制的A-4火箭试飞成功。此时，液体火箭的飞行速度已超过5马赫，飞行距离可达189.8千米。1944年6月，德国将A-4火箭加以改造，改进后更名为V-2火箭，为单级液体火箭，全长14米，重13吨，直径1.65米，最大射程320千米，射高96千米，弹头重1吨。V-2采用较先进的程序和陀螺双重控制系统，推力方向由耐高温石墨舵片操纵执行。V-2火箭在技术上使人类拥有了第一种向地球引力挑战的工具，成为现代大型火箭的雏形，是航天史上的一个重要技术进步。

江厚渊［中］主持制造150马力VG25煤气机　工程师江厚渊（1912—1998）主持制造的该机是当时功率最大的国产内燃机。它有6个气缸，每分钟600转，每千瓦时耗煤气0.9千克，耗润滑油0.1加仑，可烧煤气或天然气，所配煤气发生炉有两种。该机器有些配件（如曲轴、磁电机、转速表、橡胶件等）是进口的，但大部分是自己研制的。因此，它的研制成功改变了这种机械只能依赖进口的局面。而且，其性能不比进口的差，试车结果与瑞士产品不相上下，而耗机油量却少于瑞士产品。

中国解放区首座水电站——河北涉县赤岸水电站开始发电　该电站是八路军129师利用永顺渠与漳河造成的水头建成的，应用流量约每秒12立方米，水头2米。该座水电站利用自制木质上击式水斗水车作为原动机，装机容量10

千瓦。这是在解放区物资、器材供应非常困难的环境中，中国人民发扬艰苦奋斗精神所建成的最早的一座水电站。

1943年

美国利用水电解、蒸馏等方法生产重水　重水可作为原子核裂变反应中快中子的减速剂和冷却剂，也可作为制造重氢的材料，在原子能开发利用技术中有重要应用。1943年以前，水电解法是工业上唯一的重水生产方法。此方法的主要特点是分离系数大、电解效率低和耗电量大，因此适用于电力充沛而电价便宜、又需要大型制氢装置的场合。而水蒸馏法的特点是以天然水为原料、生产规模不限、过程简单可靠、无须特殊材质等。截至1943年，美国已经建成3个采用水蒸馏法生产重水的工厂，以及1个利用氢同位素生产的工厂，年产量可达20余吨。不过，由于水蒸馏法分离系数低、能耗大、物料处理量大等原因，美国只在20世纪40年代短暂利用此法生产重水，此后很快因成本过高而停止。

美国建成"大口径"输送原油管道　"大口径"（Big Inch）管道是美国在二战期间建成的一条输送原油的管道，自得克萨斯州的朗维尤起（Longview），经过阿肯色州、密苏里州、伊利诺伊州、印第安纳州、俄亥俄州、西弗吉尼亚州，到达宾夕法尼亚州的菲尼克斯维尔（Phoenixville），全长2 018千米，管径为600毫米。管道在菲尼克斯维尔分成管径均为500毫米的两条支线，一条支线到新泽西州的林登（Linden），约138千米，另一支线至费城的炼油区，约37千米。"大口径"管道于1942年初开始修建，因为管径为当时世界最大，故取名为"大口径"管道。管道采用无缝钢管和焊缝钢管，外壁涂漆。通过腐蚀性土壤和穿越河流的管段用浸透煤焦油沥青的毛毡缠绕，耗钢约37.8万吨。包括终点站在内，共有27个泵站，每站串联安装3台电动单级离心泵，泵压约为每平方厘米17千克力，根据需要可单台、双台或3台投入运行。1943年8月，管道建成投产，输油能力超过原预想的每天4.77万立方米。与"大口径"管道同一时期修建的还有另一条"次大口径"（Little Big Inch）管道，1944年3月建成投产，输油能力为每天3.73万立方米。1947年，美国政府将这两条管道出售给东得克萨斯有限公司，该公司将两条管道改造为输送天然气管道，输气能力达每天396万立方米。1957年，"次大口径"管道又改为输送成品油的管道，并建设了相应的分输支线。

美国中央电力局实验空气绝缘电缆　由于这种电缆绝缘用的压缩空气几乎不占体积，因此三根金属悬线可汇在一根电缆中。

中国最早自行制造的火力发电设备投入运行　1938年，国民政府资源委员会在云南昆明建成中央机器厂，内设制造动力设备的分厂，从瑞士勃朗-包维利股份公司（Brown，Boveri & Cie）引进2 000千瓦汽轮发电机制造技术，于20世纪40年代初仿制成2套2 000千瓦次中压机组。配套的锅炉系仿照瑞士苏尔寿公司（S&S）的弯管式炉排锅炉设计制造。这是中国制造火力发电设备的最早尝试。这两套发电设备于1943年分别安装在四川泸县电厂和云南昆明电厂投入运行。

丰满水电站开始发电　丰满水电站位于吉林省吉林市境内的松花江上。该工程于1937年4月破土动工，1942年11月初具规模，大江截流后水库开始蓄水，1943年3月25日1号机开始发电。工程由混凝土重力坝、左岸泄洪放空洞及坝后式厂房组成，最大坝高90.5米，坝顶长1 080米，包括左侧200米长的溢流坝段。该电站原设计安装日本制造的8台7万千伏安、2台1 500千伏安（厂用）水轮发电机组，总容量56.3万千伏安。坝高、水力落差、装机容量等在当时世界上都居前列，号称"东亚第一工程"。1945年日本投降，被苏军拆走多台机组。1948年，中国委托苏联列宁格勒水电设计院作修复和扩建工程设计，1959年全部竣工，安装9台机组（5台7.25万千瓦，2台6.5万千瓦，1台6万千瓦，1台1 250千瓦），总装机容量55.375万千瓦，相当于63.9万千伏安，超过日本原设计容量。

丰满水电站建设场景

1944年

德国建成世界首条100千伏高压直流工业试验线路　这条线路从夏洛滕堡到柏林，全长4.6千米，用汞弧阀作整流设备，输送功率为1.5万千瓦。

中国自行设计制造的最大水轮机投入运行　水轮机容量为800千瓦，安装在四川省龙溪河下硐水电站，于1944年1月竣工发电。

苏联成立中央电工科学研究试验所　该所的基本任务是研究电力工业及各电力系统发展的科学原则，研究电厂、电网和电力系统发展中有关的科学技术问题，制订提高电厂、电网、电力系统和电力设备的安全可靠性措施；将科研成果应用于电厂、电网及工业企业中，并帮助采用新技术。其专业有电力系统、高压电网、电机、高压电器、自动装置继电保护、通信、绝缘、仪器仪表、电子、动能经济和电缆等。

1945年

德国建成世界首条±220千伏高压直流输电线路　这条线路从爱尔巴到柏林，全长115千米，采用汞弧阀作整流设备，输送功率6万千瓦。

苏联成立直流研究所　该所的基本任务是研究远距离交流、直流输电的科学问题以及统一电力系统的有关技术问题。

中印油管工程竣工　1942年3月8日，日军占领缅甸并进犯滇西腾（冲）龙（陵）后，滇缅公路运输中断，国防物资供需紧张。1944年，中美双方决定沿滇缅公路走向铺设一条由印度加尔各答至昆明的长途输油管道。中国境内以美军工程兵为主，中国派民工协助。1944年底，在昆明成立中印油管工程处，由缅甸逐步铺入云南。中印油管全长约2 740千米，中国与美军配合铺设的油管长约1 200千米。1945年3月，工程完工启用。同年4月起，每月平均输油量达1万多吨，到11月止，共输油10万多吨，相当于滇缅公路一年半的汽车运量，对迫使日本投降起了一定的作用。1945年8月，日本投降后，油管已完成其使命，移作他用，也曾有一部分作为输水管道使用。新中国成立后将其收回。

1946年

苏联首座原子核链式反应堆开始运转　该座反应堆是由柯查托夫（Kurchatov，Igor Vasilyevich 1903—1960）等设计研制成功的。原子能反应堆为直径6米的球体，燃料为天然铀。为了让中子反射，外侧用1米厚的石墨困住，利用镉棒控制连锁反应。1946年末建成的这个反应堆，与4年前美国芝加哥建成的反应堆类似。随后，苏联科学家们开始研制原子弹，并于1949年9月爆炸成功。

1947年

美国开始实验水力压裂油气井增产技术工艺　水力压裂就是利用地面高压泵，通过井筒向油层挤注具有较高黏度的压裂液。当注入压裂液的速度超过油层的吸收能力时，则在井底油层上形成很高的压力，当这种压力超过井底附近油层岩石的破裂压力时，油层将被压开并产生裂缝。这时，继续不停地向油层挤注压裂液，裂缝就会继续向油层内部扩张。为了保持压开的裂缝处于张开状态，接着向油层挤入带有支撑剂（通常石英砂）的携砂液，携砂液进入裂缝之后，一方面可以使裂缝继续向前延伸，另一方面可以支撑已经压开的裂缝，使其不闭合。再接着注入顶替液，将井筒的携砂液全部顶替进入裂缝，用石英砂将裂缝支撑起来。最后，注入的高黏度压裂液会自动降解排出井筒之外，在油层中留下一条或多条长宽高不等的裂缝，使油层与井筒之间建立起一条新的流体通道。压裂之后，油气井的产量一般会大幅度增长。在美国实验水力压裂技术后，压裂技术发展很快，1949年开始商业应用，此后在油田勘探开采中起到了重要作用。

英国建成首座核反应堆　该反应堆安装在伦敦附近的原子能管理局哈韦尔（Harwell）实验室，1947年8月达临界值。此后每天24小时连续运转近半个世纪，是世界上运行时间最长的核反应堆。

吴仲华开展叶轮机械三元流动理论研究　叶轮机械是在旋转轮子上装上叶片，通过叶片与流体进行做功量交换的动力机械的总称。属于这类机械的有航空喷气发动机（燃气轮机）中的压气机、透平、蒸汽轮机、鼓风机、泵等，是十分重要的动力机械，当时以航空喷气发动机中的压气机要求最严、技术含量最高和最为典型。1947年起，中国工程热物理学家吴仲华（1917—1992）就开始从事叶轮机械气动热力学的基础理论研究。20世纪50年代初，在严密的基本概念和创新的思想基础之上，吴仲华创立了国际公认的叶轮机械三元流动理论，该理论决定了叶轮机械的发展。该理论中的基本方程组被称为"吴氏方程"，它意义明确，形式简洁，是矢量不变形式，适合于各种坐标系统，成为叶轮机械三元流动计算的基础。

中国首台高压高温汽轮发电机组投入运行　该机组安装在上海杨树浦电厂，汽轮机进气压力9兆帕，进气温度493℃，机组容量1.5万千瓦。这台机组1937年4月就开始扩建，由于战争影响，直至1947年3月才正式发电。

第一口海洋石油钻井平台在墨西哥湾建成　美国在新奥尔良密西西比河入海口水深7米的墨西哥湾海区建成第一台海上石油钻井平台。随后的几十年中，大约有几千座海洋石油平台陆续在海洋中建成，工作水深逐渐由浅水到深水，后又发展到超深水中。

1948年

中国茂名油页岩被首次勘查　勘查人为陈国达（1912—2004），他确认该油页岩时代属第三纪，并计算确定了它是具有巨大的储量和重大经济价值的矿床，写出《广东茂名油页岩简报》和《广东茂名油页岩的勘查及开发》。新中国成立后，燃料工业部根据这项研究成果，做了详细勘探并进行了开发，在茂名建立起石油城。

法国建成首座核反应堆　该座反应堆是由法国原子能委员会负责建造，命名为"佐埃"（ZOE），是一座重水型氧化铀零功率反应堆，于1948年12月15日建成。

1949年

中国井陉矿务局成立　所辖煤田位于河北省井陉县境，煤质含硫低，可炼优质焦煤，曾闻名海外。井陉煤矿创办于1898年，1937年"七七事变"后矿区被日本强占，1947年井陉解放，煤矿由晋察冀边区政府接收，1949年同阳泉合并，组成"井阳煤业公司"，同年又改称"井阳矿务局"。1949年后，成立"河北井陉矿务局"，着手恢复和改建被日本破坏殆尽的矿区。此后30多年一直保持着百万吨以上的生产水平。1981年产量215万吨。

中国焦作矿务局成立　所辖煤田位于河南省焦作市，1908年正式出煤，1938年日军侵占焦作，改名为"焦作炭矿矿业所"，最高年产煤136万吨。1945年日本投降后，该矿一度为解放区民主政府接收。1946年10月为国民党政府接管。由于连年遭受战争破坏，日产下降到300吨左右。1948年10月，解放区民主政府再度接收焦作煤矿，交由新华公司经营。1949年9月改名为"焦作矿务局"，开采规模不断扩大，有11个煤矿，1981年产原煤436万吨。

中国峰峰矿务局成立　峰峰矿区是年产原煤千万吨的大型矿区，位于中国河北省峰峰市。煤矿煤种较多，有肥煤、焦煤、瘦煤、贫煤、无烟煤，但水文地质复杂，开采难度较大。清光绪年间当地居民用手工采掘，1937年"七七事变"后，矿区被日本侵占，遭到掠夺性开采。1949成立"峰峰矿务局"，之后开采规模迅速扩大，1977年突破1 000万吨。

中国抚顺矿务局成立　所辖煤田位于中国辽宁省抚顺市境内，抚顺煤田为特厚煤层，含煤地层有油母页岩，适于综合利用。抚顺煤田明代以前用手工开采，后日本曾掠夺开采多年，新中国成立后，成立抚顺矿务局。1981年原煤产量达723万吨。

中华人民共和国水利部成立　该部是主管江河防洪、农田灌溉排水、水土保持和农村供水等的政府机构。1949年10月成立后，在1958年和1982年，曾先后两次与电力工业部合并成水利电力部，1987年3月重新恢复为水利部。

1950年

美国研制成功涡轮轴发动机　根据涡轮螺旋桨发动机的成果，涡轮轴发动机研制进展很快。从原理上看，二者基本相同，差别是后面的两级自由涡轮必须通过交叉传动轴和减速器带动直升机中间的旋翼。另外，涡轮轴发动机的燃气能量几乎全部转化成轴功率，因此它具有涡轮螺旋桨发动机的全部优点。1950年，波音公司发动机部最早试验成功涡轮轴发动机，并于1951年成功地安装在直升机上。由于涡轮轴发动机的突出优点，20世纪50年代初美国及欧洲有许多公司都在研制这种发动机。涡轮轴发动机主要用于直升机上，它已发展了4代。

中国试制成首台连续式线圈三相电力变压器　上海电机厂以冯勤为（1919—1989）等在美国西屋公司实习时编制的工艺流程为依据，设计试制成功这种变压器，额定容量4 000千伏安。

1951年

美国建成世界上首座增殖核反应堆　1951年8月，在美籍加拿大人津恩（Zinn，Walter Henry 1906—2000）主持下，美国原子能委员会在爱达荷州的阿尔科（Arco）建成世界上第一座小型快中子增殖实验堆EBR-Ⅰ，电功率为200千瓦。这座核电站的主要目的并不是发电，而是证实快中子高通量反应堆的增殖原理，以及采用液态金属作为高温冷却剂（350℃）的可能性。运行结果证明，快中子增殖堆能够实现核燃料的增殖，在铀235（U^{235}）裂变释放出能量的过程中，还可将铀238（U^{238}）转变为钚239（Pu^{239}），从而可以产生更多的核燃料。且用液态金属冷却在技术上也是可行的，性能比热中子堆优越。作为该实验的副产品，同年12月，该增殖反应堆也使人类首次实现了利用核能发电。

美国爆炸世界上第一颗氢弹　氢弹是利用原子弹爆炸的能量点燃氢的同位素氘（D）、氚（T）等质量较轻的原子的原子核发生核聚变反应（热核反应）时释放出巨大能量的核武器，又称聚变弹、热核弹、热核武器。1950年1月，美国决定研制氢弹，具体研究工作由匈牙利裔理论物理学家特勒（Teller，Edward 1908—2003）领导，利用原子弹爆炸时产生的高温，使氚发生聚变反应。1951年5月，氢弹原理试验准备工作就绪，试验弹代号"乔治"（George），在太平洋上的埃尼威托克环礁（Enewetak Atoll）试验场进行。试验装置重达62吨，放在60余米的钢架上，装置以液态氚作为核聚变装料，并有冷却系统使氚处于极低温。试验证明爆炸威力大大超过原子弹。氢弹原理试验的成功，大大推进了真正氢弹的制造工作。

美国西屋电气公司（WH）制成首台六氟化硫（SF_6）断路器　这种断路器的工作原理与空气断路器相同，同属吹气型，其结构也基本一样，相异之处在于SF₆气体的工作压力较低，在吹弧过程中气体不排出大气，而在密闭系统内循环使用。SF_6气体是一种绝缘性能良好的负电性惰性气体，为灭弧性能很高的优良介质。它可以抗衡很高的恢复电压上升率，使断路器的断流能力提高约100倍；断口压力可以较高，故触头不易损伤；允许连续开断次数较多，无火灾危险，噪音小，还具有运行维护方便等一系列优点。近30年来，SF_6断路器在高压、超高压输变电系统中装用得越来越多。

中国制成第一台水轮发电机组　1951年底，东北电工四厂（哈尔滨电机厂）和六厂自主设计、协作制造了新中国第一台（套）800千瓦的立轴混流式水电机组，安装在四川下硐水电站，开启了新中国自行制造水电设备的先河。

日本成立电力中央研究所　电力中央研究所是经通产省批准的财团法人，它是日本9家电力公司共同的综合研究机关，1951年11月作为电力技术研究所成立。后来，其充实了技术研究部门，并且增加了有关电力事业经济的研究项目，于1952年改为"电力中央研究所"。该研究所作为日本电力事业方面的综合研究机构，进行从事电力事业必需的电力技术和经济的研究、调查、试验及其综合调整，这不仅是为电力事业的发展，同时也是为学术的振兴和福利的提高。它的主要调研内容包括原子能发电、超高电压送电、新的节能措施、电力设施、经营经济及情报处理等。

中国综合性电力研究机构——电业管理局中心试验所成立　1955年改称技术改进局，1964年改称电力科学研究所，隶属电力工业部。该院从事电力系统及其自动化、高电压技术及设备、超高压交直流输变电工程、电网调度自动化、电厂自动化、配电网综合自动化、电力系统通信、电力管理信息系统等方面关键技术的研究开发和电力高新技术及产品的推广应用。

1952年

北京煤矿设计公司成立　后改名"北京煤矿设计研究院"，1972年改称"煤炭工业部规划设计总院"。主要担负煤炭规划、设计管理、设计咨询和技术经济研究等4项任务。为山西省大同、阳泉、晋城、西山、河北省峰峰、安徽省淮南、内蒙古自治区乌达等矿区建设设计矿井、选煤厂以及大量的附属工程。这些矿区成为中国主要大型煤炭基地。

程式［中］认为可以用一般硅钢片制造中频发电机　中频发电机是用于产生单相或多相中频电能的特种同步发电机。通常中频发电机的频率范围在工频以上、10 000赫兹以下。1952年，中国电机工程学家程式（1911—2007）受华东工业部委托，寻求按当时国内条件制造中频发电机的办法。他经过分析和研究，认为可以采用一般硅钢片制造，并向华东工业部提交了报告。后来上海一家工厂首先用一般硅钢片制造成中频发电机。

美国用钛合金制造发动机内壁　钛是20世纪50年代发展起来的一种重要的结构金属。钛合金因具有强度高、耐蚀性好、耐热性高等特点，被广泛用于各个领域。1952年，美国第一次用钛合金代替合金钢制造发动机内壁，效果很好。利用钛合金制造的喷气式航空发动机的叶轮，断面厚度比合金钢的薄，比重却只有钢的一半，因此，发动机的重量大大下降。世界上许多国家由此开始认识到钛合金材料的重要性，相继对其进行研究开发，并得到了实际应用。20世纪五六十年代，钛合金主要用来作为航空发动机用的高温钛合金和机体用的结构钛合金。美国每年生产的钛约有75%供宇航和航空工业用，其中30%用于制造航空航天发动机。

加拿大乔克河国家实验室核反应堆发生事故　加拿大乔克河国家实验室（Chalk River Laboratories，CRL）核反应堆在运行中出现了严重的不正常现象，致使部分活性区熔化，铀核芯发生部分熔毁，一些放射性物质进入环境。后来经过抢险处理，两年之后，反应堆重新运行。

日本电源开发公司成立　该公司在日本政府的电力政策导向方面发挥了重要作用，被称为"国策公司"。导向作用主要有以下几点：① 国家投资导向。② 日本电源开发公司建设的电站，直接向各地区电网批发供电，由各地区电网垄断电力销售，统一管理、统一调度、统一电价，保证电网的经济性和可靠性，以及电价的公平合理。③ 促使日本电力建设方针随能源形势的变化及时调整，并采取相应的政策措施，促进电力事业的迅速发展。④ 重视电力技术的研究开发。如20世纪50年代掌握了从美国引进的大型水电工程先进的施工技术和管理方法；20世纪70年代发展了大型燃煤电厂技术；近年来致力于开发煤炭利用新技术、新能源技术（如地热电站）等。

法国建成巨型太阳能冶炼炉　1947年，法国工程师特朗比（Trombe，

Félix 1906—1985）尝试把军用探照灯的反射镜用在太阳熔炼炉上。1952年，在蒙特路易的比利牛斯山上，特朗比建造了世界上第一台功率为75千瓦的大型太阳能冶炼炉，焦点处的温度达到了3 000℃以上。20世纪70年代，特朗比选择在离蒙特路易10千米处的奥代罗小镇，建成了一座功率为1 000千瓦的巨型太阳炉，以把聚集起来的阳光的温度加热到3 500℃以上。用这座太阳炉每天可以生产2.5吨锆，纯度比用一般电弧炉中熔炼的锆还高。

1953年

苏联制成当时世界上最大的全贯流式水轮发电机组　这台机组由苏联列宁格勒金属工厂制造，功率6 300千瓦，转子直径3.3米。这种水轮发电机组经改进，技术上有了突破，采用新型液压自调支承和密封，单机容量与水头适用范围迅速增大。1963年，加拿大制造安装了一台当时世界上最大的全贯流式水轮发电机组，功率19 100千瓦，转轮直径7.6米，最大水头7.1米。

英国研制德尔蒂克（Deltic）柴油电力机车　英国电气公司（The English Electric Company Limited）为英国铁路局（British Rail）研制当时世界上速度最快的柴油电力机车，因其发动机呈"Δ"三角形状，而命名为"Deltic"。1955—1956年，曾制成试验型的3 300马力、六轴内燃机车。机车运转整备重量为106吨。机车装用两台纳皮尔-德尔蒂克型、二冲程、三角形、18缸柴油机，每台柴油机驱动一台直流牵引发电机。这种柴油机的三根曲轴及三个曲轴箱分别布置在三角形的三个顶点，而在三角形的每边，装有带对动活塞的六缸气缸体。由于结构外形尺寸特别小，所以柴油机单位重量的功率特别大。机车样机于1961年在伦敦和苏格兰间开始投入使用，正常时速可达161千米。1961—1962年，公司又制造出22台D9000-9021型Deltic内燃机车，这种成批生产的内燃机车的运转整备重量为100吨。

1954年

苏联建成世界上第一座商用核电站——奥布宁斯克核电站　该电站位于苏联卡卢加州奥布宁斯克，利用天然铀作燃料，采用石墨水冷堆，石墨作慢化剂，轻水作冷却剂，热功率30 000千瓦，电功率5 000千瓦，于1954年6月27

日投入运行，发电效率16.6%。石墨水冷堆是在军用生产堆的基础上发展起来的，它在技术经济上竞争不过轻水堆和重水堆，除苏联外，其他国家一直未采用过。在苏联，后来这种反应堆型也逐渐被淘汰。

匈牙利电厂最早用混合式汽轮机间接空冷系统　这种系统是匈牙利海勒（Heller，László 1907—1980）教授于1950年提出的，又称"海勒系统"（Heller System）。在海勒系统中，汽轮机的排汽进入混合式凝汽器，直接与喷射出来的冷却水接触，汽水混合后，蒸汽凝结成水，用泵将其中2%的水送回给水系统，其余的全部用循环水泵送至冷却塔，由空气冷却，再喷射到混合式凝汽器内重复使用。海勒系统具有换热效率高、端差小（汽轮机排汽与冷却水直接接触换热）、冷却水系统保持微正压运行、空气不易进入、设备构造简单、外形尺寸小等优点。该技术问世后不久就广为应用。20世纪60—70年代，在世界空冷机组总容量中，海勒系统占绝对优势。世界上最大的混合式空冷机组安装在亚美尼亚Razdan电厂，单机容量30万千瓦，共安装了2台，分别于1994年、1995年投入运行。

美国开发出试验用核电池　核电池是把放射性燃料的核能转变成电能的装置，也叫"放射性同位素温差发电器"，其特点是寿命长、重量轻、不受外界环境影响、运行可靠。1913年，英国物理学家莫斯利（Moseley，Henry Gwyn Jeffreys 1887—1915）演示了β射线电池，利用放射性源释放的β射线在半导体中产生电子空穴对放电，这是核电池的原型。1954年，美国无线电公司（Radio Corporation of America，RCA）开发出一种试验性核电池，可用于收音机和助听器。1959年1月16日，美国制成了第一个重1 800克的核电池，它在280天内发出11.6千瓦时的电量。很快核电池就被应用于国计民生的各个方面。

世界第一艘核动力潜艇下水　美国物理学家艾贝尔森（Abelson，Philip 1913—2004）最早提出利用核能作为船只动力源的观念。1946年，在美国海军上将里科弗（Rickover，Admiral Hyman G. 1900—1986）的召集和支持下，一批科学家开始研究舰艇用原子能反应堆，即后来在潜艇上使用的压水反应堆。使用核能作为船只动力源，同时提供潜艇潜航时所需的推进力与电力，具有常规潜艇所不能比拟的一系列优势，诸如近乎无限的水下续航力、极高的水下航速、需求较小的后勤补给等。美国"鹦鹉螺号"核潜艇（USS Nautilus SSN-571）是世界上第一艘核动力驱动的潜艇，1952年6月开工建造，1954年1月21日下水。该艇总重2 800吨，比旧式潜艇大得多。艇长97.5米，宽8.4米，吃水6.7米，水上排水量3 700吨，水下排水量达4 040吨。最大航速25节，最大潜深150米。从理论上讲，"鹦鹉螺号"可以以最大航速在水下连续航行50天、航程3万海里而无须添加任何燃料。同年，美国第一代"鹦鹉螺"级和"海狼"级核潜艇也开始服役，但主要作为试验用。

苏联研制成功新型火箭发动机　在多级火箭技术尚未完全成熟的情况下，根据科罗廖夫提出的助推器设想，苏联火箭专家设计制造了A型运载火箭，在火箭主发动机上附加4个独立的发动机，发射时与主发动机同时点火，上升后再将助推器抛掉。在这一思想指导下，苏联在1954年研制出RD-107和RD-108火箭发动机。4枚捆绑级助推器采用RD-107发动机，它长19米，直径3米，共有4个主喷嘴，每台RD-107发动机有4个燃烧室，以液氧和煤油作推进剂，由一个安装在燃烧室顶部的涡轮泵供给燃料。火箭的芯级采用RD-108发动机，和RD-107型一样，有4个燃烧室，以液氧和煤油作推进剂。A型运载火箭基本上由2级火箭组成，4枚捆绑火箭构成其第一级，芯级火箭构成第二级。

瑞典建成世界上第一条工业性直流输电线路　这条线路从瑞典本土到哥得兰岛（Gotland），敷设95千米长的海底电缆，采用直流电输电，电压100千伏，输送功率2万千瓦，换流设备采用汞弧阀。1970年，换流设备更换为技术先进的可控硅阀，电压升高至150千伏，输送功率增大到3万千瓦。

中国制成6 000千瓦中压中温汽轮发电机组　这台机组由上海汽轮机厂、上海电机厂根据捷克图纸资料仿制而成。机组蒸汽参数：进气压力3.43兆帕，进气温度435℃。安装在安徽省淮南市田家庵电厂，于1956年2月19日投入运行，运行37年，于1993年1月5日"退役"，累计发电13.6亿千瓦时。

美国贝尔实验室发明单晶硅太阳能电池　该电池由贝尔实验室物理化学家富勒（Fuller, Calvin Souther 1902—1994）、发明家蔡平（Chapin, Daryl 1906—1995）和物理学家皮尔森（Pearson, Gerald 1905—1987）共同研制成功。它是一种用π型和P型半导体制成的扁平夹层式装置，当太阳光照射其上时，被打出的电子向阳极移动，空穴向阴极移动，在电路中形成电流。其光电效率为6%。

1955年

苏联古比雪夫水电站首台机组开始发电　古比雪夫水电站又名"伏尔加列宁水电站"，1950年开始施工准备，1955年底第一台机组发电，1957年机组全部安装完成。电站总装机容量230万千瓦，库容580亿立方米，是伏尔加河梯级开发中的最大水库。电站的水土建筑物有坝、厂房、船闸等。主坝为水力冲填土坝，坝高45米，长2 800米，填方3 160万立方米，上游坡用钢筋混凝土板护面；左侧为混凝土溢流坝，长981米，高45米，有38个溢流孔。左岸设上、下级船闸，船闸之间航渠长3.8千米。水电站为河底式厂房，长600米。

法国创造电力机车运行速度记录　在法国波尔多（Bordeaux）和另一地区之间，两辆电力机车在直线铁轨上以每小时205.6英里的速度行驶，创造了火车运行速度的新纪录。不过，这种电力机车此时尚不能正式营运。

美国制成起重式油井钻机　美国设计并制造出第一台在浅水（通常不到110米）中作业的起重式油井钻机。后来，该类钻机的数量占到全世界沿海钻井设备的一半。

中国制成6 000千瓦汽轮机　1955年4月8日，中国"一五"计划中的一项重要新产品——6 000千瓦汽轮机，在上海汽轮机厂试制成功。6 000千瓦汽轮机共有104万多个零件，每个零件的精密度要求很高，研制人员经过19次技术改进，使加工出来的零件达到设计要求。该设备投入运转后，可为30万人口的城市提供照明用电，若用在机械化采煤上，则每年可以开采250万吨煤。

中国发现克拉玛依油田　克拉玛依油田位于准噶尔盆地西北缘，是新中国成立后发现的第一个比较大的陆相油田。1955年10月29日，克拉玛依黑油山1号井完钻出油，标志着新中国第一个大油田——克拉玛依油田被发现。其原油产量居中国陆上油田第4位，连续25年保持稳定增长，累计产油2亿多吨。2002年原油年产突破1 000万吨，成为中国西部第1个千万吨大油田。

中国制成的首台中型混流式水轮发电机组投入运行　1955年12月27日，我国第一座自行设计、施工、建造的自动化水电站——官厅水电站开始发电。该电站安装有我国首台中型混流式水轮发电机组，机组容量1万千瓦，设计水头35.4米。电站共安装3台1万千瓦水轮发电机组，1956年9月全部竣工投产。

1956年

世界上最早采用沸水堆的核电站——阿尔贡核电站在美国勒蒙特建成并投入运行　该电站热功率为10万千瓦，电功率4 500千瓦。沸水堆以低浓度二氧化铀（含2%～4.4%铀-235）作燃料，以中压沸腾水作慢化剂和冷却剂。在技术发展过程中，美国曾对沸水堆做过多次改进，包括解决控制稳定问题，增加功率密度以提高经济性以及修改安全措施等。虽然它的技术成熟，但发展速度比压水堆慢，故其应用不如压水堆广泛。

英国发电站安装水冷发电机　英国圣海伦斯（St Helens）附近的一座发电站安装了涡轮交流发电机，是世界上第一台水冷式交流发电机。由于蒸馏水流过定子，大幅度抑制了定子、转子及调节器的温升，发电机可运载的电流达到过去低效氢冷发电机的3倍。

英国建成大功率核反应堆　英国在哈威尔（Harwell）建成新型大功率核反应堆DIDO（迪多重水慢化实验堆）。该反应堆产生中子的能力比以前提高了40多倍，使科学家在几周内即可完成一个以前需几年才能完成的裂变试验。

中国制成第一台12 000千瓦汽轮发电机组　这台机组是由上海汽轮机厂和上海电机厂根据捷克图纸资料制成的，安装在重庆市郊九龙坡的重庆电厂，于1958年8月投入运行。

中国第一机械工业部、电力工业部联合颁布中华人民共和国电力设备额定电压和频率标准　额定电压分三类：第一类100伏及以下；第二类超过100伏而不满1 000伏；第三类1 000伏及以上。额定频率为50赫兹。

中国狮子滩水电站首台机组发电　狮子滩水电站位于重庆市长寿区长寿湖镇，建于新中国第一条梯级开发的河流——龙溪河上，是我国第一个五年计划重点建设项目，由苏联支援建设。电站兴建于1954年，建成于1957年。第一台机组于1956年10月1日并网发电。总装机容量4.8万千瓦，总库容

10.28亿立方米。拦河坝高51米，采用适应不均匀沉陷的楔形体结构，是中国第一座堆石坝。电站安装4台单机容量1.2万千瓦的混流式水轮发电机组，是龙溪河梯级水电站的第一级。

美国贝尔实验室发明晶闸管（可控硅整流器）　晶闸管（Thyristor）是"晶体闸流管"的

狮子滩二级水电站

简称，又称作"可控硅整流器"（Silicon Controlled Rectifier，SCR）。1956年，美国贝尔实验室发明晶闸管。1957年，美国通用电气公司开发出世界上第一只晶闸管产品，并于1958年商业化。晶闸管开通时刻可以控制，在运行中不会发生逆弧，从而降低事故发生的概率。而且它不需要辅助设施，维修简单，额定电压的选择自由度大，因而各方面性能均明显胜过以前的汞弧整流器。随着电子工业的发展，晶闸管造价不断下降，直流输电工程中的换流设备，汞弧整流器被逐渐淘汰，广泛采用技术先进的晶闸管。

1957年

中国发现兖州煤田　该煤田位于山东省西南部，煤炭储量丰富，以低硫、低灰的气煤和肥煤为主，是优良的动力煤和炼焦配煤。该矿系隐蔽煤田，1957年发现，1966年开始建设第一对矿井，1976年以后开始大规模建设，到1981年建成投产矿井4处，总设计能力525万吨，其中兴隆庄矿井是中国自主设计的年产300万吨大型矿井，建设工期只有6.5年。

中国平顶山矿务局正式投产　平顶山煤矿矿区位于河南省境内的伏牛山东麓，横跨叶县、郏县、宝丰、襄城4县，含煤面积650平方千米，预测可靠储量为79亿吨，其中精查储量22亿吨，可采煤层10～12层，总厚度15～21米，主要品种有气煤、肥煤、焦煤等，炼焦煤占全国总量的10%左右。矿区交通方便，铁路、公路四通八达，是靠近南方缺煤地区的一个大型煤炭基地，素有"中原煤仓"之称，是国家"七五"计划期间重点建设的矿区之一。煤矿矿区从1953年开始勘探，1955年建矿，1957年10月，第一对矿井（二矿）正式投产。在第一和第二个五年计划期间，先后建成投产6对矿井。1958年成立平顶山矿务局。1960年原煤产量达到353万吨。从1964年开始，矿区进一步开发建设，矿井生产能力迅速提高。1966年原煤产量达到584万吨，1975年突破1 000万吨。1979—1986年，共新增生产能力430万吨，原煤产量逐年稳定增长。1986年生产原煤1 597万吨，成为仅次于大同、开滦的中国第三大煤炭工业基地。

中国首次生产巨型变压器　1957年2月16日，沈阳变压器厂试制成功我国第一台巨型变压器，为40 500千伏安、154千伏电压的巨型电力变压器。这台变压器为三线卷结构，重152吨，高7.4米，安装面积46平方米。

中国第一座遥远测量水电站发电　1957年3月3日，中国第一座遥远测量水电站——首都西郊模式口水电站正式向北京送电。该水电站建筑在石景山区模式口村外，利用永定河引水河道上的落差发电，是当时中国自动化程度最高的水电站，从开机到发电只需2分钟时间。

美国希平波特核反应堆投入运行　1957年12月18日，建造在宾夕法尼亚州希平波特（Shippingport）的美国第一个原子能发电厂开始发电。这是美国第一座商用核电站，核反应堆为大型压水反应堆。这种反应堆的工作原理是：堆芯中不稳定的铀在中子的轰击下开始分裂，产生新的中子和热量；新的中子又轰击和分裂处于链式反应中的其他铀原子。对核反应的控制是通过控制棒在堆芯中进出伸缩来实现的。控制棒用硼、镉、铪等材料制成，这些材料能吸收中子，使轰击铀原子的中子数量得到调节，从而使核裂变受到控制。反应堆利用轻水（普通水）作为冷却剂和中子慢化剂。该发电站发电功率为60兆瓦，1982年退役。发电厂汽轮机由美国西屋公司（Westinghouse Electric Corporation）制造，设计转速为每分钟1 800转，最大功率为100兆瓦，工质为干饱和蒸汽，进口蒸汽压力可由最大负荷时的3.8兆帕变化至反应堆空转时的5.9兆帕。该汽轮机是一台单缸、单排汽汽轮机，是第一台为核电厂开发的大功率湿蒸汽汽轮机。

国际原子能机构（IAEA）成立　该机构是各国为和平利用原子能而建立的政府间组织，属联合国专门组织之一，于1957年10月正式成立，总部设在维也纳。截至2012年2月，共有153个成员国。1984年1月1日，中国加入该组织，同年6月，IAEA理事会接纳中国为指定理事国。国际原子能机构的宗旨是：谋求加速和扩大原子能对全世界和平、健康及繁荣的贡献；并尽其所能，确保由其本身或经其请求，或在其监督或管制下所提供的援助，不会用于任何军事目的。其职能在履行上主要采取的形式有：提供设备、材料和专家服务、召开研讨会、安排科学访问、举办培养班和执行研究合同等。

旺克尔［德］研制成功旋转活塞式发动机 德国机械工程师旺克尔（Wankel，Felix Heinrich 1902—1988）发明的这种发动机也称"三角活塞旋转发动机"，其特点是利用内转子圆外旋轮线和外转子圆内旋转线相结合的机构以及无曲轴联杆与配汽机构，将往复活塞运动直接转变为旋转运动，零件数要比活塞式汽油机少40%，重量轻1/2～1/3，体积小一半，转速高，功率大。1958年，他和制造公司签订协议，将外转子改成固定形式，内转子呈行星运动，制成功率为30马力、转速为每分钟5 500转的新型旋转活塞发动机，引起世界各国重视和采用。

世界上最早的超临界压力汽轮发电机组在美国投入商业性运行 该台超临界压力机组安装在俄亥俄电力公司费勒电厂（6号机组），机组容量12.5万千瓦，于1957年4月投入运行。20世纪50年代末，美国为了寻求更低的发电成本，提高火电厂蒸汽参数。

当时世界上水头最高的冲击式水轮发电机组在奥地利莱塞克水电站投入运行 该电站应用水头1 772米，输出功率2.51万千瓦。冲击式水轮机组可分为水斗式（又称切击式）、斜击式和双击式三种，其中斜击式与双击式水轮机由于效率低、使用水头有限，只适用于小型水电站。莱塞克水电站安装的水轮机为水斗式。随着水轮机技术的进步，大型水斗式水轮机的喷嘴数有6个之多，发展趋势是提高单个喷嘴的比转速和继续增加喷嘴的数量，以适应更高水头电站的需要。到20世纪80年代，该型机组的效率高达90%以上。

陈嘉庚［中］兴建集美潮汐电站 集美潮汐电站，原名"集美学校太古海潮发电厂"，是利用海潮涨落的周期性不稳定落差的水头进行水力发电的试验电站。从1957年春开始筹建至1961年春第二次试车结束，前后共花了4年时间。爱国华侨陈嘉庚（1874—1961）投资91万元，在他的出生地福建厦门集美镇兴建潮汐电站，站址位于杏林湾入海口，即今集美大桥东端。电站建成后，因技术不过关而未能发电。杏林湾的潮汐利用虽未能实现，但在中国海洋能发电历程上留下珍贵的史料。集美潮汐电站的厂房用当地花岗岩条石砌成，现在还矗立在集美大桥东端，完好无损。

1958年

新西兰在怀拉基建成大型地热电站　怀拉基（Wairakei）地热田处于西太平洋岛弧板缘高温地热带的东南端，是新西兰最大的一个地热田，也是世界上第一个大型湿蒸气田，生产井深度相对较浅，一般为数百米，多数介于600～1 200米之间，地热流体的温度为260 ℃。

中国发现大庆油田　1958年4月，地质部施工的南17井（吉林省前郭尔罗斯蒙古族自治县达里巴村）区域剖面钻的岩心中首次发现含油砂岩。随后，地质部在松花江两岸的许多地质浅钻中发现了含油砂岩和油气显示，同时用物探地震方法及地质构造钻探，基本圈定了杨大城子、扶余、登娄库等一批局部构造和包括高台子、葡萄花、杏树岗等局部构造在内的大同长垣构造的初步轮廓（出油后改称大庆长垣）。在中央拗陷的大同长垣高台子构造上，由石油工业部钻第三口基准井（松基三井），由地质部对扶余构造进行钻探，共同对盆地进行综合研究。在松基三井井深1 461.76米时转入试油，在1959年9月26日喷出了工业油流。1959年9月27日，地质部在扶余构造的扶27井也获得工业油流。以上两井喷油的时候，正是全国同庆中华人民共和国成立10周年前夕，由当时中共黑龙江省委第一书记欧阳钦提议，将这个新发现的油田定名为大庆油田。到1960年底，完成探井93口，在整个大庆长垣7个局部高点获得工业油流，圈定了含油面积，概算了石油储量，证实大庆是一个特大油田。由于大庆油田的开发，到1965年，中国实现了石油产品全部自给。

中国发现吉林油田　1958年4月，地质部松辽石油普查大队501号钻机在吉林省郭尔罗斯蒙古族自治县达里巴村附近钻南17井时，首次钻遇含油砂岩。1959年9月27日，继松基3井出油发现大庆油田之后，扶余3号构造扶27井获工业油流，发现扶余油田。1961年，扶余油田正式投入开发建设。

四川石油学院创建　学院位于四川省南充市，1970年改称西南石油学院。设有石油勘探、石油开发、石油机械3个系，共7个专业。1982年底本科各专业在校学生1 863人，研究生24人。学院建立了碳酸盐岩、钻井、泥浆、油气田开发、钻头等6个研究室，形成了一支专职科研队伍，在深井泥浆处理剂等若干项目取得重大科研成果。

中国研制出双水内冷汽轮发电机　浙江大学电机系教授郑光华（1918—2006）等人于1958年6月首先提出了发电机绕组铜线内通水冷却方案。同年9月，萧山电机厂（后改称杭州发电设备厂）利用这项研究成果试制成1台3 000千瓦、每分钟1 500转的凸极式水内冷汽轮发电机，安装在北京清河电力工业部技术改进局试验电站试运行。同年9月，上海电机厂利用6 000千瓦空冷式转子锻件试制成世界首台隐极式12 000千瓦、每分钟3 000转的双水内冷汽轮发电机，安装在上海南市电厂，于12月并网发电。双水内冷发电机是定子和转子采用水内冷，铁芯为空冷，这是中国在发电机制造冷却技术上的一项重大成就。1959年，上海电机厂制成2.5万千瓦和5万千瓦双水内冷汽轮发电机。1960年又制成10万千瓦双水内冷汽轮发电机。

中国首座潮汐电站——广东鸡州潮汐电站建成发电　20世纪50年代后期，中国山东、江苏、上海、浙江、福建、广东等沿海省（市），修建小型潮汐电站50余座，总装机容量达600余千瓦。例如上海郊区潮锋、群明潮汐电站，装机容量分别为6千瓦和15千瓦。江苏如皋县（现如皋市）永平乡潮汐电站装机容量13.5千瓦，其中容量最大（40千瓦）、运行时间较长的是广东鸡州潮汐电站。

中国成立水利水电科学研究院　该研究院由中国科学院水工研究室、水利部北京水利科学研究院和电力工业部水电科学研究院三单位合并而成，是中国最大的综合性水利科学技术研究单位。水科院主要开展水利领域的科学技术研究和基础理论研究，总结推广技术革新、技术改造的成果与经验，解决水利建设中的技术问题，编辑出版月刊《水利学报》、季刊《泥沙研究》等。

中国首台内燃机车试制成功　1958年9月，中国第一台内燃机车——建设型直流电传动调车内燃机车组在北京长辛店机车车辆修理工厂（即北京二七机车工厂，简称二七厂）组装完毕，并与9日正式下线。与蒸汽机车相比，内燃机车具有耐用、经济、效率高等优势。我国制造的这台内燃机车是用电气传动，机车自重60吨，牵引能力为600马力，最高时速可达85千米。机车的3万多件配件全部由中国制造。

中国巨龙型内燃机车试制成功　1958年7月，大连机车车辆厂在苏联专家的指导下，以苏联内燃机车的资料和柴油机为基础，完成了"巨龙型"内燃机车的设计。9月24日完成试制，26日举行出厂典礼，28日驶进北京。此后，巨龙型内燃机车进行了多次试验、试运和改进。1966年8月正式定名为"东风型"，代号DF，功率为4 000马力，并陆续在国内干线上担当牵引任务，为中国铁路运输发挥了重大作用。

中国建成第一个核反应堆　中国原子能科学研究院重水研究堆（HWRR）是一座10兆瓦的多功能反应堆，用途包括核物理、热工水力特性、材料辐照考验、反应堆物理、同位素生产、堆中子活化分析、辐射防护监测、核电技术服务、反应堆运行管理等多个方面。燃料为浓缩至2%的铀340千克，用重水作减速剂和载热剂，反射层为石墨。反应堆直径为1.4米，最大功率为10兆瓦，该反应堆是一个研究用反应堆，也能生产同位素。1958年，该反应堆建成投入运行，6月13日，反应堆运行达到临界状态，这是中国第一个核反应堆。

中国黄河三门峡截流工程结束　三门峡位于黄河中游，在河南省陕县和山西省平陆县境内。三门峡水利枢纽工程于1957年4月13日开工兴建，1958年12月9日，黄河三门峡截流工程全部结束，成为根治和开发黄河的规划中最大和最重要的一座防洪、发电、灌溉综合性工程。三门峡截流后，可形成一个面积达3 500平方千米的水库，灌溉农田4 000万亩，蓄水量达647亿立方米。

中国青铜峡水电站枢纽工程开工建设　青铜峡水电站枢纽位于宁夏回族自治区青铜峡市黄河干流上，为黄河综合利用规划选定的第一期工程之一，属于以灌溉为主结合发电、防凌的综合利用工程，是宁夏北部石（嘴山）银（川）青（铜峡）电网的重要电力生产基地。工程于1958年8月开工，1960年2月工程截流，实现设计任务规定的灌溉工程的"控制水量，减少泥沙，达到经济用水和减少岁修费用的要求"。1967年12月，水电站第一台机组投产发电，土建基本竣工，以后随着宁夏地区电力负荷的增长，逐年安装机组，

1976年8台机组投产并网发电，1993年增加1台机组。工程主体是一座带泄水管河床闸墩式电站，大坝坝轴线全长 694米，最大坝高42.7米，总库容7.35亿余立方米，装机容量27.2万千瓦，年均发电量约13.5亿千瓦时。

法国安装大型风力发电机　法国制造安装了功率为800千瓦的风力发电机，风轮直径达31米。该风力发电机运行18个月后，风轮被风折断，运行停止。

1959年

超临界压力机组在美国埃迪斯通火电厂投入运行　该电厂位于美国宾夕法尼亚州费城西南约16千米的特拉瓦河北岸，1960年建成2台燃煤的32.5万千瓦汽轮发电机组，其中第一台是超临界压力汽轮发电机组，主蒸汽压力34.52兆帕。该台机组经过30年的连续运行和不断完善，仍担负着费城电力公司系统的基本负荷。机组进气压力由34.52兆帕降为31.0兆帕，进气温度由650 ℃降至610 ℃运行。该机组由西屋电气公司（WH）提供双轴汽轮发电机组，燃烧工程公司（CE）提供直流锅炉。

美国阿夫柯（AVCO）公司研制出试验用磁流体发电机　功率为11.5千瓦，点亮了228盏50瓦电灯，运行10秒钟。阿夫柯公司另一台500千瓦磁流体发电机，燃料为煤粉，燃烧气流温度达2 590 ℃，采用超导磁场，1979年曾两次运行500小时。由阿夫柯公司制造的1.8万千瓦磁流体发电机成功为空军阿诺德试验中心的风洞提供电力。

培根［英］发明大功率燃料电池　英国工程师培根（Bacon，Francis Thomas 1904—1992）发明的这种电池采用氢-氧燃料和碱性电解液，电极为烧结镍电极，功率为5千瓦，效率为60%。对这种电池进一步改进的权利，由海军研究发展中心（NROC）转让给里森纳-穆斯（Leesona-moos）研究所的普拉特-惠特尼飞机公司（Pratt &Whitney Aircraft Corp）的一个附属研究机构。该电池的改进型于20世纪60年代成功应用于阿波罗宇宙飞船。

美国实现液化天然气跨洋运输　美国经过改装的二战战舰"甲烷先锋号"（Methane Pioneer）轮船从路易斯安那州的查尔斯湖启航，驶向英国伦敦东部的石油基地坎维岛（Canvey Island），运送了2 000立方米的液化天然气，首次实现了液化天然气的跨洋运输。至1977年底，全世界每年可液化天然气215亿立方米，有6个国家出口液化天然气。

中国第一条输油管道建成　1959年1月10日，中国建设的第一条输油管道建成并正式开始输油。该输油管道位于新疆维吾尔自治区境内的克拉玛依至独山子之间，全长147千米。过去，克拉玛依油田生产的原油用汽车运往独山子炼油厂，成本高，原油损耗大。为了适应克拉玛依矿区生产的迅速发展，及时将原油运至炼油厂，降低原油运输成本，故修建了该输油管道。

哈尔滨电机厂研制成功72 500千瓦水力发电设备　1959年5月14日，中国第一套容量为72 500千瓦的水力发电设备在哈尔滨电机厂研制成功。该设备是专门为新安江水电站制造的，重达1 000多吨，分为水轮机和水轮发电机两部分，其中水轮机又包括导水用的涡壳和传动用转子等。该套设备的发电能力足够一个600万人口的城市照明之用。该设备的制成，标志着我国动力机械工业在制造大型水力发电设备方面向前迈进了一大步。

中国试制成功865千伏安扼流磁放大器　1959年10月29日，中国第一套自行设计的865千伏安扼流磁放大器在上海先锋电机厂试制成功，这为我国在现代电机工业的自动调整和控制系统中广泛应用磁放大器开创了新道路。

中国创办《水利水电技术》月刊　该杂志为全国性的水利水电综合性学术刊物，编辑部设在北京，国内外发行，主要任务是报道和交流先进经验，推广先进技术及革新成果，促进中国水利水电事业的发展，提高水电科学技术水平。

中国建成龙溪河梯级水电站　龙溪河是重庆市下游长江北岸支流，自狮子滩至下硐24千米河段内，天然落差140余米。龙溪河梯级水电站就是利用这些集中落差，由4座电站组成。一级狮子滩水电站，1956年12月开始发电，装机容量4×1.2万千瓦；二级上硐水电站，1956年9月竣工，装机容量1.05万千瓦；三级回龙寨水电站，1958年12月竣工，装机容量2×0.8万千瓦；四级下硐水电站，1959年3月竣工，装机容量2×1.5万千瓦。龙溪河是中国最早实现梯级开发的一条河流。

1960年

美国在路易斯安那州的大陆架第一次不用潜水员安装水下采油井口　水下采油井口装置是水下采油系统中最基本的部分，1943年，人们在加拿大伊利湖安装了第一个水下井口。1960年，美国在路易斯安那州的大陆架第一次不用潜水员安装了水下井口，所有安装工作都在钻井船上遥控进行，之后又在圣巴巴拉海峡安装了5个这样的井口装置。水下井口装置分两种：湿式，井口设备与海水接触；干式，用金属封闭罩保护井口，罩内保持一个大气压，维修人员可乘潜水器进入罩内检修，比较方便。

梅曼［美］研制成功红宝石激光器　美国物理学家梅曼（Maiman，Theodore Harold 1927—2007）在佛罗里达州迈阿密的研究实验室里，使用人造的红宝石作为工作媒质，在其助手的建议下，用闪光灯取代了电影放映机的灯泡，用高强闪光灯管来刺激在红宝石水晶里的铬原子，通过光学谐振腔的加强调节后，便射出一束强有力的纤细红色激光光柱，当它射向某一点时，可使这一点达到极高的温度。1960年5月16日，梅曼利用这台设备产生出脉冲相干光。1960年7月7日，他又在曼哈顿的一个新闻发布会上当众运行了这一设备。红宝石激光器是一种输出波长为694.3纳米（红光）的脉冲器件。它具有输出能量大、峰值功率高、结构紧凑、使用方便等优点，目前已广泛应用于打孔划片、动态全息、信息存储等方面。

英国公司研制成功新型压力煤气气化器　英国布朗有限公司研制的新型压力气化器，可利用任何一种煤来生产煤气。这种由一氧化碳和氢气混合而成的煤气可以供应城镇民用，也可用来制造工业用化工原料。

世界最早采用压水堆的核电站——扬基·罗（Yankee Rowe）核电站在美国建成并投入运行　该电站的电热功率为60万千瓦，电功率17.5万千瓦。压水堆是以低浓度二氧化铀（含2%～4%铀-235）作燃料，以高压水作慢化剂和冷却剂。20世纪70年代中期，压水堆技术进入第三代后，核电成本已低于常规火力发电，这标志着慢中子反应堆的技术经济性已经成熟，其技术发展重点转入安全技术方面，迄今已发展到第五代，单机电功率由17.5万千瓦增长到130万千瓦。压水堆体积小，重量轻，结构较简单，建造周期短，容易控制，便于操作和维修，而且其技术最接近常规火电技术。这种堆型最早形成工业体系，成为核电站反应堆中的主要堆型。

海底储油罐首先在墨西哥湾出现　海底储油罐是根据油水置换原理设计的一种海底储油装置，有钢结构和混凝土结构两种。其优点是能避开海面波浪的冲击，与火源隔绝，安全可靠，保证油井连续生产，维护费用低；缺点是制造周期长，要求海底比较平坦，高凝原油不宜储藏。1960年，海底储油罐首先在墨西哥湾出现，容积为3 180立方米。

中国在开发大庆油田实践中形成一整套分层采油技术　该技术已在各油田推广使用，对延长无水开采期和提高采收率起到了重要作用。

美国第一个沸水堆核电站投入商业运行　沸水反应堆以轻水作为冷却剂和中子慢化剂，反应堆冷却系统内压强保持在70个大气压。在这里，来自汽轮机的给水进入压力容器后，在280 ℃左右沸腾。汽水混合物经过堆芯上方的汽水分离器和蒸汽干燥器过滤掉液态水后，直接送到汽轮机。离开汽轮机的蒸汽经过冷凝器凝结为液态水（给水）后，回流至反应堆，完成一个循环。美国首个沸水反应堆核电站——德累斯顿（Dresden）核电站于1960年开始运行，1978年停止运行。该核电站位于美国伊利诺伊州格兰迪县（Grundy County）伊利诺伊河的河口。

中国首座露天火电厂——浙江省杭州半山发电厂建成发电　半山发电厂始建于1959年，是全国较早采用双水内冷发电机组、汽轮机轻型基础、锅炉

杭州半山发电厂

半露天布置的一座火力发电厂。该厂坐落在杭州市拱宸桥以北5千米的康桥镇，东与杭州钢铁厂遥相对应，京杭大运河绕厂区西北而过，专用铁路线直达厂区，水源充沛，运输方便。该厂经过三期建设，装机总容量达23.7万千瓦，4机4炉单元制发电，以7回110千伏、7回35千伏输电线路向杭州市区供电，成为杭州市区的主力火电厂。1981年10月29日，半山发电厂与艮山门发电厂合并，艮山门发电厂为半山发电厂的分厂。截至1990年底，半山发电厂累计发电量达170.43亿千瓦时。

石油输出国组织（OPEC）成立　1960年9月10日，伊拉克、伊朗、科威特、沙特阿拉伯和委内瑞拉的代表们在巴格达开会，决定联合起来，共同对付西方石油公司。14日宣告成立石油输出国组织，简称欧佩克（OPEC）。其宗旨是协调和统一成员国的石油政策，包括确定各成员国产量配额，确定最低油价，并确定以最适宜的手段来维护各自的和共同的利益。现有成员国，除上述5国外，还有阿尔及利亚、阿拉伯联合酋长国、加蓬、利比亚、尼日利亚、印度尼西亚等国家，总部设在维也纳。

赞比亚卡里巴水电站开始发电　水电站位于赞比亚河中游卡里巴峡谷内，距索尔希伯里290千米。电站包括拦河坝和左右两岸的两座厂房。拦河坝为混凝土双曲拱坝，坝高128米，坝顶长620米，长高比接近5，首创在宽河谷中修建高拱坝。总库容1 840亿立方米，为20世纪60年代世界上最大的水库。在导流施工中，首次采用了拱围堰挡水。1959年12月28日第一台机组开始发电，1960年5月17日正式运行。右岸第一期地下厂房，6台机组总装机容量60万千瓦。左岸地下厂房为第二期工程，装机90万千瓦，1988年末又有4台机组投入运行。

中国建成三门峡水利枢纽　工程位于河南省三门峡市和山西省平陆县边界河段上，委托苏联列宁格勒水电设计院设计，于1957年4月开工，1960年大坝基本建成，1962年第一台机组安装完毕，是黄河干流上第一座大型水利枢纽。工程主要建筑物有拦河坝、电站厂房、泄水建筑物等。拦河坝为混凝土重力坝，最大坝高106米，长713米，泄水建筑物有12个断面为3米×3米的深孔和2个断面为9米×12米的表面溢流孔。电站装机总容量116万千瓦。水库蓄水后，由于泥沙淤积特别严重，1962年3月打开全部深孔闸门，改为低水头运行。1964—1978年又对工程进行两次改建，将4条发电引水管改作泄流排沙用，把已封的8个导流底孔打开，并在左岸增建2条泄洪排沙隧洞；电站改为低水头径流发电，装机5×5万千瓦；同时采取了"排浑蓄清"的运行方式。改造后大大缓解了水库淤积，收到了防洪、防凌、灌溉、发电的综合效益。

三门峡水利枢纽

中国新安江水电站开始发电　该电站位于浙江省建德县（现建德市）境内，1957年主体工程开始施工，1960年第一台机组投产发电。新安江水电站是中国第一座自行勘探设计、施工和自制设备的大型水电站，主要工程为宽缝重力坝，坝后溢流式厂房。坝高105米，坝顶长465.4米，溢流道设在大坝中间，厂房顶最大泄流量每秒13 200立方米，是中国最大的溢流式厂房。电站总装机容量66.25万千瓦，设计年发电量18.6亿千瓦时，水库总库容为220亿立方米，水库面积为580平方千米，是著名的千岛湖旅游风景区。

中国用定向爆破技术建南水水电站大坝　南水水电站位于广东乳源县境内北江支流南水河上。大坝为堆石坝，坝高81.3米，坝长215米，总库容1 218亿立方米。采用定向爆破筑坝，一次用炸药1 394吨。爆破堆高平均62.5米，为设计最大坝高的76.9%。爆破方量虚方为226万立方米，实方为167万立方米，其中在设计断面之内的有效方量为100万立方米。

东北石油学院成立　为配合大庆油田的开采，成立了该学院。学校从1960年5月开始筹建，校址选在当时的松辽会战指挥部所在地安达，学校于1961年9月正式开学，定名为"东北石油学院"。1975年10月，更名为"大庆石油学院"。

1961年

伊朗建成阿米尔–卡比尔坝（Amir Kabir Dam）　阿米尔–卡比尔坝也称为卡拉杰坝，位于伊朗卡拉杰市（Karaj）北面23千米处卡拉杰河上。1957年开工兴建，1961年建成，工程主要目的是防洪减灾，向德黑兰市供应饮用水，满足卡拉杰地区的供水和灌溉的需要及向国家电网供电。电站装机容量9万千瓦。

英国、法国建成互换电力的英—法海峡直流输电工程（Cross Channel）　该工程穿越英吉利海峡，将法国电网和英国电网连接起来，可以使英、法两国在需要时互相调剂电力需求。两端换流站分别位于英国的利德（Lydd）和法国的埃尚冈（Echinghen），采用汞弧阀换流器，为双极海底电缆，以使对过往船只磁罗盘的干扰最小。线路全长64千米，额定功率为160兆瓦，1985—1986年，两国又对该工程进行了升级换代，功率增加到2 000兆瓦。

1962年

世界最早采用重水堆的核电站——洛夫顿（Rolphton）核电站在加拿大建成投入运行　洛夫顿（Rolphton）核电站是世界上首座采用压重水式核能反应堆（CANDU）的核电站。该电站的热功率9.85万千瓦，电功率2.2万千瓦。重水堆一般采用天然铀（含0.7%铀–235）作燃料，以重水作慢化剂和冷却剂。重水具有中子吸口截面小、慢化性能好的特点，反应堆内中子耗损少、利用率高，可以直接以天然铀作燃料，因此不需要建设扩散厂，对未掌握核燃料浓缩技术和天然铀丰富的国家是可取的。但重水初装量很大，加上运行中泄漏补充，需建设投资较大的重水工厂。为了减少泄漏损失和放射性污染，反应堆和重水回路密封要求高，制造技术复杂，因此重水堆的应用不如轻水堆普遍。一些铀资源丰富和不愿在浓缩铀方面依赖别国的发展中国家，选择发展天然铀重水堆的道路。

1963年

中国建成柘溪水电站　柘溪水电站位于中国湖南省资水干流上，大坝为混凝土单支墩大头坝，最大坝高104米，装机容量44.7万千瓦，保证输出功率11.27万千瓦，多年平均发电量21.74亿千瓦时。工程以发电为主，兼有防洪、航运等效益。水电站1958年开工，1962年第一台机组发电，1963年3月竣工。

瑞士建成卢佐内坝（Luzzone Dam） 卢佐内坝位于瑞士西南部提契诺（Ticino）州布莱尼奥（Blenio）河上，1958年动工，1963年建成。水库库容0.88亿立方米，装机容量41.8万千瓦，枢纽主要建筑为高混凝土双曲拱坝、远坝区引水式厂房和右岸开敞式岸边溢洪道。最大坝高208米，坝顶长530米，坝顶厚10米，坝底厚36米，坝体厚高比为0.173，坝体混凝土量133万立方米。工程主要用于发电。

美国科洛尼尔成品油管道建成投产 科洛尼尔成品油管道（Colonial Product Pipeline）是目前世界上最长、管径最大和输送量最大的成品油管道系统，于1963年投产。管道起点位于美国得克萨斯州的休斯敦，终点在新泽西州的林登，开始投产时，干线总长2 465千米。后经多次扩建，至1980年底，管道干线总长4 613千米，支线总长3 800千米。该管道系统将美国南部墨西哥湾沿海地区的许多炼油厂生产的成品油输往美国东南部和东部近10个州的工业地区，其中约有50%输送到纽约港。这一管道投产时，输油能力大约为每年3 500万吨。管道干线上建有24座电力驱动泵站和3座燃气轮机驱动泵站，总装机容量为26.1万马力；从4个地区接受油品，向沿途55处交付油品。经历年扩建，科洛尼尔管道输油能力不断提高，1980年达1亿吨以上。

美国电气和电子工程师协会（IEEE）成立 美国电气和电子工程师协会是由美国无线电工程师协会（IRE，创立于1912年）和美国电气工程师协会（AIEE，创立于1884年）合并而成的，是一个区域和技术互为补充的组织结构，以地理位置或者技术中心作为组织单位，总部在美国纽约市。IEEE致力于电气、电子、计算机工程等领域的开发和研究，在计算机、太空、生物医学、电信、电力及消费性电子产品等领域已制定了900多个行业标准，现已发展成为具有较大影响力的国际学术组织。

1964年

四川威远震旦系灯影组发现天然气田 威远大气田是我国储层最老

（震旦系灯影组）和气源岩最老（寒武系九老洞组）的气田，震旦系气藏也是世界上地质时代最古老的气藏之一。气田发现后投产开发，促进了我国"三五"期间天然气产量平均年增长达11%，对我国初期的现代化天然气工业的发展作出了重要贡献。

中国第一个铀矿石含量分析方法诞生　铀矿石中测定铀元素含量的氯化亚锡还原钒酸铵氧化滴定方法，由核工业华南地质勘探局李玉成（1933—　）于1964年首次研究成功。其所依据的原理是矿样用盐酸和过氧化氢分解，在含有盐酸的磷酸介质中，用氯化亚锡将6价铀还原到4价铀，以二苯胺磺酸钠和苯基邻氨基苯甲酸为指示剂，用钒酸铵标准溶液滴定法测定铀含量。该方法填补了国内铀矿石含量分析方法的空白。

苏联"友谊"输油管道一期工程建成　"友谊"输油管道是世界上距离最长的大口径原油管道之一。从苏联阿尔梅季耶夫斯克（第二巴库）到达莫济里后分为南、北两线，南线通向捷克和匈牙利，北线进入波兰和民主德国。北、南线长度各为4 412千米和5 500千米，管径分别为1 220毫米、1 020毫米、820毫米、720毫米、529毫米和426毫米，每条管道年输原油约1亿吨，全线密闭输送，泵站采用自动化与遥控管理。管道分两期建设，一期工程于1964建成，二期工程于1973年完成，是目前世界上最大的原油输送管道工程之一。

日本富士电机公司制成世界上首台同期（频率1赫兹）空气断路器　这种断路器的特点是可缩短故障持续时间，应用于远距离输电线路，可提高电网稳定性和可靠性。从操作指令到动作触头的电磁驱动装置采用光电传导，体积小，运行可靠。该公司生产的RF型同期断路器是利用氙气光在电流过零时瞬间传递分闸信号，由安装在灭弧室内的电容器放电，推动触头分离，灭弧极快，全断开频率仅为1赫兹。日本多将这种断路器用于120～168千伏电网中。20世纪70年代初，富士电机公司曾为美国邦维尔电力局（BPA）制造过1台500千伏、3.8万兆伏安的同期断路器。

世界首座高温气冷堆——"龙"（Dragon）堆在英国投入运行　高温气冷堆具有热效率高、燃耗深、转换比高等优点。1959年3月，英国等欧洲国家正式订立国际协定，成立"龙"堆计划，协定于同年4月1日生效。在协定上签字的有奥地利和瑞士政府、丹麦原子能委员会、挪威原子能研究所、瑞典原子能股份有限公司、英国原子能管理局和欧洲原子能联营执行委员会（代表比利时、法国、西德、意大利、卢森堡和荷兰6个国家）。"龙"堆于1959年开始建造，1964年8月首次达临界，1965年热功率达1万千瓦，1966年6月达满功率（2万千瓦）运行。"龙"堆计划曾前后延期过两次（至1973年3月31日满期）。

1965年

日本最早建成直流变频站，实现两种不同频率电网的联网　日本佐久间变频站安装汞弧阀（电压2×125千伏、功率30万千瓦），使50赫和60赫两个不同频率的电网互相联网运行，开创了直流技术应用的新途径。由于可控硅技术的进步，日本于1977年建成的新信依变频站就采用可控硅阀（电压125千伏，功率30万千瓦）取代汞弧阀。

英国联合电气制造公司（AEI）研制出世界上第一台实用真空断路器　真空中使电弧熄灭，早在19世纪90年代已有专利，直到1926年，美国才开始在实际系统中进行实验。由于当时真空技术落后，电极材料在真空中熔化，未能研制出实用的真空灭弧室。20世纪50年代，英国联合电气制造公司和美国通用电气公司最早开展真空电弧和真空断路现象的研究，选定各种材料的处理技术。直到20世纪60年代，真空断路器才进入实用阶段。这期间，美国詹宁公司发表了能在10千伏系统中开断250安电流的真空灭弧室成果，英国联合电气制造公司于1965年生产出首台真空断路器。真空断路器燃弧时间短、电寿命长、体积小、重量轻、操作噪声小，适于频繁操作，英、美、日、德等国在中压（3～35千伏）系统内很快优先采用真空断路器。

1966年

美国在波斯湾建成第一座全海式海上油气储输系统　海上油气储输系统是海底采出油气的收集、处理、计量、储存和运输过程及所需设施的总称。按照处理和储油所在位置可分为全陆式、半海半陆式（即部分或全部处理设备在海上，而储油中转站则在陆上）和全海式三种。1897年美国钻出的第一口海上油井采用全陆式集输系统，1938年在墨西哥湾建成半海半陆式系统，1966年在波斯湾建成第一座全海式系统。海上低产的小油田适宜于采用全海式，一般高产海上油田用半海半陆式的比较灵活。

英国发现莱曼气田 英国莱曼气田（Lyman gas field of U.K.）位于欧洲北海盆地南部，离英国陆地仅48千米，水深36.5米，是西北欧投产最早、最大的、砂岩、底水驱不活跃的近海干气气田，是一个典型的高效开发的海上气田。莱曼气田在1966年4月被发现后，英国只花两年准备时间就投入了开发。为适合海上开发特点，专门开展了井网部署的研究，决定采用丛式井组开发，做到合理布井，并保证气井高产。

世界第一台超导马达在英国问世 该马达由英国国际研究开发公司研制，是一种采用低温超导技术的马达。国际研究发展公司在开发超导单极电机方面一直起着先驱的作用，早在1966年就制成1台50马力的试验机。1971年制成了一台3 250马力的超导单极电机，在发电厂带动冷却水泵运行。

法国朗斯潮汐电站第一台机组投入运行 该电站位于法国西北部大西洋沿岸圣马洛湾的朗斯河口圣马洛以南25千米处，是目前世界上已建成的大型潮汐发电站之一，也是一座具有商业规模的现代潮汐电站。1961年开始兴建，1966年第一台机组投入运行，1967年底全部机组投产。该站址最大潮差13.5米，平均潮差8.5米，安装了24台1万千瓦贯流式水轮发电机组，年发电量5.44亿千瓦时。

朗斯潮汐电站

法国电力公司（EDF）最早应用 SF$_6$全封闭组合电器（GIS） SF$_6$全封闭组合电器是把各种控制和保护电器（如断路器、隔离开关、互感器、避雷器和连接母线），全部封装在接地的金属壳体内，壳内充以压力为0.2～0.5兆帕的SF$_6$气体，作为相间和对地的绝缘，这样的组合电器称为GIS。早在20世纪40年代中期，法国电力公司就制造过全封闭组合电器电气元件，但由于一些技术问题未解决，因此没有应用。1966年9月，法国电力公司在巴黎附近的普勒西加佐变电所安装了三组不同形式的220千伏全封闭组合电器，一组用压缩空气作绝缘和灭弧介质，另两组则采用SF$_6$气体作绝缘和灭弧介质，其中一组为双压式，另一组为单压式。其后，SF$_6$全封闭组合电器得到迅速发展。它与常规开敞式电器相比较，具有占地面积小、占空间体积小、建设户内变电所可缩小建筑物规模、不受气候条件和大气污染影响、无触电和火灾危险、检修间隔时间长、可靠性高等优点。在城市可以采用SF$_6$全封闭组合电器变电所，还可以应用在公共场所或大型建筑物的地下层。

加拿大道格拉斯角核电站启动 道格拉斯角（Douglase Point）核电站位于加拿大安大略省，属加拿大原子能有限公司所有，由安大略水电公司负责运行。电站采用加压重水冷却反应堆（CANDU），功率为20万千瓦，1967年投入商业运行。道格拉斯角核电站除发电外，还为布鲁斯重水工厂提供蒸汽。

美国建成格兰峡坝（Glen Canyon Dam） 该大坝位于阿里佐纳州与犹他州交界处以南的科罗拉多河上，水库库容333亿立方米，电站装机容量90万千瓦。大坝为高混凝土重力拱坝，最大坝高216米，坝顶长475米，坝顶弦长366米，坝顶厚10.7米，底厚91.5米，混凝土量375万立方米。

印度建成巴克拉水电站（Bhakra Hydroelectric Power Station） 该水电站位于印度喜马偕尔邦境内萨特莱杰河上游的巴克拉峡谷内，1954年动工，1963年建成大坝，1966年全部建成，水库库容为96.2亿立方米，装机总容量105万千瓦。坝型为高混凝土重力坝，最大坝高226米，坝顶长518米，顶厚9.1米，底厚190米，坝体混凝土量为413万立方米，是印度最高的混凝土重力坝之一。

1967年

中国第一台窄轨铁路液力传动内燃机车研制成功 1967年7月，大连工矿车辆厂试制成功我国第一台窄轨铁路液力传动内燃机车，功率为240马力。该机车采用先进的液力机械传动装置和自动换挡设备，牵引性能良好，起动牵引力大，操纵方便。机车走行部分为转向架结构，减震性能好；机车在高速运行时，比较平稳。这种新型机车的技术性能超过了蒸汽机车和机械传动内燃机车。森林铁路、矿山铁路和地方窄轨铁路采用这种机车，比采用同样牵引力的蒸汽机车大大降低铁路建设的投资和线路的维修费用。

中国煤矿单巷长距离通风技术跨入世界先进水平　山东枣庄矿务局陶庄煤矿在矿井单巷掘进工程中，用一台11千瓦的普通小型扇风机和一条直径500毫米的一般规格的胶质风筒，充分供应施工需要的风量，顺利完成了一条2 880米长的运输巷道的掘进工程，使中国煤矿单巷长距离通风技术跨入世界先进水平行列，为采掘工业和铁路隧道工程建设更长距离的通风开辟了广阔的前景。

美国高温气冷实验堆开始商业运行　美国的桃花谷（Peach Bottom）高温气冷实验堆采用棱柱形石墨燃料元件，输出电功率为40兆瓦。1966年3月3日达到首次临界，1967年6月开始商业运行，1974年10月31日退役，在此期间的平均利用因子达到88%（不包括研究计划要求的计划停堆）。通过该堆的运行验证了堆芯物理计算和设计方法，为今后商用堆的设计积累了大量的数据资料。

1968年

中国建成首座混合式抽水蓄能电站——岗南水电站　该电站位于河北平山县境内，是在岗南水电站2台1.5万千瓦常规水电机组的基础上安装1台容量为1.1万千瓦的可逆式抽水蓄能机组，最大水头64米。

中国富春江水电站建成发电　富春江水电站位于浙江桐庐富春江上，多年平均流量为每秒1 000立方米，设计洪水流量为每秒23 100立方米，总库容为8.74亿立方米，设计灌溉面积40平方千米。1958年8月，电站正式开工兴建。1961年6月，即将完工的二期围堰被洪水冲毁，工程陷于困境。1962年春，中共浙江省委决定停工缓建。1965年10月，经国家计划委员会、建设委员会和水利电力部批准，复工续建。1968年12月13日，水库开始蓄水，12月25日，第一台容量为5.72万千瓦的水轮发电机组开始发电。1977年4月15日，最后一台容量为6万千瓦的水轮发电机组安装完毕，投入运行，全厂装机总容量达到29.72万千瓦，其中单机容量5.72万千瓦的1台，6万千瓦的4台。

美国完全建成奥罗维尔坝（Oroville Dam）　该大坝位于加利福尼亚州

费瑟（Feather）河上，距奥洛维尔市8千米。水库库容43.6亿立方米，水电站装机容量为67.5万千瓦。坝型是斜心墙土石坝，最大坝高230米，坝顶长2 019米，顶厚15.4米。坝体体积6 116万立方米，其中心墙700万立方米。奥罗维尔坝是坝体工程量最大的土石坝之一。

尼日利亚卡因吉水电站（Kainji Dam）建成并投入运行 卡因吉水电站位于尼日利亚北部尼日尔（Niger）河上，距首都拉各斯483千米。大坝为混凝土重力坝和土石坝，最大坝高66米。水库总库容150亿立方米，水电站最终装机96万千瓦，初期装机4台，共32万千瓦，是一座以发电为主要目的的工程，还具有航运、防洪、渔业等多种效益。工程于1964年开工，1968年建成。

加拿大建成马尼克5级坝（Manic–5 Dam） 该大坝位于马尼克河上，水库库容1 419亿立方米，水电站装机容量134.4万千瓦。大坝为高混凝土连拱坝，最大坝高214米，坝顶长1 314米。大坝设有13个拱，14个坝垛，中间河床部位为跨度165米的大拱，其余左边7个拱和右边5个拱，跨度均为76米。大坝混凝土量226万立方米，大坝顶厚6.5米，拱底厚25米。该坝是已建高坝中库容最大的大坝。大坝发电厂房为岸边式明厂房，装机131.8万千瓦，1961年开工，1968年竣工。

世界首台同向式（Isogyre）水泵水轮机组在瑞士罗比埃抽水蓄能电站投入运行 这种机组在一个蜗壳内背靠背地安装水轮机和水泵两个转轮，设有两个相应的座环，水轮机转轮的一侧设有活动导叶。有两个套阀，一个装在水轮机侧的固定导叶和活动导叶之间，另一个装在水泵侧的转轮与扩散环之间。两个套阀各自独立工作，以便在两种运行方式时分别放水之用。这种机组可以省掉离合联轴器或液力变矩器，比一般串联式抽水蓄能机组节省一个阀门器和管道，其造价介于一般串联式机组与可逆式机组之间。上述罗比埃抽水蓄能电站安装的同向式机组采用卧轴。

1969年

美国贝尔实验室研制出新型防水电缆 这种电缆由石油冻膏和塑料的混合物密封，提高了可靠性，降低了维修费用。

1970年

中国第一座地热试验电站在广东丰顺县邓屋开始发电　1970年8月，中国科学院地质科学研究院、广东省水电厅等10多个单位派员到广东丰顺筹建邓屋地热发电试验站，投资10万元，自行设计、制造、安装一台86千瓦发电机

邓屋地热发电站

组，年底建成中国第一座地热发电试验站并调试发电成功。这座地热站不仅填补了中国地热发电的历史空白，还培养了大批地热发电专业人才，成为中国地热发电的"启蒙地"。

中国制成首台斜流式水轮发电机组　这台水轮机组是哈尔滨电机厂为云南毛家村水电站生产的8 000千瓦斜流转桨式水轮机，采用径向式蜗壳、座环、导水机构，是我国生产斜流式水轮发电机组的一次有益尝试。

中国新疆哈密露天煤矿建成投产　中国新疆哈密露天煤矿位于哈密三道岭矿区西南部的小黄山，东与一矿相邻。井田东西长6千米，南北宽0.8～1.1千米，面积5.7平方千米。共含煤6层，地质储量8 892.6万吨，主要开采4号煤层（煤层厚13.84米）。露天煤矿于1958年12月筹建，1962年2月1日破土动工，先建东区，1970年投产，共完成投资10 460.6万元。1970—1990年，累计产原煤1 907万吨，所产煤炭主要供应铁路沿线和甘肃省河西走廊一带主要工业和市场用煤。

美国黑梅萨输煤管道建成运营　为了寻求新的经济有效的运煤方式，以适应煤炭生产和消费的需要，管道输煤引起许多国家的重视，这一技术首先在美国发展起来。1949年，美国联合煤炭公司曾进行长距离管道输送煤炭的试验研究。1957年，美国在俄亥俄州建成了第一条长距离输煤管道，长173千米，管径273毫米，年输煤130万吨，供东湖电厂用煤，有效使用率98%。1970年11月，美国建成黑梅萨输煤管道。该管道起自亚利桑那州的卡

延塔煤矿，终至莫哈夫电厂，全长440千米，管径457毫米，埋在冻土层以下（1.2~1.5米），沿线有4个泵站，年输送能力480万吨，每小时输送量约600吨，供莫哈夫电厂两台79万千瓦发电机组用煤，管道有效使用率99%以上。

西班牙建成阿尔门德拉坝 该大坝建于萨拉曼卡（Salamanca）省杜罗河支流托尔梅斯（Tormes）河上，1965年开工，1970年建成。水库库容26.5亿立方米，电站初期装机容量54万千瓦，后期扩建容量27万千瓦。主坝为高混凝土双曲拱坝，最大坝高202米，坝顶长567米，两坝肩均设重力墩，包括重力墩在内的顶长1 080米，拱坝顶厚10米，底厚40米，厚高比0.198，坝体混凝土量219万立方米。有两座副坝，左岸为重力坝，坝长1 244米，坝高33米；右岸为堆石坝，坝长1 673米，坝高35米。电站采用长隧洞引水式地下厂房，隧洞长18千米，直径7.5米。

1971年

美国实验大气电场驱动发动机 该发动机功率小于百万分之一马力，但它可能成为一种辅助动力源。当天气晴朗时，地球表面1平方英里上空的大气层有足够的电场能量可点燃100瓦的电灯并使其持续30秒；而电暴可点燃500个100瓦灯泡，其持续时间可超过1年。

苏联建成大型磁流体——蒸汽联合循环试验电站 电站装机容量为7.5万千瓦，其中磁流体电机容量为2.5万千瓦，将热能直接转化为电能而不使用涡轮机，它标志着自1960年开始的苏联磁流体动力计划进入了一个新的阶段。

英国发现北海布伦特油田 北海油田（North Sea Oil Field），是欧洲大陆西北部和大不列颠岛之间的北海海底油田。北海在1959年首先于荷兰近海发现格罗宁根气田（Groningen Gas Field），此后便进入大规模开发阶段。1962年，北海沿岸的英国、挪威、丹麦、联邦德国、荷兰、比利时和法国7国缔结开发北海地区大陆架的协定，定出各国专属领海的范围，其中英国的北海开发区面积大致等于其他6国开发区的总和。据1975年测定，北海区域油储量约占世界总储量的2%。1969年，在挪威海域发现埃克菲斯克油田（Ekofisk Oil Field），1971年，英国发现布伦特油田（Brent Field），第二年宣告为有工业价值。从此开始，在欧洲北海区域，出现了勘探开发北海油气田群的高潮，目前，北海油田已成为世界大油气产区之一。

1972年

特勒［美］等人提出激光核聚变向心压缩模型　美国物理学家特勒（Teller，Edward 1908—2003）公布了关于激光核聚变的理论计算结果，提出了向心压缩模型。

当时世界上最大双轴超临界压力汽轮发电机组在美国投入运行　这台机组安装在坎伯兰电厂（1号机组），容量130万千瓦，系瑞士勃朗·鲍威利公司（BBC）制造。1972年4月2日首次启动成功。机组采用双轴型式，设计成带基本负荷。

当时世界上最大轴伸式贯流水轮发电机组在美国奥扎克（Ozark）水电站投入运行　水轮机设计水头6.4米，转轮直径8米，额定输出功率2万千瓦。这台机组由美国阿里斯·查摩公司（AC）制造。轴伸式水轮发电机组是贯流式水轮机组中的一种，它的发电机装在管道外，通过变速箱，低转速水轮机和高转速发电机连接。这种机组适用于25米以下低水头水电站，单机容量小。经过多年技术革新，机组的启动、运行操作已能全部自动化。对于同一河流的梯级电站，可以由中心电站遥控。美国为了充分利用水能资源，大量采用单机容量为300～500千瓦的小型轴伸式机组，安装在低水头水库发电。

英国建成载人潜水石油钻井装置　该装置由斯林斯比（Slingsby）工程公司建造，可载人潜入水下作业。

加拿大建成世界上第一座直流输电可控硅换流站——伊尔河换流站　换流站中的可控硅阀额定值：电压40千伏，电流2 000安，功率8万千瓦（最终规模2×80千伏，32万千瓦）。可控硅阀与老式汞弧阀相比较，其优点是不存在逆弧故障的问题，可靠性高，运行维护简单（空气绝缘的阀，每年只需维护1～2次）。可控硅阀采用装配式组件，串、并联使用，可以适应不同容量和电压等级的需要，且检修方便。可控硅阀换流站占地面积小，平面布置时比汞弧换流站占地减少40%～55%，降低造价。应用可控硅阀还可不断增加输送容量。世界各国在1976年以后投入运行的直流输电工程已全部采用可控硅阀。

中国制成6 000马力液力传动内燃机车　该机车由中国北京二七机车车辆厂研制成功,设计时速为每小时100千米。主要特点为牵引力大、耗油量少、结构简单、操作方便。车上许多设备,如柴油机、起动发电机、液力传动装置、制动器、转向架等都采用了比较先进的技术,机车的设计、结构良好,符合我国经济发展的需要。

中国建成首条采用分裂导线的330千伏超高压输电线路　中国自行设计施工完成第一条超高压(330千伏)输电线路——刘天关线路(从刘家峡水电站经天水到关中)。设计中,除首次采用双分裂导线外,还采用10～16吨级绝缘子、线间间隔棒、预绞线线夹、地线绝缘综合利用,以及预应力钢筋混凝土电线杆等多项科研成果和新产品。这条超高压输电线路全长534千米,输送能力为42万千瓦。线路筹建于1969年3月,1970年4月全线开工,1970年12月竣工,1972年6月16日投入运行。

中国制成20万千瓦超高压汽轮发电机组　该机组由哈尔滨汽轮机厂、哈尔滨电机厂制造,安装在辽宁省朝阳电厂,于1972年12月投入运行。

中国制成双转速双转向斜流式抽水蓄能机组　该机组由天津发电设备厂制造,安装在北京密云水电站,于1973年11月投入运行。

中国建成以礼河梯级水电站　以礼河梯级水电站位于云南省会泽县,是跨流域开发的梯级水电站,总装机容量为32.15万千瓦,由4个水电站组成,电站厂房均为地下式。整个梯级水电站于1956年开工建设,1958年第一台机组发电,1972年全部建成,历时17年。一级毛家村水库及电站建在以礼河干流上;二级上槽子水电站的拦河坝建在以礼河的干流上,而水电站厂房建在流域以外的山内;三级盐水沟水电站建在以礼河流域外,利用水槽子尾水发电;四级小江水电站的发电用水由盐水沟水电站的尾水及小江的流量供给,其发电尾水直接排入金沙江。4座电站以发电为主,毛家村水库兼顾灌溉。盐水沟水电站和小江电站的最大发电水头分别为629米和628.2米,各装4台单机容量为3.6万千瓦的卧轴式水轮发电机组,是当时中国已建水电站中水头最高和单机容量最大的冲击式水轮发电机组。

1973年

世界首台130万千瓦汽轮发电机组在美国投入运行　该台机组由瑞士勃朗·鲍威利公司（BBC）制造，安装在美国田纳西州肯勃兰（Cumberland）电厂，采用双轴布置。该电厂共安装2台同类型130万千瓦机组，总容量260万千瓦。

加拿大建成买加坝（Mica Dam）　该大坝位于哥伦比亚河上游，在雷夫尔斯托克城以北约135千米。工程于1965年9月动工，1973年3月29日建成投入使用。1976年12月，首批2台机组投入运行；1977年，又有2台机组投入运行，电站装机容量达到180.5万千瓦；2014和2015年，又有2台50万千瓦机组投入运行，装机总量达到280.5万千瓦。电站采用单机单洞引水，6条压力管道直径8米，长270米，左岸溢洪道，上游段宽，向下游逐渐收缩。两个泄水底孔是利用直径13.7米的导流隧洞改造而成的，采用孔内孔板消能。

美国建成德沃歇克坝（Dworshak Dam）　大坝位于爱德华州刘易斯顿以东6.4千米的清水河北支流上。水库库容42.78亿立方米，电站装机容量106万千瓦。工程于1966年开工，1973年建成。大坝为高混凝土重力坝，最大坝高219米，坝顶长1 006米，坝顶厚13.4米，底厚152米，坝体混凝土量为493万立方米。施工技术改变了常规的柱状块浇筑方法，而采用通仓灌浇、模板自动递升，并选用了高速缆机等高效大型施工机械等。

中国大庆至秦皇岛输油管道建成　该输油管道北起黑龙江，纵贯吉林、辽宁两省，南到河北，全长1 152千米。管道每隔六七十千米建有一个泵站，为原油加压、加热，使原油在输油管里能保持一定的速度和温度，畅通无阻。为了给泵站提供动力和便于生产调度，还相应地建设了电源和通信配套设备工程。这条长距离、大口径的输油管道分两期建成，第一期工程从1970年冬开始动工，第二期工程到1973年9月完成；工程质量良好，机泵运转正常，输油安全平稳。该管道建成后，1973年11月，秦皇岛至北京的输油管道工程开始动工，1975年6月建成。至此，以大庆为起点的全长1 507千米的输油管道直通北京，输油能力为600万吨。

中国建成丹江口水利枢纽　丹江口水利枢纽位于中国湖北省丹江口市、

汉江与丹江汇口以下800米处，1958年9月开工，1968年10月第一台机组发电，1973年第一期工程完工。枢纽具有防洪、发电、灌溉、航运、养殖等综合效益，主要工程为拦河坝、水电站和灌溉引水闸等。河床宽缝重力坝长582米，最大坝高97米，两岸连接重力坝和

丹江口水利枢纽

土石坝，共长1 912米。河床中间布置溢流坝，长240米；河床右侧有12个深孔，孔口5米×6米；厂房在河床左侧坝后，总装机容量90万千瓦，多年平均发电量38.3亿千瓦时，至1990年底已累计发电823.19亿千瓦时。

1974年

中国制成30万千瓦亚临界压力汽轮发电机组　该机组由上海汽轮机厂、上海电机厂制造，安装在江苏省吴县（现苏州市湘城区）望亭电厂，于1974年9月投入运行。

中国利用国产电子计算机对燃煤汽轮发电机进行闭环调节和部分自动控制试运行成功　项目在北京西郊高井电站的10万千瓦汽轮发电机组上进行，对300多个参数进行巡回检测，其中130个参数进行上下限比较和越限报警；对68个参数定期和不定期打印制表；对300多个选定点周期性的显示其参量；汽轮机耗汽率和效率的自行计算、打印和显示；调节磨煤机制粉系统的负压、温度、负荷；调节燃烧系统送风机、吸风机挡板；调节风压；调节锅炉汽包水位；调节汽轮机轴封进汽压力；调节高压脱氧器水位、压力；调节蒸发器、加热器水位；调节发电机有功功率；自动启停磨煤机制粉系统和给水泵系统等。

中国试制成磁流体发电实验机组　该机组由中国科学院电工研究所研制，以油、氧为燃料，电功率595千瓦。根据国家燃料政策，从1982年底，转向燃煤磁流体发电的研究，先后建立起热功率为4 000～6 000千瓦的烧煤燃烧室和试验发电机组。

国际能源机构（IEA）成立　国际能源机构是石油消费国政府间的经济联合组织，是在经济合作与发展组织（OECD）的赞助下，于1974年11月15日在巴黎成立的。其宗旨是通过加强各国间在能源节约和发展新能源方面的技术合作，以减少对进口石油的依赖，并提供石油市场的信息；通过石油生产国和消费国的合作，以促使国际贸易的稳定和改善世界能源的管理和使用；为防止石油供应的短缺，制订石油分配计划。

索尔特［英］发明"爱丁堡鸭"海浪发电机　爱丁堡大学教授索尔特（Salter，Stephen Hugh 1938—　）发明的这台被称为"摇摆式吊杆"的发电机，由许多名为"爱丁堡鸭"或"索尔特鸭"的浮体组成，当海浪通过时，这些浮体上下摆动，并借以发电。

中国台湾建成德基坝　该坝曾名"达见坝""大成坝"，是大甲溪梯级开发最上游的梯级，1969年10月开工，1974年建成。水库总库容2.32亿立方米，是防洪、发电、灌溉等综合利用的水利枢纽。工程包括混凝土双曲拱坝、泄水建筑物及左岸地下厂房。最大坝高181米，坝顶长290米，中心角为80～130度，坝顶厚4米，底厚20米，厚高比0.11，在已建成双曲拱坝中是较小的，是中国20世纪70年代建成的最高拱坝，装机容量23.4万千瓦。由于这一级水库的调节作用，增加了下游4个梯级电站（总装机78万千瓦）的发电量。

土耳其建成凯班坝（Keban Dam）　凯班坝位于土耳其的幼发拉底（Euphrates）河上，在木腊特河和卡腊苏河两支流汇口以下约10千米处，在埃拉泽省（Elazǧ Province）西北约45千米。工程于1966年开工，1974年建成，是在岩溶发育地区建成的高坝。水库库容306亿立方米，电站装机总容量133万千瓦。大坝自右岸起至左岸602米段为直心墙堆石坝，最大坝高207米，坝顶长602米，坝顶宽11米，心墙用黏土料。左岸接混凝土重力坝，坝高82米，坝顶长524米。电站在左岸为近坝区岸边地面厂房，引水压力钢管为直径5.2米的明管。

莫桑比克建成卡布拉巴萨坝（Cahora Bassa Dam）　卡布拉巴萨坝在莫桑比克西北部太特省内，是非洲赞比西河流域大型综合性水利工程，1969年动工，1974年建成。坝高171米，长303米，形成长250千米、面积2 700平方千米的人工湖，有发电、灌溉、航运之利。其双曲拱坝坝身设有8个泄水孔，尺寸各为6米×7.8米，孔底以上水头为96米，单孔泄水量每秒1 630立方米，是当时世界上最高水平的坝身泄水孔。坝下方南岸水电站是非洲大型水电站之一，装机容量207.5万千瓦。电力除供应本国外，主要输往南非。

中国建成刘家峡水电站 电站位于甘肃省永靖县黄河上，1958年9月开工，1961年停工，1964年复工，1969年3月第一台机组投产，1974年全部建成，是黄河梯级开发的早期工程。工程由混凝土重力坝、右岸黄土副坝、溢洪道、泄洪洞、泄水道、排沙洞和厂房组成。大坝总长840米，最大坝高147米，其中黄土副坝长200米，最大高度49米。电站厂房由右岸地下窑洞式厂房和坝后地面厂房组成，装有22.5万千瓦混流式水轮机组3台，25万千瓦混流式水轮机组和30万千瓦双水内冷机组各1台，总装机容量122.5万千瓦。刘家峡水电站的工程规模和技术水平，如高混凝土重力坝、大型地下结构、大容量机组和330千伏超高压输电等，为中国高坝和大型水电站建设积累了丰富的经验。

刘家峡水电站

1975年

日本鹿岛电厂全部建成 电厂位于茨城县鹿岛临海工业区内，隶属日本东京电力公司，装有6台超临界压力机组（4台60万千瓦和2台100万千瓦），第一台机组于1971年3月投入运行，1975年6月全部建成。

斜流式水轮发电机组在苏联泽雅水电站投入运行　水轮机设计水头785米，轮转直径6米，机组额定输出功率21.5万千瓦。这台机组由苏联列宁格勒金属工厂制造。斜流式水轮机组出现较晚，从1952年提出到1957年才制造出第一台。这种水轮机的叶片与主轴成45～60度角，可以绕着斜轴转动，能适应水头的较大变化，在不同负荷情况下，得以维持较高的效率。它比混流式水轮机的适应性强，其效率曲线较平缓，在水头50米以上时，斜流式水轮机的效率比轴流式水轮机还高。1975年，苏联泽雅水电站为适应水库水位变化较大和提前发电的要求，制造出这台当时世界上单机容量最大（21.5万千瓦）的斜流式水轮发电机组。

中国台湾首座100千瓦级火电厂——大林电厂建成　大林电厂位于高雄市小南端港区，是台湾电力公司第二座大型发电厂，也是台湾唯一使用多种染料的火力发电厂。电厂装有6部机组，燃气机组容量为105万千瓦，燃油机组容量75万千瓦，燃煤机组60万千瓦，总容量240万千瓦。

苏联建成中亚细亚—中央区输气管道系统　该管道系统由4条管道组成。第一条管道于1966年动土，1967年建成，由乌兹别克气田到莫斯科，长3 000千米，管径为1 020毫米；第二条管道于1968年动工，1970年建成，由乌兹别克的昆格勒到莫斯库，长300千米，管径为1 220毫米；第三条管道于1975年建成，从土库曼西部的奥卡列姆到俄罗斯的奥斯特罗戈日斯克，长2 500千米，管径分别为1 020毫米、720毫米、529毫米；第四条管道于1975年建成，从土库曼本部的谢斯特里到奥斯特罗戈日斯克，长3 600千米，管径为1 420毫米、1 220毫米，整个管道系统长约1万千米，年输气量为650亿立方米。

美国制成中温太阳能水泵　太阳能水泵亦称光伏水泵，是当今世界上阳光丰富地区尤其是缺电、无电的边远地区最具吸引力的供水方式。该水泵在亚利桑那州菲尼克斯农场的使用表明，太阳能收集器能一直工作在150℃的温度以上，在6月的太阳辐射达最高值时，水泵每天可抽水4.8万立方米。

哥伦比亚建成契伏坝（Chivor Dam）　契伏坝（Chivor Dam）位于哥伦比亚梅塔（Meta）河的支流巴塔（Bata）河上，水库库容8.15亿立方米，总装机容量为100万千瓦。该工程分两期建设，第一期工程于1970年开工，1975年完工，包括拦河坝、溢洪道、导流隧洞、发电引水系统和厂房等。大坝为斜心墙堆石坝，最大坝高237米，坝顶长280米，坝体总体积为1 030万立方米，引水隧洞直径5.4米，长5.83千米。

1976年

中国建成当时国内档距最大的输电跨越工程　该工程为从长江北岸南京热电厂到长江南岸南京燕子矶变电所的220千伏输电线，有两个大跨越。北跨越是从南京热电厂出线跨越北江，到八卦洲，档距为1 170米；南跨越是从八卦洲跨越南江主航道，到燕子矶变电所，档距为1 933米。从1974年5月开始动工建造，到1976年9月完成南北塔架线工程，并于9月25日正式并入电网输电。它可将长江北岸的南京热电厂发出的强大电力，源源不断地送往江南的工厂、矿山、城镇和农村，为工农业生产提供动力。

中国"龙女1井"超深石油钻井钻探成功　1971年8月10日，四川省石油钻探队川东7002钻井队使用7 000米超深井钻机，在四川省武胜县龙女镇花楼村开钻"龙女1井"。1976年2月27日完成钻探，钻透6个地质年代沉积岩层，进入盆地基岩，井径2米，井深6 011米，故也称"6011井"。通过该井的钻探，获得了深部地层含油情况的资料，为进一步开发四川盆地的石油和天然气展现了广阔的前景，同时积累了战胜深部地层高温、高压和复杂地质情况等技术难关的经验，对革新深层测试、录井、测井和大型固井等工艺技术，促进我国地质科学研究和石油勘探事业的发展具有重要意义。

美国制成第一个非晶硅太阳能电池　1975年，英国固体物理学家勒康姆伯（LeComber，Peter George 1941—1992）和德裔英国物理学家斯皮尔（Spear，Walter Eric 1921—2008）发表了一篇重要论文，说明了对非晶硅薄膜进行价电子控制的可能性。1976年，美国无线电公司制成了第一个非晶硅太阳能电池，这标志着太阳能电池进入新时代。此后，日本等国也相继研制成功非晶硅太阳能电池。但此时的电池光能转换效率都很低，1978年转换水平仅为5%左右，还抵不上当时单晶硅太阳能电池转换效率的一半。

南斯拉夫建成姆拉丁其坝（Mratinje Dam）　姆拉丁其坝位于德里纳河支流皮瓦河（Piva）上，1971年动工，1976年建成。水库库容为8.8亿立方米，电站装机容量36万千瓦。大坝为高混凝土双曲拱坝，最大坝高220米，坝顶长268米，顶宽4.5米，底厚40米，坝体混凝土量为74万立方米。泄洪建筑物表孔、中孔和底孔都设在坝体上。

巴基斯坦建成塔贝拉坝（Tarbela Dam） 塔贝拉坝位于巴基斯坦印度河（Indus River）干流上，在拉瓦尔品第（Rawalpindi）西北约64千米处，是一座综合水利枢纽工程。工程于1968开工，1976年正式蓄水发电，包括主、副坝3座，溢洪道2座，隧洞4条和电站厂房等。大坝为心墙土石坝，最大坝高143米，长2 743米，坝体填筑量1.21亿立方米，是当时世界上建筑量最大的挡水土石坝。水电站原计划初期装机容量210万千瓦，平均年发电量115亿千瓦时，后来装机容量增加到347.8万千瓦，是巴基斯坦的主要电源。

1977年

楠蒂科克发电厂（Nanticoke Generating Station）在加拿大建成 该电站位于加拿大伊利湖畔，1968年动工兴建，第一台机组于1972年投入运行，1977年全部建成发电。全厂装有8台50万千瓦汽轮发电机组，站内另装有3台7 500千瓦燃气轮发电机组，用于机组起动、尖峰负荷和备用电源。

西藏羊八井地热电站开始发电 电站首台国产1 000千瓦机组投入运行，1981—1992年，电站相继安装7台国产3 000千瓦和1台3 180千瓦（日本引进）机组，总容量25 180千瓦。羊八井地热田的汽水混合物温度为145～150℃，井内地热流体最高温度可达172℃。根据探测推算，钻井达1.1千米时，流体温度可达200℃，地热资源可开发总储量为140～180兆瓦。

羊八井地热电站

中国台湾首座核电站——金山核电站并联发电 金山核电站位于新北市石门的天然峡谷，离台北市直线距离约28千米，安装有两台63.6万千瓦沸水堆机组。核电站于1970年核准兴建，1971年开始施工，一号机反应炉于1975年5月完成吊装，1977年10月装填铀燃料，11月并联发电，1978年12月10日开始商业运转；二号机反应炉则于1976年11月完成吊装，1978年10月装填铀燃料，12月并联发电，1979年7月15日开始商业运转。

中国在上海建成最早的直流输电工业性试验线路 该线路从上海杨树浦电厂至九龙路变电所，长8.6千米，全部用电缆作直流输电，电压31千伏，电流150安，功率4 650千瓦。换流器采用油冷可控硅换流阀，每个换流阀由64个可控硅元件串联组成。这条线路于1977年5月26日并入交流电网试运行。

国际能源经济协会（IAEE）成立 该协会是非营利的国际学术组织，总部设在美国俄亥俄州克里夫兰市，为世界各国对能源经济感兴趣的专家、学者提供交流思想和经验的讲坛。协会在美国16个主要城市设有分会，在33个国家和地区设有分部，会员来自不同系统，包括企业、科技界、大学和政府，每年召开一次北美大会和国际大会。IAEE能源经济教育基金会出版《能源杂志》季刊。

苏联成立全苏电力技术联合公司 该公司由1933年建立的技术改进局改组而成，总部设在莫斯科，另有6个分公司和1个"苏联电气化"展览馆。它的基本任务是提高电力工业运行技术水平，总结推广先进运行经验，提高燃料利用效率，提高设备和建筑物的可靠性和耐久性，负责第一台新机组的启动调整及主机和辅机的试验，进行一些电力工业中急需的试验研究工作。其专业有机械、锅炉、电机、化学、水工、热力管道、热工自动、继电保护、自动、供热、运动、通信、金属试验和核电等。

中国建成碧口水电站 碧口水电站位于甘肃省文县白龙江上，坝址在碧口镇以西2千米处。工程以发电为主，兼为防洪、灌溉、航运等综合利用，1969年5月开工兴建，1975年下闸蓄水，1976年春两台10万千瓦机组投产发电，1977年第三台机组并网运行，工程全部竣工，装机容量30万千瓦。工程由土心墙土石坝、右岸溢洪道、泄洪洞、左岸泄洪洞、排水洞、引水隧洞、地面厂房等组成，最大坝高101.8米，坝顶长297.36米，是中国第一座高于100

米的土石坝。

奥地利建成柯恩布莱因坝（Kolnbrein Dam） 柯恩布莱因坝位于奥地利南部的马尔塔河（Malta）上，1971年开工，1977年建成，水库库容2.1亿立方米，电站装机总容量88.1万千瓦。大坝为高混凝土双曲拱坝，最大坝高200米，坝顶长620米，顶厚8.0米，坝底厚36米，坝体混凝土量160万立方米。电站为三级电站，第一级装机2×6万千瓦，是抽水蓄能机组；第二级装机4×18万千瓦，其中两台为抽水蓄能机组；第三级装机4.1万千瓦。柯恩布莱因坝是当时已建的200米以上高拱坝中最薄的坝，水库蓄水后，大坝出现一系列异常情况，1988年前后，曾分两期对大坝进行了加固。

美国建成纵贯阿拉斯加的石油管道（Trans-Alaska Pipeline） 纵贯阿拉斯加的石油管道系统北起北冰洋普拉多湾（Prudhoe Bay），穿过布鲁克斯（Brooks）、阿拉斯加楚科奇山脉（Chugach），到达威廉王子湾的瓦尔德斯（Valdez），石油在此被装上油轮，运往美国本土的炼油厂或其他地方。管道总长约1 287千米，沿线大部分是永久冻土带，设计输油量约为每年9 000万吨。该输油管道于1974年开工建设，1977年竣工投产，决算造价80亿美元，是当时造价最高的民用工程，也是世界上第一条深入北极圈的石油管道。

当时世界上最大的灯泡式水轮发电机组在美国石岛水电站（Rock Island Hydropower Plant）投入运行 水轮机设计水头12.1米，转轮直径7.4米，机组额定输出功率5.4万千瓦，由法国奈尔皮克公司（Neyrpic）1974年制造。灯泡式机组是半贯流式机组（有灯泡式、轴伸式、竖井式三种）中应用最广的一种。

1978年

德国建成世界首座压缩空气蓄能电站 这座蓄能电站位于汉特福（Huntorf），机组容量29万千瓦。电站贮气洞室是利用岩盐层的空洞加工而成的，两个洞室的容积各为15万立方米，贮气压力最高为7.1兆帕，压缩空气经燃气轮机发电后降到5.06兆帕。贮气洞室结构有三种：岩石空洞、岩盐层空洞和页岩层下滞水层。压缩空气蓄能电站建设中的关键问题是保持贮气洞室的严密性。

中国建成龚咀水电站　电站位于长江流域的大渡河中下游，原计划设计坝高146米，装机总量210万千瓦，因与铁路有干扰，采用分期开发方式。一期工程1966年3月开工，1971年第一台机组发电，1978年完工。坝高为86米，总库容3.74亿立方米，装机容量70万千瓦。主要建筑物为混凝土重力坝、坝后和地下两座厂房以及放水道等。放水道长400米，宽9米，高差53米，是中国已建成的大型放水道工程。

当时世界上最大的混流式水轮发电机组在美国大古力水电站三厂投入运行　水轮机设计水头86.9米，转轮直径9.9米，机组额定输出功率70万千瓦。水轮机由美国阿里斯·查摩公司（AC）制造，发电机由加拿大通用电气公司（CGE）制造。混流式水轮机组由于应用水头范围很大（30～70米），结构简单，运行可靠，效率较高，单机容量也比其他类型水轮机组大，历来是应用最广泛的一种水轮发电机组。多年来，混流式水轮机的主要技术发展趋势是提高比转速，降低气缸系数和正确选择单机容量和转轮直径的关系。其单机最大容量的发展是：20世纪40年代为10.8万千瓦，50年代为22.5千瓦，60年代为50万千瓦，70年代为70万千瓦。1991年全部竣工的世界最大水电站——伊泰普水电站（1 260万千瓦）和中国建设的三峡水电站（1 820万千瓦）的水轮发电机组单机容量均为70万千瓦级。

日本"海明号"波浪发电船进行海上发电实验　1965年，日本最先研制成功利用海浪发电的航标灯。1970年，日本海洋科技中心依据同样原理研制成功"海明号"波浪发电船，第1期海上试验在1978—1980年进行。"海明号"船体长80米，宽12米，高5.5米，大致上相当于一艘2 000吨级的货轮。开始时装3台2阀式空气涡轮发电机组，涡轮直径1.4米，每台机组额定功率为125千瓦，后来增装4阀式机组5台，总共8台机组，总计1 000千瓦，年发电量19万千瓦时。"海明号"实验的成就是研制了20世纪最大输出功率的波力发电装置，但其发电成本是常规电站的10～20倍。1980年以后，"海明号"又进行过结构与性能的改进实验。

当时世界上容量最大的风力发电机在丹麦发电　建造在丹麦日德兰半岛西北沿海高原上一台额定容量为2 000千瓦的风力发电机正式发电，是当时世界上容量最大的一座风力发电机。该机的叶片长89英尺，宽度最大处约7英尺，每个叶片重5吨，塔高175英尺，塔顶上的发电机、驱动轴、变速箱和机壳以及叶片，总重110吨。全负荷运行时，每年可发电400万千瓦时。

当时世界上最大的抽水蓄能机组在美国腊孔山电站（Raccoon Mountain Pumped-Storage Plant）投入运行　机组为可逆混流式，设计水头286米，转轮直径4.93米，额定输出功率38.25万千瓦，由美国阿里斯·查摩公司（AC）和美国西屋电气公司（WH）制造。可逆式水泵水轮机是世界抽水蓄能电站使用最广泛的设备，其主要优点是一台机代替了两台机，降低了设备费用和基建造价；缺点是效率相对较低，因为它要同时照顾到水泵和水轮机两种工况下的效率。可逆式水泵水轮机有多种类型，适用于不同水头的电站，其中轴流式适用于5～20米水头，斜流式适用于15～150米水头，混流式适用于30～600米水头，多级混流式适用于500米以上水头。

中国石油工业部规划设计总院在北京成立　总院于1978年7月在北京成立，下设油田、技术、设计管理、海洋工程、资料等处。业务有：勘探设计和科研任务的归口、下达和力量调配，制定设计管理办法和有关规章制度；审查大、中型和援外、引进项目的设计，组织新建项目的选厂和长输管线的选线工作；组织各设计单位编好总体规划、老厂矿的技术改造和技术发展规划，进行技术经济专题研究；组织设计标准、规程、规范及设计的标准化、系列化、通用化，概算定额的编制和审查等。1983年石油化工总公司成立，该院炼油方面的业务划归石油化工总公司的相应机构负责。

苏联建成托克托古尔坝（Toktogul Dam）　托克托古尔坝位于下纳伦河（Naryn River）上，于1965年动工，1973年第一台机组投入运行，1978年建成。水库库容195亿立方米，水电站装机容量120万千瓦。坝址为深山峡谷，谷深1 500米，山坡坡角65～75度。主要工程为高混凝土重力坝，最大坝高215米，坝顶长292.5米，顶厚10米，底宽153米，坝体混凝土量335万立方米。厂房采用双排机组布置，前后错开，妥善解决了狭窄河谷上枢纽布置的难题。

苏联建成契尔盖坝（Chirkey Dam）　大坝位于苏拉克河上，于1963年开工，1978年建成。水库库容27.8亿立方米。大坝为高混凝土双曲拱坝，最大坝高232.5米，坝顶弧长333米（包括右岸重力墩在内），坝顶厚6米，坝底厚76米。整个坝体设有辐射形径向分缝，将坝分为18个坝块。垫座为48米高，顶宽45米，底宽76米，平面为梯形，上游面宽，下游面窄，像楔子紧塞在河谷内。坝体混凝土量（包括右岸重力墩和垫座在内）为136万立方米。水轮机组采用双排布置，前后错开，每排2台，共装机4×25万千瓦。

1979年

中国石油学会成立　1978年6月27日，石油工业部向中国科学技术协会提出成立中国石油学会的申请。1979年4月10日，中国石油学会首届代表大会暨学术报告会在四川成都召开，产生中国石油学会第一届理事会，同时正式加入中国科协。中国石油学会是中国石油科技工作者的群众性学术团体，下设石油地质、石油工程、石油炼制、石油物探、石油储运、石油腐蚀与防护和石油经济7个专业委员会，此外，还有科普工作委员会和《石油学报》编辑委员会以及中国石油学会文献资料部。中国石油学会于1979年9月参加了世界石油大会组织，在第10次世界石油大会上，中国当选为大会的常务理事国。中国石油学会于1980年开始编辑出版《石油学报》等学术期刊，向国内外发行。

中国煤炭学会召开首次代表大会　中国煤炭学会1962年筹建，1979年成立于北京，是煤炭科学技术学术性群众团体，中国科协的一个组成部分。先后组建了岩石力学、地下开采、露天开采、矿山测量、煤矿机械化、煤矿安全、矿井建设、煤田地质、水力采煤、煤化学、选煤、矿井地质和泥炭13个专业委员会。学会主办的学术性季刊《煤炭学报》发行于国内外。

以色列建成世界上第一座太阳池电站　早在20世纪50年代，以色列科学家就提出了建造太阳池电站的设想，70年代初期，建成第一座太阳池试验电站。这座电站的水池面积为1 250平方米，最大发电能力达6千瓦。1979年，以色列在死海西南岸附近建成一个面积7 000平方米的太阳池电站，电站位于死海边，机组容量150千瓦，于12月19日投入运行。死海盐水盐分极高，池底含盐浓度大，能吸收大量太阳辐射热，表面与池底的盐水温度差约60℃，电站就利用这种温度差来发电。池底热盐水用泵引入蒸发器内蛇形管，管外被低沸点的工作液体（工质）包围，盐水热量使工质汽化，所产生的蒸汽喷射到汽轮机叶片上，使汽轮机转动，带动发电机发电。太阳池电站能够常年正常运行，昼夜连续发电，解决了传统的太阳能电站只能在有太阳的时候才可发电的问题。

中国制成首台17万千瓦轴流转桨式水轮发电机组　该机组由东方电机厂、哈尔滨电机研究所、哈尔滨电机厂、武汉汽轮发电机厂等单位联合设计，东方电机厂制造，安装在葛洲坝二江电站，于1981年12月27日投入运行。这台机组的水轮直径11.3米，是当时世界同类型机组直径最大的转轮。

世界上第一架太阳能飞机在美国试飞成功　20世纪70年代末，国外开始研究太阳能飞机。1979年4月29日，第一架"太阳高升号"（Mauro Solar Riser）太阳能飞机在美国加州的弗拉博布机场起飞，在12米高度只飞行了1分钟，航程800米。1980年8月7日，美国的另一架太阳能飞机在加州爱德华军用机场飞行了15分钟，航程3.2千米。此后，太阳能动力飞机开始逐渐发展起来。

美国三里岛核电站发生人类发展核电以来的第一次事故　该电站位于美国宾夕法尼亚州哈里斯堡东南16千米处的三里岛。1979年3月28日凌晨，电站2号机组的反应堆发生堆芯熔毁、放射性物质外泄，导致电站周围80千米范围内的生态环境受到污染，引起美国及其他拥有核电国家对核电安全问题的严重关切。事故起因于给水泵跳闸停运，导致堆内温度与压力持续上升，自动减压阀失灵，运行人员未及时发现，引起部分堆芯熔毁，辐射性物质外泄。事故发生后，美国立即进行善后行动，花了近1亿美元改进安全措施，加强运行管理人员培训，电站在停机6年半后，于1985年10月恢复运转。事故后，美国政府和民间组织进行多项长期调查，认为电站对外泄出辐射剂量极少，不影响附近居民和环境。

中国建成凤滩水电站　凤滩水电站位于湖南省沅陵县沅水支流酉水河上，1970年10月开工，1978年5月第一台机组发电，1979年4台机组全部投产。水库总库容17.33亿立方米。电站装机容量40万千瓦，保证输出功率10.3万千瓦，多年平均发电量

凤滩水电站

20.43亿千瓦时。2004年，左岸扩机两台20万千瓦机组投运，随后进行老厂2号机组增容工程，总装机容量达到81.5万千瓦。

1980年

当时世界上最大的冲击式水轮发电机组在挪威艾德福特赛西马（Eidfjord SySima）水电站投入运行 水轮机设计水头885米，机组额定出力31万千瓦。大型冲击式水轮机的结构多采用水斗式，其特点是喷出来的水流沿转轮圆周的切线方向射向水斗而做功。这种类型机组的单机最大容量，20世纪50年代为10.3万千瓦，20世纪70年代为24.3万千瓦。

江厦潮汐电站开始发电 电站位于浙江省温岭市乐清湾北端江厦港，工程于1973年动工，1980年第1台机组发电，1986年第5台机组发电。坝长670米，最大坝高16米，坝址以上港湾面积5.3平方千米，发电有效库容329万立方米。电站平均潮差5.08米，最大潮差8.39米。电站设计容量3 000千瓦，安装6台500千瓦双向灯泡贯流式水轮发电机组，年发电量1 070万千瓦时。电站单水库双向运行，具有正反方向发电和正反方向泄水4种功能。第一台500千瓦机组于5月4日并网发电。水轮机的转轮改进后，第二台机组输出功率提高到600千瓦，后3台均为700千瓦，电站总容量3 200千瓦。

第二次国际小水电技术应用与发展讨论会第一阶段会议召开 1980年以后，联合国两次在杭州召开国际小水电会议，并在中国筹建亚洲及太平洋地区国际小水电培训中心。1980年10月28日，第二次国际小水电技术应用与发展讨论会第一阶段会议在中国杭州召开。会议由联合国工业发展组织发起，委托中国水利部筹办，来自国际组织和25个国家的46位代表出席了会议。会议交流了小水电规划、设计、施工和运行方面的经验。

中国水力发电工程学会成立 中国水力发电工程学会是水力发电科学技术工作者的群众性学术团体，宗旨是促进技术交流，普及水力发电科学技术知识，促进水力发电科学技术进步，推动水力发电事业的发展。学会下设水能规划及动能经济、水工及水电站建筑物、水工水力学、水电站电气及自动化、施工机械化及施工管理、水力机械、水工金属结构、水库经济、通航、小水电、计算机应用、土工合成材料、大坝安全监测、碾压夯筑坝、中国大坝等

18个专业委员会。学会出版物有《水力发电学报》《水电能源科学》《大坝与安全》《岩土工程学报》《水电站机电技术》《水力发电年鉴》等。

中国成立石油勘探开发科学研究院　该院系中国石油工业的最高研究机构和石油天然气勘探开发的科学研究、技术开发、信息交流、人才培养中心，总部设在北京。该院前身是1956年建立的北京石油地质研究所，1958年同石油炼制研究所合并，成立石油工业部石油科学研究院。随着机构改变几经更名，1980年更名为"石油工业部石油勘探开发科学研究院"，隶属石油工业部。该院下设廊坊分院、塔里木分院和石油地质、油田开发、钻井工艺、机械装备等20个研究所。全院拥有62个实验室。

中国核学会成立　中国核学会是原子核科学技术工作者的学术性群众团体，总会设在北京。其宗旨是开展学术交流活动，促进核技术的发展及应用，普及核科学技术知识，承担科技项目的论证、评估、鉴定等任务等。设有核物理、核化学与放射化学、粒子加速器、原子能农学、辐射防护、辐射研究与辐射工艺、核聚变与等离子物理、核医学、核电子学与核探测技术、铀矿地质、铀矿冶金、核化工、核材料、核同位素分离、计算物理、同位素和核能动力等17个分会或专业委员会。出版物有《核科学与工程学报》（季刊）。

中国第一台机载风力发电机组研制成功　中国人民解放军空军某研究所第五研究室经过两年多的探索研制成功我国第一台机载风力发电机组，为我国一些因加装、改装而引起的电力不足的飞机提供了一种辅助电源，从而为解决飞机设备供电问题找到了一条新的途径。

当时世界上最大的油轮在日本建成　油轮的发展与国际海上石油贸易紧密相关。20世纪50年代初期，世界上就出现了万吨油船，到了50年代末，便出现了20.9万载重吨的大型油轮。"海上巨人号"原名"奥珀玛号"，是希腊向日本订造的，于1977年完工，当时载重量为42万吨。由于某种原因，该船没被验收。1979年，香港船主买下该船，并于1980年在日本钢管公司津造船厂完成改装并下水。"海上巨人号"全长458米，宽68米，高30米，载重量达56.3万吨，成为当时世界上最大的油轮。

美国研制成功新型节能电机　美国信赖电气公司（Reliance Electric）研制成功一种叫作"Duty Master XE"的系列电动机。这种新型电机减少能耗达

50%，优于标准工业的设计。其能耗之所以减少这么多，主要是定子和转子使用了优质矽钢片，并且定子和转子的铁芯较长。另外，定子线圈的用铜量增加许多。该型号电机功率为1.5～200马力，线圈匝数为182～449匝，磁通量密度小，可以提高设备功率因数和减少线路电流。工厂实验表明，该电机达到甚至超过美国全国电机协会、全国电气规程、电机及电子工程师学会、国家标准学会和试验与材料学会的标准。

美国MOD-2风力发电机开始运转　美国MOD-2型大型风力发电机安装在华盛顿的戈尔登代尔（Goldendale），1980年开始运转，在达到一定工作风速的情况下，发电机输入电网功率为2 500千瓦。发电机叶片主要用钢制造，叶尖部分用复合材料制造。MOD-2型大型风力发电机的运行完全由微机控制，无人现场值守，装在塔架、机舱、叶片等各部位的传感器、风速计、风向标、电流、电压、频率计等随时监测风力发电机的运行情况。微机会根据运行和外界环境信息自动发出指令，使风轮对准风向，调整叶片桨距，并网、解列、停机等全部实现自控。因故停机后，修理人员会在微机终端得到由微机输出的停机故障的准确原因。如果不需要维修，微机得到指令会重新启动风力发电机，使其正常运转并网发电。

苏联建成努列克坝（Nurek Dam）　努列克坝是世界第二高坝，位于瓦赫什河的布利桑京峡谷，是发电和灌溉等综合利用的水利枢纽。水库总库容105亿立方米，总装机容量270万千瓦。大坝高300米，为当时最高的土石坝，坝基宽1 440米，坝顶长730米，大坝体积5 600万立方米，防渗心墙由壤土和沙壤土组成。由于坝区地震烈度为9度，故坝的上、下游面铺设有一层防震块石护坡。电站首次安装了转轮直径4.75米、转速为每分钟200转、可承受水头达270米的30万千瓦混流式水轮机组。为了提前发电，大坝部分建成时，3台机组上采用了临时转轮，在较小的转轮直径上安装附加内环，使发电机保持正常转速，于1972年11月和1973年5月发电，其余几台采用正常转轮的机组于1976—1979年投入运行。

墨西哥建成奇科森坝（Chicoasen Dam）　奇科森坝位于墨西哥的格里哈尔瓦河河（Grijalva）上，1974年开工，1980年建成。水库库容16.1亿立方米，电站装机容量240万千瓦。坝址地形属狭窄河谷，处于强地震区，地震烈度为9度。大坝为直心墙高堆石坝，最大坝高261米，坝顶长485米，顶厚25米，坝体总体积1 537万立方米，左岸3条泄洪隧洞，每条洞长700米，直径16米。电站的地下式厂房，埋深181米，长205米，宽21米，高43米。

法国罗讷河（Rhone River）建成12座梯级水电站　罗讷河水电站分成上、中、下三段，梯级数分别为4级、5级、3级，总装机容量为308万千瓦，年发电量167亿千瓦时。共建坝25座，其中22座为活动坝；设泄水闸门193个，其宽度为15～45米、高7～15米；建电站20座，其中19座为低水头电站。这些电站共安装水轮发电机组83台，其中混流式水轮机组6台，立式转桨式水轮机组33台，灯泡式机组44台。罗讷河中段的5个梯级，于1968年全部建成，20世纪70年代转入上段和下段的开发，水电站1980年全部建成。

奥地利建成芬斯特塔尔坝（Finstertal Dam）　芬斯特塔尔坝位于奥地利阿尔卑斯山的芬斯特塔尔河（Finstertal）上，在因斯布鲁克城（Innsbruck）以西约30千米处。1977年开工，1980年9月建成。坝高149米，顶长652米，顶宽9米，是当时世界上最高的沥青混凝土心墙堆石坝。由水库引水发电，分两级获总水头1 678.5米，装机容量为77.4万千瓦。

1981年

中国拟定缓倾斜煤层顶板分类　缓倾斜煤层顶板分类方案是1981年煤炭工业部以（429）号文颁布的，它包括直接顶分类、老顶分级和顶板管理3个内容。其分类方法是将直接顶分为不稳定、中等稳定、稳定和坚硬四类；老顶根据其周期来压强度不同划分为不明显、明显、强烈和极强烈四级。

世界首台单轴120万千瓦发电机组在苏联投入运行　该台机组安装在科斯特罗姆火电厂，配套直流锅炉蒸发量为每小时395吨。

中国首座混合式抽水蓄能电站——潘家口水电站开始发电　该电站位于河北省迁西县境内滦河干流，主要由两部分组成，分两期建设。发电厂房位于溢流坝段右侧，安装一台容量15万千瓦的常规机组，预留三台单机容量9万千瓦的抽水蓄能机组，年发电量5.7亿千瓦时，以220千伏高压输电线路并入华北电网。抽水蓄能机组投入运行后，电站的调峰、调相及事故备用等作用将更为显著。第一期工程于1975年10月开工，1981年发电，1984年竣工建成。

潘家口水电站

中国首条500千伏超高压输电线路投入运行　该条线路北起河南平顶山姚孟电厂，南至湖北武汉凤凰山变电所，全长594.88千米，输电能力120万千瓦。凤凰山变电所装有2台75万千伏安变压器，是当时中国最大的变电所。该线路于1981年12月投入运行，使中国成为世界上第8个拥有500千瓦高压输电线路的国家。

中国第一座大型高通量原子反应堆建成　1981年2月9日，我国自行设计建造的第一座大型高通量原子反应堆建成，并成功进行了高功率运行。这座高通量反应堆热功率设计定额为12.5万千瓦。它是一座试验研究反应堆，具有较大的辐照能力，配备有比较完整的工艺实验研究手段和广泛开展反应堆工程试验研究的设施，具有一堆多用的特点，可同时生产多种放射性同位素和超钚元素，还可进行微量元素的活化分析和单晶硅中子嬗变的技术研究和生产。其主体及配套工程共有设备5万多台件，全部是我国制造的，为我国独立自主研究、设计、建设核电站和进一步发展原子能科学技术提供了必不可少的重要手段，标志着我国反应堆工程的科学技术达到了一个新水平。

中国电工技术学会成立　中国电工技术学会（CES）成立于1981年7月23日，是以电气工程师为主体的电工科学技术工作者和电气领域中从事科研、设计、制造、应用、教学和管理等工作的单位、团体自愿组成并依法登记的社会团体法人，是全国性的非营利性社会团体，总部设在北京。学会下设电力电子、电接触及电弧、电工测试、电池等27个专业委员会、专业学会和研究会。学会主要出版物有《电工技术学报》《电工技术杂志》和《电气时代》等。

1982年

美国开始运行当时世界上最大的太阳能热力发电站　太阳能热力发电可分为高温发电和低温发电两类。按太阳能采集方式划分，太阳能热力发电站主要有塔式、槽式和盘式三类。塔式太阳能热力发电是将集热器置于塔顶，它的部件主要有反射镜阵列、高塔、集热器、蓄热器、发电机组等。该电站位于加利福尼亚州南部巴斯托（Barstow）阳光充足的沙漠地区，又称太阳能一号电站，容量1万千瓦。它是在方圆0.78平方千米地面中央，矗立一座91.5米高的铁塔，周围安装了1 818面可旋转的定日镜，用电子计算机控制，把阳光集中反射到高塔上的蒸汽发生器，产生510℃过热蒸汽，驱动一台汽轮发电机组，或进入一系列热交换器，将热能贮存在被加热到304℃的油中，需要时将高温油引入一系列热交换器中，产生277℃蒸汽，驱动汽轮发电机发电，输出功率可达7 000千瓦。该电站冬季能以额定输出功率供电4小时，夏季7～8小时。

扎伊尔建成当时世界上最长的超高压直流输电线路　该线路自英加至沙巴（Inga-Shaba），长1 700千米，电压±500千伏，输送功率112万千瓦。

日本中央电力研究所研制成功毫秒直流断路器　日本中央电力研究所应用熔丝切断故障电流的原理，首次研制成功毫秒直流断路器。其结构是用通电部分的银质导线，周围充填灭弧砂，用加固的塑料罩盖在上面，用水冷却。其缺点是电流切断后要更换新熔丝才能再通电。

加拿大建成拉格朗德二级水电站（La Grande-2 Hydroelectric Power Station）　该电站位于魁北克省北部拉格朗德河，总装机容量732.6万千瓦。第一期装机16台，单机容量33.3万千瓦，装机总容量532.8万千瓦；第二期6台装机总容量199.8万千瓦。第一期工程于1973年5月开工，1979年10月开始发电，1982年16台机组全部安装完毕；第二期工程于1987年夏季动工，1991年10月投产发电。

美国建成"太阳能增殖工厂" 该厂建于马里兰州弗莱得雷克，它采用2 500平方米太阳能电池阵列，为生产太阳能电池提供电能。另由3 000多组电池板组成屋面阵列，可为照明设备、空调设备和生产设备提供200千瓦尖锋电能。该建筑物的被动式太阳能设施所提供的电能还能满足自身的供热需求。它是世界上第一座"太阳能增殖工厂"。

中国脉冲等离子发动机进行空间飞行试验 中国科学院空间科学技术中心电推进研究室研制成功两台脉冲等离子发动机，并进行了空间飞行试验，试验的目的在于在真实的空间环境下证实整个电火箭系统的工作情况，验证地面试验研究的结果，了解电火箭对其他系统的影响，从而促进这一新技术的进一步研究和应用。试验达到了预期目的，这标志着我国电火箭的科研工作进入了一个新阶段，使我国有了一种新型的空间微推力火箭发动机。

中国成立松辽水利委员会 松辽水利委员会是水利部在松花江、辽河流域、东北地区国际界河（湖）及独流入海河流区域内的派出机构，是水资源综合规划、统一调度、协调开发及工程管理的专职机构，驻地在吉林省长春市。委员会成立后，对松花江流域、辽河流域以及松辽水资源的综合开发和利用进行了规划，还完成了东北地区大型水电站的设计。出版刊物有《东北水利水电》。

1983年

世界核能发电发展迅速 截至1983年底，全世界共有25个国家及地区建成302座核电站，总装机容量1.985亿千瓦，其中美国83座（6 700万千瓦）、法国32座（2 630万千瓦）、苏联40座（1 910万千瓦）、英国37座（1 000万千瓦）、西德15座（1 110万千瓦）。正在建造的核电站210座，总装机容量为2.058亿千瓦。

中国建成乌江渡水电站 乌江渡水电站位于贵州省遵义和贵阳两地交界处，1979年第一台机组发电，1983年竣工，是开发乌江水能资源的第一座大型工程。总库容23亿立方米，电站装机容量63万千瓦。工程由混凝土拱形重力坝、泄洪建筑物及全封闭式厂房组成。最大坝高165米，坝顶弧长395米。由于河谷狭窄，泄流量大，所以采用多种泄洪方式，包括4个坝顶溢流表孔，

2个滑雪道式溢洪道和1个泄洪洞，总泄洪量每秒21 350立方米。乌江渡水电站是中国在复杂的岩溶地区兴建的第一座高坝，水库的防漏采用了高压水泥灌浆帷幕与上游砂石岩隔水层相连接的防渗措施。

乌江渡水电站

1984年

伊泰普（Itaipu）水电站开始发电　伊泰普水电站位于巴西与巴拉圭之间的界河——巴拉那河（Parana River）上，伊瓜苏市（Foz do Iguaçu）北12千米处，设计装机容量1 260万千瓦，年发电量710亿千瓦时。工程于1975年开工，1979年8月主坝混凝土浇筑，1984年5月第一台机组发电，1991年全部建成。

英国建成迪诺维克电站（Dinorwig Power Station）　迪诺维克电站位于英国北威尔士的班戈尔（Bangor）附近，于1974年开工，1982年第1台机组投入运行，1984年6台机组全部投产，总装机容量180万千瓦，是当时英国也是欧洲最大的抽水蓄能电站。上水库是利用原有的马切林摩尔湖泊扩建，修筑了一座堆石坝，最大坝高68米，坝顶长600米；下水库莱恩贝利斯也是利用一个天然湖泊，修筑一座高35米的堆石坝，以扩大湖面。地下式主厂房长98米，宽25米，高45.57米。装有6台可逆式机组，单机容量30万千瓦。

加拿大建成北美首座大型潮汐电站——安纳波利斯皇家发电站（Annapolis Royal Generating Station）　该电站位于加拿大安纳波利斯河入海处，最大潮差8.7米，利用电站的上游天然河谷来蓄水。地下电站安装1台由埃舍维斯（Escherwyss）公司制造的2万千瓦全贯流式水轮发电机组。电站和泄水闸由东北方向100千米处的埃尔闸门水电站遥控中心控制。涨潮时，海水通过闸门和水轮机流道进入水库，落潮时，闸门关闭，水库和海面水位差1.4米以上，水轮机运转发电。

日本研制成功工作电压为250千伏的直流断路器　交流断路是靠电流自然

过零来灭弧的，而在高压直流回路中工作的直流断路器，由于电流不存在自然过零点，因而在断开时要熄灭高压电流所产生的电弧非常困难。日本日立制作所研制成功的这台高压直流断路器采用"逆电流插入方式"的新技术断流，开断容量（电流）高达8 000安。日立制作所声称，这种新型直流断路器完全可以扩展制成，并使用于500千伏超高压直流输电线路上。

中国首座100万千瓦级清河发电厂建成　该电厂位于辽宁省铁岭市清河，1966年动工兴建，第一台国产10万千瓦机组于1970年12月投入运行。共安装5台10万千瓦、4台20万千瓦机组，总容量130万千瓦。历经4期工程扩建，1984年全部建成发电，年发电量80亿千瓦时。

国际节能研究所（IIEC）成立　国际节能研究所为非营利性研究机构。该研究所的宗旨是研究处于工业化过程中的国家和转型期国家的能源可持续发展，促进这些国家经济社会的可持续发展。总部设在华盛顿和伦敦，在北京、曼谷、马尼拉、里约热内卢、布宜诺斯艾利斯、约翰内斯堡等城市以及印度、俄罗斯、乌克兰等国家设有地区或项目办公室。研究所工作人员包括能源政策分析专家、营销专家、财务专家和工程师等。

中国研制成功微型核反应堆　中国自行研制的第一座微型微核反应堆在核工业部原子能所研制成功，并于1984年9月1日通过部级技术鉴定。这座微型反应堆以高浓铀（铀-235为90%）为核燃料，热功率为27千瓦。在地质、冶金、有色金属、半导体材料、农业、医学、外贸、考古等领域都有广泛应用。

巴西图库鲁伊水电站（Tucurui Power Station）开始发电　图库鲁伊水电站位于巴西北部托坎廷斯河（Tocantins River）上，该河干流计划分七级进行开发，此电站为最下游一级。大坝挡水前沿总长7 810米，河床部分跨越顺河断层的斜心墙堆石坝，坝长1 310米，坝高98米，右接土坝，坝长2 611米，左侧为混凝土重力式溢流坝，坝高86米，长580米，有23个泄水孔，溢洪能力可达每秒11万立方米。水库总库容458亿立方米，是巴西当时建成的最大的水库。工程于1974年开始施工准备，1975年11月主体工程开工，1984年第一台机组发电，1988年底完成装机424万千瓦，待上游建库提高径流调节能力和巴西北部用电量需求增长后，再扩大容量至837万千瓦。

中国建成白山水电站一期工程　白山水电站位于吉林省桦甸县（现桦甸

市）境内第二松花江上游，为坝式水电站。工程分两期进行，一期为大坝及右岸地下厂房，二期为左岸地面厂房。1984年一期工程竣工发电。大坝为混凝土重力拱坝，坝型为三心等厚圆拱，最大坝高149.5米，坝顶弧长676.5米。水库总库容68.12亿立方米，电站总装机容量150万千瓦，第一期工程装机容量90万千瓦，是当时东北地区最大的水电站，与红石、丰满电站形成梯级电站。

1985年

刘易斯［加］、戴维斯［加］提出洁净煤技术　美国官员刘易斯（Drew Lewis，1931—　）和加拿大官员戴维斯（William C. Davis，1939—　）提出洁净煤技术（CCT），其目的是解决美国和加拿大两国的酸雨问题。自1986年开始，美国投资约50亿美元，历时5年，对已经出现的各种新型、先进的用煤技术进行试验，寻求减少燃煤时污染物的排放量，特别是减少SO_2和NO_x的排放量，以及燃用高硫煤的先进技术。示范电厂试验结果表明，洁净煤技术在减少污染的同时，还提高了煤的利用效率，成本也有所降低。此后，洁净煤技术的研究开发受到工业发达国家的广泛重视。

美国巴斯康蒂电站（Bath County Pumped Storage Station）开始商业运行　该电站位于弗吉尼亚州的西北部，1977年开工，1985年11月开始发电，是当时世界上最大的抽水蓄能电站。电站装机总容量210万千瓦，安装6台35万千瓦法兰西斯式（可逆混流式）水泵-水轮发电机组，最大工作水头385米。电站主要工程包括一座152米×61米×46米的发电厂房，两座填方总计1 680万立方米的土石坝和19千米长的隧洞。下库面积2.2平方千米，坝高141米，总库容3 760万立方米；上库面积1.07平方千米，坝高146米，坝顶长670米，总库容4 380万立方米。总投资16.5亿美元，电站于1987年全部建成。

格拉夫列纳核电站（Gravelines Nuclear Power Station）在法国建成　该核电站位于法国最北端，面临多佛尔海峡。电站共装有6台核电机组，总容量570万千瓦。第一台机组于1974年开始兴建，1980年投入商业性运行。第六台机组于1979年开始兴建，1985年投入运行。电站装有法国自行设计的90万千瓦标准型压水堆核电机组，6台机组的主要参数完全相同。

挪威建成首座波浪能电站并投入运行　挪威从1975年起进行波浪能发电研究，1985年在托夫特斯塔琳（Totstellen）建造了一座500千瓦多谐振振荡水柱（MOWC）波能电站，但在1988年遭巨大风暴摧毁。1986年，在同一地点建成350千瓦减速槽道波能电站。

中国制成30万千瓦亚临界压力汽轮发电机组　1980年8月和10月，中国一机部和美国西屋电气公司（WH）、燃料工程公司（CE）分别签订30万千瓦和60万千瓦亚临界压力汽轮机、汽轮发电机、锅炉的技术转让和购置部分零件合同。首台30万千瓦机组由上海火电基地各制造厂承制，1985年制成，安装在山东石横电厂，于1987年6月30日投入运行。

中国火电厂出现首台60万千瓦汽轮发电机组　该台机组系由法国阿尔斯通-大西洋公司成套供应。发电机采用水—氢—氢冷却方式，安装在内蒙古自治区赤峰市郊元宝山电厂，于1985年12月投入运行。

中国安装大型风力发电机　1985年4月30日，中国在山东省荣成龙须岛镇（今成山镇）马兰顶安装了3台从丹麦引进的55千瓦风力发电机，建立风力发电试验场，顺利并网运行发电。

中国台湾核能研究所研制成功新型核废料处理焚化炉　这种焚化炉是在原有焚化炉处理系统中加入"高温旋风集成器"过程，燃料温度由200℃提高到1100℃，炉中废料充分燃烧，使核电站放射性废料燃烧后体积缩小到原来的3%。

世界煤炭研究所（WCI）成立　研究所是非营利性学术组织，1985年在伦敦成立，由英国煤炭公司和德国鲁尔煤炭公司发起，美国、英国、德国、澳大利亚、南非、加拿大等国的15家大煤炭公司联合创建，旨在扩大煤炭利用。

苏联建成世界首条特高压输电线路　特高压输电是世界上最先进的输电技术，使用1000千伏及以上的电压等级输送电能。特高压输电是在超高压输电的基础上发展起来的，其目的仍是继续提高输电能力，实现大功率的中、远距离输电，以及实现远距离的电力系统互联，建成联合电力系统。苏联于1985年8月运行了世界上第一条1150千伏特高压交流输电线路，该线路一期全长497千米，从埃基巴斯图兹（Ekibastuz）到科克契塔夫（Kokchetav）。

南加利福尼亚爱迪生公司（美）建成太阳能发电设备——SEGSI系

统　南加利福尼亚爱迪生公司于1985年3月启用第一号太阳能发电系统SEGSI，这是当时世界上最大的太阳能发电厂，位于加利福尼亚州达格特（Daggett）附近的莫哈维沙漠（Mojave Desert）中，占地27万立方米。SEGSI系统可将560个收集器装置所收集的太阳能转变为13.8兆瓦的电能。每一个收集器装置都有4个槽，这些槽可以跟踪太阳转动，因而每一瞬间投射到槽中的可利用的阳光量都能达到最大值。每一个槽都有装好镜子的内表面，它把阳光反射到底部装油的黑管上。阳光把油加热，然后把油泵入水箱里的管道使之循环。油管发出的热使水变成蒸汽，后者驱动发电机产生电能。SEGSI系统可把反射阳光的50%变为电能。

世界上第一个海上浮动石油钻井平台——47 000吨的赫顿压力柱式钻井平台在英国投入使用　该平台每天可开采价值约225万美元的石油。

洪都拉斯建成埃尔卡洪坝（El Cajón Dam）　埃尔卡洪坝位于洪都拉斯胡马亚（Humaya）河上，离圣佩德罗苏拉城（San Pedro Sula）约80千米。1980年开工，1985年建成。水库库容56亿立方米，电站装机容量30万千瓦（后扩建到60万千瓦）。大坝为高混凝土双曲拱坝，最大坝高234米，坝顶长382米，坝顶厚7米，坝底厚48米，坝顶设有1.5米高的防浪墙，坝体混凝土160万立方米。

1986年

大型快中子堆电站"超凤凰"（Superphénix）1号机组首次并网发电　法国、意大利、联邦德国等国联合投资建造的当时世界最大的快中子堆核电站"超凤凰"1号机组首次并网发电，该电站功率为120万千瓦。

日本建造第一座海水提铀工厂　日本金属矿业事业团和在濑户内海的秀川县成功建造了第一座海水提铀工厂，年产10吨铀，为人类开发海水中40亿吨储量的铀矿迈出了第一步。

委内瑞拉古里水电站（Guri Hydropower Station）竣工　古里水电站位于南美奥里诺科河的支流卡罗尼河上，工程于1963年开工，1986年竣工。1977年完成一期工程，共装10台26.6万千瓦机组，总容量266万千瓦；1978年二期工程开工，1986年完成，安装10台73万千瓦机组，总容量730万千瓦。由于二期工程加高大坝，使一期工程安装的10台机组提高出力至300万千瓦，电站总容量达1 030万千瓦，超过美国大古力水电站（649.4万千瓦），成为当时世界最大水电站。1989年，巴西与巴拉圭合建的伊泰普水电站装机容量达1 050万千瓦（15台70万千瓦机组），超过古里水电站。

日本研制出大功率海上太阳能发电系统　日本新能源综合开发机构研制出一种大功率的海上太阳能发电系统，它由264块太阳能电池组成，安装在一个直径为16米、高3.8米的筒形甲板上，输出电力可达10千瓦。从1986年9月起，这种海上太阳能发电系统已作为海洋牧场的电源，投入了实用性试验。

美国研制成功全陶瓷汽车用涡轮发动机　燃气涡轮发动机要提高效率，一个重要措施是提高燃气的进气温度，要达到这个目的，关键是要有能够承受这样温度的发动机内部结构材料，特别是其中的叶片。碳化硅陶瓷既有足够的高温强度，又有良好的抗氧化能力，在高温下又不容易变形，这些都使它极其适宜于用作高温结构材料。1977年，美国福特汽车公司（Ford Motor Company）用氮化硅和碳化硅陶瓷制造了一台全陶瓷车用燃气轮机，并进行了运转试验，燃气温度为1 230℃，转速为每分钟5万转。1986年，美国又利用碳化硅和氮化硅等，制成100马力以上的全陶瓷燃气涡轮发动机，共用55个陶瓷部件，其中关键部件径流式涡轮转子系由氮化硅制造，它承受的入口温度高达1 370℃，转速达每分钟数万转，在骤然停车冷却时其温度循环变化性能稳定。

美国科学家在受控核聚变能的研究中实现两项突破　这两项突破中的一项是普林斯顿大学等离子体物理实验室的巨大"托卡马克"（TOKAMAK）聚变反应堆于1986年7月中旬产生了1亿摄氏度的特高温，这个创纪录的温度（等于太阳中心温度的10倍）有可能使聚变反应成为安全的、商业上可以替代目前核（裂变）动力所需的能量；二是该实验室在另一次较低温的试验中，能够在较长时间内用磁力约束控制等离子。"托卡马克"是由苏联描述发生核聚变的"环形磁力室"词组中每个词的第一个字母拼缀而成，又称"环流器"，由反应堆等离子体真空室外壳、反应堆液锂层再生区和冷却系统三个主要部分组成，真空室位于反应堆中心。苏联首座"托卡马克"于1954年建成。

苏联切尔诺贝利核电站发生世界核电史上最严重的一次事故 该核电站位于苏联白俄罗斯–乌克兰森林地带东部。10月26日凌晨1时30分，电站4号机组的PMSK–10型反应堆发生堆芯毁坏事故，部分厂房倒塌，两名电站工作人员因爆炸当场丧生，203人受到急性照射，其中29人在一个月内死亡。外泄放射性污染不仅影响苏联大片地区，还波及瑞典、芬兰、波兰等国。

中国建成江厦潮汐电站 该电站位于浙江省温岭县（今温岭市）乐清湾北端江厦港，1973年动工，1980年5月第一台机组发电，1986年全部建成。

1987年

福岛核电站在日本建成 这座核电站位于日本福岛县双叶群，距福岛市东南62千米处，装有10台沸水堆核电机组，总装机容量910万千瓦。电站分福岛一厂和福岛二厂，福岛一厂的6台沸水堆核电机组建在大熊町和双叶町；福岛二厂的4台沸水堆核电机组建在一厂南12千米的富冈町和双叶町。第一台机组1967年开始兴建，1971年投入商业运行，第10台机组1980年兴建，1987年投入运行。电站为日本东京电力公司所有并营运，使用的核反应堆是美国通用电气公司（GE）开发的沸水堆。

布鲁斯核电站（Bruce Nuclear Power Station）在加拿大建成 该核电站位于加拿大安大略省休伦湖东北角，装有8台坎杜（CANDU）型核电机组，总容量696万千瓦。第一台机组于1971年兴建，1977年投入运行。8台机组中，前4台单堆电功率为82.5万千瓦，后4台为91.5万千瓦。电站为安大略水电公司所有并营运，所装用的反应堆为普遍采用的加拿大重水慢化加压重水冷却反应堆（CANDU-PHW），以天然铀为燃料。

苏联建成英古里坝（Inguri Dam） 英古里坝位于德日瓦里市附近的英古里河上，1961年开工，1978年部分开始运营，1987完全竣工。主要建筑物为高混凝土双曲拱坝和5座水电站（英古里水电站以及尾水渠上4座彼列巴特梯级水电站）。拱坝最大坝高271.5米，坝面由多心圆拱组成，坝顶（包括左右岸重力墩）长728米。拱坝设有周边缝，将垫座和坝体拱圈部分分开。坝体浇筑混凝土396万立方米。坝顶溢洪道共12孔，最大泄洪量每秒2 200立方米。坝内深泄水孔共有7孔，孔管直径5米，是将来建坝后抽水蓄能电站（装机100万千瓦）的深式进水口，水头182.5米，可泄流量每秒464立方米。泄洪建筑总泄水量之大、水头之高在当时世界拱坝中都是少见的。

南非火电厂使用当时世界上最大的汽轮机直接空冷系统　南非马廷巴电厂安装有6台66.5万千瓦汽轮发电机组，采用德国空冷装置，形成当时世界上最大的汽轮机直接空冷系统。这种空冷系统用于缺水或少水地区的火电厂，用空气作冷却介质，汽轮机的排汽进入空冷装置，将热量传给外界空气而凝结成水，凝结水用水泵送回锅炉给水系统。

苏联研制成功大容量超导发电机　苏联列宁格勒（现俄罗斯圣彼得堡）一个研究所试制成功30万千瓦超导发电机，转子由细钛铌合金导线绕制，浸放在-269℃（4.2K）的液氦中，运转速度为每分钟3 000转。定子的设计输出电压为110千伏。这台30万千瓦机组是在2万千瓦实验机组运转成功的基础上制造的。后来，苏联进一步进行了120万千瓦机组的研究，并考虑制造500万千瓦特大型超导发电机的可能性。超导发电机的转子重量只有常规转子的20%，由于超导材料制成的转子绕组浸在液氦中，温度接近绝对零度时电阻几乎等于零，因此超导发电机的损耗极小，效率可达99%以上。

江苏谏壁火电厂全部建成　该厂位于江苏省镇江市东郊15千米处的谏壁镇（今谏壁街道），始建于1959年，1965年开始发电，曾是中国最大的火电厂。电厂经四期扩建共安装10台机组（1台2.5万千瓦、2台5万千瓦、3台10万千瓦，4台30万千瓦）。电厂装机容量162.5万千瓦。

江苏谏壁火电厂

中国龙羊峡水电站开始发电　龙羊峡位于青海省共和县与贵德县之间的黄河干流上。电站建设从1976年开始，1979年11月实现工程截流，1982年6月开始浇筑主坝混凝土，1986年10月15日导流洞下闸蓄水。4台发电机组分别于1987年10月4日、1987年12月8日、1988年7月5日、1989年6月14日相继投产。

电站建成后，装有32万千瓦的发电机4台，总装机容量达128万千瓦。龙羊峡水电站除发电之外，还具有防洪、防凌、灌溉、养殖四大效益。

中国珠江出海口建成两座P-205型特高塔　广东沙角发电厂B厂到江门市500千伏输电线路珠江出海口跨越段，建成两座P-205型特高塔，分设在输电线路顺序60号、61号位置上。60号塔位于珠江东岸，61号塔位于珠江中心人工岛上。两座铁塔射高均为235.75米，横担全长64米，导线悬点高度205米，每塔重1 040吨，双回路架线。它是当时世界上最高最重的双回路直线铁塔，施工采用250米高的塔式起重机，以每2.5米为一节逐级架设，从1987年5月开始建设，10月5日竣工。

日本建成玉川坝　玉川坝位于日本秋田县仙北郡泽湖町、雄物川水系右支流玉川上，是一座具有防洪、改善河道、灌溉、供水等多种效益的大坝。玉川坝的混凝土于1983年开始铺筑，1987年6月浇筑完工。坝型为混凝土重力坝，坝高100米，坝顶长441.5米，总库容2.54亿立方米。坝体混凝土总量114万立方米，其中碾压混凝土79.5万立方米，是当时世界上最高的碾压混凝土坝。电站装机容量2.36万千瓦。

苏联建成萨扬舒申斯克水电站（Sayano-Shushenskaya Power Station）　电站位于西伯利亚叶尼塞河上游，工程于1963年开始施工准备，1968年始建围堰，全部工程在1987年完成。大坝为混凝土重力拱坝，高242米，坝顶长1 066米，坝基宽100米，坝顶厚25米，是当时世界上坝体混凝土量最大的重力拱坝。电站装有10台单机容量64万千瓦的定子水内冷伞式水轮发电机组，是当时苏联设计制造的最大水轮发电机组。

当时世界最大的超临界压力汽轮发电机组在日本东扇岛火电厂投入运行　东扇岛火电厂于1971年开工，1987年9月开始运行。该台机组额定输出功率100万千瓦。与机组配套的直流锅炉上采用数字式自动控制装置，能适应锅炉输出功率的迅速调整、频繁启动或停机。锅炉燃料为液化天然气，采用低氧燃烧。汽轮机采用再热式，在结构上作了技术改进。火电厂汽轮发电机组的变压运行，是汽轮机在各种负荷下保持蒸汽阀全开，在过热气温基本不变情况下，用改变锅炉出口过热蒸汽压力来改变汽轮机负荷的一种运行方式。对超高压及以上机组，变压运行的经济性高于定压运行。

1988年

美国建成梅斯奎特（Mesquite）电厂　电厂位于加利福尼亚州亚英佩里尔流域，每小时燃烧40吨牲畜粪，发出电力16 000千瓦，并入南加利福尼亚爱迪生公司的电网。电厂用卡车运送牲畜粪，在堆粪场经常存放牲畜粪约8万吨。牲畜粪在送去燃烧前先存放3个月，将水分减少到原来的30%～35%，后被送入多级加热炉床和沸腾炉相结合的燃烧室干燥、气化，然后再完全燃烧。

中国葛洲坝水电站全部竣工　葛洲坝水电站位于中国湖北省宜昌市境内的长江三峡末端河段上，1971年5月开工兴建，1988年12月全部建成发电，是当时世界上最大的低水头大流量、径流式水电站。坝型为闸坝，最大坝高47米，总库容15.8亿立方米，装机容量271.5万千瓦，其中二江水电站安装2台17万千瓦和5台12.5万千瓦机组；大江电站安装14台12.5万千瓦机组。年均发电量140亿千瓦时。第一台17万千瓦机组于1981年12月27日投入运行。

葛洲坝水电站

中国北京重水堆冷中子源装置建成　1988年10月7日，中法合作建造的北京重水堆冷中子源装置在中国原子能科学研究院落成，从反应堆水平孔道出来的中子束中，波长大于4埃的冷中子积分强度提高了一个量级，标志着该装置已达到了当时国际水平。该装置在生物大分子、石油工业等领域研究中有重要作用，使我国成为亚洲首先建成这类装置的国家。

中国研制成功高温超导电动机模型机　1988年3月28日，西安交通大学超导研究室研制成功我国第一台高温超导电动机模型机。该电动机是根据超导材料的迈斯纳效应，即超导体抵抗磁力线通过的抗磁特性制成的，每分钟500转。世界第一台超导电动机是1988年1月在美国阿贡国家实验室研制出的用液氮温区超导材料制成的。

南非建成世界首座800千伏气体绝缘全封闭组合电器变电所　变电所安装了瑞士勃朗·鲍威利公司（BBC）生产的新型ELK4开关设备，成为世界上第一座超高压气体绝缘全封闭组合电器（GIS）变电所，所内设有12个ELK4断路器间隔。GIS比空气绝缘开关设备优越，可以保证操作人员的安全，且所占空间小。该变电所包括户外套管、变压器和电抗器所需面积在内，总面积只有3万平方米。如果采用传统技术的同类型变电所，则需要24万平方米。

苏联苏尔古特2厂（Surgut-2 Power Station）开始发电　该厂位于西伯利亚苏尔古特市市郊，安装有6台80万千瓦汽轮发电机组，总容量480万千瓦，燃料为天然气。第一台机组于1988年投入运行。配套的直流锅炉蒸发量为每小时2 650吨。

跨国大型综合性电工企业——ABB集团成立　ABB集团由原瑞典通用电机公司（ASEA）和瑞士勃朗·鲍威利有限公司（BBC）合并组成，总部设在瑞士苏黎世。其业务集中在电力、工业、交通运输等领域；其产品与发电、输电、配电以及电能在工业、交通运输和家庭中的应用有关。

1989年

美国建成梅里马克（Merrimack）电站　电站建在浮轮上，长137米，最高点相当于12层楼房顶，重2.5万吨，发电容量19.2万千瓦，可保证一个拥有20万居民的城市用电。1989年6月6日从新奥尔良市一个港口启程，由6艘拖轮拖动梅里马克电站，沿密西西比河逆流而上365千米，到达维多利亚城。

美国波音公司宣布研制成功光电转换效率达36%的新型太阳能电池　该型电池是由砷化镓半导体（使可视光转换成电）和锑化镓（使红外线转换成

电）重合而成，其效率接近太阳光下工作的光生电池所能达到的理想极限，因此该公司宣称创世界纪录。

美国建成当时世界上最大的铅酸蓄电池系统　世界铅锌研究组织与美国电力公司合作，在洛杉矶市东的南加利福尼亚爱迪生电力公司奇诺变电所安装了一套当时世界上最大的铅酸蓄电池系统并试运行。它由8 256个蓄电池组成，每6个组成一单元，置于双层架上。整个系统占有两座厂房，每座厂房设置16列蓄电池，连接2千伏直流母线，通过逆变器将直流转变为交流，向电网送电，其容量4小时可释放1万千瓦电力。这种蓄电池系统在电网非峰值负荷时，将电能贮存起来，在用电高峰时，可把电能释放到电网。用大型蓄电池系统调控电网中的电力负荷，在技术上、经济上，以及环境保护方面都具优点。

日本研制成功大容量高效率燃气轮机　日本三菱重工制成的大容量级15万千瓦燃气轮机（50–F型）是在原10万千瓦"50–D"型燃气轮机的基础上研制出来的，经过对叶型等工艺进行技术改进，使其进气温度由1 154℃提高到1 350℃。这种新型燃气轮机应用于联合循环发电，热效率可以提高到46%。

哥伦比亚建成瓜维奥坝（Guavio Dam）　瓜维奥坝位于哥伦比亚孔迪纳马卡省的瓜维奥河（Guavio）上，在首府波哥大（Bogota）东北约80千米处，1981年开工，1989年建成，1992年第1台机组投产发电。厂房内共安装8台机组，分两期安装，第一期安装5台，每台20万千瓦。水轮机采用5台喷嘴冲击式水轮机，在水头1 093米条件下，额定输出功率为22.4万千瓦；水头1 140米时，最大输出功率26.1万千瓦。

中国葛洲坝至上海±500千伏直流输电工程正式投运　葛洲坝至上海直流输电工程包括葛洲坝换流站和上海南桥换流站，以及两座换流站之间的直流输电线路。线路全长1 046千米，为±500千伏双极直流线路，双极同杆架设，共有杆塔约2 669基。该线路途经湖北、安徽、浙江、江苏、上海四省一市共35个县（市），分别在宜昌沱盘溪和安庆吉阳两次跨越长江，在湖北沙洋跨越汉水，其中湖北境内线路长度为479千米左右。工程于1985年10月动工兴建，1987年直流线路建成，1989年9月换流站极I建成，调试完毕并投运，

1990年8月换流站极Ⅱ建成，直流双极调试后正式投入运行。输电工程具有双向送电功能，即两个换流站均可以作为整流站或逆变站。葛洲坝向上海输送额定功率双极为120万千瓦、单极为60万千瓦；上海向葛洲坝倒送额定功率双极为60万千瓦、单极为30万千瓦。葛洲坝上直流额定电压为±500千伏，直流额定电流为1 200安培。交流侧系统电压葛洲坝换流站为500千伏，南桥换流站为220千伏。该工程的正式投运，标志着我国直流输电技术的重大进步。

1990年

中国研制成功应用于卫星的高效砷化镓太阳能电池　该电池由航空航天部上海新宇电源厂和中国科学院上海冶金研究所合作研制成功。在第一颗和第二颗"风云–1"号气象卫星上进行了电池卫星空间标定试验和电池输出功率试验，达到空间实用要求，最大光电转换效率突破17%。砷化镓太阳能电池具有耐高温、抗辐射、效率高等优点。它的研制和试验成功，标志着中国继苏、美、日之后，成为拥有该种电池太空试验数据的第4个国家。

1991年

瑞典建成世界首座增压流化床燃烧/燃气蒸汽联合循环（PFBC–CC）电厂——凡登（Vätan）电厂　增压流化床燃烧/燃气蒸汽联合循环是指燃气轮机发电和蒸汽机发电的组合发电方式，即燃气蒸汽联合循环（CC），燃料和压缩空气在燃烧室中混合、燃烧，产生高温气体驱动燃气轮机发电，排出的高温气体经余热回收进入锅炉产生蒸汽，驱动蒸汽机发电。这种发电方式的最大优点是热效率高。瑞典凡登电厂安装有2台1.7万千瓦燃气轮发电机组，1台11.1万千瓦蒸汽轮发电机组和1台增压流化床燃烧锅炉，燃用波兰煤。该电厂于1991年9月15日投入商业运行，热电联产出力电功率13万千瓦，热功率21万千瓦。

美国建成世界上第一座风力抽水蓄能电站　电站位于夏威夷科哈拉地区北部的卡华（Kahua）牧场，它是用25千瓦风力发电机，把水从一座4 000立方米水库抽到40 000立方米的大水库，两个水库之间的垂直距离（即提水扬程）为100米，高位水库与泵房之间通过聚氯乙烯压力水管连接，管径8英寸，泵房设在低位水库旁，装有1台37千瓦水轮机和1台11千瓦的增加泵，用以抽水。此风能储存系统可以储存足够的水量用以发电，发电量可达365千瓦时。水流可以使水轮机满载（转速为每分钟800转，发电25千瓦）运行14.6小时。发电机可以恒速或变速运行，输出功率可调。

美国研制成功单块固体氢化物燃料电池　该型电池由阿贡国家实验室的研究人员研制成功，能使用汽油、柴油、沼气以及从煤中生产的甲醇。它的技术成就在于对电解液和电极板陶瓷材料的选择、新颖的制造工艺以及对部件的高效设计。它能达到72%的能量转换效率，与当时机动车的燃料相比较，能使耗油量减少一半。电池为极限紧凑型结构，比其他燃料电池要高出一个数量级。该电池能使用同一装置来发电和再生燃料，简化了必须从燃烧物（水）还原氢燃料的空间电力系统。它的高工作温度，允许余热在高温时排出，使散热器的尺寸能减至最低限度。该电池应用于驱动汽车、小型卡车等，并可作备用发电机。

英国在苏格兰沿海艾雷岛（Islay Island）上建成海浪发电站　该电站由北爱尔兰皇家学院科技人员负责研制建设。厂房位于海边，外形像一个底部开口的混凝土沉箱。当海浪涌来使沉箱中的水位升高时，箱内的空气通过唯一的一个孔道被挤压出来，驱动涡轮机的叶片旋转而发电。当海浪退出时，空气被吸入沉箱，使涡轮轮机继续维持转动而发电。电站发电功率的大小与海浪的强度相关，平均可达36千瓦。

欧洲受控核聚变反应堆首次获得电能　1991年11月9日，由欧洲14国协作建造的环形实验核聚变反应堆产生约1 700瓦电功率，持续时间接近1秒钟，这是受控核聚变研究上的一次突破性进展。在此之前，在核聚变实验上只使用氘，而这次实验将0.2克氚加入燃料中，氘、氚两种燃料结合在一起，产生出更多的能量。欧洲联合环形实验核聚变反应堆是当时欧洲最大的实验核聚变堆，重3 500吨，高10米。

日本研制成功热半导体蓄电池　这种利用液状高分子材料为主要成分的热半导体蓄电池，由日本理化学研究所研制成功。其正极为碳膜，负极为铝箔，中间插入能在80 ℃以上环境中将热能转换成电能的热半导体。它具有充电仅需1～2分钟、不产生污染等优点。

日本研制成功利用超导的能源贮存装置 这是世界上首次采用"热焓保护方式"，利用液氦使线圈冷却到-260℃呈超导状态，在1 000安电流通过时，可贮存100万焦的能量。

英国爱尔兰Novoten公司研制成功电子变压器 这种变压器专为低压照明应用而设计，与常规变压器相比，可节省50%的空间。其最大容量为60伏安，频率为50赫，输出电压有效值为11.7伏、100赫，由30千赫频率进行调制。这种变压器适合于驱动20瓦、35瓦、50瓦和60瓦的低压卤灯。

日本建成当时世界上最大的燃料电池发电设施 燃料电池是利用触媒让氢和氧平稳地发生反应并使之变成水，同时产生电流的电池。燃料电池根据运载离子的电解质不同，可分为"碱型""磷酸盐型""碳酸盐型""固体电解质型"等，其中碱型燃料电池开发最早。日本开发的这种电池为"磷酸盐型"燃料电池，输出功率达11 000千瓦。其燃料利用裂解天然气和石油所得的低纯度氢，工作温度比较低，约为190℃，比较容易处理，能源转换效率为38%，和火力发电差不多。

澳大利亚研制成功当时世界上转换效率最高的太阳能电池 从1980年开始，澳大利亚新南威尔士大学采用发射极钝化技术，使得硅电池效率的纪录不断被刷新，在斯坦福大学开发的背面点接触电池基础上做了进一步的改进，采用正面发射极、双面钝化的设计，开发出一系列的新型电池。1991年，新南威尔士大学研制出当时世界上转换效率最高的太阳能电池——钝化发射极和局部背场电池（PERL电池），其光电转换效率为24.7%。

中国第一艘大型海上石油液化气船建成 1991年2月，我国第一艘大型海上液化石油气船在上海江南造船厂建成，该船为大型全压式液化石油气船，长89.6米，宽14.6米，可装载3 000立方米的液化石油气。液化气船用于装载易燃易爆气体，采用低温、高压等高难度技术，船舶的装卸、制冷、监控、安全系统设计、制造技术等复杂。过去我国海上油气运输的这类船只全部依靠进口。

中国自行设计建造的首座核电站——秦山核电站投入运行 该座核电站位于浙江省海盐县，一期工程于1983年6月破土开工，1985年3月20日主体工程浇灌第一罐混凝土，1991年12月15日机组并入华东电网发电。秦山核电站从设计、建造到调试，主要依靠我国的科技力量。电站采用国际广泛应用的压水堆堆型，机组容量30万千瓦。电站所需设备和材料的70%由国内研制生产。秦山二期工程共安装4台65万千瓦压水堆核电机组，2012年4月全部建成并投入运营。秦山三

秦山核电站

期工程共安装2台72.8万千瓦压水堆核电机组，2003年7月全部建成并投入运营。

中国首台3.6万千瓦燃气轮机发电机组投入运行　这台机组是由南京汽轮电机厂引进美国和英国技术制造的，机组国产化率达70%以上，安装在广东省深圳市南山热电有限公司电厂，1991年5月开始发电。

中国首台波浪（力）发电试验机组投入运行　该台机组安装在广东省珠江口万山岛，由中国科学院广州能源研究所研制并安装建设，采用带喇叭口前港岸式振荡水柱波浪系统，功率3千瓦。

苏联建成胡顿坝（Khudun Dam）　大坝位于英古里河上，1982年开工，1991年建成。水库库容3.7亿立方米，电站装机容量210万千瓦。坝址地质条件较复杂，地震烈度为8度。胡顿坝为高混凝土双曲拱坝，最大坝高200.5米，其中河床垫座高30米，坝顶长545米，包括两岸重力墩100米，坝顶厚6米，坝底厚46米，坝体混凝土量（含重力墩）148万立方米。

巴西和巴拉圭合作建成伊泰普水电站　电站位于两国界河巴拉那河上。1975年开工，1984年5月第一台机组发电，1991年建成。主坝为混凝土双支墩空心重力坝，最大坝高196米，长1 064米，混凝土浇筑量1 200万立方米，是当时世界上最高的大头坝。总库容290亿立方米，有效库容190亿立方米，连同其上游已建干支流水库，共计有效库容1 130亿立方米。坝后式厂房长约1千米，装有18台单机为70万千瓦的混流式水轮发电机组，是当时世界上单机容量最大的机组。电站总装机容量1 260万千瓦，可靠输出功率936万千瓦，是当

时世界上已建成的最大水电站。

1992年

美国建成世界首座地压型地热电站　这座位于得克萨斯州的1 000千瓦示范电站，通过1台燃气发动机燃烧甲烷直接发电，燃气机的排气废热连同从地热卤水回收的热量，通过双循环补充发电。由于利用高温废热，从而提高了热效率。地压型地热资源的特点是甲烷溶解在高压高温的地热卤水中，可以从卤水中回收热能，回收利用所溶解的甲烷气以及从井口流体中回收压力能。在双循环中，用泵提高异丁烷工质的压力后，由地压地热水加热蒸发。通过涡轮膨胀发电、冷凝，返回工质泵，再重复循环。

美国建成首座压缩空气蓄能电站　该电站位于亚拉巴马州，发电功率10万千瓦。其工作过程：在电网非负荷高峰期，把空气压缩进入57万立方米的地下岩洞；当电网处于负荷高峰时，在压缩空气中加入气体或液体燃料，利用经过燃烧器所产生的燃气驱动燃气轮机发电。

当时世界上效率最高的联合循环发电厂在韩国投入运行　韩国电力公司投资建设的这座联合循环电厂，共安装8台美国通用电气公司（GE）制造的STAG107型联合循环机组，每台机组由1台15.9万千瓦的MS7001FA型燃气轮机和1台8.3万千瓦的再热式汽轮机组成，在平均负荷为23.86万千瓦的条件下，8台机组的平均热效率达54.2%，其中4台机组的热效率超过55%，成为当时世界上效率最高的发电厂。

世界上第一条6相输电线路在美国建成　美国纽约州电力和煤气公司对多相序（HPO）输电线路的技术经济性进行长期研究，认为多相序输电线路与常规线路在走廊相同的情况下，多相序线路可比常规线路多输送高达73%的电力。因此，该公司把现有从古迪（Goudey）电厂到奥克代尔（Oakdale）变电所的115千伏输电线路改建成6相线路。纽约州电力和煤气公司收集该线路的成本及其他运行数据，以确定这一技术是否具有推广应用的经济价值。多相序输电的原理是巴托尔德在1966年提出的，他认为，一旦纽约州电力和煤气公司的经验可以推广应用，其最重要的应用是在345千伏和500千伏线路上，相序应是12相，而不是6相。

日本开发出当时世界上最大的晶体管电源　日本高频热炼公司为了满足PC钢棒等淬火、熔融和加热的需要，采用绝缘栅双极晶体管IGBT，开发出1 200千瓦大功率感应加热用晶体管电源装置。这种装置由于功率大，因而使用时加热时间短，能抑制材料的变形。

美国巴铁耳纪念研究所研制成功新型直流电动机　这种电动机不仅能进行旋转运动，而且能沿轴向运动，其结构与一般电动机的差别是电枢对于磁场的永磁铁偏左一点，采用了两组电刷，轴向行程为换向器的长度。旋转时，在电刷上只需通入电流，磁极与电枢绕组分别形成的磁场互相正交，根据左手定则，绕组上产生的旋转力使电枢转动。这种电动机运动方向可根据所选择的任一电刷来决定，因此能同时进行两种动作。只需一台这种电动机，便可操作汽车的自动开闭式车窗与门锁的两种动作。

日本研制成功当时世界上最大的超导变压器　该台变压器由日本关西电力公司与三菱电机公司合作研制成功，容量2 000千伏安，三相，每相667千伏安；高压侧电压440伏，额定电流1 515安；低压侧电压220伏，绕组采用内部扩散法制造。它先是将17 020根直径为0.04微米的铌三锡金属丝组成直径为0.2毫米的7根线材，再二次组合成直径1.8毫米的线材绕制而成。变压器设计效率为99.85%，比传统变压器减少60%的损失。在工艺上克服了因交流损失而引起的绕组淬火问题。

日本东芝公司研制成功当时世界上最小的微型电动机　通常的电动线圈和磁铁作同心圆状排列，驱动力大，但直径难以减小。该公司采用线圈和磁铁在纵轴方向上排成轴向间隙的结构，即在直径0.08毫米的轴周围配置3个直径为0.25毫米的线圈，在直径0.1毫米的铁芯上用0.03毫米电磁线绕20圈左右，依靠其上部的圆盘状磁铁产生电磁力而旋转。该电动机长1.2毫米，外径0.8毫米，重4毫克，工作电压1.7伏，转速为每分钟60～10 000转，可作微型机械的动力。

日本研制成功超导电磁推进船　超导电磁推进船是应用电磁场相互作用原理而制造的一种利用超导电磁流推进系统来取代传统螺旋桨推进系统作为动力的船舶，可分为外磁式和内磁式两种。外磁式是在船体底板外侧设置一定数量的超导线圈，在船体两舷侧设置若干对电极，当给超导线圈通电时，该超导线圈就变成超导磁体，而给电极板通电时，则会使船体周围的海水带电产生电场。当磁场与电场相互作用时就产生了洛伦兹力，作用于海水，使海水向后运动，船只则获得反作用力而前进。内磁式的磁场则设置在船体内。超导电磁推进船不需要螺旋桨和舵，因此不会产生震动和噪声，具有很好的隐蔽性。自1985年起，日本开始研制超导电磁推进船"大和1号"，1992年6月试航成功。

中国首座超临界压力火电厂——上海市石洞口第二发电厂开始发电　一期工程安装2台从国外引进、具有20世纪80年代国际水平的60万千瓦临界压力机组。第一台机组于1992年6月12日投入运行，第二台机组于12月26日投入运行。锅炉主要设备由美国ABB-CE公司和瑞士苏尔寿（SOLZER）公司供应，部分设备和组件由上海电气联合公司协作生产。这是中国首次采用超临界压力燃煤机组，兼顾了能源利用和环保要求。

中国天湖水电站开始发电　该电站位于广西壮族自治区全州县境内驿马河上游。电站规模为4台1.5万千瓦机组，总容量6万千瓦。电站集中落差1 074米，冲击式水轮机设计水头1 050.5米，每立方米的水可发电2.37千瓦时，水能发电利用率是当时国内最高的。第一期工程2台机组于1992年投入运行。

中国制成首台蒸发冷却水轮发电机　这台5万千瓦蒸发冷却水轮发电机由中国科学院电工研究所和东方电机厂联合设计制造，它的定子绕组为密闭自循环蒸发冷却，转子绕组为密闭自循环空气冷却，这台新型发电机安装在陕西安康水电站并投入运行。

中国马骝航运枢纽水电站开始发电　电站位于广西壮族自治区桂平县（现桂平市）境内，安装有3台1.55万千瓦灯泡贯流式机组，设计水头8米，由浙江省富春江水电设备总厂制造，第一台机组于1992年4月20日投入运行。

1993年

英国蒂赛德电厂（Teesside Plant）建成　电厂装有8组燃气轮机和2台汽轮发电机组，输出功率各为8×14.66万千瓦和2×30.4万千瓦，1993年4月投入商业运行。该电厂的最大特点是可同时向电网出售电能、向市场供应燃料和液化天然气，以及向用热单位出售蒸汽。电厂在10千米外建有前置气体加工厂，用北海油田所提供的天然气生产丙烷、丁烷、液化天然气和石脑油。这些产品除作为联合循环热电厂的燃料外，还可向市场销售。电厂在一天内可将800万~1 200万立方米的天然气加工成700吨液化天然气，并发出180万千瓦电力，并向化工聚合物公司供应蒸汽。

美国利用"飞轮电池"储存电力 美国飞轮装置公司（AFS）采用石墨纤维复合材料制作飞轮和电磁轴承，研制成功"飞轮电池"，能以每分钟20万转的转速高速旋转。将10个"飞轮电池"聚集在一起后整体装入箱内，可使电动汽车行驶483~965千米，且只需8秒钟就能将普通汽车的时速从零加速到97千米。而用于电动汽车的铝酸电池大且重，只能行驶不到200千米，加速能力也不强。

美国和日本开发出当时世界上最大的燃料电池装置 由美国国际燃料电池公司（IFC）和日本东芝公司（TOS）协同开发出的这种电池属于水冷式磷酸型燃料电池，燃料为天然气，电解质为磷酸水溶液，安装在日本五井火电厂，1993年3月开始发电。该电池装置的性能设计值为：交流发电能力1.1万千瓦（实测值相同），发电效率42.9%（实测值43.6%），送电效率41.1%（实测值41.8%），排热回收效率31.6%（实测值32.0%），排气中氧化氮浓度10毫米/升以下（实测值3毫米/升以下），氧化硫和灰尘排出浓度为零。

日本发明当时世界上发电效率最高的固体电解质燃料电池 这种燃料电池为固体电解质型，属于第三代燃料电池。它是一种直径为1厘米、长为50厘米的棒状电池。其原理是利用氧和氢反应生成水时的能量发电，发电能力为每平方厘米0.51瓦，发电效率比以前应用的燃料电池高50%以上，每根棒状电池可获得64瓦电能。这种电池发电成本较高，尚难实用推广。但由于它不会产生氮氧化物等污染物，而且释放出的废热还可以提供热水，有望用作城市新型能源。这种电池是由日本东陶机器和九州电力两公司的联合研究小组开发出来的。

日本研制成功太阳能发电机 它是将太阳光照射到密封在玻璃罩内的二氧化氮上，太阳光与二氧化氮发生反应，产生光化烟雾，从而使二氧化氮吸光的能力增强，大量吸收紫外线，同时本身又分解成一氧化氮和原子态氧，结果玻璃罩内气体越来越多，压力越来越大，得以推动发电机发电。

日本研制成功当时世界上最大的可变速扬水发电设备 这种设备是由日本日立和关西电力公司研制的，容量为395千伏安，能随意控制旋转速度，故可调整扬水时的负荷。它还能高速控制有功功率和无功功率，即使电力系统发生事故，仍能继续正常运转。

日本研制成功耐高温1 000℃的绝缘电线 这种耐高温电线是由日本耐热线工业公司制造的。它是用镀镍铜线为导体，表面涂覆陶瓷纤维，其导电率达到国际软铜标准（IACS）的80%，比以往采用镍线的导电率高得多，因此在相同尺寸情况下，可通大电流，试验结果表明高温氧化不成问题。这种电线可作为高炉配线，或用于高温计测试等。

中国广州抽水蓄能电站开始发电 电站位于广州市从化县（现从化区）吕田镇深山大谷中。电站枢纽由上下水库的拦河坝、引水系统、地下厂房组成。上、下水库正常蓄水位分别为810米和283米时，库容分别为1 700万立方米和1 750万立方米。上、下水库间引入距离3千米左右，水位落差500米。电站规划装机240万千瓦，分两期建设。一期工程安装4台30万千瓦机组，低谷负荷抽水蓄能，平均每年吸收电量31.4亿千瓦时；负荷高峰时发电，平均年发电量23.3亿千瓦时。电站以两条500千伏线路接入广东电网，配合大亚湾核电站运行，以解决华南电网调峰填谷的需要。一期工程第一台机组于1993年8月投入运行，1994年3月12日全部建成发电。二期工程（4台30万千瓦机组）第一台机组于1998年12月并网运行，2000年全部投产，竣工后超过美国巴斯康蒂抽水蓄能电站（装机容量210万千瓦），成为当时世界上最大的抽水蓄能电站。

中国首座大型核电站——大亚湾核电站开始发电 电站位于广东大鹏半岛大亚湾大坑村麻岭角，距香港约50千米，距深圳约45千米。电站设计规模为180万千瓦，安装2台98.4万千瓦压水堆核电机组。电站核岛设备由法国法玛迪公司（Framatome）供应，常规岛设备由英国通用电气公司（GEC）供应。一号机组于1993年8月31日并网发电，1994年2月投入商业运行；二号机组于1994年5月6日投入商业运行。电站商业性运行后，年发电量100亿～126亿千瓦时，其中70%电量经2条400千伏输电线路供给香港，30%电量经1条500千伏输电线路送入广东电网。

当时世界上最大的轴流转桨式水轮机在中国水口水电站投入运行　该电站位于福建省闽清县境内闽江干流上。水轮机额定容量20.4万千瓦，最大输出功率可达23.5万千瓦，水头47米，转速为每分钟107转，转轮直径8米，重320吨，水轮机总重1 803吨，是当时世界上单机容量最大的转桨式水轮机。水口电站总装机容量140万千瓦，电站建设由世界银行贷款，采用国际招标方式确定设备制造厂家，哈尔滨电机厂和日本日立工厂联合中标，由哈尔滨电机厂承包，日立工厂分包。电站首台机组于1993年8月8日发电。世界转桨式水轮发电机组的最大单机容量在20世纪30年代为5.18万千瓦、50年代为11.5万千瓦、60年代为13.5万千瓦、70年代为17.5万千瓦。

中国自行设计制造的首台大型间接空冷机组投入运行　1987年和1988年，中国首次从国外引进两台20万千瓦海勒式间接空冷机组，安装在山西大同第二发电厂，为中国电厂应用空冷技术打下基础。1993年6月，内蒙古丰镇电厂1台20万千瓦的空冷机组（3号机组）投入运行，这是中国自行设计、制造的第一台大型空冷机组。它的空冷系统主要设备由哈尔滨汽轮机厂、哈尔滨空调机厂制造，国产化率达到98%。间接空冷技术的应用，可以大量节约火电厂的耗水量，在中国丰煤少水的山西、内蒙古、陕西等地区，兴建安装大型间接空冷机组的矿口火电厂，前景广阔。

中国制成超导单极电机的试验样机　这台样机以中国船舶工业总公司第七研究院第712研究所为主，在中国科学院电工研究所和浙江大学等单位共同参与下研制成功。电机额定输出功率300千瓦，电压为230～330伏，转速为每分钟1 300转。它的超导磁体系统由NbTi超导线绕成的螺旋管线圈组成，在不同功率、电压、电流和转速下做发电试验2小时26分钟，其中满负荷300千瓦运行36分钟，最大功率为331.3千瓦，运行稳定。超导单极电机是一种没有换向器，但能产生恒定直流电流的电机，可作为冶炼工业、轧钢转动或其他领域需要低电压大电流的直流或脉冲电源，以及用于船舶的电力推进。

中国水口水电站开始发电　电站位于福建省闽江干流中段的闽清县下濮村境内。1993年8月8日首台20万千瓦机组并网发电。水口水电站以发电为主，兼有航运等综合效益，总装机容量140万千瓦，年平均发电量49.5亿千瓦时，水库总库容26亿立方米，是中国华东地区最大的水电站之一。

中国二滩水电站截流成功　电站位于四川省攀枝花市米易县与盐边县接壤处，是雅砻江下游河段规划中的第二个梯级水电站，1991年开工，1998年7月第一台机组发电，2000年完工，是中国在20世纪建成投产最大的电站。电站大坝高240米，总库容58亿立方米，总装机容量330万千瓦，年发电量170亿千瓦时。

德国建成首座太阳能住宅　该住宅位于德国南部弗赖堡市，利用太阳能实现了能源完全自给，由弗赖堡劳恩霍夫太阳能研究所设计。它是一座圆形住宅，面积100平方米，房屋的玻璃上装有透明的隔热材料，并装有反射卷帘；房顶上安装36平方米的太阳能电池，用来烧饭、取暖和发电；还安装有14平方米的太阳能热水器，为容积1 000升的贮水罐提供热水。住宅内备有许多蓄电池，贮存电能供家用电器消耗。缺点是该住宅造价太贵，达160万马克。

1994年

整体煤气化联合循环（IGCC）电厂在荷兰建成发电　该电厂位于荷兰比赫纳姆，装机容量28.3万千瓦，输出功率25.3万千瓦。负责煤炭气化的是荷兰林堡发电厂，日加工能力为2 000吨煤，经净化的煤气用来推动燃气轮机，余热用来推动蒸汽轮机。

美国普林斯顿大学等离子体物理实验室两次打破受控核聚变反应功率的世界纪录　1994年5月30日，该物理实验室利用"托卡马克"核聚变试验反应堆一次运行产生了高达9 200千瓦的电功率。11月5日，同一反应堆创造了10 700千瓦受控核聚变反应功率的世界纪录。在此以前，1993年12月9日至10日，该物理实验室曾重复进行4次实验，产生的能量第一次和第四次分别达3 000千瓦和5 600千瓦，"托卡马克"核聚变测试反应堆中的温度瞬间高达3亿～4亿摄氏度。

当时世界上最大的太阳能发电站在意大利投入运行　该电站由意大利国家电力局投资建造，装设在意大利南部萨尔雷诺地区附近的塞雷，容量3 300千瓦，占地4万平方米，装有250万个太阳能电池，共有10个太阳能集光盘，其中3个集光盘分别由美、法、日三国提供。1994年10月18日开始发电，向

3 000户居民供电。

日本建成效率提高约50%的海洋温差发电实验装置　日本佐贺大学用氨和水的混合物取代氨作为汽化液体，用于推动涡轮旋转的蒸汽，开发出在理论上达5.48%、比以前提高约50%的海洋温差发电系统。采用这种新方法的实验装置已建成，开始进行验证试验。该装置的功率为4.5千瓦。据称，新方法的热效率高，其发电成本与核能发电基本相同。

薛禹胜［中］创立扩展等面积法则EEAC（薛氏方法）　中国科学家薛禹胜（1941—　）找到电力系统全局稳定性的充要条件——EEAC（薛氏方法），这是对电力系统暂态稳定快速分析世界难题的重大突破，是唯一得到严格证明的定量分析法。该方法不但精确，且比积分法快数十倍，还能提供其他方法不能提供的重要信息。按该方法开发的大电网在线稳态安全分析软件包已广泛应用于中国电网。

中国建成当时国内规模最大的风力发电厂　该风电厂位于乌鲁木齐市郊达坂城，1992年开始兴建，安装有丹麦引进的44台风力发电机组，总装机容量12 050千瓦，其中有4台500千瓦机组。

中国首座垃圾发电站投入运行　该电站位于广东省深圳市，安装有日本三菱公司制造的马丁式炉排燃烧装置，垃圾处理量为每小时625吨。3台日本三菱公司制造的双锅筒自然循环式锅炉，蒸发量为每小时13吨，配装一台杭州汽轮机和发电设备厂制造的4 000千瓦汽轮发电机组。城市垃圾焚烧用来发电，具有显著的社会效益和经济效益，大大改善了城市环境。

中国建成第一条220千伏紧凑型输电线路　这条从北京安定至廊坊的220千伏紧凑型工业化试验线路，全长23.6千米。建成实测参数后，计算所得线路自然输送功率为27.9万千瓦，与理论计算一致，较常规220千伏线路的自然输送功率提高约60%，压缩线路走廊约9米，节省了大量线路占地。该线路工程从科研、设计、施工到测试全过程，为建设500千伏紧凑型线路提供了经验。紧凑型线路改变了传统输电线路的结构形式，将三相导线置于同一塔窗内，采取压缩相间距离、增加每相导线的分裂根数、改变电场分布的措施，达到提高线路自然功率、减少线路所占走廊、节约用地的目的。

中国漫湾水电站竣工　电站位于云南省的澜沧江中段，是澜沧江的第一期开发工程。电站于1986年开工，1993年第一台机组发电，1995年竣工。初期装机容量125万千瓦，年发电63亿千瓦时，最终装机容量达到150万千瓦。在正常蓄水水位时库容9.2亿立方米。

漫湾水电站

1995年

瑞士兴建当时世界上最高落差、最大冲击型水轮机的水电站　瑞士南部悉奥近郊的大迪克桑斯（Grande Diexence）水电站，总装机容量68万千瓦。扩建的Bieudron水电站于1998年投产，装机容量为126万千瓦，其最大水轮机输出功率45万千瓦，最高有效落差1 883米。这种水斗式（佩尔顿式）的冲击型水轮机，其容量与落差均为当时世界之最。

德国西门子发电集团研制成功一种以氢氧为燃料的高温燃料电池　该电池创造了在950 ℃下运行生产10.7千瓦的新世界纪录。燃料电池由电池元件组成，每个元件包括正极与负极两个多孔的板（阳极与阴极），两板之间安放气密的电解质层。在固体氧化物电解质SOFC型中，一个能通过氧离子的0.1～0.2毫米厚的固体氧化物层，在800 ℃时具有导电的电解质功能。在反向的渗透作用中需要燃烧，使氧与氢结合并产生水，在这个过程中产生了电和热。双极板采用一种特殊开发的合金，它能对燃料电池每层窗式结构中的全部电池元件以及不同层之间的电池元件，实行可靠的电气联结，而且合金的热膨胀与固体氧化物电解质的巨大表面重合很好，电池元件结构紧凑。这种新的电池单元，不仅能维持运行温度而不需要增加能量供应，而且可回收废热用于整个系统内发电，其效率可达70%。

日本建成高效垃圾发电站　电站由琦玉县越谷市东部清扫协会承建，于1995年4月起试运行，10月并网发电。安装2套1.2万千瓦发电设备，热效率21%。电站自用7千瓦，其余卖给电力公司。由于电站还向周围医院、福利院、体育馆、温水池等提供热能，最终能量利用率达36%。电站能处理约80

万人口产生的城市垃圾，日处理可燃垃圾720吨。电站内设垃圾燃烧炉6台，同时使垃圾灰再资源化。发电设施安装在原有垃圾处理厂内，考虑到自然景观和周围现状，建筑采用欧洲中世纪宫殿风格，并附设有观光电梯和瞭望台、会议室等。垃圾处理站成为优美、备受市民欢迎的场所。

日本三菱电机公司研制出当时世界上最小的微型发电机　该种发电机直径1.2毫米，长1.8毫米，其特点是在圆筒形铁芯上绕线圈，绕圈用半导体加工工艺处理后，将它插入另外制作的铁芯模内空隙部分，将铁芯材料电镀而充填，形成定子。在铁芯模内制作时，采用三菱的EXIMA激光加工装置，通过反复对高分子薄片加工和层压，其最小级别为宽25微米，厚500微米。

日本三菱公司研制出当时世界上最大的直流发电机　日本核能研究所的JET-ZM（高性能托卡马克开发试验装置）环形磁场线圈所需电源就由三菱公司开发出的这台直流发电机提供。其额定参数：总功率51 300千瓦，电压2 700伏，电流1 900安。研制该台直流发电机时，采用了先进的绝缘技术、机械强度分析技术、整流分析技术等综合性技术，主要部件的试制和验证相结合，还采用了有限元分析技术。

日本研制出当时世界上最小的新型空气断路器　这种新型空气断路器系由日本寺崎电气产业公司开发，其额定电流800～6 300安，开断电流60～130千安，额定电压500伏。它的特点是开发了旋转楔连接机构（ACM），外形尺寸为当时世界最小，装有新型智能控制器，并具有各种监视、控制、诊断功能与相应的通信功能，零飞弧，控制配线和维修检查方便。

英国建成大型垃圾发电站　英国伦敦南部兴建的3.2万千瓦大型垃圾电站竣工发电，向5万户居民供电。该电站每年能处理家庭垃圾、办公室及商店业务垃圾42万吨。除把焚烧垃圾所得的热能转变成电能外，还可对铁、铝等金属重新回收再利用。处理垃圾时，通过洗净机和囊式过滤器等将气体净化后排出。燃烧后的灰不会污染河流或产生甲烷，可以用于填地等。

澳大利亚研制成功能贮存并输送太阳能的天然气电池　澳大利亚国家CSIRO研究院和太平洋动力公司的科学家经过两年协同研究，制造出这种新型太阳能电池。该电池是把甲烷和二氧化碳通过阳光形成一氧化碳和氢的化合物，得以贮存了阳光中的能量。当这种合成气体又重新分解为二氧化碳和甲烷时，就会释放出贮存的太阳能而转变为电能。

挪威AKN公司装设一条当时世界上最深的水下电缆　这是一条连接约旦和埃及的420千伏超高压充油纸绝缘电缆，长13千米，最大深度840米，打破了由AKN公司安装在连接挪威与丹麦、深度为530米的原世界纪录。这项工程费用为7 500万美元，电缆安装时间约需30个月。该条水下电缆能使埃及和约旦在高峰负荷时间进行电力交换。它的建成将促进周边国家的电力发展，在连接埃及、约旦、叙利亚、伊拉克和土耳其的跨国电网工程中起到重要作用。

中国火电厂结束向江河排泄灰渣的历史　中国一些火电厂由于在建设时没有设计灰场，或因灰场已填满，向江河排泄大量灰渣，造成水资源严重污染。1987年，全国30多座火电厂向江河排泄灰渣的总量达464万吨。经过7年治理，到1994年底，全国向江河排泄灰渣的火电厂减至16座，排泄灰渣量降为12万吨。1995年12月25日，广西合江火电厂的灰渣技术改造工程完成，结束了火电厂向江河排泄灰渣的历史，水资源污染得到有效控制。

中国第一台核电仿真机研制成功　我国首台整体核电站全范围仿真系统——秦山300兆瓦核电站仿真机在珠海研制成功。该项目涉及学科众多，系统先进，模拟逼真，实现了对仿真对象——秦山核电站的全范围、全过程和高逼真度的实时仿真，各项功能和技术指标均达到或超过国际公认的ANS/ANS3.5标准，它标志着我国的核电站仿真技术已达到20世纪90年代国际先进水平。

国际水电协会（IHA）在巴黎成立　1995年6月在西班牙巴塞罗那召开的"下世纪的水电"国际讨论会，提出了创建国际水电协会的建议，得到40个国家与会代表的赞同，并且得到联合国教科文组织的全面支持。

1996年

日本研制成功当时世界上最大的超导发电机　日本日立制作所研制成的这台超导发电机功率为7万千瓦，它的线圈能够产生4特斯拉强磁场，发电机转子呈多层圆筒结构，内部贮有-269℃液氦以保持线圈的超导状态。实验表明：超导发电与常规火电技术相比较，其发电效率可提高到99%，发电损失减少2/3以上，重量减轻30%以上。

日本利用微波传输电力成功　日本科技人员利用微波成功地将500瓦电力传输了50米，从而在世界上首次实现电力的无线电传输。这套传输设施的送电装置，包括一个直径3米的蝶形天线、电源、波导管和振荡器。接收装置是有纵横各16行共256只接收元件组成的平面天线和一串照明用灯。送电装置接通电源后，电力通过振荡器、波导管生产微波，从蝶形天线直接发出去，50米外接收装置的照明灯立即亮了。微波输电技术具有广阔的应用前景，成熟后可为工业机械提供动力。

中国首条100万伏特高压试验线段建成　该线段建于电力部武汉高压研究所户外试验场，全长200米，分裂导线8分裂，三相呈水平排列，分裂直径1.02米，线段中部有一基特高压模拟拉V塔，呼称高度40米，塔宽47.6米。它的建成为中国开展特高压输电技术的外绝缘试验研究，以及为全国联网工程的基础研究提供了必要的条件。世界上只有俄罗斯、美国、日本等几个国家具备进行这种研究的试验条件，该线段的建成标志着中国特高压的研究开始跨进世界先进行列。

中国隔河岩水利枢纽竣工　该工程是在长江中游的重要支流清江上开发的第二个梯级，于1987年开工，1996年竣工。该工程以发电为主，兼有防洪、航运等综合效益。电站装机容量120万千瓦，年发电量30.4亿千瓦时。

隔河岩水利枢纽

1997年

日本建成柏琦刘羽核电站　该电站位于日本新潟县，属东京电力公司，总装机容量8 212兆瓦，安装有5台1 100兆瓦机组（沸水堆）和2台1 356兆瓦机组（沸水堆），最后一台7号机组（改良型沸水堆）于1997年7月开始商业运行。它超过加拿大布鲁斯核电站（装有8台坎杜型重水堆，总容量7 276兆瓦），成为当时世界上最大的核电站。

德国首次超越美国成为世界风力发电装机容量最大的国家　1996年，德国和美国的风力发电容量分别为154.5万千瓦和159万千瓦，占世界总容量607.4万千瓦的25.4%、26.2%，德国位居世界第二。1997年，德国和美国的风力发电容量分别为208万千瓦、159万千瓦，各占世界总容量758.8万千瓦的27.4%和21.0%，德国跃居首位。1998年，德国猛增到287.8万千瓦，美国为195万千瓦，分别占世界总容量的29.3%、19.8%。1998年，丹麦、印度和中国的风力发电容量分别为145万千瓦、96.8万千瓦和22.4万千瓦，位居世界第三、第四和第八。

德国戴姆勒–奔驰汽车公司建成当时世界上最大的屋顶太阳能电站　该电站建于巴特坎施塔市发动机工厂的屋顶上，在充足的阳光下，发电总功率可达435千瓦。由于电站的电池面板能自动转向太阳，并在系统中采用镜面聚光器，其效率比一般太阳能电池提高了1.8倍。电站发出的直流电转变成交流电后，直接输入厂房内的配电网。

中国李家峡水电站开始发电　电站位于青海省尖扎县和化隆县交界处，是黄河干流梯级开发中的第三级。总装机容量200万千瓦，一期工程装机160万千瓦，年发电量59亿千瓦时。1987年开工，1997年2月首台机组并网发电。

中国长江三峡工程大江截流成功　三峡水利枢纽位于长江西陵中段，坝址在湖北省宜昌市三斗坪，是一个具有防洪、发电、航运、供水等巨大综合利用效益的特大型工程。枢纽由拦河大坝及泄水建筑物、水电站厂房、通航建筑等组成。拦河大坝为混凝土重力坝，最大坝顶高175米，坝顶长2 309.47米，坝体总混凝土量1 486万立方米，总库容393亿立方米，电站总装机容量1 820万千瓦，年发电847亿千瓦时。永久通航建筑物为双线五梯级船闸及单线一级垂直升船机。工程分三期施工，1994年12月14日开工，1997年11月8日大江截流，标志着一期工程顺利完成，转入二期施工。

中国黄河小浪底工程截流成功　工程位于河南省洛阳市以北40千米的黄

河干流上,由一座顶长1 667米、最大坝高154米的黏土斜墙堆石坝,以及10座进水塔、9条泄洪排沙隧洞、6条引水发电隧洞和一座地下式厂房等主要建筑物组成。电站总装机容量180万千瓦,水库总库容126.5亿立方米,长期有效库容51亿立方米,控制流域面积69.4平方千米,建成后使黄河下游的防洪标准从现在的不足百年一遇,提高到千年一遇。1994年5月底,完成了供电、供水、交通、通信、场地等13大项前期工程。1997年10月28日,实现了截流。全部工程于2001年底完工,建成后除防洪外,还具有防凌、减淤、灌溉、供水、发电等巨大效益。

1998年

瑞士建成克留逊水电站(Cleuson Power Station)　　20世纪90年代初,瑞士为有效利用大狄克桑斯坝(Grande Dixence Dam)所蓄电能,开挖了一条引水流量为每秒75立方米的大隧洞,长15.9千米。新建克留逊水电站,最高水头1 883米。该水电站地下厂房安装3台5喷嘴立轴冲击式水轮机,每台输出功率42.3万千瓦,发电机容量40万千瓦,装机总容量120万千瓦。

日本建成当时世界上最大的漂浮式波力发电装置——"巨鲸"　　该座波力发电装置从侧面上看,确实形同一头巨大的鲸鱼。它面向出海方向,长50米,宽30米,高12米,吃水8米,排水量4 380吨,两旁各由3根铁链和沉降物系泊着,是一座漂浮在海面上距海岸1.5千米的巨大钢铁构件。"巨鲸"分上、下两层。下层是发电机房,一字排列着3台韦尔斯汽轮机和4台三相感应式发电机。与之相对应,在它的下面有3间空气室,海浪的一起一伏在这里形成的气流都被利用起来,推动汽轮发电机转动。1号发电机组设有10千瓦和50千瓦发电机各1台,海浪小时使用10千瓦发电机发电,海浪大时使用50千瓦发电机工作。2号和3号发电机的功率各为30千瓦。汽轮机安装有安全阀,每当风浪过大,转速超过每分钟1 800转时,就自动停止运转。上层设有电池室、辅助发电室、控制室、空气压缩机室等。"巨鲸"从1998年9月开始进行为期2年的试验发电,各种数据由3台微机构成的综合管理系统记录下来,通过无线电遥测装置传至距"巨鲸"3千米远的陆地监控总部,对"巨鲸"进行监控、记录和分析。

日本创超导发电机运转1 500小时的最长纪录　日本"超导发电机械与材料技术研究组合"（关西电力等16家日本大企业组成的新技术开发联合机构）从1998年开始，接受新能源和产业技术综合开发机构的委托，研究超导发电技术。这台创造世界运转时间纪录的超导发电机的功率为7万千瓦，采用铌钛超导线材代替铜线，工作温度为-269℃。从1998年6月16日开始，这台发电机连续运转800小时，又以深夜关机、早晨开机方式连续运转700小时。此前，超导发电机最长连续运转时间为100小时。这台超导发电机运转非常稳定，其可靠性已得到证实。

荷兰研制成功新型海浪发电装置——阿基米德海浪摆动式发电机　该装置由荷兰Teamwork技术公司研制成功，荷兰能源研究所已用1/20大小的模型做试验证实，即使海上有10级以上大风和6米高的海浪，装置也能正常发电。装置由悬浮在海面以下15米深的两个或两个以上蘑菇状浮箱组成，浮箱内含有部分空气。浮箱之间用管道连在一起，其底部是敞开着的，海水可自由出入。当涌浪流向浮箱时，水压逐渐增大，海水从底部流入浮箱，空气经管道排出浮箱，此时浮箱的浮力减小，逐渐下沉，另一浮箱则上浮。浮箱形成上下起伏运动，就能驱动水上发电机发电。

丹麦发明"波刨"（Waveplane）波能发电机　这种发电机与其他波能发电机相比，结构十分简单，其活动部分仅是涡轮机和发电机，效率也较高。这种楔形波能发电机工作时，将涌进的波浪劈开，分别导入一系列槽状通道中，最后波浪来冲击涡轮机发电。在下一个波浪来到之前，涡轮机始终保持连续运转。它的独特结构设计，解决了从高低起伏不定的波浪能源中得到稳定电力输出的难题。"波刨"波能发电机工作时会自动调整楔形槽，以适应不同波浪。一个典型"波刨"波能发电机的发电功率4兆瓦，造价为31万～41万英镑。

拉德考斯基［以］发明以钍代铀的核发电新技术　拉德考斯基（Radkowsky，Alvin 1915—2002）是希伯来大学著名核科学家。这项使用钍反应堆的核发电新技术，不仅可降低核电成本，而且可增加核能利用的安全性，已获得美国专利。钍与铀相比，钍的储藏量丰富，便于开采，用钍取代铀作燃料，可使核发电成本降低20%～30%。钍反应堆规格和铀反应堆规格一致，不存在设备更换问题。使用钍反应堆，还解决了长期困扰核电国家的核废料处理问题。

德国西门子公司研制成功当时世界上最大的燃料电池　这个燃料电池总重约8吨，最大功率为300千瓦。由它提供的电能，配合西门子公司新研制的电动机，能使潜水艇在水下潜航的时间比传统的潜水艇长5倍。这个燃料电池已于1998年8月交付给一家造船厂，安装在计划于2003年服役的德国新型212级潜水艇上。这个使用聚合物电解膜技术制造的燃料电池以氢为燃料，通过和氧发生化学反应产生电能。1997年有关专家组已经对它进行1 500小时的持续试验，获得了成功。

美国研制成功全塑料电池　我们常用的电池有铅、镉或其他有毒重金属，当废电池作为垃圾填埋后，这些重金属就会渗入土壤，从而污染土壤和地下水。美国专家很早就设想研制塑料电池，但当时可导电聚合物研究尚处在初期，不能满足实际需要。1993年，美国专家设想把导电聚合物和不导电聚合物结合起来，含有电子电荷而并不分解聚合物。经过对一系列聚合物进行试验，最终于1998年实现了所预想的结果：塑料电池完全可取代金属电池，在再充电性方面，可与镍–镉电池媲美，而且它受低温影响小，并且易模压成型以适用于小而复杂的空间。

中国建成羊湖抽水蓄能电站　该电站位于喜马拉雅山北麓西藏自治区浪卡子县境内，以羊卓雍湖作为上池，以雅鲁藏布江作为下池，利用海拔4 400米的羊卓雍湖湖面与海拔3 600米的雅鲁藏布江江面之间800米水面落差，凿通6 000米长的引水隧洞发电。电站设计总容量11.25万千瓦，安装4台2.25万千瓦抽水蓄能机组，另预留1台2.25万千瓦常规水轮发电机组。1997年6月第一台机组发电，1998年9月，4台抽水蓄能机组全部建成，并入拉萨电网发电。羊湖电站是当时西藏最大的发电厂。

中国建成当时国内最大的太阳能发电站　该电站位于世界海拔最高的西藏自治区安多县北草原，1998年底建成，发电容量100千瓦。

中国建成首座垃圾填埋电站——杭州天子岭垃圾填埋电站　该电站利用垃圾产生的沼气发电。天子岭垃圾填埋场平均每天产生10立方米沼气用于发电，电站安装有2台发电机组，年发电量1 600千瓦时。这座电站是美国惠民环保集团与杭州市容环卫局合建的。

中国实施《中华人民共和国节约能源法》　《中华人民共和国节约能源法》由第八届全国人大常委会于1997年11月1日通过，自1998年1月1日起施行。

1999年

美国垃圾发电站装机总容量达127万千瓦　美国垃圾发电站装机总容量居世界第一，日本总装机容量125万千瓦，位居世界第二。研究表明，在城市垃圾中蕴藏着大量二次能源物质——有机可燃物，甚至有的可燃物比例和热值极高，2吨垃圾燃烧所产生的热量，就相当于1吨煤燃烧时所产生的热量。1吨垃圾可产生525千瓦时的电量。垃圾发电主要有3种类型：一是用城市垃圾填埋，通过生物降解作用（用厌氧细菌进行发酵处理）获取沼气，利用沼气发电；二是建立垃圾焚烧厂，将垃圾在焚烧过程中产生的热量，经回收系统处理后，推动汽轮发电机组发电；三是将垃圾制成固体燃料或用工业垃圾直接焚烧来发电。

美国Toups科技公司发明非燃烧型垃圾能源处理技术　这种被称为热分解碳析出（PCE）的垃圾处理技术可将家庭和工业垃圾转换成能源，其效益比现在所有的垃圾能源转换技术高20倍。PCE垃圾处理技术可将大多数以任何碳化合物为基础的液态或固态垃圾转换成清洁的燃烧气体和炭黑。使用这种气体燃烧的汽轮发电机，每16吨垃圾可产生1 000千瓦时的电能。这种非燃烧的垃圾处理技术，是将垃圾送进一个完全封闭的容器内，以防止有害气体、液体和固体的发散。垃圾中约有60%可被转换成氢及富甲烷气体，其余则变成炭黑。这种可燃气体叫作Phoenix777，具有极好的燃烧及喷发特性，类似天然气，但它的二氧化碳排放量低于天然气的一半，而且几乎没有一氧化碳和碳氢化合物逸出。

美国培育出能净化原油的细菌　美国布鲁克黑文国家实验室（Brookhaven National Laboratory）的两位科学家声称采用非遗传工程手段培育出一种能净化原油的细菌。科学家首先采集到一种能够生活在温泉里的细菌，然后通过在实验室里进行多年繁殖，最后从中挑选出经过自然淘汰而成活下来的变异品种，使他们具有净化原油的能力，同时还能经受油井里的高温和高压。他们认为，这种自然变异的方法比采用遗传工程方法更易被接受。如果将这种人工培育的细菌直接注入油井，原油中50%的硫和氮等杂质就能够被这种细菌清除，降低原油的黏稠性，从而便于原油开采。

美国、荷兰分别设计出分子发动机　美国和荷兰的两个研究小组设计出分子发动机，能分别将化学能和光能转换为机械能，驱动分子作单方向旋转。美国波士顿学院研制出的分子发动机由有机分子组成，它包括78个原子，工作起来像一个带斜齿的、只能朝一个方向转动的棘轮。荷兰格罗宁根大学的另一个研究小组设计出的分子发动机采用光能驱动，通过4个具体的化学步骤，使一个有机分子进行了360度的单方向完整圆周运动。这两种发动机将可能修复不育症、消化系统症中由于"分子发动机"失常引起的病症。此外，它还会为将来的纳米机械装置提供动力，有希望在燃料电池、储氢材料、电动汽车研制方面发挥重要作用。

日本铺设500千伏的海底直流输电电缆　这条电缆是世界上首次采用半合成绝缘纸为绝缘材料的超高压直流电缆，由日本关西电力公司和电源开发公司在德岛县与歌山县之间联合铺设，全长40千米，1998年底竣工，1999年投入运行。日本电源开发公司还采用了晶闸管的交流、直流电转换阀，以保证交流、直流电的顺利转换。

日本新潟火电厂创当时世界热效率最高纪录　该电厂的第4-1号系列采用入口气体温度为1 450℃的燃气轮机，热效率高达50.6%，经验证，能在热效率50%以上连续运转。与过去燃烧液化天然气的火电厂相比较，4-1号系列燃气轮机每年可节约液化天然气37万吨，可减少22%的二氧化碳排放量，大幅度降低成本和进一步改善环境。

日本建成世界首座海水抽水蓄能电站　日本于1991年开始在冲绳岛南部修建首座试验性海水抽水蓄能电站，上水库设在离海岸600米、海拔约150米的高山上，压力水管的最大流量为每秒26立方米，发电装机容量3万千瓦，可满足一万户家庭的用电需要。该工程于1999年3月建成发电。修建海水抽水蓄能电站，需要解决两大技术问题：一是上水库的防渗漏；二是引水管道系统及水力机械的防腐蚀。为了防止海水渗入上水库四周，采用EPDM橡胶作为衬砌材料。300米长的直线段压力管道由四层纤维增强塑料制成，曲线段压力管道则用加设阴极保护的钢材制成。水泵水轮机叶轮和导叶用抗气蚀、抗磨损和抗侵蚀的材料制成。抽取海水进行蓄能发电，在很大程度上取决于海水对设备材料的影响，其性能将在这座电站运行中进行观测检验后进行评价。

日本开发出利用生鲜垃圾发电的新技术　日本鹿岛公司利用生鲜垃圾发电，能使一吨生鲜垃圾发电580千瓦时，相当于一个普通家庭两个月的用电量，而且用于发电的垃圾几乎都变成二氧化碳和水，剩下的固体残渣很少。这种垃圾"发电机"是由发酵容器和燃料电池组合而成。生鲜垃圾粉碎成液体状以后放入发酵器内，容器内的特殊生物将垃圾分解，变成甲烷，再使用催化剂将甲烷变成氢气，送入燃料电池内发电。

瑞士ABB公司研制成功世界第一台高压水轮发电机（样机）　该台样机额定容量11 000千伏安，电压45千伏，计划安装在瑞典北部吕勒河上的波尔斯水电站并投入运行。这种新型发电机的定子为深槽，槽中绕组为圆形高压电缆，最高电压可设计到400千伏。由于电压高，电流小，减少了绕组中的电阻损耗，降低了运行温度。由于不需要升压变压器及其连接用开关，大大节省了设备及安装空间，并由此提高了总体发电效率，且能直接向电网提供更多的无功功率，加强了电网的稳定性。高压发电机彻底改变了传统电机制造技术，开创了旋转电机的新纪元。

美国制成新型蓄电池　美国埃克西德公司创制的"挑选轨道"牌蓄电池不是采用传统的扁平组装法，而是将多孔的铅合金板和微孔的玻璃垫隔板紧贴在一起，就像果子冻卷饼一样，这能使蓄电池电极板的面积增加50%～100%，降低了内部电阻，增加了启动功率，加快了充电速度，提高了电池使用寿命。由于这种蓄电池内部没有液体，因而能以任意角度安装。这种蓄电池的缺点是生产成本要比传统的铅酸蓄电池高2倍。

美国核聚变实验装置产生的瞬时功率相当于全世界发电总功率的80倍　位于美国阿尔伯克基的桑迪亚国家实验室的研究人员，对"Z机"装置进行改造，使其能够产生接近170万摄氏度的高温，但这种高温只能保持十亿分之几秒。在如此短暂的时间里，"Z机"打破了以前所有的记录，产生了高达290万亿瓦的瞬时功率，相当于全世界发电总功率的80倍。桑迪亚国家实验室副主任格里·约纳斯认为，只需很少的、胶囊大小的核燃料加热到200万~300万摄氏度，就可以产生核聚变反应。而且核聚变是一个能够实现的梦想，而现在看起来，实现这个梦想的可能性，比以往任何时候都要大。

德国当时最大的太阳能电池厂建成投产　该电池厂由德国壳牌石油公司建于北莱茵威斯特伐利亚州，1999年11月16日建成投入生产，年生产500万只太阳能电池，相当于1万千瓦的发电能力，其规模与荷兰、日本的太阳能电池厂相当。这一电池厂的建成亦标志着欧洲使用可再生能源工程向前推进了一大步。

俄罗斯一家能源研究所发明将波浪能转换成电能的转换器　这种转换器的小型涡轮机与同轴的发电机被装在一个金属软管内，软管里注有变压器油，约占容量的一半。当波浪冲击时，整个装置就会晃动起来，使管内的变压器油时而流向这边，时而流向那边，推动涡轮机发电。这种装置所发出的电力大小取决于软管的长度（即取决于管内所装涡轮机和发电机的数目）。波能转换器不仅可以用来给灯塔和无线电航标供电，而且可以通过电缆把电力输送到海岸上。

汉弗莱斯［英］提出利用新型氮化镓材料可制造出使用10万小时的长寿灯泡　剑桥大学材料物理学家汉弗莱斯（Humphreys，Colin John 1941—　）在英国科学节大会上介绍，氮化镓发光二极管寿命可长达10万小时，是普通灯泡（最多能用1 000小时）的100倍。这意味着，对普通家庭来说，这种"灯泡"可以使用一辈子。而且与同等亮度的灯泡相比较，氮化镓发光二极管所耗电能仅为普通灯泡的五分之一。

以色列建成世界第一座由太阳能直接驱动汽轮发电机组的电站　以色列魏茨曼科学研究院负责该座电站的建设。在电站内，100多个10平方米以上的反光镜，将阳光聚集到附近塔顶的一面大镜子上，其汇聚程度高达自然条件下阳光到达地球前光能密度的5 000~10 000倍。高强的光热能量再被收集到地面一组内有压缩空气的太阳能收集板上，板内膨胀的热空气随即被送往电站，驱动汽轮机发电。在黑夜和没有太阳的白天，天然气可以作为维持电站正常发电的备用燃料。

中国二滩水电站建成　该电站位于四川省攀枝花市境内的金沙江支流雅

雅砻江上，装有6台中国最大的55万千瓦水轮发电机组，总装机容量330万千瓦，年发电量170亿千瓦时。第一、第二台机组由加拿大GE公司制造，第三、第四台机组由加拿大GE公司和中国哈尔滨电机厂、东方电机厂联合制造，最后二台机组以中国两家电机厂为主制造。该电站于1991年9

二滩水电站

月主体工程开工，到1999年12月全部建成并网发电。二滩水库的水坝系双曲拱坝，坝高240米，当时在同类型坝中居亚洲第一，世界第三。地下厂房也是当时亚洲最大的，长280米，宽25.5米，高65米。这是一座中国政府利用世界银行9.3亿美元贷款修建而成的巨型水电站。

中国首台80万千瓦汽轮发电机组投入运行 该发电机组安装在中国辽宁省绥中火电厂，设计规模320万千瓦，安装4台俄罗斯制造的超临界80万千瓦机组。一期工程为2台80万千瓦机组，1993年5月9日开工兴建，1999年12月13日第一台机组建成并网发电。中国之前运行的最大汽轮发电机组容量为66万千瓦，安装在广东省沙角C电厂。

中国首台40万千瓦大型蒸发冷却水轮发电机组投入运行 该台机组是由中国科学院电工研究所设计、东方电机厂制造的科研试验机组，安装在黄河上游青海省境内的李家峡水电站（4号机组）。李家峡水电站是当时黄河上游最大的水电站，初期安装4台40万千瓦机组（预留1台位置）。4号蒸发冷却水轮发电机组经过运转测试，各项技术指标达到国家技术规范要求，运行良好。

中国当时最大的灯泡贯流式水轮发电机组开始发电 中国当时最大的灯泡贯流式水轮发电机组容量为3.2万千瓦，安装在广西壮族自治区百龙滩水电站。该电站设计容量19.2万千瓦，安装6台3.2万千瓦灯泡贯流式机组，其中已投入运行的前3台机组由日本富士电机株式会社制造，于1996年投入运行，后

3台机组是由浙江省富春江水电设备总厂制造，其中第一台国产机组于1998年10月试制成功，1999年3台机组全部安装发电。

中国首次研制成功核电汽轮机　浙江秦山核电站二期工程将安装2台65万千瓦核电机组，哈尔滨汽轮机厂承担制造汽轮机的任务。这家企业充分发挥技术密集、设备精良的优势，终于研制成功国家大型核电汽轮机。这标志着我国自行制造大型核电汽轮机实现了零的突破。

2000年

中国建成广州抽水蓄能电站　该电站位于广州市从化县（现从化区），总装机容量240万千瓦（8台30万千瓦机组），超过美国1985年建成的巴斯康蒂抽水蓄能电站（原世界最

广州抽水蓄能电站

大抽水蓄能电站，装机容量210万千瓦）。广州抽水蓄能电站上水库正常蓄水位816.8米，总库容2 575万立方米，调节库容1 684万立方米。下水库正常蓄水位287.4米，总库容2 832万立方米，调节库容1 711万立方米。上下水库之间静水头529.4米。管洞一期工程（4台30万千瓦机组）总长3 785米，二期工程（4台30万千瓦机组）总长4 407米，中间设有两座地下厂房，各装4台法国阿尔斯通和德国西门子公司制造的30万千瓦可逆式水泵水轮机和发电电动机组。该电站供广东、香港电网调峰，利用低谷负荷的多余电能，由下库抽水蓄存上库，高峰负荷时再由上库放水至下库进行发电。每年抽水利用低谷电量60亿千瓦时，及时发出高峰电量49亿千瓦时。同时可供电网调频、调相及事故备用，为配合大亚湾核电站，确保广东、香港电网的安全稳定运行发挥了重要作用。电站于1988年9月开工兴建，2000年3月全部建成发电。

中国"蓝箭"交流传动动力车研制成功 中国首列适用于城际间高速客运的交流传动电动车组"蓝箭"DDJ1型动力车在株洲电力机车厂研制成功。该车通过对车体结构轻量化和外形流线化等优化设计，最大限度地减轻了动力车的重量，降低了运行空气阻力和噪声。该动力车是国内首次采用半体悬小轮径高速空心轴传动动力转向架，能确保高速运行的安全性和平稳性。其他许多关键技术大都采用了DJ型动力车成功的设计方案，是当时国内轴重最轻、单轴功率最大、运行速度最高的动力车。

美国能源部宣布开发出世界上第一台将燃料电池和燃气涡轮机结合在一起的发电设备 该设备能更有效地产生电力，并大大减少环境污染。这一设备的燃料电池由1 152个陶瓷管构成，每个陶瓷管就像一块电池。电池以天然气为燃料，能放出高温高压的废气流，燃气涡轮机则用燃料电池产生的热废气流发电。由于燃料电池中没有燃烧过程，只是通过化学分解天然气燃料来产生电力，因此可以大幅度减少污染。而且，只要有天然气和空气存在，燃料电池就能工作。该新型发电设备的发电效率达到55%，远远高于燃煤发电设备35%的发电效率，也高于燃气涡轮机50%的发电效率。

英国发明将可燃垃圾用作火电厂燃料的技术 英国一工程师发明了将可燃垃圾粉碎成细小的颗粒用作发电厂燃料的技术。这种可燃垃圾发电厂已制成模型，建立在斯旺西地区。从垃圾堆场运去的垃圾，在除去不可燃物后，用锤磨机将垃圾压碎，再将垃圾送入低温槽内，槽内充以液态氮，与之混合的时间保证垃圾完全形成透明的结晶。这种颗粒状垃圾，可混合天然气或粉状燃煤，送入流化床锅炉或传统的蒸汽锅炉中燃烧。其燃烧值介于木料和煤之间。其燃烧效率与垃圾颗粒大小有关，颗粒越小，燃烧值越高。这台试验模型机处理垃圾量为每小时1吨。

英国建成当时世界上最大的稻草发电厂 该电厂位于剑桥郡，2000年9月竣工，发电能力36 000千瓦，可满足8万户家庭用电之需。据英国《每日电讯报》报道，该厂与附近农民签订稻草供应协议，每年所需的20余万吨稻草固定来源基本得到落实。按照协议，发电厂周围农场的废弃稻草通过卡车运至电厂，经过粉碎机处理后，送入特殊焚烧炉中焚烧发电。电厂烟囱中安装了先进的过滤设备，可对焚烧长稻草产生的废气进行净化处理。英国能源专家指出，稻草发电厂的兴建，体现了未来电厂建设的新方向，那就是：以煤等矿物燃料为主的温室气体排放量多的集中供电的大型电厂，将逐渐由小型、分散的电厂所取代。

美国国家再生能源实验室开发出一种地热蒸汽容器　该容器可提高蒸汽储存效率，增加潜在发电能力17%，被称作"高级直接接触容器"（ADCC）。容器具有复杂的几何形状，可提高最优化的表面区域，用以储存已使用过的废弃蒸汽。这种新结构所形成的表面，使通过的蒸汽和水相互间有最大限度地接触。新型蒸汽容器已在加利福尼亚州的Geysers地热电站安装使用。

总部设在瑞士苏黎世的ABB公司发明无须冷却油的新颖干式电力变压器　这种被命名为"Dryfomer"的采用风冷的变压器，具有防火、防爆性能，最适用于安装在靠近湖、河边以及闹市中心等对环境污染问题较为敏感的区域。这种变压器的绕组采用多聚物绝缘电缆，并将铜导体制成同轴形状。它的外壳绝缘采用硅橡胶，具有极高的可靠性。变压器安装时能更靠近负荷，运行损耗小于现有变压器。

日本古河电气工业公司开发出当时世界上最大电流容量的超导电流引线　它可用在电力贮存能力为100千瓦时的超导电力贮存系统（SMES）中。电流的输出、输入必须有连接室温的电源装置与液态氦温度（–269℃）的超导绕组的电流引线。以往的引线，通过冷却铜引线以降低电阻，减少因热传导引起的热侵入。如用超导材料制作引线，就没有因电阻引起的热损失；同时，由于它的电流密度为铜的数千倍，所以能减小引线截面积、抑制热量侵入。这种在高磁场中也可维持大电流密度的钇系超导电流引线元件，并联18个，可连续2小时通过15千安的电流；并联24个，可获得20千安的大容量特性。其冷却所需的电力需用，仅为铜引线的三分之一。

日本利用生活垃圾制取氢气，用作燃料电池的原料　这项发明是由日本北里大学田口教授研制成功的。他将厌氧性细菌"梭菌AM21B"与粉碎的剩菜、鱼骨等生活垃圾混合在一起，在37℃下获得了氢气。实验结果表明，1千克生活垃圾可获得49升氢气。取出氢气后的生活垃圾呈糨糊状，没有臭味，可用作农用堆肥。能制取氢气的生活垃圾循环利用设备也已经研制出来。

中国洁净煤利用技术获得重大突破　华东理工大学于遵宏等人历经4年努力，研究提出新型水煤浆气化炉技术，其性能达到国际水平。

中国致密碎屑岩深层天然气开发技术获重大突破　中国石化新星石油公司西南石油局在四川德阳新场气田钻获一口高产天然气井，取得了致密碎屑岩深层天然气勘探开发技术的突破。这口名为"新851"的天然气井经过多天的试生产，日产量稳定在40万立方米，是当时四川盆地西部产量和无阻流量最高的工业气井。西南石油局经过20年的不懈钻研，终于实现了从浅层气藏到深层气藏的勘探开发突破。

参考文献

［1］菅井准一，等.科学技術史年表［M］.平凡社，1953.

［2］刘仙洲.中国机械工程发明史：第一编［M］.北京：科学出版社，1962.

［3］А.А.Зворыкин，И.И.Осьмова，В.И.Чернышев. История техники［M］. Москва: Издтельство обществено экономика，1962.

［4］А.А.Беликент. История Энергетической Техники［M］. Москва: Издтельство обществено экономика，1978.

［5］中山秀太郎.技術史入門［M］.オーム社，1979.

［6］筱田英雄.岩波西洋人名辞典：増补版［M］.岩波書店，1981.

［7］藪内清.科学史からみた中国文明［M］.NHKブックス，1982.

［8］威尔斯.世界史纲［M］.吴文藻，谢冰心，等译.北京：人民出版社，1982.

［9］山琦俊雄，木本忠昭.電氣の技術史［M］.オーム社，1983.

［10］掘口拾己，村田治郎.建築史［M］.オーム社，1983.

［11］吕贝尔特.工业化史［M］.戴鸣钟，译.上海：上海译文出版社，1983.

［12］伊东俊太郎，等.科学史技術史事典［M］.弘文堂，1983.

［13］阿波京.计算机发展史［M］.张修，译.上海：上海科学技术出版社，1984.

［14］伊东俊太郎.简明世界科学技术史年表［M］.姜振寰，等译.哈尔滨：哈尔滨工业大学出版社，1984.

［15］达默.电子发明［M］.李超云，等译.北京：科学出版社，1985.

［16］布瓦松纳.中世纪欧洲生活和劳动［M］.潘源来，译.北京：商务印书馆，1985.

[17] David Abbot.*The Biographical Dictionary of Scientists: Engineers and Inventors* [M].
London: Frederick Muller Ltd，1985.

[18] 北京化工学院化工史编写组. 化学工业发展简史 [M]. 北京：科学技术文献出版社，1985.

[19] 普罗霍罗夫. 苏联百科辞典 [M]. 佚名，译. 北京：中国大百科全书出版社，1986.

[20] 城阪俊吉. 科学技術史の裏通り [M]. 日刊工業新聞社，1988.

[21] 布莱克. 日本和俄国的现代化 [M]. 周师铭，等译. 北京：商务印书馆，1992.

[22] 维尔纳·施泰因. 人类文明编年纪事 [M]. 龚荷花，译. 北京：中国对外翻译出版公司，1992.

[23] 赵红州. 大科学年表 [M]. 长沙：湖南教育出版社，1992.

[24] 张文彦，等. 自然科学大事典 [M]. 北京：科学技术文献出版社，1992.

[25] 张予一，等. 中国科学技术人物辞典 [M]. 北京：科学技术文献出版社，1992.

[26] 郭保章. 世界化学史 [M]. 南宁：广西教育出版社，1992.

[27] 中国大百科全书总编辑委员会. 中国大百科全书 [M]. 北京：中国大百科全书出版社，1993.

[28] 山冈望. 化学史传——化学史与化学家传 [M]. 廖正衡，译. 北京：商务印书馆，1995.

[29] 黄晞. 电科学技术溯源 [M]. 北京：中国科学技术出版社，1995.

[30] 亚·沃尔夫. 十六、十七世纪科学、技术与哲学史 [M]. 周昌忠，等译. 北京：商务印书馆，1997.

[31] 亚·沃尔夫. 十八世纪科学、技术与哲学史 [M]. 周昌忠，等译. 北京：商务印书馆，1997.

[32] 保尔·芒图. 十八世纪产业革命 [M]. 杨人梗，等译. 北京：商务印书馆，1997.

[33] 郭建荣. 中国科学技术年表1582—1990 [M]. 北京：同心出版社，1997.

[34] 董光璧. 中国近现代科学技术史 [M]. 长沙：湖南教育出版社，1997.

[35] 金秋鹏. 中国科学技术史：人物卷 [M]. 北京：科学出版社，1998.

[36] 彼得·詹姆斯. 世界古代发明 [M]. 颜可维，译. 北京：世界知识出版社，1999.

[37] 拉尔夫，等. 世界文明史 [M]. 赵丰，等译. 北京：商务印书馆，1999.

[38] 朱根逸. 简明世界科技名人百科事典 [M]. 北京：中国科学技术出版社，1999.

[39] 乔治·巴萨拉. 技术发展简史 [M]. 周光发，译. 上海：复旦大学出版社，2000.

[40] 汤恩比. 历史研究 [M]. 刘北诚，等译. 上海：上海人民出版社，2000.

[41] 安田朴. 中国文化西传欧洲史 [M]. 耿升，译. 北京：商务印书馆，2000.

[42] 吴熙敬，等. 中国近现代技术史 [M]. 北京：科学出版社，2000.

［43］许良英，李佩珊，等.20世纪科学技术简史［M］.北京：科学出版社，2000.

［44］席龙飞.中国造船史［M］.武汉：湖北教育出版社，2000.

［45］城阪俊吉.エレクトロニクスを中心とした年代別科学技術史［M］.日刊工業新聞社，2001.

［46］Tim Furniss. *The History of Space Vehicles*［M］. London: Amber Books Ltd，2001.

［47］姜振寰.世界科技人名辞典［M］.广州：广东教育出版社，2001.

［48］James Trefil. *The Encyclopedia of Science and Technology*［M］. London: Routledge，2001.

［49］James Dyson. *James Dyson's History of Great Inventions*［M］. London: Robinson Publishing，2002.

［50］卢嘉锡，杜石然.中国科学技术史：通史卷［M］.北京：科学出版社，2003.

［51］汉弗莱.美洲史［M］.王笑东，译.北京：民主与建设出版社，2004.

［52］中村邦光，沟口元.科学技術の歴史［M］.（株）アイ・ケイコ-ポレ-ション，2005.

［53］辛格，威廉姆斯，等. 技术史［M］.陈昌曙，姜振寰，等译.上海：上海科技教育出版社，2005.

［54］约翰·布克.剑桥插图宗教史［M］.王立新，等译.济南：山东画报出版社，2005.

［55］张文彦.世界科技名人辞典［M］.北京：中国地图学社，2005.

［56］彼得·惠特菲尔德. 彩图世界科技史［M］.繁奕祖，等译.北京：科学普及出版社，2006.

［57］艾素珍，宋正海.中国科学技术史：年表卷［M］.北京：科学出版社，2006.

［58］张秀民. 中国印刷史：插图珍藏增订版［M］.韩琦，增订.杭州：浙江古籍出版社，2006.

［59］Encyclopedia Britannica Editorial. *The New Encyclopedia Britannica*［M］. Chicago: Encyclopedia Britannica Inc，2006.

［60］Salim T S Al-Hassani. *1001 Inventions: Muslim Heritage in Our World*［M］. FSTC Ltd，2007.

［61］利萨·罗斯纳.科学年表［M］.郭元林，等译.北京：科学出版社，2007.

［62］玛格丽特·L.金.欧洲文艺复兴［M］.李平，译.上海：上海人民出版社，2008.

［63］唐纳德·卡根，等.西方的遗产［M］.袁永明，等译.上海：上海人民出版社，2009.

［64］潘吉星.中国造纸史［M］.上海：上海人民出版社，2009.

［65］费尔南德兹·阿迈斯托.世界：一部历史［M］.钱乘旦，译.北京：北京大学出版社，2010.

［66］李约瑟.中华科学文明史［M］.柯林·罗南，改编.上海：上海人民出版社，2010.

［67］乔利昂·戈达德.科学与发明简史［M］.迟文成，等译.上海：上海科学技术文献出版社，2011.

［68］特拉享伯格.西方建筑史［M］.王贵祥，等译.北京：机械工业出版社，2011.

［69］司马迁，等.点校本二十四史［M］.北京：中华书局，2011.

事项索引

直流输电 1874，1882，1906，1932，
1945，1954，1961，1972，1977，1982，
1989，1999

直流研究所 1945

制电石新法 1862

中国电工技术学会 1981

中国电机工程师学会 1934

中国煤炭学会 1979

中国石油学会 1979

中频发电机 1952

中兴煤矿有限公司 1908

中央电工科学 1944

中央电工器材厂 1936

中央水工试验所 1935

中印油管 1945

重氢 1931

重水 1943

重水堆 1962，1988

重水堆冷中子源 1988

轴流式水轮机 1843

轴流转桨式 1979，1993

轴伸式 1972

竹管突火枪 1259

铸铁汽缸 1775

专用内燃机 1892

转杯式风速计 1846

转向架 1831，1836

资源委员会 1935，1936

自动风仪 1892

自感 1831

自激式 1863，1866

组合式柴油机 1935

最高落差 1995

遵义酒精厂 1939

人名索引

A

阿波尔德 Appold，J.G.［英］1851

阿尔特涅克 Alteneck，F.von H.［德］1873

阿基米德 Archimedes［古希腊］B.C.250，B.C.1世纪

阿克莱特 Arkwright，Sir R.［英］1769

埃格洛夫 Egloff，G.［美］1932

埃里克森 Ericsson，J.［美］1836

埃马努埃利 Emanueli，L.［意］1917

艾贝尔森Abelson，P.［美］1954

艾尔顿 Ayrton，W.E.［英］1882

艾林 Elling，J.W.Æ.［挪］1903

艾特魏因 Eytelwein，J.［德］1801

爱迪生 Edison，T.［美］1809，1815，1850，1879，1880，1881，1882

奥本海默 Oppenheimer，J.R.［美］1942

奥伯特Oberth，H.J.［德］1923

奥蒂斯 Otis，E.G.［美］1854

奥海恩Ohain，H.J.P.von［德］1935

奥斯特 Oersted，H.C.［丹］1821

奥托 Otto，N.A.［德］1859，1860，1862，1867，1876

B

巴本 Papin，D.［法］1673，1679，1680，1690，1705，1707，1850

巴伯 Barber，J.［英］1791，1903

巴布科克 Babcock，G.H.［美］1867

巴克 Buck，H.W.［美］1907

巴雷尔 Borel，F.［法］1879

班固 32—92［中］14世纪

贝策 Becher，J.［德］1681

贝吉乌斯 Bergius，F.K.R.［德］1913

贝克尔 Becker，C.［荷］1835

贝克勒尔 Becquerel，A.C.［法］1829，1839

贝克勒尔 Becquerel，A.H.［法］1896

贝里 Perry，J.［英］1882

贝利多 Belidor，B.［法］1753

贝纳尔多斯 Benardos，N.von［德］1885

贝特洛 Berthelot，M.〔法〕1869

本茨 Benz，K.〔德〕1885，1893

本顿 Benton，G.〔美〕1886

本尼特 Bennett，A.〔英〕1786

本森 Benson，M.〔德〕1922

本生 Bunsen，R.〔德〕1842，1855

比林格其奥 Biringuccio，V.〔意〕1540

毕岚〔中〕186

毕赛尔 Bissell，G.〔美〕1854

波尔塔Porta，G.della〔意〕1601

波尔祖诺夫 Polzunov，I.〔俄〕1763

波义耳 Boyle，R.〔英〕1658，1668，1680，
　1684

伯顿Burton，W.M.〔美〕1913

伯格 Burger，F.〔美〕1889

伯格曼 Bergmann，T.〔典〕1766

伯利塞鲁斯 Belisarius〔罗马〕537

博尔顿 Boulton，M.〔英〕1765，1775

博伊斯 Boyce，J.〔英〕1800

柏吉斯Bergius，F.K.R.〔德〕1926

布拉什 Brush，C.F.〔美〕1879

布拉泽胡德 Brotherhood，P.〔英〕1871

布莱克 Black，J.〔英〕1783

布兰查德 Blanchard，J.P.〔法〕1797

布兰卡 Branca，G.〔意〕1626

布朗希尔 Brownhill，R.W.〔英〕1887

布劳恩Braun，W.von〔德〕1930，1942

布雷德利 Bradley，C.S.〔英〕1885

布伦金索普 Blenkinsop，J.〔英〕1811

布罗希 Brush，C.F.〔美〕1878

C

查理 Charles，J.〔法〕1783

曹雪芹〔中〕B.C.5世纪

陈国达〔中〕1948

陈嘉庚〔中〕1957

程式〔中〕1952

D

达比 Darby I，A.〔英〕1709

达德利 Dudley，D.〔英〕1665

达尔兰德 d'Arlandes，F.〔法〕1783

达利巴尔 Dalibard，T.F.〔法〕1752

达松瓦尔 d'Arsonval，J.A.〔法〕1882

达文波特 Davenport，T.〔美〕1834

戴华藻〔中〕1908

戴姆勒 Daimler，G.〔德〕1883，1885，
　1886，1889，1893

戴维 Davy，H.〔英〕1806，1807，1809，
　1815

戴维森 Davidson，R.〔英〕1842

戴维斯 Davis William，C.D.〔加〕1985

丹蒂 Danti，E.〔意〕1570

丹斯 Dines，W.H.〔英〕1892

德·科 de Caus，S.〔法〕1615

德迪翁 de Dion，J.A.〔法〕1887，1893

德莱克 Drake，E.L.〔美〕1859

德罗沙斯 de Rochas，A.B.〔法〕1862

德普勒 Deprez，M.〔法〕1882

邓希思 Dunsheath，P.〔英〕1914

邓玉函 Schreck，J.〔瑞〕1627

狄塞尔 Diesel，R.〔德〕1892，1897

迪费 du Fay，C.〔法〕1733

丁拱辰〔中〕1843

丁缓〔中〕180

丁日昌〔中〕1878

何汝宾［中］1606

赫拉克斯 Horrocks，W.［英］1785

赫兹 Hertz，H.R.［德］1885

黑尔斯 Hales，S.［英］1752

亨利 Henry，J.［美］1823，1831，1834

亨利三世 Henry III［英］13世纪

亨森 Henson，W.S.［英］1848

侯景［中］549

胡克 Hooke，R.［英］1658，1678

胡西园［中］1913

胡宗宪［中］1556

华蘅芳［中］1862，1865

怀尔德 Wilde，H.［英］1860，1863

桓谭［中］1世纪，265

惠更斯 Huygens，C.［荷］1673

惠斯通 Wheatstone，C.［英］1866

惠特尔 Whittle，F.［英］1928，1936

惠特尼 Whitney，W.B.［英］1926

霍恩布洛尔 Hornblower，J.［英］1781

霍尔 Hall，J.W.［英］1896

霍尔登 Holden，H.J.［英］1898

霍尔特 Holt，H.P.［英］1866

霍尔茨瓦特 Holzwarth，H.［德］1920

霍赫施泰特 Hochstadter，M.［德］1913

霍兰 Holland，J.P.［爱］1893

霍姆斯 Holmes，F.H.［英］1855

J

吉布斯 Gibbs，J.D.［英］1882，1885

吉拉尔 Girard，L.D.［法］1856

吉田兼好［日］1330

纪延洪［中］1927

加利尼科斯 Callinicus of Heliopolis［东罗马］668

加纳林 Garnerin，A.J.［法］1797

伽伐尼 Galvani，L.［意］1792

伽利略 Galilei，G.［意］1650

江厚渊［中］1942

焦耳 Joule，J.P.［英］1843

杰维斯 Jervis，J.［美］1831

金达 Kinder，C.W.［英］1881

津恩 Zinn，W.H.［美］1951

居尼奥 Cugnot，N.［法］1769

K

卡尔劳维茨 Karlovitz，B.［匈］1938

卡莱尔 Carlisle，A.［英］1800

卡隆 Callon［法］1856

卡诺 Carnot，S.［法］1824

卡普兰 Kaplan，V.[奥]1912

卡特赖特 Cartwright，E.［英］1785，1789，1792

凯兰 Callan，F.N.J.［爱］1840

坎贝尔 Campbell，H.R.［美］1836

康格里夫 Congreve，Sir W.［英］1805

柯查托夫 Kurchatov，I.V.［苏］1946

科罗廖夫 Korolev，S.P.［苏］1933，1954

克拉克 Clark，J.L.［英］1873

克拉克 Clarke，E.［英］1834

克拉普罗特 Klaproth，M.［德］1789

克莱顿 Clayton，J.［英］1684

克莱格 Clegg，S.［英］1815

克莱斯特 Kleist，E.［德］1745

克朗普顿 Crompton，R.E.B.［英］1882

克鲁克斯 Croockes，W.［英］1878，1879

克特西比乌斯 Ctesibius［古希腊］约

塞波莱 Serpollet, L. [法] 1889

塞尔 Serle, H. [英] 1681

塞歇尔 Cecil, R. [英] 1820

赛明顿 Symington, W. [英] 1784, 1802

瑟雷 Thury, R.[瑞] 1906

瑟曼 Thurman, J.S. [美] 1899

沈括 [中] 11世纪

施通普夫 Stumpf, J. [德] 1885

施韦格尔 Schwigger, J.S. [德] 1820, 1828

施肇曾 [中] 1924

石普 [中] 1002

史蒂芬森 Stephenson, G. [英] 1791, 1802, 1814, 1825, 1829, 1881

史蒂芬森 Stephenson, R. [英] 1829

史密斯 Smith, F.P. [英] 1836

史游 [中] B.C.206

税西恒 [中] 1925

斯波拉格 Sprague, F.J. [美] 1888

斯莱宾 Slepian, J. [美] 1925

斯米顿 Smeaton, J. [英] 1759, 1772, 1789

斯皮尔 Spear, W.E. [英] 1976

斯切契金 Stechkin, B.S. [苏] 1929

斯台文 Stevin, S. [荷] 1600

斯坦利 Stanley, W.Jr. [美] 1885

斯特金 Sturgeon, W. [英] 1823, 1836

斯特拉廷 Stratingh, S. [荷] 1835

斯特莱尔 Stoehrer [德] 1843

斯特里特 Street, R. [英] 1794

斯特林 Stirling, R. [英] 1816

斯特林费洛 Stringfellow, J. [英] 1848

斯特罗姆 Stromer, U. [德] 1390

斯托莱托夫 Stoletov, A.G. [俄] 1890

斯旺 Swan, J. [英] 1850, 1859, 1878

孙多森 [中] 1907

索尔特 Salter, S.H. [英] 1974

T

汤姆生 Thomson, W. [英] 1852, 1853, 1855, 1857

唐廷枢 [中] 1881

特朗比 Trombe, F. [法] 1952

特勒 Teller, E. [美] 1951, 1972

特里维西克 Trevithick, R. [英] 1800, 1801, 1802, 1805, 1811, 1814

特斯拉 Tesla, N. [美] 1885, 1888, 1891, 1893, 1895

特威贝尔 Twibill, J. [英] 1867

田熊常吉 [日] 1912

托德 Todd, L.J. [英] 1885

托罗普希 Tropsch, H. [德] 1923

W

瓦利 Varley, S.A. [英] 1860, 1863, 1866

瓦特 Watt, J. [英] 13世纪, 1765, 1769, 1775, 1781, 1782, 1784, 1788, 1790, 1794, 1804

万户 [中] 14世纪

王徵 [中] 1627

旺克尔 Wankel, F.H. [德] 1957

威尔金森 Wilkinson, J. [英] 1775, 1784

威尔金斯 Wilkins, J. [英] 1648

威尔科克斯 Wilcox, S. [美] 1867

威尔逊 Willson, T. [加] 1892

威姆萨斯特 Wimshurst, J. [英] 1882

威斯汀豪斯 Westinghouse, G. [美] 1868,

编后记

过去几年，哈尔滨工业大学科技史与发展战略研究中心承担了教育部后期资助项目"文化社会科学背景下的技术编年史（远古—1900）"。这一项目是在前人数年工作的基础上进行的，编写过程中，对过去的大多数条目进行了核证和充实，并增添了很多新的条目，目前这一工作已经基本完成。而这一项目的进行为本书的编写提供了经验、基础和保障。笔者在过去工作的基础上，对能源动力技术发展的历史进行了重新考察和梳理，对某些重要历史事件进行了重新查证，增加了一些新的条目，并对某些重要条目添加了插图，编写了事项索引和人名索引。从这个意义上来说，本书工作是在上一项目工作的基础上进行的，是前一工作的延续和发展。

而需要说明的是，"文化社会科学背景下的技术编年史（远古—1900）"项目是编写到1900年为止，而本书的编写内容截止到2000年。能源的利用和发展也大多发生在这一百年内，特别是新能源的开发和利用，几乎完全发生在这一百年期间，而常规能源的开发和利用方式也在这一百年间发生了诸多变化，以上都决定了本书中绝大多数条目事项都是过去工作所没有涵盖的，是新增的条目。因此，虽然编写体例基本承袭旧制，内容却发生了很大变化，工作量也大为增加。其间参考了一些新的书目，其中黄晞先生的《中国近现代电力技术发展史》（2006）和《电科学技术溯源》（1995）对本书编写电力能源条目的帮助特别大。在本书的编写过程中，参考了国内外大量的文献和资料，由于篇幅所限，仅选出主要参考文献列于书后。可以说，没有前人的工作，本书工作是无法开展的。对此，笔者谨对各位前辈的工作致以诚挚的谢意。

　　由于时间匆忙，加之编年史体例书籍需要逐年查找和核实条目，工作琐碎而繁重，其间难免出现讹误之处，还请方家批评指正。